Kai-Marian Pukall

Selbstorganisation im Team

Kai-Marian Pukall arbeitet seit über zehn Jahren in unterschiedlichsten Rollen mit agilen und selbstorganisierten Teams. Drei Jahre begleitete er als Agile Coach bei der DB Systel eine der größten agilen Transformationen im deutschsprachigen Raum. Als Senior Agile Coach bei Chili and Change unterstützt er deutschlandweit Organisationen bei der Verbesserung ihrer Zusammenarbeit. Darüber hinaus ist er aktiver Speaker, Podcast-Gast und schreibt regelmäßig für bekannte agile Blogs wie t2informatik und Inspect&Adapt.

Selbstorganisation im Team

Wie gemeinsame Verantwortung für die Zusammenarbeit zu großartigen Ergebnissen führt

von

Kai-Marian Pukall

Verlag Franz Vahlen München

Wilhelmstr. 9, 80801 München

ISBN Deutschland Print-Buch: 978-3-8006-7085-7
ISBN Deutschland E-Book: 978-3-8006-7086-4

Lizenzausgabe für die Schweiz:
Versus Verlag, Zürich 2023

ISBN Schweiz Print-Buch: 978-3-39009-332-8
ISBN Schweiz E-Book: 978-3-03909-832-3

Satz: Fotosatz Buck, Zweikirchener Str. 7, 84036 Kumhausen
Druck und Bindung: Beltz Grafische Betriebe GmbH, Am Fliegerhorst 8, 99947 Bad Langensalza
Umschlaggestaltung: Ralph Zimmermann – Bureau Parapluie
Bildnachweis: © drawlab19-stock.adobe.com

Gedruckt auf säurefreiem, alterungsbeständigem Papier
(hergestellt aus chlorfrei gebleichtem Zellstoff)

Inhaltsverzeichnis

Einleitung zu diesem Buch

„In überraschendem Kontrast zur unvermeidbaren, alltäglichen Konfrontation mit Organisationen steht, dass wir als Durchschnittsbürger nur sehr wenig über die Logik ihres Funktionierens wissen."

Fritz B. Simon[1]

Unsere Arbeitswelt spezialisiert sich. Eine ihrer wesentlichen Herausforderungen ist, dass viele Aufgaben gar nicht mehr von einzelnen Menschen erledigt werden können. Die Zeiten, in denen gleichförmige Aufgaben über gleichförmige Schreibtische wandern, gehen langsam zu Ende. Um in einer komplexen und dynamischen Umwelt erfolgreich zu sein, braucht es mehr Expertenwissen und mehr Erfahrung, als ein einzelner Mensch noch leisten kann. Das führt dazu, dass Arbeit zunehmend durch Teams erledigt wird. In Organisationen ist diese Erkenntnis schon lange angekommen. Kaum eine Stellenanzeige kommt heute noch ohne den ausdrücklichen Wunsch nach Teamfähigkeit aus. Das ist eine schöne Entwicklung – wenn ein Team erfolgreich zusammenfindet, ist die gemeinsame Arbeit oft motivierend und anspruchsvoll wie kaum eine andere Tätigkeit.

Im Kontrast dazu steht die Erfahrung, dass der Erfolg eines Teams viel zu oft dem Zufall überlassen wird. Regelmäßig hat man den Eindruck, es wird einfach eine Gruppe fremder Menschen in einem Raum versammelt, einmal gemeinsam die Aufgaben besprochen und dann die Daumen gedrückt, dass es mit der Zusammenarbeit klappt. Es gibt reichlich Erkenntnisse darüber, was erfolgreiche Teams von anderen unterscheidet: Verantwortungsübernahme, Engagement und Motivation für die gemeinsame Aufgabe, ein klares Zielbild, saubere Absprachen, effiziente Kommunikation – die Liste wichtiger Eigenschaften ist lang. Wie man aber als zusammengewürfelte Gruppe von Fremden diesen Zustand erreicht, scheint für viele ein großes Rätsel oder sogar Glück zu sein. Ich bin überzeugt, dass das besser gehen muss.

Es fehlt uns dabei nicht an Zielvorstellungen. Wir wissen genau, wie sich ein gut funktionierendes Team anfühlen muss – als Teil einer schlagkräftigen Gemeinschaft unterwegs zu sein, in der das Miteinander mühelos ist und man zusammen großartige Dinge erschaffen kann, ist ein berauschendes Erlebnis. Und trotzdem überlassen wir es immer wieder dem Zufall, ob unsere Teams diesen Zustand erreichen oder nicht, ob sie einen Höhenflug oder eine Bauchlandung hinlegen. Es ist auffällig, dass obwohl Teams für den Erfolg unserer Arbeit zunehmend unersetzbar werden, auffallend wenige Menschen

---

1 Simon, Fritz B. (2021). *Einführung in die systemische Organisationstheorie* (eBook, 8. Auflage). Carl-Auer. S. 7.

ein klares Bild davon haben, was ein Team eigentlich ist und wie es funktioniert. In einer Welt, in der es selbst für das Beantworten einer Kundenanfrage Standards und Richtlinien gibt, sorgt die Organisation von Teams bei Teammitgliedern und Führungskräften immer wieder für fragende Gesichter.

In den letzten zehn Jahren meiner beruflichen Entwicklung habe ich in unterschiedlichsten Rollen in und mit Dutzenden von Teams gearbeitet und durch Gespräche und Workshops Einblicke in die Arbeitsweise von mehreren Hundert weiteren Teams nehmen dürfen. Aus dieser Zeit habe ich drei wesentliche Erkenntnisse mitgenommen:

1. **Erfolgreiche Zusammenarbeit eines Teams ist zu wichtig, um sie allein in der Verantwortung einer Teamleitung zu belassen.** Natürlich wünschen wir uns kompetente, ihr Team unterstützende Führungskräfte. Die meisten Teams haben eine offiziell benannte Teamleitung in der einen oder anderen Form. Das ist okay und darf gern so bleiben. Wie wir später sehen werden, spielt deren Verhalten für das Team auch eine wichtige Rolle. Aber es kann nicht sein, dass sie allein für den Erfolg verantwortlich sind. Teams müssen arbeiten können, ohne ständig geführt und kontrolliert zu werden. Für erfolgreiche Teamarbeit ist es notwendig, dass auch Teammitglieder mitdenken, Entscheidungen treffen und Verantwortung übernehmen, unabhängig davon, ob das Team eine Leitung hat oder nicht. Deshalb richtet sich dieses Buch bewusst nicht (nur) an Führungskräfte, sondern auch und gerade an ganz normale Teammitglieder, die sich mit ihrem Team gut organisieren wollen, um ihre Zeit und Energie anschließend wieder in ihre eigentliche Arbeit investieren zu können.
2. **Es gibt viel Literatur, die von nur wenigen gelesen wird.** Nur wenige „normale" Menschen kaufen sich Bücher über Teamarbeit und Organisation. So bedauerlich das für Fachbuchautoren wie mich auch ist – für den Großteil der arbeitenden Bevölkerung wird das Thema Teamarbeit höchstens zweitrangig bleiben. Auch wenn sich in den Regalen von Organisationsberatern und Teamcoaches meterweise Bücher über effektive Meetings, Entscheidungsmethoden oder Arbeitsorganisation finden, bringen nur wenige Teammitglieder und Führungskräfte die Zeit und Energie auf, sich in dieser Tiefe in Erkenntnisse über Teams einzuarbeiten – und das ist okay. Die Aufmerksamkeit von Teammitgliedern kann und sollte sich auf ihre eigentliche Arbeit konzentrieren. Auch wenn viele Menschen in Teams arbeiten, konzentriert sich das Expertenwissen über Teamarbeit daher weiterhin in wenigen Köpfen.
   Eine Herausforderung ist also, diesen Menschen jenen Ideenschatz kompakt zugänglich zu machen. Dieses Buch fasst daher die wichtigsten Erkenntnisse, Erfahrungswerte und Theorien aus einer Vielzahl anderer Fachbücher und Ansätze zusammen und reduziert sie auf das, was für Teammitglieder in ihrem Arbeitsalltag besonders relevant ist. Anders gesagt: Es enthält das, was ich gern schon vor zehn Jahren über Teams gewusst hätte.
3. **Tieferes Verständnis ist der Schlüssel zu zielgerichteter Teamentwicklung.** *„Die Grenzen meiner Sprache sind die Grenzen meiner Welt"*, schreibt Ludwig Wittgenstein. Wie wir die Welt wahrnehmen und beschreiben, entscheidet über die Handlungsoptionen, die uns zur Verfügung stehen. Unscharfes Denken kann immer nur unscharfes Verhalten hervorbringen, denn wer das Geschehen nicht begreift, dem bleibt nur Versuch und Irrtum übrig. Deswegen legt dieses Buch einen besonderen Wert darauf, viele eher schwammige Konzepte und Begriffe rund um Teams griffig und gut erfassbar herauszuarbeiten. Woraus „bestehen" Teams? Wie entwickelt man sie?

Was ist Vertrauen, und welche Rolle spielt es? Wie funktioniert Kommunikation? Welche Strukturen brauchen Teams für eine gute Zusammenarbeit und welche sind optional oder sogar überflüssig?

Gemeinsam werden wir den kompletten Lebenszyklus eines Teams betrachten, von der Gründung, über die Etablierung der Arbeitsweise, das soziale Miteinander, den Arbeitsalltag, die Entwicklung des Teams, den Umgang mit Problemen, bis hin zur Auflösung. Hier und da gehen wir auf Besonderheiten einzelner Rollen ein, sei es das Teammitglied selbst, eine formale Führungsrolle oder teamexterne Ansprechpartner. Manche Überlegungen mögen auf den ersten Blick etwas theoretisch erscheinen, aber alles in diesem Buch ist konkret und praktisch anwendbar, versprochen! Wo es nicht offensichtlich ist, sind zusätzliche Tipps und Ideen für die Umsetzung im eigenen Team angehängt. Mein Wunsch ist, dass dieses Buch nicht als Staubfänger in einem Regal endet, sondern einen langen und intensiven Einsatz als Arbeitswerkzeug hat. Nichts würde mich mehr freuen, als es in einem Teamraum auf dem Schreibtisch zu finden, voller Kaffeeflecken und Eselsohren und durch intensiven Einsatz von Textmarker und Bleistiftnotizen „personalisiert".

Viele der hier vorgestellten Ideen und Methoden stammen aus dem Kontext von Wissensarbeit im Büro, vor allem aus der IT. Gerade in den letzten Jahren ist mir aber immer wieder aufgefallen, wie grundsätzlich anwendbar manche Prinzipien in der Teamarbeit sind. Durch zahlreiche Projekte und persönliche Gespräche wächst meine Überzeugung, dass sich gute Zusammenarbeit zwischen verschiedenen Teams gar nicht so sehr unterscheidet, ob die jetzt in technischen Bereichen, in Personal- und Finanzabteilungen großer Konzerne, in Start-ups oder auch in Handwerksbetrieben, Schulen, sozialen Einrichtungen oder Ehrenämtern unterwegs sind. Wo es mir möglich ist, verdeutliche ich Gedanken durch Beispiele aus all diesen Kontexten. Dort, wo ich Beispiele nenne, sind sie entweder selbst erlebt oder wurden mir aus erster Hand erzählt. Viele sind verallgemeinert oder verfremdet, um die Beteiligten zu schützen. Auf Details wie Namen, Zeitpunkte und Orte kommt es aber in der Regel sowieso nicht an.

Meine Hoffnung ist, dass die Inhalte dieses Buchs für alle nützlich sein können, die in Teams oder mit Teams arbeiten, und dabei die zahlreichen Vorteile von Selbstorganisation und Eigenverantwortung nutzen wollen. Natürlich ist alles, was ich hier aufschreiben kann, nur meine eigene, sehr eingeschränkte Sicht auf die Welt. Nichts in diesem Buch ist die eine und absolute Wahrheit, sondern eine konstruktive Irritation, eine Inspirationsquelle und Einladung, selbst über Teams und Zusammenarbeit nachzudenken. Am Ende ist der wichtigste Erfolgsfaktor für eure Teams das, was zwischen euren Ohren liegt. Die Frage „Wie wende ich das jetzt an?" werdet ihr nicht mir, sondern euch selbst stellen müssen. Etwas Transferleistung wird hier und da nötig sein. Ein Gehirn ist diesem Buch nicht beigelegt, bitte benutzt euer eigenes!

Bevor wir uns praktischen Fragen rund um Teams widmen, schauen wir uns zuerst einige Theorien und Denkmodelle an, die für meine eigene Arbeit mit Teams enorm wertvoll gewesen sind und helfen werden, die Inhalte späterer Kapitel nachvollziehen zu können. Wie schon angedeutet, können wir nur bewusst mit Dingen arbeiten, die wir begreifen und unterscheiden können. Oder, in den Worten von Kurt Lewin: *„Es gibt nichts Praktischeres als eine gute Theorie."* Packen wir es an!

Kapitel 1
Hilfreiche Grundlagen

„Es gibt keine nicht-selbstorganisierenden Systeme, auch wenn es einige leicht verblendete Individuen geben mag, die glauben, sie hätten die Organisation von Systemen übernommen."

Harrison Owen

Inhaltsübersicht

1. Das Team als Leistungsgemeinschaft

Fangen wir mit der elementarsten Frage an. Was ist das überhaupt – ein „Team"? Jeder von uns hat eine intuitive Vorstellung, schließlich sind wir von klein auf täglich mit Teams konfrontiert. Wir arbeiten in der Schule, Universität oder im Unternehmen in Teams, wir machen Sport in Teams, kaufen in Geschäften ein, die von Filialteams betrieben werden, geben unsere Kinder in die Hände von Erzieher- oder Lehrerinnenteams. Nach Feierabend schauen wir uns Teams im Fernsehen an, und wenn wir alt sind, hoffen wir, dass ein kompetentes und professionelles Team uns hilft, unseren schwieriger werdenden Alltag zu bewältigen. Und trotzdem: Sollte uns jemand fragen, wie ein Team denn *funktioniert*, müssten die meisten von uns vermutlich passen.

Wenn ich die Frage „Was macht ein Team aus?" mit Menschen bespreche, wird als eine der häufigsten Antworten das *gemeinsame Ziel* genannt. Das unterscheidet ein Team von einer Clique, einer Familie oder einem Freundeskreis, die normalerweise kein gemeinsames Ziel verfolgen – abgesehen von allgemeinen Interessen wie „eine schöne Zeit zusammen verbringen" oder „sich gegenseitig unterstützen". Auch Familien und Freundeskreise können ein Team bilden, wenn sie ein gemeinsames Ziel verfolgen, aber die „Teamigkeit" hängt dann mit dem Ziel zusammen, nicht mit der Gruppe.

Im Duden wird ein Team beschrieben als „Gruppe von Personen, die gemeinsam an einer Aufgabe arbeiten"[2]. Diese Definition kommt mir noch etwas zu allgemein vor – Menschen können gemeinsam an einer Aufgabe arbeiten, ohne sich überhaupt zu kennen, zum Beispiel bei der Polizei, bei der Bahn, im Schulwesen oder der öffentlichen Verwaltung. In unserem normalen Sprachgebrauch ist ein Team aber eine kleine Gruppe von Menschen mit engen Beziehungen zueinander.

Es macht außerdem einen Unterschied, ob wir von *gleichen Zielen* oder *gemeinsamen Zielen* sprechen. Menschen, die gemeinsam an einer Bushaltestelle warten, haben ein gleiches Ziel, nämlich mit dem Bus zu fahren. Aber es ist offensichtlich, dass fremde Menschen an einer Bushaltestelle kein Team bilden. Sie fühlen sich nicht als Team, weil es zwischen ihnen keine Beziehungen gibt. Jede und jeder von ihnen könnte jederzeit woanders hingehen, ohne dass der Rest davon betroffen wäre. Sie brauchen einander nicht, um ihr Ziel zu erreichen – das Ziel ist zwar gleich, aber individuell. Sie könnten aber zu einem Team werden, etwa wenn ihr Bus ausfällt und sie gemeinsam ihre Weiterreise organisieren.

Wenn wir daraus eine Definition machen wollen, könnte die etwa so aussehen:

Ein Team ist eine kleine Gruppe von Menschen, die in gemeinsamer Verantwortung auf ein Ziel hinarbeiten, das sie allein nicht erreichen könnten.

Menschen innerhalb eines Teams sind also für die Erreichung ihres Ziels voneinander abhängig, und arbeiten miteinander-füreinander.[3] Andere sehen das ähnlich. Cornelia Edding und Karl Schattenhofer formulieren es in „Einführung in die Teamarbeit" so:

---

2 https://www.duden.de/rechtschreibung/Team

3 Die schöne Formulierung „miteinander-füreinander" ist u.a. aus dem BetaCodex (betacodex.org) ausgeliehen. Siehe beispielsweise Pfläging, Niels & Hermann, Silke (2020). *Zellstrukturdesign*. Vahlen. S. 53.

> *„Ein Team ist eine Gruppe von 3 bis etwa 12 Personen, die aufeinander angewiesen sind, um ein gemeinsames Ziel zu erreichen oder eine Leistung zu erbringen.“*[4]

Alternativ finden wir bei Jon Katzenbach und Douglas Smith, langjährigen Partnern bei McKinsey, folgende Definition:

> *„Ein Team ist eine kleine Gruppe von Personen, deren Fähigkeiten einander ergänzen und die sich für eine gemeinsame Sache, gemeinsame Leistungsziele und einen gemeinsamen Arbeitseinsatz engagieren und gegenseitig zur Verantwortung ziehen.“*[5]

Wir können also zwei wesentliche Faktoren festhalten, die aus einer Gruppe ein Team machen. Zum einen ist das die Gruppengröße, die meistens zwischen 3 und etwa 12 Personen liegt. Zwei Menschen können auch gemeinsam an einem Ziel arbeiten, ihre Zusammenarbeit ist aber meistens einfacher strukturiert als die eines Teams. Man könnte sagen, sie brauchen richtige Teamarbeit noch nicht. Oberhalb von etwa zehn bis zwölf Personen hat ein Team dagegen die Tendenz, in mehr oder weniger offizielle Unterteams zu zerfallen, die sich mit einzelnen Aspekten der Gesamtaufgabe beschäftigen.

Der andere Aspekt ist ein starkes, gemeinsames Ziel, was aufgrund seiner Schwierigkeit, seiner Komplexität oder seines Umfangs nicht von einzelnen Teammitgliedern allein erreicht werden kann. Es ist quasi der „Zellkern“, um den herum sich ein Team formiert und der die Notwendigkeit für Zusammenarbeit überhaupt erzeugt:

> *„In erster Linie werden Teams von ihrer Aufgabe begründet und zusammengehalten.“*[6]

Überschaubare Größe und ein klares gemeinsames Ziel sind also entscheidende Rahmenbedingungen für das Entstehen eines Teams. Aber sind sie auch ausreichend?

Sind wir ein Team? Unterschiede zwischen Teams und Arbeitsgruppen

Ein etwas subtilerer Teil der genannten Teamdefinitionen ist der Aspekt der gemeinsamen Verantwortung. Gruppen von Menschen können auf gemeinsame Ziele hinarbeiten, ohne dass zwischen ihnen ein Teamgefühl entsteht. Ein Team entsteht erst dann, wenn ihre Mitglieder in Selbst- und Außenwahrnehmung nicht nur für ihre eigenen Handlungen und Ergebnisse verantwortlich sind, sondern für die der gesamten Gruppe. Die Erwartung, dass die gemeinsame Arbeit am Ende dem „Wir“ zugeschrieben wird, ist der Zündfunke für viele Aspekte guter Teamarbeit. Gegenseitige Unterstützung, Motivation, Kreativität, Engagement, hohe Qualitätsansprüche, energisch geführte Diskurse, Konflikte und ihre konstruktive Auflösung: Vieles davon wird erst notwendig, wenn die Außenwahrnehmung nicht nur von der eigenen Arbeit, sondern auch von der Arbeit anderer Menschen abhängt.

---

4 Edding, Cornelia & Schattenhofer, Karl (2020). *Einführung in die Teamarbeit* (3. Aufl.). Carl-Auer. S. 7.

5 Katzenbach, Jon & Smith, Douglas (2009). *Teams. Der Schlüssel zur Hochleistungsorganisation.* Redline. S. 70.

6 Brinkmann, Babette & Schattenhofer, Karl (2022). *Erfolgreiche Teams in der Selbstorganisation.* Vahlen. S. 133.

Im Alltag werden häufig Gruppen als Teams bezeichnet, die keine gemeinsame Verantwortung tragen. Geschäftsführer können in einer Rede den „Teamgeist" im Unternehmen beschwören, es wird über „Management-Teams" gesprochen oder eine klassisch organisierte Abteilung als „Team" neu bezeichnet. Eine Gruppe wird aber nicht zu einem Team, nur weil wir sie ein Team nennen. Wir können den Begriff *Arbeitsgruppe* für Gruppen von Menschen verwenden, die zwar auf ein gemeinsames Ziel hinarbeiten, in denen aber jeder für einen individuellen (wenn auch wichtigen) Beitrag verantwortlich ist. Arbeitsgruppen und Teams sind ähnliche Formen der Zusammenarbeit, sie haben aber unterschiedliche Arbeitsweisen, unterschiedliche Anforderungen und fühlen sich auch unterschiedlich an. Auch wenn Arbeitsgruppen erfolgreich Probleme lösen und Ergebnisse liefern können, gibt es einige Vorteile von Teams, die für sie unerreichbar bleiben.

Ich habe vor einigen Jahren mit einer Gruppe von Abteilungsleitungen gearbeitet, die unzufrieden damit waren, dass sich trotz erheblicher Anstrengungen zwischen ihnen kein „Teamgefühl" einstellen wollte. Es hat sich schnell herausgestellt, dass sie zwar schon gemeinsame Ziele, aber kaum gemeinsame Verantwortung hatten und daher auch selten wirklich zusammenarbeiten mussten. Mitglieder der Gruppe leisteten vor allem individuelle Beiträge zum gemeinsamen Erfolg, Interaktionen innerhalb der Gruppe waren eher selten, hauptsächlich bestanden Arbeitsbeziehungen zwischen Abteilungs- und der übergeordneten Bereichsleitung. Für echte, kollektive Verantwortung wäre etwas Zusätzliches zur Alltagsarbeit nötig gewesen, zum Beispiel ein größeres gemeinsames Projekt. Ohne Veränderungen in den Rahmenbedingungen der Gruppe war das Ziel „ein Team werden" für die Beteiligten schlicht nicht zu erreichen, obwohl die zwischenmenschlichen Beziehungen innerhalb der Gruppe konstruktiv und gesund waren. Sie waren eine gute Arbeitsgruppe, aber eben kein Team.

Insgesamt stellen viele „Teams" auf Managementebene in Wirklichkeit Arbeitsgruppen dar – gut erkennbar beispielsweise daran, dass abwesende Mitglieder in Meetings nicht durch ihre „Teamkollegen", sondern durch Mitarbeiter aus ihrem eigenen Bereich vertreten werden. Verantwortungsbereiche sind zwischen Mitgliedern der Gruppe klar abgegrenzt, nur selten werden Ergebnisse wirklich gemeinsam erarbeitet und vertreten. Das soll nicht heißen, dass echte Teams auf Managementebene nicht auch möglich wären, sie sind aber selten und unterscheiden sich spürbar von der auf dieser Ebene „üblichen" Zusammenarbeit.[7]

Kein Team zu sein, ist natürlich nicht schlimm – es sei denn, anderslautende Erwartungen setzen die Gruppe unter Druck. Menschen verbinden mit dem Begriff „Team" Hoffnungen und Erwartungen, die eine Arbeitsgruppe nicht erfüllen kann. Gut organisierte Arbeitsgruppen sind eine völlig valide und oft auch sehr leistungsfähige Form der Zusammenarbeit, solange die Entscheidung, als Arbeitsgruppe statt als Team zu arbeiten, bewusst getroffen und konsequent umgesetzt wird. Schwierig sind vor allem Zwischenformen, in denen Verantwortung nicht so richtig gemeinsam, aber auch nicht so richtig individuell getragen wird – eine Form der Zusammenarbeit, die Jon Katzenbach und Douglas Smith als „Pseudo-Team" bezeichnen und deren unklare Zusammenarbeit und schwache Leistung für alle Beteiligten eine frustrierende Erfahrung sein kann.

---

7 Siehe dazu Katzenbach, Jon & Smith, Douglas (2015): The *Wisdom of Teams: Creating the High-Performance Organization* (eBook Edition), Harvard Business Review Press. S. 221 ff., sowie das spätere Kapitel „Führung in selbstorganisierten Teams" ab Seite 399.

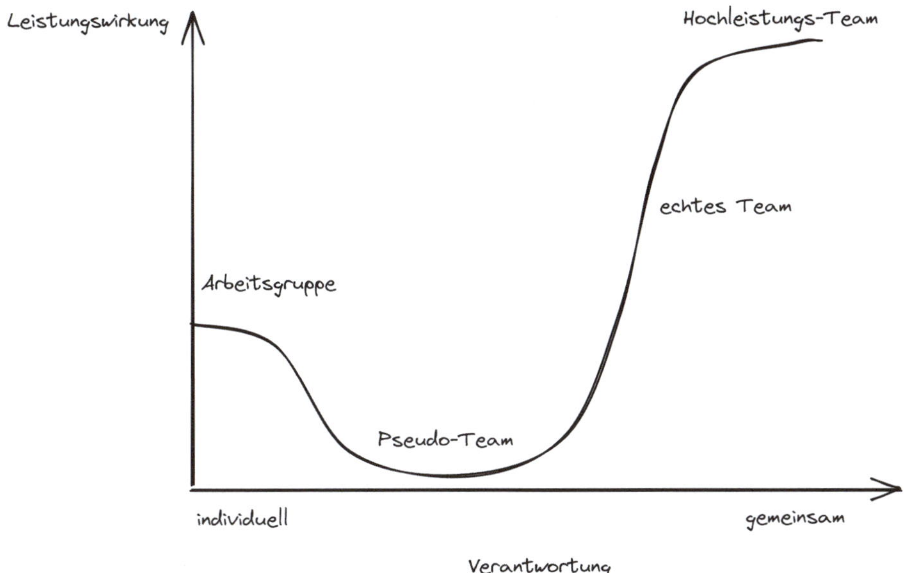

Die Team-Leistungskurve[8]

Ob eine Gruppe von Menschen eine Arbeitsgruppe oder ein Team ist, ist keine Ja/Nein-Entscheidung, sondern ein fließender Übergang. Eine ganze Reihe von Aspekten beeinflusst, wie „teamig" sich die Zusammenarbeit anfühlt:

	Arbeitsgruppe	„Pseudo-Team"	Team
Ziele und Aufgaben	individuell	individuell	gemeinsam, kollektiv
Ergebnisse	Summe der Einzelleistungen	Summe der Einzelleistungen	Mehr bzw. etwas anderes als die Summe der Einzelleistungen
interne Kommunikation	sternförmig, vor allem zwischen Gruppenleitung und Mitglied	sternförmig, vor allem zwischen Gruppenleitung und Mitglied	netzwerkförmig: jeder spricht mit jedem, je nach Notwendigkeit
Individuelle Aufgabenbereiche	feststehend, entlang bestehender Fähigkeiten	unklar	wechselnd, situationsangepasst, je nachdem, was gerade nötig ist
Kompetenzen und Fähigkeiten	(oft) ähnlich, austauschbar	beliebig	unterschiedlich, sich ergänzend
Größe	nahezu beliebig	klein genug, um wie ein Team zu wirken	meist 3–9 Personen

8 Siehe Katzenbach, Jon & Smith, Douglas (2015): The *Wisdom of Teams: Creating the High-Performance Organization* (eBook Edition), Harvard Business Review Press. S. 82.

	Arbeitsgruppe	„Pseudo-Team"	Team
Entscheidungsfindung	individuell, meist hierarchisch	unklar	kollaborativ und gemeinschaftlich
Verantwortungsübernahme	jeder für seinen Anteil, Gruppenleitung für die Zusammenarbeit	unklar	alle für das Gesamtergebnis und die Zusammenarbeit

Wir sehen, dass ein Pseudo-Team die schwächste der möglichen Zusammenarbeitsformen ist – ohne gemeinsame Verantwortungsübernahme, aber auch ohne die klar geregelte Struktur einer Arbeitsgruppe. Das Pseudo-Team sieht nicht sich, sondern seine Leitung in der Verantwortung, die Zusammenarbeit zu regeln, aber die Erwartung, als Team aufzutreten, steht dem im Weg. Der Schritt vom Pseudo-Team zum echten Team ist einfach, aber fundamental: Es geht darum, durch strukturierte Selbstorganisation vom „ich" zum „wir" zu kommen, also etwas Gemeinsames zu erschaffen, das in der Lage ist, Verantwortung zu übernehmen und zu tragen.

Auch wenn es in diesem Buch über den Weg zum vollwertigen Team geht, will ich noch einmal betonen, dass Arbeitsgruppen als Form der Zusammenarbeit vollkommen in Ordnung sind. Nicht überall muss Verantwortung von einer Gruppe getragen werden. Wenn es für Aufgabe und Kontext angemessen ist, darf die Organisation auch von einer klar benannten Leitungsrolle übernommen werden. Gut funktionierende Arbeitsgruppen können sehr erfolgreich sein, wenngleich sie selten die kreativen Ergebnisse und motivierende Atmosphäre eines echten Teams vorweisen können. Die Unterscheidung zwischen Arbeitsgruppe und Team ist daher keine Wertung, sondern nur eine Beobachtungshilfe. Zumindest die Entscheidung zwischen diesen Formen der Zusammenarbeit sollte aber klar und eindeutig getroffen werden, da die Zwischenform – das Pseudo-Team – oft mehr Unzufriedenheit als Ergebnisse produziert.

Als Erkenntnis können wir festhalten: Ob eine Gruppe insgesamt ein Team bildet oder nicht, hat wenig mit den beteiligten Menschen und viel mit den Beziehungen, Erwartungen und Rahmenbedingungen zu tun. Wir haben das im Beispiel der Bushaltestelle gesehen: Dieselbe Gruppe Menschen kann abhängig von den Umständen ein Team bilden oder auch nicht. Der Unterschied zwischen Team und Nicht-Team liegt also nicht in den Menschen, sondern in ihren Beziehungen und Interaktionen. Diese Einsicht wird für unsere weiteren Überlegungen zentral sein und uns im weiteren Verlauf des Buchs regelmäßig begegnen.

Wie kann das Team das anwenden?

Auch wenn die bisherigen Überlegungen noch recht abstrakt sind, lassen sie sich schon als erste Denkhilfe zur Überprüfung des eigenen Teams verwenden. Hat das Team ein gemeinsames Ziel? Hat es ein gemeinsames Verständnis davon, wie Verantwortung verteilt ist? Fühlen Teammitglieder sich angesprochen, wenn es anderswo im Team Schwierigkeiten, Stress oder Überlast gibt? Wie groß ist das Interesse an der Arbeit der anderen, und werden Ergebnisse in Kategorien wie „meins" und „deins", oder eher als „unsere Ergebnisse" gedacht?

Als Ausblick auf spätere Themen ist hier wichtig, dass man Verantwortungsübernahme nicht einfach einfordern kann, sondern die Arbeitsweise des Teams die Übernahme von Verantwortung möglich machen und fördern muss. An dieser Stelle reicht es, die eigene Ausgangssituation im Hinblick auf Erwartungen und Verantwortung zu verstehen.

2. Selbstorganisation und ihre Formen

„Es gibt keine nicht-selbstorganisierenden Systeme, auch wenn es einige leicht verblendete Individuen geben mag, die glauben, sie hätten die Organisation von Systemen übernommen.
Harrison Owen[9]

Der Begriff des „selbstorganisierten Teams" ist in den letzten Jahren außerordentlich beliebt geworden. Eher selten ist dabei auch klar, was „Selbstorganisation" in Bezug auf Teams genau bedeuten soll. Oft ist damit gemeint, dass ein Team irgendetwas nicht näher eingegrenztes selbst tut oder entscheidet, was auch jemand anderes, meistens eine Führungskraft, hätte tun können. „Ein Team tut irgendetwas selbst" ist aber als Definition etwas unbefriedigend.

Stellen wir uns einmal ein Extrembeispiel für ein *nicht*-selbstorganisiertes Team vor: eine Gruppe, die von jemand anderem bis in die letzten Kleinigkeiten hinein kontrolliert und fremdgesteuert wird. Niemand in diesem Team tut irgendetwas, ohne dass es dafür eine klare Anweisung von oben gibt. Nicht einmal Smalltalk findet ohne ausdrückliche Aufforderung statt.

Natürlich arbeitet niemand so, weil es vollkommener Unsinn wäre. Wenn einer alle anderen zu jedem Arbeitsschritt anweisen müsste, wäre es ja schneller, die Arbeit einfach selbst zu tun. So ein „Team" würde für niemanden einen Mehrwert darstellen. Teams setzen also immer ein Stück weit darauf, dass Teammitglieder selbstständig die Situation beobachten, mit den Zielen des Teams abgleichen, sich untereinander koordinieren, Entscheidungen treffen und Handlungen durchführen. Mit jeder Handlung und Entscheidung wird immer auch etwas Verantwortung für das Team und seine Ergebnisse übernommen. Von Team zu Team mag der eigenverantwortliche Anteil der Teammitglieder größer oder kleiner sein, aber er ist immer vorhanden. Im Grunde gibt es also keine nicht-selbstorganisierten Teams, und Versuche, sie zu erzeugen, bringen für die Organisation selten Vorteile:

„Wir verwenden nicht viel Zeit auf managergeführte Teams […], weil solche Teams unweigerlich menschliche Ressourcen verschwenden. Wenn Manager alle Aspekte der Arbeit eines Teams in Echtzeit festlegen und kontrollieren, ist das nichts anderes

[9] Vgl. Owen, Harrison (2008): *Wave Rider: Leadership for High Performance in a Self-Organizing World*. Berrett-Koehler Publishers.
Harrison Owen ist unter anderem Autor von „Open Space Technology", einer Arbeitsmethode für Großgruppen, die auf Selbstorganisation und Eigenverantwortung basiert. Siehe dazu Owen, Harrison (2008): *Open Space Technology. A User's Guide* (Third Edition). Berrett-Koehler Publishers.

als eine Version des wissenschaftlichen Managements auf Gruppenebene – dessen Dysfunktionen, für Menschen und Organisationen, in den letzten Jahrzehnten hinreichend nachgewiesen worden sind."[10]

Es macht allerdings einen großen Unterschied, ob sich das Handeln und Entscheiden des Teams auf die inhaltliche Arbeitsebene beschränkt oder auch die Strukturen einschließt, in denen die Arbeit stattfindet – etwas, was in Arbeitsgruppen und Abteilungen ganz klar in der Verantwortung der Leitung liegt. Wenn das, was wir im Rahmen unserer normalen Arbeit tun, Kommunikation ist, geht es hier also um *Metakommunikation* – das Team kommuniziert und entscheidet darüber, *wie* es kommuniziert und entscheidet.

Für einige Formen von Teams ist diese gemeinsame Arbeit auf der Metaebene optional – etwas, dass das Team selbst tun, aber auch einer Führungskraft überlassen kann. Anders ist das etwa bei

- Teams, die keine offizielle Leitung haben, in denen also alle Mitglieder mehr oder weniger gleichberechtigt sind,
- Teams, deren offizielle Leitung aus verschiedenen Gründen im Alltag kaum involviert ist,
- Teams, deren offizielle Leitung fachlich im Alltag mitarbeitet, als wäre sie ein normales Teammitglied, die also zwar Entscheidungsbefugnisse hat, aber die meiste Zeit ungenutzt lässt.

Für diese Teams ist die Arbeit an ihren eigenen Strukturen keine nette Nebenbeschäftigung, sondern unverzichtbarer Bestandteil des Alltags. Die Abwesenheit einer formalen Leitungsrolle stellt dabei für Teams nicht unbedingt ein Problem dar, im Gegenteil! Es ist gerade die gemeinsame Verantwortung, die aus einer Gruppe von Menschen ein echtes Team werden lässt. So lässt sich in der Praxis beobachten, dass sich besonders leistungsstarke und erfolgreiche Teams oft durch Abwesenheit starker zentraler Führung auszeichnen:

„… ist ein eingespieltes Team unter anderem daran zu erkennen, dass es sich weitgehend selbst organisiert. Insofern ist der Begriff ‚Teamleiter' in einer echten Teamorganisation irreführend, ja sogar ein Widerspruch in sich."[11]

Also: Erfolgreiche Teams sind oft selbstorganisiert in dem Sinne, dass Metakommunikation und Strukturentscheidungen in der Verantwortung des Teams und nicht bei einer formalen Leitung liegen. Beides bedingt sich gegenseitig: Ein Team, welches Entscheidungen trifft und Verantwortung übernimmt, baut in seinem Umfeld Vertrauen auf, was wiederum dazu führt, dass dem Team größere Entscheidungsspielräume eingeräumt werden. Und natürlich ist die Erfolgschance des Vorhabens deutlich größer in einem Team, in dem alle mitdenken und Verantwortung übernehmen, als in einem, wo eine Führungskraft für alle denken und entscheiden muss.

---

[10] Hackman, Richard (2002). *Leading Teams: Setting the Stage for Great Performances.* Harvard Business Review Press. S. 54 (Übersetzung des Autors).

[11] Haug, Christoph (2016): *Erfolgreich im Team* (5. Auflage). Beck-Wirtschaftsberater im dtv. S. 103 ff.

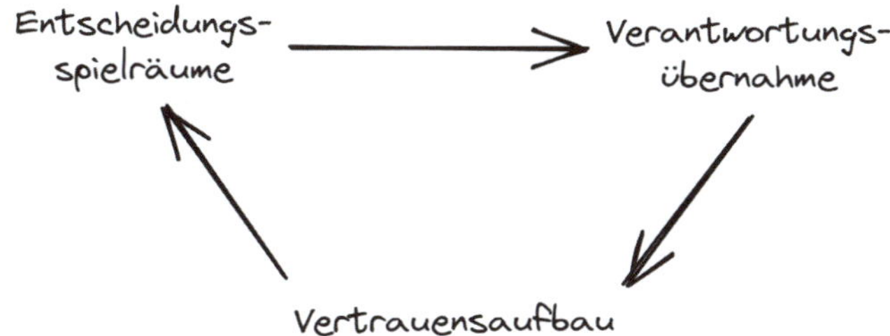

2.1 Modeerscheinung, Selbstzweck? Wozu das Ganze?

Auf den ersten Blick könnte man meinen, dass Selbstorganisation vor allem eine Modeerscheinung ist, also etwas, das getan wird, weil es gerade alle machen. Oft wird Selbstorganisation auch als eine Wohltätigkeit gegenüber den Mitarbeitenden gesehen, denen man Freiräume „zugesteht", weil man sich davon mehr Motivation erhofft oder weil es aus humanistisch-moralischen Gesichtspunkten heraus geboten wäre. Dagegen spricht auch nichts, auch wenn man hinterfragen darf, wie sehr sich das Team tatsächlich mehr Freiräume wünscht – schließlich bedeutet das oft mehr Verantwortung und mehr Unsicherheit bei gleicher Bezahlung.

Die eigentlichen Gründe für oder gegen Selbstorganisation sind aber grundsätzlicherer Natur. Sich selbstorganisierende Teams haben unmittelbare Vorteile bei Flexibilität und Engagement, die man sich auf der anderen Seite durch höhere Komplexität der Kommunikation erkauft. Wie viel individuelle Freiräume ein einzelnes Team haben sollte, ist eine Entscheidung, die von Aufgaben und Rahmenbedingungen abhängt. Wenn Teammitglieder dabei ihre Intelligenz und Kreativität besser einbringen können, ist das toll, aber Selbstorganisation ist kein Selbstzweck. Jurgen Appelo, Autor des Buchs „Management 3.0"[12], schreibt in diesem Zusammenhang: *„Ich ermächtige Menschen nicht, um es ihnen recht zu machen, ich ermächtige sie, damit sie bessere Entscheidungen treffen als ich."*[13]

Es scheint ein menschlicher Grundreflex zu sein, in Zeiten von Unsicherheit und Veränderung nach starken Anführern zu suchen, die wie heroische Kapitäne das Schiff durch den aufziehenden Sturm lenken. Eine unsichere Umgebung ist leichter auszuhalten, wenn die eigene Gruppe stärker strukturiert und kontrolliert wird. Wir können diese Reflexe in Organisationen überall dort beobachten, wo Krisen regelmäßig das Bedürfnis nach starker hierarchischer Führung und klar organisierten Prozessen hervorrufen – frei nach dem Motto: draußen mag es noch so turbulent sein, aber wir haben unseren Laden im Griff.

---

12 Appelo, Jurgen (2010). *Management 3.0.* Addison-Wesley.

13 „Ermächtigen" (*empower*) ist hier im Kontext formaler Autorisierung gemeint – also die Ermöglichung, verbindliche Entscheidungen zu treffen durch jemand formal Entscheidungsbefugten. Siehe Appelo, Jurgen (2015): *The Sense and Nonsense of Empowerment.* https://www.forbes.com/sites/jurgenappelo/2015/07/24/the-sense-and-nonsense-of-empowerment/ (abgerufen am 05.08.2022, Übersetzung des Autors).

Organisationen sind aber keine Schiffe, sondern lebende Systeme. Zentralistische Organisationsformen mit wenigen „Entscheidern" und vielen Ausführenden haben enorme Schwierigkeiten mit der von ihnen verlangten Flexibilität und Reaktionsfähigkeit. Die Gründe dafür sind zahlreich: es dauert, Informationen an einer zentralen Stelle zusammenzutragen, und je häufiger sie weitergegeben werden, desto mehr nimmt ihre Qualität und Aussagekraft ab. Oft widersprechen sich wichtige Aussagen und Erwartungen. Entscheidungen sind an zentraler Stelle viel schwieriger zu treffen als lokal, weil ihre Auswirkungen kaum überblickt werden können.

Überall dort, wo der Handlungsdruck besonders groß und der Überblick besonders schlecht ist, bewähren sich deshalb Strukturen, die auf lokale Entscheidungen, Selbstverantwortung und Eigeninitiative setzen. Gut sichtbar war das etwa in der Flutkatastrophe im Ahrtal im Sommer 2021, wo über lokal organisierte Projekte über eine Million Arbeitsstunden freiwilliger Katastrophenhelfer organisiert werden konnten.[14] Selbst das Militär, für viele das Paradebeispiel für Hierarchie und steife Befehlsketten, setzt schon lange auf lokale Entscheidungen der Menschen vor Ort. Das Gleiche gilt für Einsatzkräfte bei Polizei und Feuerwehr. Ein interessantes Prinzip kommt hier zum Vorschein: Wenn wirklich etwas auf dem Spiel steht, vertraue auf die Menschen, die direkt am Geschehen sind, anstatt alles bis ins Detail kontrollieren zu wollen! Und wenn es in Krisensituationen gut funktioniert, warum dann nicht auch im Alltag, wo die Einsätze deutlich niedriger sind?

Diese *Subsidiarität* ist ein Grundprinzip lebender Systeme: Abläufe so dezentral zu organisieren, wie es möglich ist. Wir tun im Alltag oft so, als würde unser Bewusstsein unseren Körper steuern, in Wirklichkeit können wir aber nur einen Bruchteil der Abläufe in unserer Anatomie überhaupt bewusst kontrollieren. Das ist auch gut so. Wie handlungsfähig wären wir, wenn wir jeden Herzschlag, jeden Stoffwechselprozess, jede Immunreaktion und jede Muskelbewegung bewusst entscheiden müssten?

Für Organisationen gilt das Gleiche. Ein Unternehmen, in dem die „Chefetage" alle Arbeitsschritte bis ins Detail anweisen würde, wäre am echten Markt chancenlos. Zentralistische Strukturen, bei denen Informationen eine Hierarchie hinauf- und Entscheidungen wieder hinabfließen, sind in komplexen und dynamischen Situationen träge und ineffizient. Robuste, reaktionsfähige Strukturen sind dezentral aufgestellt. Auf Selbstorganisation zu setzen bedeutet hier, für ein konkret zu lösendes Problem ein Team mit allen benötigten Kompetenzen und Fähigkeiten zu bilden, dieses Team möglichst dicht an das Geschehen zu bringen, ihm jede benötigte Unterstützung anzubieten und dann darauf zu vertrauen, dass sie das Problem lösen werden. All das ist keine Modeerscheinung und auch keine freundliche Geste gegenüber den Mitarbeitenden, sondern einfach kluger Umgang mit Komplexität und Ungewissheit. Mehr noch, es gehört in Organisationen schon heute zum Alltag. Der Unterschied liegt vor allem darin, ob lokale Selbstorganisation als unkontrollierbare Bedrohung oder als wertvolle Ressource wahrgenommen wird.

[14] Siehe etwa https://www.helfer-shuttle.de/faq/

2.2 Was ist ein selbstorganisiertes Team?

Echte Teams sind vor allem durch gemeinsame Verantwortungsübernahme gekennzeichnet. Es ist klar, dass Menschen nur dann gemeinsam Verantwortung für Handlungen und Ergebnisse übernehmen können, wenn es im Team ein gemeinsames Arbeitsverständnis, gemeinsame Prinzipien, gemeinsame Erwartungen aneinander und an das Teamumfeld gibt. Über die eigentliche fachliche Arbeit hinaus dieses gemeinsame Verständnis zu schaffen und aufrechtzuerhalten ist das, was ein selbstorganisierendes Team ausmacht:

Ein Team ist selbstorganisiert, wenn es nicht nur Arbeitsergebnisse produziert, sondern auch seine Arbeitsstrukturen eigenverantwortlich gestaltet und weiterentwickelt.

Dieses Gestalten und Entwickeln von Strukturen kann in größerem oder kleinerem Umfang und auf unterschiedlichen Themengebieten stattfinden. Eine (sehr grobe) Kategorisierung könnte etwa so aussehen:[15]

Stufen der Selbstorganisation	Das Team entscheidet über …	Das Umfeld entscheidet …
0 – immer gegeben	Beziehungen untereinander, inhaltliche Arbeit	Wer was tut, wie und woran das Team arbeitet
1 – „selbstverwaltend"	… zusätzlich: Aufgaben und Verantwortlichkeiten, also wer was tut	Arbeitsweise, Ziele und strategische Maßnahmen
2 – „selbststrukturierend"	… zusätzlich: Arbeitsweise, Meetings, Regeln, Rollen, Entscheidungsprozesse, also wie das Team arbeitet	Ziele und strategische Maßnahmen
3 – „selbstführend"	… zusätzlich: Ziele und strategische Maßnahmen	Woran das Team überhaupt arbeitet
4 – „selbstverwirklichend"	Alles, was das Team betrifft	Nichts, was das Team betrifft

Vorneweg: Teams werden sich kaum sauber in diese Stufen einsortieren lassen, und höhere Stufen sind nicht „besser" als niedrigere. Wie wir schon gesehen haben, findet sich ein Grundniveau an Selbstorganisation in jedem Team und selbst jeder Arbeitsgruppe. Viele als „selbstorganisiert" bezeichnete Teams im echten Leben finden sich wohl am ehesten auf den Stufen 1 oder 2 wieder. Besonders interessant für uns sind vor allem die Stufen 2 und 3, also Ausprägungen von Selbstorganisation, bei denen ein Team über die fachliche Arbeit hinaus auch an den eigenen Strukturen arbeitet. Der Grund dafür ist einfach: Wenn Teams wirklich gemeinsame Verantwortung für

15 Ähnliche Stufenmodelle finden sich auch beispielsweise bei Edding, Cornelia & Schattenhofer, Karl (2020). *Einführung in die Teamarbeit* (3. Aufl.). Carl-Auer. S. 29 sowie Brinkmann, Babette; Schattenhofer, Karl (2022): *Erfolgreiche Teams in der Selbstorganisation*. Vahlen. S. 122 und S. 203.

ihre Ergebnisse übernehmen sollen, muss auch das „Wie" der Zielerreichung in ihrem Entscheidungsbereich liegen. Ein Team, welches seinen Arbeitsprozess nicht an seine Bedarfe anpassen kann, wird sich nur selten für die Ergebnisse dieses Arbeitsprozesses voll verantwortlich fühlen.

Selbstverwirklichende Teams dagegen sind in der Arbeitswelt die Ausnahme, und eher im Hobby- und Freizeitbereich zu finden. Arbeit hat in der Regel damit zu tun, gegen Geld Probleme von anderen Menschen zu lösen – woran sie arbeiten, steht für die Mehrheit der Teams in irgendeiner Weise also schon fest. Für selbstverwirklichende Teams sind viele der Inhalte dieses Buchs sicher auch anwendbar – wir gehen aber im weiteren Verlauf davon aus, dass das Team einen Kontext hat, der zumindest die großen Aufgabenbereiche und zu lösenden Problemstellungen des Teams mit festlegen möchte.

2.3 Voraussetzungen für Selbstorganisation

Für Selbstorganisation im Team ist es nicht damit getan, dem Team die Verantwortung für die eigene Struktur zuzuweisen: „So, und jetzt organisiert euch selbst!" Eine „Anweisung zur Selbstorganisation" wäre schon ein Widerspruch in sich. Selbstorganisation stellt Anforderungen an die Teammitglieder und ihr Umfeld. Ohne die notwendigen Voraussetzungen besteht die Gefahr, dass die Strukturbildung scheitert, die gemeinsame Verantwortungsübernahme ausbleibt und das entstehende Entscheidungsvakuum von Einzelnen für ihre individuellen Interessen genutzt wird – nicht, weil sie schlechte Menschen wären, sondern weil ihnen angesichts der nicht funktionierenden Strukturen keine andere Möglichkeit bleibt, ihre Ziele zu erreichen.

Die Wirtschafts- und Sozialforschung beschäftigt sich seit mehreren Jahrzehnten mit der Frage, unter welchen Umständen Menschen gemeinschaftlich Verantwortung für Ressourcen, Regeln und Strukturen übernehmen können. Eine der wichtigsten Arbeiten ist dabei die Forschung von Dr. Elinor Ostrom zu kooperativer Verwaltung von Gemeinschaftseigentum, für die sie 2009 mit dem Wirtschaftsnobelpreis ausgezeichnet wurde.[16]

Ostroms Fokus lag vor allem auf dem Umgang mit knappen natürlichen Ressourcen, etwa öffentlichem Weideland. Die Parallelen zur Arbeit mit Teams sind aber gut erkennbar. Auch die Arbeitsleistung von Teams lässt sich als Ressource betrachten, die von den Teammitgliedern gemeinschaftlich verwaltet und genutzt wird. Und ebenso wie bei Dorfgemeinschaften müssen auch in Teams bestimmte Voraussetzungen gegeben sein, damit gemeinsame Verantwortung gelingen kann. Angelehnt an die Arbeit von Dr. Ostrom lassen sich die folgenden acht Voraussetzungen für Selbstorganisation im Team formulieren:

1. Mitgliedschaft ist klar abgegrenzt.
Wer Teil des Teams ist und wer nicht, steht für Teammitglieder und Umfeld eindeutig fest. Teammitgliedschaft ist sowohl mit Rechten als auch mit Pflichten verbunden. Teammitglieder erwerben durch ihre Mitarbeit bestimmte Privilegien, etwa Mitbestimmungsmöglichkeiten, Einfluss und Anrecht auf Unterstützung. Im Gegenzug stellen sie dem Team

[16] Ostrom, Elinor (1990): *Governing the Commons: The Evolution of Institutions for Collective Action*. Cambridge University Press.

Zeit und Arbeitseinsatz zur Verfügung, übernehmen Verantwortung und engagieren sich für die gemeinsame Sache. Durch unklare Teamgrenzen würden Anreize entstehen, die Möglichkeiten des Teams ohne entsprechende Gegenleistung nutzen zu wollen, was Gefühle von Ungerechtigkeit erzeugen und das Team in Schwierigkeiten bringen könnte.

2. Lösungen sind lokal angepasst.
Regeln und Strukturen können vom Team an die konkreten Anforderungen des Arbeitsumfelds angepasst werden. Eine zentral von anderer Stelle vorgegebene Arbeitsweise wird nie besonders gut auf die Arbeitsbedingungen des Teams passen und dadurch Anpassungsprobleme erzeugen. Wichtiger noch: Ein Team, welches für Probleme keine lokalen Lösungen finden kann und darf, wird für seine Ergebnisse nur schwer Verantwortung übernehmen können.

3. Strukturen werden gemeinsam gestaltet.
Regeln und Strukturen werden von denjenigen festgelegt, die in ihnen arbeiten. Der Grund ist einfach: Zeit und Energie in die Gestaltung von Strukturen zu investieren, erzeugt den Wunsch, diese Strukturen auch funktionieren zu sehen. Mitgestaltung erzeugt Engagement und führt dazu, dass Teammitglieder auftauchende Probleme eigenständig angehen und lösen wollen, anstatt sie an eine Leitungsrolle weiterzugeben.

4. Es gibt ein hohes Maß an Transparenz.
Innerhalb des Teams gibt es für alle einen Überblick, wie die Situation ist, was gerade geschieht und wer was tut. Transparenz ist notwendig, um ein gemeinsames Bild der Lage zu entwickeln und sich davon abgeleitet auf nächste Schritte einigen zu können. Ohne sie ist es nur schwer möglich, gemeinsame Verantwortung aufzubauen, denn wie soll man etwas mitverantworten und mittragen, von dem man gar nichts weiß? Zusätzlich beugt Transparenz und gegenseitige Beobachtung möglichem Missbrauch vor und baut Vertrauen auf.

5. Regelverstöße werden angemessen sanktioniert.
Fehlverhalten und Regelbrüche ziehen Konsequenzen nach sich, die in ihrer Schwere an die Ernsthaftigkeit des Fehlverhaltens angepasst sind. Kleinere, vor allem gut begründbare Verstöße werden eventuell nur angesprochen oder sanft ermahnt, grober Vertrauensmissbrauch kann dagegen bis zum Ausschluss aus dem Team führen. Ohne mögliche Konsequenzen bleiben Regeln, auch gemeinschaftlich vereinbarte, wirkungslos.

6. Konfliktlösungsmechanismen sind leicht zugänglich.
Im Bewusstsein, dass Meinungsverschiedenheiten und Interessenkonflikte im Team normal und alltäglich sind, stehen den Mitgliedern schnelle und leicht zugängliche Möglichkeiten zur neutralen Lösung von Problemen und Spannungen zur Verfügung. Konflikte, die nicht früh und konstruktiv gelöst werden können, gefährden auf Dauer den inneren Zusammenhalt des Teams.

7. Selbstverwaltung des Teams wird respektiert.
Nur wenn das Umfeld, insbesondere Führungskräfte und höhere Organisationsebenen, die Selbstverwaltung des Teams innerhalb vereinbarter Grenzen akzeptieren und respektieren, kann das Team für sich selbst verbindliche Strukturen aufbauen. Regelmäßige Missachtung der Selbstverwaltung zerstört das Vertrauen der Teammitglieder in die eigenen Vereinbarungen. Warum sollte man Zeit in Entscheidungen investieren, die jederzeit von anderen wieder umgeworfen oder überstimmt werden können?

8. Das Team vernetzt und integriert sich selbst.
Kein Team arbeitet im luftleeren Raum. Gerade in größeren Vorhaben wird es eine Reihe von anderen Teams und Organisationsbereichen geben, mit denen das Team kooperativ zusammenarbeitet. Selbstorganisation bedeutet auch, dass das Team die gemeinsame Zusammenarbeit im Dialog mit seinen Partnern organisieren kann, und dass seine Arbeitsweise in gegenseitigem Einvernehmen in ein größeres Ganzes integriert wird.

Es fällt auf, dass diese Prinzipien keine besonderen Anforderungen an die beteiligten Menschen an sich stellen. Hin und wieder begegnen mir Sorgen, dass nur bestimmte Charaktere oder Persönlichkeitstypen überhaupt „zu Selbstorganisation fähig“ wären, aber diese sind unbegründet. Menschliche Gemeinschaften organisieren sich seit Jahrtausenden selbst. Erwartungen abzugleichen und Regeln des Miteinanders festzulegen ist keine neue Erfindung, und jedes Team, mit dem ich jemals zu tun hatte, hat sich auf irgendeiner Ebene selbst organisiert. Menschen zeigen allerdings ein sehr feines Gespür dafür, wie viel Eigenverantwortung in ihrer Organisation erwünscht ist und wie glaubwürdig Angebote zu mehr Mitbestimmung zu sehen sind. Sie beobachten aufmerksam, ob sie als gleichwertige Verhandlungspartner ernstgenommen werden, und ob die genannten Voraussetzungen gegeben sind. Überall dort, wo ihnen die Bedingungen für die Übernahme von Verantwortung nicht gegeben erscheinen, werden sie diese ablehnen. Das ist kein Charakterfehler, sondern eine intelligente Reaktion auf die realen Verhältnisse in ihrem Kontext.

3. Bestehen Teams aus Menschen?

Intuitiv würden die meisten von uns auf diese Frage mit einem klaren „Ja“ antworten. Aus was sollen Teams denn bestehen, wenn nicht aus ihren Mitgliedern? Bei genauerer Betrachtung ist die Antwort auf diese Frage aber gar nicht so offensichtlich.

Erinnern wir uns an das Beispiel der Gruppe von Menschen, die an einer Bushaltestelle wartet und dabei eindeutig kein Team ist. Stellen wir uns vor, dass die Bushaltestelle irgendwo in der Wildnis liegt. Nach einigem Warten wird der Gruppe klar, dass ihr Bus nicht kommen wird. Sie sprechen miteinander und beschließen, zusammenzuarbeiten, um gemeinsam in die nächste Stadt zu kommen. Aufgaben werden besprochen und verteilt, erste kleine Rollen festgelegt. Ein Team beginnt sich zu bilden.

Was hat sich geändert? Die Gruppe der Menschen ist es jedenfalls nicht. Wenn dieselbe Gruppe je nach Umständen mal ein Team sein kann und mal nicht, können die „Bestandteile“ eines Teams nicht die Menschen sein. Hinzugekommen ist stattdessen *Kommunikation* – Erwartungen, Interaktionen, Beziehungen, ein gemeinsames Gefühl von „Hey, zusammen ist es vielleicht einfacher als allein!“. Ein Team besteht aus Kommunikation, nicht aus Menschen.

Der gedankliche Schritt, ein Team als Kommunikationsstruktur zu betrachten, ist anfangs sicherlich ungewohnt, das war bei mir nicht anders. Woher soll die Kommunikation denn kommen, wenn nicht von Menschen? Und warum sollte man diese theoretische Extraschleife überhaupt drehen?

Nützlich finde ich hier eine Metapher, die in der Organisationstheorie eine gewisse Tradition hat:[17] Teams und Organisationen mit Spielen zu vergleichen. Spiele brauchen Spieler, um gespielt zu werden, aber sie *bestehen* nicht aus den Spielern. Spieler sind ein Stück weit austauschbar, sie können einem Spiel beitreten und es wieder verlassen, ohne das Spiel dabei zu verändern. Spiele haben eine ganze Reihe von Kommunikationsinhalten – es gibt Ziele, Regeln, einen Spielplan, einen Spielstand, also einen inneren Zustand des Spiels, der irgendwie kommuniziert werden muss. Zusätzlich zu diesen formalen Bestandteilen gibt es reihenweise informelle Elemente – Konventionen, Beziehungen der Spieler untereinander, eine Fülle von Erwartungen, wie man sich innerhalb des Spiels zu verhalten hat. Verstöße gegen Regeln und Konventionen ziehen oft Konsequenzen nach sich, selbst wenn sich diese gar nicht im offiziellen Regelbuch finden lassen.

Für Teams bedeutet das, dass ihre „Spieler“ über die Wahl ihrer „Spielregeln“ ein Stück weit ihr eigenes Verhalten als Gruppe lenken und koordinieren können. Je nachdem, ob ein Spiel eher Kooperation oder Wettbewerb belohnt, können Spieler miteinander oder gegeneinander arbeiten und das auch unabhängig von ihren persönlichen Beziehungen tun. Das bedeutet unter anderem, dass die Spieler den Charakter ihres Spiels jederzeit ändern können – es braucht nur eine gemeinsame Entscheidung, nach anderen Regeln zu spielen.

---

[17] Vgl. beispielsweise Simon, Fritz B. (2021). *Einführung in die systemische Organisationstheorie* (eBook, 8. Auflage). Carl-Auer. S. 61 ff.

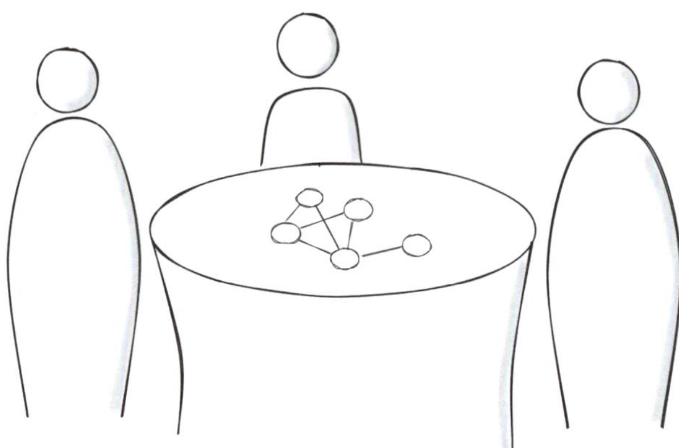

An diesem Punkt wird hoffentlich deutlich, welche Vorteile diese Sicht auf Teams bietet. In vielen Teams wird die Annahme, dass das Teamverhalten einzig und allein durch die Menschen erzeugt wird, nie hinterfragt. Sobald Probleme auftreten, ist der einzige zur Verfügung stehende Lösungsansatz, an den Menschen anzusetzen. Teams versuchen dann, die Persönlichkeit ihrer Mitglieder zu verändern, um sich selbst zu optimieren. Dabei stoßen sie auf Widerstände – natürlich, niemand lässt sich gern von anderen verändern, auch nicht vom eigenen Team. Veränderung über die Erziehung der beteiligten Menschen machen zu wollen, ist langwierig, mühsam und nur selten erfolgreich, und die, die es versuchen, bestärken sich selbst in der Überzeugung, dass Teamarbeit schwierig und anstrengend ist.

Teams bestehen aber nicht aus Menschen, sondern aus Kommunikation. Wir können erst dann effektiv mit Teams arbeiten, wenn wir lernen, an den Menschen „vorbeizuschauen" und die Beziehungen, Erwartungen, Vereinbarungen, also die Spielregeln des Teams, in den Fokus zu nehmen. Teams aufzubauen und zu entwickeln bedeutet, gemeinsame Spielregeln zu etablieren und zu entwickeln. Das ist um ein Vielfaches einfacher, als einander erziehen zu wollen –niemand muss sich in seinem Wesen und seinen Charakterzügen ändern, es gibt nur bestimmte Spielregeln, an die man sich im Kontext des Spiels „Teamarbeit" halten muss. Im Grunde ist das nicht anders, als wenn wir uns im Rahmen von Events, wichtigen Terminen oder in bestimmten Jobs anders anziehen und verhalten. Wir wissen, dass wir nur mitspielen dürfen, wenn wir uns an die Spielregeln halten, und wir können das ohne Weiteres aushalten, weil wir wissen, dass das nur eine Rolle ist, nicht unser „vollständiges" Ich. Ein Team ist ein Sozialkontext, in dem bestimmte Regeln und Verhaltenserwartungen gelten und wir eine entsprechende Rolle spielen, wir machen uns das nur selten wirklich bewusst. Teams als Kommunikationsstrukturen, nicht als Menschengruppe sehen zu können, ist dabei ein wesentlicher Schritt:

> *„Um zu verstehen, was ein Team effektiv macht, müssen wir also lernen, auf der Analyseebene der* ***Gruppe*** *zu denken und zu handeln."*[18]

[18] Hackman, Richard (2002). *Leading Teams.* Harvard Business Review Press. S. 38 (Hervorhebung im Original, Übersetzung des Autors).

„Ein Team und seine Entwicklung kann man besser verstehen, wenn man es als sich selbst organisierendes soziales System ansieht, das innerhalb der gegebenen Rahmenbedingungen und im Laufe der Zusammenarbeit eine eigene Ordnung ausbildet.“[19]

„Statt den Menschen für den Quell allen Organisationsübels zu halten und entsprechend zu bearbeiten, plädieren wir für die Konzentration auf die Organisation und ihre Struktur, für die Anerkennung ihrer Eigenlogiken und die reflektierte Beobachtung der beabsichtigten und unbeabsichtigten Wirkungen der eingesetzten Mittel.“[20]

Wenn ihr sehr aufmerksam wart, ist euch aufgefallen, dass in dieser Sicht meine eigene Definition weiter vorn in diesem Kapitel „falsch“ ist, schließlich habe ich dort von einem Team als einer kleinen Gruppe von Menschen gesprochen. Das stimmt. Ich bin oft im normalen Sprachgebrauch nicht so genau, wie ich sein könnte, und spreche im Alltag von „meinem Team“, wenn ich meine Teammitglieder meine. Das ist nicht schlimm und hat mich bisher nicht an erfolgreicher Zusammenarbeit gehindert. Ich betrachte die Idee vom Team als Kommunikationsstruktur als ein nützliches Hilfsmittel – gewissermaßen eine „Brille“, die man sich aufsetzen kann, um andere Aspekte der Teamarbeit schärfer sehen zu können. Entscheidend ist am Ende, ob man immer dann, wenn es um die Entwicklung des Teams und insbesondere um das Lösen von Problemen geht, die Spielregeln statt der Spieler in den Fokus nehmen kann. Solange das gegeben ist, können wir uns etwas sprachliche Ungenauigkeit an dieser Stelle leisten.

3.1 Teams sind soziale Systeme

Das Schöne an der Betrachtung von Teams als Kommunikationsstrukturen ist, dass wir in der Arbeit mit ihnen auf bestehende Theorien aus der Soziologie zurückgreifen können. Wichtig ist dabei unter anderem die Systemtheorie, besonders in Form der *Theorie sozialer Systeme* in der Tradition Niklas Luhmanns. Die Theorie hier vollständig wiederzugeben, würde den bescheidenen Rahmen dieses Buchs sprengen, es gibt dazu auch schon reichlich Literatur.[21] Stattdessen will ich die für unsere Arbeit mit Teams besonders wichtigen Ideen und Erkenntnisse kurz zusammenfassen.

Die Systemtheorie beschäftigt sich mit Aufbau und Funktionsweise von Systemen. Ein System besteht aus Elementen, die miteinander interagieren. Viele Systeme haben *Rückkopplungen*, also das, was sie tun, hat in irgendeiner Form wieder eine Auswirkung auf sie selbst. Außerdem haben Systeme einen inneren Zustand mit eigenen Regeln

[19] Brinkmann, Babette & Schattenhofer, Karl (2022). *Erfolgreiche Teams in der Selbstorganisation.* Vahlen. S. 6.

[20] Matthiesen, Kai & Muster, Judith & Laudenbach, Peter (2022). *Die Humanisierung der Organisation.* Vahlen. S. 15.

[21] Als Standardwerk etwa Luhmann, Niklas (2021). *Soziale Systeme. Grundriß einer allgemeinen Theorie* (18. Auflage). Suhrkamp. Deutlich zugänglicher ist Sekundärliteratur wie z.B. Willemse, Joop; von Ameln, Falko (2018). *Theorie und Praxis des systemischen Ansatzes: Die Systemtheorie Watzlawicks und Luhmanns verständlich erklärt.* Springer, oder die Einführungswerke von Fritz Simon im Carl-Auer-Verlag.

und Strukturen, die von außen nicht unbedingt erkennbar sind. Das Wetter ist etwa ein System – ob es heute sonnig ist oder regnet, hat direkte Auswirkung auf das Wetter morgen. Bei vielen Systemen steckt der Begriff schon im Namen, etwa beim Ökosystem oder dem Finanzsystem. Aber auch unser Körper ist ein (biologisches) System, genau wie unsere Gedankenwelt (psychisches System). Die Kombination aus Rückkopplung und innerer Struktur kann dazu führen, dass das Verhalten von Systemen auf Außenstehende manchmal überraschend oder unlogisch wirkt – „Wettersturz", „Börsencrash", der „Kollaps" eines Ökosystems sind einige Begriffe, mit denen wir plötzliche, dramatische Veränderungen in Systemen beschreiben.

Diese Fähigkeit zu überraschendem oder unerwartetem Verhalten entsteht aus einigen Grundeigenschaften komplexer Systeme. Sie sind:

- *intransparent,* ihre Eigenschaften und internen Abläufe sind also von außen nicht beobachtbar,
- *nichtlinear,* was bedeutet, dass kleine Ursachen große Wirkung haben können, und umgekehrt,[22]
- *dynamisch*, sie verändern also ihren Zustand und sogar ihre innere Logik selbstständig über die Zeit,
- *vielzielig* („polytelisch"), sie verfolgen also in der Regel mehrere, sich oft gegenseitig widersprechende Zwecke gleichzeitig.

Kommen uns diese Eigenschaften im Hinblick auf Teams bekannt vor? Teams sind *soziale* Systeme, in denen Interaktion stattfindet, die interne Regeln und Strukturen haben, und deren Verhalten wieder auf sich selbst einwirkt. Wie andere Kommunikationssysteme auch, sind sie gegenüber ihrer Umwelt gleichzeitig offen und geschlossen – sie nehmen von außen Reize und Impulse auf, aber ihr Verhalten wird durch innere Strukturen und Prozesse bestimmt. Wie ein Team agiert und reagiert, bestimmt es immer ein Stück weit selbst – natürlich werden Aktionen und Entscheidungen des Teamumfelds aufmerksam beobachtet, diskutiert, verarbeitet und mit kollektivem Handeln beantwortet, aber genauso, wie niemand in den Kopf eines anderen „hineindenken" kann (die Gedanken sind frei!), ist auch ein Team am Ende nie wirklich kausal steuerbar. Weil dieser Punkt für die Arbeit mit Teams fundamental wichtig ist, hier noch mal unmissverständlich:

Egal wie viel Macht, Einfluss oder Können andere mitbringen, das Team entscheidet sein Verhalten selbst!

Jeder realistische und erfolgversprechende Umgang mit Teams beginnt damit, diese Teilautonomie zu respektieren. Das bedeutet nicht, dass wir keine klaren Erwartungen an ein Team haben dürfen, ganz im Gegenteil. Wertvoll können Teams aber nur dann sein, wenn sie autonom handeln und auf andere Lösungen und andere Herangehensweisen kommen können als ihre Auftraggeber. Diese Eigensinnigkeit ist kein „Nachteil" von Teams, sondern ihre zentrale Stärke. Warum würden wir ein Team darauf

[22] Die sogenannte „Chaostheorie" und der „Schmetterlingseffekt" dürften vielen ein Begriff sein, beide Konzepte sind eng mit der Systemtheorie verwandt. Während sich die Chaostheorie mit dem Entstehen von Unordnung beschäftigt, fragt die Systemtheorie unter anderem danach, wie unter komplexen Bedingungen vorhersagbare Ordnung, Strukturen und Gleichgewichte entstehen.

begrenzen wollen, nur so kreativ, kompetent und leistungsfähig sein zu können wie diejenigen, für die es arbeitet?

Die Außengrenze des Systems

Teams sind eigenständige Systeme mit eigenem Verhalten. Die einzige Ausnahme von dieser Unabhängigkeit, sowohl bei Lebewesen als auch bei Teams, ist Zerstörung, also destruktive Eingriffe von außen in die interne Struktur. Solche Schritte haben ernste Konsequenzen und sind in der Regel nicht rückgängig zu machen, daher sollten externe Eingriffe als *Ultima Ratio* auch bei Teams sehr sorgfältig überlegt sein.

Die Außengrenze eines Systems bekommt in der Systemtheorie besondere Aufmerksamkeit. Jedes System lebt innerhalb einer Umwelt, und muss, um überhaupt eine von dieser Umwelt separate Existenz behaupten zu können, einen Unterschied zwischen sich selbst und der Umwelt aufbauen und erhalten. Wenn wir Menschen, Teams oder auch ganze Organisationen bei ihrem Handeln beobachten, fällt uns schnell auf, wie viel Energie immer wieder in die Definition der eigenen Identität gesteckt wird. Wer bin ich? Wer sind wir? Was gehört zu uns, was nicht? Was macht uns einzigartig? Was ist unsere Aufgabe? Wie verstehen wir uns selbst? Diese Identitätssuche ist keine Selbstbespaßung, sondern für das soziale System überlebenswichtig, ähnlich der Zellmembran der Zelle, oder der Haut unseres Körpers. Ohne Abgrenzung und Identität kann sich keine schützende Hülle bilden, der Verantwortungsbereich bleibt unklar, der interne Zusammenhalt geht verloren, das Team löst sich in der umgebenden Organisation auf. Verlust oder Nichtdefinition einer Außengrenze stellen für das Team immer schwere Krisen dar.

Als Beispiel können wir ein Team betrachten, welches aus besonders fähigen Mitarbeitern unterschiedlicher Abteilungen zusammengesetzt ist, um ein schwieriges Problem zu lösen. Weil die Teammitglieder in ihren jeweiligen Heimatabteilungen spürbare Lücken hinterlassen haben, nehmen diese ihre Kolleginnen und Kollegen immer wieder direkt in Anspruch, ohne das mit irgendjemandem sonst aus dem Team abzusprechen. Das Umfeld respektiert also das Team nicht als eigenständige Struktur, sondern beansprucht einen direkten Zugriff auf einzelne Teammitglieder. Für Teammitglieder kann es schwierig sein, solche Seitenaufträge abzuwehren, da es zu ihren jeweiligen Abteilungen weiterhin eine starke Bindung gibt. Gleichzeitig kann sich unter diesen Umständen kaum ein gemeinsames Verantwortungsgefühl entwickeln. Wird die Außengrenze des Teams immer wieder missachtet, kann es sozial nicht zusammenwachsen, Teambildungsmaßnahmen scheitern, das Team zerfällt zu einer Gruppe von Einzelkämpfern. Um als Team zu überleben, muss die Gruppe einen Weg finden, Anfragen an einem zentralen Ort zu bündeln und gemeinsam zu bearbeiten, was auf die Umwelt schnell wie Eigensinn oder sogar Illoyalität wirken kann.

Wie die Außengrenze eines Teams bewusst gestärkt werden kann, besprechen wir in späteren Abschnitten noch einmal. Interessant ist an dieser Stelle ein grundsätzlicher Interessenkonflikt: während das Team einerseits versucht, sich von seiner Umwelt abzugrenzen und Unterschiede zu definieren, ist es andererseits auf genau diese Umwelt zum Überleben angewiesen. Ohne eine laufende externe Versorgung mit Arbeitszeit, Geld und anderen Ressourcen wäre das Team auf Dauer nicht arbeitsfähig. Die Umwelt – ein

Organisationsbereich, ein Marktumfeld, oder eine Gruppe von anderen Teams und Personen – knüpft wiederum Bedingungen an diese Versorgung. So kann etwa vom Team erwartet werden, sich in bestehende Prozesse zu integrieren, regelmäßig Arbeitsergebnisse zu liefern, Informationen bereitzustellen oder sich an größeren Zielbildern und Strategien zu orientieren. Für manche Teams, etwa in Start-ups, ist es sogar eine zentrale Aufgabe, die Bedingungen zu ermitteln, unter denen die Umwelt das Team am Leben zu halten bereit ist – weil Kunden noch gefunden werden wollen, für die man eine Leistung erbringen könnte.

Cornelia Edding und Karl Schattenhofer fassen dieses Spannungsfeld an ein Team in drei fundamentalen *Teamanforderungen* zusammen:[23]

- es muss die Aufgabe erfüllen oder die Leistung erbringen, zu der es gegründet wurde,
- es muss ausreichend Nutzen für die eigenen Teammitglieder erzeugen, um es zu rechtfertigen, dass diese Zeit und Energie in die Teamarbeit investieren,
- es muss interne Strukturen, Regeln und Normen ausbilden, über die es die anderen beiden Anforderungen erfüllen kann, also sich selbst organisieren.

Teil dieser internen Strukturarbeit ist unter anderem, gleichzeitig eine Integration in, und eine Abgrenzung gegenüber der eigenen Umwelt zu schaffen, also eine nützliche, aber eben auch autonome Einheit zu werden. Auf der einen Seite ist es für das Team essenziell, eine eigene Identität zu konstruieren, einen eigenen Verantwortungsbereich gegenüber anderen abzustecken, und sich die Entscheidung vorzubehalten, ob und welche externen Erwartungen es erfüllt. Andererseits hängt sein Überleben als System davon ab, sich in die Umwelt so gut es geht zu integrieren und für sie so wertvoll zu sein, dass es weiterhin mit notwendigen Ressourcen versorgt wird. Es ist offensichtlich, dass diese Anforderungen an das Team grundsätzliche Spannungsfelder erzeugen und Interessenkonflikte aufwerfen. Die Arbeit im Team besteht daher immer wieder darin, zwischen widersprüchlichen Erwartungen eine Balance zu finden und unter dynamischen Umständen aufrechtzuerhalten.

Für uns ist wichtig, dass wir uns das Team nicht als „im luftleeren Raum schwebend“ vorstellen dürfen. Solange wir versuchen, das Team in Isolation von seiner Umwelt zu betrachten, können wir seine Handlungen und Ereignisse nicht verstehen. Die Umwelt will immer mitgedacht werden. Es braucht eine bewusste, zusätzliche gedankliche Anstrengung, um das Team und seine äußeren Einflüsse gemeinsam vor unser geistiges Auge zu rufen, aber diese Anstrengung ist notwendig. Das Team wird durch seine Umwelt „sozialisiert“ wie ein Lebewesen, und genau wie wir Menschen nicht verstehen können, ohne ihr soziales Umfeld im Blick zu haben, können wir Teams nicht verstehen, ohne sowohl ihr Innenleben als auch ihre Umwelt zu beobachten.

23 Edding, Cornelia & Schattenhofer, Karl (2020). *Einführung in die Teamarbeit* (3. Aufl.). Carl-Auer. S. 13.

3.2 Das Individuum im Team

In der Beziehung zwischen Team und Teammitglied stellt sich die Frage nach Abgrenzung und Integration erneut. Vom Teammitglied wird erwartet, nicht nur seine Arbeitsleistung zur Verfügung zu stellen, sondern sich auch so in das Team und seine Strukturen zu integrieren, dass das Team seine Mitgliedschaft weiterhin rechtfertigen kann. Andererseits müssen Team und Teammitglied stets getrennte Dinge bleiben – verbunden, aber eigenständig. Für das Teammitglied ist es wichtig, seine Eigenständigkeit und Identität zu bewahren und eine klare Auswahl zu treffen, was es gegenüber dem Team zeigt und was nicht.

Wir müssen unterscheiden zwischen einem „team-öffentlichen" Teil eines Teammitglieds, also dem, was er oder sie gegenüber dem Team bekannt macht, und einem privaten Teil, der für das Team nicht zugänglich ist. Man muss an dieser Stelle betonen, dass die Existenz dieser Systemgrenze für beide Seiten ein *Vorteil* ist. Sie macht es möglich, dass Menschen erfolgreich miteinander arbeiten, die privat völlig inkompatibel wären, und dass das Team fokussiert an einer gemeinsamen Aufgabe arbeiten kann, anstatt sich um die privaten Probleme seiner Mitglieder kümmern zu müssen. Erfolgreiche Wertschöpfung setzt voraus, dass die Beteiligten Teile ihres Lebens aus der Zusammenarbeit heraushalten und ausblenden können.

Für die Arbeit im Team hat das einige wichtige Konsequenzen. Zum einen sollte sich das Team bewusst machen, dass es von seinen Teammitgliedern immer nur bestimmte, sorgfältig auf das Arbeitsumfeld abgestimmte Facetten gezeigt bekommt. Wir Menschen sind sehr gut darin, unser Verhalten an unterschiedliche soziale Kontexte anzupassen – so kommt es, dass wir uns auf einem Rockkonzert ganz anders verhalten als auf einem Opernball, und dass sich Menschen privat anders verhalten als an ihrer Arbeit. Wenn wir also das Verhalten von anderen verstehen wollen, ist die richtige Frage nicht „Warum ist dieser Mensch so?", sondern „Warum denkt dieser Mensch, sich *uns gegenüber* so verhalten zu müssen?"

Teammitglieder wiederum sind laufend gefragt, eine Balance zwischen Anpassung und Abgrenzung gegenüber dem Team zu finden. Anpassung ist in dem Sinne notwendig, dass Teammitglieder den Erwartungen des Teams entsprechen müssen, um Mitglieder bleiben zu können. Abgrenzung bedeutet, Teile des eigenen Lebens aus dem Einflussbereich des Teams herauszuhalten. Es ist normal, dass diese Balance mal mehr, mal weniger gut gelingt. Schwierig wird es immer dann, wenn Ereignisse aus einem privaten Kontext in den Arbeitsalltag ausstrahlen oder umgekehrt, oder wenn sich die Kontexte plötzlich mischen, etwa weil die eigene Familie am Tag der offenen Tür zu Besuch ist und mit einem Mal zwei verschiedene Verhaltensweisen gleichzeitig von derselben Person erwartet werden.

Diese Balance zu finden, liegt natürlich in der Verantwortung des Teammitglieds, nicht des Teams. Erfolgreiche Teams verstehen und unterstützen aber diese Prozesse. Nur Sekten verlangen die vollständige Auflösung ihrer Mitglieder in das Kollektiv – Teams dagegen respektieren, dass Teammitglieder nicht alle Aspekte ihres Lebens mit ihnen teilen werden, und dass die Grenze auch immer wieder neu gezogen werden muss. Beispielsweise bietet ein Teammitglied, welches im Meeting sagt „Ich habe gerade privat Stress", eine *Abgrenzung* an. Der Satz ist das Angebot an das Team, ein gewisses Maß an Emotionalität oder sogar Unzuverlässigkeit zu ignorieren, weil die Quelle dafür außerhalb des Teams liegt. Es ist kein Thema, um das das Team sich kümmern muss, es sei denn, es möchte es. Paradoxerweise ist also das, was wir als „sich öffnen" bezeichnen, oft eine Stärkung der Systemgrenze zwischen Team und Individuum.

Diese Prozesse bewusst durchzuführen und zu akzeptieren, ist für das soziale Miteinander im Team enorm wichtig. Raum für das Teilen privater Informationen und ihrer Verarbeitung anzubieten, habe ich immer wieder als sehr hilfreich erlebt. Dabei geht es nicht darum, dass das Team ein „Anrecht" auf das Privatleben hätte (oder umgekehrt, sich darum kümmern müsste), sondern darum, dass es einfach etwas Zeit in Anspruch nimmt, eine gesunde Grenze zwischen Arbeit und Privatem zu finden und zu pflegen.

Es gibt noch einen anderen Vorteil, den das Team daraus zieht, das restliche Leben seiner Mitglieder ein Stück weit auszublenden. Es macht es uns möglich, mit Menschen zusammenzuarbeiten, mit denen wir ansonsten niemals Zeit verbringen oder befreundet sein würden. Was jemand in seiner Freizeit tut, wie jemand sich im Kreis seiner Familie oder seiner Freunde verhält, ist für eine konstruktive Zusammenarbeit irrelevant. Nur das Verhalten im Arbeitskontext spielt eine Rolle. Klar, wenn man schon persönlich sehr gut zurechtkommt, ist die Zusammenarbeit oft bedeutend leichter. Aber wir können uns unser Arbeitsumfeld nicht nur nach persönlicher Sympathie aussuchen. Ich habe über die Jahre mit unzähligen Menschen erfolgreich gearbeitet, bei denen ich überhaupt kein Interesse hatte, sie auch außerhalb der Arbeit kennenzulernen. Sie waren anders, ich war anders, und beides war in Ordnung. Für eine Freundschaft war keine Basis gegeben, aber wir konnten trotzdem wunderbar miteinander arbeiten, weil wir uns gegenseitig akzeptiert haben wie wir waren, und uns darauf fokussiert haben, gemeinsam auf ein Ergebnis hinzuarbeiten.

Auf manche Menschen wirkt diese gesamte Betrachtungsweise vielleicht kühl oder distanziert. Hier und da wird der Wunsch geäußert, die Grenze zwischen Arbeit und Privatem weitgehend aufzulösen, damit Teammitglieder „als ganze Menschen" bei der Arbeit sein können. Ich habe diese Trennung immer als respektvolles Akzeptieren des Gegenübers und seines Rechts auf Privatsphäre wahrgenommen. Es gibt einfach Bereiche des Lebens der Teammitglieder, auf die wir kein Zugriffsrecht haben sollten, und die das Team auch gar nicht sinnvoll verarbeiten könnte. Kai Matthiesen, Judith Muster und Peter Laudenbach formulieren es etwas schärfer:

> *„Management-Methoden, die darauf zielen, die Barrieren zwischen Mensch und Organisation einzureißen, sind nichts anderes als Anleitungen zur Übergriffigkeit."*[24]

Systemtheoretisch inspirierte Arbeit im Team bedeutet deshalb auch, das Innenleben der beteiligten Menschen ein Stück weit auszuklammern und uns auf das Verhalten im Kontext des Teams zu beschränken. In Anlehnung an die Spielmetapher werden Teammitglieder, insbesondere ihr Privatleben, daher manchmal als „innere Umwelt"[25] des Teams bezeichnet, in Abgrenzung zur äußeren Umwelt, dem Rest der Organisation. Diese Abgrenzung bedeutet nicht, dass Menschen im Arbeitskontext nicht wichtig wären, sondern dass uns das, was im Kopf eines Menschen neben der Arbeit abläuft, in erster Linie nichts angeht.

---

[24] Matthiesen, Kai & Muster, Judith & Laudenbach, Peter (2022). *Die Humanisierung der Organisation*. Vahlen. S. 28.

[25] Z.B. Edding, Cornelia & Schattenhofer, Karl (2020). *Einführung in die Teamarbeit* (3. Aufl.). Carl-Auer. S. 15 ff.

3.3 Erwartungen – Grundbausteine sozialer Beziehungen

„Erwartungen geben dem System Struktur
und sind der Zement, der das System zusammenhält."
Joop Willemse, Falko von Ameln[26]

Eine letzte Ebene tiefer dürfen wir noch tauchen, bevor wir den Block über systemtheoretische Ideen abschließen können. Wir haben zwar festgehalten, wie das Team mit dem einzelnen Teammitglied zusammenhängt, aber nicht umgekehrt. Die Theorie sozialer Systeme ist eng verwandt mit dem philosophischen Denkansatz des *Konstruktivismus*. Der Grundgedanke dabei ist, dass wir als lebende, denkende Wesen unsere Wirklichkeit nicht beobachten, sondern *konstruieren*. Wir nehmen Dinge wahr, erklären sie uns, und bilden daraus ein Modell, welches uns die Welt erklärt. Wir sind die Hauptfigur unserer eigenen Geschichte, und in unserer Geschichte sind die Rollen klar verteilt. Den besten Kaffee gibt es gegenüber vom Bahnhof, unsere Kollegin Sandra ist unsere Freundin und Verbündete und geht gern mit uns Wein trinken, unser Chef ist ein selbstgerechter Egomane und hat es auf uns persönlich abgesehen. Die Wirklichkeit von Sandra und unserem Chef sieht jeweils komplett anders aus, und ganz sicher sind wir in ihren Geschichten nicht die Hauptfigur, vielleicht sogar der Bösewicht. Aber wir leben eben in unseren selbst gebastelten Überzeugungen, nicht in ihren.

Das bedeutet, dass der entscheidende Faktor, der unser Handeln bestimmt, unsere *mentalen Modelle* sind.[27] Besonders wichtige Teile unserer mentalen Modelle sind *Erwartungen* – also wie wir uns unsere Zukunft und die Zukunft unserer Umwelt vorstellen. „Erwartung" ist ein etwas unscharfer Begriff und kann je nach Kontext mal die *Antizipation* von etwas, mal den *Wunsch* nach etwas ausdrücken:

Eine antizipative Erwartung ist die Überzeugung, dass etwas bestimmtes passieren oder nicht passieren wird: „Ich erwarte noch einen Anruf."

Eine normative Erwartung ist der Wunsch, dass etwas bestimmtes passieren oder nicht passieren wird: „Ich erwarte, dass du mich anrufst, wenn du angekommen bist."

Selbst wenn wir den Erwartungen unserer Mitmenschen gerecht werden wollen, sind diese für uns leider nicht zugänglich – sie sind ja in den Köpfen der anderen, und dort können wir sie nicht direkt „lesen". Wir Menschen lösen das darüber, dass wir nicht nur Erwartungen haben – an uns selbst, an unser Team und die übrigen Mitglieder – sondern auch *Erwartungs-Erwartungen* bilden, also mentale Modelle der Erwartungen, die andere an uns haben könnten.

Eine Erwartungs-Erwartung ist eine Annahme darüber, welches Verhalten unsere Mitmenschen im aktuellen Kontext von uns erwarten oder zumindest akzeptieren werden – also die Antizipation normativer Erwartungen von anderen an uns.

---

[26] Willemse, Joop & von Ameln, Falko (2018). *Theorie und Praxis des systemischen Ansatzes.* Springer. S. 70 ff.

[27] Zum Konzept mentaler Modelle besonders lesenswert Senge, Peter (2017). *Die fünfte Disziplin.* 11. Auflage. Schäffer-Poeschel. Kapitel 9.

Ein Problem mit Erwartungs-Erwartungen ist, dass sie meistens unbewusst und unhinterfragt bleiben. Sie sind einfach Teil unserer Weltkonstruktion, *für uns ist das so*, bis zu dem Moment, wo es plötzlich doch anders ist und wir aus allen Wolken fallen. Sätze wie „Ich dachte, du freust dich" markieren den Moment, in dem eine Erwartungs-Erwartung offensichtlich nicht mehr zur Realität passen will. Wenn sich herausstellt, dass Sandra weder uns noch Rotwein besonders gern mag, sind wir gekränkt und verunsichert – nicht nur, weil wir unsere Abende jetzt anders verbringen müssen, sondern weil uns vor Augen geführt wird, dass unser Verständnis der Welt nicht so zuverlässig ist wie wir dachten, und wir uns fragen müssen, bei was wir noch alles falsch liegen könnten.

Als Menschen kennen wir dieses Phänomen auch im Zusammenhang mit unterschiedlichen Kulturen: Wir nehmen die Verunsicherung sehr deutlich wahr, wenn wir uns plötzlich in einem anderen sozialen Umfeld bewegen, in dem Erwartungen an uns gerichtet werden, die wir nicht verstehen. Wir haben ein eigenes Wort – „Kulturschock" – für die unsanfte Erfahrung, sich auf die eigenen Erwartungs-Erwartungen nicht mehr verlassen zu können. Das offensichtliche Beispiel sind Reisen in ferne Länder, aber auch zwischen unterschiedlichen Teams kommt schon einiges an wahrnehmbaren Kulturunterschieden zusammen. Nichts anderes ist das Gefühl beim ersten Date, beim Kennenlernen der potenziellen Schwiegereltern, in einem neuen Job oder anderen gesellschaftlichen Gruppen. Unser Bauchgefühl lässt uns wissen, dass unsere Erwartungs-Erwartungen, unsere mentalen Modelle über das richtige Auftreten, in dieser Situation nicht so belastbar sind wie sonst. Das vertraute Miteinander, was sich in Beziehungen, Freundschaften, aber auch in Teams über die Zeit einstellt, bedeutet also im Grunde nur, dass unsere Erwartungs-Erwartungen mit den tatsächlichen Erwartungen der anderen so weit angeglichen worden sind, dass wir sie als belastbar und vertrauenswürdig empfinden:

Das, was wir Teamgefühl nennen, ist ein Zustand, in dem gegenseitige Erwartungen und Erwartungs-Erwartungen so weit geklärt und ausverhandelt wurden, dass Teammitglieder konstruktiv miteinander arbeiten und Verantwortung für gemeinsame Leistung und Ergebnisse übernehmen können.

Dieses Vergleichen und Angleichen von Erwartungen und Erwartungs-Erwartungen sanft anzustoßen und in geordnete Bahnen zu lenken ist der Kern dessen, was wir „Teamentwicklung" nennen. Wir können diesen Prozess *Erwartungsabgleich* nennen. Ob er erfolgreich verläuft, ist entscheidend dafür, ob eine Gruppe als Team zusammenwächst. Ob Maßnahmen zur Teamentwicklung spürbare Wirkung entfalten, hängt meistens davon ab, ob sie einen Erwartungsabgleich im Team fördern, oder nicht.

Die „Strukturen", von denen wir im letzten Abschnitt beim Thema Selbstorganisation gesprochen haben, sind ebenfalls nichts anderes als gemeinsam definierte Erwartungen. Ein Meeting ist schließlich kein Gegenstand, sondern nur eine Vereinbarung, sich zu bestimmten Zeiten für bestimmte Gesprächsthemen zu treffen. Strukturen des Teams sind feste und längerfristige Erwartungen, die das Team ausdrücklich vereinbart. So gesehen, bedeutet Selbstorganisation im Team nicht mehr und nicht weniger, als dass das Team seinen eigenen Erwartungskontext bewusst gestaltet: Es legt gemeinsam fest, welches Verhalten seine Teammitglieder im Kontext „Team" voneinander erwarten.

Erwartungen, auch gemeinsam festgelegte, „steuern" Verhalten natürlich nicht. Teammitglieder können sie missachten und tun das im Alltag auch hin und wieder, oft aus guten Gründen. Erwartungen legen aber bestimmtes Verhalten als erwünscht und vereinbart fest und nehmen dadurch großen Einfluss auf das tägliche Geschehen:

> *„Ist erst einmal ‚versprochen', Erwartungen zu erfüllen, muss die Enttäuschung dieser Erwartungen begründet werden. Das steigert die Wahrscheinlichkeit ihrer Erfüllung. […] Wer den Erwartungen entspricht, braucht dies nicht zu rechtfertigen. Sein Handeln erscheint selbstverständlich und sinnvoll, es ist ‚anschlussfähig', das heißt, alle anderen wissen auch, was sie zu tun haben."*[28]

Wenn man es mit dem Konstruktivismus ganz genau nimmt, muss man eigentlich anzweifeln, ob es in Teams überhaupt so etwas wie ein „gemeinsames Verständnis" gibt. Am Ende verstehen Teammitglieder die Nuancen einer Aussage immer leicht unterschiedlich, setzen Prioritäten anders, lesen individuellen Subtext in das, was passiert. Für die meisten alltäglichen Situationen ist diese Rest-Unschärfe im gemeinsamen Verständnis aber kein Problem, und im weiteren Verlauf dieses Buchs werden wir – für bessere Anwendbarkeit – einfach so tun, als könnten wir uns vollständig und unmissverständlich auf Dinge einigen.

Für den Fall, dass im Team Probleme auftauchen sollten, ist dieser Grundsatz aber absolut zentral: Jeder arbeitet mit seiner eigenen Wirklichkeit, und wir haben keinen Zugang zu den Köpfen der anderen! „Du musst es doch so sehen wie ich" ist als Ansatz grundsätzlich zum Scheitern verurteilt, weil unser Gegenüber das gar nicht leisten kann, selbst wenn er oder sie das will. Erfolgreiches menschliches Miteinander – auch außerhalb von Teams – basiert immer darauf, die Autonomie und Eigenständigkeit unserer Mitmenschen und ihrer Wirklichkeitskonstruktionen zu respektieren, und Erwartungen anzugleichen, anstatt in das Wesen und die Persönlichkeit unserer Mitmenschen eingreifen zu wollen.

---

28 Simon, Fritz B. (2021). *Einführung in die systemische Organisationstheorie* (eBook, 8. Auflage). Carl-Auer. S. 59.

Wie kann das Team das anwenden?

Eine gute Übung für ein Team ist, diesen Erwartungsabgleich einmal ausdrücklich durchzuführen. Hierzu können Teammitglieder und anwesende weitere Beteiligte für sich sechs Fragen (schriftlich) beantworten:

- Was brauche ich, um meine Arbeit gut machen zu können?
- Welche Erwartungen habe ich an die anderen allgemein, bzw. an spezielle Rollen wie etwa Teamleitung, Auszubildende…?
- Was erwarte ich von den anderen nicht?
- Welche Erwartungen an mich vermute ich bei den anderen?
- Welche davon kann ich erfüllen, welche nicht?
- Was kann und möchte ich den anderen von mir aus anbieten?

Anschließend werden die Antworten miteinander abgeglichen und besprochen. Passen Selbst- und Fremderwartungen grundsätzlich zusammen? Sind die Erwartungen der anderen für alle erfüllbar und akzeptabel? Gibt es irgendwo Lücken zwischen Erwartungen und Angeboten? Bei größerer Uneinigkeit kann das Team anschließend Entscheidungen treffen, wie mit ihnen umzugehen ist, allein der Dialog über Erwartungen bringt das Team aber meistens schon weiter.

4. Weitere wichtige Konzepte

4.1 Das Menschenbild

„Misstrauen ist wahrscheinlich das größte Problem in schlecht funktionierenden Abläufen."
Karen Phelan[29]

Vor einigen Jahren war bei einem Innovationslabor, mit dem ich regelmäßig zu tun hatte, eine Gruppe von Geschäftsführern der Sparkassen zu Gast, um sich über Innovation und moderne Formen der Zusammenarbeit zu informieren und inspirieren zu lassen. Ich war für einen halbstündigen Austausch eingeladen. Wir hatten ein angenehmes und tiefgründiges Gespräch über Führung, Teamarbeit und Arbeitsorganisation. Gegen Ende der Zeit fragte mich einer der Gäste: Wenn ich der Gruppe noch eine Botschaft für ihren Arbeitsalltag mitgeben wollen würde, welche wäre das?

Draußen ging hinter den Hochhäusern der Frankfurter Skyline langsam die Sonne unter. Für einen Moment war es still im Raum.

„Wissen Sie," begann ich, „Sie sind hierhergekommen, um mehr Kreativität, neue Ideen, vielleicht auch etwas mehr Leistung in ihre Organisationen zu bringen – und das ist gut. Externe Impulse sind wichtig. Ich hoffe aber, dass Sie darüber nicht verges-

[29] Phelan, Karen (2013). *I'm Sorry I Broke Your Company.* Berrett-Koehler Publishers. Kapitel 2 (Übersetzung des Autors).

sen, was Sie alles in ihren eigenen Banken schon haben. Die Menschen, die mit Ihnen arbeiten, haben Sie seinerzeit eingestellt, weil sie kreative, intelligente, motivierte, manchmal auch kritische Individuen sind. Ich habe heute gehört, dass viel Arbeit auf sie wartet, um ihre Sparkassen fit für die Zukunft zu machen. Und ich bin mir sicher, dass die Menschen, die bei Ihnen arbeiten, genau die Richtigen sind, um diese Herausforderungen mit Ihnen zu meistern, wenn Sie sie in die Lösungsfindung mit einbeziehen. Es ist gut, sich ab und zu mal bei anderen umzuschauen, auch bei uns. Aber am Ende wird für Sie erfolgsentscheidend sein, ob sie ihre eigenen Mitarbeitenden als Partner und Verbündete sehen und behandeln können."

An den nickenden, nachdenklichen Gesichtern konnte man die Gedanken der Teilnehmer fast schon ablesen: Stimmt, ich bin nicht allein mit meinen Herausforderungen. Ich habe lauter Menschen, die mir helfen können. An die hatte ich noch gar nicht gedacht...

Ich verstehe dieses Buch als Arbeits- und Praxiswerkzeug, und als solches soll es sich auf konkret umsetzbare Ideen und Erfahrungsberichte konzentrieren, anstatt mit dem erhobenen Zeigefinger zu argumentieren. Es gibt aber einen wichtigen Punkt, auf den ich an dieser Stelle hinweisen muss:

Die absolute und unverhandelbare Arbeitsgrundlage selbstorganisierter Teams ist die Überzeugung, von intelligenten, kreativen und kompetenten Menschen umgeben zu sein, die gute Arbeit machen wollen.

Der Grund dahinter ist einfach: Wenn wir unsere Teammitglieder für dumm oder inkompetent halten würden, wäre es ja unlogisch, ihnen auch noch Einfluss auf die Spielregeln und Arbeitsprozesse zu geben. Besser wäre es, einen halbwegs kompetenten Menschen zu finden, der sie anleitet und kontrolliert – oder besser noch, selbst in eine Position zu kommen, von der aus man das tun kann. Mit zunehmend kleinteiliger Anleitung und Kontrolle konzentriert sich natürlich auch die Verantwortung für das Geschehen mehr und mehr bei der Leitungsposition, die diese nur wahrnehmen kann, indem sie noch kleinteiliger anleitet und kontrolliert. Gleichzeitig entwickeln die Mitarbeitenden zunehmende Gleichgültigkeit ihrer Arbeit gegenüber, bei der sie ja weder mitbestimmen noch dafür Verantwortung übernehmen dürfen...

Ursprung dieses unsinnigen Teufelskreises aus Kontrolle auf der einen und Lethargie auf der anderen Seite ist ein sehr persönlicher und emotionaler Faktor: Misstrauen, und zwar ein grundsätzliches Misstrauen, ob die Menschen im Team wirklich bereit und fähig sind, gute Arbeit zu leisten und Verantwortung zu übernehmen. Wer hier Zweifel hat, dem bleibt als Verhaltensweise außer Weisung und Kontrolle kaum etwas übrig.

Konsequent weitergedacht, führt diese Art von Misstrauen schnell in absurde Schlussfolgerungen. Manchmal begegnet mir im Kontext Selbstorganisation als Einwand: „Schöne Ideen, aber mit unseren Mitarbeitern würde das nie funktionieren – die sind derart faul und verantwortungslos, da ginge das sofort schief". Ich frage mich dann: Selbst, wenn das stimmen sollte, waren die Menschen schon so faul und verantwortungslos, als man sie eingestellt hat? Wenn ja (unwahrscheinlich), warum hat man sie dann eingestellt? Wenn nein, wie kann es sein, dass die Organisation ihnen in der Zwischenzeit Faulheit und Verantwortungslosigkeit beigebracht hat, zumal die Arbeitsbedingungen in aller Regel ja genau in der Verantwortung derjenigen liegen, die diesen Einwand vorbringen? Aber im Grunde spielt das alles keine Rolle.

Eigentlich ist die Frage, wie die anderen Menschen denn nun *wirklich* sind, irrelevant. Unser Verhalten wird durch unsere eigenen Überzeugungen geprägt. Entscheidend ist, wie wir andere Menschen betrachten und ob wir uns dabei auf Vertrauen oder auf Misstrauen stützen. Egal wofür wir uns entscheiden, unsere Überzeugungen neigen dazu, selbsterfüllende Prophezeiungen zu werden. Zirkuläre systemische Effekte sorgen dafür, dass wir das beobachten werden, was wir erwarten. Wer sein Team für unfähige Idioten hält, wird sie auch so behandeln und vermutlich destruktives und desinteressiertes Verhalten ernten. Wer seine Kolleginnen und Kollegen dagegen als fähig und vertrauenswürdig ansieht, wird ihnen respektvoll und anerkennend begegnen, was es wahrscheinlicher macht, dass sie das mit Engagement und Eigeninitiative honorieren.[30]

Selbstverständlich darf man glauben, was immer man möchte – auch für Misstrauen wird es wahrscheinlich nachvollziehbare Gründe geben. Dabei sollte nur jedem bewusst sein, dass diese tiefsitzenden Überzeugungen Konsequenzen nach sich ziehen. Sie wirken sich darauf aus, wie wir Situationen wahrnehmen, was wir denken, wie wir handeln, welche Strukturen wir schaffen. Wir behandeln Menschen so, wie *wir* denken, dass sie sind. Wenn wir wollen, dass unsere Teams Verantwortung übernehmen, müssen wir ihnen mit der Überzeugung begegnen, dass sie intelligent, kompetent und motiviert sind, und ihnen entsprechende Rahmenbedingungen zur Verfügung stellen – denn nichts bringt intelligente, kompetente und motivierte Menschen schneller an den Rand der Frustration, als sich mit Kontroll- und Misstrauensstrukturen herumschlagen zu müssen, die ihnen ständig unmissverständlich zu verstehen geben, dass man sie für unfähig und verantwortungslos hält.

All das bedeutet nicht, dass Menschen keine Fehler machen oder sich auch mal unkonstruktiv verhalten dürfen! Sich manchmal zu irren, Unsinn zu fabrizieren oder einen Moment lang emotional und destruktiv zu sein, gehört zum Menschsein dazu. Ein positives Menschenbild zu pflegen, bedeutet nicht, naiv davon auszugehen, dass jeder zu jeder Zeit alles richtig macht, sondern dass grundsätzlich Wille und Bereitschaft gegeben sind, einen guten Job zu machen. Die in diesem Buch beschriebenen Arbeitsweisen sind in jedem Fall mit Misstrauen und Kontrollbedürfnissen nicht kompatibel. Wer nicht bereit ist, seinen Mitmenschen und Mitarbeitenden zumindest gute Absichten zu unterstellen, wird Selbstorganisation im Team wohl eher nicht erfolgreich einsetzen können.

Ein letzter Punkt noch: In Weiterbildungen lasse ich gelegentlich Teilnehmende sich und ihr Umfeld danach bewerten, wie sehr sie den besprochenen Grundannahmen von Kompetenz und Motivation entsprechen (siehe folgende Übung). Während die überwiegende Mehrheit sich und ihr direktes Umfeld klar auf der positiven Seite einordnen, geben mehr als zwei Drittel eine pessimistische Rückmeldung über die Strukturen der Organisation, sprich: Regeln ihrer Organisationen sind (in ihrer Wahrnehmung) auf der Annahme gebaut, dass Menschen von außen kontrolliert und zu Leistung motiviert werden müssten, obwohl die Eigenwahrnehmung *aller* Befragten ganz klar in eine andere Richtung zeigt.

30 Hierzu sehr lesenswert: McGregor, Douglas (1960). *The Human Side of Enterprise*. McGraw-Hill Professional.

Wie kann es sein, dass derart pessimistisch auf Strukturen geblickt wird, obwohl selbst die Führungskräfte in diesen Organisationen oft ein ausgeprägt positives Menschenbild haben? Mir scheint, Misstrauen hat eine unselige Tendenz, in die Strukturen der Organisation hineinzusickern, wo sie dann genau den Menschen das Leben schwer macht, denen wir doch am liebsten den Weg freiräumen wollen. Zu nachhaltiger Organisationsentwicklung gehört es also auch, in regelmäßigen Abständen dieses *strukturelle Misstrauen* zu suchen, zu überprüfen und, wo möglich, zu entfernen.

Wie kann das Team das anwenden?

Eine mögliche Übung für das Team ist, in einer Gegenüberstellung die beiden Weltsichten aus dem erwähnten Buch von Douglas McGregor zu besprechen, die er „Theorie X" und „Theorie Y" nennt. Um eine Diskussion anzuregen, können Teammitglieder sich selbst und ihr Arbeitsumfeld entlang dreier Fragen auf einer Skala zwischen Theorie X und Theorie Y verorten:

- Welche der beiden Theorien beschreibt mich an einem durchschnittlichen Tag?
- Welche der beiden Theorien beschreibt die Menschen in meinem Arbeitsumfeld?
- Auf welcher der beiden Theorien sind unsere Organisationsstrukturen, Prozesse und Abläufe eher aufgebaut?

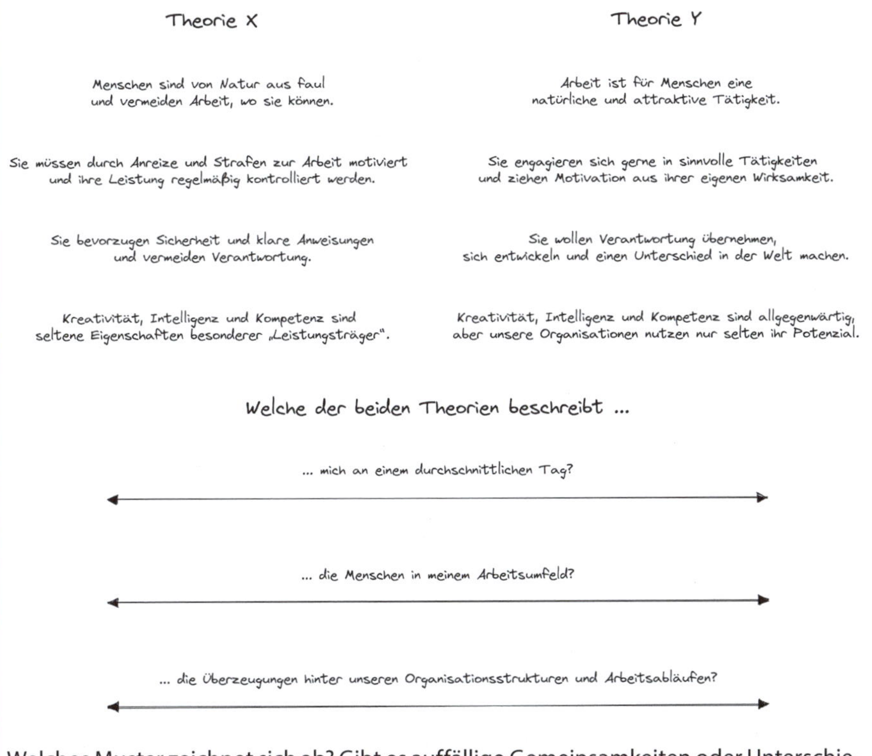

Welches Muster zeichnet sich ab? Gibt es auffällige Gemeinsamkeiten oder Unterschiede? Was bedeutet das für das Team und seine Zusammenarbeit?

4.2 Komplexität und Kompliziertheit

Im bisherigen Text ist mehrmals das Wort „*komplex*" vorgekommen, ohne dass wir genau geklärt hätten, was damit gemeint ist. Im Alltag wird der Begriff meistens austauschbar mit *kompliziert* verwendet, für Sachverhalte, die schwierig zu verstehen sind. „Er ist eine komplizierte Person" oder „die komplexe Bürokratie des Ministeriums" drücken alltagssprachlich mehr oder weniger das gleiche aus: undurchsichtig, es passiert vieles gleichzeitig, die Ergebnisse sind nicht immer für Außenstehende nachvollziehbar.

Für unsere Überlegungen hier ist es hilfreich, zwischen diesen beiden Begriffen einen Unterschied zu machen.[31] *Kompliziert* nennen wir Dinge, die vorhersehbar, mechanisch oder physikalisch funktionieren, und in denen es klare Beziehungen zwischen Ursache und Wirkung gibt. Maschinen (auch Roboter oder Computer) sind kompliziert, ebenso wie Berechnungen, Prozesse, jegliche Form von Planung und Steuerung. Eine Fabrik ist kompliziert, genau wie eine mechanische Armbanduhr, oder ein Softwaresystem, oder ein umfangreicher Gesetzestext. Komplizierte Dinge können für Außenstehende und Laien schwierig zu verstehen sein, sind aber bei genauerer Betrachtung sehr vorhersehbar: Wenn Bedingung A eintritt, folgt Ereignis B. Immer, es sei denn, das Gerät ist defekt.

Schwierig sind komplizierte Sachverhalte nur, weil es so viele Details zu beachten gibt; aber man kann sich die Übersicht durch *Expertenwissen* zurückerobern. Die Ingenieurin weiß genau, welche Aufgabe jedes Bauteil der Fabrik hat. Ein Uhrmacher kann eine Armbanduhr im Schlaf auseinandernehmen und wieder zusammensetzen. Softwareentwicklerinnen bewegen sich mit großer Sicherheit im Programmcode und nehmen Änderungen vor. Juristen wissen genau, welche Teile der Gesetzestexte sie für ihre Argumentation heranziehen müssen.

Menschen und alle anderen Lebewesen sind dagegen *komplex*: Sie sind intern auf vielfältige Weise verknüpft, sie zeigen überraschendes Verhalten, dieselbe Ursache kann sehr unterschiedliche Wirkungen haben, und sie folgen inneren Logiken, die von außen nicht nachvollziehbar sein müssen. Wenn Bedingung A eintritt, kann B passieren, oder C, oder Y, oder etwas völlig anderes. Das Gleiche zu tun, heißt nicht, dass man das gleiche Ergebnis bekommt. Kinder lernen schnell, dass das zehnte „Warum?" eine komplett andere Antwort bekommt als das erste, und ziehen Freude daraus, ihrem Gesprächspartner immer neue Reaktionen zu entlocken. Und egal wie lange wir mit komplexen Dingen zu tun haben, sie überraschen uns immer wieder. Von der Ehefrau, die mit 85 Jahren die Scheidung einreicht, über die schon mehrmals totgeglaubte Zimmerpflanze, die nach Jahren plötzlich wieder blüht, bis zu einer gesellschaftlichen Dynamik, die uns völlig unvorbereitet erwischt – Komplexes agiert unerwartet, selbst für diejenigen, die sich lange für Experten in seiner Handhabung gehalten haben. Komplexe Systeme entwickeln sich von allein weiter, komplizierte nicht. Wenn wir nach mehrjähriger Abwesenheit in einen sich selbst überlassenen Garten zurückkehren, wird im Werkzeugschuppen noch alles so stehen, wie wir es hinterlassen haben, aber das Beet nebenan sieht als lebendiges, komplexes Biotop mit Sicherheit komplett anders aus.

31 Siehe dazu etwa Wohland, Gerhard & Wiemeyer, Matthias (2012). *Denkwerkzeuge der Höchstleister.* Unibuch, oder Pfläging, Niels (2014). *Organisation für Komplexität.* Redline.

Auch Teams, Organisationen und andere soziale Strukturen betrachten wir als lebendige, das heißt komplexe Systeme. Sie entwickeln eigene Ziele, arbeiten an ihrer Selbsterhaltung, versuchen ihr Umfeld nach ihren Vorstellungen zu formen und schützen ihre internen Strukturen vor direkten Zugriffen von außen. Ja, auch ein Team entwickelt so etwas wie einen Selbsterhaltungstrieb! Ich habe Teams erlebt, die nicht nur aktiv jedem Versuch äußerer Einflussnahme ausgewichen sind, sondern bei denen die teaminterne Bindung deutlich stärker als die Bindung an die Organisation war, was beim Versuch, das Team aufzulösen, zur Kündigung seitens der Teammitglieder geführt hat.

Teams sind also komplexe Systeme. Aber: Die Arbeit in und mit Teams hat sowohl komplizierte als auch komplexe Anteile. Oft ist der Teamalltag eine unübersichtliche Mischung aus Prozessen, Geräten und Regelwerken, also *komplizierten Sachverhalten*, auf der einen, und Emotion, Kommunikation, Dynamik, Überraschung, also *komplexen Phänomenen*, auf der anderen Seite. In der Arbeit mit Teams mischen sich ständig komplizierte und komplexe Probleme, Werkzeuge und Denkmodelle. Die Kunst liegt darin, diese beiden Welten geschickt miteinander zu verflechten. Alles offen und unstrukturiert zu lassen, endet im Chaos. Genauso wenig können wir aber alles durch Regeln, Struktur und Kontrolle lösen. Wir müssen die Autonomie, Unvorhersehbarkeit und Kreativität lebender Systeme respektieren, gleichzeitig ist Leben auf Ordnung und Struktur angewiesen.

Mit Blick auf Kompliziertheit und Komplexität im Team muss das Werkzeug immer zum zu lösenden Problem passen, also aus der gleichen Kategorie stammen. Es wird in der Teamarbeit viele Situationen geben, wo Überraschungen nicht erwünscht sind – Qualitätssicherung beispielsweise, Personal- oder Finanzprozesse, rechtlich relevante Arbeitsschritte. Diese wollen wir mit Werkzeugen aus dem komplizierten Bereich bearbeiten: Checklisten, Prozesse, Anleitungen, Regeln und Vorschriften, Automatisierung durch Maschinen und Computer und Software. Andere Teile der Teamarbeit wollen wir dagegen nicht reglementieren. Die Stärke von Menschen gegenüber Maschinen liegt gerade in ihrer Fähigkeit, Überraschungen zu produzieren, ob in der Interaktion mit Kunden, in kreativer Problemlösung, im Austesten verschiedener Wege zum Ziel. Für stupides, effizientes Abarbeiten von gleichförmigen Aufgaben haben wir Maschinen erfunden, die darin deutlich besser sind als wir.

Gute Teams entwickeln ein Gespür dafür, an welcher Stelle auch mal Schluss mit Prozessen und Regeln sein muss, und wo es notwendig ist, Freiräume in den Abläufen zu schaffen, die dann von intelligenten Menschen mit konkreten, situativ angepassten Entscheidungen gefüllt werden können. Wir können uns eine gelungene Arbeitsorganisation also als kunstvolle Verbindung von starren und beweglichen, mechanischen und menschlichen, komplizierten und komplexen Abläufen vorstellen. Das richtige Maß an Freiheit und Entscheidungsspielräumen hängt dabei direkt vom Arbeitskontext ab. Ein Team, welches Sicherheitssysteme in Flugzeugen montiert, möchte in dieser Tätigkeit sicher eher keine Überraschungen erleben. Andersherum sind fest definierte Checklisten und Handlungsanweisungen im Kundenservice für alle Beteiligten oft ein Graus, eben weil es dort auf Flexibilität und situationsangepasstes Verhalten ankommt. Und nicht zuletzt sprechen wir ja hier über *selbstorganisierte* Teams, die sich bei Bedarf selbst Regeln und Strukturen aus dem komplizierten Bereich schaffen können und nicht darauf angewiesen sind, diese von außen vorgegeben zu bekommen.

An diesem Punkt mag die Unterscheidung zwischen kompliziert und komplex noch etwas abstrakt und theoretisch wirken. Wo sie im weiteren Verlauf wichtig wird, weise ich noch einmal gesondert darauf hin. Unter anderem werden wir sehen, dass komplexe Probleme eher im „Expeditionsstil" gelöst werden, das heißt gemeinsam, schrittweise, aufmerksam und flexibel. Demgegenüber funktioniert für komplizierte Problemstellungen der „Ingenieursstil" oft besser, bei dem ein Problem in seine Einzelteile zerlegt, ein Plan erstellt und Aufgaben verteilt werden. Beide Ansätze funktionieren in ihrer jeweiligen Domäne gut, können in der falschen Situation angewendet das Team aber in Schwierigkeiten bringen.

Wie kann das Team das anwenden?

Eine Möglichkeit für die Anwendung ist, eine Übersicht der wichtigsten Teamaufgaben zu erstellen und danach einzuordnen, wie viel Flexibilität und Kreativität das Team in ihrer Bearbeitung braucht und zulassen will. In manchen Aufgaben wünscht sich das Team möglicherweise mehr Freiräume, mehr Interaktion und mehr Eigenverantwortung, etwa, wenn es um die Zusammenarbeit mit den eigenen Kunden geht. Anderswo möchte das Team vielleicht stabile und verlässliche Strukturen, etwa bei Meetings, die doch bitte jede Woche zur gleichen Zeit am gleichen Ort stattfinden sollen, oder bei der Qualitätssicherung mithilfe einer Checkliste.

Der zweite Schritt besteht nun darin, diesen Wunschzustand mit dem aktuellen Zustand abzugleichen. Wo braucht das Team mehr Freiheiten, sprich, weniger Vorgaben, oder stärkere Interaktion zwischen Menschen? Wo fehlt Struktur, die eingeführt werden sollte? Es kann auch sein, dass Strukturen vorhanden sind, aber nicht in einer Form, die dem Team wirklich bei der Aufgabenerledigung hilft. Welche Änderungsvorschläge ergeben sich daraus?

4.3 Freiwilligkeit

Ein oft übersehener Aspekt selbstorganisierter Arbeit ist, dass diese im Kern auf Freiwilligkeit basiert. Auch hier geht es nicht darum, dass diese für Teammitglieder „netter" wäre. Es ist einfach für Teammitglieder enorm schwierig, ein Verantwortungsgefühl für etwas zu entwickeln, zu dem sie nicht einmal gefragt worden sind. Und, wie wir gesehen haben, kommt ohne gemeinsame Verantwortung ein echtes Team nicht zustande.

Interessanterweise habe ich oft das Gefühl, dass sich beim Thema Freiwilligkeit die größten Bedenken und Widerstände rund um Selbstorganisation aufbauen. Klar, eigenverantwortlich arbeiten, Strukturen definieren, dafür lassen sich viele begeistern. Aber Menschen dann auch noch die Entscheidung überlassen, ob sie überhaupt mitmachen wollen?

Man könnte nun achselzuckend feststellen, dass man Menschen in einem demokratischen Rechtsstaat sowieso nicht zur Arbeit zwingen kann, und daher besser bewusst mit Freiwilligkeit arbeitet, anstatt sie zu verleugnen. Vielleicht beruhigt es die Sorgen aber auch, wenn wir genauer hinschauen, was Freiwilligkeit im Team konkret bedeutet und welche Konsequenzen sie hat. Weiter vorne haben wir die Arbeit im Team mit dem gemeinsamen Spielen eines Spiels verglichen. Wenn das so ist, ist Freiwilligkeit etwa vergleichbar mit der Entscheidung, ob man mitspielen möchte oder nicht. Ja, das sollte eine freie Entscheidung der Mitspieler sein – mit jemandem zu spielen, der gar nicht spielen will, ist für keinen der Beteiligten eine schöne Erfahrung. Aber mit der Entscheidung für das Spiel nimmt ein Mitspieler eben auch eine ordentliche Portion Verbindlichkeit und Verpflichtung in Kauf. Nur halb mitzumachen, oder bei den ersten Schwierigkeiten das Spiel wieder zu verlassen, wird zu Recht Verärgerung produzieren.

Wer einsteigen will, muss dann auch zumindest eine Weile dabeibleiben und seinen Teil beitragen, oder man wird das nächste Mal nicht mehr eingeladen. Es geht bei Freiwilligkeit im Team also nicht darum, „mal ein bisschen mitzumachen" und dann „mal zu gucken", sondern für sich zu entscheiden, ob man ein erhebliches Maß an Verantwortung für sich und andere übernehmen kann und möchte. Wenn das nicht gegeben ist, dann ist es besser, man findet das gemeinsam so früh heraus wie möglich.

Nochmal: All das hat seine Gründe nicht darin, dass man zu potenziellen Teammitgliedern nett sein will. Wer Entscheidungen trifft, übernimmt Verantwortung, und wer Verantwortung übernehmen soll, muss Entscheidungen treffen können. Es gibt Momente, an denen es für den Erfolg des Teams wichtig oder sogar unverzichtbar ist, dass die Entscheidung und damit die Verantwortung eindeutig bei den Teammitgliedern liegt. An diesen Stellen bewusst Entscheidungspunkte einzubauen, die vom Einzelnen – auch von mir selbst! – eine klare Aussage in Form eines Ja oder Nein verlangen, hat viel mit Freiwilligkeit, aber nichts mit Beliebigkeit oder Verantwortungslosigkeit zu tun, im Gegenteil. Ich nenne diese Entscheidungspunkte „Elemente der Freiwilligkeit". Sie finden sich in den späteren Kapiteln hier und dort wieder, und werden dann dort bewusst hervorgehoben.

4.4 Liminalität und Übergangsrituale

Ein letztes Konzept, welches für unsere späteren Überlegungen wichtig werden wird, ist die auf den Anthropologen Victor Turner zurückgehende Idee der *Liminalität*. Der Begriff bedeutet *Schwelle* oder *Übergang* und beschreibt Zustände, in denen ein Individuum gewissermaßen zwischen zwei Welten steht, sich „weder hier noch dort" befindet. Zustände von Liminalität sind durch ausgeprägte Gefühle von Orientierungslosigkeit, Unsicherheit, Identitätszweifel und Einsamkeit gekennzeichnet, aber auch durch Freiheit, Erneuerung und Kreativität. Sie treten oft in Übergangsphasen und Zeiten größerer Veränderung auf, vor allem bei begonnenen, aber noch nicht abgeschlossenen Wechseln von einem Kontext in einen anderen.

Wir kennen Liminalitätserfahrungen unmittelbar aus unserem eigenen Leben. Besonders stark liminal ist dabei die Zeit des Erwachsenwerdens, also die Phase, in der man nicht mehr Kind, aber auch noch nicht wirklich erwachsen ist. Auch eine Midlife-Crisis ist eine Phase der Liminalität, bei der die Grenze zwischen Jung und Alt schwierig zu ziehen ist. Vor unserem Hintergrund der Erwartungstheorie sind diese Phasen einfach zu charakterisieren: Während sowohl das Vorher als auch das Nachher durch (relativ) klare Erwartungen und Erwartungs-Erwartungen geprägt sind, ist der Zwischenzustand sowohl für das Individuum als auch für seine Umwelt eine große Herausforderung. Es ist klar, dass alte Erwartungen nach und nach abgelegt und neue Erwartungen Stück für Stück angenommen werden, aber was ist dazwischen, wenn beide Erwartungskontexte gleichzeitig, aber auch irgendwie nicht so richtig gelten?

Im Arbeitsleben sind Liminalitätserfahrungen meist weniger tiefgreifend als in den genannten Beispielen, aber es gibt sie dennoch, etwa bei einem Teamwechsel, bei der Übernahme neuer Aufgabengebiete, bei größeren persönlichen oder organisatorischen Veränderungen. All diese Situationen sind dadurch geprägt, dass sich Erwartungen von uns und an uns verschieben, und während wir recht gute Vorstellungen von Ausgangs- und Zielzustand haben mögen, ist überhaupt nicht klar, wie zwischendrin mit der sich verschiebenden Mischform von Erwartungen umzugehen ist.

Seit es menschliche Gesellschaften gibt, haben wir als Spezies immer wieder Lösungen gesucht, um Liminalität zu beherrschen und produktiv zu nutzen. Ein üblicher Weg ist das Durchführen eines *Übergangsrituals*. Übergangsrituale sind zeremoniell und manchmal auch spirituell aufgeladene Situationen, die einen Prozess des Wandels klar in ein Vorher und ein Nachher unterteilen. In vielen Fällen hat das Ritual auch einen prüfenden Charakter – wer als Mensch vom alten in den neuen, meist höheren Status wechseln möchte, muss seine Intelligenz, seinen Mut, manchmal auch einfach nur seine Leidensfähigkeit unter Beweis stellen. Auch wenn Mutproben, Stammesälteste und Schamanen nur noch selten Teil unserer gesellschaftlichen Konventionen sind, haben wir doch Übergangsrituale zuhauf: Konfirmationen, „Sweet Sixteen"-Partys, die Erreichung der Volljährigkeit, das Bestehen der Führerscheinprüfung, Abschlussklausuren und Abschlussfeiern an Schulen und Universitäten, Hochzeiten, Beförderungen, Begrüßungs- und Verabschiedungsfeste, runde Geburtstage, aber auch der Eintritt in den Ruhestand können alle als Übergangsrituale gesehen werden, deren Funktion (unter anderem) ist, Liminalitätsempfindungen abzubauen und einen ansonsten langwierigen, desorientierenden Prozess für alle besser greifbar zu strukturieren.

Übergangsrituale im Arbeitsleben spielen allgemein eine weniger wichtige Rolle als private Veränderungen, da die Veränderungsprozesse überschaubarer und kurzfristiger sind. In der Regel löst ein chaotischer und unstrukturierter Teamwechsel nur etwas Stress und Irritation aus, keine persönliche Sinnkrise. Das führt leider auch häufig dazu, dass mögliche Liminalitätseffekte hier übersehen oder vergessen werden, obwohl sich hier mit kleinem Aufwand spürbarer Nutzen für die beteiligten Menschen erzeugen lässt. Es gibt im Arbeitsalltag häufig Gelegenheiten für bessere Struktur und klare Übergänge von einer Phase in eine andere – wo sie sich im weiteren Verlauf anbieten, weise ich darauf hin. Zu einer der wichtigsten kommen wir nun.

Kapitel 2
Ein Team gründen

„Wir brauchen kein detaillierteres Dokument, wir brauchen ein gemeinsames Verständnis."

Jeff Patton

Inhaltsübersicht

Die Gründung ist eine der wichtigsten Phasen einer Teamentwicklung. In ihr werden grundsätzliche Strukturen und Regeln etabliert, die die Arbeit des Teams auf Monate oder Jahre hinaus prägen können. Zwischen den Teammitgliedern, aber auch zwischen dem neuen Team und seinem Umfeld finden intensive Erwartungsabgleiche und Verhandlungen statt, bei denen auch kleine Entscheidungen große Auswirkungen haben können.

Im letzten Kapitel haben wir gesehen, dass Teams viel mehr sind als eine Gruppe von Menschen, die irgendwie zusammenarbeiten: Teams sind machtvolle Sozialstrukturen mit erheblicher Eigendynamik. Ein Team zu gründen bedeutet, ein soziales System in erheblichem Maß zu formen und zu gestalten. Es ist nicht allein damit getan, Ziel und Besetzung festzulegen, auch wenn das natürlich wichtige Schritte sind. Teams erledigen Arbeit, aber sie erzeugen sie auch – und das nicht nur für ihre Teammitglieder selbst. Sie wollen ernst genommen, respektiert, eingebunden und herausgefordert werden. Und sie formen immer auch ihr Umfeld ein Stück weit nach ihren Vorstellungen, ob einem das gefällt oder nicht.

Erfolgreich ein Team zu gründen, ist eine Führungsleistung. Einem Team beizutreten, sich in der gemeinsamen Leistung zu engagieren und die eigenen Vorstellungen den gemeinsamen Zielen ein Stück weit unterzuordnen, ist für Teammitglieder nicht selbstverständlich. Überzeugende Gründe für die Mitarbeit im Team fallen nicht einfach vom Himmel. Schon vor dem offiziellen Start des Teams ist also Arbeit zu tun: Aufmerksamkeit will erzeugt, die gemeinsame Sache beworben, Gespräche organisiert, Ideen vorgestellt, im Dialog überzeugt und moderiert werden. Diese Aufgaben müssen von jemandem übernommen werden.

1. Die Rolle der Teamgründer

Auch wenn wir Rollen im Detail erst später behandeln: Ein Team zu gründen ist eine solche. Rollen können im Grunde von jeder und jedem eingenommen werden. Sie sind mit konkreten Aufgaben verbunden und bekommen im Gegenzug das Recht, zu diesem Zweck notwendige Entscheidungen treffen zu dürfen. Das gilt auch für die Rolle der Teamgründer.

Teamgründer haben die Aufgabe, das Team ins Leben zu rufen und bis an den Punkt zu führen, wo es als System bereit ist, Verantwortung für sich selbst zu übernehmen. Hierzu gehört unter anderem, Teammitglieder zu finden und auszuwählen, Ziele und Rahmenbedingungen zu klären und grundlegende Arbeitsprozesse zu etablieren. Das Team ist anfangs noch nicht bereit, gemeinsame Verantwortung zu übernehmen, weil das dafür notwendige gemeinsame Verständnis noch fehlt. Es ist also an den Teamgründern, eine Struktur zu bieten, in der sich das Team kennenlernen und formieren kann. Wir können uns diese Struktur wie ein Gerüst beim Hausbau vorstellen – sie wird eine Zeitlang gebraucht, aber ist von vorneherein nur als zeitlich begrenzte Zwischenlösung vorgesehen.

Sobald das Team bereit ist, die inhaltliche und organisatorische Arbeit eigenverantwortlich fortzusetzen, ist die Aufgabe der Teamgründer abgeschlossen, die von ihnen angebotene Struktur wird nach und nach durch selbsttragende Vereinbarungen des Teams ersetzt, und die Rolle kann abgelegt werden. Teamgründer müssen nicht alle diese Schritte selbst übernehmen, sondern können Aufgaben auch abgeben oder sich anderweitig unterstützen lassen. Sie tragen aber die Verantwortung für den Ablauf als Ganzes, also dafür, dass sich das entstehende Team insgesamt zu einer stabilen und belastbaren Gemeinschaft entwickelt.

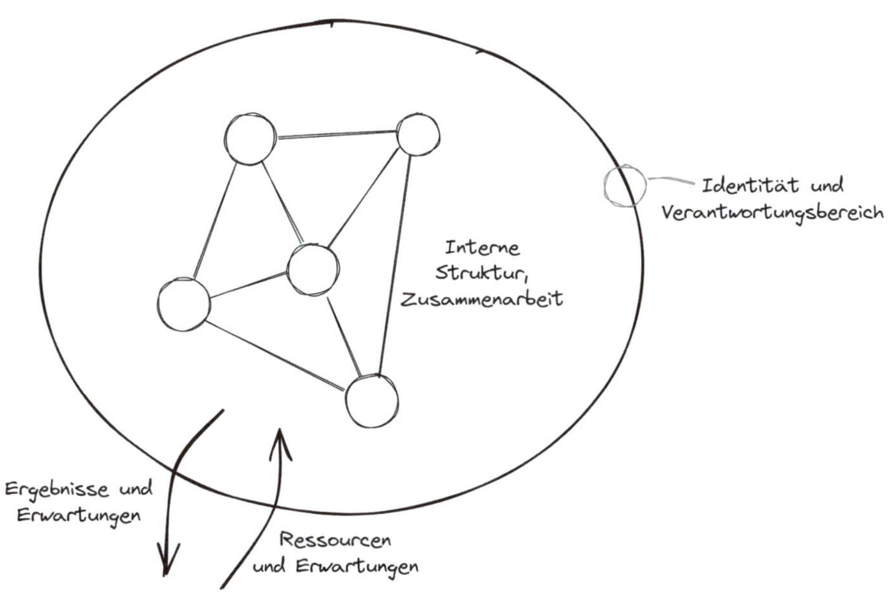

Die Rolle der Teamgründer kann von einem oder mehreren Menschen eingenommen werden, die in unterschiedlicher Beziehung zum Team stehen. Häufig wird zuerst eine Teamleitung bestimmt, die dann die Rolle bekommt, das Team ins Leben zu rufen. Auch Sponsoren oder Stakeholder können sich zusammentun, um ein Team zu gründen, vor allem dann, wenn es keine offizielle Teamleitung bekommen soll. Die dritte gängige Variante ist die Selbstgründung durch Teammitglieder.

Alle drei Varianten bringen Vorteile und Herausforderungen mit sich. Teammitglieder als Gründer bringen oft besonders hohes Engagement für das Thema mit. Sponsoren haben in der Regel große Freiheiten bei der Gestaltung der finanziellen und organisatorischen Rahmenbedingungen. Die Gründung durch eine Teamleitung lässt sich als Kompromiss der beiden Rollen betrachten, bedeutet aber zusätzliche Erwartungsklärung zwischen dem Team und seiner Leitung. Es kann, wie gesagt, auch mehrere Teamgründer geben, wobei mehr als zwei oder drei Menschen selten sinnvoll sind – wenn erst ein Team gegründet werden muss, um ein Team zu gründen, hat man nichts gewonnen. Am besten wird das Team von denjenigen gegründet, die das größte Interesse an seiner Existenz haben. Wer das ist, wird situationsabhängig unterschiedlich sein, aber in der Regel haben die Beteiligten einen guten Überblick, wer sich für die Rolle anbieten würde.

Für das entstehende Team sind in Summe folgende Fragen zu beantworten:

- Wer ist Teil dieses Teams?
- Was ist unsere Aufgabe, und für wen erledigen wir sie?
- Wie sehen unser Arbeitsprozess und unsere Aufgabenverwaltung aus?
- Wie organisieren wir die Kommunikation innerhalb des Teams?
- Wie trifft dieses Team Entscheidungen?
- Welche Regeln und Prinzipien geben wir uns selbst?
- Wie integrieren wir uns in unsere Umwelt hinsichtlich Kontaktpunkte, Austausch von Ergebnissen und Informationen, Rahmenbedingungen und Verantwortungsbereiche?

Sobald das Team diese Fragen für sich beantworten kann, ist es bereit, seine fachliche und strukturelle Arbeit aufzunehmen. An diesem Punkt können die Teamgründer in ihre „normale“ Rolle in ihrer Beziehung zum Team wechseln.

2. Wozu überhaupt ein Team?

Eine große Stärke von Teams ist ihre Fähigkeit, durch komplexes Verhalten anspruchsvolle Problemstellungen zu lösen. Es ist immer wieder beeindruckend, mit welcher Selbstverständlichkeit Teams heikle und unübersichtliche Herausforderungen angehen, vor denen einzelne Menschen eingeschüchtert zurückschrecken würden. Mir sind nur wenige Problemstellungen in Organisationen begegnet, die sich von einem starken Team mit der nötigen Unterstützung und dem passenden Rahmen nicht lösen lassen. Die etwas sarkastische Phrase „Wenn du nicht mehr weiterweißt, gründe einen Arbeitskreis“ macht sich nicht nur über einfallslose Lösungsstrategien lustig, sondern deutet auch an, dass in ansonsten ausweglosen Situationen interdisziplinäre Zusammenarbeit oft der einzige erkennbare Lösungsweg ist.

Innere Komplexität bringt allerdings auch Konfliktpotenzial und hohe Kommunikationsbedarfe mit sich. Für manche Aufgaben ist eine Arbeitsgruppe vielleicht besser geeignet, oder sie lassen sich anders in der bestehenden Organisation bearbeiten. Die Entscheidung, ob ein Team überhaupt die richtige Struktur für die Aufgabe ist, darf also bewusst und wohlüberlegt getroffen werden.

Arbeitsgruppen und Teams werden immer dann notwendig, wenn die zur Erreichung eines Ziels notwendigen Tätigkeiten die Möglichkeiten eines einzelnen Menschen übersteigen. Dadurch, dass Teams ein Stück weit dezentral organisiert sind und ihre Mitglieder viele Entscheidungen in Eigenregie treffen, sind sie deutlich besser in der Lage, auf Überraschungen und sich ändernde Bedingungen zu reagieren.

Wesentliche Vorteile von Teams sind:

- **Interdisziplinarität.** Die Möglichkeit, Teams mit unterschiedlichen Kompetenzen, Hintergründen und Perspektiven zu besetzen, macht sie besonders geeignet für Aufgaben, bei denen viele verschiedene Aspekte bedacht und Interessen integriert werden müssen.

- **Flexibilität.** Dadurch, dass unterschiedliche Expertisen und Interessengruppen direkt im Team vertreten sein können, sind bei Überraschungen, Konflikten oder unerwarteten Fragestellungen die Entscheidungswege kurz. Spontane Klärung von Themen ist möglich, da nicht erst langwierig Termine mit unterschiedlichen Ansprechpartnern gesucht werden müssen und die Anzahl der involvierten Menschen überschaubar bleibt. Wenn Entscheidungen schneller möglich sind, können sie später, also auf besserer Informationsbasis getroffen werden. Agilität, also die Fähigkeit, auf Veränderungen schnell und zielsicher zu reagieren, senkt die Notwendigkeit für langfristige, unflexible Planung.
- **Integrationsfähigkeit.** Eine wesentliche Herausforderung von Organisationen ist, dass sie laufend mit widersprüchlichen Erwartungen und Interessenkonflikten aus ihrer Umwelt konfrontiert werden und diese irgendwie geordnet auflösen müssen. Teams sind eine hervorragende Struktur, um das zu leisten – divers genug, um die Perspektiven abbilden zu können, und gleichzeitig klein genug, um effizient zu Entscheidungen kommen zu können.
- **Belastbarkeit.** Wir haben bereits gesehen, dass sich Teams von anderen Zusammenarbeitsformen unter anderem durch ihre gemeinsame Verantwortung unterscheiden. Wenn sich die Verantwortung auf mehrere Schultern verteilt, kann das Team heikle, anspruchsvolle oder belastende Aufgaben übernehmen, die für einzelne Menschen zu viel Stress erzeugen würden.
- **Risikokontrolle.** Gemeinsame Verantwortung erfordert intensive Zusammenarbeit der Teammitglieder untereinander – mindestens in Form regelmäßigen Austauschs, besser durch Paar- oder Gruppenarbeit und kollaboratives Arbeiten in wechselnder Zusammensetzung. Arbeitsergebnisse gehen in der Regel durch mehrere Hände und werden intensiv begutachtet, bevor sie das Team verlassen. Ein gewisses Maß an Qualitätsprüfung und Vier-Augen-Prinzip ist also schon von Natur aus im Team vorhanden und kann leicht durch offizielle Strukturmaßnahmen ergänzt werden.

Teams sind umso wahrscheinlicher eine gute Form der Zusammenarbeit, je mehr die folgenden Kriterien gegeben sind:

- Es ist ein schwieriges Problem zu lösen, welches die Fähigkeiten einzelner Menschen übersteigt.
- Die Aufgabe muss aufgrund ihrer Größe von mehreren Menschen bearbeitet werden.
- Die Lösung erfordert Kooperation und Interdisziplinarität, also die Zusammenarbeit unterschiedlicher Fachexpertinnen und Könner.
- Es muss eine neue, wenig verstandene Aufgabe gelöst werden, bei der die möglichen Lösungen noch nicht bekannt oder verstanden sind.
- Arbeit kann ungleichmäßig in unterschiedlichen Themenbereichen anfallen.
- Das Arbeitsumfeld produziert häufig Überraschungen und Veränderungen.
- Es soll ein unklares oder bewegliches Ziel erreicht werden.
- Kreative und ungewöhnliche Lösungen sind erwünscht oder sogar notwendig.
- Die Zusammenarbeit wird mindestens einige Monate andauern.
- Das Umfeld ist bereit, dem Team größeren Gestaltungsspielraum zu bieten, damit es seine Zusammenarbeit bestmöglich auf die gemeinsamen Ziele ausrichten kann.

Natürlich stellt diese Arbeitsweise auch Anforderungen an das Teamumfeld. Dazu gehören Ergebnisfokus statt Mikromanagement, die Bereitschaft, Teammitglieder in gemeinsame, statt individuelle Verantwortung zu nehmen, ausreichende Versorgung mit Arbeitszeit, Material und anderen Ressourcen, die Flexibilität, sich der wandelnden Arbeitsweise des Teams immer wieder anzupassen, Offenheit gegenüber Veränderungen in Zieldefinition und/oder Lösungsansätzen sowie Unterstützung bei der gemeinsamen Lösung von Problemen. Ohne diese Voraussetzungen wird ein Team nicht den erhofften Mehrwert erzeugen können oder sogar mit seinem Umfeld in Konflikt geraten.

Für kleine und stark routinehafte Abläufe sind Teams also nicht unbedingt das Mittel der Wahl. Für sich wiederholende, mechanische Tätigkeiten ist Automatisierung sowieso die bessere Lösung, aber auch Aufgaben, die detaillierte Vorabplanung oder direkte zentrale Kontrolle erfordern, eignen sich nicht gut. Für komplizierte, also gut analysierbare und zerlegbare Aufgaben eignet sich eventuell eine Arbeitsgruppe besser. Ideal sind Teams dagegen in komplexen Situationen, deren Anforderungen die Fähigkeiten Einzelner übersteigen, die das kreative Balancieren sich widersprechender Ziele verlangen und dynamische Veränderungen über die Zeit mit sich bringen, in denen Aufgaben starke Abhängigkeiten zueinander haben und laufender Austausch notwendig ist. Eine Voraussetzung für Erfolg ist dabei immer, dass das Teamumfeld bereit ist, das Team als selbstverwaltendes Kollektiv, Verantwortungseinheit und vollwertigen Gesprächs- und Verhandlungspartner zu akzeptieren.

3. Die richtige Größe

„Zuerst die Größe der Gruppe: Sie sollte klein sein, vielleicht sogar etwas kleiner als es für die Bewältigung der Aufgabe notwendig erscheint."
Richard Hackman[32]

Auch wenn es keine offizielle „Obergrenze" für die Teamgröße gibt, hat die überwiegende Mehrheit aller Teams mehr als 3 und weniger als 12 feste Mitglieder. Zwei oder drei Menschen können natürlich auch wunderbar zusammenarbeiten, brauchen aber viele der für Teams typischen Strukturen und Merkmale noch nicht – ihre Zusammenarbeit kann „teamähnlich" sein, lässt sich aber einfacher und unkomplizierter strukturieren. 4 bis 7 Teammitglieder ist für viele Kontexte eine ideale Größe. Teams mit mehr als 10 bis 12 Personen haben dagegen eine starke Tendenz, in inoffizielle Subgruppen zu zerfallen, die dann jeweils eigene Teamstrukturen ausbilden. Es entstehen also Systemgrenzen innerhalb des „Oberteams", die sich in der Arbeit als Kommunikationsbarrieren bemerkbar machen.

Die Gründe für dieses Phänomen sind schnell erklärt. Schon bei 11 Mitgliedern existieren innerhalb des Teams über hundert individuelle Beziehungen und fast 40 Millionen mögliche Kommunikationswege. Sicherzustellen, dass wichtige Informationen alle im Team erreichen, nimmt nun nennenswerte Teile der Arbeitszeit in Anspruch. Gemeinsame Terminfindung wird zu einem Problem, die Entscheidungsfindung zieht sich in die Länge. Für Teammitglieder wird es herausfordernd, überhaupt einen Überblick über

[32] Hackman, Richard (2002). *Leading Teams*. Harvard Business Review Press. S. 128 (Übersetzung des Autors).

das Geschehen zu behalten – dass das ganze Team gemeinsam Ergebnisse erstellt und Entscheidungen trifft, wird zur Ausnahme.

All das führt dazu, dass es für wachsende Teams immer schwieriger wird, regelmäßig ihre Erwartungen und Vorstellungen anzugleichen und gemeinsam Verantwortung für Arbeitsweisen und Ergebnisse zu übernehmen. Inoffizielle Untergruppen zu bilden ist der (meist unbewusste) Versuch des überlasteten Teams, seine Handlungsfähigkeit und „Teamigkeit" weiterhin sicherzustellen, wenn es nicht auf den Arbeitsmodus einer zentral organisierten Arbeitsgruppe zurückfallen will.

Für den Fall, dass Teammitglieder nur in Teilzeit überhaupt im Team mitarbeiten, verstärken sich diese Effekte weiter. Ein Team mit Teilzeit-Mitgliedern wird in der Regel weniger gemeinsame Verantwortung und weniger inneren Zusammenhalt haben als ein Team mit der gleichen Anzahl Vollzeit-Mitglieder, und gleichzeitig weniger erledigen können. Natürlich können Teams auch teilweise oder sogar ganz aus Teilzeit-Mitgliedern bestehen. Der in vielen Organisationen verbreitete Ansatz, Menschen auf mehreren Teams und mehreren Projekten gleichzeitig arbeiten zu lassen, steht echter, verantwortungsvoller Teamarbeit aber ganz klar im Weg.

Insgesamt werden Teams besser etwas zu klein als etwas zu groß gegründet – eine Strategie, die manchmal als „schlank und hungrig" bezeichnet wird. Etwas zu kleine Teams starten sofort intensive Lernprozesse, um ihre verbleibenden Wissenslücken zu schließen, und etablieren einen flexiblen Umgang mit Aufgaben- und Verantwortungsbereichen, anstatt sich intern nach Zuständigkeiten abzugrenzen. Beides ist gut für die Motivation und stellt wichtige Grundpfeiler erfolgreicher Zusammenarbeit dar.

Egal ob das Team aber eher klein oder eher groß startet: Es ist elementar wichtig, dass Mitgliedschaft klar und eindeutig ist und die Anzahl der Teammitglieder so überschaubar bleibt, dass sie untereinander Beziehungen aufbauen und pflegen können. Gemeinsame Verantwortung lässt sich nur übernehmen, wenn man die anderen kennt, sie einschätzen kann und ihre Handlungen mitbekommt.

4. Teammitglieder finden und auswählen

Ist die Entscheidung für die Gründung eines Teams getroffen, ist der nächste Schritt, potenzielle Teammitglieder zu finden und in das neue Team einzuladen. Wie das im Detail funktioniert, unterscheidet sich von Organisation zu Organisation und von Kontext zu Kontext, daher ist es schwierig, hier eine konkrete Vorgehensweise vorzuschlagen. In manchen Organisationen mag es für die Zuordnung von Mitarbeitenden zu Teams eine eigene Rolle oder Abteilung geben. Andere lösen die Frage über eine Art „Marktplatz" oder eine interne Stellenbörse. In wieder anderen Zusammenhängen werden neue Teams grundsätzlich mit Neueinstellungen von außen besetzt. Wichtig ist, dass das Team bei potenziellen Teammitgliedern Interesse weckt, etwa, indem es seine Aufgaben und freien Plätze dort veröffentlicht, wo potenzielle Teammitglieder sie auch suchen werden. Das klingt offensichtlich, ist aber nicht immer leicht umzusetzen.

Mir sind etwa einige gedruckte Fachmagazine mit Stellenanzeigen für Auszubildende begegnet, bei denen ich erhebliche Zweifel hatte, ob die Zielgruppe sie kauft und liest.

Für die Veröffentlichung und den gesamten Besetzungsprozess gilt, dass Bewerbungen immer ein gegenseitiger Prozess sind – ein bisschen wie bei einem Date. Teammitglieder bewerben sich beim Team, aber das Team bewirbt sich auch immer bei seinen potenziellen Teammitgliedern. Beschreibungen des Teams und seiner Aufgaben sollten also nicht nur die Anforderungen und Erwartungen beschreiben, sondern auch den Mehrwert, den das Team für seine Teammitglieder bieten will. Ein überragendes Team sucht überragende Mitglieder, und wird sich daher auch etwas einfallen lassen, um deren Interesse zu wecken. Hin und wieder sehe ich Angebote mit „Anforderungen“ wie „Du bist in der Lage, länger als fünf Minuten zu arbeiten, ohne dein Handy checken zu müssen“ – solche herablassenden Formulierungen sind völlig unangebracht und schrecken ernstzunehmende Interessenten eher ab.

4.1 Auswahlkriterien

Für Mitgliedschaft in einem Team gibt es eine Reihe möglicher Kriterien. Naheliegend ist, auf das Wissen und Können zu schauen, ob also das Teammitglied in der Lage ist, in der fachlichen Arbeit des Teams tatkräftig zu unterstützen. In manchen Organisationen ist hier schon Schluss – ein Team „zusammenzustellen“ bedeutet dann, benötigte Fähigkeiten aufzulisten und Kandidaten in Form von Kompetenzprofilen wie Puzzleteile zu kombinieren, bis sie alle Anforderungen abdecken.

Dieser Ansatz hat eine ganze Reihe von Schwächen. Zum einen habe ich noch keine überzeugende Lösung gesehen, wie man das, was ein Mensch kann und weiß, überhaupt objektiv, vollständig und übersichtlich erfassen könnte – Lebensläufe, Urkunden und Zertifikate können das jedenfalls nicht leisten. Zum anderen ist der „Nasenfaktor“ auch nicht komplett zu vernachlässigen – auch wenn wir ohne persönliche Sympathie oft noch gut zusammenarbeiten können, gibt es in jeder Organisation Menschen, die aufgrund ihrer gemeinsamen Vorgeschichte mehr oder weniger gut zusammen in einem Team funktionieren. Individuelle Motivation lässt sich auch von anderen nur sehr schwer erheben und beurteilen, spielt aber eine entscheidende Rolle. An persönlichen Gesprächen zwischen Teamgründern (bzw. später dem Team) und potenziellen neuen Teammitgliedern führt also kein Weg vorbei. Es fällt auch auf, dass der reine Fähigkeitenmix für den Erfolg von Teams oft weniger entscheidend ist, als man meint:

„Ein häufiger Fehler ist die Überbetonung von Qualifikationen bei der Teamauswahl. Ein Großteil der gängigen Literatur über Teams betont beispielsweise die Mischung von Kompetenzen als Voraussetzung für die Auswahl, fast wie Rezepte – insbesondere für zwischenmenschliche Fähigkeiten. Bei unseren Untersuchungen haben wir jedoch kein einziges Team angetroffen, das von Anfang an über alle erforderlichen Fähigkeiten verfügte.“[33]

[33] Katzenbach, Jon & Smith, Douglas (2015). *The Wisdom of Teams.* Harvard Business Review Press. S. 44 (Übersetzung des Autors).

Insgesamt gibt es eine ganze Reihe von Gründen, warum Menschen für das Team einen Mehrwert bedeuten können:

Fachkompetenz und Repräsentation

Jemand, der in zentralen Arbeitsthemen des Teams tiefes Wissen, spürbare Könnerschaft und jahrelange Erfahrung mitbringt, kann schneller, sicherer und hochwertiger arbeiten und Entscheidungen treffen als jemand, der in diesen Themen unerfahren ist. Kompetenz ist also wichtig, aber nicht der einzige entscheidende Faktor. Teams können fachliche Schwächen ein Stück weit durch Improvisation und externe Unterstützung abfedern, und Teammitglieder sind lernfähig. Ein Team muss nicht schon zu Anfang alles können, was von ihm erwartet werden wird!

Insgesamt sollte das Team sich so zusammensetzen, dass es die für die Lösung des Problems zentral notwendigen Fähigkeiten in sich vereint, etwa in der Gewichtung, in der auch die Anforderungen zu erwarten sind – ein zwölfköpfiges Team mit einem einzigen Softwareentwickler wird sich schwertun, Erwartungen als „Softwareentwicklungs-Team" zu erfüllen. Es sollte außerdem in der Lage sein, mindestens 80 Prozent der täglich anfallenden Aufgaben selbst entscheiden und lösen zu können, ohne dafür auf teamexterne Personen angewiesen zu sein. Anders gesagt: Wenn die ständige Zuarbeit des Marketingbereichs für die Problemlösung notwendig ist, gehört jemand aus dem Marketingbereich in das Team, zusammen mit den Befugnissen, im Namen des Bereichs zu sprechen und Entscheidungen zu treffen.

Gleichzeitig ist es nicht sinnvoll, Menschen ins Team zu nehmen, die bestenfalls sporadisch mal etwas zu tun haben werden oder für die Ergebnisse keine Verantwortung übernehmen – allein schon die Abwägungen zur Teamgröße stehen dem entgegen.

Motivation

Eine erfahrene Projektleiterin sagte mir einmal zum Thema Teamzusammensetzung: *„Das Wichtigste ist, dass die Menschen Begeisterung mitbringen."* Dass Teammitglieder mitarbeiten *wollen*, ist durch andere Faktoren kaum zu ersetzen. Motivierte Teammitglieder bringen nicht nur für Selbstorganisation nötige Eigeninitiative und Engagement mit, sondern können auch fehlende Fähigkeiten ein Stück weit aufholen. Motivation kann nur begrenzt von außen erzeugt werden, sondern entsteht dann, wenn sich die gemeinsamen Teamziele mit individuellen Zielen des Teammitglieds in Übereinstimmung bringen lassen.

Wir schauen uns Motivation später, im Kapitel „Konstruktives Miteinander" ab Seite 168, noch einmal im Detail an. Wichtig ist, sie als Faktor im Auswahlprozess für Teammitglieder mit aufzunehmen, und zwar mit ähnlicher Gewichtung wie die fachlichen Fähigkeiten. In Einzelfällen kann ein Team sogar Motivation höher gewichten als Vorwissen, wenn es bereit ist, einen längeren Lernprozess mitzutragen und zu unterstützen: *Hire for attitude, not for skill.* Wo es notwendig ist, können Teamgründer aber natürlich auch Mindestanforderungen an Erfahrung oder Qualifikation stellen.

Verfügbarkeit

Im Team kann offensichtlich nur mitarbeiten, wer dafür Zeit hat. Ich habe über die Jahre einige Situationen erlebt, in denen Teammitglieder gerade einmal einige Stunden pro Woche für ein Team zur Verfügung standen – meistens hat das mehr Probleme erzeugt als gelöst, egal wie fähig und lösungsbereit das betroffene Teammitglied auch war. Solche Entscheidungen übersehen, dass Mitgliedschaft in einem Team nicht nur Arbeit erledigt, sondern auch Arbeit erzeugt, etwa durch Kommunikationsbedarfe, Abstimmungen, Erwartungsabgleiche, Abhängigkeiten, und so weiter. „Ein bisschen" zusätzliche Verfügbarkeit macht die Situation für das Team daher oft schwieriger, nicht einfacher. Die Gefahr, dass durch fehlendes gemeinsames Verständnis einsame Entscheidungen getroffen werden, die für das Team dann weitere Arbeit erzeugen, ist einfach zu hoch.

Viele Teams setzen daher Mindestanforderungen an zeitliche Verfügbarkeit. „Mindestens fünfzig Prozent einer Vollzeitstelle" ist eine gängige Erwartung an potenzielle Teammitglieder, die auch für mich einen guten Kompromiss zwischen zeitlicher Flexibilität (etwa für Eltern und/oder in Teilzeit arbeitende Menschen) und den Notwendigkeiten guter Teamarbeit darstellen.

Gemeinsame Vorgeschichte

Ein wichtiger Aspekt von Teamentwicklung ist der Abgleich von Erwartungen der Teammitglieder untereinander. Haben Teammitglieder vorher schon miteinander erfolgreich gearbeitet, kürzt das für das neue Team den Prozess teilweise erheblich ab. Gleichzeitig bedeutet das, dass sich unbewusst Aspekte des „alten" Teams in das neue einschleichen können, was nicht immer von Vorteil ist.

Unterschiedlichkeit und Ähnlichkeit

Vielfalt hat sich in den letzten Jahren als gesellschaftlicher Grundwert etabliert. Anstatt gleichförmige Gemeinschaften anzustreben, zelebrieren wir, wie bunt und unterschiedlich Menschen sein können, was ihre Kultur, Sprache, Hautfarbe, Geschlechtsidentität, Sexualität, körperliche Beschaffenheit und vieles mehr angeht. Ganz persönlich empfinde ich diesen Prozess als große Bereicherung, und würde es mir nicht anders wünschen. Wie langweilig wäre das Leben, wenn wir alle gleich wären?

Für die Arbeit mit Teams spielt Vielfalt ebenfalls eine Rolle, aber auf besondere Art und Weise. Es ist für das Team wichtig, eine gewisse Vielfalt in den Hintergründen, Erfahrungen und Sichtweisen der Teammitglieder aufzuweisen, um durch das Verhandeln unterschiedlicher Perspektiven gemeinsam zu neuen Erkenntnissen kommen zu können. Diese Unterschiede können mit äußerlich sichtbarer Vielfalt einhergehen, müssen aber nicht. Völlig losgelöst von Gerechtigkeitsfragen steht die einfache Tatsache, dass die Umwelt, in der sich Teams bewegen, vielfältig und widersprüchlich ist. Für ein bunt gemischtes Team ist es tendenziell einfacher, diese Vielfalt in sich abzubilden und zu verarbeiten.

Bezogen auf Teams, beschränkt sich *Diversität* dabei nicht auf Aspekte wie Geschlecht oder Hautfarbe, sondern bezieht unterschiedliche Altersgruppen, berufliche Hintergründe, Lebensentwürfe, Weltanschauungen und soziale Milieus mit ein. Die Vielfalt des echten Lebens im Team ein Stück weit zu spiegeln, ist kein Akt der Wohltätigkeit, sondern schlicht und ergreifend gutes Wirtschaften. Erfahrungsgemäß entstehen die besten und kreativsten Lösungen aus dem Aufeinandertreffen von unterschiedlichen Sichten, und Teammitglieder beispielsweise mit weniger Erfahrung bringen nicht weniger wertvolle Beiträge in das Team ein, sondern vor allem *andere*. Die frischen Blickwinkel, die ein Werkstudent in eine Gruppe von erfahrenen Profis oder eine klassische Risikomanagerin in ein Innovationsteam einbringen kann, sind oft unbezahlbar.

Es gibt aber auch Gründe für mehr Ähnlichkeit der Teammitglieder. Je kleiner die Unterschiede, desto leichter fallen Erwartungsabgleiche und das Schaffen einer gemeinsamen Identität. Umgekehrt werden diverse Teams sich mit der Integration in unterschiedliche Kontexte leichter tun, aber untereinander größere Differenzen auflösen müssen. Es geht also darum, die für das Team passende Menge an Vielfalt zu finden, mit Blick auf die Identitätsfindung einerseits, und die Integrationsfähigkeit in den Kontext bzw. das Kreativitätspotenzial andererseits. Ein Team, welches nur aus Ingenieuren besteht, wird sich in der Regel in ein technisches Umfeld recht gut integrieren können, aber bei Problemen auch dazu neigen, in technischen Lösungen zu denken. Heterogene Teams sind anspruchsvoller in ihrer Zusammenarbeit, aber auch flexibler und leichter zu integrieren. Andererseits kann ein gewisses Maß an Unangepasstheit auch positiv für Team und Organisation sein: Gute Integrationsfähigkeit ist nicht das Maß aller Dinge.

> *„Diversität führt dann zu besseren Leistungen, wenn die Gruppen offene, unbefristete, neue, komplexe Aufgaben bewältigen müssen, die zugleich kreative, innovative Lösungen erfordern. Bei standardisierten, gleichförmigen Aufgaben scheint sie eher zu stören. Die fachlichen und beruflichen Unterschiede zeigen stärkere Effekte als die demografischen."*[34]

Welche Erwartungen an potenzielle Teammitglieder gerichtet werden sollten, hängt von den Rahmenbedingungen des Teams ab. Darüber zu entscheiden ist Aufgabe der Teamgründer. Mein Plädoyer an dieser Stelle ist, nicht nur nach „*Wer kann es?*" und „*Wer hat Zeit?*" zu fragen, sondern auch „*Wer will?*", „*Wer würde es gern lernen?*", „*Mit wem haben wir schon erfolgreich gearbeitet?*" und „*Wer würde uns mit neuen Perspektiven bereichern?*".

4.2 Der Auswahlprozess

Da die genannten Fragen für alle anderen außer den direkt Beteiligten nur schwierig zu beantworten sind, stehe ich zentraler „Besetzung" von Teams zunehmend skeptisch gegenüber. Für mich hat sich ein anderer Ansatz bewährt, der sich etwa so zusammenfassen lässt: biete gut sichtbar die Problemstellung an, lade zur Mitarbeit ein, und die, die sich angesprochen fühlen, sind meistens schon die Richtigen. Wer keine Motivation für das Thema aufbringt oder sich nicht kompetent fühlt, wird die Hand gar nicht erst heben. Ob die Chemie stimmt, lässt sich in einem Vorgespräch schnell herausfinden, und die kommenden Anforderungen an das Team klar auf den Tisch zu legen ist ein starker Anreiz für die Interessenten, ihre eigenen Fähigkeiten und Möglichkeiten rea-

[34] Brinkmann, Babette & Schattenhofer, Karl (2022). *Erfolgreiche Teams in der Selbstorganisation.* Vahlen. S. 40.

listisch darzustellen. Anstatt die Mitarbeit in einem Team per Arbeitsanweisung vorzuschreiben, nutzt dieser Ansatz also Prinzipien der Einladung und der Freiwilligkeit.[35]

Was, wenn sich keiner meldet? Auch das ist eine ehrliche Rückmeldung, entweder über die Attraktivität des Vorhabens oder zumindest die Verfügbarkeit der potenziellen Teammitglieder. Falls es ein Trost ist: Ein motiviertes, schlagkräftiges Team hätte sich unter diesen Bedingungen auch nicht mit Macht oder Zwang zusammenstellen lassen. Die besten Optionen sind hier, das Thema durch geänderte Aufgabenstellung und Rahmenbedingungen interessanter zu machen, oder anderswo bestehende Arbeit zu reduzieren, um Freiräume für neue Projekte zu schaffen.

Konkrete Ideen und Werkzeuge für den Bewerbungs- und Kennenlernprozess sind im späteren Abschnitt „Personelle Änderungen“ ab Seite 316 zu finden. An dieser Stelle können wir die Überlegungen daher abkürzen. Ein interessantes Konzept will ich noch erwähnen: In einer sogenannten *Self-Selection* bilden sich Teams selbstständig aus größeren Gruppen möglicher Mitglieder, teilweise bis hin zu mehreren hundert beteiligten Menschen. Dass Selbstorganisationsprozesse dieser Größenordnung sorgfältig vorbereitet werden wollen, versteht sich von selbst. Details und Ideen für die Durchführung selbstorganisierter Teambildung finden sich in der entsprechenden Literatur.[36]

5. Variante: Selbstorganisation eines bestehenden Teams

Es gibt noch eine andere Form, ein selbstorganisiertes Team zu „gründen“, nämlich indem ein bestehendes, bisher eher klassisch angeleitetes Team im gemeinsamen Einvernehmen mit seiner Leitung mehr Verantwortung übernimmt, manchmal als „Selbstorganisation einführen“ bezeichnet. Wir verstehen natürlich, dass es auch in einem zentral verwalteten und gesteuerten Team immer Selbstorganisation gibt, weil Teammitglieder immer für sich und untereinander Abläufe gestalten, Erwartungen verhandeln und Verantwortung übernehmen. Selbstorganisation kann man nicht „einführen“, wenn sie immer schon da gewesen ist. In Wirklichkeit geht es hier darum, die Grenze des Verantwortungsbereichs zwischen Team und Teamleitung zu verschieben, sodass das Team in Zukunft mehr Verantwortung übernimmt und mehr Gestaltungsfreiräume hat als bisher. Unter anderem übernimmt das Team wesentliche Verantwortung für die Gestaltung von Arbeitsstrukturen und Erwartungskontexten.

Es ist offensichtlich, dass man einem Team diese Verantwortung nicht einfach zuwerfen kann. Als Führungskraft Entscheidungen einseitig fallen zu lassen erzeugt Verunsicherung und sorgt vorhersehbar dafür, dass Themen übersehen oder vernachlässigt werden. Veränderungen dieser Art funktionieren nur, wenn sie in Form gemeinsamer Verein-

[35] Zu einladungsbasierter Führung sehr lesenswert: Mezick, Daniel & Sheffield, Mark (2018). *Inviting Leadership: Invitation-Based Change in the New World of Work*. FreeStanding Press.

[36] z.B. Mamoli, Sandy & Mole, David (2018). *Gemeinsam großartige Teams schaffen: Agile Self-Selection-Prozesse erfolgreich durchführen*. Hanser.

barungen und konkreter, überschaubarer Schritte durchgeführt werden. Team, Teamleitung und Teamumfeld müssen sich einig sein, welche Aufgaben zum Team wandern, und wer für welche Themen Verantwortung trägt und darüber Entscheidungen treffen darf. Selbstorganisation kann nicht Selbstüberlassung bedeuten. Unter anderem muss das Team in die Entscheidung einbezogen werden, die Verantwortung überhaupt anders zu verteilen. Eine derart tiefgreifende Entscheidung ohne das Team zu treffen, würde die Verantwortungshoheit der Leitung zusätzlich betonen und damit das Gegenteil dessen bewirken, was erreicht werden soll.

Gleichzeitig braucht eine Veränderung in einem Themengebiet auch Stabilität in den übrigen. All das, was sich nicht verändert, bietet die für die Veränderung nötige Struktur. Die „Einführung von Selbstorganisation" ist also kein großer, pompöser Moment, ab dem das Team plötzlich für alles verantwortlich ist, sondern ein bewusster Prozess, in dem in vielen einzelnen Schritten die Verantwortungsgrenze zwischen Team und Leitungsrolle gemeinsam immer weiter verschoben wird.

Details dieses Prozesses und ein nützliches Werkzeug dazu sind im Abschnitt „Der Verantwortungsbereich des Teams" ab Seite 128 zu finden. Hier ist erst einmal nur wichtig, dass die Selbstorganisation eines bestehenden Teams durchaus Ähnlichkeiten zu einer Team-Neugründung haben kann. Das Team kann dieselben Werkzeuge nutzen, um Vereinbarungen für neue Verantwortungsbereiche zu treffen und überall dort ein gemeinsames Verständnis erarbeiten, wo bisher die Meinung der Teamleitung tonangebend war, oder wo es noch keine teaminternen Strukturen gibt.

Die größte Veränderung ist dabei nicht unbedingt die neu verteilte Verantwortung an sich, sondern die gemeinsame Überprüfung und Weiterentwicklung der Teamstrukturen als Routine zu etablieren. Dieser Prozess will auch für ein Bestandsteam erst erlernt werden und braucht eine gewisse Zeit. Anstatt alle Strukturen „auf der grünen Wiese" neu festzulegen wie nachfolgend beschrieben, wird sich ein Bestandsteam über die Zeit eher einzelne Themen mit besonderem Fokus herauspicken und diese neu definieren. Teamtage und Strategie-Offsites bieten sich hierfür besonders an. Aber dazu kommen wir später.

6. Erfolgreich mit dem Team starten

„Es ist töricht anzunehmen, dass Teams Leistung erbringen könnten, ohne Zeit zu investieren, um gemeinsame Zwecke, Ziele und Arbeitsweisen zu entwickeln und zu vereinbaren."
Douglas Smith, Jon Katzenbach[37]

Die Grundlage jedes erfolgreichen Teams ist ein gemeinsames Verständnis von Aufgabe und Zusammenarbeit. Neue Teammitglieder bringen nicht nur Erwartungen an das Team und seine Mitglieder mit, sondern auch Erwartungs-Erwartungen, also Vor-

[37] Katzenbach, Jon & Smith, Douglas (2015). *The Wisdom of Teams*. Harvard Business Review Press. S. 19 (Übersetzung des Autors).

stellungen darüber, was der Rest von ihnen erwarten wird. Besonders zu Anfang kann nicht davon ausgegangen werden, dass die Erwartungs-Erwartungen des einen mit den tatsächlichen Erwartungen der anderen zusammenpassen, es entstehen Konflikte. Ein Team wächst als Team zusammen, indem es diese Konflikte sachlich bearbeitet, Erwartungen miteinander abgleicht, aushandelt und Vereinbarungen darüber trifft, was man voneinander erwarten kann und was nicht.

Sofern das Team nicht an den auftretenden Problemen zerbricht, wird dieser Klärungsprozess mit der Zeit so oder so stattfinden. Es besteht dabei aber das Risiko, dass unterschiedliche Vorstellungen unbewusst und unbearbeitet bleiben, bis zu dem Zeitpunkt, wo es an einer konkreten fachlichen Problemstellung zum Konflikt kommt. Hier sind nun gleichzeitig die fachliche Frage und die grundsätzlichen Erwartungen zu klären, was schwierig und anstrengend ist. Viele Teams kennen Momente, wo eigentlich überschaubare Problemchen zu regelrechten Grundsatzdiskussionen ausufern. Das Problem hier ist, dass Erwartungen vorher nicht geklärt worden sind, und das Team in Wirklichkeit versucht, zwei Fragen – eine konkrete und eine grundsätzliche – gleichzeitig zu beantworten. Besser nimmt sich das Team zu Beginn bewusst Zeit, in der es die Erwartungen der Teammitglieder, und vor allem die Unterschiede zwischen ihnen, transparent macht und bespricht. Wenn sich dabei Konflikte ergeben, kann das Team bewusste Vereinbarungen darüber treffen, wie es sich, seine Aufgabe, seine Arbeitsweise und seinen Kontext versteht.

Ein solcher Erwartungsabgleich ist ein hochgradig dynamischer und sozialer Prozess. Als neues Team eine gemeinsame Basis festzulegen, bedeutet in der Regel, mehrere Tage gemeinsam an einem Ort zusammen zu kommen und an den eigenen Strukturen zu arbeiten – ein Prozess, der „Kick-off“ oder „Onboarding“ genannt wird. Je selbstorganisierter das Team arbeiten will, desto mehr Zeit braucht es dafür, und desto disziplinierter wollen die Themen ausgewählt und bearbeitet werden. Ich habe in Teams mit langfristiger Perspektive und sehr hohen Freiheitsgraden gearbeitet, in denen wir gut und gern zwei komplette Wochen dafür verwendet haben, mit dem Fazit, dass die Zeit gut investiert war. Aber auch in zwei Tagen ist einiges möglich.

Strukturell ist ein Kick-off ein ausgedehnter Teamworkshop mit den üblichen Anforderungen: angenehmer Raum, ausreichend Material und Verpflegung, gute Vorbereitung und Moderation, eine störungsfreie Umgebung. Für das Team ist diese Zeit nicht zusätzlicher Aufwand, sondern eine Investition, die sich später in Form von schnelleren Entscheidungen, weniger Missverständnissen und geringerem Konfliktpotenzial bezahlt macht. Nebenbei kann das Kick-off auch gleich der offizielle gemeinsame Starttermin sein, was als Übergangsritual Liminalität reduziert und die individuellen Übergänge ins Team erleichtert.

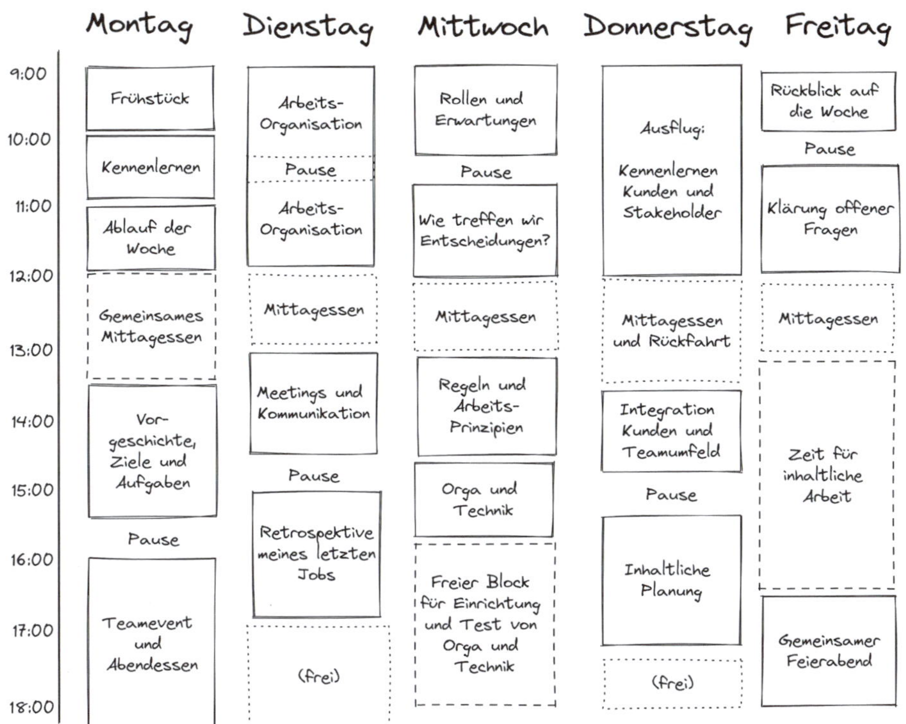

Beispielhafter Ablauf eines ausführlichen Kick-offs mit Erwartungsabgleich-Elementen. Die Themenblöcke orientieren sich an den inhaltlichen Abschnitten aus Kapitel 3.

6.1 Kennenlernen

Ein Kick-off beginnt mit einem gegenseitigen Kennenlernen. Die bewusste Auseinandersetzung mit den anderen hilft sich gegenseitig einschätzen zu lernen, ihre Hintergründe zu kennen hilft ihr Verhalten besser deuten zu können. Gleichzeitig ist zu diesem Zeitpunkt noch kaum das notwendige Vertrauen da, um persönliche Informationen mit einer Gruppe von (meist) Fremden zu teilen. Umso wichtiger ist es, nichts zu erzwingen, sondern die richtige Balance aus Offenheit und respektvoller Distanz zu treffen.

Primär geht es darum, ein Gefühl für die anderen Teammitglieder zu entwickeln, ihre Vorgeschichte zu verstehen und einen ersten Eindruck ihrer Fähigkeiten und Könnerschaft zu bekommen. Die Atmosphäre sollte entspannt und interessiert sein. Niemand muss einen Seelenstriptease hinlegen, sondern man gewöhnt sich aneinander und entwickelt Verständnis für die anderen Teammitglieder und ihre jeweilige Lebenssituation. Wenn ein Teammitglied gerade nebenbei Drillinge im Säuglingsalter betreut, jeden Tag zwei Stunden Anreise ins Büro hat oder erst letzte Woche in die Stadt gezogen ist, wird sich das im Teamalltag sicher bemerkbar machen – umso wichtiger, dass das Team es frühzeitig und in einem konfliktfreien Rahmen erfährt.

Man könnte hier einfach eine Vorstellungsrunde machen, in der alle über sich selbst sprechen – es gibt aber auch kreativere und weniger ermüdende Wege. Sich etwa nach einem kurzen Austausch in Kleingruppen *gegenseitig* vorzustellen, schafft einen Anreiz, dem anderen besonders aufmerksam zuzuhören. In größeren Teams bieten sich Formate an, in denen paarweise miteinander gesprochen und beispielsweise eine kleine Gemeinsamkeit gesucht wird. Eine Variante von Jurgen Appelo[38] sieht vor, Mindmaps voneinander zu erstellen, die eine Reihe von Fragen visuell beantworten: Wer bist du, wie ist dein Werdegang gewesen, was bringst du in das Team ein, was müssen wir wissen, um gut mit dir arbeiten zu können?

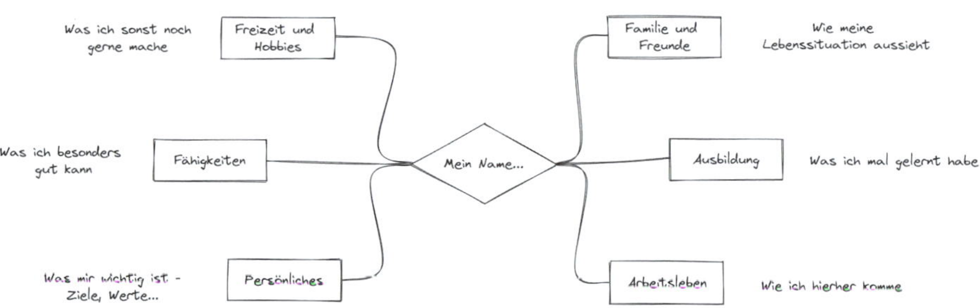

Wie persönlich die Fragen im Kennenlernen werden dürfen, ist von Person zu Person, von Team zu Team, von Kulturkreis zu Kulturkreis unterschiedlich. Während einige kein Problem damit haben, peinliche Kindheitserlebnisse zu erzählen, geht für andere vielleicht schon die Frage nach Partner und Kindern zu weit. Hier ist eine Balance zu finden: Auf der einen Seite kann das Team zeigen, dass es die Privatsphäre seiner Mitglieder respektiert und keine Informationen verlangt, die diese nicht teilen wollen. Auf der anderen Seite kann hier mitgeteilt werden, was das Team über mich wissen muss, um mein Verhalten zu verstehen und Rücksicht auf meine Bedürfnisse nehmen zu können. Gibt es bestimmte Verhaltensweisen, die mich auf die Palme bringen? Habe ich einen kranken Angehörigen zu pflegen und bin deshalb manchmal spontan nicht erreichbar? Habe ich immer montagabends private Termine und bin deshalb auf einen pünktlichen Feierabend angewiesen? Allein schon die Fairness gebietet es, diese Informationen den anderen frühzeitig mitzuteilen, damit sie es nicht später selbst herausfinden müssen.

Eine interessante Variante für ein Kennenlernen ist noch, mit einer Retrospektive[39] bzw. einem Rückblick auf den letzten Job oder das letzte Team zu starten. Was lief in eurem letzten Team gut, was lief nicht so gut, was ist euch in diesem neuen Team wichtig?

6.2 Sinnhaftigkeit von Teambuilding-Events

Eine Zeitlang war es vor allem in größeren Organisationen beliebt, neue Teams zum Auftakt auf ein erlebnispädagogisches Event zu schicken. Damit ist meistens die Hoff-

[38] „*Personal Maps*“, aus Appelo, Jurgen (2018). *Managing for Happiness*. Vahlen. S. 39 ff.
[39] Siehe Abschnitte „Organisation der Kommunikation“ und „Weiterentwicklung von Teamstrukturen“ ab den Seiten 95 bzw. 276.

nung verbunden, dass ein gemeinsamer Tag im Kletterpark, das Überwinden hoher Hindernisse oder das Durchführen von Mutproben Beziehungen und Vertrauen aufbauen und dem Team so einen guten Start ermöglichen würden. Nebenbei lassen sich gruppendynamische Prozesse provozieren und beobachten: Wer macht Ansagen, wer hält sich eher zurück? Wer übernimmt zentrale, verantwortungsvolle Aufgaben, wer lässt eher die anderen machen?

In meiner Wahrnehmung haben „Teambuilding"-Events wie diese in den letzten Jahren etwas an Beliebtheit verloren. Das liegt sicherlich teilweise daran, dass Teams, die durch ein Teambuilding-Event gegangen sind, im späteren Alltag nicht produktiver und erfolgreicher arbeiten als andere, dass diese Angebote also in vielen Fällen ihre Werbeversprechen nicht einlösen können.[40] Aber schon am Konzept sind aus meiner Sicht Zweifel angebracht. In vielen Fällen sind die Aufgabenstellungen eines Teambuilding-Events meilenweit von der Fachdomäne des Teams entfernt, was aufgebautes Vertrauen nicht ohne weiteres übertragbar macht – dass einen die eigenen Teamkollegen in einer Vertrauensübung nicht umfallen lassen, sagt überhaupt nichts über ihre Kompetenz oder Zuverlässigkeit im Alltag aus. Auch die Anforderungen sind andere: Mutiges Auftreten im Kletterpark lässt nicht unbedingt auf mutiges Auftreten innerhalb der eigenen Organisation schließen, und vor einer Gruppe von (noch) Fremden mit den eigenen Ängsten konfrontiert zu werden kann die entstehenden Beziehungen sogar beschädigen. Das alles soll nicht heißen, dass man mit einem neuen Team nicht auch ein Event außerhalb des eigenen Büros oder Arbeitsumfelds machen kann. In meiner Sicht sollten dabei aber Spaß und Freiwilligkeit im Vordergrund stehen und das Event zur Freude der Teammitglieder, nicht zu ihrer Kontrolle oder Manipulation dienen.

6.3 Chartern: Teamstrukturen gemeinsam festlegen

„Wir brauchen kein detaillierteres Dokument,
wir brauchen ein gemeinsames Verständnis."
Jeff Patton

Ein hilfreiches Werkzeug für den bewussten Erwartungsabgleich ist das sogenannte *Chartern,*[41] wie es etwa Diana Larsen und Ainsley Nies in ihrem Buch „Liftoff" beschreiben.[42] Dabei erstellt das Team gemeinsam ein oder mehrere Dokumente, in denen zentrale gemeinsame Vereinbarungen festgehalten werden. Wichtig ist, dass die Teamcharta Mittel, nicht Zweck ist. Es geht nicht darum, ein tolles Dokument zu produzieren. Stattdessen bringt Verschriftlichung vorhandene Verständnisunschärfen und unterschiedliche Erwartungen ans Licht und macht sie besprechbar. Ziel ist, über

---

40 Siehe z.B. Salas, Eduardo et al (1999). *The Effect of Team Building on Performance: An Integration.* Small Group Research 30/3. Die Metaanalyse zeigt unter anderem, dass auf Erwartungsabgleich fokussierte Übungen sich positiv auf die Teamleistung auswirken, auf Beziehungsaufbau fokussierte dagegen nicht.

41 Hiermit ist nicht das „Chartern" im Sinne eines Charterflugs gemeint, sondern das Erstellen einer „Charta", also einer Art Satzungs- oder Verfassungsdokument.

42 Larsen, Diana & Nies, Ainsley (2016). *Liftoff: Start and Sustain Successful Agile Teams.* The Pragmatic Programmers.

das gemeinsame Erstellen der Dokumente ein gemeinsames Verständnis zu entwickeln, nicht andersherum.

Das Herzstück eines gemeinsamen Teamstarts ist die Festlegung wesentlicher Teamstrukturen. Dabei gibt es sechs Kernfragen zu beantworten:

- Was ist unser Ziel bzw. unsere gemeinsame Aufgabe?
- Wie organisieren wir unsere Arbeit?
- Wie organisieren wir unsere Kommunikation?
- Wie treffen wir als Team Entscheidungen?
- Welche Regeln und Prinzipien vereinbaren wir?
- Wie integrieren wir uns als Team in unseren Kontext?

Zu den jeweiligen Fragestellungen bietet das nächste Kapitel ausführliche Informationen, daher sind sie hier nur angedeutet. Welche Themen in den Arbeitsblöcken genau besprochen werden, in welcher Tiefe, und ob das gesamte Team alle Themen bearbeitet oder sich in kleinere Gruppen aufteilt, wird von Aufgabe, Teamgröße und verfügbarer Zeit bestimmt. Auch muss nicht jede Erkenntnis Eingang in die Teamcharta finden, die am Ende ein recht kompaktes und übersichtliches Dokument sein soll. Es geht in einem Kick-off nicht darum, eine Liste von Fragen abzuhaken, sondern diejenigen Themen zu klären, die für die Zusammenarbeit des Teams besonders wichtig sind.

Hier einige allgemeine Ideen und Grundsätze, die sich in Charter-Workshops und Kickoffs bewährt haben:

Ergebnis müssen konkret genug sein, um sie niederschreiben zu können. Es geht dabei nicht um die Teamcharta als solche, die eigentlich nur das Ergebnis dokumentieren soll. Entscheidend ist der Moment, an dem das gemeinsame Verständnis so konkret ist, dass alle Anwesenden einer schriftlich festgehaltenen Formulierung zustimmen können. Ob diese dann auch festgehalten werden muss, ist zweitrangig und hängt primär von der Frage ab, ob man dieses gemeinsame Verständnis später nachschauen können will. Es gemeinsam aufschreiben zu können ist der Test, ob das gemeinsame Verständnis ausreichend konkret ist.

Der Prozess ist wichtiger als das Ergebnis. Die Wirkung des Charterns entsteht durch das Austauschen, Abgleichen und Verhandeln von Erwartungen und Perspektiven. Es ist daher eher kontraproduktiv, wenn ein Teil der Gruppe oder eine Teamleitung schon weitgehend fertige Lösungen mitbringen („Wir haben da schon mal etwas vorbereitet …"). Die einzige Ausnahme sind Themen, bei denen vom Team von vorneherein wenig mitbestimmt werden kann, typischerweise etwa der Gesamtzweck des Teams, unverhandelbare Rahmenbedingungen und Vorgaben der umgebenden Organisation oder ähnliches. In jedem Fall sollte klar sein, ob etwas durch das Team festgelegt werden kann, also vor Ort mit allen erarbeitet und vereinbart wird, oder es von vorneherein feststeht, also höchstens noch kurz vorgestellt und besprochen werden muss. Vorschläge in eine laufende Diskussion einzubringen ist natürlich immer in Ordnung, aber Diskussion selbst braucht nur stattzufinden, wenn sie das Ergebnis noch verändern kann.

Der angestrebte Zustand ist „Gut genug für heute". In einem Team, welches sich laufend mit Veränderungen und Überraschungen auseinandersetzt, muss sich auch die Arbeitsweise immer wieder an neue Bedingungen anpassen. Es ist daher unnötig, zu Anfang eine perfekte Lösung für alle Zeiten definieren zu wollen. Die entscheidende Frage für vorgeschlagene Entscheidungen und Strukturen ist: *ist es sicher*, das heißt, werden wir in den nächsten Wochen ernsthafte Probleme bekommen, wenn wir das jetzt erstmal so machen? Wenn nein, ist es gut genug und kann für den Moment erst einmal so belassen werden.

Entscheidungen können in Kleingruppen verlagert werden. Nicht alles im Chartern muss in der großen Runde besprochen und geklärt werden. Sollten ein oder mehrere Themen durch Teilgruppen erarbeitet werden, ist es natürlich wichtig, dem Rest des Teams anschließend noch die Möglichkeit für Einwände oder notwendige Ergänzungen zu bieten. Grundsätzlich gilt aber: wenn das Team eine Teilgruppe beauftragt, einen Strukturvorschlag zu erarbeiten, hat das Ergebnis ein gewisses Gewicht und sollte nur bei ernsthaften Bedenken infrage gestellt werden. Eine eventuell mühsam gefundene Vereinbarung wieder zu zerreden, bringt niemandem etwas. Auch hier ist „Gut genug für heute" das wesentliche Kriterium, im Zweifelsfall hilft die *Einwandintegration* aus dem Abschnitt „Entscheidungsfindung" weiter.

Anwesenheit der Sponsoren betont die Wichtigkeit des Vorhabens. Wenn es einen oder mehrere klar identifizierbare Sponsoren oder Stakeholder gibt, denen die Arbeitsergebnisse des Teams besonders wichtig sind, sollten diese zu einem geeigneten Zeitpunkt im Kick-off anwesend sein und ihre Sicht auf das Thema dem Team persönlich mitgeben. Warum ist das Thema für sie relevant? Welche Hoffnungen und Befürchtungen verbinden sie damit? Was kann das Team tun, um mit ihnen eine gute und produktive Zusammenarbeit aufzubauen? Diese Informationen direkt von den Empfängern ihrer Arbeit zu hören, vermittelt ein Gefühl von Wichtigkeit, die eine E-Mail oder ein „ausgerichteter" Gruß nicht im gleichen Maß transportieren können.

Ein Kick-off enthält mindestens ein ausdrückliches Element der Freiwilligkeit. Als Teammitglied werde ich dabei bewusst und ausdrücklich mit der Frage konfrontiert: Nach all dem, was wir gemeinsam besprochen und vereinbart haben, nachdem ich die Aufgabe verstanden und die anderen Teammitglieder kennengelernt habe, will ich jetzt immer noch Teil dieses Teams sein? Die Antwort muss nicht in verbaler Form vor der gesamten Runde gegeben werden, aber irgendeine aktive Handlung ist dabei erforderlich, um definitiv zum Teammitglied zu werden. Sei es, das eigene Foto in eine offizielle Teamübersicht zu kleben, oder den eigenen Namen unter die Teamcharta zu schreiben, oder es gibt eine bestimmte Pause, aus der zurückzukehren den offiziellen Eintritt ins Team symbolisiert – es ist nicht so wichtig, wie die Handlung konkret aussieht, aber sie sollte eine aktive Handlung verlangen. Einfach sitzenbleiben reicht nicht.

Bei diesem Element der Freiwilligkeit geht es nicht (nur) darum, Skeptikern und Unmotivierten noch eine elegante Rückzugsmöglichkeit zu bieten, sondern vor allem um ein kleines psychologisches Übertragen der Verantwortung: Ich habe aktiv Schritte unternommen, um dabei sein zu können, also wollte ich Teil des Teams sein, deshalb werde ich mich im weiteren Verlauf auch für den Erfolg des Teams und damit für die Richtigkeit meiner Entscheidung engagieren. Der Zeitpunkt, zu dem dieses Element der Freiwilligkeit platziert wird, will sorgfältig gewählt sein. Die Entscheidung fällt im besten Fall spät genug, dass Auftrag, Struktur und andere Teammitglieder schon eingeschätzt werden können, aber früh genug, dass interne Strukturen des Teams im weiteren Verlauf des Workshops nur noch von denen gestaltet werden, die sich für die Mitarbeit im Team entschieden haben.

Falls für die Arbeit des Teams besondere Hintergrundinformationen oder spezielles Wissen notwendig sind, ist das Kick-off ebenfalls der richtige Zeitpunkt, um es zu teilen. Besonders wirkungsvoll ist es natürlich, wenn externe Experten oder Menschen mit besonderer Könnerschaft persönlich anwesend sind, um nicht nur Informationen zu teilen, sondern auch für einen intensiven Austausch zur Verfügung zu stehen.

In vielen Fällen ist es sinnvoll, an das Chartern eine erste inhaltliche Planung anzuschließen, in der Aufgaben festgelegt, priorisiert und verteilt werden. Idealerweise ist das Team nach Abschluss des Kick-offs direkt arbeitsfähig, sprich, Termine und Strukturen sind geklärt, Aufgaben identifiziert, und am Morgen nach dem Kick-off kann die Arbeit offiziell aufgenommen werden.

Auch wenn das Bedürfnis groß ist, die Agenda bis zur letzten Minute durchzuplanen: Es ist sinnvoll, etwa 10 % der verfügbaren Zeit für spontane Themen freizuhalten. Das können einzelne Fragestellungen sein, die z.B. aus dem Chartern offengeblieben sind, aber auch Themen, die einzelne Teammitglieder an dieser Stelle noch klären wollen. Ein einfaches Hilfsmittel ist ein visueller „Parkplatz" für Themen und offene Fragen, die während Kick-off und Chartern gesammelt und dann gegen Ende in einem fokussierten Block geklärt werden können. Je nach Anzahl der Themen und verfügbarer Zeit kann es notwendig sein, die Themen zu Beginn gemeinsam zu priorisieren oder jedes Thema auf eine bestimmte Zeitdauer (etwa 15 Minuten) zu begrenzen. Das Kick-off muss auch nicht alle Fragen beantworten. Manche Themen sind eventuell leichter zu klären, wenn das Team sie als Aufgabe in den späteren Arbeitsalltag mitnimmt.

Für die Vorbereitung und Durchführung eines Kick-offs gelten allgemeine Grundsätze guter Workshopgestaltung. Auch wenn ein Arbeitstag acht Stunden hat, sind die wenigsten Menschen zu acht Stunden intensiver kognitiver Arbeit in der Gruppe fähig – schon gar nicht mehrere Tage hintereinander. Das Kick-off so aufzubauen, dass sich Gruppenarbeit mit Einzelaufgaben, intensive Diskussion mit leicht verdaulichen Informationen, anspruchsvolle Themen mit lockerem Austausch abwechseln, trägt viel zum Erfolg bei.

Neben der ganzen inhaltlichen Arbeit gehört auch gemeinsame Freizeit in Form von Pausen, Mahlzeiten und Abendgestaltung in den Ablauf. Selbst wenn diese Elemente eher unverbindlich sind und nicht alle Teammitglieder dabei sein müssen, finden hier weiter Kennenlernen und Beziehungsaufbau statt, weshalb Pausen und vorgebliche „Freizeit" auch gezielte Werkzeuge im Ablauf sein können. Direkt vor und nach der Mittagspause sowie am späten Nachmittag lässt die Leistungsfähigkeit und Konzentration der Gruppe oft spürbar nach, während die Gereiztheit mit wachsendem Hunger zunimmt. Anspruchsvolle und konfliktreiche Themen werden deshalb, wenn möglich, besser in andere Zeiträume geplant.

Planung und Durchführung eines Kick-offs lassen oft schon erahnen, wie sich die Zusammenarbeit im Team später anfühlen wird. Ist eine Mittagspause entspannt und gut versorgt, oder bleiben nur zwanzig Minuten, um schnell ein belegtes Brötchen hinunterzuschlingen? Sind Pausen sinnvoll getaktet, oder gibt es sie erst, wenn jemand sie entnervt einfordert? Wird der Zeitplan diszipliniert eingehalten, oder ist das Team schon nach der ersten Diskussion eine Stunde im Verzug? Laden die Sponsoren das Team zum Abendessen ein, oder darf man sich am Imbiss selbst eine Bratwurst kaufen? In Summe prägen auch diese kleinen Aspekte das Bauchgefühl, mit dem die neuen Teammitglieder in die Zusammenarbeit starten – Neugier und Zuversicht, oder Skepsis und Pessimismus.

Kapitel 3
Elementare Teamstrukturen

„Es gibt viele Aspekte der Teamarbeit, für die Mehrdeutigkeit eine gute Sache ist, aber der Entscheidungsspielraum des Teams gehört nicht dazu."

Richard Hackman

Inhaltsübersicht

Ein wesentlicher Teil von Selbstorganisation ist *Organisation*: Als Team gemeinsam zu entscheiden, wie man zusammenarbeiten will. In diesem Kapitel soll es um die wesentlichen Strukturelemente des Teams gehen, also um all das, was auch für Außenstehende als „die Arbeitsweise" des Teams erkennbar ist und worüber das Team eine ausdrückliche Entscheidung fällen kann: „Ja, so wollen und werden wir das machen." Informelle Teile der Selbstorganisation, wie etwa zwischenmenschliche Beziehungen, betrachten wir dann im folgenden Kapitel.

Es gibt unterschiedliche Theorien und Modelle möglicher Strukturen eines Teams. Die Organisationssoziologie betrachtet etwa, in Anlehnung an Niklas Luhmann, die Bereiche *Programme* (z.B. Ziele und Vorschriften), *Personal* (Rollen und ihre Besetzung) und *Kommunikationswege*. Andere unterscheiden nach richtungsweisenden, inneren und äußeren Strukturen, etwa Diana Larsen und Ainsley Nies, deren Fokus auf Aufgabe, interner Zusammenarbeit und Kontext liegt.

Für mich ergeben sich, als Querschnitt dieser Ansätze, sechs strukturelle Leitfragen, für die das Team früher oder später, explizit oder implizit, Antworten finden muss:

1. Wozu gibt es dieses Team?
2. Wie organisieren wir unsere Arbeit?
3. Wie organisieren wir unsere Kommunikation?
4. Wie treffen wir als Team Entscheidungen?
5. Welche Spielregeln/Arbeitsprinzipien geben wir uns selbst?
6. Wie integrieren wir uns in unser Umfeld?

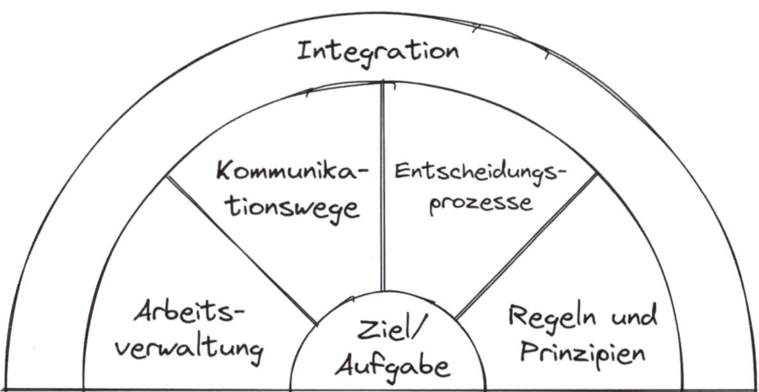

Eine bewährte Weise, diese Fragen zu beantworten, ist der im letzten Kapitel besprochene Charter-Workshop zum Start der Zusammenarbeit. Bereits existierende Teams, oder solche, die ein Chartern nicht durchführen können oder wollen, müssen diese Strukturen anders klären, durch bewusstes Erarbeiten oder indem sich über die Zeit ein implizites Verständnis bildet. Es lohnt sich aber, sich die Zeit zu nehmen. In einem meiner eigenen Teams etwa hatten wir im (ansonsten recht erfolgreichen) Kick-off aus Zeitgründen das Thema Entscheidungsfindung übersprungen und dann über die folgenden Monate sehr erfolgreich zusammengearbeitet – nur Entscheidungen im Team zu treffen, gestaltete sich immer wieder langwierig und mühsam. So etwas ist unschön, aber keine Katastrophe. Sollte sich später herausstellen, dass man ein Thema ausführlicher hätte behandeln sollen, kann man einzelne strukturelle Themenblöcke und Leitfragen immer noch herausgreifen und in einem Workshop gezielt klären.

Ein Wort vorneweg: Ich verstehe die folgenden Abschnitte als Beispiele, wie man zu den sechs strukturellen Leitfragen ein gemeinsames Verständnis herstellen kann. Teilweise sind Methoden und Ansätze skizziert, die ich gern und regelmäßig nutze. Einen oder mehrere der sechs großen Themen komplett auszulassen, macht sich in der Regel später im Team durch auftretende Schwierigkeiten bemerkbar. Meine Erwartung ist aber nicht, dass jedes selbstorganisierte Team alle der folgenden Aktivitäten abschließen muss, bevor es mit der Arbeit starten kann. Für die meisten Teams wird eine Auswahl dieser Strukturthemen völlig ausreichend sein. Welche die richtigen und wichtigen Themen sind, möchte ich gern euch überlassen – das eigene Bauchgefühl ist ein guter Indikator.

1. Klärung der Aufgabe

„Mein Kunde ist mein Arbeitgeber.
Mein Chef ist mein Dienstleister.
Ich erwirtschafte das Gehalt meines Chefs."
Gesehen auf einem Flyer bei DB Systel

Teams sind kein Selbstzweck. Ihre Existenz hat immer einen tieferen Sinn, der darin besteht, für andere Menschen konkreten Mehrwert zu schaffen. Auch wenn das Team nicht unbedingt seine Leistungen finanziell abrechnen muss, bezeichne ich die Leistungsempfänger gern als „Kunden" des Teams. Kunden sind diejenigen, auf deren Bedarfe sich das Team ausrichtet, die von der Arbeit des Teams profitieren und von deren Zufriedenheit die Existenz des Teams ein Stück weit abhängt.

Jedes Team sollte seine Kunden eindeutig benennen können. Für ein Team, welches das entweder nicht kann oder dessen Kunden mit der Teamleistung dauerhaft unzufrieden sind, kann (und sollte) die Frage gestellt werden, ob es das Team auf Dauer wirklich braucht oder es nicht besser aufgelöst werden sollte. Zur Erinnerung: Als Team verstehen wir die soziale Struktur, nicht die Gruppe der Menschen – die Auflösung eines Teams bedeutet also nur, dass die Struktur keinen Nutzen mehr stiftet, aber die bisherigen Teammitglieder können natürlich anderswo in der Organisation wertvolle Beiträge leisten.

Für das Team sollte zu jeder Zeit transparent sein, welche Kunden es hat, wie zufrieden diese mit der Teamleistung sind und welche Erwartungen an das Team und seine Leistung bestehen. Kunden sind immer eine konkret bezifferbare Menge von Personen oder Rollen. Nach ihren Kunden gefragt, weichen manche Teams auf abstrakte Gruppen aus: „Am Ende haben doch alle was davon, dass wir diese Arbeit machen." In anderen Fällen wird die eigene Arbeit einfach als „notwendig" beschrieben, ohne das an Anforderungen konkreter Menschen festmachen zu können. Besonders gefährdet sind hier Teams, die von den externen Kunden der Gesamtorganisation weit entfernt sind, weil sie administrative Aufgaben übernehmen, Stabsfunktionen ausfüllen oder einfach in Nischen der Organisation arbeiten, die sehr weit weg vom Kerngeschäft und echtem Kundenkontakt sind.

Leider geht mit dem klaren Kundenfokus auch die Möglichkeit verloren, die Qualität der eigenen Leistung zu überprüfen. Wer nicht weiß, für wen er arbeitet, ist orientierungslos, und wer keine Kunden nach ihrer Zufriedenheit fragen kann, arbeitet blind. Jedes Business ist aber „People Business". Jede Arbeit, die es wert ist, getan zu werden, erzeugt Nutzen für konkrete Menschen, die man finden und mit denen man sprechen kann. Umgekehrt gilt: Wenn sich niemand finden lässt, der für eine bestimmte Arbeit oder Leistung dankbar ist, könnte es sich dabei um unnötige Beschäftigung, sprich, Verschwendung von Arbeitsleistung und Ressourcen handeln. Ein Team, welches wertvolle Leistungen anbietet, tut das immer fokussiert auf konkrete Personen oder Rollen, die es eindeutig benennen kann. Teams wissen und spüren das! Je unmittelbarer der Kontakt zur Außenwelt, je klarer die Orientierungsfunktion der externen Erwartungen, desto motivierter, engagierter und reaktionsfreudiger ist meist auch das Team.

Menschen lieben die Erfahrung, für andere nützlich zu sein, daher ist die Identifizierung der Kunden des Teams ein wesentlicher Schritt zu seiner Entwicklung.

Oft hilft es, die etwas unscharfe Kategorie „Kunden" noch weiter in Auftraggeber, Nutzer und Sponsoren zu unterteilen.

- **Auftraggeber** sind diejenigen, die das Team *beauftragen*, etwas zu tun. Auftraggeber entscheiden, welche Probleme das Team lösen soll und damit, was das Team leisten wird. Ob eine Leistung für Auftraggeber zufriedenstellend ist, entscheidet sich oft an Kriterien wie Aufwand, Kosten, Lieferzeit, Zuverlässigkeit, Flexibilität und daran, ob die Nutzer mit der Leistung zufrieden sind.
- **Nutzer** sind diejenigen, die das Produkt oder die Dienstleistung des Teams direkt entgegennehmen und verwenden. Sie tragen die Kosten selten selbst und interessieren sich dafür oft nur am Rande. Interessant ist für sie vor allem, wie zielsicher das Teamangebot ihre Probleme löst und wie elegant es sich in ihre eigenen Arbeitsprozesse und alltäglichen Abläufe integriert. Nutzer liefern meistens die wertvollsten Ideen zur Verbesserung des Teamangebots und reagieren sensibel darauf, wie lange das Team braucht, um ihre Wünsche zu erfüllen.
- **Sponsoren** finden wir vor allem dort, wo ein eingeschränkter Kreis über die Verwendung von Arbeitsmitteln, Zeit und Geld entscheiden kann. Für das Team sind Sponsoren all diejenigen, die es durch die Bereitstellung materieller Ressourcen möglich machen, dass das Team seine Arbeit tun kann. Sponsoren haben erfahrungsgemäß eher selten den Wunsch, mit dem Team ständig in Interaktion zu stehen, da sie mit anderen Aufgaben beschäftigt sind. Ihr wesentliches Interesse besteht darin, ihre Mittel gut investiert zu wissen und keine negativen Überraschungen erwarten zu müssen. Umgekehrt ist Unzufriedenheit der Sponsoren für das Team immer ein ernstzunehmendes Problem. Teams, die über einen längeren Zeitraum ihre Sponsoren nicht zufriedenstellen können, sind mit einer ganzen Reihe von möglichen Konsequenzen konfrontiert, von fehlender Unterstützung über personelle Veränderungen bis hin zum Finanzierungsstopp, was schnell das Ende eines Teams bedeuten kann.

Je nach Organisation und Arbeitskontext können sich diese drei Kundengruppen auch überschneiden. Es ist durchaus möglich, dass ein und derselbe Mensch gleichzeitig Nutzer, Auftraggeber und Sponsor des Teams sein kann und dann je nach Situation mit drei verschiedenen „Hüten" spricht! Erfolgreiche Teams kennen ihre Auftraggeber, Nutzer und Sponsoren und verstehen es geschickt, mit ihnen genau diejenigen Beziehungen aufzubauen, die den Anforderungen der jeweiligen Gruppe entgegenkommen. Während Nutzer vor allem auf die Details des Teamangebots fokussieren und dazu gern regelmäßig und detailliert Feedback geben, richtet sich das Interesse der Auftraggeber eher auf strategische, kaufmännische und planerische Aspekte. Sponsoren dagegen legen oft Wert auf Ruhe, Zuverlässigkeit und Transparenz darüber, wie ihre Mittel eingesetzt werden und welcher Mehrwert damit generiert wird.

Neben den drei genannten Kundengruppen gibt es meistens noch weitere Interessenvertreter, die auf die eine oder andere Art Erwartungen an das Team haben oder aus anderen Gründen wichtige Ansprechpartner für das Team sind. Diese werden, zusammen mit Nutzern, Auftraggebern und Sponsoren, unter dem allgemeinen Begriff *Stakeholder*[43] zusammengefasst. Kunden sind also Stakeholder, aber nicht alle Stakeholder sind auch Kunden. Andere Stakeholder können zum Beispiel Personen oder Gruppen sein, die ...

- organisationsinterne Regeln festlegen und/oder ihre Einhaltung überwachen,
- thematische Überschneidungen mit der Arbeit des Teams haben,
- für die Arbeit des Teams Verantwortung tragen (z.B. eine Bereichsleitung),
- in unmittelbarer Nähe des Teams arbeiten und von der Arbeit des Teams betroffen sind,
- Leistungen für das Team erbringen, also eine Art Zulieferrolle innehaben oder
- organisationsweit für bestimmte Interessen eintreten, bei denen das Team einfach eine Adresse von vielen ist.

Auch Betriebsräte und ähnliche Rollen können wir als Stakeholder verstehen. Grundsätzlich ist für das Team ein Stakeholder, wer gegenüber dem Team irgendwelche Interessen und Ansprüche vertritt. Und Kunden sind diejenige Teilgruppe der Stakeholder, deren Beziehung zum Team direkt mit dessen Leistung und Ergebnissen zusammenhängt.

Eine Übung für das Team kann beispielsweise sein, die Kunden des Teams zu sammeln, nach Nutzern, Auftraggebern und Sponsoren zu unterscheiden und in eine Übersicht zu bringen. Wenn dabei schon weitere wichtige Stakeholder gefunden werden, ist das gut – diese Erkenntnisse werden an dieser Stelle noch nicht gebraucht, können aber später im Block „Kontextintegration" wieder aufgegriffen werden.

1.1 Aufgabenbeschreibung und Wertversprechen

Sobald die Kunden des Teams identifiziert sind, kann das Team den Mehrwert seiner Leistung für diese konkretisieren. In der Beschäftigung mit der eigenen Leistung geht dabei ein Aspekt schnell vergessen: *Für Kunden ist das, was das Team leistet, nur eine kleine Facette einer größeren Aufgabe.* Clayton Christensen, seinerzeit Professor für Betriebswirtschaft an der Harvard University, hat diese Idee als *„Jobs to be done"* bezeichnet: Was versuchen unsere Kunden *eigentlich* zu tun und welche Rolle spielt unsere

[43] Eine gute deutsche Übersetzung des Begriffs „Stakeholder" ist mir noch nicht begegnet. Je nach Kontext kann der Begriff *Anspruchsberechtigte, Interessenvertreter* oder *Anteilseigner* meinen.

Leistung, unser Produkt in diesem größeren Kontext? In einem berühmt gewordenen Beispiel stellt er diese Frage in Bezug auf Fast Food-Milchshakes. Die trügerisch einfach erscheinende Problemstellung stellt sich bei näherer Betrachtung als harte Nuss heraus: Welches Problem wird durch einen Milchshake besser gelöst als durch jedes andere Produkt? Welche Funktion hat ein Milchshake im Leben seines Käufers, und was führt Menschen dazu, einen Milchshake zu kaufen, anstatt eines anderen Getränks? Was sind überhaupt alternative Produkte zu einem Milchshake?[44]

Natürlich stellen die meisten Teams keine Milchshakes her, sondern kompliziertere Produkte und Leistungen – ein Grund mehr, genau begreifen zu wollen, welche Funktion sie für andere ausfüllen. Die eigentliche Aufgabe der Kunden, also den „Job to be done", zu verstehen, ist der erste von vier Schritten, um das sogenannte *Wertversprechen* des Teams zu erstellen:[45]

1. Was versuchen unsere Kunden *eigentlich* zu tun? Welchen Beitrag dazu leistet die Arbeit des Teams? Wie lösen Kunden das Problem bisher?
2. Welche Hoffnungen und Wünsche, welche Ängste und Sorgen verbinden sie mit diesen Problemen? Mit welchen Teilen ihrer existierenden Lösung sind sie zufrieden, und mit welchen nicht? Was erhoffen sie sich von der Leistung des Teams?
3. Welche Produkte und Leistungen wird das Team anbieten, die es den Kunden ermöglichen, bei ihrer eigentlichen Aufgabe erfolgreich zu sein?
4. Wie müssen Produkte und Leistungen ausgestaltet sein, um auf die Hoffnungen und Wünsche, die Ängste und Sorgen der Kunden einzugehen?

1.2 Visionsfindung

> *„Die Parallelität von Vision (was wir wollen) und klarem Bild der gegenwärtigen Realität (wo wir sind, gemessen an dem, was wir wollen) erzeugt das, was wir als »kreative Spannung« bezeichnen: eine Kraft, die die beiden Positionen zusammenbringen will, weil jede Spannung von Natur aus nach Auflösung strebt."*
>
> Peter Senge[46]

Ein Wertversprechen zu erstellen, ist eine hilfreiche und beliebte Art und Weise, ein gemeinsames Verständnis der Teamaufgabe herzustellen. Eine andere Möglichkeit, das zu tun, ist durch das Erarbeiten einer gemeinsamen Vision.

[44] Für die, die selbst rätseln wollen, verrate ich an dieser Stelle die Antworten nicht. Sie findet sich, zusammen mit dem interessanten Marktforschungsansatz dahinter, bei Christensen, Clayton (2017). *Besser als der Zufall: „Jobs to Be Done" – die Strategie für erfolgreiche Innovation*. Plassen. S. 24 ff.

[45] Mehr zum Entwurf von Wertversprechen findet sich etwa bei Osterwalder, Alex et al. (2015). *Value Proposition Design: Entwickeln Sie Produkte und Services, die Ihre Kunden wirklich wollen*. Campus.

[46] Senge, Peter (2010). *The Fifth Discipline: The Art and Practice of the Learning Organisation* (Revised Edition). Penguin Random House. S. 131 (Übersetzung des Autors).

Eine Vision drückt in wenigen, starken, oft emotional gefärbten Worten eine ambitionierte Zukunft aus, auf die das Team hinarbeitet.

Visionen können wichtige Orientierungspunkte für die gemeinsame Zusammenarbeit sein. Sie fassen die Bedeutung zusammen, die die Arbeit des Teams hat. Sie leiten Verhalten und erleichtern unsichere Entscheidungen – im Zweifelsfall ist immer diejenige Option besser, die uns der Erfüllung unserer Vision näherbringt. Schon der Austausch im Team macht Gemeinsamkeiten und Unterschiede zwischen Erwartungen besprechbar. Teammitglieder können sie verwenden, um ihre eigene Motivation zu überprüfen: Ist das, was als Ziel im Raum steht, für mich erstrebenswert und kitzelt meinen Ehrgeiz? Auch für den Erwartungsabgleich mit Kunden ist es hilfreich, eine Beschreibung zu haben, die das bisherige Verständnis der Aufgabe gewissermaßen „konsequent zu Ende denkt".

Damit eine Vision das leisten kann, ist es wichtig, dass sie nicht das Team selbst beschreibt, sondern seinen Wertbeitrag für die Kunden, vor allem für die Nutzer. Ein häufiger Fehler bei der Visionsfindung ist, sich allzu sehr auf die eigene Zukunft zu konzentrieren und rosarote Bilder von toller Zusammenarbeit, hoher Nachfrage und wirtschaftlichem Erfolg zu malen. Diese bieten meistens weder eine Orientierungsfunktion für Entscheidungen, noch wecken sie die Leidenschaft der Teammitglieder, und auch das Interesse der Kunden an diesen Selbstbeschreibungen ist überschaubar. Jedes Team möchte gern toll zusammenarbeiten und mit der eigenen Arbeit erfolgreich sein – das noch mal auf Papier zu schreiben, hat keine orientierende Funktion. Eine Vision ist ein identitätsstiftendes Werkzeug, sie muss also die Frage beantworten, was dieses Team ausmacht, und zwar im *Unterschied* zu allen anderen möglichen Teams. Einzigartig wird ein Team dabei immer durch das, was es für andere tut.

In der Teamvision geht es also, anders als der Name suggeriert, gar nicht wirklich um das Team. Stattdessen wird eine *für die Kunden angestrebte Zukunft* beschrieben, also eine Antwort auf die Frage: „Wie würde ein Szenario aussehen, in dem wir die Probleme unserer Kunden zu deren vollster Zufriedenheit gelöst hätten?" Eine starke Vision schafft es, in wenigen Worten die Kunden und deren Problemstellungen zu charakterisieren, sie stellt dar, wie eine ideale Zukunft für diese aussieht und welchen Beitrag das Team zur Lösung dieses Problems leistet. Ob man das erreicht hat, lässt sich am besten im Gespräch mit den eigenen Kunden herausfinden. Anerkennende Reaktionen auf einen Visionsentwurf sind ein gutes Zeichen: „Ja, das, was ihr dort aufgeschrieben habt, ist, worauf es uns ankommt – und wenn ihr das für uns leisten könnt, liebes Team, könnt ihr auf unsere volle Unterstützung zählen."

Hier sind einige Auszüge aus Visionsbeschreibungen bekannter Organisationen, die gut verdeutlichen, wie man die wesentliche Kundengruppe und ihren angestrebten Mehrwert in wenigen Worten einfangen kann. Von welchen Organisationen stammen wohl diese Aussagen?

- *„… indem wir Menschen mit großen Träumen und kleinen Geldbeuteln formschöne, funktionelle, langlebige, erschwingliche und nachhaltige Einrichtungslösungen anbieten …"*
- *„Wir bauen nicht nur Motorräder, wir stehen für die immerwährende Sehnsucht nach dem Abenteuer – Freiheit für die Seele."*

- *„Wir wollen die Welt unterhalten. Unabhängig von Ihrem Geschmack und Ihrem Wohnort bieten wir Ihnen Zugang zu den besten Serien, Dokumentationen, Filmen und mobilen Spielen…“*
- *„… eine Welt, in der jeder einzelne Mensch frei an der Summe allen Wissens teilhaben kann …“*

Ob eure Vermutungen richtig liegen, findet ihr in der Fußnote heraus.[47] Es ist faszinierend, wie schon wenige Sätze Assoziationen zu bestimmten Marken wecken. Persönlich finde ich, man kann ihren Zug gut spüren, selbst wenn man nicht für diese Organisationen arbeitet. Die dort formulierten Ziele sind attraktiv, man *möchte* sie erreichen, auch und gerade, wenn die Realität der Vision noch nicht entspricht.

Visionen sind ambitioniert, das müssen sie auch sein, um als Leitbild zu funktionieren. Wirklich wertvoll werden diese Beschreibungen einer angestrebten Zukunft dadurch, dass sie *kreative Spannung* erzeugen, also eine dauerhafte Erinnerung an das darstellen, was wir noch erreichen könnten. Eine gute Vision muss „ziehen“ und für das Team ein Fokus- und Motivationspunkt sein. Das kann sie nur, wenn sie derart ambitioniert ist, dass ihre Erreichung *vielleicht gerade noch möglich* erscheint. Wenn ein Visionsentwurf kurz für beeindrucktes Schweigen sorgt, ist das etwas Gutes! Visionen, die nur beschreiben, was das Team so oder so tun wird, haben keine orientierende Funktion. Auf der anderen Seite werden unmögliche Szenarien vom Team ignoriert. Nur ambitionierte, mögliche und gemeinsam beschlossene Visionen sind in der Lage, die notwendige kreative Spannung aufzubauen, um im Alltag einen dauerhaften Orientierungspunkt zu bieten.

Kreative Spannung erzeugt das Bedürfnis, sie aufzulösen, indem sich eine der beiden Seiten bewegt – die Vision oder die Realität. Leider ist die Vision leichter anpassbar als das echte Leben. Damit sie Bestand haben kann, darf es keine zusätzlichen Anreize geben, sich die Vision auf ein realistisches Ziel herunterzubasteln. Insbesondere darf eine Vision *nicht* mit Anreizsystemen oder Zielvereinbarungen verknüpft werden! Eine ambitionierte und damit nützliche Vision wird im Idealfall niemals erreicht, weil damit die kreative Spannung verloren ginge. Das Team für das Nichterreichen einer Vision zu bestrafen, zeigt nur, wie wenig man das Werkzeug und seine Wirkweise verstanden hat.

Ein anderer häufiger Fehler rund um Visionsbeschreibungen ist, eine einmal gefundene Vision aufzuschreiben und dann in irgendeiner Schublade verschwinden zu lassen. Mir ist es manchmal passiert, dass Teams auf die Frage, ob sie sich selbst eine Vision gegeben hätten, begonnen haben, in Schränken zu kramen. Visionen, die nur in Schränken oder Dateien existieren, interessieren mich nicht. Es geht nicht um das Dokument, sondern um das gemeinsame Verständnis. Eine Vision, die im Bewusstsein des Teams nicht präsent ist, ist nutzlos. Es spricht zwar nichts dagegen, die Teamvision irgendwo im Arbeitsbereich des Teams gut sichtbar aufzuhängen oder auf Stickern neben die Tastatur zu kleben. Wichtiger ist aber, dass Teammitglieder das angestrebte Ziel spontan in ihren eigenen Worten wiedergeben können – nicht wortgetreu und auswendig gelernt, sondern in den individuellen Begriffen, in denen sie selbst die Vision fühlen und verstehen.

Bei der Erarbeitung von Visionen machen Teams oft die Erfahrung, dass sie sich bei den Grundsätzen und wesentlichen Ideen recht schnell einig sind und dann im Wesentlichen um Wortwahl und Begrifflichkeiten feilschen. Der Nutzen des Werkzeugs, nämlich

---

[47] Die Antworten sind: IKEA, Harley Davidson, Netflix, Wikipedia.

der Erwartungsabgleich, ist an diesem Punkt schon erreicht, deshalb ist es in Ordnung, wenn ein oder zwei Teammitglieder die bis dahin gesammelten Erkenntnisse für sich mitnehmen und in einem gesonderten Rahmen ein griffiges Statement formulieren.

1.3 Mission Statements

Eine dritte Möglichkeit für ein gemeinsames Aufgabenverständnis ist das sogenannte *Mission Statement*. Das Mission Statement stellt eine Art internes Gegenstück zur Vision dar, die ja vor allem auf den Nutzen anderer abzielt. Im Mission Statement kann das Team dagegen in wenigen Sätzen sein Vorhaben und seine Herangehensweise skizzieren. Das lässt sich auch mit einer Visionsbeschreibung verbinden:

„Wir sind Team [Teamname]. Um [Ziel aus Vision] zu erreichen, werden wir … [Beschreibung des Leistungsangebots] …“

Mission Statements dürfen auch eine ambitionierte Selbstbeschreibung einer motivierten Gruppe sein, anders als bei Visionen ist es hier aber wichtiger, dass das gezeichnete Zielbild tatsächlich realistisch ist. Das Mission Statement hat weniger die Aufgabe, kreative Spannung zu erzeugen, sondern soll Ziele und Aktivitäten des Teams kurz und gut verständlich darstellen und den Verantwortungsbereich abstecken. Neben der knackigen Formulierung der Teamaufgabe und den wichtigsten Leistungen kann das Team daher mit aufnehmen, wie sich seine Arbeit von ähnlichen Angeboten unterscheidet (Alleinstellungsmerkmale), was man vom Team erwarten darf oder welche besonderen Eigenschaften das Team von außen wahrgenommen haben möchte („Unsere Kunden erleben uns als besonders zuverlässig, professionell und lösungsorientiert …“). Auch Abgrenzungen haben hier ihren Platz, also welche Leistungen das Team *nicht* anbieten wird, obwohl sie eventuell naheliegend wären. Oft fließen Entscheidungen aus anderen Strukturblöcken später noch in das Mission Statement ein, sodass es anfangs noch nicht vollständig ausformuliert werden muss. Mission Statements haben das Ziel, inneren Zusammenhalt und Identifikation zu fördern und die Abgrenzung zwischen Team und Umwelt zu stärken. Man findet sie besonders oft dort, wo Teammitglieder stärker über Ideale als über finanzielle Interessen motiviert sind, etwa bei gemeinnützigen Organisationen oder politischen Vereinigungen. Hier ein Beispiel:

„Greenpeace ist eine internationale Umweltorganisation, die mit direkten gewaltfreien Aktionen für den Schutz der natürlichen Lebensgrundlagen von Mensch und Natur und Gerechtigkeit für alle Lebewesen kämpft.

Greenpeace klärt auf, recherchiert und konfrontiert. Die Organisation vertritt dabei die Interessen der Natur und der umweltbewussten Menschen in Politik und Gesellschaft. Dabei geht sie Probleme hartnäckig an – auch gegen Widerstände und über längere Zeiträume. Greenpeace lebt das Recht auf freie Meinungsäußerung, inklusive dem Recht auf Demonstrationsfreiheit, und sucht dabei auch die öffentliche Auseinandersetzung mit Politikern, Konzernbetreibern oder Umweltzerstörern. Durch das Öffentlichmachen der Probleme wächst der Druck auf die Verantwortlichen in Politik und Wirtschaft umzudenken und zu handeln.“[48]

[48] Quelle: Leitbild von Greenpeace, https://www.greenpeace.de/ueber-uns, abgerufen am 31.01.2023.

Unabhängig von konkreten Inhalten können wir hier viele Aspekte guter Mission Statements erkennen: ein wichtiges und motivierendes höheres Ziel (den Schutz unserer Lebensgrundlagen), für wen die Organisation arbeitet (Natur und umweltbewusste Menschen), wie das Ziel erreicht werden soll (hartnäckig, aber gewaltfrei, und auf Basis von Fakten) und auch, was als akzeptables Verhalten gesehen wird (Irritation, medienwirksame Aktionen, öffentliche Konfrontation politischer Gegner). In wenigen Sätzen das Wesentliche einzufangen, ist die Kunst guter Mission Statements.

1.4 Erfolgskriterien und Zielszenarien

Als vierte Option im Bereich Aufgabenklärung sind Erfolgskriterien bzw. Zielszenarien vor allem dann hilfreich, wenn bedingt durch das Tätigkeitsfeld des Teams schwer einzuschätzen ist, ob überhaupt ein Nutzen für irgendjemanden entsteht. Es ist etwa leicht, Visionen gleichzeitig sehr ambitioniert und sehr unkonkret zu formulieren, im Stil von „durch das konsequente Nutzen unserer Möglichkeiten erreichen wir grundsätzliche Verbesserungen im menschlichen Miteinander". Erfolgstests sind daher Antworten des Teams auf die Frage „Woran erkennen wir, dass unsere Arbeit erfolgreich ist?"

Was macht ein Team erfolgreich? Sicher nicht, einfach nur das versprochene Ergebnis zu liefern. Wenn wir für erreichte Ziele unsere Beziehungen, unseren guten Ruf, unsere Würde oder sogar unsere Gesundheit aufs Spiel setzen müssen, können wir das wohl kaum eine erfolgreiche Zusammenarbeit nennen. Ziele sind wichtig, aber wenn Teammitglieder anschließend nicht noch einmal bereit wären, in derselben Konstellation und auf dieselbe Art und Weise zusammenzuarbeiten, würde ich das Team nicht „erfolgreich" nennen. Teams sind keine Maschinen, die einfach nur ihre Produktionsquote erfüllen müssen, sondern dynamische soziale Systeme, in denen eine Vielzahl von unterschiedlichsten Interessen jeden Tag neu verhandelt und integriert werden. Vor diesem Hintergrund ist es eigentlich erstaunlich, wie sehr sich erfolgreiche Teams immer wieder ähneln. Sie zeichnen sich unter anderem durch folgende Eigenschaften aus:

- Erfolgreiche Teams haben die Fähigkeiten und Ressourcen, die sie brauchen, oder sind in der Lage, die fehlenden bei Bedarf selbst zu erwerben. Sie erledigen ihre Aufgaben zur vollen Zufriedenheit, integrieren sich gut in die umgebenden Strukturen und erfüllen die Erwartungen ihrer Kunden und Stakeholder.
- Sie erfüllen die Erwartungen und Bedürfnisse ihrer Teammitglieder – die Arbeit macht Spaß, man unterstützt sich gegenseitig, es wird aufeinander geachtet und Rücksicht genommen, der Umgang miteinander ist fair und kollegial.
- Die vorhandenen Strukturen (z.B. Meetings, Arbeitsorganisation, Entscheidungsprozesse) sind hilfreich und unterstützen das Team im Erledigen der Aufgabe, anstatt es zu behindern.
- Die Kommunikation ist effektiv, effizient und lösungsorientiert. Es werden alle Informationen ausgetauscht, die ausgetauscht werden müssen, aber wenig Überflüssiges. Das Team versteht, auf was es in der aktuellen Situation ankommt, und kann je nach Bedarf zwischen lockerem, kollegialem Miteinander, sachlich-inhaltlicher Diskussion und reflektierter Metakommunikation wechseln.

- Auftauchende Überraschungen und Probleme werden früh bemerkt, offen angesprochen und gemeinschaftlich gelöst, bevor sie zu größeren Krisen heranwachsen können. Mit Fehlern und Missverständnissen geht das Team verständnisvoll, aber konsequent um. Probleme können vorkommen, aber sie werden als Lernimpulse verstanden, mit denen die eigene Arbeitsweise weiterentwickelt werden kann – auch, damit ein einmal aufgetretenes Problem nicht noch einmal passiert.

Sprich, ein Team ist erfolgreich, wenn es seine Aufgaben gut erledigt, sich selbst gekonnt organisiert, eine Balance zwischen den verschiedenen Interessen herstellt und mit Überraschungen und Problemen souverän und flexibel umgeht. Natürlich liegt die Kunst nicht darin, solche Listen toller Eigenschaften aufzustellen, sondern im Team und zwischen Team und Stakeholdern Erwartungen abzugleichen, also zu besprechen, was das ganz konkret *für dieses Team* bedeuten würde. Mit welcher Leistung wären Kunden zufrieden? Wie könnte eine gute Balance zwischen Kunden- und Teaminteressen aussehen? Was verstehen Teammitglieder unter einer „guten Zusammenarbeit"? Oder auch umgekehrt: Was sollte auf keinen Fall passieren?

Falls das Team an dieser Stelle Zieldefinitionsmethoden wie etwa *Objectives and Key Results* (OKR)[49] nutzen möchte, kann es das tun. Sowohl qualitative („Was ist unsere Absicht?") als auch quantitative („An welchen Kriterien machen wir das fest?") Ziele haben hier ihre Berechtigung. Zur Definition von Teamzielen finden sich im Abschnitt „Zieldefinition und Arbeitsplanung" ab Seite 209 weitere Ideen. Vor allem kommt es aber auf den Dialog zwischen Nutzern, Auftraggebern, Sponsoren, Stakeholdern und Teammitgliedern an: Was müsste passieren, damit ihr am Ende sagen könnt, dieses Projekt, diese Zusammenarbeit war richtig erfolgreich – nicht nur in Bezug auf die Ergebnisse, sondern auch so, dass wir alle gern wieder in dieser Form zusammenarbeiten wollen?

Ich will noch einmal daran erinnern, dass die vorgestellten Werkzeuge – Wertversprechen, Vision, Mission Statement, Erfolgskriterien – nur Mittel zum Zweck sind. Es geht nicht darum, ein tolles Dokument zu verfassen, sondern mit Team und Kunden ein gemeinsames Verständnis davon zu erreichen, was „Erfolg" bedeutet. Neben einer derartigen Vereinbarung zur Aufgabe des Teams sollten auch die groben Rahmenbedingungen der gemeinsamen Arbeit an dieser Stelle geklärt werden. Für welchen Zeitraum existiert dieses Team? Ist die Zusammenarbeit unbefristet oder gibt es einen klaren Zielzustand, nach dessen Erreichen das Team wieder getrennte Wege gehen wird? Handelt es sich bei dem Team um eine feste Struktur, ein Projektteam oder nur um eine inoffizielle Gruppe? Diese Fragen sind insbesondere für potenzielle Teammitglieder wichtig zu wissen, bevor sie die Entscheidung für oder gegen eine Mitarbeit treffen.

Abschließend muss noch erwähnt werden, dass viele Teams auch ohne schriftliche Aufgabenbeschreibung wunderbar zusammenarbeiten, weil sie über persönliche Gespräche, gemeinsam gemachte Erfahrungen oder den Arbeitskontext schon ein klares Verständnis ihrer Aufgabe haben. Wenn das klappt, ist das schön. Im Zweifelsfall lässt sich durch eine Verschriftlichung gut überprüfen, ob dieses gemeinsame Verständnis vorhanden ist oder nicht. Wenn ja, ist die Aufgabenklärung für das Team erst einmal abgeschlossen.

---

[49] Z.B. Doerr, John (2018). *OKR: Objectives and Key Results.* Vahlen.

2. Aufgabenverwaltung

Bis hierhin haben wir einen starken Fokus auf die beteiligten Menschen und ihre Interaktionen gelegt. Wie im Grundlagenkapitel besprochen, ist eine wesentliche Stärke von Menschen ihre Fähigkeit zu Kreativität und Überraschung. Sie ist der Grund, warum in vielen Bereichen Maschinen und Algorithmen bis heute den Menschen nicht ersetzen können. Ein wichtiger Grundsatz für die Arbeit in und mit Teams ist, dass für Kreativität und Überraschung (aus der Domäne des Komplexen) immer Platz sein muss, weshalb Regeln, Prozesse und Checklisten (aus der Domäne des Komplizierten) immer nur sehr dosiert und mit einer klaren Absicht zum Einsatz kommen. Wozu würden wir intelligente Menschen in unser Team holen, um dann von ihnen stupide, mechanische, gleichbleibende Handlungen zu verlangen? So wie bei Musikern die Musik „im Raum zwischen den Noten“[50] entsteht, entsteht das, was ein Team wertvoll macht, in den Freiräumen zwischen den Strukturen. Es gibt aber auch in selbstorganisierten Teams ganz klar einen Platz für Regeln und Prozesse.

Ein solcher Themenbereich, bei dem sich für Teams eine strukturierte Organisation lohnt, ist die Aufgabenverwaltung, also dem, *was* zu tun ist. Für das Team muss jederzeit klar sein, was gerade passiert und was als Nächstes ansteht. Teammitglieder müssen sich frei und in wechselnden Konstellationen immer wieder neu um ihre Arbeit herum organisieren können. Damit sie das tun können, brauchen sie eine gute Übersicht und transparente Informationen. Aufgaben dürfen also, im Gegensatz zum Alltag der Teammitglieder, durchaus straff organisiert sein. Das sich daraus ergebende Prinzip „*Organisiere die Arbeit, nicht die Menschen*“ ist für selbstorganisierte Teamarbeit so wichtig, dass eines meiner Teams es sich auf T-Shirts gedruckt hatte.

Das Ziel des Strukturblocks „Arbeitsorganisation“ ist, den *Arbeitsfluss* des Teams zu verstehen und für alle Beteiligten transparent abzubilden:

- Woher kommt Arbeit?
- Wie erreicht sie das Team?
- Welche Arbeitsschritte durchläuft sie?
- Was passiert mit ihr, nachdem wir die Bearbeitung abgeschlossen haben?
- Wer arbeitet gerade an was?
- Gibt es Aufgaben, die immer wieder anfallen?

Sollte das Team keinen Überblick über seine eigenen Aufgaben herstellen und bewahren können, versinkt die Zusammenarbeit entweder im Chaos, oder einem der beteiligten Menschen – meistens in einer Leitungsrolle – fällt die Aufgabe zu, sich einen Überblick zu verschaffen und Aufgaben an den Rest zu verteilen. Beides hat mit echter Selbstorganisation wenig zu tun.

Wenn das Team seine Kunden im vorangegangenen Abschnitt identifiziert und verstanden hat, deutet sich meist schon an, auf welchen Wegen Arbeit in das Team kommen kann. Zusätzlich zu Aufgaben von außen erzeugt das Team eine gewisse Menge Arbeit intern selbst, etwa durch eigene Projekte, Optimierungen, Problemlösungen, Erfül-

[50] Diese berühmte Formulierung ist vielen Musikern zugeschrieben worden, unter anderem Miles Davis, Claude Debussy und Mozart. Der genaue Verfasser ist jedoch unbekannt.

lung von Erwartungen der eigenen Teammitglieder, aber auch durch die Organisation der eigenen Strukturen, Abläufe und Werkzeuge. Häufig entsteht dabei für das Team mehr mögliche Arbeit, als es leisten kann. Diese „wartende" Arbeit muss irgendwo gesammelt, sortiert und priorisiert werden, wenn Teammitglieder sie nicht unerledigt und intransparent mit sich herumtragen sollen. Die Struktur, in der anstehende Arbeit auf Bearbeitung wartet, wird *Warteschlange, To-do-Liste*[51] oder auch *Backlog* genannt.

2.1 Die Warteschlange aufsetzen

Das Prinzip einer Warteschlange ist einfach zu verstehen. Alle eingehenden und anstehenden Aufgaben kommen zunächst in eine zentral zugängliche und schnell einsehbare Liste. Diese Liste wird vom Team oder einer dafür vorgesehenen Rolle[52] regelmäßig sortiert, gepflegt und priorisiert, sodass die wichtigsten und dringendsten Aufgaben immer ganz oben in der Liste zu finden sind. Das bedeutet, dass sich Teammitglieder jederzeit Aufgaben *ziehen* können, indem sie das oberste Element aus der Warteschlange nehmen und mit der Arbeit beginnen. Solange Teammitglieder Arbeit immer von ganz oben aus der Warteschlange nehmen, können sie sicher sein, in Übereinstimmung mit der aktuellen Strategie und Priorisierung des Teams zu arbeiten.

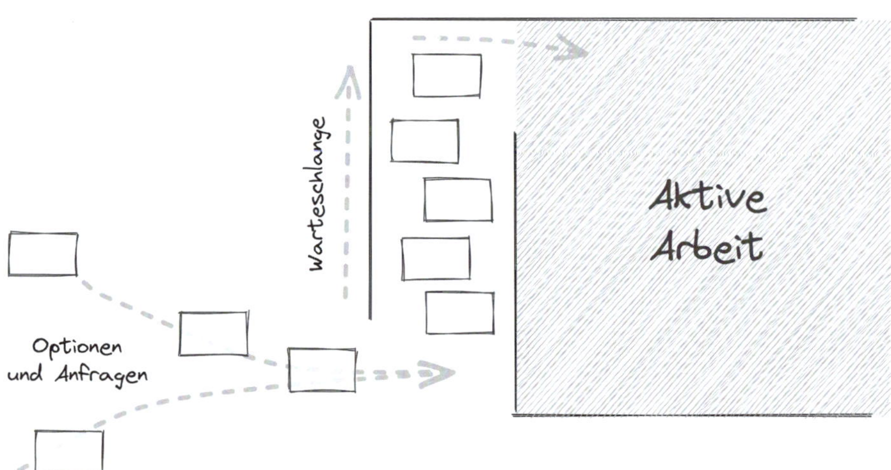

Rund um die Arbeit mit einer Warteschlange gibt es einige kleinere Dinge zu beachten. Das Team sollte nur eine einzige Warteschlange haben, auch wenn es gleichzeitig an mehreren Projekten arbeitet, da sonst die Priorisierung zwischen den jeweiligen Warte-

51 Zwischen einer Warteschlange und einer To-do-Liste gibt es einige wichtige Unterschiede. Aufgaben können etwa in einer Warteschlange jederzeit wieder gestrichen, umsortiert oder vertagt werden, wohingegen der Begriff „To-do-Liste" suggeriert, dass genau die gelisteten Aufgaben in der gelisteten Reihenfolge abzuarbeiten wären. Um die vom Team nötige Flexibilität mit auszudrücken, bevorzuge ich deshalb die Begriffe „Warteschlange" beziehungsweise „Backlog".

52 Ein Beispiel für eine solche Rolle ist etwa der aus agilen Arbeitsweisen bekannte *Product Owner*.

schlangen unklar ist. Auch wenn Aufgaben direkt an einzelne Teammitglieder herangetragen werden, gehören sie in die Warteschlange.

Neue Aufgaben kommen immer zuerst in die Warteschlange, egal auf welchem Weg sie das Team erreicht haben.

Unter Umständen darf das Team hier dem einen oder anderen Kunden noch beim Verstehen der Arbeitsprozesse helfen, wenn diese eher direkte 1-zu-1-Ansprache von Teammitgliedern gewöhnt sind. Aber auch als Teammitglied ist Disziplin erforderlich: Wenn ich mich dabei ertappe, an Dingen zu arbeiten, die in der normalen Arbeitsorganisation des Teams nicht abgebildet sind, bin ich selbst in der Pflicht, diesen Zustand auf dem kürzesten Weg aufzulösen. Der Grund ist klar: Das Team kann nur gemeinsam Verantwortung für Themen übernehmen, die auch im kollektiven Bewusstsein sind. Alleingänge und „U-Boot"-Aufgaben erzeugen nicht nur Missverständnisse und Konfliktpotenzial, sondern das Teammitglied kann bei Problemen auch nicht auf die Unterstützung des Teams zählen.

Anders als das Team es vielleicht von Projektplänen oder To-do-Listen kennt, werden Warteschlangen mit der Zeit eher größer, nicht kleiner. Es kommt also als zusätzliche Aufgabe auf das Team zu, seine Liste anstehender Aufgaben regelmäßig zu sortieren und aufzuräumen und dabei auch Aufgaben zu entfernen, die sich in der Zwischenzeit erledigt haben oder in absehbarer Zeit keine Priorität bekommen werden. Um effektiv mit dem Werkzeug arbeiten zu können, sollten auch größere Warteschlangen nicht mehr als 40 bis 80 Aufgaben beinhalten. Ich habe Warteschlangen gesehen, in denen mehrere tausend Aufgaben auf Bearbeitung gewartet haben. In diesen Größenordnungen geht schnell die Übersicht verloren, Aufgaben werden aus Unkenntnis mehrfach hinzugefügt oder wichtige Dinge schlicht übersehen.

2.2 Den Wertschöpfungsprozess modellieren

Als nächster Schritt bietet sich an, den Prozess zu verstehen, über den das Team Aufgaben in fertige Ergebnisse überführt. Hierzu kann das Team eine Beispielaufgabe heranziehen, die für die Arbeit „typisch" ist, und die Bearbeitung einmal gemeinsam durchdenken. Lassen sich einzelne Arbeitsschritte identifizieren, die nacheinander ausgeführt werden und einen allgemeineren Arbeitsprozess andeuten? So könnte sich die Bearbeitung von Kundenanfragen etwa in Erstkontakt – Klärung – Umsetzung – Übergabe unterteilen lassen. Oder die Lösung komplizierter Problemstellungen in Analyse – Erarbeitung von Handlungsoptionen – Entscheidung – Umsetzung – Auswertung. Wenn fertige Ergebnisse im Team noch einmal besprochen werden sollen, gibt es am besten auch dafür einen Prozessschritt, nämlich „Bereit für Review", in den Aufgaben gesetzt werden können, die für sich genommen abgeschlossen sind, aber dem Rest des Team noch vorgestellt werden müssen.

Je nach Arbeitsinhalt des Teams ist es möglich, dass es unterschiedliche Aufgabentypen mit unterschiedlichen Arbeitsprozessen gibt. Von diesen können die wichtigsten erarbeitet und für den nächsten Schritt festgehalten werden. Es ist aber auch in Ordnung, wenn der modellierte Arbeitsprozess einfach nur aus drei Zuständen Zu erledigen – In

Arbeit – Fertig besteht. Für die erste Arbeitsorganisation der meisten Teams ist das absolut ausreichend, und der Prozess kann im weiteren Verlauf immer noch verfeinert und umgestaltet werden, wenn das Team mehr Erfahrung gesammelt hat.

2.3 Die Arbeit visualisieren

Sobald die Quellen für Arbeit bekannt sind, die initiale Warteschlange aufgesetzt und der Wertschöpfungsprozess im Groben verstanden ist, geht es für das Team als Nächstes darum, die laufende Arbeit übersichtlich abzubilden. Viele Teams nutzen hierfür ein sogenanntes *Taskboard*, welches sowohl die Warteschlange als auch den Arbeitsprozess darstellt. Der gängige Aufbau ist in Form von Spalten von links nach rechts, wobei jede Spalte für einen klar abgrenzbaren Prozessschritt steht. Aufgaben wandern dann in dieser Visualisierung in Form von Karten durch den Prozess, sodass sich anhand des Taskboards jederzeit ein Überblick verschaffen lässt, woran das Team gerade arbeitet und wie der Fortschritt bei einzelnen Aufgaben ungefähr aussieht.

Falls im vorherigen Schritt mehrere Aufgabentypen mit unterschiedlichen Arbeitsschritten gefunden wurden, können diese auf dem Taskboard in Form von horizontalen Zeilen, sogenannten *Swimlanes,* abgebildet werden. Im Beispiel wird der Begriff „Backlog“ für die Warteschlange verwendet, die Funktionsweise ist jedoch gleich.

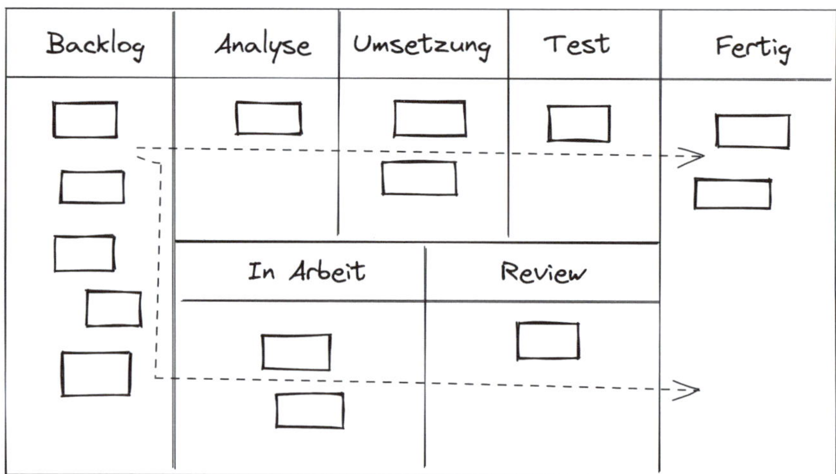

An dieser Stelle kann das Team ein erstes Taskboard erstellen und in den Arbeitsablauf des Teams integrieren. Eine wichtige Frage ist dabei, ob es als physisches, anfassbares Element irgendwo aufgestellt oder aufgehängt wird oder ob das Team lieber eine digitale Lösung nutzen möchte. Beide Varianten haben klare Vor- und Nachteile:

Physische Taskboards sind flexibel: alles, was sich mit Papier, Stift und Klebeband erschaffen lässt, ist möglich. Egal wie kompliziert die Arbeitsprozesse des Teams sind, sie sind auf einem physischen Board abbildbar. Wenn das Team einen gemeinsamen, täglichen Arbeitsraum hat, kann ein physisches Board dort ständig sichtbar und präsent sein. Die anstehenden Aufgaben jederzeit sehen zu können, beruhigt die Sorge, dass man etwas Wichtiges eventuell vergessen könnte, und wirkt so stressreduzierend.

Ein echtes, greifbares Taskboard bildet einen natürlichen Sammelpunkt für das Team und ermutigt dazu, es in Gespräche einzubauen. Als Team kurz den gemeinsamen Stand durchzusprechen, fühlt sich vor einem großen Whiteboard oder einer Pinnwand natürlich und interaktiv an. Jeder kann Aufgaben-Karten schreiben und verschieben, anstatt auf einen Bildschirm zu blicken und Änderungen nur über einen angeschlossenen Laptop vornehmen zu können. Physische Taskboards brauchen kaum Einarbeitung, um sie benutzen zu können – Papier und Stift beherrschen in der Regel alle.

Nicht zu unterschätzen ist auch die Tatsache, dass physische Boards für teamexterne Personen zugänglich sind. Vorbeikommende Menschen können einen Blick auf die anstehende Arbeit werfen, haben Fragen oder Ideen dazu. Das gilt besonders dann, wenn das Board nicht in einem geschlossenen Büro, sondern an einer gut zugänglichen Stelle platziert ist – im Flur, in der Kaffeeküche, in der Werkstatt, im Gruppenraum. Diese Bereitschaft zur Transparenz wirkt oft ungewöhnlich und bringt dadurch das Team mit anderen ins Gespräch. Einem allgegenwärtigen Taskboard gelingt es oft besser, allen Beteiligten einen Überblick über das Geschehen zu geben, wogegen bei digitalen Werkzeugen eher das Prinzip „aus den Augen, aus dem Sinn" gilt.

Der große Vorteil **digitaler Taskboards** ist dagegen ihre orts- und zeitunabhängige Erreichbarkeit. Diese ist vor allem wichtig, wenn das Team geografisch verteilt an verschiedenen Orten arbeitet. Insgesamt gestalten sie die Zusammenarbeit flexibler. Was ist, wenn jemand von zuhause arbeiten will, am Wochenende oder auf der Heimfahrt in der S-Bahn schnell eine Idee festhalten möchte? Mit einer digitalen Arbeitsverwaltung ist all das kein Problem.

Gängige Software bietet darüber hinaus viele Funktionen, die mit Papier und Stift zusätzliche Handarbeit erfordern würden. Dazu gehört etwa, Teammitglieder automatisch mit Aufgaben verknüpfen zu können oder benachrichtigt zu werden, wenn ein wichtiges Stichdatum näher rückt. Die Auswertung von Daten und Kennzahlen über die eigene Arbeit, wie etwa durchschnittliche Wartezeit, Bearbeitungszeit, Durchsatz oder Arbeitslast, gehören ebenfalls mittlerweile zu den Standardfunktionen. Wenn Aufgaben auf unterschiedliche Arten kombiniert und dargestellt werden müssen, etwa als Zeitleiste, als Projektplan oder nach Thema oder Teilprojekt sortiert, ist das mit einer Softwarelösung ebenfalls einfacher. Barrierefreiheit kann ein weiterer Grund sein – ein digitales Taskboard lässt sich mit Sprachausgabe auch für Teammitglieder mit Sehbehinderung nutzen.

Zu den Nachteilen digitaler Lösungen gehört, dass Aufgaben leicht in großer Zahl angelegt werden können, dass Arbeit in einem Softwarewerkzeug „verschwindet", anstatt allgegenwärtig zu sein, dass die Bedienung teilweise abschreckend kompliziert sein kann und dass gleichzeitig die Flexibilität fehlt, um auch vertrackte und ungewöhnliche Arbeitsprozesse abbilden zu können.

Welche Lösung auch immer das Team bevorzugt, wichtig ist, dass der aktuelle Stand der Arbeit jederzeit transparent und gut sichtbar ist. Wenn sich die Beteiligten Fragen wie:

- Woran arbeitet das Team gerade?
- Wer arbeitet gerade woran?
- In welchem Zustand ist eine bestimmte Aufgabe?
- Was steht als Nächstes an?
- Gibt es Probleme?
- Wie lange dauert es noch, bis wir uns um Thema X kümmern können?

... nicht eigenständig beantworten können, sondern jedes Mal dafür Arbeits- oder sogar Meetingzeit des Teams in Anspruch nehmen müssen, leidet die Produktivität und der Fokus unnötig. Das wiederholte Aufkommen dieser oder ähnlicher Fragen ist ein klares Zeichen, dass die Arbeitsverwaltung des Teams noch nicht so klar, sichtbar und transparent ist, wie sie sein könnte.

2.4 Aufgabenverteilung

Wie kommt eigentlich Arbeit aus der Warteschlange in aktive Bearbeitung? Weiter oben hatte ich angedeutet, dass Arbeit von Teammitgliedern immer dann *gezogen* wird, wenn sie freie Kapazitäten haben. Das könnte das Team grundsätzlich auch anders regeln, es gibt aber gute Gründe, ein solches *Pull-Prinzip* zu nutzen. Der Grundsatz ist: Arbeit wartet, bis jemand sie nimmt, der oder die Zeit hat, die Aufgabe dann auch zu erledigen. Wenn aktuell niemand Zeit hat, sich zu kümmern, bleibt die Aufgabe in der Warteschlange.

Warum so, und nicht anders? Menschen Aufgaben zuzuweisen, die schon anderweitig beschäftigt sind, erzeugt im ersten Moment vielleicht eine Illusion von Produktivität. Tatsächlich verschlimmert es aber die Situation – entweder durch Multitasking, also Verlangsamung der bereits aktiven Arbeit, oder dadurch, dass Teammitglieder persönliche, inoffizielle Warteschlangen von Aufgaben aufbauen, um die sie sich noch kümmern müssen. Diese Aufgaben warten dann genauso auf Umsetzung, wie sie es in der offiziellen Warteschlange des Teams tun würden, sehen aber für alle anderen so aus, als wären sie in Bearbeitung. Sie werden also nicht von anderen Teammitgliedern gezogen, selbst wenn diese Zeit hätten, sich zu kümmern. Die Erwartungen beginnen, auseinanderzudriften, ein Konfliktpotenzial baut sich auf.

Zuweisung von Aufgaben erzeugt schnell ein Gefühl von Überlast, oft verbunden mit überraschend wenigen Ergebnissen und langer Bearbeitungsdauer. Auch die Zuverlässigkeit von Fertigstellungsterminen, Zusagen und Vereinbarungen leidet, schließlich ist es für Teammitglieder kaum möglich, belastbare Zusagen abzugeben, wenn ihnen jederzeit unkontrolliert neue Aufgaben in den Schoß fallen können. Außerdem geht ein kleines Element der Freiwilligkeit und damit ein Stück Teamverantwortung verloren, nämlich die Zusage „Alles klar, ich kümmere mich darum".

Die beste Lösung für Aufgabenverteilung ist meines Erachtens, als Team fokussiert nur an wenigen Dingen gleichzeitig zu arbeiten, bei Kapazität neue Aufgaben zu ziehen, anstatt sie vorher schon zuzuweisen, und alle anderen Aufgaben ehrlich und transparent als „wartend" im Arbeitsprozess abzubilden. Auch wenn Aufgaben so länger zu liegen scheinen, ist das doch der Weg, der am schnellsten zu Ergebnissen führt.

Was die Verteilung von Aufgaben selbst angeht, kann das Team an dieser Stelle weitere Vereinbarungen treffen, wenn es das möchte. Die zentrale Frage dabei ist, wer sich überhaupt welche Aufgaben ziehen wird. Idealerweise sind Teammitglieder inhaltlich so vielseitig aufgestellt, dass jede eingehende Aufgabe im Grunde von jedem Teammitglied erledigt werden kann. Aber auch wenn es Spezialisierungen gibt, ist es nicht unbedingt eine gute Idee, Aufgaben streng nach Spezialisierung und Fachkompetenz zu verteilen, da das vorhandene Kompetenzunterschiede und gefühlte Zuständigkeiten nur weiter zementiert. Anstatt der Frage „Wer kann das am schnellsten und besten umsetzen?" kann die Frage daher auch lauten: „Wer kann und möchte hier am meisten lernen?" oder „Wer hat gerade am meisten Zeit?". Mehr dazu im Abschnitt „Zieldefinition und Arbeitsplanung" ab Seite 230.

2.5 Die richtige Arbeitsmenge

Wie viel Arbeit ist für das Team richtig? Wenn ich mich selbst, aber auch andere bei der Arbeitsplanung beobachte, sieht eine beliebte Strategie wohl in etwa so aus: Sobald irgendwo Luft ist, füge eine neue Aufgabe hinzu, bis wieder alle voll beschäftigt sind.

Klug ist das nicht, denn was damit ohne Zweifel erreicht wird, ist, dass alle immer furchtbar beschäftigt sind, während gleichzeitig die Durchlaufzeit, also die Zeitspanne zwischen Beginn der Bearbeitung und Fertigstellung, wächst. Kunden und Stakeholder warten bei einem voll ausgelasteten Team um ein Vielfaches länger auf ihre Ergebnisse, als wenn sich das Team nicht auf Vollauslastung hin optimieren würde.

Woran liegt das? Zum einen werden interne Übergaben und Zusammenarbeiten verzögert. Man kann sich das wie bei einem Staffellauf vorstellen: Der nächste Läufer sollte frei und bereit sein, den Staffelstab entgegenzunehmen, und nicht in der Zwischenzeit irgendetwas anderes tun. In Bereitschaft zu sein kann manchmal wie Herumsitzen aussehen, ist aber nicht das Gleiche.

Dazu kommen Probleme mit Multitasking. Menschen können mit viel Übung und Konzentration zwei relativ einfache Dinge parallel tun – etwa Autofahren und dabei telefonieren, wenn auch beide Tätigkeiten ein Stück weit darunter leiden. Bei drei Aufgaben gleichzeitig kommen die meisten Menschen an ihre Grenzen. In Teams ist es dagegen nicht ungewöhnlich, dass Teammitglieder an acht, zwölf oder sogar noch mehr Aufgaben parallel „dran" sind. Niemand arbeitet gleichzeitig an acht Aufgaben, in Wirklichkeit wechselt das Teammitglied einfach zwischen Aufgaben hin und her, arbeitet an der einen ein wenig, dann an einer anderen, dann an einer dritten, während der Rest herumliegt und wartet.

Diese Kontextwechsel kosten Zeit. Neue Aufgaben konkurrieren zu jedem Zeitpunkt mit einem Berg nicht fertiggestellter Arbeit, der eigentlich vorher erledigt werden müsste. Nebenbei nimmt mangels freier Kapazität die Fähigkeit ab, auf Störungen und Überraschungen zu reagieren, was zu weiterer ungeplanter Arbeit führt. Kurz, viele Dinge gleichzeitig zu tun, mag durch den Blickwinkel des Alle-beschäftigt-Haltens wie eine gute Idee aussehen, die Folgen sind aber in aller Regel negativ, für Teammitglieder genauso wie für Kunden. Erfolgreiche Teams haben immer etwas Luft und planen nicht auf 100 Prozent Auslastung.

Was bedeutet das für die Arbeitsorganisation? Erstens, dass bereits angefangene Aufgaben höhere Priorität bekommen als neue. Zweitens, dass parallele Arbeit und damit die Auslastung des Teams auf ein Maß begrenzt werden sollte, bei dem das Team immer noch etwas freie Kapazität vorhalten kann. Drittens, dass dieser Puffer umso größer sein muss, je mehr Störungen, Überraschungen und unvorhergesehene Probleme im Alltag des Teams zu erwarten sind. All diese Phänomene sind im Rahmen der sogenannten Warteschlangentheorie ausführlich untersucht worden. Die Ergebnisse zeigen, dass eine „gute" Auslastung eines Systems je nach Kontext bei etwa 80 bis 90 Prozent liegt – wenn das Arbeitsumfeld häufig Überraschungen produziert, eher noch darunter.[53]

Wie viel Arbeit sollte das Team denn nun gleichzeitig aufnehmen? In einem neuen Team ist mein Ansatz, mit *einer* aktiven Aufgabe pro Teammitglied zu starten und zu sehen, wie sich das für alle über die ersten zwei bis vier Wochen anfühlt. Eine Aufgabe pro Teammitglied bedeutet: Erst wenn eine Aufgabe abgeschlossen ist, gibt es eine neue. Justieren lässt sich dieser Zielwert später noch jederzeit – für manche Teams mögen sich zwei Aufgaben pro Teammitglied produktiver anfühlen, es ist aber auch absolut valide, weniger Aufgaben als Teammitglieder im Arbeitsprozess zu haben. Teammitglieder, die keine „eigenen" Aufgaben haben, unterstützen stattdessen die anderen, man lernt sich automatisch besser kennen, lernt voneinander, Arbeitsergebnisse werden besser, und die Fehlerwahrscheinlichkeit sinkt durch das Vier-Augen-Prinzip ganz nebenbei.

2.6 Ausnahmen

Eine der seltenen Ausnahmen für die normale Arbeitsorganisation sehe ich bei Routinetätigkeiten, die immer zu einem bestimmten Stichtag erledigt werden müssen. Für diese Tätigkeiten ist die Warteschlange mit ihren flexiblen Start- und Endzeitpunkten und wechselnder Priorisierung meist nicht der richtige Ort. Ein guter Weg, um mit ihnen

53 Eine ausführliche Betrachtung findet sich bei Roser, Christoph (2017). *The Kingman Formula – Variation, Utilization, and Lead Time.* www.allaboutlean.com/kingman-formula (abgerufen am 28.9.2022).

umzugehen, ist, sich einfach entsprechende Zeiten im eigenen Kalender zu reservieren, die dann für die „normale“ Aufgabenbearbeitung nicht zur Verfügung stehen.

Eine weitere Frage, die sich viele Teams stellen: Was zählt alles als „Aufgabe“, die offiziell in den Arbeitsprozess des Teams mit aufgenommen werden muss? Schließlich ist der Grundsatz ja, dass alle Arbeit des Teams innerhalb der zentralen Arbeitsorganisation stattfinden soll. Wenn spontan ein Kunde anruft und eine Frage hat, muss dieser dann auch in die Warteschlange vertröstet werden? Nein, natürlich nicht. Die meisten Teams haben eine mehr oder weniger ausdrückliche „Geringfügigkeitsgrenze“. Eine typische Vereinbarung kann etwa so aussehen, dass kleine Aufgaben (bspw. alles unter 60 Minuten) unabhängig vom normalen Arbeitsprozess erledigt werden können. Falls einige dieser kleinen Aufgaben im Nachgang noch mit dem Team besprochen werden sollen, können sie nach Erledigung noch in den Review-Bereich des Taskboards aufgenommen werden. Zu einem verantwortungsvollen Umgang mit dieser Ausnahmeregel gehört aber auch, zu erkennen, wenn Aufgaben über eine geringfügige Größe hinauswachsen, und diese dann in den normalen Arbeitsprozess des Teams aufzunehmen.

Wie kann das Team das anwenden?

Im Kontrast zu den übrigen Strukturblöcken ist für mich der Zielzustand für die Arbeitsorganisation relativ klar: Neue Arbeit kommt immer in die Warteschlange, nicht direkt ins Team, wird dort priorisiert und vom Team bei nächster Gelegenheit gezogen. Die Menge paralleler Arbeit lässt im Team ausreichend Reserven, um auf Überraschungen reagieren zu können, und der komplette Arbeitsprozess ist für das Team selbst, aber auch für Kunden und Stakeholder transparent, übersichtlich und einfach einsehbar. Die wesentliche Frage für einen Strukturworkshop ist dann „nur“, wie dieser Zustand erreicht werden soll.

Wesentliche Entscheidungen für das Team sind hier, wo und in welcher Form Aufgaben gesammelt und priorisiert werden, wie der eigene Arbeitsprozess aussieht und wie er abgebildet wird. Die Entscheidung, Arbeit zu ziehen, anstatt sie zuzuweisen, hat Konsequenzen für die Arbeitsweise des Teams und seines Umfelds. Was es für Teammitglieder, Kunden und Stakeholder bedeutet, muss mit diesen offen besprochen werden.

Wenn das Team in Überlast geraten könnte, ist es sinnvoll, eine Maximalzahl an parallelen Aufgaben festzulegen. Ein bis zwei aktive Aufgaben pro Teammitglied sind ein guter Startwert. Alternativ kann auch für das Team als Ganzes ein solches *Work in Progress-Limit* festgelegt werden – sinnvoll vor allem dann, wenn Aufgaben von Teilgruppen oder in wechselnder Konstellation bearbeitet werden. Wenn das Team regelmäßige, termingebundene Aufgaben hat, wird für diese ein gesondertes Vorgehen gefunden.

Das Team einigt sich bewusst darauf, alle Arbeit über die zentrale Arbeitsorganisation bzw. das Taskboard laufen zu lassen. Gleichzeitig definiert es eine „Geringfügigkeitsgrenze“, unterhalb derer Tätigkeiten nicht unbedingt in der offiziellen Arbeitsorganisation erfasst werden müssen.

3. Organisation der Kommunikation

Früher oder später kommt zwangsläufig die Frage auf, wann und wie das Team denn neue Aufgaben verteilen, laufende Arbeit organisieren und Ergebnisse gemeinsam besprechen wird. Das führt in den dritten Themenblock, in dem es um die Organisation der eigenen Kommunikation geht. Kommunikation im Team gibt es im Wesentlichen in drei Spielarten. Die Erste findet in Meetings statt, also in einem mindestens teilweise formalisierten Rahmen. Die Zweite ist ein informeller Austausch im Arbeitsalltag über verschiedene Kanäle, hierzu gehören auch digitale Mittel wie E-Mail oder Chat. Zusätzlich gibt es, abhängig vom Arbeitsbereich des Teams, stärker formalisierte Kommunikation über Dokumente, Formulare, Codes oder ähnliche Strukturen. Diese letzte Spielart ist stark vom Arbeitskontext des Teams abhängig und lässt sich deshalb an dieser Stelle nicht zufriedenstellend behandeln – sie aber beispielsweise in einem Chartering zu besprechen, ist definitiv sinnvoll.

3.1 Meetings

Ein Meeting ist eine Situation, in der Teammitglieder zusammenkommen, um über Arbeit zu sprechen. Meetings gibt es in unterschiedlichen Varianten:

- spontan auf Zuruf oder im Vorfeld geplant und abgesprochen,
- innerhalb des Teams oder zwischen Teammitgliedern und teamexternen Personen,
- in Präsenz oder über einen digitalen Kanal (Videokonferenz/Telefon).

Meetings werden manchmal als Gegenteil von „richtiger" Arbeit dargestellt. Gemäß dieser Sichtweise kann das Team entweder arbeiten oder an einem Meeting teilnehmen, aber nicht beides gleichzeitig tun. Das ist natürlich Unsinn, weil ohne regelmäßigen Austausch im Team keine gemeinsame Arbeit stattfinden kann – kommunikationsfrei arbeiten kann man nur allein. Teams können sich auch explizit zum gemeinsamen Arbeiten in einem Meeting verabreden. Der wesentliche Vorteil eines Teams entsteht sowieso durch das gemeinsame Schaffen, nicht dadurch, dass jeder in irgendeiner Ecke individuelle Leistungen erbringt. Also: Meetings sind auch Arbeit, und ein Team, welches nicht wenigstens ab und zu in irgendeinem Rahmen zusammenkommt und miteinander spricht, wird es höchstwahrscheinlich nicht weit bringen.

Trotzdem gibt es in vielen Teams eine latente Abneigung gegen Meetings, wofür es eine Reihe von Gründen gibt. Einer davon ist sicher, dass viele Meetings nicht besonders effektiv oder zielführend organisiert sind. Ein anderer kommt hinzu, wenn ein Meeting für einige Nutzen, aber für andere nur Aufwand produziert – etwa in Form wöchentlicher Statusabfragen, bei denen Teammitglieder reihum ihren Fortschritt an eine Leitungsrolle berichten dürfen, ohne dass ihnen das selbst irgendeinen Nutzen bringt. Und oft ist es auch schlicht die pure Menge, die Menschen belastet. Ich habe Situationen erlebt, in denen Menschen sechs Wochen im Voraus jeden Tag von 8 bis 18 Uhr Meetings geplant hatten. Wie viel inhaltliche Arbeit da noch möglich sein soll, weiß ich nicht, und wenn dadurch Frust entsteht, ist das für mich vollkommen nachvollziehbar. Eine Organisation, in der das normal ist, hat vermutlich strukturelle Probleme, die dringend angegangen werden sollten.

Ein guter Zustand ist für mich dann erreicht, wenn das Team einen „atmenden“ Arbeitsmodus findet, in dem es in Meetings zusammenkommt, um sich abzusprechen, auseinandergeht, um Zeit für Fokusarbeit und Wertschöpfung zu haben, in wechselnden Konstellationen zu zweit oder zu dritt an Themen arbeitet und nach einer gewissen Zeit wieder in der großen Gruppe zusammenfindet. Die Arbeit allein oder in kleinen Gruppen erlaubt fokussiertes Machen, während die regelmäßigen Abstimmungen mit dem Team Erwartungen und Informationen immer wieder auf einen gemeinsamen Stand bringen.

Irgendwelche Meetings braucht also jedes Team. Im Grunde könnte es nur ein einziges Meeting geben, zum Beispiel wöchentlich, in dem alles, was irgendwie relevant ist, besprochen wird. Für manche Teams funktioniert das auch so. Meistens gibt es aber unterschiedliche Themen, die in unterschiedlichen Rhythmen und Abständen wichtig werden. Dazu kommt, dass sich Meetings mit klaren Zielen und thematischen Grenzen oft deutlich fokussierter anfühlen als allgemeine Besprechungen. Es ist deshalb sinnvoll, Meetings nach Thema und Zielsetzung zu trennen und sie so zu planen, wie sie dem Team am nützlichsten sind.

Babette Brinkmann und Karl Schattenhofer schlagen als orientierende Struktur ein *Schleifenmodell der Selbststeuerung* vor, in welchem drei zentrale Aktivitäten reihum wiederholt werden. In Phase 1 („Planen – Entscheiden“) werden die nächsten Schritte gemeinsam festgelegt, in Phase 2 („Ausführen“) umgesetzt, in Phase 3 („Reflektieren – Auswerten“) Ergebnisse betrachtet, ausgewertet und daraus Erkenntnisse gezogen. Alle drei Aktivitäten sind für den Erfolg des Teams notwendig:

> *„Wer nur plant und nichts umsetzt, macht keine Erfahrungen, wer nur umsetzt, ohne zu reflektieren, macht immer das Gleiche, wer nur reflektiert, aber keine Konsequenzen daraus zieht, lernt auch nichts. Wer neben der Aufgabenebene die Planung und Reflexion der Zusammenarbeit und der Interessen der Mitglieder außer Acht lässt, der wird möglicherweise schließlich schlechten Ergebnissen gegenüberstehen.“*[54]

Aus dem Modell lassen sich eine Reihe gängiger Meetingtypen ableiten:

- **Planungsmeetings**, in denen Fragen geklärt werden wie
  - Wie ist der Stand aktuell?
  - Was ist momentan besonders wichtig, wo liegen unsere Prioritäten?
  - Was werden wir als Nächstes tun?
  - Wie gehen wir die anstehende Arbeit an?
  - Wer kümmert sich um was?
- Allgemeine **Austauschmeetings**, mit Themen wie
  - Was gibt's Neues?
  - Wie kommt unsere Arbeit voran?
  - Was ist passiert, was ist wichtig zu wissen?
  - Welche Entscheidungen sind zu treffen?
  - Welche Probleme haben wir, wie gehen wir sie an?
  - Eine neue Fragestellung ist aufgekommen. Welche Ideen haben wir dazu?
- **Arbeitsmeetings**, in denen das Team
  - Arbeitsergebnisse entwickelt,
  - aufgetretene Probleme und komplizierte Fragestellungen analysiert und löst,

[54] Brinkmann, Babette & Schattenhofer, Karl (2022). *Erfolgreiche Teams in der Selbstorganisation.* Vahlen. S. 18 ff.

  - Ideen und Handlungsoptionen zu einem Thema sammelt (z.B. Brainstorming),
  - neue Konzepte entwickelt und testet,
  - sich neues Wissen und Können aneignet.
- **Review-Meetings**, in denen das Team
  - fertige Ergebnisse bespricht und feiert,
  - die Planung reflektiert und mit dem tatsächlichen Erreichten vergleicht,
  - den Fortschritt mit Blick auf längerfristige Ziele überprüft,
  - Entscheidungen über nicht fertiggewordene Themen trifft,
  - neue Aufgaben und Ideen identifiziert und in die Warteschlange aufnimmt.
- **Verbesserungs- und Weiterentwicklungsmeetings**[55], mit Themen wie
  - Was läuft gerade gut, was können wir besser machen?
  - Gibt es Konflikte, und wie lösen wir sie?
  - Gibt es akute Probleme, und wie gehen wir sie an?
  - Wie entwickeln wir das Team und seine Strukturen weiter?
  - Welche langfristigen Entwicklungen können wir beobachten, und wie gehen wir mit ihnen um?

Neben diesen kann es andere Besprechungsformen geben, die das Team nach Bedarf selbst definieren und weiterentwickeln kann. Wenn Meetings regelmäßig und in festen Abständen stattfinden, werden sie *Regelmeetings* oder *Teammeetings* genannt. Der Abstand zwischen ihnen ist der sogenannte *Takt*. Für unterschiedliche Meetings kann ein unterschiedlicher Takt sinnvoll sein.

Das Festlegen gemeinsamer Meetingstrukturen besteht im Wesentlichen in der Auswahl regelmäßiger Teammeetings und ihres Takts. Gerade beim ersten Entwurf, zum Beispiel in einem Charter-Workshop, muss diese Struktur nicht perfekt sein. „Gut genug für heute" ist das Ziel. Meetingstrukturen sind in selbstorganisierten Teams einer der Aspekte, die am häufigsten verändert und angepasst werden, daher reicht zum Start ein grober erster Entwurf, mit dem alle leben können, völlig aus.

3.2 Sollen Arbeitsorganisation und Meetingstruktur gekoppelt sein?

Eine der grundlegenden Entscheidungen des selbstorganisierten Teams ist, ob es seine Arbeitsorganisation an die Meetingstruktur koppeln will oder nicht. Der Modus, in dem die beiden Strukturen gekoppelt sind, wird *iteratives Arbeiten* genannt, der andere heißt *flussbasiertes Arbeiten*.

Iteratives Arbeiten

Iterative Arbeitsweisen sind vor allem durch Ansätze aus der sogenannten *agilen Softwareentwicklung* ab den frühen 1990er-Jahren populär geworden. Sie zeichnen sich

[55] Siehe dazu auch die Abschnitte über Retrospektiven ab Seite 95 bzw. 276.

dadurch aus, dass Arbeit in Wellen erledigt wird, die *Iterationen* oder auch *Sprints*[56] genannt werden. Eine Iteration startet mit einem Planungsmeeting, in dem das Team die Arbeitsinhalte der kommenden Iteration gemeinsam festlegt. Am Ende jeder Iteration gibt es ein Review-Meeting, in dem die Ergebnisse besprochen werden, und eine Reflexion, was man an der Zusammenarbeit noch verbessern kann. Es schließt sich normalerweise direkt die nächste Iteration (mit einem neuen Planungsmeeting) an. Da die Arbeit grundsätzlich innerhalb von Iterationen erledigt wird, gibt es keinen Grund, zwischen Iterationen Luft zu lassen. Die Parallelen zum Schleifenmodell der Selbststeuerung sind in dieser Vorgehensweise besonders deutlich zu erkennen.

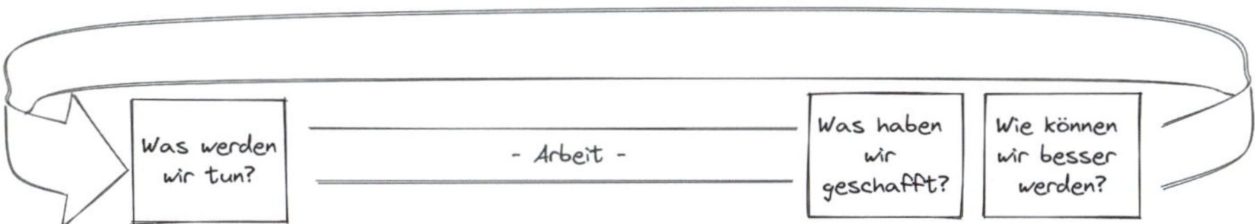

Wir können uns Iterationen als kleine Projekte vorstellen. Anfangs setzen wir uns zusammen, beschließen, was wir tun werden, dann arbeiten wir das im Verlauf mehrerer Tage ab. Sobald das Mini-Projekt zu Ende ist, betrachten wir gemeinsam die Ergebnisse und sprechen anschließend darüber, wie die Zusammenarbeit gelaufen ist. Der Charme davon, viele dieser kleinen Projekte hintereinander zu hängen, ist nicht nur, dass die Planung kurzer Zeiträume einfacher wird, sondern auch, dass sich Erkenntnisse direkt wieder in die eigene Zusammenarbeit einbauen lassen. Das ist anders als etwa in klassischen Projekten, in denen oft am Ende die Erkenntnis steht, wie man eigentlich hätte zusammenarbeiten sollen – da die Beteiligten aber an diesem Punkt auseinandergehen und in anderen Kontexten arbeiten, sind die Erfahrungswerte an diesem Punkt weitgehend wertlos.

Wie lang Iterationen sind, hat große Wirkung auf die Arbeitsweise des Teams. Viele Teams entscheiden sich für einen Takt von zwei bis drei Wochen, es ist aber auch möglich, mehrere Iterationen in einer Woche durchzuführen. Sehr fokussierte Teams, wie sie etwa in Notfalleinsätzen oder Taskforces vorkommen, können sogar mehrere Iterationen pro Tag abschließen – ich habe selbst in solchen Teams hin und wieder mitgearbeitet und war von der Produktivität und vom Ergebnisfokus jedes Mal beeindruckt, auch wenn sich dieses hohe Tempo nicht lange durchhalten lässt. Entscheidend für die Wahl der Iterationslänge sind jedenfalls eine ganze Reihe von Faktoren, angefangen bei der Fachdomäne (physische Ergebnisse zu erstellen kann länger dauern als kreativ-kognitive), über das Organisationsumfeld (Gibt es andere Teams oder Abteilungen, mit denen das Team seinen Takt synchronisieren sollte?) bis hin zur Verfügbarkeit der Teammitglieder selbst.

Im Grunde lässt sich auch klassisches Projektmanagement mit Projektplan und Fortschrittskontrolle als „iterative" Vorgehensweise einordnen, es gibt dort aber typischerweise nur wenige Iterationen, oft „Projektphasen" genannt, die sich dafür über Monate oder sogar Jahre erstrecken. Die Nachteile solcher überlangen Iterationen sind leicht

[56] Der Begriff „Sprint" stammt ursprünglich aus dem *Scrum*-Framework, wird mittlerweile aber auch in anderen Kontexten verwendet.

erkennbar: Je länger die Iteration, desto schwieriger wird es, die Planung am Anfang richtig hinzubekommen, und desto mehr Überraschungen treten innerhalb einer Iteration auf. Kürzere Iterationen sind einfacher zu planen, und die Wahrscheinlichkeit nimmt zu, dass das Team auch die versprochenen Ergebnisse liefern kann. Insofern ist meine Faustregel für die Iterationslänge: so kurz wie möglich, so lang wie nötig, aber immer passend zum Arbeitskontext. Zwei Wochen sind für viele Teams ein guter Ausgangspunkt, man kann später nach oben oder unten justieren.

Hin und wieder begegnet mir die Sorge, dass bei kurzen Iterationen das Team ständig in Meetings sitzen könnte. Diese Sorge ist unbegründet. Der Aufwand für Meetings wächst und schrumpft mit ihrem zeitlichen Abstand, weil entsprechend mehr oder weniger zu besprechen ist. Kurze Iterationen kommen mit kurzen, knackigen Meetings aus, oberhalb von drei oder vier Wochen lässt sich mit Meetings schnell ein ganzer Tag füllen. Die Gesamtzeit, die das Team in Summe in Meetings verbringt, ist also erst einmal unabhängig von der Länge der Iteration.

Iterationen von weniger als einer Woche sind für viele Menschen nur schwer vorstellbar: Wann soll denn dann noch die Arbeit stattfinden? Sie sind aber ohne weiteres möglich. Als Teil einer Weiterbildung hatte ich einmal Gelegenheit, mit einem Software-Team mehrere Tage lang in Iterationen von jeweils zwei Stunden zu arbeiten. Wir haben dabei an echten Rechnern echte Software programmiert, die Iterationen waren nicht einfach nur eine Simulation. Ich war überrascht, wie selbstverständlich sich ein solcher Arbeitsmodus anfühlt, wenn man die nötige Disziplin entwickelt hat, um Planungs- und Reviewmeetings in weniger als 15 Minuten durchführen zu können.

Iterative Arbeitsweisen sind vor allem für Teams von Vorteil, die gemeinsam über einen längeren Zeitraum ein größeres Ergebnis produzieren, also für Projekt- und Produktentwicklungsteams. Solche Teams können relativ gut abschätzen, welche Arbeit in näherer Zukunft zu tun sein wird, ihre Aufgaben priorisieren und Schwerpunkte setzen. Die Notwendigkeit, sich zu diesen Themen regelmäßig auszutauschen, führt das Team auf natürliche Weise zu einer Form der Iterationsplanung.

Die überwiegende Mehrheit der Teams entscheidet sich dafür, Iterationen immer am gleichen Wochentag und am besten auch zur gleichen Uhrzeit starten und enden zu lassen. Im Grunde wäre es auch möglich, Iterationen mit einer eher „krummen" Länge anzusetzen und sich etwa alle elfeinhalb Tage auszutauschen. Dass Regelmeetings dann jedoch zu ständig wechselnden Zeitpunkten oder an unterschiedlichen Wochentagen stattfinden, erzeugt Verwirrung, lenkt von der Arbeit ab und erschwert die Integration in die das Team umgebende Organisation und in den Alltag der Teammitglieder.

Der klare Fokus und der projektartige Arbeitsmodus von kurzen Iterationen haben dazu geführt, dass diese Arbeitsweise gerade in der Wissensarbeit enorm beliebt geworden ist und ihren ursprünglichen Kontext der Softwareentwicklung schon lange hinter sich gelassen hat. Ein subtilerer Grund für ihre Popularität mag außerdem darin liegen, dass sie die gemeinsame Arbeit von Monaten oder sogar Jahren in überschaubare „Scheiben" teilt, deren Anfang und Ende immer wieder als kleine Übergangsrituale funktionieren und damit aufkommende Gefühle von Liminalität etwas abdämpfen können.

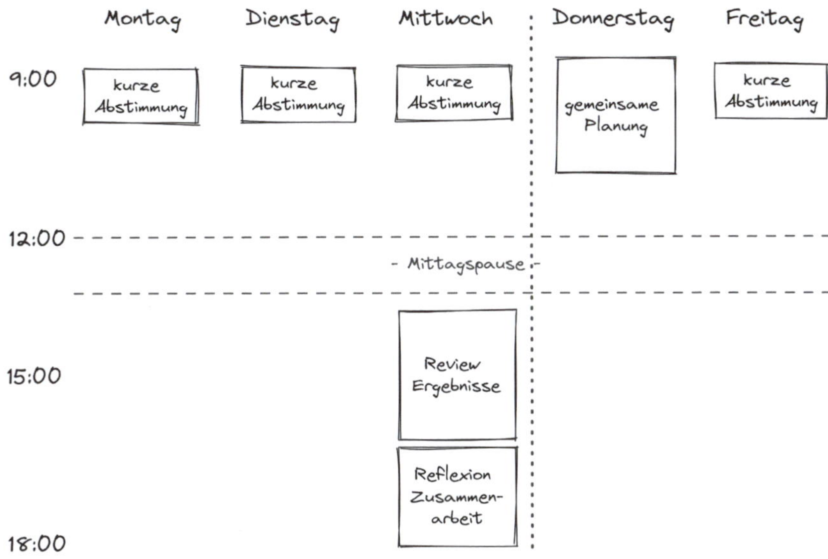

Beispiel eines Teamkalenders mit einwöchigen Iterationen

Flussbasierte Arbeitsweisen

Im Gegenzug zu iterativen Arbeitsweisen sind bei einer flussbasierten Struktur[57] Arbeitserledigung und Meetingstruktur entkoppelt. Das Team hat zu jedem Zeitpunkt Aufgaben in Bearbeitung, stellt Ergebnisse fertig und zieht sich neue Aufgaben aus der Warteschlange, unabhängig davon, wann es Meetings abhält. Falls das Team Planungsmeetings hat, haben sie einen anderen Fokus als in iterativen Arbeitsweisen. Das Team legt hier nicht fest, was es tun wird, sondern füllt die Warteschlange auf, pflegt und priorisiert sie. In Review-Meetings werden Ergebnisse seit dem letzten Review-Meeting besprochen, es ist aber normal, dass andere Aufgaben noch in Bearbeitung sind.

Anders als in einer iterativen Arbeitsweise können Meetings wie Planung und Review hier unabhängig voneinander und auch in unterschiedlichen Abständen stattfinden. Der Takt der Planung soll so gewählt werden, dass für das Team immer ausreichend viele Aufgaben zur Verfügung stehen. Je stabiler und besser geplant die anstehende Arbeit ist, desto größer können die Abstände sein. Für den Takt des Reviews sollte der zeitliche Abstand groß genug sein, dass das Team eine nennenswerte Menge an Arbeit fertigstellen kann, aber nicht so groß, dass sich fertige, aber noch nicht besprochene Arbeit aufstauen kann. Für die meisten Teams sind Abstände zwischen einer und drei Wochen ein guter Start, anpassen kann man später immer noch.

Die meisten Teams, die mir begegnet sind, haben bei genauer Betrachtung einen flussbasierten Arbeitsmodus. Aufgaben „fließen" herein und werden nach und nach abgearbeitet, losgelöst von den Regelmeetings des Teams. Sehr typisch ist diese Arbeitsweise

[57] Ein beliebter Vertreter flussbasierter Arbeitsmethoden ist die Adaption von *Kanban* auf IT-Organisationen von David Anderson. Siehe Anderson, David (2011). *Kanban: Evolutionäres Change Management für IT-Organisationen*. dpunkt.

für Teams, bei denen Arbeit nicht selbst definiert wird, sondern kontinuierlich oder unregelmäßig von außen hereinkommt. Als Beispiele können wir uns das Callcenter einer Kundenhotline vorstellen, das Küchenteam eines A-la-carte-Restaurants, die Erziehergruppe in einem Kindergarten, die Mechaniker in einer Autowerkstatt oder das medizinische Personal einer Krankenhausstation. Deren Arbeitsorganisation mag auf den ersten Blick anders aussehen als hier dargestellt, aber so weit ist eine angepinnte Liste von Essensbestellungen nicht von einem Taskboard entfernt. Immer, wenn das Team die als nächstes anstehende Arbeit nicht kennen kann, macht eine gemeinsame längerfristige Planung nur begrenzt Sinn. Flussbasierte Arbeitsweisen bieten diesen Teams die nötige Flexibilität.

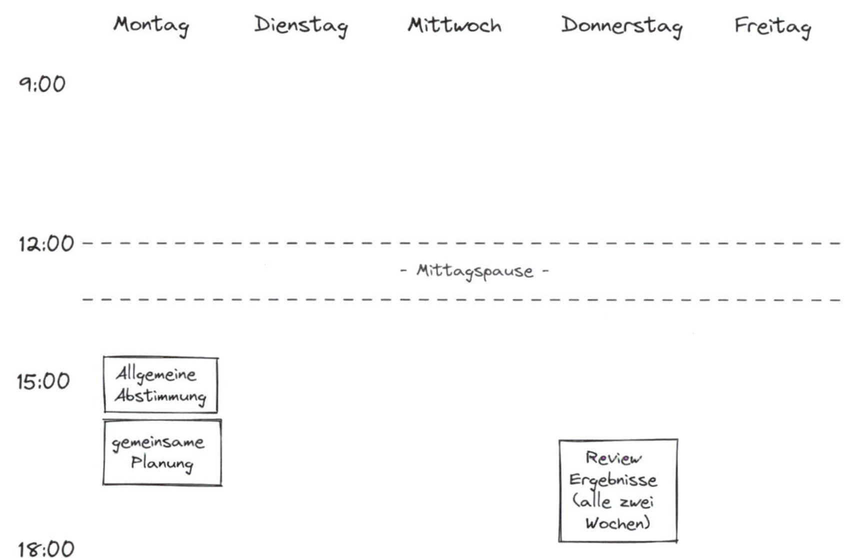

Beispiel eines Teamkalenders mit flussbasierter Arbeitsweise

Wichtige Strukturentscheidungen für das Team sind also, ob der Arbeitstakt an den Meetingtakt gekoppelt sein soll oder nicht, welche Regelmeetings es sich geben möchte und wann und in welchem Takt sie stattfinden sollen. Nachfolgend betrachten wir die gängigsten Meetingtypen im Detail.

3.3 Das Planungsmeeting

Warum plant ein Team gemeinsam? Damit ein Team zusammenarbeiten und gemeinsam Verantwortung übernehmen kann, müssen Teammitglieder ein Bewusstsein dafür haben, wo die anderen gerade sind und was sie tun. In einer Arbeitsgruppe reicht es in der Regel aus, wenn alle ihren individuellen Beitrag entlang ihres Verantwortungsbereichs beisteuern, Planung kann durch die Gruppenleitung erledigt werden. Die Gruppe braucht den Überblick nicht, solange die Leitung ihn behält und sämtliche Entscheidungen trifft.

Teams funktionieren anders. Erfolgreiche Teamarbeit setzt voraus, dass individuelle Entscheidungen im Alltag zueinander passend getroffen werden, also in Summe ein gemeinsames Ganzes ergeben. Es gibt zwei Wege, das dafür nötige gegenseitige Bewusstsein zu entwickeln: Entweder Teammitglieder informieren sich im Alltag laufend darüber, wer gerade was tut, oder man spricht sich im Vorfeld ab.

Das Planungsmeeting geht diesen zweiten Weg. Ziel eines Planungsmeetings ist, festzulegen, was das Team bis zum nächsten Planungsmeeting gemeinsam tun wird, und auch, wer im Team welche Teile davon übernimmt. Das bedeutet nicht, dass sich das Team nicht auch um spontan aufkommende Aufgaben kümmern kann, aber das Team wird seine Aufmerksamkeit im Wesentlichen auf Tätigkeiten legen, die es gemeinsam geplant hat.

Viele Teams laden Kunden, Stakeholder, eine Teamleitung oder andere wichtige Personen zu diesen Terminen ein, um mit ihnen die Planung gemeinsam festzulegen. Dabei schätzt das Team am besten selbst ein, wie viel es leisten kann. Die Produktivität des Teams lässt sich nicht dadurch steigern, dass es in der Planung unter Druck gesetzt wird, sich möglichst viel Arbeit aufzuladen. Was die Gruppe im Planungsmeeting stattdessen tun kann, ist zweierlei:

- Sie kann anstehende Aufgaben priorisieren, also entscheiden, auf welche Themen das Team seine Arbeit fokussieren soll und welche für den Moment noch nicht so dringend sind.
- Sie kann eine gemeinsame Erwartungshaltung aufbauen, was das Team in nächster Zeit bzw. bis zum Ende der Iteration fertigstellen wird.

Damit diese Erwartungen hinterher nicht enttäuscht werden, ist es wichtig, auf eine realistische Planung zu achten. Die einfachste Art, diese zu erreichen, ist, das Team sich selbst so viel Arbeit aus der Warteschlange ziehen zu lassen, wie es leisten kann.

Ein vielleicht etwas überraschender Erfahrungswert ist, dass konservative Planung besser ist als optimistische, dass sich das Team also besser zu wenig vornimmt als zu viel. Volllast ist ein instabiler Zustand, und ein Team, welches am Anschlag läuft, kann von jeder kleinen Überraschung aus der Bahn geworfen werden. Sich zu viel vorzunehmen, erzeugt während der Umsetzung Stress, nach Abschluss Frust und beschädigt das Vertrauen von Kunden und Stakeholdern in die Zusagen des Teams. Nebenbei sinkt die Bereitschaft der Teammitglieder, sich gegenseitig zu unterstützen. Langfristig gefährdet die immer wiederkehrende Erfahrung, gesetzte Ziele nicht zu erreichen, die Motivation.

Zu wenig Arbeit einzuplanen, ist dagegen in der Regel selten ein Problem. *Kurzzeitig leerzulaufen ist kein Zustand, vor dem man Angst haben muss!* Sollte das Team zeitweise nichts mehr zu tun haben, wird es sich weitere Aufgaben aus der Warteschlange ziehen – niemand langweilt sich gern. Tatsächlich kann es in einem iterativen Arbeitsmodus ein interessantes Experiment sein, eine Iteration einfach leer zu starten, in dem Verständnis, dass Teammitglieder sich direkt Arbeit aus der Warteschlange nachziehen werden. An diesem Punkt verschwimmt die Grenze zwischen iterativen und flussbasierten Arbeitsweisen ein Stück weit.

Beispielhaft könnte ein Planungsmeeting für eine Iteration von zwei Wochen etwa 60 bis 90 Minuten dauern und folgende Fragen behandeln:

- Wie ist die Gesamtsituation gerade?
- Welche besonderen Ereignisse stehen in der nächsten Iteration an? (Urlaube, Veranstaltungen, wichtige Meilensteine, ...)
- Was wird mit Hinblick auf unsere Ziele und Vereinbarungen als Nächstes besonders wichtig sein?
- Sind dazu bereits konkrete Aufgaben in der Warteschlange verfügbar bzw. müssen noch welche definiert werden?
- Welche konkreten Aufgaben werden wir in der Iteration erledigen?
- Wer wird an welchen Aufgaben arbeiten? (Nicht alles muss jetzt schon verteilt werden, aber dort, wo es sinnvoll ist – gern auch mehrere Teammitglieder an derselben Aufgabe.)
- Wie werden wir diese Aufgaben konkret angehen? (Unteraufgaben definieren, ggfs. in kleineren Gruppen)
- Abschließende gemeinsame Betrachtung der Planung. Ist das, was wir vorhaben, realistisch? Wie zuversichtlich ist das Team, das Geplante leisten zu können?

Wann ist es sinnvoll für das Team, Planungsmeetings zu haben?

Ein Planungsmeeting braucht es immer dann, wenn es einfacher ist, sich im Vorfeld abzusprechen, als sich im Alltag laufend informiert zu halten. Das ist der Fall, wenn die zu erledigenden Aufgaben im Wesentlichen schon feststehen, und/oder wenn das Team im Alltag nicht ständig auf Rufweite an einem Ort zusammen ist. Für Teams, die ihren Alltag zusammen in wenigen Räumen verbringen und Aufgaben spontan übernehmen, wenn sie aufkommen – etwa in einem Kindergarten – kann es einfacher sein, sich einfach laufend zu koordinieren. Aber auch dort gibt es größere Tätigkeiten, besondere Ereignisse, nebenbei laufende Aufgaben, Eingewöhnungen und anderes, was man planen könnte.

3.4 Das Review-Meeting

Als Gegenstück zum Planungsmeeting werden im Reviewmeeting die Leistung des Teams seit dem letzten Review besprochen. Es werden fertige Ergebnisse gezeigt, der neue Stand gemeinsam besprochen und wichtige Meilensteine gefeiert. Es kann dazu entweder eine entsprechende Spalte auf dem Taskboard nach und nach durchgegangen werden, oder das Team erstellt zu Beginn des Meetings eine Themenliste. Für gemeinsame Verantwortungsübernahme ist es wichtig, dass diese Ergebnisse auch gemeinsam besprochen werden – nur so können Teammitglieder ein Verständnis des übrigen Geschehens aufbauen.

Ebenso wie im Planungsmeeting ist es oft sinnvoll, Kunden, Stakeholder oder andere wichtige Kontaktpersonen in das Review einzuladen. Konkret stiftet das Review dann gleich in mehrere Richtungen Nutzen. Für die Gäste schafft das regelmäßige Besprechen fertiger Ergebnisse Transparenz über den Fortschritt, den das Team erreicht. Ein offener und ehrlicher Dialog in diesem Meeting baut wichtiges Vertrauen auf und macht zeitaufwendige Statusberichte an anderer Stelle überflüssig, spart also Zeit. Stakeholder gewinnen wichtige Erkenntnisse darüber, wie sie das Team in seiner Arbeit unterstützen können. Außerdem bietet ihnen der regelmäßige Austausch die Möglichkeit, schon früh Rückmeldungen und Erwartungen zur Arbeit des Teams zu äußern.

Je früher und häufiger Team und Kunden Ergebnisse miteinander besprechen, desto geringer ist das Risiko, an Erwartungen oder Bedarfen vorbeizuarbeiten. Kaum etwas ist für ein Team so demoralisierend, wie nach monatelanger harter Arbeit Kommentare wie „Das habe ich mir aber anders vorgestellt“ oder „Das ist nicht, was wir brauchen“ zu hören. Regelmäßige Kunden-Teilnahme an Reviewmeetings ist ein wichtiger Schritt, der laufenden Erwartungsabgleich zwischen ihnen und dem Team möglich macht, ohne die kostbare Zeit beider Parteien zu stark zu beanspruchen.

Arbeitet das Team mit Iterationen, gehört auch die Betrachtung unfertiger Aufgaben in das Review. Es wird gemeinsam beschlossen wie mit ihnen weiter verfahren wird – sie können in die nächste Iteration übernommen werden, das Team kann aber auch gemeinsam beschließen, dass eine weitere Bearbeitung keinen Wert hat, und die Aufgabe entweder abbrechen oder für eine zukünftige Iteration in die Warteschlange zurückstellen. In einer flussbasierten Arbeitsweise ist diese Betrachtung weniger wichtig, da es in dieser immer unfertige Arbeit gibt. Falls unfertige Aufgaben besprochen werden, hat das eher den Charakter einer allgemeinen Bestandsaufnahme.

Auch wenn sich das Review-Meeting mit vergangenen Ereignissen beschäftigt, hat sein Zweck doch wesentlich mit der Zukunft zu tun. Konkret ist ein Review umso nützlicher, je stärker sein Fokus auf der weiteren Planung liegt – nicht nur „Was ist fertig geworden, was nicht?“ sondern auch und gerade „Was bedeutet das nun für unsere nächsten Schritte?“. Einfach nur Ergebnisse anzuschauen, erfüllt diesen Zweck noch nicht. Zu einem guten Review gehört es dazu, Entscheidungen für die nahe Zukunft zu treffen, neue Aufgaben zu identifizieren, zu definieren und der Warteschlange hinzuzufügen.

Falls wichtige Aufgaben nicht abgeschlossen wurden oder das Team einen zugesagten Termin nicht einhalten kann, wird das auch spätestens im Review festgestellt. Die Konsequenzen können unangenehm und die Diskussion emotional sein, dennoch ist es wichtig, das Meeting nicht in Schuldzuweisungen oder Fehleranalyse ausarten zu lassen. Ein Reviewmeeting ist nicht der richtige Ort, um aufzuarbeiten, was schiefgegangen sein könnte! Das Team kann stattdessen die Tatsachen feststellen, den Stand sachlich besprechen und notwendig gewordene nächste Schritte ableiten. Auch hier gilt, dass sich gute Meetings mehr mit der Zukunft als mit der Vergangenheit beschäftigen. Was das Review leisten kann, ist, den aktuellen Stand als Realität hinzunehmen und zu vereinbaren, wie es weitergehen wird. Eventuelle Probleme aufzuarbeiten und Verbesserungsmaßnahmen zu beschließen, ist Aufgabe eines anderen Meetings, der *Retrospektive*, die wir später in diesem Abschnitt betrachten.

Auch Fortschritte mit Hinblick auf größere Ziele oder Projekte können im Review besprochen werden. Besonders nützlich sind diese Betrachtungen immer dann, wenn sich davon konkrete nächste Schritte oder neue Aufgaben ableiten lassen, also das Review zu Änderungen und Ergänzungen der Warteschlange führt. Teams, bei denen eher alltägliche Aufgaben als größere Projekte im Fokus stehen – etwa in einer Kundenhotline, einer Werkstatt, einem Kindergarten oder einer Arztpraxis – werden wohl eher selten Projekte haben, deren Fortschritt regelmäßig betrachtet werden muss. Trotzdem können Reviews ein nützliches Format sein, in dem das Team beispielsweise anspruchsvolle oder außergewöhnliche Situationen besprechen und daraus gemeinsam lernen kann.

Ein Review, welches die Ergebnisse der letzten zwei Wochen betrachtet, kann etwa 60 bis 90 Minuten in Anspruch nehmen. Wesentliche Punkte dabei sind:

- Was hatten wir uns vorgenommen?
- Was haben wir fertiggestellt?
  - Fertige Ergebnisse werden vom Team gemeinsam betrachtet und besprochen, wo das sinnvoll ist. Wichtige Errungenschaften können und dürfen gefeiert werden – ein Review muss keine nüchterne, emotionslose Veranstaltung sein!
  - Nicht alle Ergebnisse müssen im Detail besprochen werden. Es kann auch einfach gemeinsam festgestellt werden, dass eine Aufgabe abgeschlossen wurde.
- Was ist nicht fertig geworden?
  - Welche Konsequenzen hat das für uns?
  - (in iterativen Arbeitsweisen) Wie gehen wir mit unfertigen Aufgaben um:
    - Nehmen wir sie mit in die nächste Iteration?
    - Nehmen wir den Zwischenstand als Ergebnis?
    - Geben wir die Aufgabe zurück in die Warteschlange zur späteren Fertigstellung?
    - Brechen wir die Bearbeitung ab?
- Welche Folgeaufgaben ergeben sich und werden von uns in die Warteschlange aufgenommen?

Wann ist es sinnvoll für das Team, Reviewmeetings zu haben?

Reviews sind für die meisten Teams ein wertvolles Format. Oft sind sie die einzige offizielle Gelegenheit, erreichte Ziele und abgeschlossene Aufgaben zu würdigen und zu feiern. Teams, die sich hierfür keine Zeit nehmen, können nach und nach die Wahrnehmung aufbauen, dass ihre Arbeit nur aus Problemen, nie aus Erfolgen bestünde. Für mich hat diese Arbeitsweise etwas von einer langen Wanderung auf einen steilen Berg – das Review ist hier wie eine Pause, um die Aussicht zu genießen, die man sich erarbeitet hat. Es kann den Unterschied zwischen „herausfordernd, aber spaßig" und frustrierend darstellen.

Reviews sind also für jedes Team sinnvoll, in dem die Frage „Was ist in letzter Zeit passiert, und was haben wir erreicht?" für das ganze Team interessant sein könnte.

3.5 Das Austauschmeeting

Wenn Planungs- und Reviewtermine mehrere Wochen auseinander liegen, stellt sich natürlich die Frage, wie in der Zwischenzeit Abstimmungen stattfinden und auftretende Probleme gelöst werden. Regelmäßige kurze Austauschtermine können diese Lücke schließen. Weit verbreitet ist dabei das *Daily*[58], ein Meeting, bei dem sich das Team einmal am Tag für maximal fünfzehn Minuten trifft, meistens morgens, und in aller Kürze Informationen austauscht und den Tag plant. Was muss heute passieren? Wer muss mit wem sprechen? Gibt es irgendwo Probleme, oder wichtige Informationen für das ganze Team? Hin und wieder wird dieses Meeting auch als *Standup* bezeichnet. Der

[58] Das Daily hat seinen Ursprung als Teil des Scrum-Frameworks.

Name weist darauf hin, dass diese Kurzbesprechungen oft im Stehen stattfinden, um gar nicht in Versuchung zu kommen, sie unnötig in die Länge zu ziehen.

Es ist auffällig, in welch unterschiedlichen Kontexten ähnliche Meetingformate zu finden sind. Vom Timeout-Huddle in amerikanischen Sportteams, über den Schichtwechsel in der Produktionshalle, die Lagebesprechung bei Einsatzkräften, der „Blitzlicht"-Besprechung von Erzieherinnen im Kindergarten, bis hin zur morgendlichen Absprache auf der Baustelle: Menschen entwickeln von sich aus immer wieder die Idee, sich in einer kleinen Runde kurz auszutauschen. Auch die Inhalte ähneln sich. Was ist Wichtiges passiert? Was wird heute passieren? Was sollten alle wissen? Wie organisieren wir uns in den kommenden Stunden um unsere Arbeit herum? Viel mehr muss dieses Format nicht leisten, aber diese Informationen sind offenbar wichtig genug, um dafür wieder und wieder ein eigenes kleines Meeting ins Leben zu rufen.

Für größere Teams kann die 15-Minuten-Grenze eine Herausforderung werden, schließlich stehen hier schon rein rechnerisch jedem Teammitglied maximal sechzig Sekunden Sprechzeit zur Verfügung. Natürlich kann das Team das Meeting so lang machen, wie es das für richtig hält. Ich rate aber dazu, Austauschtermine kurz zu halten. Je mehr Zeit zur Verfügung steht, desto mehr degeneriert das Meeting zu einem zähen Statusbericht, in der jedes Teammitglied reihum berichtet, wie der Stand bei jeder einzelnen Aufgabe ist. Darum geht es hier nicht. Das Ziel eines Daily ist, ein gemeinsames Verständnis der kommenden Stunden herbeizuführen. Der wichtigste Satz dafür ist „Lass uns gleich im Nachgang darüber sprechen". Während sich eine Teilgruppe nach dem Meeting zusammenfindet, um eine intensivere Diskussion zu führen oder eine Sachfrage zu klären, kann der Rest des Teams bereits wieder an die Arbeit zurückkehren.

Eine häufige Herausforderung eines derart scharf getakteten Termins ist, dass bereits Verspätungen von zwei oder drei Minuten spürbare Auswirkungen haben. Ich habe mit einigen Teams gearbeitet, in denen sich Unpünktlichkeit beim Daily zu einem größeren teaminternen Konflikt entwickelt hat. Manche versuchen, über sozialen Druck, Zahlungen in die Kaffeekasse oder eine *Three-Strikes-Regel*[59] alle auf die Minute genau in den Raum zu bringen. Meine Sicht dazu ist, dass sich diese Mühe nicht lohnt. Auch morgen wird wieder die Kaffeemaschine defekt sein, oder die Straßenbahn Verspätung haben, oder es wieder keine Parkplätze vor dem Haus geben. Genauso wenig sollte das Team aber warten, bis alle da sind, das wäre respektlos gegenüber den Pünktlichen. Mein Ansatz ist daher: Ein Daily beginnt und endet pünktlich, und involviert die, die da sind. Es findet jeden Tag zur gleichen Zeit am gleichen Ort statt, damit Teammitglieder sich darauf einstellen und es in ihren Tag einplanen können. Wer zu spät oder gar nicht kommt, muss eben selbst schauen, wie man die verpassten Informationen nachholt.

Aus verschiedenen Gründen kann das Team beschließen, dass tägliche Austauschmeetings nicht die passende Struktur sind. Vielleicht arbeitet das Team nicht an allen Tagen der Woche, oder es gibt nicht jeden Tag wesentliche Entwicklungen zu besprechen, oder die jeweiligen Aufgaben sind so unabhängig voneinander, dass pro Tag nicht genug Themen für fünfzehn Minuten zusammenkommen. In diesen Fällen kann sich das Team eine passendere Struktur geben, sich beispielsweise einmal pro Woche für eine halbe Stunde treffen. Dabei gibt es zwei Aspekte, auf die geachtet werden sollte:

---

[59] Eine Regel der Form: „Wer drei Mal zu spät kommt, muss für das Team Kuchen mitbringen."

- Wenn sich das Team nicht jeden Tag trifft, braucht es andere Möglichkeiten und Kommunikationskanäle, um spontan aufkommende Probleme zu lösen und dringende Informationen zu teilen.
- Ein längerer Austausch muss stärker strukturiert werden, um nicht zu einer zähen „Laber-Runde" zu werden. In meinem eigenen Team bei Chili and Change haben wir etwa ein wöchentliches Meeting namens „High Five" eingeführt, bei dem alle Teammitglieder beliebige Themen auf die Agenda setzen dürfen. Für jedes Thema gibt es dabei maximal fünf Minuten Redezeit, bevor zum nächsten übergegangen wird. Das hält Tempo und Interesse hoch.

Unabhängig davon, wann und wie lange es stattfindet, sollte das Austauschmeeting eine feste Uhrzeit und einen fixen Ort haben. Im Fokus stehen folgende Fragen:

- Welche wichtigen Neuigkeiten gibt es, die alle im Team wissen müssen?
- Was ist seit dem letzten Austausch wichtiges passiert?
- Wie werden wir die Zeit bis zum nächsten Austausch nutzen?
- Gibt es Probleme, um die wir uns kümmern müssen?
- Wer muss mit wem im Nachgang zu welchen Themen sprechen?
- (sofern Zeit ist) Wie ist der Fortschritt bei einzelnen Themen?
- (sofern Zeit ist) Wie ist der Fortschritt insgesamt?

Wann ist ein Austauschmeeting sinnvoll?

Irgendeinen Rahmen zum allgemeinen Austausch von Informationen braucht jedes Team. Ob das nebenbei im Alltag oder als festes Meeting täglich oder wöchentlich stattfindet, hängt von Arbeitsweise und Kontext ab. Manche Teams haben nicht jeden Tag Neuigkeiten zu besprechen, andere müssen sich vielleicht sogar mehrmals am Tag treffen. Einen festen Rahmen für den Informationsaustausch zu schaffen, macht den Informationsfluss planbar. Man kann sich darauf verlassen, im Austauschmeeting alle Teammitglieder anzutreffen, während diese das Treffen in ihren Arbeitstag einplanen können. So sinkt das Risiko von Informationsverlusten und der Aufwand entfällt, alle immer „zusammentrommeln" zu müssen, wenn etwas Wichtiges passiert.

Zeitliche Begrenzung des Meetings ist eine gute Idee. Durch das breite Spektrum an unstrukturierten Themen passiert es schnell, dass Diskussionen ausufern und einzelne Teammitglieder das Interesse verlieren. Ein kompakter Rahmen, schnelle Abfolge von Themen und gegebenenfalls Vertagung in eine kleinere Runde („Könnt ihr das separat klären?") hilft, die Teilnehmenden interessiert und engagiert zu halten. Mehr als 15 Minuten pro Tag bzw. 60 Minuten in der Woche sollte der allgemeine Austausch nicht in Anspruch nehmen.

3.6 Arbeitstermine und Workshops

In jedem Team treten immer wieder Probleme auf, die nur gemeinsam mit ordentlich Hirnschmalz zu lösen sind und jedes normale Regelmeeting sprengen würden. Diese Themen werden vom Team in separate Arbeitstreffen oder Workshops ausgelagert und dort bearbeitet. Teammitglieder können das Recht bekommen, bei ausschweifenden Diskussionen einen Extratermin einzufordern: „Ich habe den Eindruck, dass das hier nicht der richtige Rahmen ist, um dieses Problem in der nötigen Tiefe zu bearbeiten. Wollt ihr dafür einen eigenen Termin suchen und diejenigen einladen, die sich angesprochen fühlen?“ Teammitglieder können aber auch von sich aus die Unterstützung des Teams anfragen, etwa um eine komplizierte Problemstellung zu lösen oder neue Perspektiven und Handlungsoptionen zu einem Thema zu sammeln.

Der Double Diamond

Wie solche Arbeitstermine oder Workshops strukturiert werden, ist natürlich dem Team bzw. der einladenden Person überlassen. Oft wird aber eine Struktur verwendet, die u.a. auf den Linguisten Béla Bánáthy zurückgeht[60] und als „*double diamond*“ in Beraterkreisen sehr beliebt ist.

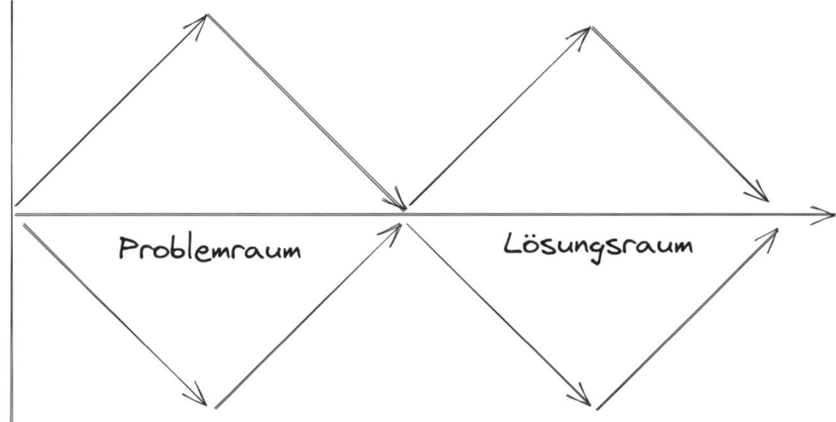

Wenn Menschen gemeinsam an einer Sache arbeiten, wechseln sich immer wieder Phasen der gedanklichen Öffnung mit Phasen der gedanklichen Zuspitzung ab. Zuallererst will das zu lösende Problem verstanden werden. Es werden unterschiedliche Wahrnehmungen und Perspektiven geteilt, die zunächst nebeneinanderstehen können, verschiedene Themen werden angesprochen, die Diskussion öffnet sich. Früher oder später muss dann ein gemeinsamer Nenner gefunden werden. Gemeinsames wird von Individuellem getrennt. Man einigt sich auf das zu lösende Problem, die Diskussion spitzt sich auf ein einzelnes Thema zu.

Sobald das zu lösende Problem klar identifiziert ist, wiederholt sich das Schema, aber nun im Lösungsraum. Eine neue Phase der Kreativität beginnt. Unterschiedliche Ansätze werden zur Diskussion gestellt, besprochen und auf ihre Konsequenzen hin untersucht. Die Gruppe kann eine Weile lang offenlassen, in welche Richtung die nächsten Schritte gehen werden. Früher oder später muss sie sich aber auf einige wenige Handlungen und Maßnahmen einigen, also entscheiden, welche Lösungsversuche weiterverfolgt und welche verworfen werden.

60 Vgl. Bánáthy, Béla (1996). *Designing Social Systems in a Changing World.* Plenum Press. S. 75.

Für mich hat dieser Ablauf erneut etwas Atmendes an sich. Die Diskussion weitet sich, um sich wieder zu schließen. Erst öffnen wir einen mentalen Raum, um ihn dann wieder zu verdichten: Divergenz, gefolgt von Konvergenz.

Diese Struktur aus Öffnen und Schließen, erst im Problem-, dann im Lösungsraum, bietet eine wunderbare Vorlage für die Agenda von Workshops und Arbeitsterminen. Es fehlt nur noch ein Element in Form des Terminrahmens, der ebenfalls als Erstes geöffnet und als Letztes wieder geschlossen werden will.

Der Terminrahmen

Den Rahmen zu öffnen, ist das Erste, was wir im Termin tun. Wir begrüßen einander, machen eventuell eine Vorstellungsrunde (sofern sich nicht alle kennen) oder ein kurzes Check-in.[61] Wir halten noch einmal fest, warum die Runde heute in dieser Konstellation zusammenkommt und was das Ziel des Termins ist, stecken also die thematischen Grenzen ab. Außerdem können wir Erwartungen an den Termin besprechen, wenn wir vermuten, dass diese weiter auseinanderliegen könnten. Wir bereiten damit die Gruppe gedanklich auf die Arbeitsphase vor und etablieren Spielregeln, nach denen der Termin ablaufen wird.

Dieser vorbereitende Schritt ist insofern wichtig, dass Teilnehmende möglicherweise unbewusst Erwartungen und Erwartungs-Erwartungen aus einem anderen Kontext mitbringen, die mit denen der anderen Teilnehmer in Konflikt stehen können. Daraus ergeben sich Debatten, die oberflächlich nach einer inhaltlichen Auseinandersetzung aussehen, in Wirklichkeit aber Rollen- und Erwartungskonflikte sind, und sich daher auf der inhaltlichen Ebene nicht lösen lassen. Diesem Risiko kann das Team durch einen bewussten Erwartungsabgleich entgegenwirken. Es ist ein wenig wie an einer Wohnungstür die Straßenschuhe auszuziehen – es ist in Ordnung, sie zu haben, man darf sie anschließend auch wieder anziehen, aber dazwischen legt man sie für eine Zeit ab. Genau wie in einer fremden Wohnung, versuchen wir uns auch in Meetings an das zu halten, was die jeweiligen Gastgeber von ihren Gästen erwarten.

Sobald die Arbeitsphase des Workshops vorbei ist und der Termin zu seinem Ende kommt, schließen wir den Arbeitsrahmen wieder. Dazu fassen wir die wesentlichen Erkenntnisse, Vereinbarungen und nächste Schritte noch einmal zusammen. Teilnehmende haben die Möglichkeit, Wahrnehmungen über den Workshop insgesamt zu teilen, etwa, wie sehr ihre Erwartungen aus dem Check-in erfüllt worden sind. Der Workshop schließt mit einem Feedback an Organisation und Moderation, wie wertvoll die eigene Zeit in den Termin investiert war und was man für zukünftige Termine verbessern könnte. Bei diesen kleinen Ritualen geht es nicht nur um inhaltliche und organisatorische Rückmeldung oder darum, die Ergebnisse übersichtlich zusammenzufassen. Sie markieren für die Anwesenden auch mental, dass der Termin nun zu Ende ist und das Thema gedanklich abgeschlossen werden kann, dass also der Gültigkeitsbereich der vereinbarten Spielregeln an dieser Stelle endet. Einen Termin sauber zu beenden, hilft nicht nur den Anwesenden, sondern wird auch ihre jeweils nächsten Meetings etwas wertvoller machen, indem der Erwartungskontext quasi „aufgeräumt“ und bereit für einen neuen Arbeitskontext hinterlassen wird.

[61] Zu Check-ins siehe den entsprechenden Abschnitt ab Seite 245.

Wann sind Arbeitstermine und Workshops sinnvoll?

Auch wenn ich in einigen Teams regelmäßige, wöchentliche Arbeitsmeetings genutzt habe, sind sie als *Regeltermine* für die meisten sicher nicht nötig. Normalerweise werden Workshops bei konkretem Bedarf für die Lösung einzelner Fragestellungen eingesetzt. Anstatt sie also auf wöchentlicher Basis einzuplanen, wird den meisten Teams ein ausdrücklich vereinbartes Vertagungsrecht mehr helfen: Sollte im Rahmen eines Regelmeetings eine Diskussion ausufern oder eine Frage nicht ohne zusätzliche Informationen beantwortbar sein, dürfen Teammitglieder dafür einen Extratermin einfordern.

3.7 Die Retrospektive

Einer der wichtigsten Regeltermine, den sich ein selbstorganisiertes Team geben kann, ist die sogenannte Retrospektive, oft nur „Retro“ genannt. In ihr wird eine zentrale Frage behandelt: *Wie können wir unsere Zusammenarbeit verbessern?* Das Team bespricht, wo es gut und wo es weniger gut läuft, welche Ursachen es für aufgetretene Probleme gibt und welche Maßnahmen es vereinbaren will, um die eigene Zusammenarbeit zu verbessern.

Im Kontrast zu den anderen Meetings und ihrem fachlich-inhaltlichen Fokus geht es in der Retrospektive um die teaminterne Struktur und Zusammenarbeit – sie bringt die kontinuierliche Weiterentwicklung in die Selbstorganisation. Die normalen Themen der Alltagsarbeit stehen hier also bewusst nicht im Fokus. Retrospektiven sind ein bewusster Rahmen für Metakommunikation, wir arbeiten also nicht an Inhalten, sondern an unserer Art, zusammenzuarbeiten.

Je nach Kontext sind mir diese Termine unter sehr unterschiedlichen Namen begegnet: Was in IT-Teams als „Retrospektive“ bekannt ist, wird in *Holacracy*[62]-Organisationen als „Governance“-Meeting bezeichnet. In anderen Kontexten habe ich Termine gesehen, die „Schulterblick“ oder „Prozessverbesserungs-Workshop“ oder sogar „Postmortem“[63] hießen. Die in sozialen Berufen üblichen Teamsupervisionen sind im Kern ähnlich aufgebaut, wobei der Schwerpunkt zwischen Strukturarbeit und emotionaler Entlastung im Detail anders gelagert sein kann.

Zu den Zielen von Retrospektiven gehört, die eigene Zusammenarbeit zu reflektieren, gut funktionierende Muster zu stärken sowie Probleme zu finden und zu lösen. Die eigenen Spielregeln und Strukturen werden überprüft und weiterentwickelt. Teammitglieder haben Gelegenheit, Erwartungen und Erwartungs-Erwartungen miteinander abzugleichen. Das gegenseitige Verständnis wird verbessert, Verhalten erklärt, Situationen können im Nachhinein verstanden und ordentlich abgeschlossen werden.

Obwohl Retrospektiven offensichtlich für die Selbstorganisation eines Teams eine wichtige Rolle spielen, haben sie in vielen Teams einen unsicheren Stand. Gerade in

[62] Holacracy ist ein Organisationsmodell mit starkem Fokus auf die Formalisierung von Erwartungen. Siehe Robertson, Brian (2016). *Holacracy: Ein revolutionäres Management-System für eine volatile Welt*. Vahlen.

[63] Bis heute verstehe ich nicht, warum man dafür einen Begriff wählen würde, der das gerade durchgeführte Projekt als „verstorben“ abstempelt.

Phasen, in denen der Ergebnisdruck hoch und die Stimmung eher angespannt ist, ist die Versuchung groß, dieses Meeting fallen zu lassen, um nicht noch zusätzliche Zeit für „Selbstbeschäftigung" aufzuwenden. Für mich gleicht das dem Versuch, im Cockpit eines trudelnden Flugzeugs die Warnlampen abzuschalten. Gemeinsame Reflexion der Zusammenarbeit ist die beste Chance, eine schwierige Situation wieder in ruhigeres Fahrwasser zu bringen. Bei Problemen in der Zusammenarbeit ist das Meeting, in dem es um Problemlösung geht, das letzte, welches wir abschaffen sollten!

Jedes erfolgreiche Team, welches mir begegnet ist, hatte Retrospektiven oder ähnliche Formate als festen Bestandteil ihrer Arbeitsweise. Die Retrospektive ist die Stammzelle des selbstorganisierten Arbeitens: Selbst ein Team, welches außer der Retrospektive keine weiteren Meetings oder Arbeitsprozesse hat, kann sich über dieses Format innerhalb weniger Wochen eine komplette Arbeitsmethodik rekonstruieren.

Selbstorganisierte Zusammenarbeit setzt voraus, dass sich das Team regelmäßig Zeit für die Arbeit an den eigenen Strukturen nimmt.

Anders als Planungs- und Reviewmeetings sind Retrospektiven für das Team selbst gedacht, und es ist wichtig, den Teilnehmerkreis klein und vertraulich zu halten. An ihnen nehmen daher in erster Linie die Teammitglieder selbst teil. Wenn es Schwierigkeiten in der Zusammenarbeit mit ein oder zwei teamexternen Personen gibt, sind diese natürlich im Dialog leichter zu lösen. Insofern sollte das Team für sich entscheiden, wann und in welcher Form es andere Menschen in seine Retrospektiven einlädt. Grundsätzlich ist aber ein kleinerer Kreis oft die bessere Wahl. Zu viele Anwesende bringen eine „exponierte" Atmosphäre in die Diskussion, erhöhen den Druck, sich keine Blöße zu geben, und erschweren so einen ehrlichen und lösungsorientierten Umgang mit Problemen.

Für die Strukturentscheidungen des Teams ist erst einmal nur wichtig, wann und wie oft das Team Retrospektiven machen möchte. Ideen und Beispiele für die konkrete Gestaltung dieser Termine finden sich im Abschnitt „Weiterentwicklung von Teamstrukturen" ab Seite 276.

Wann sind Retrospektiven sinnvoll?

Jedes erfolgreiche selbstorganisierte Team, mit dem ich gearbeitet habe, hat regelmäßig Retrospektiven durchgeführt. In welchem Rahmen sollte die Weiterentwicklung und Anpassung der eigenen Strukturen denn sonst stattfinden?

Wie umfangreich und wie regelmäßig das Team Retrospektiven machen möchte, kann es selbst entscheiden. In einer iterativen Arbeitsweise bietet es sich an, am Ende jeder Iteration eine kleine Retrospektive von etwa 60 bis 90 Minuten durchzuführen, um die Zusammenarbeit zu reflektieren. Wenn das Team nicht mindestens alle vier Wochen einen festen Termin zu diesem Zweck hat, werden sich Unzufriedenheiten und Konflikte einen anderen Weg suchen und im Alltag oder den übrigen Regelmeetings Zeit und Aufmerksamkeit binden. Für den Start ist ein Regeltermin von einer Stunde im Abstand von zwei bis vier Wochen ein guter Ausgangspunkt, Dauer und Takt können später noch angepasst werden. Oft werden Retrospektiven in zeitliche Nähe zu einem Review-Meeting gelegt; da die Aufmerksamkeit sowieso schon auf dem gemeinsamen Rückblick liegt, passen die beiden Termine gut zueinander.

3.8 Kommunikation außerhalb von Meetings

Der regelmäßige Informationsaustausch im Rahmen von Meetings ist vom Team strukturiert worden, aber was ist mit der Zeit dazwischen? Die meisten Teams nutzen zusätzlich weniger offizielle Kanäle für spontane Gespräche. Welche das sind, hängt stark mit der Arbeitsweise des Teams zusammen.

Sofern das Team täglich gemeinsam an einem Ort zusammenarbeitet, kann dieser Informationsaustausch einfach mündlich stattfinden – das ist sicher die schnellste und einfachste Art. Unter anderem durch die Corona-Pandemie, aber auch durch die Flexibilisierung von Arbeitszeiten und die Verbreitung von Smartphones und anderen mobilen Endgeräten nutzen viele Teams zusätzlich digitale Kanäle. Ein einfacher Weg ist das Einrichten einer geschlossenen Gruppe auf Messenger-Apps wie Whatsapp oder Telegram.

Die ständige Erreichbarkeit über diese Kanäle ist dabei Fluch und Segen zugleich. Wenn Teammitglieder kein separates berufliches Telefon haben, können solche Gruppen in Freizeit, Urlaub und Wochenenden schnell zu Irritation führen, weil sich die Arbeit immer wieder unkontrolliert einen Weg in das Privatleben bahnt. Es kann dann sinnvoll sein, mehrere Gruppen mit unterschiedlicher Dringlichkeit anzulegen, etwa eine für allgemeine und unkritische Informationen, Urlaubsfotos, Witze und ähnliches, die gern auch stummgeschaltet werden darf, und eine andere für dringende Notfälle. Letztere wird nur in absoluten Ausnahmen verwendet, in denen die Aufmerksamkeit des gesamten Teams auch außerhalb der normalen Arbeitszeit beansprucht werden muss.

Gemeinsame Messenger-Gruppen haben als Lösung ihren Charme, da sie unter anderem bestehende Infrastruktur nutzen und schnell eingerichtet sind. Wenn Teammitglieder aber geografisch verteilt an unterschiedlichen Standorten oder von zuhause arbeiten, sprengt die Menge an auszutauschenden Informationen schnell einen einzelnen Kanal. Nebenbei gesagt sind private, oft aus dem Ausland betriebene Plattformen wie Whatsapp datenschutzrechtlich nicht unproblematisch. Es spricht also viel dafür, eigene, speziell für solche Zwecke vorgesehene Software zu nutzen. Diese bieten Möglichkeiten, eine große Anzahl themenbezogener Diskussionskanäle gleichzeitig zu verwalten, Unterhaltungen in sogenannten *Threads* zu bündeln und teilweise auch weitergehende Funktionen wie Videokonferenzen, Abstimmungen, digitale Whiteboards, Aufgabenverwaltung und vieles mehr. Zum Zeitpunkt der Verfassung dieses Buchs sind Slack, Discord, RocketChat, Google Chat und Microsoft Teams beliebte Werkzeuge, wobei Empfehlungen dieser Art schnell veralten.

Natürlich können Teammitglieder auch via E-Mail kommunizieren. In den letzten Jahren verlieren Mails als Kommunikationskanal allerdings spürbar an Bedeutung. Da alles in ein- und demselben Posteingang aufschlägt, geht der Überblick schnell verloren – Sortierfunktionen und Ordnerstrukturen der gängigen Mailanbieter haben dieses Problem nur begrenzt lösen können. Mails verleiten auch dazu, mehr Informationen und längere Texte zu schicken als unbedingt nötig wären, was die Entscheidungsfindung in die Länge zieht. Nützlich sind sie dagegen für Bekanntmachungen, die „offiziellen" Charakter haben sollen, für juristisch verwendbare Dokumentation von Vereinbarungen und die Verwaltung von Terminen und Meetings.

Zwischen all diesen Optionen ist es Aufgabe des Teams, sich selbst die folgende Frage zu beantworten: Wie werden wir miteinander sprechen, wenn gerade kein Meeting ist?

Eine gute Lösung schafft es, die Balance zwischen Erreichbarkeit und Respektieren von Freizeit, zwischen Funktionsumfang und einfacher Bedienbarkeit im Sinne aller Teammitglieder zu treffen.

Bis hierhin haben wir viele Entscheidungen betrachtet, die vom Team zu treffen sind. Wir haben aber noch nicht besprochen, wie Teamentscheidungen eigentlich ablaufen, welche Möglichkeiten es für Entscheidungsfindung im Team gibt und welche Strukturen sich das Team dabei geben kann. Das ist Thema des nächsten Abschnitts.

4. Entscheidungsfindung

Zu den herausforderndsten Aufgaben eines Teams gehört, als Gruppe schnell und konsequent Entscheidungen zu treffen. Teams sind in der Regel sehr gut darin, die Vor- und Nachteile möglicher Handlungsoptionen im Detail auszuleuchten und zu besprechen, mit dem Nachteil, dass sich in diesen Gesprächen selten eine einzelne offensichtliche Lösung herauskristallisiert. Offene Gruppendiskussion ist ein gutes Werkzeug, um den Lösungsrahmen zu öffnen und mehrere Optionen auf den Tisch zu bekommen, aber nicht gut geeignet, von diesen dann eine auszuwählen. Dennoch ist es möglich, als Gruppe effizient Entscheidungen zu treffen. Probleme bei der Entscheidungsfindung hängen selten mit der Persönlichkeit von Teammitgliedern zusammen, diese können jeweils individuell sehr entscheidungsfreudig sein. Stattdessen entstehen Schwierigkeiten oft dann, wenn nicht klar ist, *wie* aus einer Menge von einzelnen Sichten eine gemeinsame Entscheidung abgeleitet werden soll. Entscheidungsstarke Teams unterscheiden sich von anderen Teams vor allem durch eine bessere Prozessstruktur, nicht durch entscheidungsfreudigere Mitglieder.

Um zu verstehen, wie Entscheidungsfindung im Team abläuft, ist es wichtig zu verstehen, was eine Entscheidung überhaupt ist.

Eine Entscheidung ist eine Auswahl aus mehreren Handlungsalternativen.[64]

Das bedeutet, dass Entscheidungen Dinge ausschließen, die wir auch hätten tun können. Das ist gleichzeitig ihr Nutzen – durch die Festlegung werden wir handlungsfähig – wie auch ihr Nachteil, vielleicht wären die Alternativen doch besser gewesen oder wir hätten uns Optionen noch etwas länger offenhalten sollen. Nicht-Handeln ist auch eine Entscheidung, weshalb wir dem Risiko, das Falsche zu tun, nie wirklich entkommen können. Entscheidungen sind jeden Tag notwendig, und zwar gerade dann, wenn die beste Option nicht klar erkennbar ist – wenn sie das wäre, wäre schließlich keine Entscheidung notwendig.[65] Eine Entscheidung hat für sich genommen noch keine Konsequenzen. Sich an einer Kreuzung gedanklich für eine Richtung zu entscheiden,

[64] Vgl. Betsch, Tilmann & Funke, Joachim & Plessner, Henning (2021): Denken – Urteilen, Entscheiden, Problemlösen. Springer. S. 68 – auch interessant für die psychologischen Hintergründe von Entscheidungsprozessen.

[65] Heinz von Förster hat das mit der treffenden Aussage zusammengefasst, dass wir nur prinzipiell Unentscheidbares entscheiden können. Siehe von Foerster, Heinz (2005). *Mit den Augen des Anderen.* In: Batthyany, Dominik (2005). *Viktor Frankl und die Philosophie*. Springer. S. 96.

verändert unsere Position nicht. Entscheidungen entfalten ihre Wirkung also nur dann, wenn sie durch nachfolgendes Handeln *realisiert* werden.

In einem durch Polytelie und widersprüchliche Erwartungen geprägten Umfeld bedeutet das Treffen von Entscheidungen oft auch, zwischen Erwartungserfüllung und -enttäuschung, beziehungsweise zwischen der Erfüllung unterschiedlicher Erwartungen wählen zu müssen. Getroffene Entscheidungen bringen daher auch immer Nachteile und mögliche Risiken mit sich, und es lassen sich oft zahlreiche Gründe gegen jede Handlungsoption finden. Das allein darf das Team noch nicht von entschlossenem Handeln abhalten.

4.1 Kenne deinen Einflussrahmen!

Entscheiden kann erstmal jeder alles, das hat für sich genommen noch wenig Wirkung. Ich könnte beispielsweise beschließen, dass die Menschheit ab sofort nachhaltig und umweltbewusst zu handeln hat – dass sich dadurch irgendetwas ändert, ist eher unwahrscheinlich. Was wir entscheiden, ist nicht halb so wichtig, wie unter welchen Umständen unsere Entscheidungen von unserem Umfeld als Tatsachen akzeptiert, welche *Entscheidungsbefugnisse* uns also zugestanden werden. Dabei gibt es für jede Person oder Gruppe, in jeder Rolle, in jeder Position immer mindestens drei Bereiche, in die Entscheidungen fallen können:

Im inneren Kreis, dem **Entscheidungsbereich**, werden Entscheidungen unsererseits von unserem Umfeld als Tatsache akzeptiert. Im Entscheidungsbereich können wir Dinge einfach beschließen, und dann werden sie durch weiteres Handeln Realität. In diesen Bereich fällt vor allem unser Handeln innerhalb des Teams.

Im zweiten Kreis, dem **Einflussbereich**, werden Entscheidungen unsererseits nicht als Tatsachen akzeptiert, sondern nur als Erwartungen zur Kenntnis genommen. Wir können also Wünsche und Vorschläge formulieren, und andere entscheiden dann, was davon von ihnen umgesetzt wird und was nicht. Typischerweise fällt das Verhalten von Vorgesetzten, Auftraggebern, Sponsoren und anderen Kontaktpersonen in diesen Bereich.

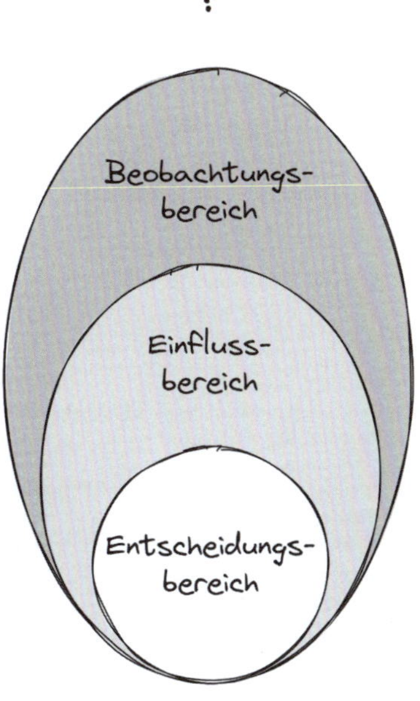

Im äußeren Kreis, dem **Beobachtungsbereich**, werden unsere Entscheidungen überhaupt nicht mehr wahrgenommen, aber wir können noch das Verhalten anderer beobachten und darauf reagieren. Hier finden sich zum Beispiel gesellschaftliche Ereignisse, wirtschaftliche Vorgänge, politische Entscheidungen und andere Abläufe, die sich wenig um uns und unsere Präferenzen scheren.

Es gibt auch Handlungen und Ereignisse außerhalb unseres Beobachtungsbereichs – da wir diese aber nicht beobachten können, existieren sie für uns de facto nicht und spielen daher für unsere Entscheidungen keine unmittelbare Rolle.

Entscheidungen außerhalb des eigenen Entscheidungsbereichs treffen zu wollen, nützt in den meisten Fällen nicht viel. Das Team kann nicht einfach entscheiden, dass seine Sponsoren ihm mehr Zeit und Aufmerksamkeit widmen werden, oder dass Teammitglieder pünktlich in den Meetings sind. Ohne Bewusstsein für den eigenen Einflussrahmen passiert es schnell, dass das Team nicht umsetzbare Pseudo-Entscheidungen trifft, die anstatt einer Verbesserung nur zu Frust führen. Steht eine Entscheidung an, können wir sie also auf diesen Einflusskreisen verorten und frühzeitig prüfen, ob wir sie überhaupt ohne Weiteres umsetzen könnten.

Erfreulicherweise lassen sich von Entscheidungsvorschlägen außerhalb des Entscheidungsbereichs so gut wie immer Maßnahmen innerhalb des Entscheidungsbereichs ableiten. So ist es etwa für das Team nicht entscheidbar, wie sich die Sponsoren des Teams verhalten, aber es ist entscheidbar, mit ihnen das Gespräch zu suchen. Es ist nicht entscheidbar, ob alle immer pünktlich im Meeting sind (externe Einflüsse!), aber es ist entscheidbar, ob ein Meeting auch bei Abwesenheiten pünktlich startet oder wie sich die Meetingstruktur verändern kann, um mit dem Fehlen wichtiger Mitglieder besser umgehen zu können. Allgemein sind Entscheidungen vor allem dann umsetzbar, wenn sie sich auf das Verhalten des Teams, sowohl nach innen als auch nach außen, beziehen.

4.2 Allgemeiner Entscheidungsprozess für Gruppen

Mir sind bisher nur wenige Teams begegnet, die sich selbst als entscheidungsfreudig eingeschätzt haben. Oft sind Entscheidungen in der Gruppe langwierig, mühsam und konfliktbeladen. Um handlungsfähig zu bleiben, fordern viele Teams Entscheidungen entweder von der nächsten Hierarchieebene ein oder delegieren sie an interne Rollen. Beides kann frustrierend sein für die, die gern mehr Verantwortung und Freiräume an eine Teamgemeinschaft übertragen würden, aber feststellen, dass diese Veränderung nicht immer auf Gegenliebe stößt oder vom Team sogar schlicht verweigert wird.

Dabei ist Entscheidungsfindung in Gruppen ein recht einfacher Vorgang, der aus einer Reihe von aufeinander aufbauenden Schritten besteht. Ohne Bewusstsein für diesen Prozess kann es dem Team passieren, dass es wichtige Fragestellungen miteinander vermischt und die Diskussion auf mehreren Ebenen gleichzeitig zu führen versucht – unstrukturiert, anstrengend und selten erfolgreich.

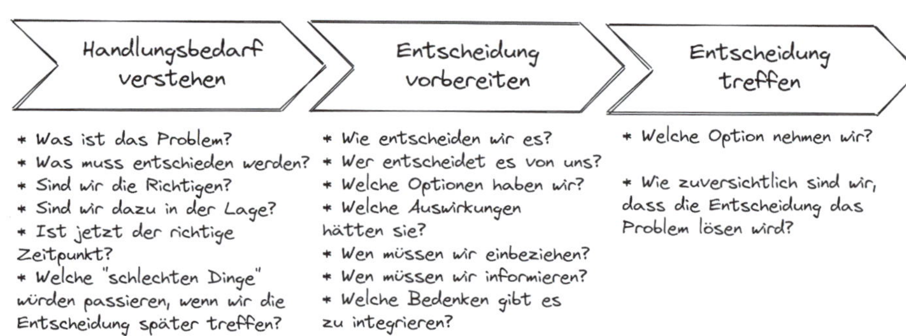

Jede Entscheidung beginnt mit einem wahrgenommenen *Entscheidungsbedarf*. Jemand hat also das Gefühl, dass ohne eine Entscheidung eine Arbeit nicht fortgesetzt werden kann oder unerwünschte Dinge passieren würden. Diesen Entscheidungsbedarf gilt es als erstes zu verstehen:

- Welche Entscheidung ist hier genau zu treffen?
- Muss das wirklich entschieden werden, und was würde passieren, wenn wir es nicht entscheiden?
- Sind wir diejenigen, die das entscheiden müssen?
- Können wir diese Entscheidung überhaupt treffen?
- Muss die Entscheidung jetzt getroffen werden oder können wir uns noch Optionen offenhalten?

Wenn sich das Team einig ist, dass die Entscheidung wichtig, dringend und bei ihnen richtig aufgehoben ist, wird sie als nächstes vorbereitet. Das beginnt mit der Frage, wer diese Entscheidung treffen wird und auf welche Weise:

- Gibt es eine Rolle bei uns, die das entscheiden sollte?
- Werden wir die Entscheidung als Gesamtgruppe treffen, eine Teilgruppe von uns oder eine Einzelperson?
- Welche Entscheidungsmethodik verwenden wir dabei? (Dazu gleich mehr.)

Ist die Vorgehensweise geklärt, gilt es, die Handlungsoptionen herauszuarbeiten:

- Welche Optionen gibt es?
- Welche absehbaren Auswirkungen, Vor- und Nachteile werden sie haben?
- Wie würde sich unser Verhalten durch diese Entscheidung verändern? (falls „gar nicht", liegt wahrscheinlich eine Pseudoentscheidung vor – Zeit, die Verortung in den Einflusskreisen noch einmal zu überprüfen)
- Wer müsste vorher einbezogen/anschließend informiert werden?
- Welche Einwände und Ergänzungen aus dem Team können noch integriert werden, um die Vorschläge zu verbessern?

Sind der Entscheidungsbedarf gegeben, die Methodik vereinbart und die Handlungsoptionen herausgearbeitet, ist die Entscheidung selbst eigentlich eine Formsache. Das Team wendet die Methodik auf die Handlungsoptionen an und erhält ein Ergebnis. Es liegt in der Natur der Sache, dass es zu diesem Zeitpunkt noch keine Sicherheit darüber geben kann, ob die Entscheidung „richtig" war – sonst hätte man die Entscheidung ja gar nicht treffen müssen. Dieses etwas unsichere Gefühl des „War das jetzt richtig?" verschwindet also nie ganz. Trotzdem können wir den Prozess mit einer *Zuversichtsabfrage* beenden:

„Wie zuversichtlich sind wir (individuell),
dass diese Entscheidung das Problem lösen wird,
auf einer Skala von 0 bis 10?"

Wenn die Zuversicht hier hoch ausfällt, kann man die Entscheidung getrost so stehen lassen – wenn nicht, ist unterwegs etwas schiefgelaufen, was das Team klären sollte.

Natürlich ist dieser Entscheidungsprozess in seiner vollständigen Form formal und kleinschrittig, und ihn für jede Entscheidung durchzuarbeiten, wäre für das Team sehr mühsam. In der Praxis kann man viele der Fragen abkürzen oder das Erarbeiten von Handlungsoptionen an einzelne Teammitglieder oder eine Teilgruppe delegieren. Für viele Entscheidungen mag es auch ausreichen, einen einzelnen Handlungsvorschlag einer Ja/Nein-Entscheidung auszusetzen. Der vollständige Entscheidungsprozess ist vor allem als Referenz nützlich, die immer dann herangezogen werden kann, wenn sich eine Entscheidungsfindung irgendwie mühsam anfühlt – das Team kann dann die einzelnen Schritte durchgehen und überprüfen, wo es eventuell etwas übersprungen oder unzureichend beantwortet hat.

Es gibt aber noch einen anderen Weg, Entscheidungsprozesse zu beschleunigen, nämlich für häufig wiederkehrende Entscheidungen Rollen und/oder Methodik schon im Vorfeld festzulegen.

4.3 Rollen und Handlungsrahmen

„In den besten Teams nimmt jedes Teammitglied, abhängig von der Situation, unterschiedliche soziale Rollen ein."
Douglas Smith, Jon Katzenbach[66]

Wenn ein Team länger miteinander arbeitet, kommen bestimmte Entscheidungen in Form von Mustern immer wieder auf. Es sind regelmäßig ähnliche Fragestellungen zu entscheiden: Wer wird eine neue Aufgabe übernehmen? Geben wir Thema A oder Thema B Priorität? Ist eine bestimmte Anschaffung eine gute Investition für das Team?

Anstatt diese Fragen immer wieder von Neuem zu klären, können wir als Team auch Metastrukturen für Entscheidungen festlegen: Wenn eine bestimmte Situation eintritt, entscheidet eine bestimmte Rolle oder Gruppe nach einem gegebenen Schema. Durch das Festlegen der Beteiligten und der Methodik sparen wir erheblich Zeit. Die meisten Teams gehen diesen Weg schon rein intuitiv, indem sich über die Zeit einfach einspielt, wer wann was entscheiden darf – und überall da, wo das gut funktioniert, ist daran auch nichts auszusetzen. Trotzdem ist es sinnvoll, bestimmte Entscheidungsstrukturen einmal gemeinsam sauber festzulegen – es kürzt den Prozess ab, vermeidet Konflikte und Missverständnisse und betont die gemeinsame Verantwortung für die Strukturen des Teams.

Beispiele für solche gemeinsam definierten Entscheidungsregeln können etwa wie folgt aussehen. Einige davon sind reale Vereinbarungen aus Teams, in denen ich selbst gearbeitet habe:

- Im Rahmen unserer individuellen Aufgaben treffen wir alle notwendigen fachlichen Entscheidungen selbst.
- Die Aufnahme neuer Teammitglieder wird vom Team einstimmig im Konsens beschlossen.
- Ausgaben über 100 Euro müssen vor dem Kauf im Team angekündigt werden.
- Teammitglieder steuern ihre Arbeitslast selbst. Neue Aufgaben werden eigenständig von oben aus der Warteschlange gezogen.
- Größere technische Entscheidungen werden mit Klaus abgesprochen.

[66] Katzenbach, Jon & Smith, Douglas (2015). *The Wisdom of Teams*. Harvard Business Review Press. S. 53 (Übersetzung des Autors).

- Bevor wir ein wichtiges Ergebnis an den Kunden schicken, machen wir einen Vier-Augen-Check.
- Ich kann Kunden gegenüber Dinge versprechen, die ich selbst leisten kann, aber nicht unabgesprochen für andere Zusagen machen.

Eine Sonderform dieser Entscheidungsregeln ist eine vom Team definierte *Entscheidungsrolle*. Diese Rolle bündelt eine oder mehrere Entscheidungsregeln und kann entweder längerfristig besetzt sein, durch das Team rotieren oder nur bei Bedarf ausgefüllt werden.

Eine Rolle ist eine Struktur, die Verhaltenserwartungen bündelt und von konkreten Personen abstrahiert. Unterschiedliche Personen können nacheinander oder gleichzeitig dieselbe Rolle einnehmen und werden dabei mit den gleichen Erwartungen konfrontiert.

Es ist wichtig, zwischen der Rolle und dem ausfüllenden Teammitglied unterscheiden zu können. Eine Rolle ist nicht Teil einer Person, und Verhalten im Rahmen einer Rolle ist gedanklich der Rolle, nicht dem Menschen zuzuordnen. Wir können uns eine Rolle wie einen Hut vorstellen, den jemand aufsetzt. Dieser Hut verleiht seinem Träger bestimmte Rechte und Entscheidungsbefugnisse, ist aber auch mit Pflichten, Erwartungen und Verantwortung verbunden. Eine Rolle kann von einem, mehreren oder auch keinem Teammitglied ausgefüllt werden. Sie hat einen klaren Verantwortungsbereich, der vom Team festgelegt wird, und darf innerhalb dessen weitgehend frei entscheiden und handeln. Und eine Rollenbesetzung kann natürlich je nach Situation wechseln. Diese „lose Kopplung" zwischen Personen und Aufgaben mithilfe von Rollen schafft auf beiden Seiten wichtige Freiheiten und Handlungsspielräume.[67]

„Es geht immer nur um einen Ausschnitt des Verhaltens eines Menschen, der als Rolle erwartet wird, andererseits um eine Einheit, die von vielen und auswechselbaren Menschen wahrgenommen werden kann: um die Rolle eines Patienten, eines Lehrers, eines Opernsängers, einer Mutter, eines Sanitäters usw."[68]

Eines meiner früheren Teams hatte beispielsweise eine Rolle „Hüter des Postfachs" definiert. Es war Aufgabe des Hüters, eingehende E-Mails an das Teampostfach zu lesen und zu beantworten, Anfragen zeitnah ins Team zur Diskussion einzubringen und insgesamt als Ansprechpartner für Kunden und Stakeholder aufzutreten. Das Postfach war damit Hoheitsgebiet der Rolle, und von anderen Teammitgliedern wurde erwartet, mit dem aktuellen Hüter des Postfachs Rücksprache zu halten, bevor irgendwelche Aktionen im oder mit dem Postfach ausgeführt wurden.

Um den Hüter des Postfachs nach außen nicht wie eine Teamleitung wirken zu lassen, haben wir seinerzeit entschieden, die Besetzung im Monatstakt zu wechseln. Für das Team hatte die Rolle diverse Vorteile. Es hat nicht nur doppelte Antworten oder übersehene Anfragen vermieden, auch der Arbeitsfokus hat sich verbessert, da allen Teammitgliedern jederzeit klar war, ob sie das Postfach im Blick behalten und sich um eingehende Anfragen kümmern müssen oder nicht. Es ist aber auch klar, dass eine Rolle

67 Vgl. Simon, Fritz B. (2021). *Einführung in die systemische Organisationstheorie* (eBook, 8. Auflage). Carl-Auer. S. 51.

68 Luhmann, Niklas (2021). *Soziale Systeme* (18. Auflage). Suhrkamp. S. 430.

Zeit und Aufmerksamkeit bindet, Verantwortung bei Einzelnen konzentriert und ein Rollenwechsel zusätzlichen Aufwand durch Übergaben erzeugt.

Eventuell ist es überraschend, dass sich das Team natürlich auch Leitungs- oder Verantwortlichkeitsrollen definieren kann. Es wäre aber ein Irrtum zu glauben, in einem selbstorganisierten Team dürfe niemand andere überstimmen. Im Gegenteil, das ist vollkommen in Ordnung, solange das Team es so entschieden hat und die Rolle wie eine solche behandelt wird, also eine temporäre Sonderaufgabe im Dienst des Teams darstellt. Dazu gehört, dass Rollen grundsätzlich für alle Teammitglieder offenstehen müssen und nicht etwa an Positionen oder Arbeitsverträge gekoppelt sind.

In einem meiner Teams ist uns etwa früh aufgefallen, dass es jemanden braucht, der oder die im Rahmen eines Kundenprojekts Entscheidungen über Leistungen, Zusagen, Priorisierung und Abrechnung trifft. Wir haben daher eine Rolle „Projektleitung" eingeführt, die für ein gegebenes Projekt das letzte Wort zu diesen Themen hat. Die Rolle ist jeweils nur auf ein konkretes Projekt bezogen und steht jedem Teammitglied offen. Es kommt regelmäßig vor, dass ich in einem Projekt Entscheidungen der projektleitenden Teamkollegin zu akzeptieren habe, während dieselbe Kollegin sich zeitgleich in einem anderen Projekt an meine Entscheidungen halten darf – wir sind einander gleichzeitig „weisungsbefugt", aber eben in unterschiedlichen Zusammenhängen! In beiden Fällen füllen wir die Rolle der Projektleitung als Dienstleistung für das Team aus, und sie könnte uns im Zweifelsfall auch wieder entzogen werden. Auch eine Projektleitung kann bei uns nicht einfach Teammitglieder in das eigene Projekt „abkommandieren". Aufgabenverteilung findet weiterhin auf Basis von Freiwilligkeit und gemeinsamer Vereinbarung statt. Aber die, die in einem Projekt mitarbeiten wollen, akzeptieren damit eben auch die Entscheidungshoheit der jeweiligen Leitungsrolle.

Das Wissen, dass die Rolle auf ein konkretes Projekt begrenzt ist und das nächste Mal auch wieder unter Beteiligung der eigenen „Projektmitarbeiter" besetzt werden wird, diszipliniert und ist ein starker Anreiz, die Rolle bescheiden und lösungsorientiert auszufüllen. Auch „Themenverantwortlichen"-Rollen können ähnlich gestaltet werden.

Es ist noch wichtig zu betonen, dass „Verantwortung" im Rahmen einer Rolle nicht bedeutet, dass die Rolleninhaberin alles selbst erledigen muss. Es ist absolut okay, Aufgaben abzugeben, zu delegieren oder sich Unterstützung zu holen. Verantwortung für ein Thema bedeutet vor allem, dass man sich darum kümmert, dass etwas Bestimmtes stattfindet, und den Überblick darüber behält. Wer dazu welche konkreten Tätigkeiten ausführt, ist der Selbstorganisation der Beteiligten überlassen.

4.4 Wo gehört eine Entscheidung hin?

Ein Grundsatz meiner Arbeit ist, dass Information, Entscheidungsbefugnis und Verantwortung zusammengehören.[69] Sie voneinander zu trennen, hat selten positive Effekte. Klassische Managementstrukturen leiden oft darunter: Wenn das Team eigentlich die Informationen hat, die Entscheidungen aber von einem Gremium oder einer Vorgesetzten getroffen werden und das Team am Ende dafür die Verantwortung übernehmen soll, schafft das an allen Ecken und Enden Probleme.

Entscheidungen sollen dort getroffen werden, wo die dafür notwendigen Informationen schon vorhanden sind oder am einfachsten gesammelt werden können. Wer am besten informiert ist, sollte die Entscheidung treffen.

Wer Entscheidungen trifft, verantwortet natürlich die Konsequenzen. Andersherum gilt aber auch: Wenn klar ist, dass die Verantwortung bei einer bestimmten Person oder Rolle liegt, braucht diese auch die notwendigen Entscheidungsbefugnisse und Informationen.

Ein Beispiel dazu: Ich habe einmal für ein Unternehmen gearbeitet, das seinen Teams die Verantwortung für ihre Finanzen, also für Einnahmen und Ausgaben, übertragen wollte. Es zeigte sich schnell, dass viele Teams mit dieser Verantwortung nicht sachgerecht umgegangen sind und finanziell unsinnige Entscheidungen getroffen haben. Lag das an Inkompetenz oder „fehlender Reife“ der Teams? Nein, es war buchhalterisch in der Organisation nicht möglich, Umsätze und Kosten eindeutig bestimmten Teams zuzuordnen, diese hatten also keine eindeutigen Informationen, auf deren Basis sie die von ihnen erwarteten Entscheidungen hätten treffen können.

Ein anderer Aspekt kommt ins Spiel, wenn die Verantwortung aufgrund von Regeln und Gesetzen schon feststeht. Wenn beispielsweise eine Geschäftsführerin im Team mitarbeitet, kann sie die Verantwortung ihrer Rolle gar nicht vollständig auf das Team verteilen – schon rein juristisch müssen bestimmte Entscheidungen bei ihr verbleiben. Anstatt so zu tun, als wäre sie ein „normales“ Teammitglied, ist das Team besser beraten, die Sonderverantwortung in Form einer Rolle ausdrücklich zu vereinbaren. Der Rest des Teams kann dann nach dem aktuellen „Hut“ fragen, um die Aussagen richtig einordnen zu können: „Sprichst du gerade als Teammitglied oder als Geschäftsführung?“

Gleichwertig heißt nicht gleichförmig! Natürlich finden Menschen je nach Rolle, Erfahrung und Fragestellung unterschiedlich viel Gehör. Jeder im Team darf Bedenken an- oder Ideen einbringen, aber Entscheidungen sollten von denen getroffen werden, die für sie verantwortlich und/oder am besten qualifiziert sind. Bei rechtlichen Fragen sollte die Juristin im Team definitiv ein Wort mitreden – Mehrheitsabstimmung ist hier nicht

[69] Siehe dazu auch den entsprechenden Abschnitt ab Seite 178.

sinnvoll. In vielen Fragestellungen kann einfach das Teammitglied am besten entscheiden, das sie mitgebracht hat. Und auch bei konkreten Aufgaben kann es zeitweise oder dauerhafte Themenverantwortliche geben, die in ihrem Kontext dann mehr zu sagen haben als der Rest. Was wir vermeiden sollten, ist, dass sich innerhalb des Teams eine spürbare Hierarchie mit Ober und Unter bildet. Diese würde zu einer Konzentration von Entscheidungen und Verantwortung führen und dazu, dass dem Team als Kollektiv über kurz oder lang die gemeinsame Verantwortung verloren geht – etwas, das dem Zielbild eines selbstorganisierten Teams klar entgegensteht.

4.5 Entscheidungsmethoden im Überblick

Eine Entscheidungsmethode ist ein Verfahren, das eine Vielzahl einzelner Präferenzen zu einer Gemeinschaftsentscheidung zusammenführt. Zwei Entscheidungsmethoden, die wir aus unserem täglichen Leben in einer demokratischen Gesellschaft kennen, sind der Konsens – Sind wir uns alle einig? – und die Mehrheitsabstimmung. Es ist sicher kein Zufall, dass beide Methoden auch in Teams besonders weit verbreitet sind.[70] Leider sind Konsens und Mehrheitsabstimmung für viele Entscheidungen in selbstorganisierten Teams nicht gut geeignet. In diesem Abschnitt werden deshalb einige weitere Entscheidungsmethoden mit ihren Vor- und Nachteilen vorgestellt.

Konsens: Alle sind sich einig

Ein einfach zu verstehendes Prinzip: Sobald alle zustimmen, ist es beschlossen. Wir kennen das Konsensprinzip von großen politischen Institutionen wie der EU oder dem UN-Sicherheitsrat. Von dort kennen wir auch seine Nachteile, nämlich dass sich bei kontroversen Themen oft keine Einigung erzielen lässt und Konsensfindung viel Zeit und Nerven kostet. Konsensentscheidungen sind gewichtige Werkzeuge und sollten in Teams vor allem dort zum Einsatz kommen, wo Entscheidungen selten sind, die volle Unterstützung aller Beteiligten notwendig ist und man mit dem Scheitern der Entscheidung vergleichsweise gut leben kann. Ein häufiger Anwendungsfall ist die Aufnahme neuer Teammitglieder.

Mehrheitsabstimmung

Auch dieses Prinzip ist uns vertraut. Bei einer Mehrheitsabstimmung entscheiden alle Beteiligten individuell zwischen mehreren Optionen, und es gewinnt die Option mit der größten Zustimmung. Es gibt unzählige Varianten, darunter relative Mehrheit (die meisten Stimmen), einfache Mehrheit (mindestens 50 % der abgegebenen Stimmen), qualifizierte Mehrheit (mindestens 50 % der möglichen Stimmen), die Zwei-Drittel-Mehrheit, sogenanntes „*Ranked Choice-Voting*" und vieles mehr. Eine Mehrheitsabstimmung kann an zusätzliche Bedingungen geknüpft sein, etwa welche Rechte und

---

[70] Siehe dazu auch Brinkmann, Babette & Schattenhofer, Karl (2022): *Erfolgreiche Teams in der Selbstorganisation.* Vahlen. S. 92: *„Unsere Erfahrung […] ist, dass Gruppen in den meisten Fällen auf genau diese beiden Methoden zurückgreifen […] einfach, weil sie am bekanntesten sind."*

Pflichten die überstimmte Minderheit hat. Vorteile der Methode sind, dass sie auch für große Gruppen effizient funktioniert, von allen verstanden wird und sich anonym und offiziell nachvollziehbar durchführen lässt.

Ein Problem des Mehrheitsverfahrens für Teams ist, dass es zwangsläufig Sieger und Verlierer produziert. Eine Mehrheitsabstimmung muss jemanden überstimmen, sonst wäre sie eine Konsensentscheidung. Meistens ist aber das ganze Team gefordert, das Ergebnis anschließend umzusetzen, wir verlangen also von den Verlierern der Abstimmung nicht nur, ihre Niederlage zu akzeptieren, sondern anschließend zum Gelingen von etwas beizutragen, gegen das sie gerade eben noch leidenschaftlich gestritten haben. Mit großer Motivation brauchen wir hier nicht zu rechnen. Mehrheitsentscheidungen sind also nicht geeignet, um Dinge zu beschließen, bei denen es auf die aktive und motivierte Mitarbeit aller Beteiligten ankommt.

Ein besonderes Problem stellt das in sogenannten „demokratischen" Organisationsstrukturen dar, in denen Führungskräfte oder Rollenbesetzungen durch die Mitarbeitenden gewählt werden. Ich war vor einigen Jahren in einem Unternehmen einer von zwei Kandidaten für die Rolle eines sogenannten „Quartiermeisters", einer Rolle, die für die Büroflächen und Arbeitsplätze von etwa 50 Menschen verantwortlich war. Eine Mehrheitsabstimmung dieser Menschen habe ich damals knapp verloren und der andere Kandidat bekam die Rolle. Rückblickend betrachtet bin ich froh, es nicht geworden zu sein – nicht nur, dass mein Mitbewerber in meiner eigenen Wahrnehmung besser qualifiziert war, ich hätte auch nur sehr ungern eine Rolle übernommen, in der mich fast die Hälfte der beteiligten Menschen gar nicht sehen wollte. Von „gewählten" Abteilungsleitern oder ähnlichen Rollen höre ich hin und wieder, dass die Tatsache, ihre Rolle per Mehrheitsentscheidung erhalten zu haben, ihnen ihre Arbeit teilweise erheblich erschwert.

Ein weiteres Problem mit Mehrheitsabstimmungen kommt immer dann auf, wenn sich für keinen der Vorschläge eine Mehrheit finden lässt, zum Beispiel wenn sich drei etwa gleich große Gruppen gebildet haben. Jeder Vorschlag aus einer der Gruppen scheitert dann daran, dass zwei Drittel der Stimmberechtigen dagegen sind. In einer solchen Situation kann bis in alle Ewigkeit abgestimmt werden, ohne jemals eine Lösung zu erreichen. Eine besonders beeindruckende Pattsituation war etwa die „Brexit"-Auseinandersetzung im britischen Parlament im Jahr 2019, bei der die festgefahrene Debatte zwischen Hardlinern, Pragmatikern und EU-freundlichen Abgeordneten das Parlament über Monate handlungsunfähig machte.[71] Natürlich war die Entscheidung an sich schwierig, aber man kann auch gut erkennen, wie das Mehrheitsprinzip zur Problematik der Situation beigetragen hat.

Dennoch lassen sich Mehrheitsabstimmungen auch in Teams sinnvoll einsetzen, etwa um ein Stimmungsbild einzuholen oder Diskussionsbedarf abzufragen. Schauen wir uns nun aber einige Alternativen an.

---

[71] Siehe z.B. https://en.wikipedia.org/wiki/Parliamentary_votes_on_Brexit

Konsent mit Einwandintegration

Das Konsentverfahren (mit T!) ist ein zentraler Baustein des Organisationsmodells der Soziokratie.[72] Der Begriff kommt vom Englischen „consent", was so viel wie „einwilligen" bedeutet. Im Gegensatz zum Konsens (mit S) ist keine ausdrückliche Zustimmung aller Beteiligten notwendig. In Konsententscheidungen wird jeder Vorschlag automatisch angenommen, es sei denn, es gibt schwerwiegende und begründete Einwände. Sie definieren aktives Handeln zum Standardvorgehen: Erfolgreich eine Entscheidung zu treffen ist der Normalzustand, keine Entscheidung zu treffen ist die Ausnahme. Gleichzeitig geben sie *jedem Teammitglied* ein (eingeschränktes) Vetorecht durch das Einbringen von Einwänden.

Ein Einwand ist schwerwiegend und begründet, wenn er auf unerwünschte oder negative Konsequenzen des Vorschlags für das Team, das Teammitglied oder Dritte hinweist. Wichtig ist, dass ein Einwand mit realen Konsequenzen oder Risiken für das gemeinsame Vorhaben begründet werden muss – „Mir gefällt das nicht" oder „Ich würde das anders lösen" sind also keine Einwände.

Bringt ein Teammitglied einen begründeten Einwand vor, beginnt ein Prozess, der *Einwandintegration* genannt wird. Anstatt wie im Konsensprinzip Einigungsdruck aufzubauen, wird die Frage umgedreht: Wie müsste der Vorschlag angepasst werden, um diesen berechtigten Einwand aufzulösen? Typischerweise wird vom Einwandgeber ein erster Vorschlag erwartet, wie sich der Einwand integrieren lässt und gleichzeitig die Absicht hinter dem Originalvorschlag erhalten bleiben kann. Für diesen geänderten Vorschlag werden dann wiederum Einwände abgefragt und gegebenenfalls integriert, falls notwendig wiederholt sich das Verfahren, bis am Ende ein (wortwörtlich) Einwand-freier Beschluss gefasst werden kann. Diese zusätzlichen Schleifen können Zeit brauchen, sind aber in meiner Erfahrung selten notwendig. In einem Team, welches Erfahrung mit Konsententscheidungen hat, sind in der Regel höchstens ein oder zwei Einwände zu integrieren, wenn überhaupt.

Die Wirkung der simplen Regel, dass ein Einwandgeber den eigenen Einwand integriert, sollte nicht unterschätzt werden. Vor einigen Jahren waren ein Kollege und ich als externe Coaches in einem Team eingeladen, in dem sich ein hartnäckiger zwischenmenschlicher Konflikt mit zwei gegnerischen Lagern und klar positionierten Anführern aufgebaut hatte. Wir waren gebeten worden, einen halbtägigen Teamworkshop zur weiteren Vorgehensweise zu moderieren. Die Gruppe arbeitete angespannt, aber konstruktiv an gemeinsamen Ideen, wie man die festgefahrene Situation lösen könnte. Selbst eine Kleingruppenarbeit der beiden Hauptbeteiligten des Konflikts ging ohne besondere Vorkommnisse über die Bühne. „Das läuft besser, als wir gehofft hatten", dachten wir!

Am Ende des Termins, wenige Minuten vor Feierabend, fassten wir als Moderatoren die erarbeiteten Maßnahmen an der Wand noch einmal zusammen, und ich fragte – routinemäßig – nach Einwänden. Ja, er hätte ein Veto, meldete sich einer der beiden zentralen Konfliktbeteiligten zu Wort. Man konnte spüren, wie die Stimmung im Raum zu kippen begann und sich die Gruppe auf die drohende Auseinandersetzung vorbereitete, jetzt, wo alle Ergebnisse des Tages infrage gestellt wurden. Innerlich etwas nervös, stellte ich die

[72] Vgl. Strauch, Barbara & Reijmer, Annewiek (2018). *Soziokratie: Kreisstrukturen als Organisationsprinzip zur Stärkung der Mitverantwortung des Einzelnen.* Vahlen. Kap. 3.1.

einzige Frage, die ich stellen konnte: „Was müssten wir an den nächsten Schritten ändern, damit du ihnen zustimmen kannst?" Es stellte sich heraus, dass eine andere Reihenfolge für die Maßnahmen sinnvoller wäre als die, in der ich sie aufgehängt hatte. Nachdem wir das korrigiert und eine neue Konsententscheidung (erfolgreich) abgefragt hatten, ging der Workshop planmäßig und in konstruktiver Stimmung zu Ende.

Zurück zur Methode: Konsententscheidungen sind immer dann sinnvoll, wenn viele verschiedene Blickwinkel zu integrieren sind, der Vorschlag selbst noch verbessert werden kann und am Ende eine Lösung stehen soll, mit der alle Beteiligten leben können. Charmant ist auch, dass sie Raum für abweichende Meinungen lassen: Im Konsent ist es in Ordnung, andere Präferenzen und Vorstellungen zu haben und dennoch die Entscheidung nicht über einen Einwand zu blockieren. Für selbstorganisierte Teams gehören sie zu den Standardwerkzeugen. Neben der gezielten Frage nach Einwänden gibt es auch die Möglichkeit, Zustimmung bzw. Ablehnung durch Handzeichen ausdrücken zu lassen. Manche Teams nutzen hierfür „Daumen hoch, Daumen runter", was ich selbst aufgrund der abwertenden Symbolik aber eher ungern einsetze. Eine Alternative ist „Fist to Five" (siehe Abbildung), bei der Konsent über die Anzahl erhobener Finger abgefragt wird, allerdings ist die Methode nicht gerade selbsterklärend. Eine meiner Lieblingsvarianten besteht darin, unbeschriftete Spielkarten in Ampelfarben – rot, gelb, grün – zu verwenden, bei denen rot für „Einwand", gelb für „Ich möchte noch etwas sagen" und grün für „Zustimmung" steht. Die klaren visuellen Aussagen werden auch von unerfahrenen Teams schnell verstanden, entsprechende Kartenspiele lassen sich für wenig Geld im Internet bestellen.

Konsent über "Fist to Five"

Fünf Finger: volle Zustimmung, toller Vorschlag!

Vier Finger: ich finde das gut, und trage meinen Teil bei.

Drei Finger: Enthaltung - egal, ob das Team den Vorschlag annimmt oder nicht, ich trage die Entscheidung mit.

Zwei Finger: ich habe noch Einwände, die ich gerne integrieren möchte.

Ein Finger: Veto. Ich habe ernsthafte Einwände, die wir unbedingt integrieren müssen.

Für Teams, die digital zusammenarbeiten, gibt es in vielen Chat- und Videokonferenzprogrammen die Möglichkeit, Kommentare mit kleinen Emojis zu versehen. Darüber lassen sich Konsentabfragen beliebig verspielt und nuanciert durchführen. Beispielsweise kann eine Rakete für „volle Kraft voraus", eine Topfpflanze für „macht ihr mal, betrifft mich nicht" oder eine Sprechblase für „hier ist noch Gesprächsbedarf" stehen. Am besten steht in der jeweiligen Abfrage ausdrücklich, wie die Emojis zu verstehen sind.

Vetorechte

Konsententscheidungen bieten jedem Teammitglied eine Art Vetorecht. Es kann aber hier und da sinnvoll sein, einzelnen Rollen unbedingte Vetorechte zu geben, etwa wenn sie Verantwortung für bestimmte Themen tragen und deshalb über Entscheidungen, die ihren Verantwortungsbereich tangieren, ein besonderes Maß an Kontrolle brauchen. Erfahrungsgemäß wird dieses Vetorecht nur in Ausnahmefällen genutzt, es geht dabei mehr um psychologische Sicherheit als um regelmäßiges Blockieren von Entscheidungen. Ich würde ein solches Vetorecht so oder so immer mit einer Einwandintegration verbinden, was den Unterschied zum Konsent weiter verwischt.

Eine interessante Variante ist mir in Form des *Verzögerten Vetos* begegnet, dass sich vor allem dazu eignet, um bei kurzfristigen Entscheidungen Zeit für eine sorgfältigere Auseinandersetzung mit dem Vorschlag und seinen Konsequenzen zu gewinnen. Ein verzögertes Veto lehnt den Vorschlag nicht ab, sondern vertagt ihn um einen gewissen Zeitraum (beispielsweise eine Woche). Diesen Zeitraum kann das Teammitglied nutzen, um Argumente gegen den Vorschlag zu sammeln und mindestens ein weiteres Teammitglied von einem Veto zu überzeugen. Gelingt das, ist der Vorschlag abgelehnt, ansonsten wird er angenommen.

Konsultativer Einzelentscheid[73]

Auch wenn der Name dieser Methode kompliziert klingt, ist ein konsultativer Einzelentscheid eine recht einfache Sache. Die Entscheidung wird hier durch ein einzelnes Teammitglied getroffen, welches in der konkreten Frage die meiste Kompetenz, Erfahrung oder Sachkenntnis mitbringt, direkt die Konsequenzen der Entscheidung trägt oder am nächsten an der relevanten Informationsquelle ist. Er oder sie sammelt eigenverantwortlich die Erwartungen wichtiger Gesprächspartner im Vorfeld ein, *konsultiert* sie also, trifft selbst die nötige Entscheidung und informiert anschließend diejenigen, die das Ergebnis erfahren müssen. Wer konsultiert und wer anschließend informiert wird, kann das Team der Einzelentscheiderin vorgeben oder es ihrer Verantwortung überlassen.

Geht es nicht gegen den Teamgedanken, wenn am Ende doch wieder Einzelne die Entscheidungen treffen? Nein. Ein konsultativer Einzelentscheid ist kein Alleingang. Einzelentscheidungen finden im Namen des Teams statt und werden vom Team vertrauensvoll in die Hände des Teammitglieds gegeben. Dazu gehört, dass das Team auch für Einzelentscheidungen gemeinsam Verantwortung übernimmt, gerade dann, wenn das Ergebnis nicht den Erwartungen entspricht. Ja, man hätte die Entscheidung besser

[73] Ist mir unter diesem Namen das erste Mal begegnet bei Pfläging, Niels & Hermann, Silke (2015). *Komplexithoden*. Redline. S. 70.

treffen können, aber das Team war sich einig, von wem und auf welche Weise die Entscheidung getroffen werden sollte, man kann sich also von der Verantwortung nicht komplett freisprechen. Im Team sind weiterhin alle gleichwertig in der Hinsicht, dass jeder und jede in die Position der Entscheiderin kommen kann, und wer der Meinung ist, es besser machen zu können, darf das meist bald unter Beweis stellen.

Der wesentliche Vorteil konsultativer Einzelentscheide ist ihre Geschwindigkeit. In vielen Situationen dauert es zu lange, das gesamte Team zu involvieren, und es ist auch gar nicht notwendig. Gerade wenn klar ist, wer eine Entscheidung am besten treffen könnte, kann das Team durch Einzelentscheide kostbare gemeinsame Zeit einsparen.

Widerstandsabfrage

Es gibt auch die Möglichkeit, in der Entscheidungsfindung gar nicht nach Zustimmung, sondern nur nach Widerstand zu fragen. Bei der Widerstandsabfrage, manchmal auch *systemisches Konsensieren* genannt, wird von der Gruppe eine Reihe von Lösungsvorschlägen erarbeitet und dann von allen individuell mit jeweils 0 bis 10 *Widerstandspunkten* bewertet. Angenommen wird am Ende der Vorschlag, der in Summe die *wenigsten* Punkte hat, also die geringsten Widerstände auslöst, da dieser einem Konsens am nächsten kommt. Mein Eindruck ist, dass reine Widerstandsabfragen in Teams eher selten genutzt werden, aber durchaus ihre Berechtigung haben. Kreative und ungewöhnliche Vorschläge haben bei dieser Methode tendenziell einen schweren Stand, die Vorgehensweise belohnt konservative Optionen. Nützlich kann die Methode beispielsweise sein, wenn es viele Optionen und viele unterschiedliche Perspektiven gibt und wenn Kompromisse, mit denen alle leben können, wichtiger sind als innovative Ideen.

Diskurs, oder: Einfach mal nicht entscheiden

Abschließend sei noch daran erinnert, dass nicht jede Meinungsverschiedenheit und jede Sachfrage unbedingt eine Entscheidung braucht. Gerade dann, wenn unterschiedliche Sichtweisen auch nebeneinander bestehen können, kann es für das Team wertvoll sein, in einer leidenschaftlichen Debatte einfach nur Argumente auszutauschen. Teams leben von ihrer Vielfalt, auch und gerade, wenn es um Überzeugungen, Arbeitsweisen und Wertvorstellungen geht. Von vornherein klarzumachen, dass es um den Diskurs an sich geht und nicht darum, sich einig zu werden, befreit die Teilnehmer von der emotionalen Unterscheidung in Gewinner und Verlierer. Alle können mit unterschiedlichen Meinungen zusammenkommen und auch mit unterschiedlichen Meinungen wieder auseinander gehen – wenn sich die persönliche Sicht durch den Diskurs weiterentwickeln, war die Zeit gut investiert.

Eine ausführliche Übersicht über Entscheidungsfindung in Teams und die genannten Methoden findet sich unter anderem in „Das kollegial geführte Unternehmen" von Bernd Oestereich und Claudia Schröder.[74] Die genannten Entscheidungsmethoden lassen sich auch kombinieren. Man könnte beispielsweise in einem Workshop 20 Minuten für offene Diskussion und Meinungsbildung reservieren. Wenn sich nach dieser Zeit

[74] Oestereich, Bernd & Schröder, Claudia (2016). *Das kollegial geführte Unternehmen: Ideen und Praktiken für die agile Organisation von morgen*. Vahlen. S. 149 ff.

kein Konsens gebildet hat, wird der wahrscheinlichste Vorschlag herausgestellt und einer Einwandintegration unterzogen. Führt das nach weiteren zehn Minuten immer noch nicht zu einem Ziel, entscheidet der Gastgeber per Einzelentscheid oder es wird eine Widerstandsabfrage durchgeführt.

4.6 Notfallautorisierung

Wenn sich das Team selbst Entscheidungsstrukturen gibt, sollte ein Sonderfall immer mitgedacht werden: Was, wenn keine Zeit für eine Teamentscheidung bleibt? Dabei geht es speziell um Situationen, in denen eigentlich eine gemeinschaftliche Entscheidung vereinbart war, sich ein Teammitglied aber in einer Situation wiederfindet, in der es ohne weitere Verzögerung eine Entscheidung im Namen des Teams treffen muss. Solche Entscheidungen sind immer schwierig. Das Team kann aber helfen, indem es die gelegentliche Notwendigkeit für Alleingänge anerkennt und dafür Erwartungen festlegt – etwa, dass man sich immer nur selbst Aufgaben zuweisen kann, dass das Team unverzüglich über eine getroffene Notfallentscheidung informiert wird und/oder dass bei nächster Gelegenheit eine ordentliche Einwandintegration nachgeholt werden muss.

Wie kann das Team das anwenden?

Von den Weiterbildungen und Lernformaten, die ich seit Jahren für Teams anbiete, ist das Thema Entscheidungsfindung schon immer eines der am beliebtesten. Auf die Abschlussfrage, was sie von den besprochenen Themen am stärksten angesprochen hätte, ist mir die Antwort einer Teilnehmerin besonders im Gedächtnis geblieben: *„Ich verstehe nun, dass die Schwierigkeit vieler Entscheidungen in der Vergangenheit gar nicht unbedingt an den Beteiligten lag, sondern daran, dass unsere Prozesse unsauber und unsere Methoden nicht sinnvoll ausgewählt waren. Ich dachte immer, die Menschen wären das Problem … Wir haben nach schlecht gewählten Regeln versucht zu spielen, und hätten es unter Umständen viel einfacher haben können. Ich werde auch privat noch mal darüber nachdenken, auf welche Art und Weise wir in meiner Familie eigentlich Entscheidungen treffen, und ob es im Einzelfall immer sinnvoll ist, was wir da tun."*

Das Team kann seine eigene Entscheidungsfindung auf mehrere Arten strukturieren. Zum einen kann es Rollen definieren und besetzen, also feste Pakete aus Rechten und Pflichten schnüren, die Teammitglieder als Dienstleistung für das Gesamtteam übernehmen können. Es kann auch häufige Entscheidungen identifizieren und sie entweder in die Verantwortung einer Rolle geben oder eine Entscheidungsmethodik für diese festlegen. Nicht zuletzt kann das Team klären, wie es mit Entscheidungen umgehen wird, die sich nicht sauber einer Rolle oder einem vorhersehbaren Szenario zuordnen lassen – etwa, ob es in diesen Fällen eine bestimmte Methode nutzen wird und welche Rechte Teammitglieder haben, wenn es um das Verlängern oder Abkürzen von Diskussionen, um das Einbringen von Einwänden oder das Blockieren von Vorschlägen geht.

5. Prinzipien und Spielregeln

Eng mit dem Block der Entscheidungsfindung verbunden ist die Vereinbarung gemeinsamer Regeln und Prinzipien. Hier geht es um allgemeine Vereinbarungen, die sich das Team selbst auferlegt, also um offizielle Verhaltenserwartungen der Gruppe an sich selbst. Prinzipien und Regeln können nur nützlich sein, wenn sie Einfluss auf Entscheidungen des Teams haben. Eine Vereinbarung, die Entscheidungen und Verhalten des Teams nicht beeinflusst, ist nutzlos, weil das Team ohne sie genauso gehandelt hätte. Gute Teamprinzipien sind sichtbar und spürbar und es wird im Arbeitsalltag regelmäßig Bezug auf sie genommen.

Auch wenn sie sich von ihrer Absicht her ähneln, sind Prinzipien und Regeln unterschiedliche Werkzeuge mit unterschiedlichen Zwecken und haben daher unterschiedliche Bereiche, in denen sie nützlich sind.

5.1 Teamregeln, Prozesse und Vorschriften

Regeln sind in die Domäne des Komplizierten einzuordnen. Regeln haben meist die Form: „Wenn Situation X eintritt, mache Y", und sollen Sicherheit, Konsistenz und Vorhersagbarkeit herstellen. Wer eine Regel aufstellt, möchte, dass bestimmte Dinge immer wieder auf die gleiche Art und Weise getan werden. Wer sie anwendet, möchte nicht selbst von Grund auf entscheiden müssen, was nun richtig und falsch ist. Regeln reduzieren Handlungsspielräume, damit beide Seiten – Verfasser und Anwender – eine höhere Sicherheit bekommen. Gleichzeitig verschiebt eine Regel Verantwortung auf ihre Verfasser: Wer Regeln aufstellt, übernimmt die Verantwortung für die Folgen, die ihre Anwendung auch in unbekannten zukünftigen Situationen hat. Die wesentliche Entscheidung, die Anwender noch treffen müssen, ist, ob die Regel anzuwenden ist oder nicht, also ob ihre Vorbedingung eingetreten ist.

Beispiele für Regeln sind:

- Arbeitszeit ist von 9 bis 18 Uhr.
- Für Angebote, Verträge und andere rechtliche Dokumente gilt ein Vier-Augen-Prinzip.
- Wer zuletzt geht, macht das Licht aus.
- Termine werden von denen vorbereitet, die dazu eingeladen haben.
- Teamgelder dürfen nicht für rein private Zwecke ausgegeben werden.
- Bei Feueralarm verlassen alle unverzüglich das Gebäude.

Regeln wirken entlastend, deswegen sind sie beliebt. Sie helfen dabei, Erwartungen durchsetzen oder enttäuschen zu können, ohne dabei Beziehungen belasten zu müssen: „Tut mir leid, so sind leider die Vorschriften." Sie machen Entscheidungen einfacher und bieten dadurch zusätzliche Sicherheit, die in ungewissen Entscheidungssituationen sehr willkommen sein kann.

Leider sind Regeln für viele alltägliche Situationen zu unflexibel, und verleiten dazu, sie auch dann einzuhalten, wenn dabei offensichtlich Unsinn herauskommt. Man kann sich hervorragend hinter ihnen verstecken und die Verantwortung für das Geschehen von sich weisen – wer sich jederzeit an alle Regeln hält, muss sich am Ende nichts vorwerfen lassen, auch wenn das Ergebnis nicht im Sinne von Team und Organisation gewesen ist. Und: Regeln sind nicht geeignet, mit Überraschungen umzugehen – denn um etwas zu regeln, muss man es sich vorstellen können, und Überraschungen sind schon per Definition nicht absehbar. Der Versuch, sämtliche Überraschungen und Nuancen des Alltags mit Regeln einzufangen, führt zwangsläufig zu aufgeblasenen Prozessen und Bürokratie:

> *„Da nicht vorhersehbar ist, welche Fragen, Probleme und Herausforderungen auf die Organisation zukommen, kann auf Regeln (Programme), die unvermeidlich in ihrer Flexibilität begrenzt sind, nicht dauerhaft gesetzt werden. […] Generell kann gesagt werden, dass [Regeln] überall dort sinnvoll eingesetzt werden können, wo die Organisation weiß, was sie zu erwarten hat (in der Produktion zum Beispiel). In Bereichen, in denen die Organisation überwiegend mit Nichtwissen konfrontiert ist, ist der effektivste Weg, Personen ein hohes Maß an Verantwortung zu geben.“*[75]

Regeln sind nur so lange glaubwürdig, wie sie auch durchgesetzt werden. Regeln, die ohne Konsequenzen missachtet werden können, verlieren schnell ihre Wirkung. Die Sanktionen für einen Regelbruch müssen also spürbar sein. Gleichzeitig muss ihre Schärfc an dic Schwere des Fehlverhaltens angepasst werden. Für kleine Verstöße reicht es oft schon aus, an die Regel zu erinnern, vor allem wenn das Teammitglied gute Gründe für das eigene Handeln hatte. Schwere Vertrauensbrüche, verbale oder körperliche Übergriffigkeit, Diebstahl oder ähnliches dagegen können und dürfen vom Team auch mit Teamausschluss beantwortet werden, wenn die entsprechenden Regeln auch in Zukunft von Bedeutung sein sollen.

5.2 Allgemeine Arbeitsprinzipien

Prinzipien sind abstrakter und weniger eindeutig als Regeln. Sie haben die Form von allgemeinen Zielen und Absichtserklärungen und sagen weder, wann sie angewendet werden müssen, noch, was dann konkret zu tun ist. Sie erinnern nur daran, dass man sich selbst bestimmte Prioritäten gegeben hatte. Dort, wo Regeln klare Antworten geben, stellen Prinzipien eher weitere Fragen: „Liebes Teammitglied, wie passt dein aktuelles Handeln zu diesem Grundsatz, den ihr vereinbart hattet?“ Prinzipien sind also nicht blind anwendbar, sondern fordern zum Nachdenken und Reflektieren auf. Das bedeutet, dass sie auch in überraschenden Situationen, Problemfällen und Krisen noch handlungsleitend sein können und im Rahmen des Prinzips komplexes und situationsangepasstes Verhalten erlauben.

Die Kehrseite dieser Flexibilität ist natürlich, dass ein Prinzip bei jeder Anwendung ein klein wenig anders interpretiert wird. Überall dort, wo es auf exakte Ausführung von Arbeitsschritten ankommt, sind Prinzipien zu weich, um die notwendige Gleichförmigkeit von Tätigkeiten herbeizuführen. Sie verschieben die Verantwortung für ihre Anwendung einseitig auf ihre Anwender: Ein Prinzip aufzustellen ist einfach, es einzuhalten dagegen nicht.

[75] Simon, Fritz B. (2021). *Einführung in die systemische Organisationstheorie* (eBook, 8. Auflage). Carl-Auer. S. 93.

Beispiele für Prinzipien sind:

- Wir kommen nicht krank ins Büro.
- Wer Einwände hat, integriert sie selbst.
- Wichtige Themen besprechen wir persönlich.
- Wenn Kunden (Änderungs-)Wünsche haben, können wir immer eine Lösung anbieten.
- Wir achten auf ein für alle nachhaltiges Arbeitstempo.
- Im Zweifelsfall wählen wir die einfachere Lösung.
- Mit Teamfinanzen wird verantwortungsvoll umgegangen.

Auf den ersten Blick mögen diese Grundsätze auch wie Regeln aussehen, aber die Spielräume sind deutlich größer. Was bedeutet „verantwortungsvolle Ausgaben“? Was ist ein „wichtiges“ Thema? Wo verläuft die Grenze zu „krank sein“? Prinzipien liefern auf diese Fragen bewusst keine Antwort, sondern setzen auf die Intelligenz und situative Einschätzung der Teammitglieder. Das Team schafft über Prinzipien einen Freiraum, der durch lokal angepasste Entscheidungen gefüllt wird. Dabei kann es zu unterschiedlichen Auffassungen kommen, die anhand der konkreten Sachfrage besprochen werden können. Die Anwendung eines Prinzips bedeutet auch, Verantwortung für seine Entscheidungen zu übernehmen und diese im Konfliktfall gegenüber dem Team zu verteidigen. Wenn es keine Regel dazu gibt, was eine Hotelübernachtung kosten darf, muss man selbst entscheiden, was man unter den gegebenen Umständen – Auswahl, Nähe, Komfort, Verfügbarkeit? – gegenüber dem Team noch verargumentieren kann.

Teams, die den Unterschied zwischen Regeln und Prinzipien nicht verstehen, können auf die Idee kommen, diese Unschärfe in den Formulierungen beseitigen zu wollen: „Aus dem Satz geht das nicht eindeutig hervor, wir sollten es unmissverständlich formulieren.“ Der wesentliche Vorteil von Prinzipien liegt aber gerade darin in ihrer Interpretierbarkeit. Je detaillierter sie formuliert werden, desto ähnlicher werden sie einer Regel, und desto anfälliger werden sie gegenüber Sonderfällen und Überraschungen.

Schauen wir uns zwei Beispiele für Prinzipien an. Ein Arbeitsprinzip aus meinen Teams der letzten Jahre lautet: *„Auf eine Bitte um Unterstützung gibt es zwei mögliche Antworten: ‚Ja‘ und ‚Ja, aber bitte nicht jetzt‘.“* Die Absicht dahinter ist klar: Wer im Team Hilfe braucht, soll niemals das Gefühl haben, allein gelassen zu werden. Gleichzeitig erkennt das Prinzip an, dass der Gefragte eventuell gerade andere Aufgaben und Verpflichtungen hat. Das Prinzip fordert also, dass es zwischen Teammitgliedern auf Anfrage immer ein Unterstützungsangebot gibt, man aber auf die Hilfe eventuell etwas warten muss. Für eine Regel wäre die Aussage zu unscharf. Welche Form der Unterstützung wird da angefragt? Wie viel später darf diese angeboten werden? Das wird offengelassen, Teammitglieder sollen das selbst entscheiden.

Bei Prinzipien ist das gemeinsame Verständnis von Erwartungen wichtiger als hundertprozentige Einhaltung. Wer die Umsetzung des genannten Prinzips beobachtet, wird feststellen, dass bei uns trotzdem ab und zu das Wort „Nein“ fällt. Ist das nicht ein Verstoß gegen das Prinzip? Ja, vielleicht. Aber wir haben uns als Team darauf geeinigt, dass jederzeitige gegenseitige Unterstützung ein Ideal ist, das wir anstreben wollen. Und im Team ist in Folge eine große gegenseitige Hilfsbereitschaft spürbar, auf die man sich im Notfall auch ausdrücklich berufen kann. Das ist am Ende das, worauf es ankommt.

Ein anderes Beispiel fasst unter der Marke *Modern Agile Principles* vier Prinzipien des Unternehmensberaters Joshua Kerievsky zusammen.[76] Mehrere meiner Teams haben diese vier Prinzipien für sich als Arbeitsgrundlage festgelegt und ihre Arbeit spürbar daran ausgerichtet:

- **Mache Menschen großartig.**
  Das oberste Ziel unserer Teamarbeit ist, unseren Kunden Dinge möglich zu machen, die sie ohne uns nicht erreichen könnten. Dazu liefern wir nicht nur hervorragende Ergebnisse, sondern erarbeiten uns aktiv ein Verständnis ihrer Problemstellungen, um unsere Leistung möglichst gut in ihren Alltag einzufügen.
- **Liefere kontinuierlich Wertvolles.**
  Unsere Kunden können nur nutzen, was wir ihnen vorher bereitgestellt haben. Wir achten daher ständig darauf, so früh und so oft wie möglich konkrete Ergebnisse zu liefern und verlieren uns nicht in langwierigen Tätigkeiten ohne unmittelbar spürbaren Wert.
- **Experimentiere und lerne zügig.**
  Höchstwahrscheinlich können wir und unsere Kunden noch viel über relevante Probleme und mögliche Lösungen lernen. Wir probieren daher aktiv Dinge aus, entwickeln laufend neue Ideen und validieren unsere Annahmen durch kleine, kontrollierte Tests.
- **Mache Sicherheit zur Grundvoraussetzung.**
  Menschen können nicht ausprobieren und lernen, wenn sie Angst haben. Wir achten deshalb darauf, dass unsere Arbeit für uns, unsere Kunden und alle übrigen Beteiligten sicher ist. Unverhandelbare Grundlage unserer Zusammenarbeit ist, dass Menschen sich keine Sorgen um ihre Gesundheit, ihr Geld, ihre Lebenszeit oder ihren guten Ruf machen müssen.

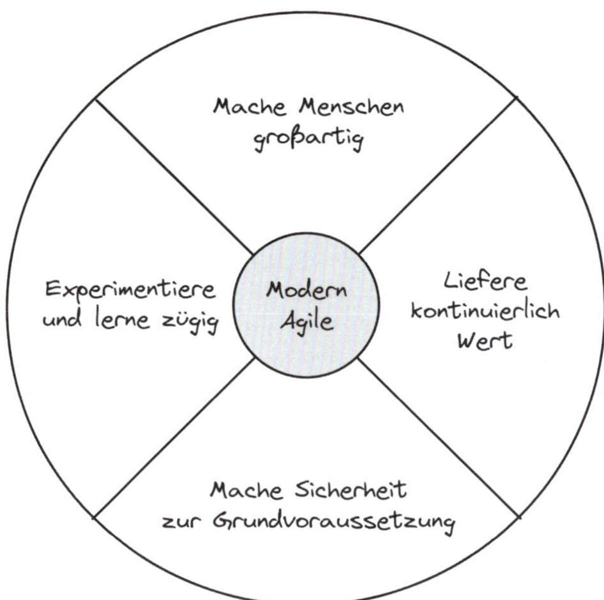

[76] Der Prinzipiensatz und Material dazu sind frei zugänglich unter www.modernagile.org

Offensichtlich sagen uns diese vier Prinzipien nicht, wie wir unsere Arbeit erledigen oder unsere Zusammenarbeit strukturieren müssen. Stattdessen bauen sie im Rahmen unseres Alltags kreative Spannung hin zu einer besseren Arbeitsweise auf. Wir können uns bei jeder Entscheidung, bei jedem Meeting, bei jeder anstehenden Aufgabe immer wieder fragen: Hilft uns das wirklich, Menschen großartig zu machen? Wie können wir das, was daran wertvoll ist, schneller und häufiger in die Hände von denen bringen, die es brauchen? Was gibt es hier noch, was wir lernen und besser verstehen könnten, und wie erreichen wir das? Und tun wir alles dafür, dass Menschen sich frei und engagiert auf die zu lösenden Probleme konzentrieren können, weil sie sich keine Sorgen um ihr Geld, ihre Zeit, ihre Gesundheit, ihren guten Ruf machen müssen?

Oft werden die Antworten sicher nicht so ausfallen, wie wir es uns wünschen. Das ist okay, solange wir daraus die notwendigen Schlüsse ziehen und unsere Zusammenarbeit entsprechend anpassen. Ron Jeffries, einer der Verfasser des *Manifests für agile Softwareentwicklung,*[77] schrieb in einem ähnlichen Kontext einmal:

> *„Wahrscheinlich werdet ihr dem Ideal nicht gerecht. Auch ich bleibe oft hinter meinen Idealen zurück, in [der Arbeit] und im Leben. Das bedeutet nicht, dass ich mir niedrigere Ideale setzen sollte. Es bedeutet, dass ich mir mehr Mühe geben muss.“*[78]

5.3 Ideen für die Umsetzung

Erfolgreiche Teams schaffen es, nur die notwendigen Bereiche ihrer Zusammenarbeit mit Regeln zu versehen und die übrigen in die Verantwortung der Teammitglieder zu geben. Welches die für das Team richtige Mischung aus Regeln, Prinzipien und undefinierten Freiräumen ist, hängt von Aufgabe und Kontext ab. In den meisten Teams und den meisten Organisationen habe ich den Eindruck, dass schon mehr als genug Regeln vorhanden sind, und den beteiligten Menschen eher ein Abbau von Regeln und Vorschriften zugunsten von situationsangepasstem Entscheiden helfen würde. Mein Fokus liegt daher in den meisten Teams darauf, Regeln zu reduzieren und über Diskussionen und die Vereinbarung von Prinzipien gegenseitigen Erwartungsabgleich zu fördern.

Hier sind noch einige weitere Ideen für die Umsetzung:

Auch Strukturen prägen Verhalten

Eine interessante Alternative zu Regeln besteht darin, durch subtile strukturelle Entscheidungen erwünschtes Verhalten einfacher zu machen als unerwünschtes. Dazu ein Beispiel: In einem meiner ersten „großen“ Projekte hatten wir die Arbeit an einem magnetischen Taskboard visualisiert. Für jedes Teammitglied gab es zwei – genau zwei – kleine Kühlschrankmagneten, auf die das eigene Foto aufgeklebt war und die vom Team frei und eigenverantwortlich an Aufgaben gehängt werden konnten. Wer

[77] Deutsche Fassung unter https://agilemanifesto.org/iso/de/manifesto.html

[78] Jeffries, Ron (2010). *Beyond Agile: New Principles?* https://ronjeffries.com/xprog/articles/beyond-agile-new-principles, abgerufen am 06.02.2023 (Übersetzung des Autors).

schon zwei Aufgaben hatte, konnte sich offiziell keine weiteren Aufgaben ziehen, weil es keine Möglichkeit gab, das in der Arbeitsorganisation abzubilden. Bitten um weitere Magnetpins wurden vom damaligen Projektleiter konsequent abgelehnt.

Soweit ich mich erinnere, gab es keine ausdrückliche Regel, dass man sich nicht mehr als zwei Aufgaben nehmen durfte. Das Team war sich zwar einig, dass es seinen Fokus verbessern wollte und zuerst offene Aufgaben abschließen und dann neue anfangen würde, aber eine offizielle Regel gab es nicht. Niemand hätte Teammitglieder daran gehindert, an Aufgaben zu arbeiten, ohne einen Pin daran zu hängen, aber der zusätzliche Erklärbedarf in Meetings war als Hürde groß genug, dass sich Teammitglieder in der Regel auf zwei parallele Aufgaben beschränkt haben. Nicht überall lassen sich Regeln und Prinzipien durch solche kleinen Ermunterungen ersetzen, aber da, wo es möglich ist, wirken sie oft besonders elegant.

Wenige Vereinbarungen sind besser als viele

Ein weiterer Erfahrungswert in diesem Zusammenhang: Wenige klare Vereinbarungen sind besser als eine lange Liste, die sich niemand merken kann. Viele Teams machen den Fehler, zu viele Regeln und Prinzipien aufzustellen. Häufig wird reflexhaft zu Reglementierung gegriffen, wenn ein Problem aufgetaucht ist: Schnell eine Regel einführen, und das Problem ist gelöst. Leider hat das wachsende Regelwerk die Tendenz, in irgendwelchen Dokumenten langsam in Vergessenheit zu geraten, um nur herausgekramt zu werden, wenn das Problem wieder einmal aufgetreten ist. Damit Regeln und Prinzipien nützlich sein können, müssen sie Teammitgliedern im Alltag präsent sein, ohne in ein Dokument oder eine Liste schauen zu müssen! Das bedeutet, sie so übersichtlich und einfach zu halten, dass man sie während der normalen Arbeit im Hinterkopf halten kann. Für den Anfang kann es manchmal helfen, die wichtigsten aufzuschreiben und gut sichtbar an eine Wand zu hängen, aber das hilft auch nur, solange die Anzahl insgesamt begrenzt bleibt. Fünf bis acht zentrale Regeln und Prinzipien für die eigene Zusammenarbeit sollten für die meisten Teams ausreichen – das zwingt zur Priorisierung und beugt ausufernder Reglementierung vor.

„Teamwerte" sind nur schwach formulierte Prinzipien

Eine Zeitlang war es in Organisationen beliebt, in Workshops sogenannte „Teamwerte" zu definieren. Das Ergebnis war dabei eine Liste von Begriffen, die das Team leiten sollten – Worte wie Professionalität, Wertschätzung, Spaß, Miteinander, Lösungsorientierung waren oft darauf zu finden. Mir ist regelmäßig aufgefallen, dass diese „gemeinsamen Werte" relativ wenig Einfluss auf die spätere Zusammenarbeit des Teams hatten.

Werte sind tiefsitzende Überzeugungen des Individuums, leben also in der Psyche der Teammitglieder, außerhalb des Teamsystems. Ob sie übereinstimmen, ist mehr oder weniger Zufall. Wenn ja, hat die Feststellung der Gemeinsamkeit kaum eine Wirkung. Wenn nicht, wird sich das individuelle Wertesystem des Teammitglieds nicht dadurch ändern, dass man eine Liste von Teamwerten aufstellt. Das Team selbst ist eine Kommunikationsstruktur und hat keine Emotionen, also auch keine „Wertvorstellungen". Andersherum braucht ein Team keine Übereinstimmung der Werte – wir können auch erfolgreich mit Menschen zusammenarbeiten, deren Wertvorstellungen sich von unseren unterscheiden, solange wir uns darauf einigen können, wie diese Zusammenarbeit aussehen soll.

Ein weiteres Problem mit Werten ist ihre Abstraktheit, die Interessen- oder Zielkonflikte verschleiert, anstatt sie besprechbar zu machen. Eine Teamaussage wie „Unsere Zusammenarbeit ist harmonisch und leistungsorientiert“ wirkt nur so lange schlüssig, bis man sich bewusst macht, dass Leistung regelmäßig inhaltliche Auseinandersetzung erfordert. „Teamwerte“ müssten priorisiert und gewichtet werden, um handlungsleitend sein zu können, aber kein Team würde ernsthaft die Aussage vertreten, dass Wohlbefinden wichtiger sei als Ergebnisse, oder andersherum.

> *„[Daher] folgt aus der Wertung nichts für die Richtigkeit des Handelns. Das wird oft übersehen, oft wohl auch bewusst vertuscht. Wollte man aus Wertungen Informationen über richtiges Handeln gewinnen, müsste man eine logische Rangordnung […] voraussetzen – etwa in dem Sinne, dass die Erhaltung der Freiheit wichtiger ist als die Erhaltung des Friedens, dieser wichtiger als Kultur, Kultur wichtiger als Profit …“[79] (Luhmann, S. 433).*

Was mit einer Liste von „Teamwerten“ eigentlich angestrebt wird, ist eine Liste von Prinzipien – ausformulierte Erwartungen an das Verhalten (nicht die Persönlichkeit!) der Teammitglieder. Einzelne Substantive sind viel zu unscharf, um handlungsleitend zu sein. Ein Begriff wie „Spaß“ bedeutet für jeden etwas anderes. Der Diskurs darüber, was genau gemeint ist, ist das eigentlich Nützliche – je einfacher man sich einigen kann, desto weniger Effekt hat er. Einzelne Wertbegriffe anstelle von konkret formulierten Sätzen verstecken die Unterschiede, die den eigentlich interessanten Teil des Austauschs darstellen. Ein „Werteworkshop“ bringt dem Team also genau dann etwas, wenn darin allgemeine Verhaltenserwartungen im Team besprochen und geklärt und daraus handlungsleitende Sätze formuliert werden – wenn im Termin also nicht Werte, sondern Prinzipien und Regeln erarbeitet werden.

Regeln und Prinzipien können Freiräume schaffen

Zuletzt ist hier noch eine eher fortgeschrittene Idee: Regeln und Prinzipien sind wirksamer, wenn sie Verhalten *ermöglichen*, als wenn sie versuchen, Verhalten zu unterbinden.

Ermöglichende Vereinbarungen erzielen ihre Wirkung darüber, dass Menschen zusätzliche Handlungsmöglichkeiten bekommen – man kann also in bestimmten Situationen aktiv werden, wo man es sonst vielleicht nicht könnte. Einschränkende dagegen definieren bestimmtes Verhalten als unerwünscht, zum Beispiel über Verbote. Weiter oben haben wir schon bemerkt, dass einschränkende Regeln und Prinzipien mit Sanktionen verbunden sein müssen, sonst bleiben sie wirkungslos. Wie viel ist schließlich eine Vereinbarung wert, die folgenlos missachtet werden kann?

Sanktionen sind unangenehm zu definieren und durchzusetzen und lassen die Tatsache außer Acht, dass es für Regelbrüche oft gute oder sogar zwingende Gründe gibt. Regeln und Strafen passen auch nicht wirklich zu unserer Überzeugung, dass jeder im Team

[79] Luhmann, Niklas (2021). *Soziale Systeme* (18. Auflage). Suhrkamp. S. 433.

gute Arbeit machen will. Charmanter ist der Ansatz, bei Nichterfüllung von Absprachen den anderen Teammitgliedern zusätzliche Handlungsmöglichkeiten zu geben. Diese müssen nicht genutzt werden (etwa, wenn es für den Regelbruch gute Gründe gibt), geben ihnen aber die Chance, drohenden Schaden von sich und dem Team abzuwenden. Handlungsermöglichende Regeln zu finden und zu definieren ist etwas schwieriger, als einfach ein Verbot einzuführen, aber der Aufwand lohnt sich oft. Die zusätzlichen Möglichkeiten begrenzen den möglichen Schaden durch den Regelbruch, und weitere Sanktionen werden meist überflüssig, da das Eingreifen der anderen Teammitglieder schon unangenehm genug ist.

Ein schönes, nicht teambezogenes Beispiel stammt aus dem skandinavischen Amateur-Motorsport.[80] In den dort beliebten „Folkrace"-Autorennen ist eine wichtige Rahmenbedingung, dass die verwendeten Rennautos billig und einigermaßen gleichwertig sein müssen, um die Eintrittshürden für Neueinsteiger niedrig zu halten und sicherzugehen, dass Rennerfolg vom Können der Fahrer und Fahrerinnen, nicht von ihren finanziellen Möglichkeiten abhängt. Anstatt ein detailliertes Regelwerk mit Vorschriften, Einschränkungen und Kontrollen einzuführen, lösen die Veranstalter dieser Rennen das Problem durch eine elegante Regel: Nach jedem Rennen steht es jedem Teilnehmer frei, das Fahrzeug eines anderen Teilnehmers für einen fixen Betrag (in der Größenordnung von etwa 1500 €) zu kaufen. Gibt es Interessenten, *muss* der Besitzer sein Fahrzeug verkaufen oder riskiert den Verlust seiner Rennlizenz. Es lohnt sich daher nicht, allzu viel Arbeit in das eigene Fahrzeug zu stecken, da man stets damit rechnen muss, es für einen Spottpreis abgekauft zu bekommen. Es ist also im Eigeninteresse der Teilnehmenden, dass ihr Fahrzeug den anderen nicht klar überlegen, sondern mit ihnen einigermaßen gleichwertig ist. Für den Rennerfolg ist stattdessen das persönliche Können entscheidend, also genau das, was die Veranstalter mit der Regel beabsichtigen.

Ich finde es beeindruckend, wie viel Bürokratie und Regelwerk durch eine einfache kleine Regel ersetzt werden kann, und freue mich über jede Möglichkeit, ähnliche Lösungen im Kontext von Teamarbeit zu finden. Hier einige Ideen, die sich für mich bewährt haben:

- Teilnahme an allen Meetings ist freiwillig – aber die, die anwesend sind, dürfen für alle verbindliche Entscheidungen treffen.
- Meetings beginnen und enden pünktlich, mit denen, die da sind. Wer zu spät kommt, verpasst unter Umständen Dinge.
- Aufgaben und Rollen dürfen nicht nur aus der Warteschlange gezogen werden, sondern – nach Absprache – auch von anderen Teammitgliedern, wenn diese sich nicht darum kümmern oder sichtlich überfordert sind.
- Teamentscheidungen können herbeigeführt werden, indem ein Mitglied den Vorschlag in einem dafür vorgesehenen Kommunikationskanal veröffentlicht. Gibt es innerhalb einer festgelegten Frist (z.B. 24 Stunden oder 3 Tage) keine Einwände, ist der Vorschlag automatisch angenommen.

Es ist klar, dass solche Vereinbarungen vom ganzen Team ausdrücklich beschlossen werden müssen, da sie das einzelne Teammitglied gehörig unter Druck setzen können. Man muss auf Zack bleiben, aufmerksam die Kommunikation verfolgen, auf Vorschläge

[80] Siehe z.B. https://de.wikipedia.org/wiki/Folkrace

rechtzeitig reagieren und konsequent seine Zusagen einhalten. Teammitglieder zu überfordern, ist nicht Sinn der Sache, und die gemeinsame Verantwortung für das Geschehen darf durch solche „Produktivitätsmaßnahmen“ nicht gefährdet werden.

Wie kann das Team all das anwenden?

Neben den Strukturen der Arbeitsorganisation und der Kommunikationswege hat jedes Team auch Erwartungen an sein tägliches Miteinander, seine „Teamkultur". In der eigenen Strukturentwicklung kann sich das Team bewusst Zeit nehmen, um diese Erwartungen sichtbar zu machen, zu besprechen und in Form offizieller Regeln und Prinzipien festzuhalten. Die Verschriftlichung macht es Teammitgliedern möglich, sich später daran orientieren und im Konfliktfall auch darauf berufen zu können. Dennoch ist es wichtig, dass für den Alltag das Verständnis im Kopf der Teammitglieder wichtiger ist als der Text auf dem Papier. Einfache, aber handlungsleitende Vereinbarungen, die über die Zeit in ein gemeinsames Grundverständnis übergehen können, sind wertvoller als eine lange Auflistung von Vorschriften.

Um Teamregeln festzulegen, kann sich das Team beispielsweise mit Fragen beschäftigen wie:

- Was muss in unserer Arbeit auf jeden Fall passieren?
- Was darf auf keinen Fall passieren?
- Welche Situationen fallen uns ein, in denen bestimmte Handlungen unbedingt notwendig sind?

Für die Festlegung von Teamprinzipien helfen die folgenden Fragen zur Reflexion:

- Welche Grundsätze haben dir in der Vergangenheit ermöglicht, großartige Arbeit zu leisten?
- Welche Wünsche hast du an die Zusammenarbeit in diesem Team?
- Was hat dich in der Vergangenheit bei der Arbeit gehindert oder zurückgehalten?
- Was soll in der Zusammenarbeit in diesem Team nicht passieren?

Insgesamt sind die besten Regeln und Prinzipien diejenigen, an die man selbst gern erinnert werden würde. Die Motivation sollte nicht sein, das Verhalten der anderen Teammitglieder zu manipulieren. Den Dialog so aufzubauen, dass Teammitglieder diese Werkzeuge für sich selbst definieren und nutzen wollen, wird die resultierenden Strukturen spürbar wertvoller machen.

An dieser Stelle sollten die **internen** Strukturen des Teams im Wesentlichen geklärt sein. Ist sich das Team über seine Kunden und Aufgaben einig, hat es Arbeitsorganisation, Meetingstrukturen und Entscheidungsprozesse festgelegt und allgemeine Regeln und Prinzipien seiner Zusammenarbeit vereinbart, bleibt ihm als wichtige Aufgabe noch, sich ordentlich in seinen Arbeitskontext zu integrieren.

6. Kontextintegration

Im letzten Strukturblock, der Kontextintegration, geht es darum, das Team möglichst passend in seine Umwelt zu integrieren, sodass Erwartungen, Informationen, Aufgaben, Ressourcen und Ergebnisse zwischen beiden Seiten schnell und einfach ausgetauscht werden können. Da sich der Arbeitskontext von Teams von Organisation zu Organisation, von Bereich zu Bereich stark unterscheidet, wird dieser Integrationsprozess für jedes Team sehr individuell ablaufen. In diesem Abschnitt sind einige Beispiele und größere Themenfelder aufgelistet, mit denen sich ein Team im Zuge dieser Integration beschäftigen kann.

6.1 Vorgeschichte und Zukunft: Die Zeitleistenbetrachtung

Wie alle komplexen Systeme werden auch Teams durch ihre Vergangenheit geprägt, und diese zu verstehen und als Tatsache anzuerkennen, ist Grundlage für die gemeinsame Weiterentwicklung. Weniger offensichtlich ist, dass auch neu gegründete Teams eine „Vergangenheit" haben, nämlich die Vorgeschichte der Themen und Problemstellungen, die sie bearbeiten, und die persönlichen Erfahrungen der Teammitglieder. Es kann dem Team helfen, diese zu verstehen und die eigene Tätigkeit zwischen der realen Vergangenheit und der erwarteten Zukunft gedanklich „einzubetten".

Die wesentliche Frage in Hinblick auf die Vergangenheit lautet: Was ist bei unserem Thema schon passiert? Das beschränkt sich nicht nur auf die bereits erfolgte Vorarbeit in der Teamgründung. Komplett neue, bisher ungelöste Probleme gibt es in Organisationen nur selten. Teams werden meist nicht gegründet, um etwas komplett Neues zu tun, sondern um ein bestehendes Problem besser zu lösen als bisher. Rückgreifend auf die Theorie der *Jobs to be done* kann das Team erforschen, welche Lösungen und Lösungsversuche es bisher gab und was an ihnen nicht zufriedenstellend war. Gab es eventuell schon Teams mit ähnlichen Aufträgen? Was ist mit ihnen passiert? Woran sind sie gegebenenfalls gescheitert? Wie kann dieses Team verhindern, dass sich die Geschichte wiederholt?

Der andere Blick des Teams geht in die Zukunft. Wenn es absehbar wichtige Ereignisse, Termine oder Stichtage gibt, sollte das Team sie kennen. Auch der zeitliche Horizont für das Team sollte spätestens hier geklärt werden – ist die Arbeit des Teams von vornherein zeitlich oder thematisch begrenzt oder wird es einfach arbeiten, bis man es sich anders überlegt?

Ein methodischer Weg, diese Gespräche zu strukturieren, ist eine sogenannte *Zeitleistenbetrachtung*. Sie kombiniert zwei bewährte Workshopformate: die *Timeline* und die *Future Perfect*-Methode.

Der erste Schritt ist, eine Zeitleiste der relevanten Vergangenheit aufzubauen. Das Team und eingeladene Stakeholder sammeln und ordnen wesentliche Ereignisse in der Vorgeschichte oder der bisherigen Zusammenarbeit. Positive Ereignisse werden im entstehenden Diagramm nach oben gehängt, negative nach unten. Das entstehende

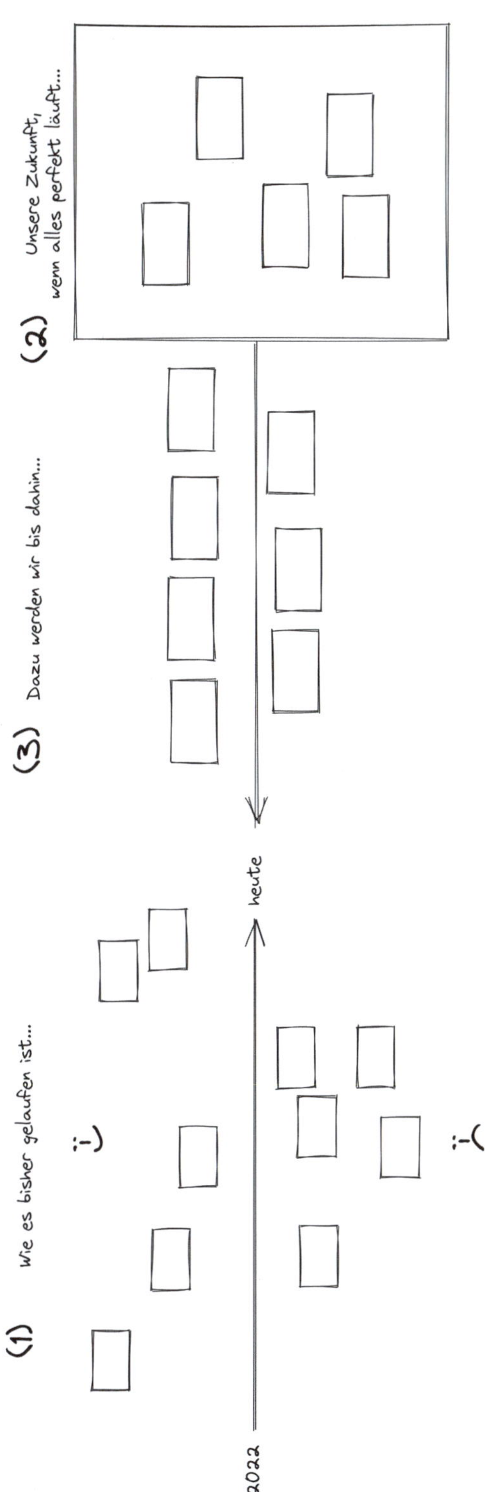
(1) Wie es bisher gelaufen ist...
:-)
:-(
2022
heute
(3) Dazu werden wir bis dahin...
(2) Unsere Zukunft, wenn alles perfekt läuft...

Bild wird gemeinsam durchgesprochen. Insbesondere wenn es in der Vergangenheit gescheiterte Anläufe zum gleichen Thema gegeben hat, stellt der gemeinsame Rückblick ein subtiles Übergangsritual dar – was passiert ist, ist nun Vergangenheit, ab hier wird es anders laufen, wir beginnen eine neue Zusammenarbeit, in der andere Erwartungen gelten können.

Als zweiter Schritt folgt der gemeinsame Blick in die Zukunft. Es wird ein strategisch bedeutender Zeitpunkt in der Zukunft ausgewählt, etwa „in sechs Monaten" oder „zu Projektende". Die Gruppe erarbeitet gemeinsam ein Idealbild dieser Zukunft: Wie sieht eine Situation aus, in der alles traumhaft gelaufen ist, die Zusammenarbeit hervorragend funktioniert hat und wir Ergebnisse geschaffen haben, von denen wir noch Jahre später erzählen werden?

Sobald das Idealbild steht, wird von dort aus rückwärts gearbeitet. Was werden wir in der Zwischenzeit getan haben, um die ideale Zukunft zu erreichen? Was muss passieren, um die Lücke zwischen dem Heute und unserem Wunschbild zu schließen? Hieraus leiten sich dann umzusetzende Maßnahmen ab.

Der Name *Future Perfect* ist bewusst doppeldeutig gewählt und hilft, sich das Format einzuprägen. Zum einen stellen wir gemeinsam ein Bild einer „perfekten" Zukunft auf. Zum anderen ist „Futur Perfekt", auch Futur II genannt, eine grammatische Form, nämlich „Ich werde getan haben" – und was das Team getan haben wird, um seine perfekte Zukunft zu erreichen, ist genau das, was es hier erarbeitet.

6.2 Repräsentation nach Außen

Wie das Team mit seinem Umfeld kommunizieren und Informationen austauschen wird, ist eine zentrale Fragestellung der Kontextintegration. Konkret geht es dabei um Entscheidungen zu vier Teilthemen:

- **Präsentation von Ergebnissen:** Wann und wie veröffentlicht das Team seine Arbeitsergebnisse an Kunden und Stakeholder, und wer spielt dabei welche Rolle? Wenn das Team regelmäßige Reviewmeetings hat, sind die eine gute Gelegenheit, um interessierte Personen aus dem Teamumfeld dazu einzuladen, es kann aber auch spezielle Termine nur für Präsentation und Austausch etablieren. Bestehende Formate in der Organisation lassen sich nutzen, um mit wichtigen Ansprechpartnern in kleineren Runden die Ergebnisse durchzugehen oder sie für die Organisation oder sogar die Öffentlichkeit zugänglich auf einer geeigneten Plattform bereitzustellen. Auch die Frage, ob das Team in diesen Situationen als Gruppe auftritt oder einzelne Teammitglieder als Repräsentanten schickt, kann hier entschieden werden. Falls sich das Team für Repräsentanten entscheidet, gehört dazu auch die Frage, wie man gegenüber der Zielgruppe weiterhin die gemeinsame Verantwortung des gesamten Teams betonen kann.
- **Ansprechbarkeit von außen:** Auf welchem Weg können Menschen von außen mit Informationen, Ideen, Anliegen oder Wünschen an das Team herantreten? Gibt es feste Ansprechpartner? Ein E-Mail-Postfach? Ein Team-Telefon? Einen festen Ort, an dem das Team zu finden ist? Es hilft, eine beispielhafte Kontaktaufnahme einmal für die

wichtigsten Rollen und Kontaktpersonen durchzudenken – nur weil für das Team die eigene Kommunikationsstruktur offensichtlich ist, muss das nicht auch für andere gelten. Erfahrungsgemäß können Stakeholder skeptisch sein, mit „einem Team" zu sprechen, zum Beispiel aufgrund schlechter Erfahrungen mit wechselnden Ansprechpartnern. Es ist in Ordnung, wenn für die Anfangszeit einzelne Teammitglieder als feste Ansprechpartner kontaktierbar sind. Das Team sollte allerdings darauf achten, dass sich diese Rolle nicht verfestigt oder Wissensmonopole aufgebaut werden.

- **Interessenvertretung des Teams:** Zur Integration gehört auch, dass das Team seine eigenen Interessen gegenüber Entscheidungsrollen, Gremien und Stakeholdern vertreten kann. Wird es hierzu Repräsentanten in diese Runden schicken? Wenn ja, wen, und ist die Rolle fix oder wechselt sie? Falls in bestimmten Kreisen Dritte im Namen des Teams sprechen, wie wird sich das Team mit ihnen regelmäßig abstimmen? Und was ist, wenn das Team die Unterstützung seines Umfelds braucht, etwa um ein Problem zu lösen oder notwendige Ressourcen zu beschaffen?
- **Vernetzung mit anderen:** Gibt es noch andere Teams oder Personen jenseits der direkten Stakeholdergruppe, mit denen sich das Team vernetzen sollte – etwa, weil sie ähnliche Aufgaben oder Interessen haben oder man sich gegenseitig unterstützen könnte? Unter Umständen macht ein regelmäßiger Austauschtermin zwischen zwei oder mehreren Teams Sinn, in dem der jeweilige Arbeitsstand besprochen, inhaltliche Abhängigkeiten geklärt und die weitere Zusammenarbeit geplant wird. Im Wesentlichen handelt es sich hier um Review-, Retrospektiven- und Planungsmeetings, nur eben nicht teamintern, sondern teamübergreifend.

Zwei weitere Austauschformate will ich nur der Vollständigkeit halber erwähnen: eine *Community of Practice* ist eine Gemeinschaft, in der Menschen mit ähnlichen Aufgaben und Fähigkeiten in regelmäßigen Abständen Erfahrungen austauschen, Erfolge und Ideen vorstellen und sich bei Problemen gegenseitig weiterhelfen können. Wenn diese Communities nicht nur organisationsintern, sondern öffentlich zugänglich sind, werden sie oft auch *Themen-Stammtisch*, *Meetup* oder *User Group* genannt. Das Internet hilft, solche Gruppen zu finden und ihnen beizutreten.

Nicht zuletzt gibt es mit dem sogenannten *Review-Basar* eine Möglichkeit für eine größere Anzahl von themenverwandten Teams, ihre Review-Meetings zusammenzulegen. Anstatt dass jedes Team ein eigenes Meeting organisiert und alle anderen dazu einlädt, finden sich beim Review-Basar alle Teams, Stakeholder und weitere interessierte Personen digital oder in Person zusammen. Ergebnisse werden von den Teams in Form von Marktständen präsentiert, und Teilnehmende haben die Möglichkeit, je nach Interesse frei zwischen den Ständen zu wechseln, sich Ergebnisse zeigen zu lassen, Fragen zu stellen und Wünsche zu äußern.

6.3 Umweltanalyse

Die Frage, mit wem das Team regelmäßig interagiert, lässt sich in Form einer *Umweltkarte* beantworten. Diese gemeinsam erstellte Übersicht bildet auf einen Blick ab, mit welchen anderen Teams, Ansprechpartnern und Informationsquellen das Team regelmäßig zu tun hat und was mit ihnen ausgetauscht wird.

Für die Erstellung der Umweltkarte kann das Team zuerst Interaktionspartner und Kontaktpunkte sammeln. Kunden, Stakeholder, Zulieferer, Informationsquellen, genutzte Plattformen, Führungskräfte, organisatorische „Nachbarteams“, Erwartungsträger sowie Personen und Teams mit inhaltlichem Bezug können alle ihren Platz finden – für die Übersichtlichkeit ist es allerdings besser, sich auf die wirklich wichtigen und regelmäßigen Kontaktpunkte zu beschränken.

Als Nächstes kann das Team die Kontaktpunkte untersuchen und definieren. Wer spricht mit wem und in welchem Rahmen? Der Austausch kann auf persönlichem Weg stattfinden, per Telefon, per E-Mail, eventuell ist man an festen Orten ansprechbar, oder es gibt gemeinsame Meetings.

Im dritten Schritt kann grob skizziert werden, was an den Kontaktpunkten ausgetauscht wird. Geht es um Informationen, werden Ergebnisse präsentiert oder überreicht, kann man der anderen Seite Aufgaben und Anforderungen mitgeben? Wie sind die wechselseitigen Erwartungen – soweit das Team das für die andere Partei überhaupt sagen kann? Wie wird mit unrealistischen Erwartungen oder möglichen Konflikten umgegangen?

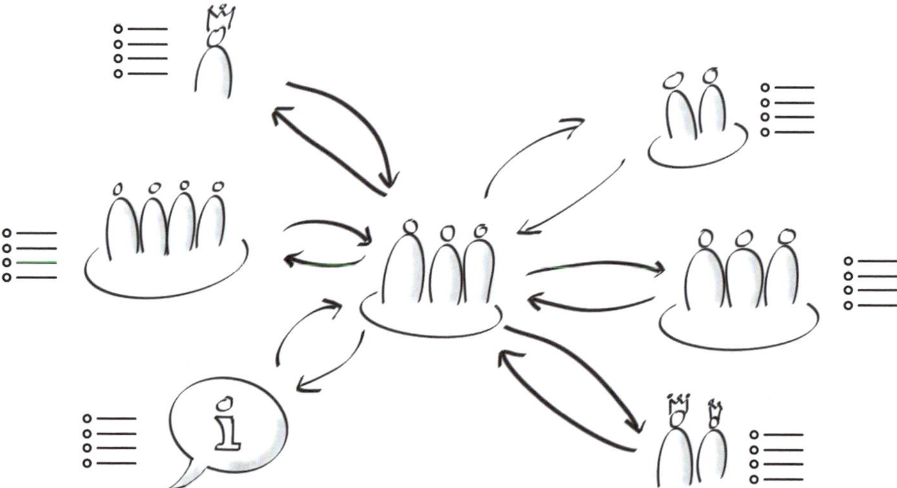

Natürlich ist die Sicht des Teams auf diese *Nahtstellen* nur einseitig – ob die andere Partei das genauso sieht, muss mit ihnen geklärt werden. Das Team sollte also im Anschluss das Gespräch mit seinen Ansprechpartnern suchen und deren Erwartungen in die Umweltkarte integrieren. Wenn die Zusammenarbeit an einer Nahtstelle gelingen *muss*, kann dieser teamübergreifende Erwartungsabgleich bis hin zu einer formalen *Nahtstellenvereinbarung* fortgesetzt werden – eine schriftlich fixierte, durchaus vertragsähnliche Erklärung, in der gemeinsam festgehalten wird, was „erfolgreiche“ Zusammenarbeit bedeutet und was beide Seiten dazu verpflichtend beitragen und liefern werden.[81]

[81] Mehr dazu etwa bei Weichselbaum, Ernst & Pfläging, Niels (Hrsg.) (2020): *In jedem Unternehmen steckt ein besseres. Zeitorientierte Betriebswirtschaft mit dem Weichselbaum-System.* Vahlen. S. 68 ff.

6.4 Wertstromanalyse

Gerade in größeren Organisationen kann es Teams helfen, die eigene Rolle in den wesentlichen *Wertströmen* zu verstehen. Ein Wertstrom ist eine Abfolge von Aktivitäten, die eine Kundenerwartung in ein Produkt oder eine Dienstleistung überführen, und involviert meistens eine ganze Reihe von Teams, Abteilungen und/oder Bereichen. Dass es ein Team gibt, welches einen kompletten Wertstrom Ende-zu-Ende verwaltet und verantwortet, ist die Ausnahme – meistens deckt ein Team nur einen Teil des Wertstroms ab, bekommt also Anforderungen bzw. Teilergebnisse von jemandem und gibt anschließend Anforderungen bzw. Teilergebnisse an andere weiter.

Oft liegen Wertströme quer zur formalen Organisationsstruktur, was zu Problemen wie fehlende Übersicht, langwierige Prozesse und Wissensverlust durch häufige Übergaben führt. Spürbar werden diese Probleme typischerweise an den Nahtstellen, also dort, wo Teilergebnisse übergeben werden, oder durch lokale Optimierung, wenn das Team versucht, die Arbeit für sich selbst besser zu gestalten, dabei aber nicht merkt, dass seine Maßnahmen an anderer Stelle neue Probleme erzeugen. Eine vollständige und ehrliche Bestandsaufnahme des gesamten Wertstroms kann überraschende und oft ernüchternde Erkenntnisse über die eigene Organisation zu Tage fördern. Eine Auswertung in einem großen deutschen Industrieunternehmen[82] soll ergeben haben, dass eine durchschnittliche Aufgabe weniger als fünf Prozent ihrer „Bearbeitungszeit" tatsächlich bearbeitet wurde – mehr als 95 % bestand aus Warten an den Übergabepunkten zwischen verschiedenen Arbeitsschritten. Ich wäre vorsichtig, darüber Witze zu machen: Meiner Erfahrung nach sieht die Situation in den meisten großen Organisationen ähnlich aus.

Die Methode der Analyse und Optimierung von Wertströmen nennt sich *Value Stream Mapping*, sie hier wiederzugeben würde den Rahmen sprengen.[83] Was das Team aber in jedem Fall tun kann, ist, den Wertstrom und die eigene Position darin zu verstehen und zu visualisieren. Wer dem Team zuliefert, an wen das Team Ergebnisse weiterreicht und wie der Arbeitsprozess dazwischen strukturiert ist, ist wahrscheinlich aus der Aufgabenklärung, Arbeitsverwaltung oder der Umweltanalyse schon bekannt. Das Team kann dann damit beginnen, Daten über die Durchlaufzeiten von Aufgaben zu sammeln – wie lange es selbst für bestimmte Aufgaben braucht und wie lange diese vorher und nachher auf Weiterbearbeitung warten. Es gibt in Wertströmen immer einen *Flaschenhals*, also einen Arbeitsschritt, der am schnellsten ausgelastet ist und deshalb die maximale Leistung für den kompletten Wertstrom definiert. Diesen Flaschenhals zu finden und zu verstehen, auch wenn er außerhalb des Teams liegt, kann für das Team wertvolle Erkenntnisse liefern. Beispielsweise führt eine Produktivitätssteigerung *vor* dem Flaschenhals dazu, dass sich an diesem mehr Arbeit staut, die Situation insgesamt also schlimmer, nicht besser wird.[84]

Langfristig kann das Team eine stärkere Vernetzung und übergreifende Zusammenarbeit innerhalb des Wertstroms anstreben, durch Vernetzung, durch Optimierung von

---

[82] Die Organisation soll hier anonym bleiben, ist mir aber namentlich bekannt.

[83] Siehe beispielsweise Martin, Karen & Osterling, Mike (2013): *Value Stream Mapping: How to Visualize Work and Align Leadership for Organizational Transformation*. McGraw-Hill.

[84] Mehr zu diesen, aus der *Theory of Constraints* stammenden Ideen beispielsweise bei Goldratt, Eliyahu & Cox, Jeff (2013). *Das Ziel: Ein Roman über Prozessoptimierung* (5. Aufl.). Campus.

Übergaben und Wartezeiten und durch bessere gemeinsame Übersicht, etwa indem aus einzelnen Team-Taskboards eine Gesamtübersicht des Wertstroms aufgebaut wird.[85]

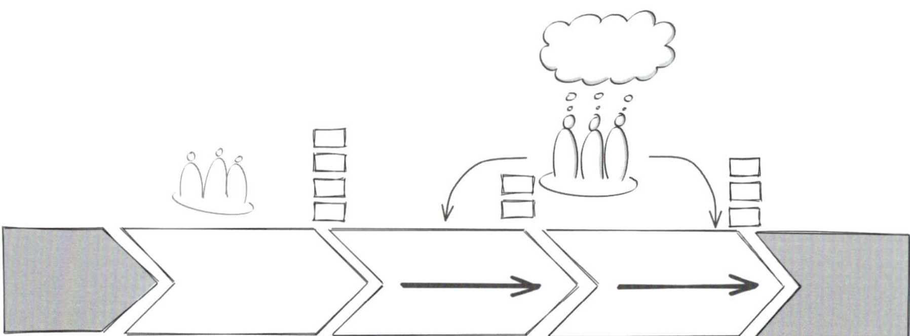

6.5 Der Verantwortungsbereich des Teams

„Es gibt viele Aspekte der Teamarbeit, für die Mehrdeutigkeit eine gute Sache ist,aber der Entscheidungsspielraum des Teams gehört nicht dazu."
Richard Hackman[86]

Eine der wichtigsten Strukturmaßnahmen des Teams ist das Abstecken seines Verantwortungsbereichs. Viele Teams verstehen nicht genau, welche Entscheidungen sie treffen können und welche nicht, und treten daher lieber konservativ und zurückhaltend auf. In ihrem Umfeld kann das als Verantwortungslosigkeit oder Desinteresse interpretiert werden und dazu führen, dass Entscheidungen durch Führungskräfte und Stakeholder getroffen werden, für die das Team eigentlich besser qualifiziert wäre. Die Lösung besteht darin, zwischen Team und Teamumfeld die Grenzen der Verantwortungsbereiche gemeinsam festzulegen und zu vereinbaren, wie das Team in größere Entscheidungen involviert werden soll.

Diese Strukturklärung kann nur im Dialog stattfinden. Im ersten Schritt können von beiden Seiten die „roten Linien" abgesteckt werden: Welche unverhandelbaren Rahmenbedingungen und Grenzen gibt es von außen für das Team? Welche unverrückbaren Bedingungen stellt das Team an sein Umfeld? Auch wenn diese Formulierungen hart klingen, kommt es hier selten zu Konflikten – die Vorstellungen sind meistens für beide Seiten offensichtlich und schon lange in die Erwartungs-Erwartungen integriert. Dass das Team beispielsweise gewisse Handlungsspielräume benötigt oder sich an offizielle Standards der Organisation halten muss, dürfte für die Beteiligten kaum überraschend sein.

Spannend wird es, wenn es um die „weichen", also verhandelbaren Grenzen des Verantwortungsbereichs geht. Die Beteiligten haben in der Regel sehr unterschiedliche

---

85 Dazu sehr lesenswert Leopold, Klaus (2021): *Agilität neu denken: Mit Flight Levels zu echter Business-Agilität* (2. Auflage). dpunkt.

86 Hackman, Richard (2002). *Leading Teams: Setting the Stage for Great Performances*. Harvard Business Review Press. S. 50 (Übersetzung des Autors).

Vorstellungen davon, was „selbstorganisiertes Arbeiten“ genau bedeutet, und der Satz „das Team entscheidet selbst“ ist nie so gemeint, dass das Team einfach beliebige Entscheidungen treffen darf. Mitarbeiter einstellen und entlassen? Sich selbst die Gehälter anpassen? Strategische Richtungswechsel vornehmen? Verträge im Namen der Organisation abschließen? Vermutlich wird das für die wenigsten Teams noch im Rahmen des Möglichen liegen. Aber wo genau verläuft dann die Grenze?

Um diesen Dialog zu erleichtern, hat mein Team bei Chili and Change ein Werkzeug entwickelt, das wir den *Shared Leadership Compass* nennen. Dieses beruht auf zwei wesentlichen Erkenntnissen: Wie viel Verantwortung und Freiräume ein Team hat, hängt unmittelbar vom Themenbereich ab. Und: Die Übernahme von Verantwortung durch ein Team ist keine Ja/Nein-Entscheidung, sondern kann graduell und fein abgestuft vorgenommen werden.

Themenbereiche der Verantwortung

Wer selbstorganisierte Teams in der Praxis beobachtet, stellt schnell fest, dass sie in einigen Bereichen sehr weitreichende Entscheidungen treffen, während sie an anderer Stelle ihrem Umfeld die Entscheidungen überlassen. Wie groß der Entscheidungsfreiraum des Teams ist, ist also themenabhängig, und es gibt unterschiedliche Kategorien, in denen regelmäßig Entscheidungen zu treffen sind. Diese Kategorien sind die inhaltliche Arbeit, Arbeitsorganisation, Teamstrategie, Repräsentation nach außen, Weiterentwicklung und personalrechtliche Themen der Organisation. Innerhalb dieser großen Kategorien lassen sich Untergruppen bilden:

Tägliche Arbeit

- *Fachliche Entscheidungen*: All das, was im Rahmen der normalen Arbeit in Bezug auf Leistung und Ergebnisse des Teams inhaltlich zu entscheiden ist.
- *Ergebnisbewertung*: Entscheidungen zur Frage, wann Ergebnisse fertig und für die Weitergabe gut genug sind.
- *Fachliche Zielsetzung*: Inhaltliche und projektbezogene Ziele, die das Team kurz- und mittelfristig anstrebt, also die Frage, wie erfolgreiche „Meilensteine“ für das Team aussehen können.
- *Informationsaustausch*: Das Zusammentragen, Verteilen und Bewerten relevanter Informationen aus dem Arbeitsumfeld.

Arbeitsorganisation

- *Meetingmoderation*: Planung, Durchführung und Nachbereitung von Teammeetings und internen Workshops.
- *Strukturentwicklung*: Definition, Überprüfung und Anpassung der in diesem Kapitel besprochenen Strukturelemente.
- *Überblick über Aufgaben*: Hierzu gehört der regelmäßige, kritische Blick aufs „große Ganze“ und die Metaebene: Übersieht das Team gerade etwas? Gibt es Überraschungen? Bauen sich irgendwo möglicherweise Probleme auf, und wie geht das Team mit ihnen um?
- *Organisatorische Entscheidungen*: Zu diesen gehören die Priorisierung, Planung und Verteilung von Aufgaben sowie das Setzen von Themenschwerpunkten und Meeting-Agenden.

Strategie

- *Sinnstiftung*: Die Entscheidung, wozu es das Team gibt und welches seine Kernaufgaben sind.
- *Strategische Zielsetzung*: Definition langfristiger Ziele des Teams sowie deren Abgleich mit Umwelterwartungen und den Strategien von Kunden, Partnern und der Gesamtorganisation.
- *Strategische Entscheidungen*: Alle Entscheidungen von langfristiger Tragweite, etwa über Leistungsangebot, Größe und grundsätzlichem Vorgehen des Teams.

Repräsentation

- *Ergebnispräsentation*: Wer in welchem Rahmen Ergebnisse des Teams nach außen trägt, die Verantwortung dafür übernimmt und Rückmeldungen von Kunden und Stakeholdern verarbeitet.
- *Netzwerk und Kontakte*: Für das Team wichtige Kontakte aufbauen, Partner gewinnen, Nahtstellen aufbauen und pflegen und (falls nötig) unterschiedliche Arbeitsweisen integrieren.
- *Vertretung von Teaminteressen*: Bedarfe des Teams sammeln, bündeln und aufbereiten und in Form von Erwartungen mit Kunden, Stakeholdern und dem allgemeinen Teamumfeld verhandeln.

Teamentwicklung

- *Persönliche Entwicklung*: Entscheidungen rund um Strukturen, die sich mit Verhalten und Entwicklung einzelner Teammitglieder beschäftigen, wie etwa Feedbackformate oder konkrete Erwartungshaltungen untereinander.
- *Kompetenzentwicklung*: Der Abgleich von Anforderungen und Fähigkeiten des Teams, Schließen eventueller Lücken durch Weiterbildung, Aufgabenverteilung und teaminternen Aufbau von Wissen und Erfahrung.
- *Konfliktauflösung*: Auffangen und Lösen von Spannungen und Meinungsverschiedenheiten, und das Wiederherstellen einer sachlichen, konstruktiven Arbeitsatmosphäre.
- *Beziehungspflege*: Das Ermöglichen von informellem Austausch, Aufbau und Pflege zwischenmenschlicher Beziehungen, aber auch z.B. Organisation von Teamevents.
- *Gesundheit*: Alle Entscheidungen, die rund um Gesundheitsförderung, Stress- und Verletzungsprävention, berufliche Wiedereingliederung und ähnliche Themenbereiche notwendig sind.

Personalverantwortung

- *Disziplinarische Themen*: Zu diesen gehört nicht nur das Umsetzen und Einhalten von Organisationsregeln und Vorschriften, sondern auch eine Reihe administrativer und personalrechtlicher Aufgaben, wie etwa Arbeitsverträge zu verhandeln und zu unterzeichnen, Arbeitszeugnisse zu erstellen, Arbeitszeiten und -orte festzulegen oder von der Organisation festgelegte Verwaltungsprozesse zu bedienen.
- *Leistungsbeurteilung*: Bündelt alle Entscheidungen, die in Bezug auf Leistungsbewertung, Bonuszahlungen, Gehaltserhöhungen und Beförderungen notwendig werden.

Angesichts dieser langen Liste von Themenbereichen wird klar, warum ein Dialog über die Verantwortungsbereiche eines Teams so wichtig ist. Mir sind nur wenige Teams begegnet, die tatsächlich für alle der oben aufgelisteten Bereiche voll verantwortlich und entscheidungsberechtigt waren. Dagegen habe ich viele Teams erlebt, in denen

„Selbstorganisation" bedeutete, jeden Tag von neuem im Nebel der Verantwortlichkeiten herauszufinden, welche Fragen sie nun wirklich entscheiden dürfen und welche nicht, welcher Teilbereich dieser Themen also mit dem Wort „Selbstorganisation" bei ihnen gemeint gewesen sein könnte.

Stufen der Verantwortungsübernahme

Die zweite wichtige Erkenntnis ist, dass Verantwortungsübernahme keine Schwarz-Weiß-Entscheidung sein muss. Verantwortung kann zwischen zwei Parteien fein abgestuft verteilt werden. Entscheide ich, oder entscheidet ihr? Vielleicht entscheide ich, aber nehme mir die Zeit, euch in die Hintergründe und Überlegungen mit einzubeziehen. Vielleicht entscheidet ihr, aber holt im Vorfeld meine Erwartungen und Bedenken ein. Oder wir setzen uns zusammen und treffen eine Entscheidung gemeinsam, als Gruppe von gleichberechtigten Partnern.

In Anlehnung an die *sieben Delegationslevels* von Jurgen Appelo[87] entstehen so sieben mögliche Abstufungen, wie Verantwortung aufgeteilt werden kann. Die eine Partei ist dabei immer das Team, die andere ist eine Rolle oder Gruppe mit der formalen Autorität, den Entscheidungsspielraum des Teams zu verhandeln und festzulegen. Wenn das Team eine Führungskraft hat, wird ihr dieser Gegenpart normalerweise zufallen, ansonsten kann diese Aufgabe von einer Kundin, einem Stakeholder oder einer anderen Instanz übernommen werden. Der Einfachheit halber wird im Modell von einer hierarchischen Führungskraft, beispielsweise einer Teamleitung, ausgegangen.

- **Stufe 1**: Entscheidung und Verantwortung über das Thema und dazugehörige Strukturen liegen bei der Führungskraft, die nach eigenem Ermessen handeln kann und das Team bei Bedarf über ihre Beschlüsse informiert.
- **Stufe 2**: die Führungskraft entscheidet, informiert das Team aber anschließend umfassend und legt bei Bedarf auch Beweggründe und Herangehensweise offen.
- **Stufe 3**: die Führungskraft entscheidet, konsultiert das Team aber im Vorfeld und holt Meinungen, Erwartungen und Wünsche ein.
- **Stufe 4**: Führungskraft und Team besprechen und entscheiden das Thema gemeinsam im Dialog oder mit geeigneten Entscheidungsverfahren (z.B. Konsentprinzip).
- **Stufe 5**: das Team entscheidet, holt aber im Vorfeld die Erwartungen der Führungskraft ein und lässt sich von dieser beraten.
- **Stufe 6**: das Team entscheidet nach eigenem Ermessen und informiert anschließend die Führungskraft.
- **Stufe 7**: das Team kann bei diesem Thema Inhalte und Strukturen frei entscheiden und gestalten.

Das Modell des Shared Leadership Compass fügt noch eine weitere **Stufe 0** hinzu, für Fälle, in denen weder Team noch Führungskraft in diesem Bereich Entscheidungen treffen. Das kann etwa der Fall sein, wenn diese Themen im Verantwortungsbereich anderer Teams oder Rollen liegen, die Organisation fixe Rahmenbedingungen vorgibt oder aus irgendwelchen Gründen keine Entscheidungen notwendig sind.

---

[87] Z.B. Appelo, Jurgen (2010). *Management 3.0.* Addison-Wesley. S. 127 ff.

Modell und Anwendung

Legt man Themengebiete und Entscheidungsverteilungen über Kreuz, entsteht eine Matrix, in der sich der Verantwortungsbereich des Teams transparent abbilden und besprechen lässt (siehe Abbildung). Im Dialog kann das Team mit seinen Gesprächspartnern für jeden Aufgabenbereich festhalten, wie groß die Entscheidungsspielräume aktuell gesehen werden. Dabei können unterschiedliche Auffassungen ans Licht kommen, etwa weil Teammitglieder die Verantwortung unterschiedlich verteilt sehen, oder sich Team und Umfeld über die Grenzen der Handlungsbereiche nicht einig sind. Diese unterschiedlichen Erwartungen festzustellen, ist etwas Gutes! Sie können nun abgeglichen und mögliche Konflikte aufgelöst werden, bevor es im Alltag zu Missverständnissen kommt.

Sobald das Modell ein gemeinsames Verständnis des Status quo abbildet, können mögliche Veränderungen des Verantwortungsbereichs diskutiert werden. Typische Leitfragen sind hier:

- In welchen Themen spüren wir besonders starken Veränderungsbedarf?
- Welche Verantwortungsverteilung in diesen Themen würde besser zu unseren Rahmenbedingungen passen?
- Welche Veränderung würde das im Modell bedeuten (z.B. im Thema X von Stufe 3 auf Stufe 6 zu wechseln)?
- Welche konkreten strukturellen Änderungen beschließen wir gemeinsam, um die Verantwortung entsprechend zu verschieben?

		Teamentwicklung					Personal-verantwortung		Arbeitsorganisation			
		persönliche Entwicklung	Kompetenz-entwicklung	Konflikt-auflösung	Beziehungs-pflege	Gesundheit	disziplinarische Themen	Leistungs-beurteilung	Meeting-moderation	Struktur-entwicklung	Überblick über Aufgaben	Organisa-torische Entscheidungen
7	Team entscheidet Thema und Strukturen											
6	Team entscheidet und informiert Leitung											
5	Team entscheidet mit Unterstützung der Leitung											
4	Entscheidung fällt gemeinsam											
3	Leitung entscheidet mit Unterstützung des Teams											
2	Leitung entscheidet und erklärt es dem Team											
1	Leitung entscheidet Thema und Strukturen											
0	Entscheidung durch Dritte außerhalb d. Teams											

Das Modell bietet nur eine Standortbestimmung an, und wertet die Entscheidungen nicht. Höher ist nicht zwingend bei jedem Thema besser. Ziel des Ganzen ist nicht, dass am Ende alle Entscheidungen beim Team liegen, sondern dass die Verantwortungsverteilung für das konkrete Team, sein Umfeld und seine Aufgaben passend und unterstützend wirkt und Entscheidungen des Teams auch von der Organisation akzeptiert werden. Erfahrungsgemäß wünschen sich aber viele Teams eher größere Gestaltungsspielräume.

Das Modell behandelt alle Themenbereiche gleichwertig, allerdings ergibt sich oft eine Entwicklung entlang der Selbstorganisationsstufen aus Kapitel 1: Aufgabenverteilung und Alltagsorganisation übernehmen viele Teams schon früh, gefolgt von Struktur- und Teamentwicklung, Vernetzung und Repräsentation. Themenbereiche wie Strategie und personalrechtliche Aspekte bleiben dagegen auch in sehr selbstorganisierten Teams oft in der Verantwortung formaler Rollen, wie etwa einer Teamleitung oder einer Geschäftsführerin. Dabei handelt es sich um eine wertfreie Beobachtung, nicht um eine Empfehlung – vielleicht gibt es auch Fälle, in denen das genaue Gegenteil sinnvoll wäre.

Das Originalmodell in einer grafisch ansprechenderen Form, sowie Austauschformate, Werkzeuge und Anwendungsfälle sind auf der Website des Shared Leadership Compass zu finden.[88]

Tägliche Arbeit
fachliche Entscheidungen
Ergebnisbewertung
fachliche Zielsetzung
Informationsaustausch
Strategie
Sinnstiftung
strategische Zielsetzung
strategische Entscheidungen
Repräsentation
Ergebnispräsentation
Netzwerk und Kontakte
Vertretung von Teaminteressen

88 http://www.chili-and-change.de/compass/. Das Modell ist unter einer CC BY-ND 4.0 Lizenz für private und kommerzielle Nutzung freigegeben. Abdruck hier erfolgt mit freundlicher Genehmigung von Chili and Change – vielen Dank.
Gegenüber der Originalfassung habe ich einige Begriffe abgewandelt, um sie stärker in die Sprache dieses Buchs zu integrieren. Aufbau und Inhalte des Modells sind unverändert.

Als einfache Alternative zur Arbeit mit dem Modell kann das Team häufig zu treffende Entscheidungen auch sammeln und gemeinsam zwischen den drei Instanzen Teammitglied, Team und Teamumwelt verorten. Vor allem die Beziehung zwischen dem Team und seinen Mitgliedern ist interessant: Was können Teammitglieder eigenverantwortlich im Namen des Teams entscheiden, bei welchen Fragen muss das Team einbezogen werden, welche Entscheidungen werden grundsätzlich nur in der großen Runde getroffen? Eine einfache visuelle Übersicht macht unterschiedliche Erwartungen besprechbar und erlaubt es, Positionen zu beziehen und mögliche Lösungen zu verhandeln.

Was entscheiden Teammitglieder eigenverantwortlich?	Wo halten Teammitglieder mit dem Team Rücksprache?	Was entscheidet das Team gemeinsam?	Wo wird das Team mit einbezogen?	Was wird außerhalb des Teams entschieden?

6.6 Ressourcen und Material

Nicht zuletzt stellen sich in der Entwicklung der Teamstrukturen auch eher banale Fragen rund um Arbeitsmaterial, gemeinsame Räume, Ressourcen, Finanzen und ähnliches.

Wo wird das Team arbeiten? Gibt es gemeinsame Räume oder Arbeitsflächen, die es nutzen kann? Welche Regeln gelten dort, wer hat wann und wie Zugang, was gibt es zu beachten? Wer kümmert sich um diese? Gibt es irgendwelche besonderen Abläufe durchzuführen, in die das Team eingewiesen werden muss oder für die es eine Checkliste braucht?

Was braucht das Team für seine Arbeit, speziell mit Blick auf Zeit, Geld, Arbeitsmaterial? Über das, was es braucht, und das, was vorhanden ist, kann das Team sich einen Überblick verschaffen, und besprechen, wie – jetzt oder später – die Lücken gefüllt werden können.

Wie organisiert das Team Material und Ressourcen? Ablage- und Ordnungssysteme können hier besprochen und der Zugang zu ihnen geklärt werden. „Allgemeine" Dinge des Teams sollten Teammitgliedern ohne größere Hürden jederzeit zur Verfügung stehen – Schrankschlüssel suchen zu müssen oder nicht an wichtige Dokumente zu kommen, weil ein Kollege gerade im Urlaub ist, gehören zu den unnötigsten Konfliktgründen, die ein Team produzieren kann. Hierzu gehören auch Schlüssel, Zahlenkombinationen, Passwörter, Zugangsdaten und ähnliches. Oft ist es nicht ganz leicht, diese unkompliziert allen Teammitgliedern, aber gleichzeitig niemandem sonst, zugänglich zu machen. Eine kluge Lösung zu suchen, lohnt sich.

An dieser Stelle können wir die Betrachtung elementarer Teamstrukturen vorerst abschließen. Wir haben gesehen, dass Teams gerade in ihrer Neugründung eine Fülle an möglichen Themen und Fragestellungen klären können und oft auch müssen – von Daseinszweck und Arbeitsorganisation über Kommunikationsstrukturen, Entscheidungsprozesse und gemeinsame Spielregeln bis hin zur Kontextintegration. Mit Sicherheit ist diese Liste möglicher Strukturentscheidungen bei Weitem nicht vollständig und kann nur Beispiele und Inspiration für die eigene Selbstorganisation bieten.

Ich will noch einmal daran erinnern, dass es weder von mir noch von anderen die Erwartung gibt, eine Teamcharta oder ein Kick-off müssten alle diese Themen abdecken, um „vollständig" zu sein. Welche Themen aus diesem großen Kapitel wichtig sind, weiß das Team sicher selbst am besten. Auch die Reihenfolge kann gern flexibel gehandhabt werden und muss nicht so durchgeführt werden wie hier aufgelistet. Themen, für die in einem gemeinsamen Kick-off die Zeit nicht reicht, können auch später noch geklärt werden. Bei vielen Strukturen wird es so oder so sinnvoll sein, sie hin und wieder zu überprüfen und zu überarbeiten. In der Regel merkt man während der Arbeit im Team schnell, an welchen Stellen es beim gemeinsamen Verständnis hakt.

Kapitel 4
Konstruktives Miteinander

„Wenn die Menschen nicht manchmal Dummheiten machten, geschähe überhaupt nichts Gescheites."

Ludwig Wittgenstein

Inhaltsübersicht

In diesem Kapitel betrachten wir eine Reihe von Themen, die die Interaktion und Beziehungen der Teammitglieder untereinander betreffen – Kommunikation, Vertrauen, Sicherheit, Motivation und ähnliche soziale und psychologische Phänomene.

1. Kommunikation

„Das größte Problem mit der Kommunikation ist die Illusion, sie sei gelungen."
George Bernard Shaw

Kommunikation ist das einzige Werkzeug, das uns in der Zusammenarbeit mit anderen Menschen wirklich zur Verfügung steht, und unsere einzige Möglichkeit, auf das Geschehen um uns herum Einfluss zu nehmen. Wie erfolgreich wir miteinander interagieren können, hängt unmittelbar davon ab, wie präzise, zielgerichtet und situationsangepasst wir uns mitteilen und wie aufmerksam und empathisch wir anderen zuhören. Welche Worte wir wählen, wie wir Fragen formulieren und welche Aussagen wir treffen, hat um ein Vielfaches mehr Wirkung auf das Geschehen als unsere Absichten oder das Wissen in unseren Köpfen.

Gleichzeitig ist Kommunikation für uns so alltäglich, dass wir nur selten darüber nachdenken, wie sie eigentlich funktioniert. Oft arbeiten wir unbewusst mit einer Art Sender-Empfänger-Modell: Jemand teilt (aktiv) eine Nachricht mit, und jemand anderes empfängt sie (passiv). Kommunikation wird meistens mit „Mitteilen" gleichgesetzt, also mit dem, was der aktive Part dieser Interaktion tut. Wir sehen das in alltagssprachlichen Formulierungen, etwa, dass jemand mehr oder weniger gut „im Kommunizieren" (eigentlich: sich mitteilen) ist oder dass ein Organisationsbereich, der offizielle Mitteilungen herausgibt, als „Kommunikationsabteilung" bezeichnet wird. Selten wird gutes Zuhören als „kommunizieren" betrachtet, obwohl gekonntes Zuhören 50 % von gelungener Kommunikation ausmacht – wenn nicht sogar mehr.

Die Idee des Sender-Empfänger-Modells stammt ursprünglich aus der Mathematik.[89] Es lässt auch Kommunikationsprobleme zu – zum Beispiel kann die „Leitung" zwischen den kommunizierenden Systemen gestört sein oder die Nachricht unterwegs verändert werden, was dann zu Missverständnissen führt. Im Kern des Modells steht jedoch die unhinterfragte Annahme, dass Kommunikation erfolgreich ist, wenn beim Empfänger genau das ankommt, was der Sender mitteilen wollte. Der Empfänger ist in dieser Sicht nur passiver Endpunkt einer Mitteilung, und es liegt in der Verantwortung des Senders, beim Empfänger die beabsichtigte Reaktion auszulösen.

Das Sender-Empfänger-Modell zielte ursprünglich darauf ab, den Datenaustausch zwischen technischen Systemen, etwa mit Radiowellen oder Telefonleitungen, zu beschreiben. Für diese Anwendungen ist das Modell von grundsätzlicher Bedeutung und wird

[89] Z.B. Shannon, Claude & Weaver, Warren (1963). *A Mathematical Theory of Communication.* University of Illinois Press.

bis heute in Grundlagenvorlesungen der Informatik und der Ingenieurwissenschaften behandelt. Auf die Kommunikation zwischen Menschen ist sie aber nicht ohne Weiteres übertragbar. Zu denken, man müsste nur das Richtige sagen, um bei seinem Gegenüber das gewünschte Verhalten auszulösen, ist eine naive, realitätsferne und irgendwo auch respektlose Vorstellung. Vor dem Hintergrund der Systemtheorie und des Konstruktivismus müssen wir die Annahme, dass erfolgreiche Kommunikation zwischen Menschen mit fehlerfreier „Übertragung" gleichzusetzen ist, ganz klar infrage stellen. Soziologen wie Niklas Luhmann war bewusst, dass das Sender-Empfänger-Modell im Kontext von lebenden, selbstorganisierenden Systemen schwere Widersprüche produziert:

> *„Die Übertragungsmetapher ist unbrauchbar, weil sie suggeriert, daß der Absender etwas übergibt, was der Empfänger erhält. Das trifft schon deshalb nicht zu, weil der Absender nichts weggibt in dem Sinne, daß er selbst es verliert. Die gesamte Metaphorik des Besitzens, Habens, Gebens und Erhaltens, die gesamte Dingmetaphorik ist ungeeignet für ein Verständnis von Kommunikation. […] Benutzt man sie, wird man verführt, sich vorzustellen, daß die übertragene Information für Absender und Empfänger dieselbe sei. […] Die Identität einer Information muß [stattdessen] als vereinbar gedacht werden mit der Tatsache, daß sie für Absender und Empfänger sehr verschiedenes bedeutet."*[90]

Auch durch etwas Nachdenken wird klar, dass das Sender-Empfänger-Modell nicht unsere Realität beschreiben kann. Was passiert etwa, wenn ich einen Text einer unbekannten (oder sogar verstorbenen) Autorin lese? Wie sinnvoll ist die Frage, was jemand „meint", den ich nicht kenne oder den es gar nicht mehr gibt? „Bedeutung" existiert hier nur in Form von Worten auf Papier, und mein Verständnis basiert auf dem, was ich selbst in diesen Text hineinlese. Selbst im direkten Gespräch steht mir das, was mein Gesprächspartner in seinem eigenen Kopf „meint", nicht zur Verfügung, es muss von mir interpretiert und bewertet werden. Luhmann entwirft daher ein Kommunikationsmodell, das aus drei Auswahlschritten (*„Selektionen"*) besteht:

1. **Auswahl der Information:** Die erste Selektion ist die des Inhalts. Immer, wenn ich etwas mitteile, muss ich zuerst auswählen, *was* ich mitteilen möchte. Anstatt diesem könnte ich ja auch etwas anderes oder gar nichts mitteilen.
2. **Auswahl der Mitteilung:** Wenn die Information ausgewählt ist, entscheide ich als Nächstes über die Form der Mitteilung. Dazu kann ich eine Vielzahl an Mitteilungswegen nutzen (verbal, schriftlich, bildlich, Körpersprache, …). Ich kann meine Worte unterschiedlich wählen, über Tonfall, Mimik und Körpersprache eine Vielzahl von Nuancen ausdrücken, mich laut oder leise, scharf oder sanft, sarkastisch oder verständnisvoll äußern. Je nach Beziehungskontext kann ich die eigentliche Mitteilung mit weiteren Informationen anreichern, die eine Fülle von Beziehungserwartungen transportieren. Eine E-Mail mit „Sehr geehrte …" anzufangen, wird von einer Behörde vermutlich als höfliche Floskel, von der eigenen Familie dagegen als eisige Distanz interpretiert. Welche Form ich für die Mitteilung wähle, ist für die Kommunikation also enorm wichtig.
3. **Auswahl des Verständnisses** (durch den Anderen): Was ich ursprünglich mal „gemeint" haben mag, kann mein Gegenüber nicht wissen. Stattdessen wird er oder sie innerhalb des selbst konstruierten Weltbilds mein Verhalten *interpretieren*: Warum

[90] Luhmann, Niklas (2021). *Soziale Systeme* (18. Auflage). Suhrkamp. S. 193 ff.

habe ich diese Information mitgeteilt und nicht eine andere? Warum habe ich sie auf diese Weise mitgeteilt und nicht auf eine andere? Was lässt sich zwischen den Zeilen herauslesen? Was sage ich damit über mich selbst? Wie scheine ich unsere Beziehung zu sehen? Welche Absicht könnte ich damit ausdrücken wollen? Und schlussendlich muss natürlich entschieden werden: Wird die interpretierte Mitteilung einfach zur Kenntnis genommen oder darauf mit einer eigenen Information und Mitteilung geantwortet?

Auch auf Seiten des „Empfängers" finden drei Selektionen statt:

1. **Wahrnehmung:** Ich nehme etwas wahr, was mein Gegenüber tut (oder getan hat) oder nehme etwas *nicht wahr,* das ich erwartet hatte.
2. **Erklärung:** Aus dem, was ich wahrnehme, ziehe ich Schlüsse über das, was in meinem Gegenüber vorgeht und was er oder sie vielleicht mitteilen wollte.
3. **Bewertung:** Aus meiner Erklärung leite ich eine Bewertung der Situation und der Beziehung ab und baue sie in meine Gesamtwahrnehmung mit ein.

Zum Beispiel kann ich beim Betreten eines Raums freundlich grüßen und dann wahrnehmen, dass mein Gegenüber nicht auf mich reagiert. Dieses Ausbleiben einer Reaktion kann ich auf mehrere Arten erklären: Vielleicht hat mein Gegenüber mich nicht wahrgenommen? Oder er ist gerade abgelenkt? Vielleicht habe ich aber auch das Gefühl, bewusst ignoriert zu werden. Gehe ich davon aus, dass ich nicht wahrgenommen wurde, kann ich den Gruß wiederholen oder es mit einem Schulterzucken abtun. Ich kann das Schweigen aber auch als feindselig verstehen und mich mental auf eine Konfrontation vorbereiten.

Das Modell von Wahrnehmen-Erklären-Bewerten stellt die Rolle des „Empfängers" vom Kopf auf die Füße. Nichts an Zuhören oder Beobachtung ist „passiv". Wir nehmen aktiv wahr, sammeln Informationen, sortieren, interpretieren und bewerten. Alle Beteiligten an einer Kommunikation sind aktiv, egal ob sie sprechen oder zuhören, schreiben oder lesen, sich verhalten oder anderen dabei zuschauen. Tatsächlich ist es sogar so, dass wir uns immer irgendwie verhalten müssen, also ständig Dinge „mitteilen", egal, ob wir das wollen oder nicht. Ob daraus Kommunikation wird, entscheiden oft die Beobachter unseres Verhaltens. Sogar Schweigen und Nichtstun kann als Mitteilung verstanden werden, wenn die Anderen eine freundliche Begrüßung erwartet hatten: „Mann, der ist heute wieder schlecht drauf."

In einer Welt, in der diese Kommunikationsmodelle gelten, gibt es keine „Übertragung" von Information. Jemand spricht, und jemand interpretiert. Jemand schreibt, und jemand interpretiert. Jemand verhält sich, und jemand interpretiert. Mitteilung und Wahrnehmung finden in unterschiedlichen Systemen mit unterschiedlichen Weltbildern statt. Ein Grundsatz der Kommunikation (nicht nur) in selbstorganisierten Teams ist daher: *Es gibt keine Missverständnisse*. Es gibt nur Anders-Verstehen, und das ist die Regel, nicht die Ausnahme. Das, was gemeint war, das, was mitgeteilt wurde, und das, was verstanden wurde, sind immer drei verschiedene Dinge. Wir können damit hadern, das ändert aber nichts. Wenn wir im Team effektiv kommunizieren wollen, müssen wir der Tatsache Respekt zollen, dass dieselbe Information für dich und mich immer unterschiedliche Bedeutung haben kann.

1.1 Die vier Seiten einer Nachricht

Als ob das nicht schon schlimm genug wäre, ist es so gut wie unmöglich, nur eine einzige Mitteilung zu machen oder Information zu beobachten. In seinem *Vier-Seiten-Modell*[91] stellt der Kommunikationspsychologe Friedemann Schulz von Thun die These auf, dass sich jede Mitteilung in gleich vier einzelne Aussagen unterscheiden lässt:

- **Die Sachebene:** Worüber spreche ich, was sage ich zum Thema?
- **Die Selbstaussage:** Was geht gerade in mir vor, was teile ich über mich selbst mit?
- **Der Beziehungsaspekt:** Wie sehe ich unsere Beziehung aktuell, in welchen Rollen sehe ich dich und mich?
- **Der Appell:** Was möchte ich bei dir erreichen, welche Reaktion erwarte ich von dir?

---

[91] Z.B. Schulz von Thun, Friedemann (2010). *Miteinander reden 1: Störungen und Klärungen*. Rowohlt. S. 25 ff.

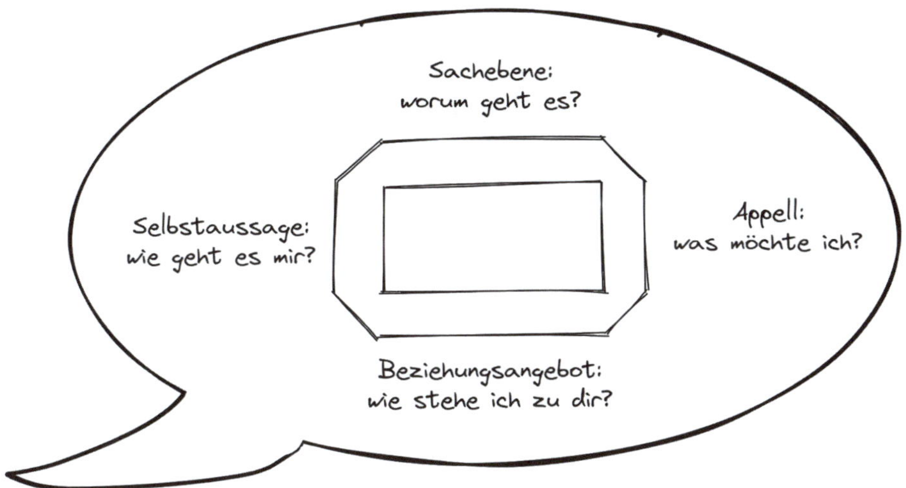

Als Beispiel könnte etwa ein Teammitglied im Meeting sagen: „Heute morgen war der Teamraum schon wieder nicht abgeschlossen." Die Sachebene ist klar: Er oder sie war morgens im Teamraum, die Tür war nicht abgeschlossen, und das ist schon mehrmals vorgekommen. Schon bei der Selbstaussage lässt sich hier aber ein buntes Spektrum möglicher Mitteilungen heraushören: „Ich dachte, wir hätten vereinbart, dass der Raum über Nacht abgeschlossen wird", „Mich stört es, wenn der Raum offensteht", „Ich erinnere euch daran nicht zum ersten Mal".

Auch auf der Beziehungsebene passieren spannende Dinge. Unser Sprecher sieht sich offenbar in der Verantwortung, das Team auf die offene Tür hinzuweisen und an die Vereinbarung zu erinnern. Die Aussage bietet eine bestimmte – erzieherische? – Rollenverteilung an, die das Team annehmen, aber auch zurückweisen kann. Und nicht zuletzt gibt es eine Vielzahl von möglichen Appellen, die hinter dieser Nachricht stehen können – geht es dem Sprecher darum, dass jemand seinen Fehler eingesteht? Dass die Vereinbarung noch mal geklärt wird? Dass das Team die Zuverlässigkeit bestimmter Teammitglieder zum Thema macht? Dieser Aspekt ist wichtig zu klären, bevor die Aussage von unterschiedlichen Seiten unterschiedlich aufgeladen wird, was die weitere Diskussion erheblich erschweren würde.

Nehmen wir die Modelle von Niklas Luhmann und Friedemann Schulz von Thun zusammen, wird klar, wie komplex und vielschichtig unsere Kommunikation in Wirklichkeit ist. Über die Auswahl von Information und Mitteilung kann unser „Sender" nicht nur die Sachebene, sondern auch Selbstaussagen, Beziehungsangebote und Appelle wählen und beliebig miteinander kombinieren. Gleichzeitig interpretiert unser „Empfänger" die wahrgenommene Nachricht ebenfalls auf den vier Ebenen und kommt dabei höchstwahrscheinlich zu anderen Aussagen als denen, die unser „Sender" beabsichtigt hatte. Hinzu kommt, dass ein temporeicher Dialog kaum Zeit lässt, die vier Ebenen bewusst zu reflektieren. All diese Prozesse laufen in Sekundenbruchteilen ab, unser Unterbewusstsein übernimmt dabei die meisten Entscheidungen. Im oben genannten Beispiel könnte ein anderes Teammitglied etwa die Sachaussage „Die Türe hätte abgeschlossen sein sollen" mitgehen, aber mit der unterschwelligen Beziehungsaussage ein

Problem haben: „Du hast kein Recht, uns in dieser Form zu maßregeln!". In der Antwort schwingt dann schnell etwas Ablehnendes mit, was vom ersten Sprecher als Unverständnis der Sachebene gedeutet werden kann – und schon ist man miteinander im Streit, ohne dass auch nur ein einziges „Missverständnis" im eigentlichen Sinne passiert wäre.

1.2 Tipps für gute Kommunikation

Diese Art von Kommunikationsproblemen lässt sich im Miteinander von Menschen kaum vermeiden. Zum Glück haben wir als Spezies schon ein paar Jahrtausende Übung darin, miteinander zu sprechen, und eine Vielzahl von hilfreichen Prinzipien und Hilfsmitteln entwickelt, auf die wir zurückgreifen können. Für mich haben sich die folgenden besonders bewährt:

- **Sei dir sicher, was du mitteilen willst.** Solange du selbst nicht weißt, worum es dir geht, wird dein Gegenüber keine Chance haben, dich zu verstehen. Das bedeutet nicht nur, eine klare Sachaussage zu machen, sondern auch die anderen Ebenen der Mitteilung bewusst zu gestalten. Welche Informationen willst du über dich selbst preisgeben? In welche Richtung möchtest du die Beziehung entwickeln – Augenhöhe unter Gleichen, oder willst du eine bestimmte Rollenkonstellation ausdrücken? Was ist deine Erwartung an dein Gegenüber? Im Notfall hilft es, um eine kurze Denkpause zu bitten, oder die Unsicherheit in die Aussage mit einzubauen: „Ich habe noch etwas Schwierigkeiten, es in Worte zu fassen, aber ich glaube, was mich stört, ist …"
- **Konstruiere deine Mitteilung sorgfältig.** Wenn die Botschaft klar ist, mache dir den Kontext bewusst, in dem dein Gegenüber die Nachricht empfangen wird. Wähle deine Worte mit Sorgfalt, im Bewusstsein, dass sie für dein Gegenüber etwas anderes bedeuten können. Wenn du die Wahl hast, verwende Begriffe so, wie sie dein Gegenüber verwenden würde. Vermeide unscharfe Ausdrücke mit vielen Interpretationsmöglichkeiten (wie etwa „besser" oder „es richtig machen"), verwende stattdessen Begriffe, die eine möglichst eindeutige Bedeutung haben. Triff bewusste Entscheidungen über die Form deiner Nachricht. Achte dabei besonders darauf, Emotionen kontrolliert in die Nachricht einzubauen: „Ich merke, dass mich das stört" wirkt ganz anders als „Du Idiot!". Kurz: Wähle die Form deiner Nachricht so, dass sie die beabsichtigte Wirkung unterstützt. Das gilt ganz besonders für Kommunikationsformen mit zeitlicher Verzögerung, wie Textnachrichten, E-Mails, Dokumente oder Ähnliches, bei denen du nicht steuern kannst, wann und in welchem Kontext sie wahrgenommen werden. Je weiter die Kommunikationsform vom persönlichen Gespräch mit Mimik, Gesten und Tonfall entfernt ist, desto wichtiger ist es, die dadurch fehlenden Informationen sprachlich mit in die Nachricht einzubauen.
- **Thematisiere die vier Seiten bewusst.** Wenn du weißt, dass in einer Sachaussage konfliktträchtige Selbstaussage-, Beziehungs- oder Appellaspekte mitschwingen können, kannst du diese herausheben und separat mitteilen. Das lässt sich schon mit wenig Aufwand realisieren: Statt „Ich möchte, dass du …" kann man denselben Satz auch beginnen mit „Ich arbeite gern mit dir, und das kann ich besser, wenn du …" Der Appell bleibt dabei gleich, aber durch das bewusste Thematisieren der angestrebten Beziehung bekommt die ganze Aussage einen konstruktiveren Charakter. Auch auf Ebene ganzer Gespräche lassen sich die Kommunikationsebenen bewusst trennen:

„Ich habe das Gefühl, dass wir gleichzeitig die Sachfrage und die Beziehung zu klären versuchen – sollen wir erst einmal schauen, wie wir uns auf der Sachebene einig werden können, und dann anschließend noch mal unsere Beziehung besprechen?"

- **Zuhören ist ein aktiver Prozess.** Sich klar und gekonnt mitteilen zu können, ist nur die Hälfte dessen, was gute Kommunikation ausmacht. Zuhören ist eine aktive und mächtige Form der Kommunikation – zumindest solange wir zuhören, um zu verstehen, und nicht einfach nur warten, bis wir wieder mit Reden an der Reihe sind. Wir dürfen das „aktiv" durchaus wörtlich verstehen: Kleine Reaktionen, Bestätigungen und Rückfragen erleichtern sowohl das Verstehen als auch das Verstandenwerden.
  Zuhören ist kein selbstloser Akt der Großzügigkeit, sondern in unserem eigenen Interesse. Wir sammeln dabei Informationen, schärfen unser Verständnis, erweitern unsere Perspektive, suchen neue Handlungsmöglichkeiten. Jemandem zuzuhören bedeutet nicht, ihm zustimmen zu müssen (man darf aber, natürlich). Als Menschen können und dürfen wir auch Ideen im Kopf halten, denen wir uns nicht anschließen wollen. Wer anderslautende Perspektiven nicht zumindest nachvollziehen kann, wird es mit der Kommunikation im Team eher schwer haben.
- **Halte den Interpretationsraum offen.** Hierzu gehören zwei Aspekte. Zum einen solltest du nicht erwarten, dass dein Gegenüber das gleiche Verständnis hat wie du, das wird er oder sie nämlich nicht leisten können. Anstatt zu fragen, was du tun kannst, um die anderen von deinem Verständnis zu „überzeugen", frage dich lieber „Wie können wir unsere unterschiedlichen Sichten zu unserem Vorteil nutzen?" Der zweite Aspekt ist, auch als „Empfänger" einer Nachricht immer die Möglichkeit offen zu halten, dass sie anders gemeint gewesen sein könnte als wir sie verstanden haben. Besonders wichtig ist das immer dann, wenn die Nachricht in deiner Wahrnehmung eine ungewöhnliche oder negative Botschaft transportiert. Im Zweifelsfall kannst du eine Bewertung so lange zurückstellen, bis deine Interpretation vom „Sender" ausdrücklich bestätigt wurde. Sätze wie „Wie meinst du das?" oder „Bei mir kommt an, dass [...]" sind wertvolle Helfer.
- **Gleiche das Verständnis aktiv ab, wenn nötig.** Immer dann, wenn misslingende Kommunikation schwerwiegende Folgen haben könnte, kannst du dich durch Wiederholung und Bestätigung rückversichern. Die einfachste Möglichkeit dafür ist das Paraphrasieren, also Wiedergeben in eigenen Worten: „Ich habe jetzt verstanden..." oder „Ich fasse noch mal kurz zusammen...". Auch Rückfragen sind wichtig, vor allem wenn die verwendete Sprache unscharf ist. Was meint dein Gegenüber damit, etwas müsse „besser" oder „schöner", „neu" oder „anders" werden? Wann ist eine Aufgabe oder Tätigkeit „fertig"? An wen richtet sich eine Aufforderung genau? Was ist mit einer bestimmten Andeutung gemeint? Wenn jemand etwas „nicht" oder „weniger" will, was will derjenige stattdessen?
  Nicht zuletzt kann es helfen, weitere Kommunikationskanäle hinzuzunehmen. Ein Dokument versteht sich besser, wenn es gemeinsam durchgesprochen wird. Andersherum ist es für ein verbales Gespräch hilfreich, die wichtigen Punkte zu verschriftlichen, zu zeichnen, visuell oder mit Objekten im Raum anzuordnen. Je mehr unterschiedliche Möglichkeiten wir nutzen, um ein- und dasselbe mitzuteilen, desto unwahrscheinlicher ist es, dass etwas Wichtiges verloren geht.

All das heißt übrigens nicht, dass wir uns spontane Reaktionen und flapsige Sprüche abgewöhnen sollen, im Gegenteil. Scherze, mehrdeutige Bemerkungen, sarkastische Kommentare und Insiderwitze gehören zu einem guten Teamalltag dazu. Wenn wir aber nebenbei auf Situationen achten, in denen ein gemeinsames Verständnis wirklich wichtig ist, können wir jederzeit von kollegialer Lockerheit in klare, strukturierte Kommunikationsformen wechseln.

Erfolgreiche Teams sind sich bewusst, dass alle Beteiligten ein unterschiedliches Verständnis der Situation haben, und Mitteilungen immer leicht anders „ankommen" als sie gemeint waren. Dort, wo dieses unterschiedliche Verständnis problematisch werden könnte, arbeiten sie bewusst darauf hin, es anzugleichen. Eingespielte Teams können im Alltag innerhalb von Sekunden zwischen sehr unterschiedlichen Kommunikationsformen wechseln, von lockeren Sprüchen an der Kaffeemaschine bis zu stark ritualisierten Interaktionen in einer formalen Übergabe. Eine gewisse Restunschärfe in der Kommunikation lässt sich nie ganz vermeiden, aber das hat uns als Menschheit ja bisher auch nicht an erfolgreicher Zusammenarbeit gehindert. Solange wir produktiv miteinander arbeiten können, ist unsere Kommunikation wahrscheinlich gut genug.

Wie kann das Team das anwenden?

Gute Kommunikation versucht nicht, alle auf die gleiche Wahrnehmung „einzunorden", sondern macht es möglich, trotz unterschiedlicher Sichten und Meinungen produktiv an der gemeinsamen Sache zu arbeiten. Sich präzise mitteilen und aufmerksam zuhören zu können, wird uns leider nicht in die Wiege gelegt. Mir hat es sehr geholfen, beides hin und wieder bewusst zu trainieren, durch Kommunikationsspiele oder gezielte Übungen. Vor allem in Konfliktsituationen und anderen kritischen Momenten hilft es sehr, die Kommunikation zeitweise stärker zu formalisieren, etwa indem verschiedene Ebenen der Kommunikation ausdrücklich in den Vordergrund gerückt werden oder indem sich verbal und schriftlich rückversichert wird. Auch das übt man besser, bevor es soweit ist.

Wichtig dabei ist, dass Kommunikation nicht nur eine individuelle Fähigkeit ist. Klar können wir jeden im Team auf eine Weiterbildung schicken, aber miteinander gut zu kommunizieren lernen wir vor allem gemeinsam. So wie eine Sportmannschaft auf dem Platz miteinander das Passen übt, können wir als Team das „Passen" von Informationen einüben. Je mehr wir also im Team bewusst miteinander kommunizieren, desto besser werden wir im Kommunizieren *als Team*. Retrospektiven sind ein guter Rahmen dafür – reflektiert als Gruppe über Erwartungen, Wahrnehmungen und Emotionen zu sprechen, ist deutlich anspruchsvoller, als immer nur auf der fachlichen Ebene zu bleiben.

2. Vertrauen

In jedem größeren Text über Teams findet sich mindestens einmal eine Aussage dazu, wie wichtig gegenseitiges Vertrauen für erfolgreiche Zusammenarbeit im Team ist. Aber warum? Was ist Vertrauen überhaupt, und wie baut man es auf? Unter Rückgriff auf die Erwartungstheorie werden wir sehen, dass Vertrauen zwar sehr individuell, aber bei genauerer Betrachtung nicht halb so geheimnisvoll ist, wie es auf den ersten Blick scheint.

Beginnen wir mit einer Definition:

Vertrauen ist die (antizipative) Erwartung, dass jemand oder etwas in meinem Umfeld (normative) Erwartungen von mir erfüllen wird.

Vertrauen haben wir dann, wenn wir davon ausgehen, dass etwas in unserem Sinne passieren wird. Vertrauen hängt mit Erwartungen zusammen, es gibt also nicht nur „ein“ Vertrauen, sondern viele verschiedene. Unterschiedliche Formen des Vertrauens sind dabei nicht beliebig austauschbar. Wir haben das bereits im Abschnitt über Teambuilding-Events (siehe Seite 54) angesprochen: Das Vertrauen, das Outdooraktivitäten in einem Team aufbauen können, ist nicht ohne Weiteres auf den Arbeitsalltag übertragbar, weil jeweils unterschiedliche Erwartungen betroffen sind. In der Zusammenarbeit sind andere Formen des Vertrauens notwendig, etwa zur Frage, ob meine Teammitglieder wichtige Arbeitsergebnisse, die sie zugesagt haben, pünktlich und gut fertigstellen werden. Diese Frage beantworten die meisten Teambuilding-Übungen leider nicht. Die Organisationsberaterin Esther Derby bringt die Anforderungen an Vertrauen im Team auf den Punkt:

„Wir alle wissen, dass Vertrauen die Grundlage für Teamarbeit ist. Aber wenn man manche Leute darüber reden hört, könnte man meinen, Teammitglieder sollten heiraten […]. Was wir am Arbeitsplatz brauchen, ist professionelles Vertrauen. Professionelles Vertrauen bedeutet: ‚Ich vertraue darauf, dass du kompetent bist, die Arbeit zu erledigen, dass du relevante Informationen weitergibst und dass du gute Absichten gegenüber dem Team hast.‘ Im Großen und Ganzen bedeutet das Vertrauen in Bezug auf Kommunikation, Engagement und Kompetenz.“[92]

Vertrauen kann ein Stück weit verallgemeinert werden, und Menschen bringen aus ihrer persönlichen Vergangenheit mehr oder weniger Grundvertrauen in andere Menschen mit. Auch Kultur und Sozialisation prägen die Art und Weise, wie Vertrauen aufgebaut und gepflegt wird. Allgemein ist Vertrauen aber an konkrete Personen und konkrete Erwartungen geknüpft. Und: Vertrauen ist erst einmal eine Einbahnstraße – wenn ich dir vertraue, sagt das über dein Vertrauen in mich überhaupt nichts aus, schließlich ist es Teil meiner Wirklichkeitskonstruktion, nicht deiner.

2.1 Vertrauen und Misstrauen

Als Menschen müssen wir vertrauen, denn ohne Vertrauen wären wir nicht handlungsfähig. Stellen wir uns vor, wir könnten kein Vertrauen in unsere Umwelt aufbauen. Wir müssten ständig Angst haben, dass alles, aber auch wirklich alles passieren könnte, egal wie schlimm es ist. Unser Haus könnte plötzlich zusammenbrechen, unser langjähriger Partner könnte uns mit dem Küchenmesser angreifen, unser Auto explodieren, unser Kaffee vergiftet sein. Wir würden nichts mehr erledigt bekommen – ein solcher Vertrauensmangel ist eine ernstzunehmende psychische Krise. Niklas Luhmann schreibt dazu:

[92] Derby, Esther (2009). *Five ways that team members build trust with each other.* Blogbeitrag, https://www.estherderby.com/five-ways-that-team-members-build-trust-with-each-other/, abgerufen am 08.12.2022 (Übersetzung des Autors).

„Der Mensch hat zwar in vielen Situationen die Wahl, ob er […] Vertrauen schenken will oder nicht. Ohne jegliches Vertrauen aber könnte er morgens sein Bett nicht verlassen.“[93]

Interessant ist, dass all diese Befürchtungen theoretisch eintreffen könnten! Wir tun einfach so, als könnten sie es nicht, weil wir sie für enorm unwahrscheinlich halten. Vertrauen ist also eine Form der *Komplexitätsreduktion* – wir blenden theoretisch mögliche Ereignisse aus, um handlungsfähig zu bleiben, weil die Vorteile von Vertrauen die dabei eingegangenen Risiken überwiegen.

Wenn Vertrauen die Annahme ist, dass die eigenen Erwartungen erfüllt werden, ist *Misstrauen* die Annahme, dass unser Umfeld uns enttäuschen wird. Auch das ist eine individuelle Strategie zur Komplexitätsreduktion (und Schadensbegrenzung): Wer schon vorsorglich Probleme erwartet, kann sich auf das erwartete Negativerlebnis vorbereiten, Absicherung betreiben und so eventuell die Konsequenzen der Enttäuschung ein Stück weit abfedern.

Etwas überraschend stellen wir also fest: Vertrauen und Misstrauen sind keine Gegensätze, sondern alternative Strategien mit dem gleichen Ziel – sozusagen ein heller und ein dunkler Weg, um das eigene Leben etwas beherrschbarer zu machen. Das Gegenteil von Vertrauen ist also nicht Misstrauen, sondern erdrückende Ungewissheit. Die Entscheidung, ob wir vertrauen oder misstrauen, muss im sozialen Miteinander immer wieder getroffen werden. Von irgendetwas müssen wir ausgehen, also wie entscheiden wir uns: Denken wir, dass es schon gut werden wird, oder gehen wir lieber vom Schlimmsten aus?

Trotzdem sind Vertrauen und Misstrauen keine gleichwertigen Alternativen. Vertrauen befreit, Misstrauen dagegen beschränkt. Wer vertraut, schafft Freiheit für sich und sein Umfeld, da gegenseitiges Vertrauen uns auch erlaubt, anders zu handeln, als wir es vielleicht mal irgendwann abgesprochen hatten:

„Wo es Vertrauen gibt, gibt es mehr Möglichkeiten des Erlebens und Handelns.“[94]

„Der zentrale Vorteil von Vertrauen als Einflussmechanismus besteht darin, dass Vertrauen eine Strategie mit einem sehr großen Handlungsspielraum ist.“[95]

Misstrauen dagegen wertet Abweichungen von Vereinbarungen als Bedrohung und Bestätigung der eigenen Befürchtungen und beantwortet sie mit Kontrollverhalten. Dieses wird dann zu einer selbsterfüllenden Prophezeiung: Tritt die befürchtete Katastrophe nicht ein, bestätigt das, dass die Kontrolle richtig und notwendig war, passiert dagegen etwas Schlimmes, kann man schlussfolgern, dass es *noch nicht genug* Kontrolle und Absicherung gab. Es bildet sich ein Teufelskreis, in dem die Handlungsspielräume gegenseitig immer und immer enger gezogen werden:

„[…] die Organisation bezahlt die Umstellung von einer Vertrauens- auf eine Misstrauensstrategie mit geringerer Flexibilität in den Beziehungen.“[96]

---

[93] Luhmann, Niklas (2014). *Vertrauen: Ein Mechanismus der Reduktion sozialer Komplexität* (5. Aufl.). UTB. S. 1.

[94] Ebd., S. 12

[95] Kühl, Stefan (2017). *Laterales Führen. Eine kurze organisationstheoretisch informierte Handreichung.* Springer. S. 28.

[96] Ebd., S. 30.

Für selbstorganisierte Teams ist Misstrauen keine brauchbare Strategie. Die gemeinsame Zeit ist viel zu kostbar, um sie mit Absicherungsverhalten und Kontrolle zu verschwenden. „Es dürfen keine Überraschungen passieren" ist als Erwartung an die Zusammenarbeit eines Teams völlig unrealistisch. Unsere Teammitglieder müssen die Möglichkeit haben, auftretende Situationen kreativ zu lösen, auch wenn das eventuell hin und wieder bedeutet, anders zu handeln, als sie es vorher angekündigt hatten. Manchmal muss man den Wortlaut einer Abmachung brechen, um ihrer Absicht Genüge zu tun. Die dafür notwendigen Freiräume lassen sich nur durch gegenseitiges Vertrauen schaffen.

2.2 Vertrauen aufbauen und erhalten

So weit, so klar. Aber wie baut man denn nun Vertrauen im Team auf?

Offensichtlich lässt sich Vertrauen niemals durch Misstrauen erreichen. Der Ansatz „Beweise zuerst, dass du vertrauenswürdig bist" funktioniert nicht. Misstrauen bestätigt sich immer nur selbst. Wer kein Vertrauen bekommt, kann sich dessen auch nicht würdig erweisen: Erwartungen, die erfüllt werden *müssen*, bauen kein Vertrauen auf, da der Andere gar nicht anders handeln kann. Misstrauen macht stattdessen Probleme in der Zusammenarbeit wahrscheinlicher, indem es Beziehungen beschädigt und Menschen in Absicherungsverhalten treibt. Misstrauen führt immer nur zu mehr Misstrauen. Darüber geht es also nicht.

Vertrauen, also die Erwartung, dass jemand in meinem Sinne handeln wird, entsteht dadurch, dass ich Erfahrungen mache, die genau das bestätigen. Wenn mein Gegenüber also mehrmals so handelt, wie ich es von ihm erwarte, bestärkt mich das in der Annahme, dass das auch in Zukunft so sein wird. Dazu braucht es zwei Dinge:

1. Mein Gegenüber muss meine Erwartungen kennen und verstehen, sonst kann er oder sie sie nicht erfüllen.
2. Ich muss meinem Gegenüber eine reale Möglichkeit bieten, meine Erwartungen zu erfüllen oder zu enttäuschen.

Vertrauen entsteht also durch die Kombination aus Erwartungsabgleich, Freiräumen und Zuverlässigkeit. Nur, wenn alle drei Dinge gegeben sind, kann es entstehen. Vertrauen, welches nicht enttäuscht wird, führt zu mehr Vertrauen, und das geht nur, wenn die gegenseitigen Erwartungen klar sind und man an irgendeinem Punkt die Wahl hatte, das Vertrauen zu enttäuschen oder nicht:

> *„Je häufiger ein Vertrauensvorschuss der einen Seite durch die andere Seite honoriert wird, desto wahrscheinlicher ist es, dass sich ein langfristiges Vertrauensverhältnis aufbaut."*[97]

Wir haben eben gesehen, wie eng Vertrauen mit der Abwesenheit von Angst zusammenhängt. Eine Art, Angst abzubauen, ist *Exposition*, also sich einer Angst wiederholt in kleinen, überschaubaren Situationen auszusetzen. Vertrauen bedeutet immer, ein Risiko einzugehen, aber wir können das akzeptable Risikoniveau ja gemeinsam wählen. Gehen

97 Ebd., S. 28.

wir gemeinsam ein kleines Risiko mit positivem Ergebnis ein, baut das Vertrauen auf. Bei einem negativen Ergebnis ist der Schaden nicht so groß, dass wir es nicht noch mal versuchen könnten. Um noch einmal Niklas Luhmann zu bemühen: *„Vertrauen bleibt ein Wagnis“*[98] – aber eben eines, das sich lohnt, weil es einen Schatz an neuen gemeinsamen Möglichkeiten eröffnet.

Als Empfänger des Vertrauens bin ich ebenso gefragt, meinen Beitrag zu leisten. Es beginnt damit, die an mich gerichteten Erwartungen in Erfahrung zu bringen und zu verstehen. Kann ich ihnen nicht gerecht werden, muss ich das an dieser Stelle offen und sachlich mitteilen! Vorneweg eine Erwartung abzulehnen, ist vielleicht nicht immer angenehm, kann aber sogar vertrauensfördernd wirken: „Ich verstehe, was du möchtest, aber das kann ich nicht tun.“ Um Erwartungen an mich zu- oder absagen zu können, muss ich natürlich mich und meine Möglichkeiten realistisch einschätzen. Etwas zu versprechen und dann nicht zu liefern, enttäuscht Erwartungen und beschädigt Vertrauen. Ein Grundsatz für erfolgreiche Teamarbeit ist daher: *Sei zuverlässig – versprich nur, was du halten kannst, und halte, was du versprochen hast!* Und sollte das nicht möglich sein, müssen wir so früh wie möglich darüber sprechen, bevor es unsere Vertrauensbasis beschädigen kann.

Am Ende ist Vertrauen im Team also gar nicht so geheimnisvoll. In einem Team, in dem Erwartungen miteinander besprochen, klare Absprachen getroffen und diese anschließend zuverlässig eingehalten werden, wird gegenseitiges Vertrauen über die Zeit von allein entstehen. Dazu braucht es ganz normale Aspekte professionellen Miteinanders: Offenheit, Transparenz, Verbindlichkeit und gegenseitigen Respekt. Ein Team, welches auf dieser Basis zusammenarbeitet, wird mit Vertrauen wenig Probleme haben. Ein Team, in dem Absprachen nichts wert sind, Erwartungen der anderen nicht geklärt oder nicht ernst genommen werden und sich im Zweifelsfall jeder um sich selbst kümmert, baut dagegen Misstrauen auf, was längerfristig zu größeren Problemen führt.

Vertrauen lässt sich in so einer Situation auch nicht herbeireden. Vertrauen entsteht nicht, indem man über Vertrauen spricht. Es einzufordern hat sogar oft das Gegenteil zur Folge – „Vertrau mir“ sagt man nur dann, wenn man schon weiß, dass man auf dünnem Eis unterwegs ist. Aus dem gleichen Grund kann auch erzwungene Offenheit („Jeder erzählt eine peinliche Geschichte aus seiner Kindheit“) kein Vertrauen erzeugen, selbst wenn Teammitglieder unter dem Druck der Gruppe sehr persönliche Dinge teilen. Solche Übungen transportieren stattdessen die Botschaft: Wir respektieren deine Grenzen nicht, vertraue besser auch nicht darauf, dass wir Rücksicht auf deine Vorstellungen nehmen werden.

Wie kann das Team das anwenden?

Was kann ein Team tun, um Vertrauen aufzubauen oder eventuell verspieltes Vertrauen zurückzugewinnen?

Zentral sind immer wieder zwei Dinge: Klar abgesprochene Erwartungen und Zuverlässigkeit. Teammitglieder müssen verstehen, was von ihnen erwartet wird, und eine ehrliche Chance haben, diese Erwartungen zu- oder abzusagen. Was brauche ich von

[98] Luhmann, Niklas (2014). *Vertrauen: Ein Mechanismus der Reduktion sozialer Komplexität* (5. Aufl.). UTB. S. 31.

euch? Was braucht ihr von mir? Was davon können wir erfüllen, wo passen die Erwartungen nicht zusammen? Wie gehen wir damit um?

Im Gegenzug ist es nicht okay, Dinge zu versprechen und dann nicht einzuhalten. Ohne Verbindlichkeit in den Absprachen gerät das Team früher oder später in Schwierigkeiten. Dass mal etwas schiefgeht, kann vorkommen. Ständige Unzuverlässigkeit kann das Team aber auf Dauer nicht akzeptieren.

Neben diesen beiden Aspekten hilft regelmäßige, explizite Metakommunikation, etwa im Rahmen von Retrospektiven. Wie arbeiten und kommunizieren wir miteinander? Was funktioniert dabei nicht? Wie können wir das besser machen? Diese und ähnliche Fragen helfen, mögliche Probleme bei Erwartungsklärung und Zuverlässigkeit frühzeitig aufzudecken und zu bearbeiten, bevor sie das Vertrauen im Team beschädigen können.

Wenn das Team eine explizite Übung zum Thema Vertrauen machen möchte, würde ich gar nicht über Vertrauen sprechen, sondern über das darunter liegende Thema Verlässlichkeit. Das geht etwa über Fragen wie

- Worauf kann ich mich in diesem Team jederzeit verlassen (ernst gemeint, ohne Sarkasmus)?
- In welchen Situationen ist es bei uns besser, noch einmal sicherzugehen/zu kontrollieren/den anderen nicht zu viel Freiraum zu lassen?
- Wie können wir bei Themen aus der zweiten Frage die Verlässlichkeit steigern und größere Freiräume schaffen?

3. Verbindlichkeit

„Woran erkennt man aber deinen Ernst, wenn auf das Wort die Tat nicht folgt?
Friedrich Schiller

All diese Ideen zu Freiwilligkeit, Gleichwertigkeit, Selbstorganisation oder Vertrauen werfen ein grundsätzliches Problem auf: Wie kann man sich überhaupt darauf verlassen, dass Teammitglieder tun, was von ihnen erwartet und gebraucht wird? Natürlich können wir an Disziplin und Eigenverantwortung appellieren, aber im Grunde steckt hier eine tiefergehende Frage dahinter: Wie stellt eine Gruppe so etwas wie Verbindlichkeit und belastbare Absprachen her, wenn keiner den anderen sagen kann, was sie zu tun haben?

3.1 Promise Theory: Koordination über Versprechen

Weisung funktioniert hier offensichtlich nicht. „Du musst!“ bringt uns im selbstorganisierten Team nicht weit, weil Teammitglieder einander nicht weisungsbefugt sind. Zum Chef zu laufen, also die Hierarchie ins Spiel zu bringen, würde die Autonomie und gemeinsame Verantwortung des Teams beschädigen, kommt deshalb als regelmäßiger Lösungsweg also auch nicht infrage. Ein vielversprechender Ansatz begegnet uns stattdessen in Form der sogenannten *Promise Theory* der Informatiker Mark Burgess und Jan Bergstra.[99] Im Kern steht dabei die Frage: Wenn wir uns eine hierarchiefreie Gruppe von (menschlichen oder technischen) Akteuren vorstellen, in der alles freiwillig ist und niemand die anderen zu irgendetwas zwingen kann, wie können diese dann zusammenarbeiten und gemeinsam etwas erreichen? Wer verteilt Aufgaben, wer überprüft Ergebnisse, wie stellt man sicher, dass Absprachen getroffen und vor allem auch eingehalten werden?

Die Promise Theory geht dabei von einigen Grundsätzen aus:

1. Es gibt Transparenz: Alle Akteure können gegenseitig ihr Verhalten beobachten.
2. Akteure können nur das eigene Verhalten steuern, nicht das von anderen.
3. Es kann gemeinsame, aber auch individuelle Ziele und Aufgaben geben, die den anderen nicht unbedingt bekannt sind.
4. Akteure sind für das Erreichen ihrer Ziele auf gegenseitige Unterstützung angewiesen.
5. Die Zukunft ist ungewiss: Man kann nie genau wissen, wie man selbst handeln wird, geschweige denn die anderen.

Diese Bedingungen passen gut zu unserem Konzept selbstorganisierter Teams. Wie funktionieren jetzt Absprachen und Kooperationen in so einem System?

Das zentrale Konzept der Promise Theory ist das *Versprechen* (engl. „promise"). Ein Versprechen kündigt an, dass man etwas Bestimmtes tun oder nicht tun wird, und wird immer an jemand anderen abgegeben. Es kann auf mehrere Arten zustande kommen, unter anderem durch eine Anfrage, die bestätigt wird („Kannst du …?" – „Ja, mache ich."), oder ein Angebot, das angenommen wird („Soll ich für dich …?" – „Ja, bitte mach das."). Abgegebene Versprechen sind im Allgemeinen für alle sichtbar, machen transparent, was von einem erwartet werden kann, und stellen den Maßstab dar, an dem der Rest das eigene Verhalten messen darf.

Versprechen kann man in diesem Modell immer nur für sich selbst abgeben, nie für andere. Wer die Zuarbeit von anderen braucht, kann versuchen, sie seinerseits über Anfragen in die eigene Arbeit hinein *einzuladen*. Wenn mehrere Beteiligte sich gegenseitig Versprechen abgeben, die inhaltlich zusammengehören, können wir das eine Vereinbarung, Abmachung oder (in der sozialen Beratung) auch einen „Kontrakt" nennen. Im Grunde ist das nichts anderes als ein kleiner mündlicher Vertrag: Das hier werde ich tun, im Gegenzug tust du jenes, und hier sind eventuelle Ausnahmen oder Sonderfälle davon.

Anfragen müssen nicht angenommen werden. Man kann sie:

- **zusagen**: „Ja, ich mache das",
- **vertagen**: „Ich kann das nicht jetzt tun, aber später",
- **verhandeln**: „Ich kann das tun, wenn du …",
- **ablehnen**: „Nein, das kann ich nicht tun".

Damit Versprechen etwas wert sein können, muss auch ein Ablehnen vom Team respektiert und akzeptiert werden. Wenn Versprechen unter Druck oder Manipulation

[99] Burgess, Mark (2015): *Thinking in Promises: Designing Systems for Cooperation*. O'Reilly, oder (für eine formal-mathematische Betrachtung) Burgess, Mark & Bergstra, Jan (2014): *Promise Theory: Principles and Applications*. xtAxis Press.

zustande kämen, würde das ihre Glaubwürdigkeit untergraben, die für diese Art der Zusammenarbeit enorm wichtig ist. Anfragen abzulehnen, darf deshalb im Team nicht negativ belegt sein, und anderen für eine ehrliche Absage Schuldgefühle einzureden, ist nicht in Ordnung. Besser, man weiß direkt zu Anfang schon, woran man ist.

Man kann sowohl bestimmtes Handeln („Ich werde …") als auch bestimmte Ergebnisse („Von mir bekommst du …") versprechen. Letzteres erzeugt zusätzliche Spielräume und ist daher oft die bessere Wahl. Man kann dann unterschiedliche Wege zum Ergebnis wählen oder mittendrin die Vorgehensweise wechseln. Man kann Aufgaben selbst erledigen, sich Unterstützung von anderen holen oder Aufgaben komplett delegieren. All das braucht die eigenen Empfänger nicht zu interessieren, solange man liefert, was man versprochen hat.

Versprechen sind Absichtserklärungen, sie können aber ein Ergebnis nicht garantieren. Die Zukunft ist ungewiss, es kann zu Problemen kommen, oder die Situation ändert sich. Ob man gegebene Versprechen einhält oder nicht, hat große Auswirkungen darauf, wie man vom Rest der Gruppe wahrgenommen wird. Versprechen einzuhalten, baut Vertrauen innerhalb der Gruppe auf, man demonstriert damit, dass die eigenen Zusagen verlässlich sind, und die Wahrscheinlichkeit steigt, dass man in Zukunft wieder angefragt wird. Versprechen nicht einzuhalten, kann dagegen Glaubwürdigkeit und Vertrauen beschädigen, abhängig davon, wie man damit umgeht.

Ein Versprechen bewusst zu brechen, muss dabei interessanterweise gar nicht so schlimm sein. Meistens gibt es dafür gute Gründe, etwa unerwartete Probleme (z.B. Krankheit), Konflikte mit anderen Zusagen oder geänderte Rahmenbedingungen. Unabhängig vom Grund kann man in diesen Fällen das Gespräch suchen, auf das Problem früh hinweisen und konstruktive Alternativlösungen vereinbaren. Unzuverlässigkeit, also Dinge zu vergessen, Ergebnisse in schlechter Qualität zu liefern oder Termine verstreichen zu lassen, stellt dagegen ein größeres Problem dar, beschädigt Vertrauen und zieht die Glaubwürdigkeit der eigenen Zusagen in Zweifel.

Viele Ideen in diesem Buch lassen sich als Versprechen im Sinne der Promise Theory betrachten:

- Einem Team beizutreten, ist ein Versprechen, eine vereinbarte Menge an Zeit und Energie in die Ziele des Teams zu investieren und Verantwortung für die gemeinsamen Ergebnisse zu übernehmen.
- Sich eine Aufgabe aus der Warteschlange zu ziehen, ist ein Versprechen, sich darum zu kümmern und sie zum nächstmöglichen Zeitpunkt fertigzustellen.
- Eine Rolle zu übernehmen, ist ein Versprechen, ihren Verantwortungsbereich mit sinnvollen Entscheidungen zu füllen.
- Zusammen Strukturen in einer Teamcharta festzulegen, ist eine Vereinbarung, sich gemeinsam an diese zu halten.

Versprechen können auch als Gruppe gegenüber anderen abgegeben werden: „Wir werden …". Ein veröffentlichtes Mission Statement ist etwa ein solches Gruppenversprechen, genau wie die Übernahme größerer Aufgaben als Team. Versprechen als Team einzuhalten, baut Vertrauen zwischen Team und Teamumwelt auf. Als Team Versprechen einzuhalten, erfordert interne Kooperation, und Teammitglieder müssen sich dazu gegenseitig Dinge versprechen. Interne Abhängigkeiten entstehen und machen

Strukturen und regelmäßige Interaktion notwendig – Selbstorganisation löst also das Koordinationsproblem, das durch kollektive Versprechen des Teams an andere entsteht.

Im Grunde sind das alles keine neuen Konzepte, Wirtschaft und Handel funktionieren schon immer nach diesen Prinzipien. Wenn wir beim Arzt einen Termin vereinbaren, im Internet Dinge kaufen, Verträge unterschreiben, der Autowerkstatt einen Auftrag erteilen oder im Restaurant Essen bestellen, stehen dahinter wechselseitige Versprechen, etwas zu tun, etwas zu liefern, Zahlungen vorzunehmen und so weiter. Auch in der Arbeit von Teams finden sich diese komplexen Abläufe aus Anfragen, Angeboten, Zu- und Absagen jeden Tag wieder. All das findet so oder so statt, auch wenn wir uns dessen oft nicht bewusst sind. Die Zusammenarbeit ausdrücklich auf die Basis von Anfragen, Einladungen und Versprechen zu stellen, klärt aber gegenseitige Erwartungen und beugt Manipulationsversuchen und anderen Machtspielen vor.

3.2 Gegenseitige Freiwilligkeit fördert Verbindlichkeit

Man könnte nun misstrauisch fragen: Was ist, wenn jemand im Team nie etwas zusagt, sondern – aus welchen Gründen auch immer – nur auf der Leistung der übrigen Teammitglieder „mitläuft“? In einem auf Freiwilligkeit gegründeten, selbstorganisierenden Team gibt es diese Situation aber nicht. Mindestens ein Versprechen muss jedes Teammitglied einmal abgegeben haben, nämlich die Zusage, sich für die gemeinsame Sache zu engagieren. Wer das nicht verspricht, wird nicht Teil des Teams und kann von vornherein nicht mitspielen. Und natürlich gilt die Vereinbarung „Mitgliedschaft gegen Leistung“ nur so lange, wie dieses Engagement auch für die übrigen Teammitglieder spürbar ist – vorausgesetzt, dem Team stehen Möglichkeiten zur Verfügung, eine Zusammenarbeit auch einseitig aufkündigen, sprich, ein Teammitglied im Extremfall ausschließen zu können.[100]

Ich mache die Erfahrung, dass viele Organisationen vor der Idee freiwilliger Mitarbeit im Team zurückschrecken, da sie Faulheit und Unverbindlichkeit befürchten. Oft ist das Gegenteil der Fall: Teammitgliedschaft, auf die man sich aus freien Stücken beworben hat, bringt fast automatisch Eigeninitiative und Engagement hervor. Die psychologischen Effekte solcher Elemente der Freiwilligkeit dürfen nicht unterschätzt werden.

[100] Eine detailliertere Betrachtung von Ausschlussprozessen ist ab Seite 328 zu finden.

Ein auf Freiwilligkeit und verbindliche Versprechen basierendes Zusammenarbeitsmodell braucht keine Hierarchien und keine Machteingriffe, um sich selbst zu regulieren. Alle Teilnehmer an der Zusammenarbeit können die anderen beobachten, inklusive ihrer Zusagen und Handlungen. Über die Zeit machen sie sich ein Bild davon, welche Zusagen glaubwürdig und welche Vereinbarungen belastbar sind. Klare Kommunikation, Respekt, realistische Selbsteinschätzung und Zuverlässigkeit werden belohnt und gefördert. Wer vorhersehbar, verlässlich und hilfsbereit im Team auftritt, wird über die Zeit stärker eingebunden und gewinnt an Einfluss, während Unzuverlässigkeit, eigennütziges Handeln oder Manipulationsversuche früher oder später eher zum Ausschluss aus dem Team führen.

Damit all das funktionieren kann, muss das Team sich selbst als Raum verstehen, in dem ehrliche Zu- und Absagen geschätzt und einmal abgegebene Versprechen ernst genommen werden. Dazu gehört, Unzuverlässigkeit anzusprechen und Teammitglieder für ihre Aussagen in die Pflicht zu nehmen. Wir tun das als Team nicht, weil wir einander Böses wollen, sondern weil Zuverlässigkeit und Verbindlichkeit wichtige Werte unserer Zusammenarbeit sind, und ein abgegebenes Versprechen bei uns hohes Gewicht haben soll.

Wie kann das Team das anwenden?

Die Promise Theory und ihre Konzepte wirken auf den ersten Blick vielleicht etwas abstrakt. Die beschriebenen Prozesse finden aber in jedem selbstorganisierten Team so oder so statt. Es hilft, sie sich bewusst zu machen und aktiv damit zu arbeiten. Dazu gehört:

- Andere Teammitglieder über offene Anfragen in die eigene Arbeit einzuladen und die Erwartungen klar zu formulieren: „Das hier brauche ich – kannst du das für mich tun?"
- Anfragen unmissverständlich zu- oder abzusagen, durch „Ja", „Grundsätzlich ja, aber nicht jetzt", „Nein, es sei denn ..." oder „Nein". Unscharfe Aussagen wie „Ich versuche es" oder „Ich schaue mal, ob ich dazu komme" erzeugen Unsicherheit und helfen dem anderen nicht weiter.
- Ablehnen von Anfragen positiv, nicht negativ zu bewerten. Es erfordert viel Weitsicht, um absehen zu können, dass es mit einer Anfrage wohl eher nichts werden wird. Das darf man wertschätzen: „Danke, dass du da so klar bist. Ich frage jemand anderen."
- Nichteinhalten von Zusagen angemessen (!) zu sanktionieren. Natürlich wird niemand aus dem Team geworfen, weil er oder sie mal ein Versprechen nicht eingehalten hat. Aber es darf schon – sachlich – zur Sprache kommen. Häufigere Unzuverlässigkeit deutet auf tiefersitzende Probleme hin, die etwa in einer Retrospektive zur Sprache kommen können: Hat jemand private Probleme, zu viel zu tun oder passen Aufgaben und Fähigkeiten nicht zusammen? Wo möglich, darf das Team einem Teammitglied gern helfen, zuverlässiger zu werden, mit allem, was es dafür braucht. Und irgendwo kann es auch einen Punkt geben, an dem ein Team über einen Ausschluss nachdenken muss. Zum Glück kommt es dazu nur sehr, sehr selten – in einem Team, in dem Mitgliedschaft auf Freiwilligkeit und Selbstorganisation beruht, verstehen Teammitglieder ihre Verantwortung in aller Regel sehr genau.

4. Sichere Arbeitsumgebung

„Menschen zu schützen ist das Wichtigste, das wir tun können, denn es ermöglicht ihnen, Risiken einzugehen und ihr Potenzial auszuschöpfen."
Joshua Kerievsky[101]

Wir haben bis hier schon viel von unseren selbstorganisierten Teammitgliedern verlangt. Sie sollen Verantwortung übernehmen, Strukturen aufbauen und entwickeln, gekonnt kommunizieren, einander vertrauen, zuverlässig ihre Versprechen einhalten. Viele Aspekte selbstorganisierter Zusammenarbeit bedeuten, sich angreifbar zu machen und Risiken einzugehen – Risiken, die wir von Menschen nicht einfach einfordern können. Ein Stück weit sind wir immer darauf angewiesen, dass sie das freiwillig tun.

Meine Erfahrungen zeigen mir immer wieder, dass Menschen gern und bereitwillig Verantwortung übernehmen. Diese Bereitschaft zur Verantwortung kommt aber an ihre Grenzen, wenn Menschen dabei Angst um sich, ihre Lebensweise oder ihr Umfeld haben müssen. Fokus und Entscheidungsbereitschaft sind wichtig für produktives und kreatives Arbeiten, und beides wird durch Angst erheblich erschwert. Menschen sollen sich sicher genug fühlen, um Dinge auszuprobieren und ungewöhnliche Wege zu gehen, und sie sollen sich auf ihre Arbeit konzentrieren können, nicht auf mögliche schlimme Konsequenzen. Angst ist der natürliche Feind selbstorganisierten Arbeitens: Wer Angst hat, vermeidet Verantwortung, und ohne Verantwortung hat Selbstorganisation keine Chance.

Selbstorganisierte Teams, die zu Höchstform auflaufen sollen, brauchen deshalb eine möglichst *angstfreie Arbeitsumgebung* – einen Kontext, in dem Menschen sich keine Sorgen um ihre Gesundheit, ihren Job, ihr Geld und ihr Ansehen machen müssen. Man kann es auch so sehen, dass für Arbeit insgesamt nur eine gewisse Menge psychische Belastbarkeit zur Verfügung steht. Je mehr davon durch Stress, Gefahren, Überlast, Unsicherheit, soziale Konflikte oder autoritäres Führungsverhalten aufgebraucht wird, desto weniger steht für Kreativität, Innovation und Engagement zur Verfügung.

Angstfreie Arbeitsumgebungen lassen sich nur durch das Mitwirken aller Beteiligten erreichen. Kunden, Stakeholder und eventuelle Führungskräfte können und sollen natürlich auf eine angstfreie Atmosphäre für das Team hinarbeiten. Umgekehrt ist es aber auch wichtig, dass das Team für Kunden, Stakeholder und Führungskräfte eine angstfreie Zusammenarbeit schafft, da deren Vertrauen in das Team wesentliche Voraussetzung für konstruktive Zusammenarbeit ist.

Zu diesem gemeinsam erzeugten, für alle Beteiligten angstfreien Arbeitsumfeld gehören drei wesentliche Aspekte: Eine sichere Arbeitsatmosphäre, fehlerrobuste Strukturen und Abläufe sowie ein konstruktiver Umgang mit Problemen.

[101] Kerievsky, Joshua (2014): *Anzeneering.* https://www.industriallogic.com/blog/anzeneering/, abgerufen am 08.12.2022 (Übersetzung des Autors).

4.1 Sicherheit als Grundvoraussetzung

„Betrug und Verschleierung sind natürliche Nebenprodukte einer Top-down-Kultur, die kein ‚Nein' oder ‚Das schaffen wir nicht' als Antwort akzeptiert. Aber die Kombination dieser Kultur mit dem Glauben, dass eine brillante Strategie, die in der Vergangenheit formuliert wurde, unbegrenzt in der Zukunft gültig ist, wird zu einem sicheren Rezept für das Scheitern."

Amy Edmondson[102]

Die Organisationsforschung zeigt immer wieder, dass psychologische Sicherheit – eine Atmosphäre, in der Teammitglieder Kritik und Probleme offen und ohne negative Konsequenzen ansprechen können – ein wesentliches Merkmal erfolgreicher Teams ist. Amy Edmondson, heute Professorin an der Harvard Business School, hat in den 1990er-Jahren im Rahmen einer Studie beobachtet, dass Teams in Krankenhäusern, in denen Fehler offen thematisiert und sachlich besprochen werden, erfolgreicher zusammenarbeiten als andere Teams der gleichen Klinik.[103] Große Aufmerksamkeit hat eine interne Studie[104] bei Google auf sich gezogen, in der ergebnisoffen und doppelblind[105] unter 180 Teams ausgewertet wurde, welche Eigenschaften besonders erfolgreiche Teams gemeinsam haben. Als wichtigsten Erfolgsfaktor für Teams wurde psychologische Sicherheit identifiziert, gefolgt von Zuverlässigkeit, einer klaren Struktur und motivierenden und spürbar wichtigen Aufgaben – Aspekte, die wir an anderen Stellen in diesem Buch schon besprochen haben.[106]

Das zentrale Kriterium psychologischer Sicherheit ist: Fühlen sich Menschen sicher genug, um Ideen einzubringen, Probleme anzusprechen, aber auch Vorschläge zu kritisieren und zu widersprechen? In einem Team zu arbeiten, in dem Diskurs, Meinungsunterschiede und offene Beteiligung zum Alltag gehören, ist schon ein guter Schritt in diese Richtung. Selbstorganisierte Teams fördern psychologische Sicherheit dadurch, dass sie von der ersten Minute an das Verhandeln unterschiedlicher Standpunkte einüben. Wenn Probleme in der Gruppe zu bearbeiten ein normaler Teil des Alltags ist, ist die Hürde, sie einzubringen, nie besonders hoch.

Trotzdem entsteht psychologische Sicherheit auch in selbstorganisierten Teams nicht von allein. Ein Team, welches seine Arbeitsatmosphäre sicherer gestalten möchte, kann unter anderem folgende Dinge tun:

---

[102] Edmondson, Amy (2020): *Die angstfreie Organisation: Wie Sie psychologische Sicherheit am Arbeitsplatz für mehr Entwicklung, Lernen und Innovation schaffen.* Vahlen. Kap. 3.

[103] Ebd., Kap. 1.

[104] Unter dem Namen „Projekt Aristoteles" veröffentlicht: https://rework.withgoogle.com/guides/understanding-team-effectiveness/

[105] Doppelblind bedeutet hier, dass weder Teammitgliedern noch deren Interviewpartnern die von der Studie untersuchten Variablen bekannt waren, um Verzerrungen in Richtung „erwünschte" Ergebnisse zu vermeiden.

[106] Interessant ist nebenbei, welche Eigenschaften von der Studie als weniger wichtig für die Leistung eines Teams identifiziert wurden – beispielsweise wo das Team arbeitete, ob Entscheidungen im Konsens getroffen wurden, ob Teammitglieder eher extrovertiert oder introvertiert waren, die individuelle Leistung, Erfahrung und Betriebszugehörigkeit einzelner Teammitglieder sowie die Teamgröße. Die Autoren weisen allerdings darauf hin, dass diese Erkenntnisse nicht unbedingt auf Teams außerhalb von Google übertragbar sind.

- **Ideen, Hinweise und Einwände grundsätzlich wohlwollend behandeln.** Wer sich zu Wort meldet, will sich einbringen und die Sache voranbringen. Das ist etwas Gutes, auch wenn nicht jeder einzelne Redebeitrag unbedingt konstruktiv und hilfreich sein muss! Mir selbst ist es lieber, wenn Menschen widersprechen, mit mir streiten, meckern und schimpfen – das sind alles engagierte und motivierte Verhaltensweisen – als wenn sie lethargisch, desinteressiert und passiv sind. Die Zurückweisung sachlicher Beiträge, oder Reaktionen, die die Intelligenz, Kompetenz oder das Rederecht Einzelner infrage stellen, sind nicht in Ordnung. „Erzähl doch keinen Unsinn", „Du verstehst davon nichts" oder „Du solltest einfach mal den Mund halten" sind Sätze, die in einem psychologisch sicheren Team nichts verloren haben. Das gleiche gilt für nonverbale Reaktionen wie Augenverdrehen, entnervte Geräusche oder Ähnliches. Ein einzelner Vorschlag mag gut oder schlecht sein, darüber kann man reden, aber das generelle Recht von Teammitgliedern, sich in Arbeit und Gespräche des Teams einzubringen, darf zu keinem Zeitpunkt infrage gestellt werden.
- **Zur Partizipation einladen.** Gerade wenn Teammitglieder eher zurückhaltend sind, kann man sie über ein „Wie siehst du das?" oder „Mich würde interessieren, was Sarah dazu denkt" in einen laufenden Austausch einladen. Wie bei jeder Einladung muss es natürlich auch hier in Ordnung sein, sie abzulehnen und sich nicht äußern zu wollen.
- **Überbringer schlechter Nachrichten nicht bestrafen.** Wer auf ein Problem hinweist, will dem Team helfen. Das sollten wir begrüßen und wertschätzen: „Das ist schlecht, aber danke, dass du uns darauf aufmerksam machst." Das Team kann dann immer noch entscheiden, das Thema zu vertagen oder nichts zu tun. Wichtig ist, die Botschaft zu senden, dass Einwände und Bedenken immer willkommen sind. Wenn Teammitglieder sich nicht sicher fühlen, auf ein mögliches Problem hinzuweisen, wird das für das Team früher oder später unangenehme Folgen haben.
- **Weiterentwickeln statt widersprechen.** Selbst problematische Vorschläge und uninformierte Fragen haben immer einen wertvollen Kern. Diesen aufzugreifen und wertzuschätzen, macht aus einer möglichen Zurückweisung eine Fortsetzung der Lösungsfindung: „Ich bin mir nicht sicher, ob das so funktionieren würde, aber du bringst einen wichtigen Aspekt mit ein …" spricht gleichzeitig die Schwächen an und wertschätzt den Beitrag an sich und wirkt so psychologisch sicherer als ein abweisendes „Das können wir nicht machen, weil". Ich habe Teams erlebt, die zeitweise das Wörtchen „Aber" in der Unterhaltung verboten hatten – Redebeiträge konnten nur mit „Ja, und …" aufgegriffen werden. Diese Form der Kommunikation ist auf Dauer etwas mühsam, lenkt aber die Aufmerksamkeit auf das, was man aus bisherigen Redebeiträgen aufgreifen und weiterentwickeln möchte.
- **Aufeinander achten.** Wir tragen als Team nicht nur für die gemeinsamen Ergebnisse, sondern auch füreinander Verantwortung. Dazu gehört, sich auch regelmäßig gegenseitig zu beobachten: Wie geht es den anderen gerade? Haben sie Stress, sind sie frustriert, müde, hungrig, angestrengt? Können wir etwas tun, damit es ihnen besser geht? Das kann eine kleine Pause sein, oder ein verständnisvolles Gespräch unter vier Augen, oder das Übernehmen von Aufgaben. Wir haben auch schon Menschen sanft nach Hause geschickt, die sich um private Notfälle zu kümmern hatten: „Vergiss die Arbeit für heute, kümmere dich um dein Thema, das ist gerade wichtiger. Wir haben hier alles im Griff." Wir tun das nicht nur aus gegenseitiger Fürsorge, sondern weil wir verstehen, dass es auch für das Team langfristig besser ist.

- **Mit gutem Beispiel vorangehen.** Wie sehr wir als Teammitglieder bereit sind, Fehler und Schwächen zuzugeben, hat große Wirkung auf das Team als Ganzes. Sätze wie „Das weiß ich nicht", „Ich habe hier Mist gebaut" oder „Kannst du mir helfen?" regelmäßig zu benutzen, etabliert sie im gemeinsamen Sprachgebrauch als normal und ebnet so den Weg für andere Teammitglieder, sie auch zu verwenden.

Ein weiterer Aspekt psychologisch sicherer Zusammenarbeit besteht darin, die Persönlichkeiten der anderen so zu akzeptieren, wie sie sind. Mir ist im Laufe meiner Arbeit aufgefallen, wie selten sich Hochleistungsteams mit den Charakterzügen ihrer Teammitglieder auseinandersetzen, also Persönlichkeitsentwicklung betreiben wollen. Zusammenarbeit in einem Hochleistungsteam kann, so gesehen, recht einfach sein: Es gibt klare Leistungserwartungen, und es ist Teammitgliedern selbst überlassen, wie sie diese erfüllen wollen. Empfindet sich ein Teammitglied selbst in gewissen Aspekten als unzureichend, steht es ihm frei, an sich zu arbeiten, aber das Team wird das nicht einfordern. Der Grundsatz ist: Ich bin okay, du bist okay. Solange du die Erwartungen erfüllen kannst, die unsere gemeinsame Aufgabe an dich stellt, sind wir zufrieden. Wenn nicht, müssen wir gemeinsam eine Lösung finden. Aber wir werden uns nicht anmaßen, deinen Charakter verändern oder dich erziehen zu wollen. Wie du dich bei uns verhältst, geht uns etwas an, aber nicht, wie du in deinem Wesen bist. Für deine Persönlichkeit bist du, und du ganz allein, verantwortlich.

Wenn wir uns gegenseitig akzeptieren, wie wir sind, stellt sich die Frage nach Stärken und Schwächen komplett neu: Wie können wir uns gegenseitig so ergänzen und unterstützen, dass wir unsere unterschiedlichen Eigenschaften bestmöglich im Sinne der gemeinsamen Sache einsetzen können? Und wie können wir vielleicht gerade das, was wir aneinander als „Schwächen" wahrnehmen, in Vorteile und wertvolle Ressourcen verwandeln? Wir kommen im nächsten Kapitel ab Seite 301 auf diese Gedanken zurück.

Abgesehen von psychologischer Sicherheit im täglichen Umgang gibt es noch einige weitere Ideen, die ein Arbeitsumfeld sicherer machen können, indem wir mit Lebenszeit, Geld, Gesundheit und Ansehen aller Beteiligten respektvoll umgehen.

Sicherer Umgang mit Lebenszeit

- **Meetingzeit ist kostbar.** Wir nutzen gemeinsame Zeit effizient und zielorientiert. Dazu gehört, im Meeting pünktlich und gut vorbereitet zu sein und nur das zu sagen, was auch gesagt werden muss. Das muss nicht unbedingt immer inhaltlich sein, auch das persönliche Befinden oder die Wochenendpläne können besprochen werden, aber eben dann, wenn es dem aktuellen Ziel des Termins dient.
- **Fokus auf das, was wirklich wichtig ist.** Die Ablenkungsgefahr ist in selbstorganisierten Teams oft höher als in anderen Formen der Zusammenarbeit. Es gibt zu jedem Zeitpunkt Dutzende anderer Themen, mit denen man sich auch beschäftigen könnte. Sich immer wieder selbst zu disziplinieren und alles beiseite zu lassen, was gerade nicht im Fokus der Aufmerksamkeit stehen muss, schont die eigene Lebenszeit, und die von anderen, die von meiner Arbeit abhängig sind. Bereits abgegebene Versprechen haben Priorität über neue Anforderungen. Aufgaben, auf die andere warten, werden zuerst abgeschlossen, bevor man sich mit etwas anderem beschäftigt.
- **Respektieren von Freizeit und Abwesenheiten.** Während unserer Teamzeit arbeiten wir, und zwar gern und engagiert. Damit Arbeit Spaß machen kann, muss sie aber

auch klare Grenzen haben. Dazu gehört, den Feierabend, das Wochenende und den Urlaub der anderen zu respektieren. Das Team hat auf diese Zeiten keinen Anspruch. Wenn man Freizeit doch verletzen muss, dann rücksichtsvoll, so kurz wie möglich, und am besten nach vorheriger Absprache.

Sicherer Umgang mit Geld

- **Nur tun, was wertvoll ist.** Jede Arbeitsminute des Teams wird von irgendjemandem bezahlt, egal ob das Kunden, Sponsoren aus der Hierarchie oder die Teammitglieder selbst mit ihrem freiwilligen Einsatz sind. Wenn das Team arbeitet, erzeugt das immer zeitliche und meistens auch finanzielle Kosten bei irgendjemandem. Der Respekt für diesen Beitrag gebietet es, dass wir Aufgaben, Handlungen und Termine nur angehen, wenn wir uns von ihnen einen klaren Mehrwert versprechen.
- **Verantwortungsvoller Umgang mit Teamfinanzen.** Im Namen des Teams Geld einnehmen und ausgeben zu dürfen ist ein starker Vertrauensvorschuss, vor allem, wenn das Team wichtige Kaufentscheidungen in die Hände einzelner Teammitglieder legt. Es versteht sich von selbst, dass diese Verantwortung mit der gebotenen Zuverlässigkeit wahrgenommen wird. Mehr dazu im Abschnitt über Teamfinanzen ab Seite 346.
- **Wer finanziert, priorisiert.** Diejenigen, die dem Team seine Arbeit durch zeitliche und finanzielle Beiträge überhaupt erst möglich machen, erwerben dadurch ein Mitspracherecht bei der Frage, woran das Team arbeitet und worauf es seinen Fokus legen wird. Natürlich können sie diese Verantwortung an andere (z.B. Teammitglieder oder Dritte) delegieren, wenn sie das wollen.

Sicherer Umgang mit Gesundheit

- **Gefahrenfreie Arbeitsumgebung.** Als Team achten wir darauf, dass unsere Arbeitsumgebung so gestaltet ist, dass sie unsere Gesundheit nicht gefährdet. Aufzuräumen, Stolperfallen zu beseitigen, ordentlich beleuchtete und ergonomische Arbeitsplätze – auch im Homeoffice! – bereitzustellen, bei gefährlichen Tätigkeiten Sicherheitsausrüstung zu haben und zu nutzen, sind grundlegende Dinge, die ein Team einfach leisten muss.
- **Gemeinsame Leistung heißt nicht, sich kaputt zu machen.** Hierbei geht es vor allem um Arbeitslast, Stress und Überstunden. Das einzig richtige Arbeitstempo ist eines, welches man beliebig lang gemeinsam durchhalten kann. Nachhaltigkeit ist kein Modebegriff, sondern Voraussetzung für konstruktive Zusammenarbeit. Es kann passieren, dass man sich daran auch einmal gegenseitig erinnern darf – motivierende Themen in einem starken Team können Teammitglieder schnell dazu verleiten, sich mehr aufzuladen, als sie wirklich leisten können.
- **Gesundheit hat Vorrang.** Wichtig ist das vor allem bei den vielfältigen Fragen, die sich um Krankheit und gesundheitsbedingte Abwesenheiten herum ergeben. Wie schlimm müssen Beschwerden sein, bevor man einen Arbeitstag abbricht oder sich krankmeldet? Wie lange kann man fernbleiben? Nimmt man bei Erkältung von zuhause an Meetings teil, oder bleibt man im Bett? Das langfristige Ziel kann hier nur sein, Menschen dauerhaft gesund zu halten und bei Krankheit möglichst schnell wieder vollkommen gesund zu bekommen. Wenn das bedeutet, lieber einen Tag länger im Bett zu bleiben, dann ist das so.

Sicherer Umgang mit Ansehen

- **Ehre, wem Ehre gebührt.** Wir stehlen einander im Team nicht die Show. Teammitglieder, die wesentliche Beiträge geleistet oder wichtige Ergebnisse erarbeitet haben, werden im Team und gegenüber dem Umfeld namentlich genannt und dürfen ihre Erfolge selbst vorstellen und repräsentieren.
- **Fehler werden gemeinsam aufgefangen.** Wenn etwas schiefgegangen ist, wird niemand dafür bloßgestellt – allein schon, um keine Anreize für das Vertuschen von Problemen zu schaffen. Auch wenn einzelne Teammitglieder die Probleme wesentlich zu verantworten haben, trägt der Rest des Teams seinen Teil dazu bei, sie aus der Welt zu schaffen.
- **Wir lassen einander nicht im Regen stehen.** Dieses Prinzip zielt vor allem auf die Beziehungen zwischen Team und Kunden ab. Für eine vertrauensvolle und lösungsorientierte Beziehung brauchen Kunden die Gewissheit, dass Teams ihre Verbündeten, nicht ihre Gegner sind. Sich für die Interessen der Kunden aktiv einzusetzen und das Notwendige zu tun, damit diese am Ende gegenüber ihrem eigenen Umfeld gut dastehen können, ist für das Team selbstverständlich. Es wird sich nicht in eine Dynamik hineinziehen lassen, in der Team und Stakeholder gegeneinander statt miteinander arbeiten.

4.2 Fehlerrobuste Strukturen

Am 1. August 2012, einem Mittwoch, unterläuft einem Techniker der Knight Capital Group[107], einem auf computergesteuerten Hochgeschwindigkeitshandel spezialisierten Finanzunternehmen mit etwa 1500 Mitarbeitenden, bei einer Routinetätigkeit ein Fehler. Ein Softwareupdate wird nur auf sieben von acht zentralen Servern des Unternehmens eingespielt. Auf der achten Maschine läuft stattdessen ein Testprogramm, welches willkürlich Preise hebt und senkt – nützlich, wenn man das Verhalten der eigenen Algorithmen in einer kontrollierten Umgebung untersuchen will, am freien Markt dagegen eine Katastrophe. Das Testsystem wird unbemerkt an die New Yorker Börse angeschlossen und beginnt, mit echten Marktteilnehmern zu handeln. In den folgenden 45 Minuten verliert die Knight Capital Group mit unsinnigen Finanzdeals etwa 440 Millionen Dollar und kämpft anschließend mit der Zahlungsunfähigkeit. Der Wert des Unternehmens fällt ins Bodenlose, einige Monate später übernimmt ein Konkurrenzunternehmen das, was von der Organisation noch übrig ist.

Was sagt es über eine Organisation aus, wenn ein Flüchtigkeitsfehler eines einzelnen Menschen ein Unternehmen mit eineinhalb Milliarden Dollar Jahresumsatz in weniger als einer Stunde vernichten kann? Können wir es einem Menschen vorwerfen, wenn ein Fehler, der jedem von uns hätte passieren können, für die Organisation eine Katastrophe auslöst? Und selbst wenn, welchen Nutzen hätte diese Schuldzuweisung dann noch?

Mich lässt die Geschichte der Knight Capital Group über die Folgen von Fehlern in unseren Organisationen nachdenken. In jeder Organisation gibt es Fehler, die einfach nicht passieren *dürfen*, bei denen ein einziges Versehen eines einzelnen Menschen das

[107] Siehe https://en.wikipedia.org/wiki/Knight_Capital_Group.

Potenzial hat, die Organisation zu zerstören oder Menschen das Leben zu kosten. Wir verlassen uns jeden Tag darauf, dass bestimmte Dinge immer wieder *perfekt* ausgeführt werden, dass auch bei wechselnden Personen, schlechter Tagesform oder groben Missverständnissen bestimmte Handlungen einfach niemals falsch gemacht werden. Mir kommt das waghalsig vor.

Wenn wir stattdessen davon ausgehen, dass Menschen nicht perfekt sind, dass uns einfach hin und wieder Fehler passieren, wirft es drei zentrale Fragen auf:

- Wie lassen sich Fehler so weit wie möglich durch strukturelle Maßnahmen vermeiden?
- Wie können wir dafür sorgen, dass gemachte Fehler auffallen, bevor sie schlimme Folgen haben können?
- Wie können wir uns auf tatsächliche Krisensituationen so vorbereiten, dass wir sie möglichst schnell wieder in den Griff bekommen?

Fehlervermeidung

Die besten Fehler sind natürlich die, die nie gemacht werden. Oft wird versucht, das über Schulungen, Vorschriften und Handbücher zu erreichen, also Menschen „beizubringen", dass bestimmte Fehler nicht gemacht werden dürfen. Mein Eindruck ist nicht, dass diese Werkzeuge Fehler wirklich verhindern, sie erleichtern vor allem die anschließende Schuldzuweisung. Das Problem ist, dass diese Ansätze voraussetzen, dass das Gelernte anschließend ständig im Kopf präsent gehalten wird, zusätzlich zu allem anderen, was der Arbeitsalltag erfordert. Menschen vergessen aber Dinge, vor allem mit zunehmender Zeit zwischen Lernen und Anwendung. Wer Fehler vermeiden will, muss durch Strukturentscheidungen dafür sorgen, dass das relevante Wissen im Alltag genau dann verfügbar ist, wenn es angewendet werden soll.

Ein häufig genutztes und sehr erfolgreiches Werkzeug sind etwa **Checklisten**. Checklisten sind kurze, schriftliche Auflistungen der Dinge, die nicht vergessen werden dürfen. Sie sind nicht in einem Aktenordner hinterlegt, sondern dort zu finden, wo sie eingesetzt werden sollen. Und idealerweise sind sie kurz und übersichtlich genug, dass es Spaß macht, sie in die Hand zu nehmen und durchzugehen: „Haben wir an alles gedacht?"

Pairing[108] ist eine Technik aus der Softwareentwicklung, bei der anspruchsvolle Tätigkeiten zu zweit ausgeführt werden. Es geht hier wirklich um „zwei Personen an derselben Aufgabe" – wenn der eine etwas hier, der andere etwas anderes dort drüben tut, arbeiten beide, aber sie arbeiten nicht zusammen. Die beiden Pairing-Partner haben unterschiedliche Rollen: Üblicherweise wird derjenige, der die Tätigkeit ausführt, als „Driver" bezeichnet und fokussiert sich auf korrekte Ausführung, während der andere („Navigator") den Überblick behält, Hinweise gibt, auf mögliche Fehler achtet und die Arbeit des Drivers beobachtet und unterstützt. Neben der höheren Sicherheit stärkt die Technik die Zusammenarbeit und ermöglicht wechselseitiges Lernen, vor allem wenn einer der beiden Partner deutlich mehr Erfahrung hat. Beim Pairing werden die Rollen regelmäßig gewechselt, beispielsweise alle fünfzehn Minuten. Das gilt auch und gerade bei großen Kompetenzunterschieden – sowohl erfahrene als auch unerfahrene

[108] Siehe beispielsweise Beck, Kent (2004). *Extreme Programming Explained: Embrace Change* (2. Auflage). Addison-Wesley. S. 42.

Teammitglieder können jeweils Driver und Navigator sein und aus beiden Tätigkeiten wertvolle Erkenntnisse ziehen.

Tailboard-Meetings[109] oder **Briefings** sind kurze Besprechungen, die unmittelbar vor Aufnahme einer anspruchsvollen Tätigkeit durchgeführt werden. Das Team trifft sich direkt am Ort des Geschehens (etwa auf einer Baustelle, das Wort „Tailboard" bezeichnet die offene Heckklappe eines Lastwagens), und spricht in aller Kürze die wichtigen Informationen und potenzielle Gefahren durch. Was haben wir vor? Was ist dafür zu tun? Was könnte dabei schiefgehen? Wie vermeiden wir Fehler? Das Meeting direkt an den Anfang einer schwierigen Tätigkeit zu legen, ruft notwendiges Wissen ins Bewusstsein und schafft ein gemeinsames Verständnis genau dann, wenn es gebraucht wird.

Für wiederkehrende und schematische Abläufe kann es hilfreich sein, eine **Anleitung** zu haben, die für bestimmte Aufgaben Schritt für Schritt vorgibt, was zu tun ist. Je nach Anwendungsfall kann diese Anleitung entweder als Text auf Papier, als Tonaufnahme oder sogar als Videoanleitung existieren, bei der ein Teammitglied die richtige Ausführung demonstriert und kommentiert. Mit den richtigen Werkzeugen ist eine Videoanleitung manchmal sogar schneller erstellt als eine Anleitung, die von jemandem geschrieben werden muss.

Für die Verbesserung standardisierter Abläufe, Checklisten, aber auch Strukturen und technischer Systeme kann das Team bewusst die Technik des sogenannten **Red Teaming**[110] einsetzen. Hierbei schlüpft das Team in die Rolle bösartiger Akteure und versucht, innerhalb eines vorgegebenen Rahmens (zum Beispiel eines Regelwerks) das *schlimmste mögliche Ergebnis* zu erzielen. Für das Team kann das nicht nur ein sehr unterhaltsames und kurzweiliges Spiel sein, es zeigt auch gnadenlos mögliche Schwachstellen und Fehlerquellen auf. Besonders häufig wird Red Teaming in sicherheitskritischen Umgebungen angewendet, etwa indem Menschen die Aufgabe bekommen, möglichst viele verbotene Gegenstände durch eine Sicherheitskontrolle zu schmuggeln, ohne Zugangskarte und Ausweis in sensible Gebäudebereiche zu kommen oder unautorisierten Zugriff auf Daten oder IT-Systeme zu erlangen.

Fehlererkennung

Wenn sich Fehler nicht vermeiden lassen, muss der nächste Schritt sein, sie möglichst früh zu erkennen. Bekannt und beliebt ist hier das **Vier-Augen-Prinzip**, bei dem Ergebnisse vor einer Übergabe, Präsentation oder ähnlichen Entscheidungssituation noch einmal von einem anderen Teammitglied überprüft werden. Die Rolle des Anderen ist dabei bewusst die eines Herausforderers, und beide Beteiligten sind sich darüber einig: „Hilf mir, indem du alle Schwächen und Probleme findest, bevor es unsere Kunden tun." Zustimmung und Wertschätzung sind auch nett, aber nicht im Fokus – die Kritik stellt die wesentliche Unterstützung dar.

---

[109] Siehe etwa Kerievsky, Joshua (2014): *Tailboarding – Pre-Work Hazard Analysis.* Blogbeitrag bei Medium, https://medium.com/@JoshuaKerievsky/tailboarding-1909f7e8f66c, abgerufen am 14.2.2022.

[110] Z.B. Hoffman, Bryce (2017). *Red Teaming: Transform Your Business by Thinking Like the Enemy.* Piatkus Books, oder Borgert, Stephanie & Lambertz, Mark (2019). *Besser entscheiden mit Red Teaming.* GABAL 30 Minuten.

Das Gegenstück zum eben erwähnten Briefing ist das **Debriefing**. Nach der Ausführung einer Tätigkeit findet sich das Team kurz zusammen, um das Geschehen durchzusprechen. Ist irgendetwas Unerwartetes oder Problematisches passiert? Haben wir an alles gedacht? Was könnte schiefgegangen sein, ohne dass es uns aufgefallen ist? Welche abschließenden Dinge sind noch zu erledigen, und wer wird das tun?

Eine **gemeinsame Betrachtung von Ergebnissen**, am besten früh und häufig, hilft ebenfalls, vermeidbare Fehler zu finden und zu lösen. Das Team kann Review-Meetings dazu nutzen, es ist aber auch eine gute Idee, Arbeitsergebnisse schon auf einem frühen Stand mit Kunden und Stakeholdern gemeinsam zu betrachten und durchzusprechen.

Sind für das Team Daten einzugeben oder ähnliche technische Tätigkeiten auszuführen, können **automatische Plausibilitätsprüfungen** eine große Hilfe sein. Das geht oft schon mit relativ einfachen Mitteln. Ich habe es einmal erlebt, dass es beim Eintragen von Arbeitszeiten in eine Softwaretabelle einen Datenfehler gegeben hatte und einige Einträge negative Arbeitszeiten aufwiesen. An einer Aufgabe „minus fünf" Stunden gearbeitet zu haben ist natürlich vollkommen unplausibel, in einer großen Tabelle wird so ein Fehler aber schnell übersehen. Verhindern lässt sich das durch *konditionale Formatierung*: Wenn in der Arbeitszeittabelle irgendwo negative Werte auftauchen, färbe die entsprechende Zelle feuerrot ein. Standardwerkzeuge wie Microsoft Excel oder Google Sheets bieten solche Funktionen von Haus aus an. Welche Daten plausibel sind und mit welchen technischen Möglichkeiten sie überprüft werden, hängt natürlich sehr von der konkreten Aufgabe ab.

Aus klinischen Studien in der Pharmabranche ist mir ein Ansatz erzählt worden, der **Double Data Entry** genannt wird. Er kommt etwa dann zum Einsatz, wenn größere Datenmengen per Hand in ein System übertragen werden müssen – eine Tätigkeit, die nicht nur langwierig und ermüdend ist, sondern wo Fehler auch erhebliche Konsequenzen haben können. Anstatt von einem Menschen fehlerfreie Eingabe zu erwarten, wird die Datenerfassung einfach von zwei Teammitgliedern parallel und unabhängig voneinander vorgenommen. Anschließend werden die Ergebnisse automatisiert auf Übereinstimmung geprüft. Überall dort, wo es zwischen den Dokumenten Abweichungen gibt, ist ein Fehler aufgetreten, der dann von Hand korrigiert wird. Die Wahrscheinlichkeit, dass zwei Menschen unabhängig voneinander an der gleichen Stelle den gleichen Fehler machen, geht gegen Null, das Ergebnis ist also mit hoher Wahrscheinlichkeit fehlerfrei.

In Arbeitsumgebungen mit ernsthaften Gefahren gibt es oft Regeln, die Teammitglieder ermächtigen, im Notfall den kompletten Betrieb anhalten zu dürfen. Manche Teams nutzen hierfür eine Karte mit einem aufgedruckten Stoppschild, die im Notfall buchstäblich „gezogen" werden kann (sogenannte „**Stop Work Authority**"-Karten). Die Arbeitssicherheitsbehörde OSHA in den USA schreibt für bestimmte Tätigkeiten sogar vor, dass es solche Stopprechte für Arbeiter geben muss.[111] Wird ein Stopprecht genutzt, hält das Team die Arbeit sofort an und kommt zusammen, um die mögliche Gefahr zu besprechen und zu beseitigen. Erst, wenn die Sicherheit wieder gewährleistet ist, kann die Arbeit fortgesetzt werden.

[111] Siehe etwa OSHA-Vorschrift 1926.1418 – *Authority to stop operation*. https://www.osha.gov/laws-regs/regulations/standardnumber/1926/1926.1418 (abgerufen am 08.12.2022).

Zwei wesentliche allgemeine Fehlerquellen sind das unachtsame Ausführen von Routineabläufen, und fehlende Aufmerksamkeit für das, was um einen herum geschieht. Beides lässt sich dadurch abfangen, dass wichtige Tätigkeiten oder Handlungen im Team offen angekündigt werden, ein Ansatz, den die Managerin Elizabeth Ayer als „**Absicht ausstrahlen**" bezeichnet[112]. Statt unreflektiert und intransparent Dinge zu tun (zu fehlerträchtig) oder sich vor jedem Arbeitsschritt umständlich mit allen abzustimmen (zu langsam), können Teammitglieder wichtige oder risikoreiche Tätigkeiten eigenverantwortlich angehen, solange sie es vorher durch Ankündigen transparent machen: „Achtung, ich werde …". Andere haben dadurch noch die Gelegenheit, auf mögliche Probleme hinzuweisen oder im Notfall einzuschreiten.

L. David Marquet, ehemaliger U-Boot-Kommandant, beschreibt einen ähnlichen Ansatz namens *Deliberate Action* in seinem Bestseller „Turn the Ship Around!"[113]. Er erzählt, wie auf seinem Schiff, der *USS Santa Fe*, die Fehler- und Unfallquote erheblich gesenkt werden konnte, indem Seeleute vor wichtigen Arbeitsschritten laut mitteilten, was sie tun würden: „Captain, ich schalte auf externe Stromversorgung um!". Ein von der US-Navy entsandtes Team von Auditoren wird im Buch mit folgender Aussage zitiert:

> *„Ihre Leute haben die gleichen Fehler gemacht – nein, haben versucht, die gleiche Anzahl von Fehlern zu machen – wie alle anderen Besatzungen. Aber die Fehler sind dank Deliberate Action nie passiert. Entweder wurden sie vom Bediener selbst korrigiert oder von einem Teamkollegen."*[114]

Insgesamt wollen wir es Menschen so einfach wie möglich machen, auf Probleme hinzuweisen. Dazu gehört, regelmäßig einen Rahmen zu schaffen, in dem das auf sichere Art und Weise geschehen kann. Im kleinen Kreis, zu zweit oder dritt, ist die Hemmschwelle, Fehler anzusprechen, um ein Vielfaches niedriger als in einem großen Meeting mit dutzenden Teilnehmenden und wichtigen Stakeholdern. Fehlerrobuste Teams bieten regelmäßig einen psychologisch sicheren Rahmen, in dem Fehler bemerkt und angesprochen werden können, wenn das nötig ist. Retrospektiven mit überschaubarem Teilnehmerkreis sind hierfür gut geeignet, der Takt, in dem sie stattfinden, definiert dann den Zeithorizont, den Fehler unbemerkt bleiben können. Plant das Team etwa Retrospektiven nur im Abstand von drei Monaten oder mehr, kann ein Problem auch bis zu drei Monate lang bestehen, bevor es in diesem Rahmen angesprochen werden kann. Mindestens einmal pro Woche sollte das Team daher eine kurze Gelegenheit für Problembehandlung anbieten, etwa durch Dailys oder ein Austauschmeeting mit offener Agenda.

Fehlerbeherrschung

Hat sich ein Fehler trotz struktureller Maßnahmen nicht vermeiden lassen, liegt die oberste Priorität darauf, das Problem wieder unter Kontrolle zu bringen. Auch wenn

---

112 Ayer, Elizabeth (2019): *Don't ask forgiveness, radiate intent*. Blogpost bei Medium, https://medium.com/@ElizAyer/dont-ask-forgiveness-radiate-intent-d36fd22393a3 (abgerufen am 08.12.2022).

113 Auf Deutsch erschienen als Marquet, L. David (2020): *Reiß das Ruder rum! Eine wahre Geschichte über Führung, und darüber, wie Mitarbeiter zu Mitgestaltern werden*. dpunkt.

114 Marquet, L. David (2015). *Turn The Ship Around! A True Story Of Turning Followers Into Leaders*. Penguin Books. S. 124 (Übersetzung des Autors).

die Versuchung groß sein mag, ist diese Situation nicht der richtige Zeitpunkt, um in eine Ursachenanalyse zu gehen („Warum hast du das gemacht?"). Auch der Reflex, dem Problemverursacher die Situation zu entreißen, ist nicht unbedingt hilfreich. Es ist in diesen Situationen besonders wichtig, Entscheidungen dort treffen zu können, wo die meisten Informationen vorliegen – in vielen Fällen wird das genau diejenige Person sein, der ein Fehler unterlaufen ist.

Das Wichtigste für das Team ist in diesem Moment, gemeinsame Verantwortung aufrechtzuerhalten und die eigene Handlungsfähigkeit sicherzustellen. Das bedeutet oft, dass jemand – meist die Person, die am schnellsten reagieren oder die Situation am besten überblicken kann – die Kontrolle übernimmt und die anderen koordiniert. Lasst das ruhig geschehen – es bringt an dieser Stelle nichts, eine Diskussion über Gleichberechtigung oder Rollenprofile zu führen, das Problem in den Griff zu bekommen ist wichtiger. Damit es alle mitbekommen, kann das Teammitglied die Kontrolle verbal an sich ziehen: „Alles klar, ich habe einen Plan. Passt auf, du machst folgendes …". Der beste Kommunikationsstil dabei ist klar, sachlich und direkt – laut oder emotional zu werden hilft nicht, aber um betont höflich und rücksichtsvoll miteinander umzugehen, dafür fehlt in der Situation oft einfach die Zeit. Für Teams, die klare und direkte Kommunikation gewohnt sind und Erfahrung im situationsgerechten Verteilen von Verantwortung mitbringen, fällt dieser Wechsel leichter.

Wenn das Team mögliche Krisen schon absehen kann, kann es sich **Notfallszenarien** zurechtlegen – klare Abläufe und Handlungsanweisungen, die im Fall der Fälle einfach abgespult werden können. Diese helfen natürlich nur, wenn sie im Notfall auch präsent sind. Das bedeutet, sie in einfacher, schnell erfassbarer Form zu formulieren, dort abzulegen, wo man sie brauchen wird (also nicht in einen Aktenschrank), und regelmäßig zu üben, damit Teammitglieder im tatsächlichen Notfall nicht erst lernen müssen, was zu tun ist.

4.3 Konstruktiver Umgang mit Fehlern

„Wenn die Menschen nicht manchmal Dummheiten machten geschähe überhaupt nichts Gescheites."
Ludwig Wittgenstein

„Fehler sind Feedback – das ist ein weiterer Blickwinkel, den ich Ihnen ans Herz lege. Jedes unerwünschte Ergebnis sagt uns, vor allem wenn es wiederholt auftaucht, etwas über das System."
Stephanie Borgert[115]

Sobald das initiale Problem gelöst wurde und das Team etwas Zeit gewonnen hat, sollte es das Geschehen gemeinsam durchsprechen, die Fehlerentstehung klären, entstandene Spannungen auflösen und Maßnahmen ableiten, mit denen das Problem in Zukunft

115 Borgert, Stephanie (2019). *Die kranke Organisation: Diagnosen und Behandlungsansätze für Unternehmen in Zeiten der Transformation.* GABAL. S. 230.

vermieden werden kann. Besonders wichtig ist ein konstruktiver Umgang mit Fehlern in den ersten Wochen eines neuen Teams. Die noch nicht eingespielte Arbeitsweise macht Fehler besonders wahrscheinlich, gleichzeitig hat das Team noch keine Routine im Umgang damit entwickelt. Auftretende Probleme können in der Anfangsphase eines Teams also besonders leicht zu Konflikten eskalieren, und die Art und Weise, wie das neue Team diese Situationen behandelt, prägt die Erwartungen der Teammitglieder langfristig.[116]

Fehler aufzudecken und anzusprechen muss immer einfacher sein als sie zu vertuschen, sonst schafft das Team einen massiven Anreiz, Probleme zu verschweigen. Das bedeutet auch, dass die Konsequenzen für das Eingestehen eines Fehlers weniger schwer wiegen müssen als die für sein Verstecken. Teammitglieder beobachten das Verhalten des Teams hier sehr genau. Wie wird damit umgegangen, wenn jemand etwas nicht hinbekommt oder Fehler macht? Übernimmt das Team gemeinsam Verantwortung für das Geschehen, oder werden Teammitglieder mit Problemen allein gelassen? Wird zuerst nach Schuldigen gesucht, oder nach Lösungen? Beschäftigt sich das Team ausführlich mit dem Entstehungsweg eines Problems, oder konzentriert es sich auf die Frage, wie nun damit umzugehen ist?

Auch wenn Fehler von einzelnen gemacht werden, ist ein nicht vermiedener, nicht erkannter und nicht kontrollierter Fehler immer auch ein Versagen des gesamten Teams. Für jeden, dem ein Fehler passiert, gibt es auch jemanden, dem er hätte auffallen können. Wenn die Zusammenarbeit eng und aufmerksam gewesen wäre, wäre das Problem nicht aufgetreten. Dass man im Team Fehler machen kann, ohne dass es jemand merkt, deutet also auf strukturelle Schwächen in der Zusammenarbeit hin. Folgerichtig ist es auch in der Verantwortung des Teams, durch Veränderungen seiner Zusammenarbeit sicherzustellen, dass Fehler dieser Art in Zukunft besser vermieden, früher bemerkt und schneller aufgefangen werden können.

Welche Konsequenzen das Team aus einem Problem zieht, hängt davon ab, welche Art von Problem aufgetreten ist. Wusste man vorher schon, dass die ausgeführten Handlungen zu dem Problem führen würden (Fehler) oder erschien es seinerzeit noch wie eine gute Idee (Irrtum)?

Fehler und Irrtümer sind unterschiedliche Arten von Problemen und müssen unterschiedlich behandelt werden. Bei Fehlern ist die zentrale Frage im Wesentlichen: Kann uns das wieder passieren, und wenn ja, wie verhindern wir den Fehler das nächste Mal? Wie konnte es beispielsweise sein, dass das Wissen über das richtige Vorgehen zwar im Team insgesamt vorhanden, aber in der Entscheidungssituation des Einzelnen nicht präsent war? Wie kann dieses Wissen das nächste Mal direkt in die Situation gebracht werden, in der es angewendet werden muss? Oder wusste das betroffene Teammitglied sogar, dass sein Verhalten bekannte Erwartungen verletzt, und hielt es dennoch für notwendig? Wie kann das Team in Zukunft in ähnlichen Situationen andere Handlungsoptionen zur Verfügung stellen?

Bei Irrtümern würden diese Fragen nicht weiterhelfen. Es gab kein Wissen über die Situation, welches man hätte anwenden können, der Irrtum des Teams oder des Team-

[116] Vgl. auch Hackman, Richard (2002). *Leading Teams: Setting the Stage for Great Performances.* Harvard Business Review Press. S. 54 ff.

mitglieds hat das Wissen überhaupt erst erzeugt. Die Frage, wie man Irrtümer dieser Art „nächstes Mal“ vermeiden könnte, ist unsinnig, da der Wissenstand nun ein anderer ist. Im Nachhinein ist es auch einfach zu sagen, welche Lottozahlen man letzte Woche hätte tippen müssen, dieses Wissen hilft aber für die kommende Woche nicht. Stattdessen kann sich das Team auf der Metaebene fragen, wie es das gleiche Wissen mit weniger Aufwand und weniger Problemen hätte gewinnen können. Was hätte es tun können, um den gleichen Lerneffekt zu erreichen, und lassen sich diese Ideen für schnelleres Lernen auf aktuelle oder zukünftige Entscheidungssituationen des Teams anwenden?

Wie kann das Team das anwenden?

Eine für alle angstfreie Arbeitsumgebung zu schaffen, braucht das Mitwirken aller Beteiligten, sowohl innerhalb des Teams als auch in seinem Umfeld. Es beginnt mit respektvollem und sachlichem Umgang miteinander, professionellem Auftreten und gegenseitiger Rücksichtnahme. Offene Beteiligung und allgemeines Mitspracherecht sind wesentliche Grundsätze selbstorganisierter Teams.

Angstfreiheit bedeutet darüber hinaus, Zeit, Geld und Reputation der Beteiligten als kostbar und schützenswert zu erachten, und einen Beitrag zu leisten, dass mit ihnen schonend umgegangen wird. Viel hängt vom eigenen Situationsbewusstsein und der nötigen Selbstdisziplin ab: Diskussionen kurz zu halten, wirklich nur an wertvollen Tätigkeiten zu arbeiten, in Meetings pünktlich und gut vorbereitet zu sein, und Ähnliches.

Sicherheit hat aber nicht nur persönliche, sondern auch strukturelle Aspekte. Dabei geht es nicht darum, keine Fehler machen zu dürfen – das wäre eine unrealistische Erwartung an Menschen. Stattdessen muss die Zusammenarbeit innerhalb des Teams fehlerrobust gestaltet sein, also so, dass Fehler möglichst früh erkannt und konstruktiv gelöst werden können, bevor daraus größere Probleme entstehen. Das erfordert Zeit und bewusste Reflexion, die ein Team sich gerade dann nehmen sollte, wenn es mit ständigem „Feuerlöschen“ beschäftigt ist. Sich laufend mit Problemen herumschlagen zu müssen, ist ein deutliches Zeichen, dass die Strukturen der Zusammenarbeit noch zu wünschen übrig lassen.

5. Motivation

Der Erfolg eines selbstorganisierten Teams hängt in wesentlichen Teilen vom freiwilligen Engagement seiner Teammitglieder ab. In diesem Zusammenhang ist eine Frage für uns besonders interessant: Was bringt Menschen dazu, aus freien Stücken anspruchsvolle und oft anstrengende Dinge zu tun? Kurz: Was motiviert Menschen dazu, zu arbeiten?

Eine der bekanntesten Motivationstheorien ist die **Bedürfnishierarchie** von Abraham Maslow aus dem Jahr 1943.[117] Maslow stellt darin die These auf, dass Motivation aus ungestillten Bedürfnissen entsteht. Je mehr ein Bedürfnis befriedigt wird, desto mehr wechselt die Aufmerksamkeit auf hierarchisch „höhergestellte“, meist abstraktere Be-

[117] Maslow, Abraham (1943): *A theory of human motivation*. Psychological Review, 50(4), 370-396.

dürfnisse, welche dann die Motivation des Individuums prägen. Bei den meisten Bedürfnissen ist es so, dass sie immer wieder von Neuem gestillt werden müssen (zum Beispiel Hunger, der immer wiederkommt), die Treiber der Motivation können daher je nach Situation wechseln.

In seinem Modell gruppierte Maslow die Bedürfnisse des Menschen in fünf große Kategorien:

- **Physiologische Bedürfnisse**, darunter Nahrungs- und Wasseraufnahme, Schlaf, Licht, Abwesenheit von Schmerzen, Hygiene, ausgeglichene Temperatur und ähnliche körperliche Erfordernisse,
- **Sicherheitsbedürfnisse**, also die Abwesenheit von Angst in Bezug auf Gesundheit, emotionales Wohlbefinden, sozialen Status oder den eigenen Lebensstandard,
- **Soziale Bedürfnisse**, unter anderem das Verlangen nach intakten Familien- und Freundesbeziehungen, Zugehörigkeit zu attraktiven Gruppen, Intimität, Vertrauen und Akzeptanz,
- **Individualbedürfnisse** als Überbegriff für viele eher selbstbezogene Interessen: Könnerschaft, Selbstbewusstsein, Unabhängigkeit, aber auch Ruhm, Anerkennung und Aufmerksamkeit von anderen, und zuletzt
- **Selbstverwirklichung**: das eigene Potenzial entfalten zu können, sich immer weiter zu entwickeln, dem eigenen Leben einen Sinn zu verleihen, und andere, nie wirklich vollständig zu stillende Bedürfnisse. Maslow verwendet später den Begriff der *Transzendenz* für das Bedürfnis, dem eigenen Leben eine Bedeutung zu geben, die über die eigene, zeitlich begrenzte Existenz hinausgeht.

Das Konzept der Bedürfnishierarchie sagt, dass niedrigere Bedürfnisse im Allgemeinen Priorität gegenüber höheren Bedürfnissen bekommen. Das Verhalten eines müden und hungrigen Menschen ist vor allem durch den Wunsch nach Schlaf und Essen motiviert, nicht durch den Wunsch nach Selbstverwirklichung. Für einen Menschen, der sich verletzt hat, bekommt die Wiederherstellung der eigenen Gesundheit zeitweise einen höheren Stellenwert als etwa die Beziehung zu Freunden und Verwandten.

Eine gängige Darstellung von Maslows Ideen ist in Form einer Pyramide, in der die Physiologie die unterste Ebene und Selbstverwirklichung die oberste Ebene darstellt. Die Priorisierung niedriger Bedürfnisse ist allerdings mehr eine generelle Tendenz als eine harte Regel: Sportler nehmen etwa regelmäßig für die Erfüllung ihrer Individual- und Selbstverwirklichungsbedürfnisse Hunger, Durst, Ermüdung und Schmerzen, also Nichterfüllung ihrer physiologischen Bedürfnisse in Kauf, und Eltern ordnen ihre eigenen Interessen oft den Bedürfnissen ihrer Kinder unter. Hinzu kommt, dass Maslow die Pyramidendarstellung selbst nie verwendet hat. Eine bessere Visualisierung[118] stellt die Bedürfnisgruppen daher eher in Form überlappender Aufmerksamkeitsbereiche dar. Mit zunehmender Bedürfniserfüllung verschiebt sich der Aufmerksamkeitsfokus und damit auch der Motivationseffekt eher auf die höheren Bedürfniskategorien, aber Physiologie, Sicherheit und Zugehörigkeit spielen weiterhin unterschwellig eine Rolle.

[118] Abbildung angelehnt an Krech, David & Crutchfield, Richard & Ballachey, Egerton (1962): *Individual in society: A textbook of social psychology.* McGraw-Hill. S. 77.

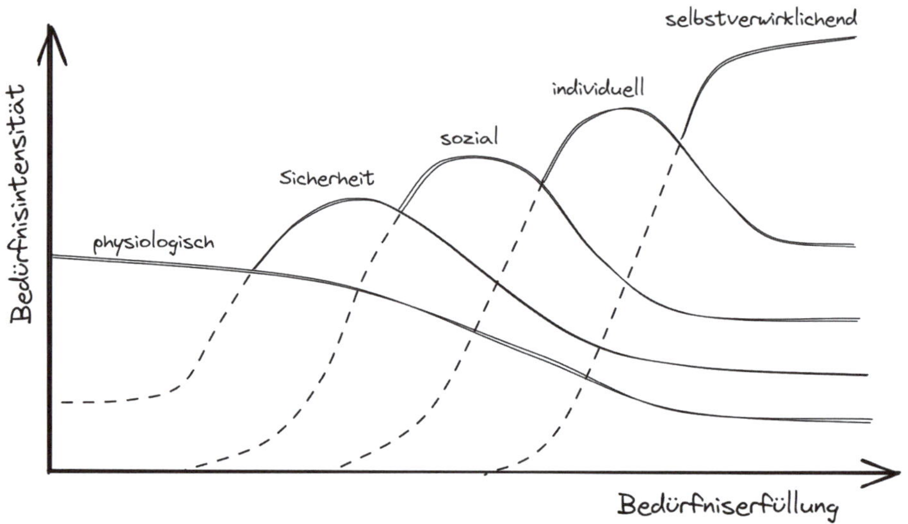

Wir sollten im Blick behalten, dass Maslows Bedürfnishierarchie einen sehr „westlichen" Blick auf Motivation darstellt und die Gewichtung der Bedürfnisse in unterschiedlichen Kulturen anders ausfallen kann. Maslows Forschung wirkt nach heutigen wissenschaftlichen Maßstäben auch eher unorthodox und ist an mehreren Stellen kritisiert worden. Es ist also besser, das Modell nicht für eine absolute Wahrheit zu halten, sondern als Denkwerkzeug zu sehen, welches uns bei der Entwicklung unserer Teams helfen kann. Motivation ist in dieser Sicht die schlichte Konsequenz von Situationen, in denen sich die Ziele des Teams mit den Zielen seiner Mitglieder decken: Je mehr das tägliche Geschehen im Team auf die Bedürfniserfüllung seiner Mitglieder einzahlt, desto mehr Motivation bringen diese dafür auf. Ich will das noch einmal betonen: Ziele und Visionen des Teams und der Organisation haben für sich genommen keine motivierende Wirkung, sondern Motivation entsteht aus der Tatsache, dass sie sich mit den Zielen und Interessen ihrer Mitglieder in Übereinstimmung bringen lassen. „Gemeinsame" Ziele bilden so gesehen nur einen Rahmen, innerhalb dessen Teammitglieder individuelle Ziele und Interessen verfolgen und Bedürfnisse erfüllen können. Das hat nichts mit Egoismus zu tun, sondern Zusammenarbeit kommt eben immer genau dann zustande, wenn alle Beteiligten daraus einen Vorteil ziehen können.

> *„[…] jede einzelne Organisation [kann] als gemeinsames Mittel zu höchst unterschiedlichen Zwecken fungieren […] Nicht das gemeinsame Ziel der unterschiedlichen Interessengruppen ist es, was ihr Überleben sichert, sondern die Tatsache, dass die Organisation in der Lage ist, als gemeinsames Mittel für unterschiedliche Ziele zu dienen."*[119]

Die Arbeit im Team motivierender zu gestalten, ist im Interesse aller Beteiligten: Das Team kann auf das Engagement seiner Mitglieder zählen, Kunden bekommen bessere

[119] Simon, Fritz B. (2021). *Einführung in die systemische Organisationstheorie* (eBook, 8. Auflage). Carl-Auer. S. 39.

Ergebnisse, und Teammitglieder ziehen mehr Freude aus ihrer Tätigkeit. Wie können wir das Maslow-Modell dazu nutzen?

Für mich liegt eine wesentliche Erkenntnis darin, dass freiwillige, selbstorganisierte Arbeit im Team vor allem die höheren Kategorien anspricht. Könnerschaft, Kreativität, Anerkennung, Sinnhaftigkeit der eigenen Tätigkeiten sind wesentliche Motivatoren, die das Team unbedingt nutzen will. Gleichzeitig ist Motivation sehr individuell und kann nur schwer von außen direkt beeinflusst werden. Der beste Weg besteht also darin, Arbeit so zu strukturieren, dass Menschen sich mit ihrer Hilfe *selbst* motivieren können. Motivierende Effekte wird das Team immer dann spüren, wenn Teammitglieder Aufgaben nutzen können, um sich ihre eigenen Wünsche nach Kompetenz, Ansehen, sozialer Zugehörigkeit, Bedeutung und Wirksamkeit zu erfüllen. Erfolgreiche Teams gestalten ihre Strukturen und Aufgaben so, dass sie für Teammitglieder zwei zentrale Funktionen erfüllen: Niedrige Bedürfnisse aus der Aufmerksamkeit zu nehmen und höhere Bedürfnisse durch das Engagement im Team erfüllbar zu machen.

Zur **Erfüllung niedriger Bedürfnisse** muss das Team darauf achten, dass es seinen Teammitgliedern gut genug geht, dass körperliche und sicherheitsbezogene Bedürfnisse nicht deren Aufmerksamkeit beanspruchen. Dazu gehört, für ausreichende Verfügbarkeit von Essen und Getränken zu sorgen, Mitgliedern genug Zeit für Pausen, Erholung und Schlaf zu bieten, eine helle, ruhige und angenehme Arbeitsumgebung zu schaffen und ihnen – sofern im Einflussbereich des Teams – ein Gehalt zu zahlen, mit dem sie sich keine Sorgen um Miete, Lebensmittel und andere laufenden Kosten machen müssen. Wir sehen hier wieder, warum eine angstfreie Arbeitsumgebung für produktive Zusammenarbeit unschätzbar wichtig ist: Angst motiviert, aber sie motiviert nicht entlang der Interessen des Teams. Stattdessen bringt sie Menschen dazu, die Quelle der Angst zu finden und aus ihrer Welt zu entfernen, zum Beispiel durch Abkapselung, Teamwechsel oder Kündigung. Während sie das tun, fokussieren sie ihre Aufmerksamkeit auf ihre Sicherheitsbedürfnisse und haben den Kopf nicht frei für anspruchsvolle oder kreative Tätigkeiten. Menschen psychologisch unter Druck zu setzen, ist also selten eine gute Idee. Im besten Fall erzeugt Angst Gehorsam, aber sicher nicht das freiwillige Engagement, auf das ein selbstorganisiertes Team jeden Tag angewiesen ist.

Soziale Bedürfnisse sind ein interessanter Grenzfall, bei dem sich Teammitglieder je nach Lebenssituation stark unterscheiden können. Manche wünschen sich eventuell Kontakt auch nach Feierabend oder am Wochenende und können dabei mit den Sozialbedürfnissen anderer Teammitglieder in Konflikt geraten, die diese Zeit für ihre eigenen Freunde und Familien nutzen wollen. Offen miteinander über Erwartungen und Möglichkeiten zu sprechen, ist hier wichtig.

Ein Team, welches soziale Bedürfnisse stärker erfüllen möchte, kann das außerdem über klare Gruppenzugehörigkeit und eine starke Identität tun. Teil eines erfolgreichen Ganzen zu sein, in dem gemeinsam etwas geschafft und als Gruppe Verantwortung übernommen wird, ist in jedem Fall ein motivierendes Erlebnis. Dazu gehören nicht nur Leistung und produktive Interaktionen auf der Arbeitsebene, sondern auch Zeit, Beziehungen untereinander aufzubauen und zu pflegen – vor allem, wenn das Team nicht an einem Ort zusammenarbeitet. Sich Zeit für Check-ins und Smalltalk zu nehmen, freiwillige „Kaffeetermine" zu haben und hin und wieder persönliche Treffen zu organisieren, hilft hier sehr.

Für das Team wirklich interessant wird es dann bei **höheren Bedürfnissen**, also bei der Frage, wie Arbeit gestaltet werden kann, um Aspekte wie Kompetenz, Sinnhaftigkeit und Autonomie unmittelbar erlebbar zu machen.

5.1 Wann motiviert Arbeit?

Arbeitspsychologen ist schon früh aufgefallen, dass bestimmte Arten von Tätigkeiten für Menschen motivierender sind als andere und dass sie diese nicht nur länger und besser ausführen können, sondern dabei auch mehr Freude empfinden und weniger schnell ermüden. Ein Klassiker unter den daraus entstandenen Theorien ist das sogenannte **Job Characteristics-Modell** des Psychologen Richard Hackman und des Wirtschaftswissenschaftlers Greg Oldham.[120] Dieses sagt aus, dass Arbeitszufriedenheit vor allem mit fünf wesentlichen Eigenschaften der Tätigkeit zusammenhängt:

- **Abwechslung**, also Einbeziehung möglichst unterschiedlicher Fähigkeiten und Kompetenzen,
- **Vollständigkeit**, also Arbeit, bei der man am Ende ein in sich wertvolles Gesamtergebnis produziert, etwa indem man für die komplette Herstellung eines Produkts oder eine umfassende Dienstleistung verantwortlich ist,
- **Sinnhaftigkeit**, also den Mehrwert der eigenen Arbeit für Kunden, Teammitglieder und Stakeholder spüren zu können,
- **Autonomie**, also Herangehensweisen und Lösungswege frei wählen und kombinieren zu können,
- **Feedback**, also möglichst direkte und regelmäßige Rückmeldung über Wert und Wirkung der eigenen Arbeit zu bekommen.

Es ist sicher kein Zufall, dass Hackman und Oldham das Modell genau in der Blütezeit arbeitsteiliger, tayloristischer Massenproduktion aufgestellt haben, also in einer Zeit, in der sehr viele Jobs genau das Gegenteil dieser Eigenschaften aufwiesen: Monotones, gleichbleibendes Ausführen immer gleicher Handgriffe. Die resultierenden Effizienzgewinne dieses Organisationsmodells haben vielen Unternehmen zu dieser Zeit große wirtschaftliche Erfolge beschert, allerdings auf Kosten der Motivation und Arbeitszufriedenheit der Menschen in ihrer Produktion.

In eine ähnliche Kerbe wie Hackman und Oldham schlägt Daniel Pink in seinem Bestseller „Drive".[121] Seiner These nach entsteht Motivation, sobald grundlegende körperliche, sicherheitsbezogene und soziale Bedürfnisse einmal gestillt sind, vor allem aus drei großen Antrieben heraus:

- **Autonomie**, also der Wunsch, selbstgesteuert zu handeln und das eigene Leben frei gestalten und entscheiden zu können. Autonomiebedürfnisse können teilweise Vorrang vor Sicherheitsbedürfnissen bekommen, etwa wenn Menschen gut bezahlte, sichere Jobs aufgeben, um sich für weniger Geld und unter erheblichem Risiko selbstständig zu machen.

---

[120] Siehe Hackman, Richard & Oldham, Greg (1980): *Work Redesign*. Addison-Wesley.
[121] Pink, Daniel (2020): *Drive. Was Sie wirklich motiviert*. ecoWing.

- **Könnerschaft**, also der Wunsch, sich zu entwickeln, Fähigkeiten zu erwerben und Anerkennung dafür zu ernten. Pink nennt als Beispiel die Tatsache, dass Menschen freiwillig Tausende von Stunden in das Erlernen von Sprachen oder Musikinstrumenten stecken, ohne jemals dafür bezahlt zu werden.
- **Sinnhaftigkeit,** also der Wunsch, die eigene Arbeit einem wichtigen höheren Ziel dienen zu lassen. Beispiele sind hier ebenfalls leicht zu finden, von ehrenamtlichem Engagement über Freiwilligenarbeit im Ausland bis zur erfolgreichen *Open Source*-Bewegung in der Softwareentwicklung, die in unbezahlter Arbeit unter anderem Projekte wie Wikipedia hervorgebracht hat.

Es ist auffällig, wie nah diese Überlegungen an andere Forschungsfelder wie etwa Spieledesign heranrücken. Der Spieltrieb ist einer der tiefsten und mächtigsten Motivatoren des Menschen, und Arbeit „spielerischer" zu gestalten ist ein vielversprechender Ansatz für mehr Motivation. Damit ist nicht gemeint, eine Highscore-Liste zu führen, wer wie oft im Büro die Spülmaschine ausräumt, sondern systematisch zu untersuchen, was gute Spiele motivierend macht, und diese Aspekte auf die Gestaltung von Arbeit zu übertragen.

In ihrem Buch „*Besser als die Wirklichkeit*" (im Original: „*Reality is broken*") stellt die Spieledesignerin Jane McGonigal fest, dass unsere Realität und unsere Arbeitswelt meist nur wenig mit guten Spielen gemeinsam haben.[122] Sie identifiziert vier Eigenschaften, die aus einer Tätigkeit ein Spiel machen:

- **Ein orientierendes Ziel.** Dabei muss es sich nicht unbedingt um einen fest definierten Zustand handeln. Ein Ziel muss aber Orientierung bieten, also Entscheidungen erleichtern, indem man Optionen mit dem Ziel abgleichen kann: „Bringt uns das unseren Zielen näher, oder nicht?" Das Ziel muss erstrebenswert sein, das heißt, in irgendeiner Form Bedürfnisse derjenigen erfüllen, die es erreichen sollen – zum Beispiel über die Erwartung, damit die Welt zu verbessern, oder auch einfach dadurch, dass es aufgrund seiner Schwierigkeit Menschen die Möglichkeit bietet, ihre Könnerschaft unter Beweis zu stellen.
- **Klare Regeln und Rahmenbedingungen.** Für Spieler muss offensichtlich sein, welche Möglichkeiten ihnen zur Verfügung stehen und welche nicht. Dabei ist es für Motivation nicht unbedingt besser, mehr Möglichkeiten zu haben. Jane McGonigal nennt in ihrem Buch als Beispiel das Golfspielen: Wenn es erlaubt wäre, den Golfball mit der Hand direkt ins Loch zu werfen, anstatt ihn aus großer Entfernung mit einem kleinen Schläger befördern zu müssen, würde Golf vermutlich überhaupt keinen Spaß machen. Die Kombination aus Ziel und Rahmenbedingungen darf also gern ein schwieriges Problem darstellen, welches die eigene Intelligenz und Kreativität herausfordert.[123] Zwei Dinge müssen allerdings gegeben sein: Es muss innerhalb der Rahmenbedingungen möglich sein, das Problem zu lösen – sonst erzeugt es Frust anstatt Freude – und die Regeln müssen einfach und nachvollziehbar sein. Unklarheit darüber, was erlaubt ist, führt zu einer Situation der „unsichtbaren Stromzäune", also

[122] McGonigal, Jane (2012): *Besser als die Wirklichkeit! Warum wir von Computerspielen profitieren und wie sie die Welt verändern*. Heyne.

[123] Richard Hackman schlägt als Faustregel für maximale Motivation Aufgaben vor, bei denen die Erfolgswahrscheinlichkeit etwa bei 50 % liegt, siehe Hackman, Richard (2002). *Leading Teams*. Harvard Business Review Press. S. 87. Natürlich ist Motivation nicht der einzige ausschlaggebende Faktor für Arbeitsgestaltung, für viele Aufgaben wäre eine Erfolgswahrscheinlichkeit von nur 50 % absolut inakzeptabel.

einer Aufgabe, die nach großen Freiheiten aussieht, Spieler aber zu scheinbar willkürlichen Zeitpunkten schmerzhaft bestraft – eine enorm demotivierende Erfahrung.

- **Transparentes Feedback.** Um sinnvoll Entscheidungen in Hinblick auf ein Ziel treffen zu können, muss das Spiel die aktuelle Spielsituation und die Konsequenzen von Entscheidungen so schnell und transparent wie möglich zurückmelden. Dazu gehören Informationen wie: Wo sind wir gerade? Welche Ressourcen haben wir? In welche Richtung liegt das Ziel? Welche Hindernisse stehen uns dabei im Weg? Welche Handlungsmöglichkeiten haben wir? Diese Fragen klingen, als wären sie leicht zu beantworten, ich erlebe es aber regelmäßig, dass Teams in Bezug auf ihre Arbeit diese Informationen gar nicht, in schlechter Qualität, oder nur mit großer Verzögerung zur Verfügung stehen.
- **Freiwillige Teilnahme.** Nicht zuletzt ist ein wesentlicher Aspekt von guten Spielen, dass man sich die Teilnahme daran aussuchen kann. Das beste Gesellschaftsspiel würde sich schnell wie Arbeit anfühlen, wenn man jede Woche, jeden Tag, für acht Stunden am Stück gezwungen würde, es zu spielen. Schon der Akt des Gezwungenwerdens an sich verletzt unser Bedürfnis nach Autonomie, betont Abhängigkeiten zu anderen und verlagert damit unsere Aufmerksamkeit von der Kreativitäts- auf die Sicherheitsebene.

Natürlich wird im echten Leben auch Arbeit erledigt, die nicht diesen Kriterien entspricht. Ich erlebe aber regelmäßig, dass Motivation langfristig aufrechtzuerhalten für Teams eine wesentliche Herausforderung sein kann. Sicher liegt ein Teil des Problems darin, dass wir Arbeit und Spaß oft als voneinander getrennte, sich sogar gegenseitig ausschließende Tätigkeiten betrachten, anstatt uns zu fragen, wie wir Arbeit so gestalten können, dass sie unserem tiefen, evolutionär geprägten Bedürfnis zu spielen stärker entspricht.

All das bedeutet übrigens nicht, dass es im Team keine uninteressanten oder nervigen Aufgaben geben darf. Manche Dinge müssen einfach erledigt werden. Motivation bedeutet hier, dass eine Art von Arbeit die Belohnung für andere Arten von Arbeit sein kann, dass also Teammitglieder durch Erledigung der weniger attraktiven Aufgaben das Recht erwerben, die spannenden und motivierenden Tätigkeiten ausführen zu *dürfen*. Menschen können durchaus Motivation für unattraktive Tätigkeiten aufbringen, wenn sie diese als Mittel zu einem attraktiven Zweck betrachten, ein Phänomen, das der Philosoph Peter Bieri als „*geborgte Wünschbarkeit*“[124] bezeichnet hat. Die Frage ist dann, ob das Team ausreichend attraktive Zwecke in Form von Zugehörigkeit, Entwicklungsmöglichkeiten, Prestige oder spannenden Aufgaben anbieten kann, die als Rechtfertigung für die weniger motivierenden Teile des Alltags herhalten können.

5.2 Der Faktor Geld

Wenn ich die Frage „Was motiviert Menschen?“ in Workshops bespreche, wird als Antwort oft „Geld?“ genannt – inklusive des Fragezeichens. Teilnehmende spüren, dass das eine erwartete Antwort sein könnte, sind sich allerdings nicht sicher, ob sie „richtig“ ist.

[124] Vgl. Bieri, Peter (2001). *Das Handwerk der Freiheit: Über die Entdeckung des eigenen Willens* (e-Book Ausgabe). Hanser. Kap. 3.

Geld ist insofern ein interessanter Motivationsfaktor, als das Erwerben von Geld an und für sich kein Bedürfnis darstellt. Psychologische Studien zeigen, dass der Zusammenhang zwischen Gehalt und Arbeitszufriedenheit wenn, dann nur schwach ausgeprägt ist.[125] Tatsächlich haben spezielle Belohnungs- und Incentive-Programme für viele Tätigkeiten sogar messbar *leistungssenkende* Effekte – der Versuch, Geld als Motivationshilfe zu verwenden, scheitert schon beim eigentlichen Ziel der Motivation, ganz abgesehen von den unerwünschten und oft skurrilen Seiteneffekten solcher Anreizsysteme.[126]

Menschen können Geld aber verwenden, um eine Vielzahl anderer Bedürfnisse zu erfüllen, angefangen bei körperlichen (Essen kaufen, Miete bezahlen) über sicherheitsbezogene (Lebensstandard heben und halten), soziale (Zugang zu bestimmten Gruppen) und individuelle Bedürfnisse (teure Freizeitaktivitäten und Hobbies). Bis zu einem gewissen Grad kann Geld Menschen also dazu motivieren, ansonsten unattraktive Tätigkeiten auszuführen, um sich selbst anderswo das zu leisten, was sie wirklich antreibt. Wie stark diese Bereitschaft ausgeprägt ist, ist sehr von Charakter und Umfeld des Individuums abhängig. Ein Grund, warum Managementpositionen regelmäßig von eher status- und wohlstandsorientierten Menschen ausgefüllt werden, könnte darin liegen, dass andere schlicht weniger bereit sind, die Nachteile dieser Jobs selbst für viel Geld auf sich zu nehmen.

Ein wesentliches Problem mit Geld als Motivator ist, dass die intrinsische Motivation der Tätigkeit selbst in den Hintergrund tritt. Wer einen Job primär des Geldes wegen erledigt, hat keinen Anreiz, mehr als das unbedingt Notwendige zu tun. Geld als Motivator etabliert eine ungeschriebene Regel: Engagiere dich gerade so sehr, dass man dich nicht feuern kann. Hinzu kommt, dass Geld eine Tätigkeit auch entwerten kann – den Ehepartner, der einem gerade liebevoll ein Abendessen zubereitet hat, für das Essen bezahlen zu wollen, hat vermutlich nicht gerade motivierende Effekte. Ein wesentlicher gesellschaftlicher Nutzen von Geld besteht darin, dass es soziale Beziehungen durch Transaktionen ersetzt. Im Alltag ist das enorm wertvoll – niemand will seinem Supermarkt noch einen Gefallen für das erhaltene Essen schulden – aber im Privatleben und auch in vielen Arbeitssituationen sind Beziehungen kostbar, und Geld ins Spiel zu bringen bedroht die Grundlage unseres Miteinanders.[127]

Was bedeutet das nun für die Arbeit im selbstorganisierten Team? Vor allem, dass Geld eher eine ermöglichende als eine motivierende Rolle spielen sollte. Motivation muss aus

---

125 Für eine Übersicht siehe etwa Chamorro-Premuzic, Tomas (2013): *Does Money Really Affect Motivation? A Review of the Research.* https://hbr.org/2013/04/does-money-really-affect-motiv (abgerufen am 08.12.2022).

126 Ein bekanntes Beispiel ist die Geschichte des „Kobra-Effekts": Im britisch besetzten Indien soll ein Gouverneur ein Kopfgeld auf Giftschlangen ausgesetzt haben. Tatsächlich wurden in den folgenden Wochen reihenweise tote Kobras abgeliefert – die die Bevölkerung heimlich in den Hinterhöfen heranzog, um mit ihnen an dem Programm zu verdienen. Als der Betrug aufflog, wurde das Kopfgeldprogramm eingestellt ... und die nun überflüssigen Kobras prompt auf der Straße ausgesetzt. Die Provinz hatte anschließend mehr Giftschlangen als vorher.
Ob sich die Geschichte wirklich so ereignet hat, ist unbekannt. Ähnliche Effekte lassen sich aber jeden Tag in Organisationen beobachten, in denen Mitarbeitende durch ausgeklügelte Bonussysteme zur Arbeit „animiert" werden sollen. Eindrucksvolle Beispiele finden sich etwa bei Levitt, Steven & Dubner, Stephen (2005). *Freakonomics: Überraschende Antworten auf alltägliche Lebensfragen.* Goldmann.

127 Zur historischen Entwicklung von Geld als Gesellschaftsfunktion sehr lesenswert: Mekiffer, Stefan (2016). *Warum eigentlich genug Geld für alle da ist.* Hanser.

der Tätigkeit selbst heraus entstehen können – die Aufgabe von Geld besteht darin, die Mitarbeit überhaupt möglich zu machen. Der verstorbene dm-Gründer Götz Werner brachte es auf den Punkt: „*Einkommen ist nicht die Honorierung der Arbeitsleistung, sondern ermöglicht die Beteiligung an sinnvollen Aufgaben. Ein Unternehmen versetzt durch ein Einkommen die Mitarbeiter in die Lage, sich an der Leistungserbringung beteiligen zu können.*“[128] Oder in den Worten von Daniel Pink: „*Zahle Menschen so viel, dass sie nicht über Geld nachdenken, sondern über die Arbeit.*“

Eine Ausnahme würde ich hier für kollektive Gewinnbeteiligungsmodelle machen, also Unternehmensstrukturen, in denen Mitarbeitende gleichmäßig über kollektive Umsatzboni oder Gesellschaftsanteile am Gesamterfolg der Organisation beteiligt werden. Der Versuch, Menschen über „raffinierte“ finanzielle Belohnungs- und Bestrafungssysteme zum erwünschten Verhalten zu manipulieren, kann dagegen wohl als gescheitert angesehen werden.

Wie kann das Team all das anwenden?

Motivation ist etwas sehr individuelles, und es ist in Ordnung, wenn Teammitglieder ganz unterschiedliche Antriebe für ihre Arbeit im Team haben! Für einige mag es ein sicherer Job sein, mit dem sie ihre Familie ernähren, andere freuen sich über die Herausforderung, wieder andere sind vielleicht durch das mit dem Team verbundene Ansehen motiviert. Unterschiedliche Motivationen sind für sich kein Problem, es kann allerdings passieren, dass diese Interessen hin und wieder in Konflikt miteinander geraten. Eine neue, anspruchsvolle Aufgabe kann etwa gut für Könnerschaftsmotivation sein, aber für andere wichtige Sicherheitsbedürfnisse verletzen. Es hilft dann, im Team individuelle Motivatoren zu besprechen, Verständnis füreinander aufzubauen und abgeleitet davon Vereinbarungen zu suchen, die für alle Teammitglieder akzeptabel sind.

Eine passende Übung dazu ist mir in Form der sogenannten „Moving Motivators“ beim Managementpionier Jurgen Appelo begegnet.[129] Das Werkzeug besteht aus einer Reihe von Karten, auf denen typische Motivationsfaktoren wie Status, Zugehörigkeit, Ansehen oder Könnerschaft abgebildet sind. Diese können nun individuell entlang folgender Leitfragen höher oder niedriger angeordnet werden:

- Welche Motivatoren sind für dich persönlich wichtig bzw. weniger wichtig?
- Wie stark bedient unsere aktuelle Situation die Motivatoren, und passt das zu deinen individuellen Präferenzen?
- Wie würde sich das Bild verändern, wenn wir (beispielsweise) dieses neue Projekt annehmen würden?
- Was bedeutet das für unsere anstehenden Entscheidungen?

Teammitglieder werden jeweils für sich zu unterschiedlichen Einschätzungen kommen, die besprochen und in Entscheidungen integriert werden können.

[128] Werner, Götz (2015). *Wo Mitarbeiter ihr Gehalt selbst festlegen.* Interview mit der Rheinischen Post, https://rp-online.de/wirtschaft/unternehmen/goetz-werner-wo-mitarbeiter-ihr-gehalt-selbst-festlegen_aid-20099683, abgerufen am 14.02.2023.

[129] Appelo, Jurgen (2018). *Managing for Happiness.* Vahlen. S. 193.

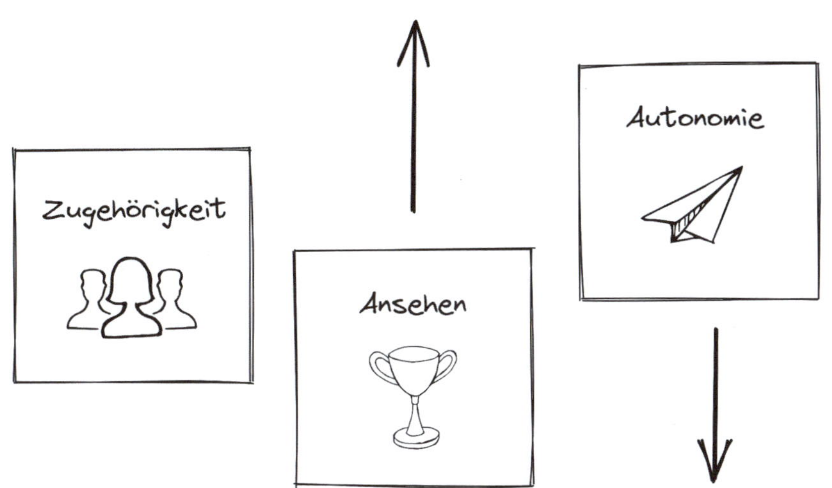

Allgemein wird das Team umso mehr Engagement und Initiative von seinen Mitgliedern erfahren, je mehr seine Struktur und seine Aufgaben die Erfüllung individueller Motivationsfaktoren ermöglichen. Faktoren, die höher in der Bedürfnishierarchie liegen, wirken allgemein stärker, setzen allerdings voraus, dass das Team „Hygienefaktoren" wie körperliche und sicherheitsbezogene Bedürfnisse bereits abgedeckt hat und diesen Zustand zuverlässig aufrechterhält.

Konkrete, motivierende Aspekte der Teamarbeit können beispielsweise sein:

- Ein wichtiges Ziel mit ausstrahlender Wirkung über das Teamumfeld hinaus
- Komplexe und anspruchsvolle Aufgaben
- Vielseitige Tätigkeiten, die unterschiedliche Fähigkeiten fordern
- Teil eines Teams zu sein, welches für seine Leistung und Qualität weithin anerkannt und respektiert wird
- Weitreichender Verantwortungsbereich, in dem möglichst vollständige Leistungen erbracht werden und der eigene Fortschritt auch langfristig sichtbar ist
- Freiheiten bei der Wahl von Herangehensweisen und Lösungswegen
- Gegenseitige Unterstützung und intensive Zusammenarbeit der Teammitglieder untereinander
- Freiwillig dem Team beigetreten zu sein
- Aufgaben auf eigene Entscheidung zu „ziehen" anstatt sie zugewiesen zu bekommen
- Hoher Fokus auf diejenigen Tätigkeiten, die wirklich wirksame Ergebnisse erzeugen
- Direktes Feedback, etwa durch regelmäßiges Review fertiger Ergebnisse im Dialog mit Kunden
- Einbezug in strukturelle und strategische Entscheidungen von Team und Umfeld
- Sichtbarkeit und Anerkennung von Arbeitsergebnissen im Review-Meeting
- Wertschätzungsrunden, in denen Teammitglieder gegenseitig ihre Leistungen anerkennen und sich dafür bedanken können
- Regelmäßige Möglichkeiten zu Weiterbildung und Entwicklung
- „Voneinander lernen"-Termine, in denen Team-Mitglieder füreinander Themen aufbereiten und diskutieren

Eine abschließende Beobachtung noch: ich beobachte in Organisationen immer wieder das Vorurteil, dass es einige Menschen gäbe, die einfach „grundsätzlich unmotiviert" seien, und die man deswegen nur über ausdrückliche Arbeitsanweisungen überhaupt zum Arbeiten bewegen könnte. Als Grund wird genannt, dass das Gehirn evolutionär auf Energiesparen getrimmt wäre, oder etwas in der Art. Ich versuche seit Jahren, einen solchen „grundsätzlich unmotivierten" und gleichzeitig psychisch gesunden Menschen ausfindig zu machen, und bin bisher erfolglos geblieben. Häufig treffe ich bei dieser Suche allerdings auf Menschen, die über viele Jahre engagiert versucht haben, in einem schwierigen Arbeitsumfeld etwas zum Besseren zu bewegen, und irgendwann frustriert aufgegeben haben. Im Arbeitskontext selbst können diese Menschen tatsächlich passiv, desinteressiert und zynisch wirken. Oft leisten sie gleichzeitig in anderen Bereichen ihres Lebens beeindruckende Dinge, leiten Vereine, arbeiten ehrenamtlich oder erwerben enorme Fähigkeiten, nur in ihrem Job rühren sie eben keinen Finger mehr ohne ausdrückliche Anweisung.

„In jedem Zyniker steckt ein enttäuschter Idealist", soll George Carlin mal gesagt haben. Das kann ich unterschreiben. Mein Rat ist hier: Seid vorsichtig, bevor ihr Menschen pauschal als „unmotiviert" abtut – die Chancen stehen gut, dass sie einfach nicht motiviert sind, etwas *für euch oder euer Arbeitsumfeld* zu tun. Dort würde ich auch nach Ursachen und Lösungen für unmotiviertes Verhalten suchen, nicht im Charakter des anderen Menschen.

6. Verantwortung

Vor einigen Jahren saß ich als teamexterner Coach in einem Meeting eines Teams, in dem es vor Kurzem ein größeres Problem gegeben hatte. Das Team hatte sich in die Frage verbissen, wer dieses Problem zu verantworten hatte, und die Diskussion hatte den Charakter gegenseitiger Schuldzuweisung angenommen. An irgendeinem Punkt hatte ich genug.

„Ich mach es", sagte ich.

Irritierte Gesichter sahen mich an. „Was machst du?"

„Wenn es jemanden braucht, der schuld ist – ich mache es. Ich übernehme die Verantwortung für die Situation."

„Kai, du warst bei dem Problem überhaupt nicht dabei."

„Das spielt keine Rolle. Ich habe den Eindruck, dass diese Diskussion nicht weiterkommen wird, bis ihr jemanden gefunden habt, der schuld ist. Also möchte ich uns gern Zeit sparen und melde mich freiwillig."

Die Irritation nahm weiter zu. Irgendwo fing jemand an zu lachen.

„Es geht doch nicht darum, wer schuld ist", sagte eines der Teammitglieder. „Wir sitzen hier, damit wir eine Lösung finden, und klären, wie wir mit der Situation umgehen."

„Das freut mich zu hören", antwortete ich. „Ich sehe es genauso. Dann lasst uns doch genau darüber mal sprechen – egal, wer schuld war, was sind eure nächsten gemeinsamen Schritte als Team?"

Als Team die Verantwortung für die eigenen Ziele, Arbeitsstrukturen und Ergebnisse zu übernehmen, ist anspruchsvoll und will als Aufgabe ernst genommen werden. Aber was ist das eigentlich – Verantwortung? Und warum wird sie manchmal bereitwillig übernommen und in anderen Fällen von einem zum anderen gereicht, bis niemand mehr weiß, wer sich kümmern soll?

Das Wort „Verantwortung" stammt von *antworten* ab und bezeichnet die Pflicht, für Themen oder Handlungen Rede und Antwort stehen zu müssen. Verantwortlich war, wer sich, z.B. vor einem Richter oder Fürsten, rechtfertigen musste. Mittlerweile ist der Begriff etwas umfassender und bedeutet eine Selbst- und Fremdverpflichtung, so zu handeln, dass bestimmte Ziele erreicht werden. Wer Verantwortung trägt, ist die erste Anlaufstelle bei Problemen – wenn es Schwierigkeiten gibt, wird die Erwartung, sich zu kümmern, an die *Verantwortlichen* gerichtet. Und natürlich tragen Verantwortliche auch die Konsequenzen für Ergebnisse, dürfen die Anerkennung für Erfolge einstreichen, stehen aber auch für ein eventuelles Scheitern in der Kritik.

Verantwortung reduziert Komplexität.
Verantwortung braucht es, weil wir jeden Tag unter Ungewissheit entscheiden müssen. In dem Moment, wo eine Entscheidung getroffen wird, wissen wir vieles noch nicht. Wir wissen nicht, ob unsere Wahl richtig sein wird. Wir wissen nicht, welche Überraschungen noch auf uns warten. Wir wissen noch nicht einmal, ob wir alle Informationen haben, die wir berücksichtigen müssten. Das muss auch so sein, denn wüssten wir all das, wäre ja gar keine Entscheidung notwendig. Eine Entscheidung zu treffen ist immer mit Risiko verbunden, und weil Nichtstun ebenfalls eine Entscheidung ist, können wir dieses Risiko auch nicht vermeiden. Verantwortung hat die Funktion, dieses Risiko für die Gruppe aufzufangen:

> *„Die Notwendigkeit, vor der man täglich steht: ohne vollständige Information zu entscheiden, scheint mir das Problem zu sein, welches durch Verantwortung gelöst wird. Diese Notwendigkeit zu übernehmen und sich trotzdem persönlich mit der Entscheidung identifizieren, heißt im eigentlichen Sinne Verantwortung tragen. Verantwortung ist ein Ersatz für fehlende Information. Wer Verantwortung übernimmt, setzt das Vertrauen ein, das er als Person genießt, um eine brüchige Entscheidung zu decken."*[130]

Verantwortung ist also ein Mechanismus, um in einem sozialen System Komplexität zu reduzieren, und sie zu übernehmen ist eine Dienstleistung gegenüber dem eigenen Umfeld. Wer Verantwortung übernimmt, sagt damit: „Ich werde dieses als mein Thema betrachten und notwendige Entscheidungen so gut treffen, wie ich kann. Ich verstehe, dass Entscheidungen falsch sein können, dass es Probleme oder Überraschungen geben kann oder wir mit unseren Zielen scheitern können. Wenn das passiert, werde ich mich darum kümmern. Ich werde den Überblick behalten und bei Fragen als erste Ansprechperson auftreten. Ihr könnt daher für euren Alltag so tun, als wären all das gelöste Probleme."

---

[130] Luhmann, Niklas (2018). *Verantwortung und Verantwortlichkeit.* In: *Schriften zur Organisation 1: Die Wirklichkeit der Organisation.* Springer VS. S. 48.

Verantwortung schafft damit für andere die Freiheit, sich auf ihre Themen konzentrieren zu können. Gleichzeitig bedeutet Verantwortungsübernahme mehr Gewissheit für die nun Verantwortlichen, die wissen, dass sie in ihrem Verantwortungsbereich ein Stück weit nach eigenem Ermessen entscheiden und handeln können.

Verantwortung ist eine soziale Vereinbarung.
Wenn Verantwortung Komplexität reduzieren soll, muss sie durch eine gegenseitige Vereinbarung zwischen den Verantwortlichen und ihrem Umfeld zustande kommen. Es werden zwei wechselseitige Versprechen abgegeben. Die Verantwortlichen erklären von sich aus: „Ja, wir übernehmen die Unsicherheit, werden notwendige Entscheidungen treffen und uns um mögliche Probleme kümmern." Im Gegenzug verspricht das Umfeld, Entscheidungen der Verantwortlichen zu respektieren und sie in Bezug auf ihren Verantwortungsbereich frei schalten und walten zu lassen.

Verantwortung kann nicht einseitig „übernommen" werden, weil Entscheidungen, die vom Umfeld nicht anerkannt werden, bedeutungslos sind. Umgekehrt kann Verantwortung auch nicht einfach „zugewiesen" werden, weil dadurch die Gewissheit verloren geht, dass sich jemand auch wirklich kümmern wird. Es ist möglich, einseitig zu beschließen, dass man bestimmte Menschen im Problemfall „verantwortlich machen" wird, oft ist das aber eine recht hilflose Geste, und erhöht die Unsicherheit für alle Beteiligten eher, anstatt sie zu reduzieren.

Verantwortung, Entscheidung und Information gehören zusammen.
Offensichtlich sind Verantwortung und Einfluss untrennbar miteinander verbunden. Wir haben im Kapitel über Entscheidungsfindung gesehen, dass die Frage, wer Entscheidungen treffen *kann*, in Wirklichkeit darauf hinausläuft, wer sie treffen *darf*. Einfluss zu haben bedeutet, Entscheidungen treffen zu können, die vom Umfeld als Tatsachen akzeptiert werden. Wer das Geschehen nicht beeinflussen kann, kann keine Verantwortung tragen, weil er oder sie nicht in der Lage ist, dem Umfeld Unsicherheit abzunehmen. Unter anderem bedeutet das, dass für unmögliche Aufgaben niemand die Verantwortung übernehmen kann, außer diejenigen, die sie definiert haben. Ein Ziel, das nicht erreicht werden kann, liegt außerhalb jeglicher Einfluss- und damit auch Verantwortungsbereiche.

Einflussnahme bedeutet im Umkehrschluss auch die Übernahme von Verantwortung. Wer mitbestimmt, kann im Fall von Problemen die Verantwortung nicht einfach von sich weisen. An Entscheidungen beteiligt zu sein heißt immer auch, sich für ihre Folgen rechtfertigen zu müssen. An dieser Stelle erkennen wir, wie Selbstorganisation Teams erfolgreicher machen kann: Dadurch, dass Teammitglieder mit ihren zahlreichen Entscheidungen Arbeitsweise und Ergebnisse des Teams erheblich mitgestalten, übernehmen sie als Gruppe auch gemeinsam Verantwortung für das langfristige Gelingen der Zusammenarbeit. Gleichzeitig wird so der Erfolg natürlich auch vom Gelingen der Entscheidungsfindung in der Gruppe abhängig – ein Team, das nicht gemeinsam Entscheidungen treffen kann, wird in seiner Verantwortungsübernahme und damit auch in der Selbstorganisation scheitern. Gemeinsam vereinbarte und routiniert angewendete Entscheidungsprozesse sind daher für selbstorganisierte Teams absolut erfolgskritisch.

Nur wer entscheiden kann und darf, kann Verantwortung tragen. Nur, wer Verantwortung übernimmt, darf entscheiden. Und weil es für gute Entscheidungen gute Informationen braucht, gehören sowohl Entscheidung als auch Verantwortung in der Regel dorthin, wo möglichst gute und aktuelle Informationen zu finden sind. *Entscheidung, Verantwortung und Information gehören zusammen.*[131]

Eine Organisationsform, die das früh verstanden und konsequent umgesetzt hat, ist das Militär. Zu warten, bis Informationen bei den offiziellen „Entscheidern" angekommen sind, wäre für viele Situationen zu langsam und damit zu gefährlich, weshalb Entscheidungen bevorzugt dorthin verschoben werden, wo die Informationslage die beste ist. Aus dem Militär stammt etwa der Begriff der Auftragstaktik, bei denen Einheiten nur noch ein zu erreichendes Ziel genannt wird und alle Entscheidungen „am Boden" von denen getroffen werden, die direkt im Geschehen involviert sind.

Teilweise wird aber auch die komplette Rollenhierarchie der Informationslage untergeordnet. Mir ist ein Beispiel aus dem Militär erzählt worden, welches das hervorragend illustriert: Eine Gruppe aus vier Kampfflugzeugen ist auf einem Routineflug, als der in der Formation rechts fliegende Pilot („Vier") eine Auffälligkeit am Himmel bemerkt. Es folgt (in etwa) dieser kurze Wortwechsel über den Funk:

„Flight leader, this is Four, I have a contact two o'clock high."
„Copy. Press."

Mit dem kleinen Wort „Press" wird nun die *Rolle des Flight Leaders* zeitweise auf Vier übertragen. Die Gruppe handelt nun so lange nach den Anweisungen von Vier, bis die Situation geklärt wurde oder die Rolle an jemand anderen weitergegeben wird. Anstatt die Informationen zeitaufwendig über Funk weiterzugeben, überträgt das Team stattdessen die Führungsrolle an das Teammitglied – eine schnelle und effektive Lösung, die im Ernstfall den Unterschied zwischen Sieg und Niederlage ausmachen kann.

Entscheidungen, Verantwortung und Informationen gehören zusammen. Oft passieren schlechte Dinge, wenn von diesem Grundsatz abgewichen wird, aber es passiert in Organisationen dennoch ständig. Menschen mischen sich von außen in Themen ein und versuchen Einfluss zu nehmen, ohne dafür die Verantwortung zu tragen. Oder Verantwortung wird abgelehnt und herumgereicht, weil Menschen genau spüren, dass sie auf die Situation nicht wirklich Einfluss nehmen können. Oder Menschen übernehmen eine Rolle und zugehörige Verantwortung, merken dann aber schnell, dass ihre Entscheidungen vom Umfeld nicht akzeptiert werden. Auch ein Grundmuster klassischen Managements, nämlich als Chef ständig Statusberichte einzuholen, ist nur der Versuch, handlungsfähig zu bleiben als jemand, der Entscheidungen treffen soll, obwohl die Informationen bei anderen erzeugt und verarbeitet werden.[132] All diese Phänomene haben nichts damit zu tun, dass die Beteiligten in irgendeiner Weise schlechte Menschen wären, sondern strukturelle Unsauberkeiten bei der Verteilung von Verantwortung, Entscheidung und Informationen führen zu problematischem Verhalten bei den Betroffenen.

---

[131] Wir sehen hier unter anderem, warum klar abgegrenzte Mitgliedschaft für den Erfolg des Teams so wichtig ist: Das Team ist eine Verantwortungs- und damit auch eine Entscheidungsgemeinschaft, und die Frage, wer mitentscheiden darf, ist für den Teamalltag absolut zentral.

[132] Im Englischen ist dieser Zusammenhang sogar in die Sprache selbst eingezogen: Hierarchisch Untergeordnete werden als „direct reports" bezeichnet, also als Menschen, die Informationslieferungen schuldig sind.

Verantwortung setzt Wollen, Können und Dürfen voraus.
Eine andere Art, den gleichen Grundsatz zu betrachten, ist über Aspekte von Person und Rolle: Verantwortung liegt dort, wo Wollen, Können und Dürfen zusammenkommen.

Wollen bedeutet, Verantwortung aus freien Stücken zu übernehmen. Ohne die Bereitschaft, sich um ein Thema aktiv zu kümmern, geht es nicht. Mir begegnet manchmal das Vorurteil, Menschen würden Verantwortung lieber vermeiden, aber das ist Unsinn. Menschen übernehmen den ganzen Tag aus freien Stücken Verantwortung, sie gestalten ihr Leben, heiraten, setzen Kinder in die Welt, kaufen Immobilien, gründen Unternehmen. Verantwortung zu übernehmen ist befreiend und erweitert die eigenen Handlungsmöglichkeiten. Wer Verantwortung trägt, kann mitgestalten und gewinnt an Status und Ansehen. In aller Regel sind Menschen lieber verantwortlich als wirkungslos.

Verantwortung *will* aber nur, wer darin auch für sich selbst einen Sinn sieht, etwa weil Aufgabe und Verantwortungsbereich die persönlichen Bedürfnisse adressieren und Motivationsfaktoren ansprechen. Wer möchte, dass Menschen Aufgaben und Verantwortung übernehmen, muss diese also attraktiv gestalten.

Menschen gegen ihren Willen in Verantwortung zu bringen ist nur schwer möglich und in jedem Fall eine für alle mühsame und frustrierende Erfahrung. Wer Verantwortung aus freien Stücken übernimmt, betrachtet Probleme als motivierende Hindernisse, deren Überwindung Teil der Aufgabe ist. Wer Verantwortung ablehnt, betrachtet Probleme dagegen als Bestätigung dafür, dass es besser gewesen wäre, keine Verantwortung zu übernehmen. *Wer will, findet Wege – wer nicht will, findet Gründe.* Verantwortung ist meistens dort gut aufgehoben, wo Menschen sie freiwillig annehmen. Wenn sich partout niemand findet, liegt das wohl eher an der Aufgabe als an den Menschen.

Können bedeutet, zu guten Entscheidungen in der Lage zu sein. Das kann bestimmte Fähigkeiten und Erfahrungen bedeuten, muss es aber nicht. Überblick über das Geschehen oder Zugang zu wichtigen Informationen zu haben, gehört ebenfalls zum Können. Diejenigen Teammitglieder Entscheidungen treffen zu lassen, die aufgrund ihres Wissens, ihrer Erfahrung, ihrer Könnerschaft oder ihres Informationsstands dazu am besten geeignet sind, ist ein wesentlicher Grundsatz erfolgreicher Teams. In der Praxis kann das bedeuten, dass Entscheidungen durch diejenigen getroffen werden, die das jeweilige Thema mitgebracht haben, oder dass sich das Team interne, themenbezogene Expertenrollen definiert.

Eine Herausforderung kann dabei sein, dass die Strukturen der umgebenden Organisation nicht unbedingt darauf ausgelegt sind, Informationen für einzelne Teams zu sammeln und übersichtlich aufzubereiten. Wir erinnern uns an das Beispiel einer Organisation, in der Teams die Verantwortung für Kosten und Einnahmen selbst übernehmen sollten, obwohl die interne Buchhaltung die dafür nötigen Informationen nicht auf Teamebene bereitstellen konnte. Verantwortungsvolle Entscheidungen setzen Kontextverständnis und Informationen voraus, auf die in vielen klassischen Organisationen nur Managementrollen Zugriff haben. Diese für selbstorganisierte Teams brauchbar aufzubereiten und zur Verfügung zu stellen, kann größere Veränderungen in der Organisationsstruktur notwendig machen.

Dürfen bedeutet schließlich, für den Verantwortungsbereich auch entscheidungsbefugt und autorisiert zu sein. Gute selbstorganisierte Strukturen treffen Entscheidungen dezentral, also durch einzelne Menschen oder kleine Gruppen, die für einzelne Themen und Aufgaben des Kollektivs Verantwortung übernehmen. Möglich ist das allerdings nur, wenn diese Menschen dazu auch durch formale Entscheidungen autorisiert werden. Kapitän David Marquet fasst das zentrale Organisationsprinzip seines U-Boots „Santa Fe" so zusammen:

> *„Ein U-Boot hat eine eingebaute Struktur, bei der Informationen über die Befehlskette an die Entscheidungsträger weitergeleitet werden. Stattdessen wollten wir die Entscheidungsbefugnis dekonstruieren und sie dorthin verlagern, wo die Informationen liegen. Wir nannten dies ‚Nicht die Information zur Autorität bringen, sondern die Autorität zur Information'."*[133]

Wer Verantwortung übernimmt, darf auch Entscheidungsbefugnisse rund um den eigenen Verantwortungsbereich einfordern und zur Voraussetzung machen, und diejenigen, die Verantwortung an andere abgeben wollen, autorisieren damit zu entsprechender Einflussnahme und Gestaltungsspielräumen. Verantwortung von einer Führungskraft an ein Team oder von einem Team an ein einzelnes Teammitglied abgeben, gleichzeitig aber an Kontrolle und Entscheidungsrechten festhalten zu wollen, funktioniert nicht.

Selbstorganisierte Arbeit bedeutet Verantwortung für Strukturen und Ergebnisse.
Wer Entscheidungen trifft, übernimmt Verantwortung. Selbstorganisierte Teams entscheiden nicht nur über ihre fachliche Arbeit, sondern auch über ihre Strukturen und Abläufe. Damit übernimmt das Team Verantwortung dafür, dass seine Zusammenarbeit gut funktioniert. Das Team gibt durch sein Handeln das Versprechen ab, nicht nur für die eigenen Ergebnisse zuständig zu sein, sondern auch für den Rahmen, in dem diese entstanden sind.

Gleichzeitig sind Teams in Organisationen nie vollständig frei in der Wahl ihrer Mittel und Wege. Bestimmte Rahmenbedingungen stehen fest und stecken das „Spielfeld" ab, auf dem das Team eigenständig Lösungen suchen kann. Dieser Handlungsrahmen kann größer oder kleiner sein, es ist jedoch absolut essenziell, dass sich Team und Teamumfeld über seine Grenzen einig sind. Wo der Verantwortungsbereich des Teams beginnt und endet, will zwischen Team und Organisation vereinbart und regelmäßig überprüft werden. Der Shared Leadership Compass aus dem Kapitel „Kontextintegration" kann hier ein wertvolles Hilfsmittel sein.

Nebenbei übernehmen Teammitglieder mit dem Gestalten von Arbeitsweisen auch Verantwortung füreinander. Einen Arbeitsprozess festzulegen bedeutet, Verantwortung für diejenigen zu tragen, die in diesem Prozess arbeiten. Aufeinander zu achten und Themen wie Stress, Motivation, Gesundheit und Arbeitslast im Blick zu behalten, gehört daher ebenfalls in die Verantwortung des Teams.

Gemeinsame Verantwortung heißt nicht, dass alle alles machen müssen.
Nur weil das Team insgesamt die Verantwortung trägt, bedeutet das nicht, dass es auch alle Entscheidungen immer in der großen Gruppe treffen muss. Das Team darf sich intern weitergehende Strukturen schaffen, Subteams oder Rollen definieren und Verantwortung in unterschiedlicher Form delegieren – solange es gleichzeitig auch die Entscheidungsbefugnisse und relevanten Informationen weitergibt. Das bedeutet nicht, die gemeinsame Verantwortung für das Gesamtergebnis abzugeben.

[133] Marquet, L. David (2015): *Turn the Ship Around!* Penguin, S. 49 (Übersetzung des Autors).

Delegation erzeugt Verantwortung auf beiden Seiten. Das Teammitglied übernimmt eine inhaltliche oder strukturelle Fragestellung und die Pflicht, entsprechende Entscheidungen bestmöglich zu treffen und Ergebnisse zu bestimmten Zeitpunkten in einer vereinbarten Form bereitzustellen. Das Team übernimmt im Gegenzug Verantwortung dafür, dass die Aufgabe sinnvoll definiert ist, dass Erwartungen klar abgesprochen werden, dass es überhaupt möglich ist, die Aufgabe wie erwartet fertigzustellen, und dass der Empfänger die richtige Person ist, um sie zu übernehmen. Wer Aufgaben delegiert, übernimmt damit ebenfalls Verantwortung, und zwar für die Entscheidungen, ob, wie und an wen delegiert wird. Sollte das Teammitglied die Aufgabe nicht bewältigen können, liegt ein Teil der Verantwortung also weiterhin beim Team.

Auch wenn das Team Aufgaben und Entscheidungen in die Hände einzelner Rollen oder Teammitglieder gibt, um Entscheidungen zu beschleunigen und Meetings und Kommunikationskanäle zu entlasten, bleibt es dabei immer die zweite Verantwortungsinstanz. Kunden und Stakeholder interessieren sich selten für die Details, warum Delegation nicht funktioniert hat. Bei Problemen, etwa wenn ein Rolleninhaber krank sein sollte, fällt die Aufgabe an das Team zurück. Rolleninhaber entscheiden daher nicht für sich selbst, sondern immer im Namen des Teams, und der Rest des Teams behandelt im Rahmen einer Rollenbesetzung oder Aufgabenverteilung getroffene Entscheidungen so, als wären sie im Konsens durch die gesamte Gruppe beschlossen worden.

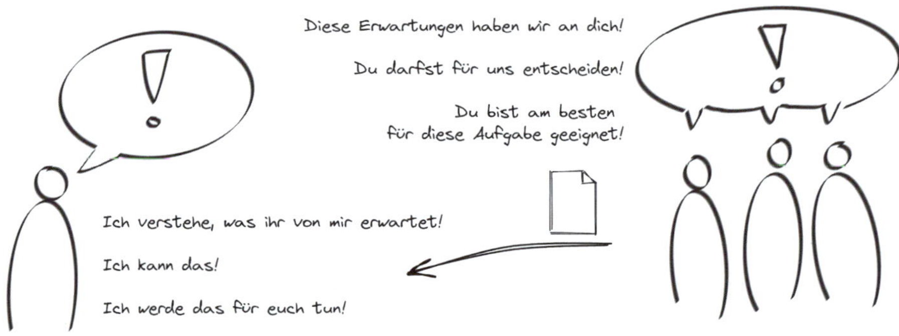

Wir haben gesehen, dass Entscheidung, Verantwortung und Information strukturell so nah zusammengebracht werden sollten, wie es möglich ist. Eine wesentliche Herausforderung in der Teamarbeit liegt darin, dass das nie vollständig möglich ist. Teammitglieder arbeiten im Alltag immer wieder selbstständig an Themen, treffen Entscheidungen und bauen unterschiedliche Informationsstände auf. Anschließend soll aber das Team gemeinsam Verantwortung für die Ergebnisse übernehmen – Teammitglieder übernehmen also Mitverantwortung für Ergebnisse, ohne einen vollständigen Informationsstand zu haben oder ständig direkten Einfluss auf deren Entstehen nehmen zu können! Die Lücke zwischen Verantwortungs- und Einflussbereich der einzelnen Teammitglieder sorgt für Spannungen, die bewusst reflektiert und, soweit möglich, abgebaut werden wollen. Wesentliche Maßnahmen dafür sind:

- **Gegenseitiges Vertrauen aufbauen, vor allem in Zuverlässigkeit und Kompetenz der anderen Teammitglieder.** Verantwortung für Ergebnisse von anderen zu übernehmen fällt leichter, wenn man überzeugt davon ist, dass sie ebenso gute Arbeit leisten wie man selbst.

- **Enge Zusammenarbeit in fachlichen Themen, vor allem bei schwierigen oder kritischen Aufgaben.** Gemeinsam an Aufgaben zu arbeiten bedeutet, Einfluss auf die Ergebnisse nehmen zu können, und selbst für die, die nicht beteiligt sind, macht das Wissen, dass mehrere Kolleginnen und Kollegen auf das Thema schauen, die Verantwortungsübernahme leichter.
- **Regelmäßige Updates über den jeweiligen Arbeitsstand im Alltag.** Diese gleichen das Verständnis immer wieder an, Informationsunterschiede reduzieren sich, und Entscheidungen der anderen werden nachvollziehbar.
- **Konsultation der anderen Teammitglieder vor einer Aufgabenerledigung.** Die Frage „Wie würdet ihr es angehen?" gibt dem Rest die Möglichkeit, Erwartungen an ein Ergebnis schon einmal vorzuformulieren, und verbessert die Wahrscheinlichkeit, anschließend damit einverstanden zu sein.
- **Gemeinsame Betrachtung der Ergebnisse vor der Auslieferung.** Zusammen, etwa in einem Review-Meeting, fertige Ergebnisse durchzusprechen, gibt dem Team ein Verständnis davon, *für was* da eigentlich gemeinsame Verantwortung übernommen wird.

Ein Team muss nicht jedes Thema ausdrücklich an einzelne Menschen geben. Die Entscheidung „Wer macht das?" kann vertagt oder bewusst offengelassen werden. Das ist etwas ganz anderes als „Verantwortungsdiffusion"! Ein Team, welches eine Entscheidung bewusst noch nicht treffen möchte, bleibt als Gesamtgruppe in der Verantwortung für das Thema, so lange, bis es etwas anderes beschließt. Mit ungeklärten Verantwortungsbereichen im Sinne eines „Ich dachte, du kümmerst dich darum" hat das nichts zu tun.

Nicht zuletzt gehört zu Verantwortung auch dazu, Probleme ignorieren zu dürfen. In Teams und Organisationen wird es immer mehr Probleme geben als in der verfügbaren Zeit lösbar sind, und die Entscheidung, welche Risiken oder negativen Effekte hingenommen werden, ist eine der wichtigsten, die verantwortliche Personen treffen können. Organisationen, die das nicht verstehen, „delegieren" Verantwortung oft nur solange an Teams, bis ein größeres Problem auftritt, und nutzen dieses dann als Begründung für externe Eingriffe. Es liegt aber in der Natur der Sache, dass unter Interessenkonflikten gefundene Lösungen hin und wieder Erwartungen enttäuschen und negative Konsequenzen in Kauf nehmen müssen. Wenn Verantwortung beim Team liegen soll, muss auch die „Eigentümerschaft" für Probleme und damit das Aushalten ihrer Konsequenzen im Entscheidungsbereich des Teams bleiben:

> *„Eigenverantwortliches Handeln entsteht nicht durch den Appell, dass die Mitarbeiter es sein sollen, sondern dadurch, dass sie tatsächlich Probleminhaber sind […] Eigenverantwortung ergibt sich aus den Rahmenbedingungen der Arbeit, nicht durch Einwirken auf die Haltung, Werte und Verhaltensweisen von Menschen. […] Verantwortung übernehmen kann auch bedeuten, sich dafür zu entscheiden, ein Problem zu ignorieren. Nur so können sich die Organisation, ihre Einheiten und ihre Mitglieder gegen Überlastung schützen und effizient bleiben."*[134]

[134] Oestereich, Bernd & Schröder, Claudia (2016): *Das kollegial geführte Unternehmen*. Vahlen. S. 51.

Wie kann das Team das anwenden?

Als Menschen haben wir Verantwortung für das, was wir erschaffen. Und selbstorganisierte Teams erschaffen vieles: Arbeitsergebnisse, Teamstrukturen, die eigene Außenwahrnehmung, Beziehungen untereinander und zu Stakeholdern, Integrationen und Nahtstellen zu anderen Personen und Teams. Das Team nimmt eine Menge Verantwortung auf sich, nicht nur jeder für sich individuell, sondern auch miteinander und füreinander. Als Team verantwortlich zu sein heißt aber nicht, dass man alle Entscheidungen gemeinsam treffen muss. Teammitglieder können vieles eigenständig tun, solange das im Rahmen klarer Absprachen mit dem Team stattfindet.

Um bewusster mit dem Thema Verantwortung zu arbeiten, kann das Team beispielsweise

1. Rollen definieren und verteilen, und dabei auf klare Verantwortungsbereiche und Entscheidungsbefugnisse achten,
2. Sicherstellen, dass Entscheidungen durch eindeutig benannte Personen getroffen werden, die auf alle dafür notwendigen Informationen zugreifen können,
3. Bewusst in Meetings Verantwortung verorten, etwa indem zwischen Informieren, Konsultieren und Entscheiden unterschieden wird (siehe nächstes Kapitel),
4. Bei Problemen in der Verantwortungsübernahme überprüfen, ob Entscheidung, Verantwortung und Information an der gleichen Stelle liegen, beziehungsweise ob Wollen, Können und Dürfen gegeben sind.

Insgesamt will das Team sich selbst ein Arbeitsumfeld aufbauen, indem Menschen oft und gern Verantwortung übernehmen. Dazu erschafft es Strukturen, in denen Verantwortung attraktiv und erstrebenswert ist. Umgekehrt kann es nicht akzeptieren, wenn Menschen mitbestimmen, aber keine Verantwortung übernehmen wollen. Das fängt schon beim (freiwilligen) Teambeitritt an: „Wenn du bei uns mitmachen willst, akzeptierst du folgende Erwartungen … und wenn du zustimmst, übernimmst du damit Verantwortung für unser gemeinsames Handeln." Wer im Team oder mit dem Team arbeitet, wird deshalb vom Team auch in die Pflicht genommen, echte, wertvolle Beiträge zu leisten und für diese gemeinsam mit dem Team gerade zu stehen.

Eventuell mag sich nicht jedes Teammitglied gleichermaßen in die Gestaltung von Arbeitsweisen und Prozessen einbringen. Die Beschäftigung mit den Teamstrukturen kostet Zeit und Energie, die dann für fachliche Fragestellungen des Teams fehlt. Manche Teammitglieder sind dazu nur eingeschränkt bereit. Das ist in Ordnung, und Fokus auf „richtige" Arbeit ist etwas, das wir begrüßen und anerkennen sollten. Man darf auch in selbstorganisierten Teams arbeiten, ohne sich ständig mit Strukturarbeit beschäftigen zu wollen. Freiwillig als Teammitglied auf das eigene Einflussrecht zu verzichten, heißt aber nicht, dass man sich damit aus der gemeinsamen Verantwortung ziehen kann. Das Team trifft notwendige Entscheidungen dann einfach in kleinerem Kreis, aber weiterhin für alle verbindlich. Die Aussage solcher Teammitglieder ist in diesen Fällen deshalb: „Entscheidet das gern ohne mich, mich interessiert das nicht besonders. Egal, wie ihr euch einigt, ich trage die Lösung anschließend mit."

7. Konflikte und Meinungsverschiedenheiten

„Der eigene Standpunkt hat sich immer auch im Dialog zu bewähren."
Friedemann Schulz von Thun[135]

Der Mehrwert von Teams liegt im Wesentlichen darin, dass unterschiedliche Menschen in gemeinsamer Verantwortung auf ein Ziel hinarbeiten und dabei aus den unterschiedlichen Sichten und Vorstellungen ein besseres Ergebnis entsteht, als es jedes einzelne Teammitglied allein hätte erarbeiten können. Sich auf eine gemeinsame Vorgehensweise zu einigen erfordert vom Team, entweder die Ideen eines Mitglieds zu übernehmen oder eine neue gemeinsame Vorstellung zu bilden, die die besten Aspekte der individuellen Vorschläge integriert. Situationen, in denen Teammitglieder unterschiedliche Standpunkte vertreten und teilweise auch vehement verteidigen, gehören also zum Alltag eines Teams. Wir nennen diese Situationen „Konflikte".

Oft werden Vorstellungen und Erwartungen unbewusst eingebracht und wurzeln in tiefsitzenden persönlichen Erfahrungen und Glaubenssätzen. Sind diese Überzeugungen nicht miteinander vereinbar, kann es passieren, dass Teammitglieder statt der Sachfrage die jeweiligen Persönlichkeiten als das „eigentliche" Problem betrachten. Da Teammitglieder ihre Persönlichkeiten weder kurzfristig ändern können noch wollen, schaffen die Beteiligten damit kaum lösbare Probleme. Momente, in denen Konflikte von einer Sachfrage zu einer persönlichen Auseinandersetzung zu eskalieren drohen, stellen für das Team immer kritische Wendepunkt dar, die aufmerksam beobachtet und bearbeitet werden wollen – dazu gleich mehr.

Auf der einen Seite sind Konflikte für Teams also normal, natürlich und notwendig. Die Vorstellung, ein Team könnte widerspruchsfrei in ständiger Harmonie miteinander arbeiten, verkennt, dass unterschiedliche Sichten überhaupt erst der „Motor" für Teamleistung sind. Erfolgreiche und leistungsstarke Teams sind keine Wohlfühlzonen, sondern Orte, an denen engagiert diskutiert, verhandelt und (respektvoll) gestritten wird. Gleichzeitig haben unkontrolliert eskalierende Konflikte das Potenzial, ein Team empfindlich zu stören oder sogar zerbrechen zu lassen. Ein bewusster und reflektierter Umgang mit Konflikten ist daher eine wesentliche Fähigkeit erfolgreicher Teams. Die Balance zwischen konstruktivem Miteinander auf der einen und energischer Auseinandersetzung auf der anderen Seite muss immer wieder von Neuem gesucht und hergestellt werden.

Erfolgreiche Zusammenarbeit im Team wird dadurch möglich, dass individuelle Erwartungen der Teammitglieder zu einem gemeinsamen Verständnis integriert werden. Da immer wieder neue Erwartungen von außen an Teammitglieder herangetragen und von ihnen aufgegriffen werden, ist das Bilden dieses gemeinsamen Verständnisses nie abgeschlossen. Fortlaufendes Abgleichen und Aushandeln von Interessen erfordert intensive interne Kommunikation und macht das Team als feste Kommunikationsstruktur überhaupt erst notwendig.

Nicht jeder Erwartungsabgleich führt dabei automatisch zu Konflikten. Konflikte entstehen dann, wenn der Abgleich von Erwartungen ins Stocken gerät. Das kann daran

[135] Schulz von Thun, Friedemann & Ruppel, Johannes & Stratmann, Roswitha (2018). *Miteinander reden: Kommunikationspsychologie für Führungskräfte* (eBook-Ausgabe). Rowohlt. S. 20.

liegen, dass Erwartungen nicht verstanden werden („Was möchtest du von mir?"), Erwartungs-Erwartungen des Einen nicht mit den Erwartungen des Anderen übereinstimmen („Ich dachte, du willst von mir, dass ...") oder Erwartungen für eine Partei nicht erfüllbar oder akzeptabel sind („Nein, das werde ich nicht!"). Häufig versuchen mehrere Beteiligte gleichzeitig, ihre Erwartungen verständlich zu machen, und hören der anderen Partei dabei nicht zu, sprechen also „aneinander vorbei". Jede Störung des Erwartungsabgleichs ist ein Konflikt, aber nicht jeder Konflikt muss für das Team zu einem Problem werden. Wenn Teammitglieder gegenseitig ihre Standpunkte nachvollziehen und zu einer gemeinsamen Lösung integrieren können, ohne dass dabei die Beziehung leidet, wird diese Erfahrung das Team sogar stärken, indem es Vertrauen in die gemeinsame Lösungsfähigkeit aufbaut.

7.1 Das Stufenmodell der Konflikteskalation

Wie wird nun aus einer alltäglichen Meinungsverschiedenheit ein tiefsitzender Konflikt, der das Team und seine zwischenmenschlichen Beziehungen dauerhaft beschädigen kann? Ein Standardmodell in der Untersuchung von Konflikten stammt vom österreichischen Konfliktforscher Friedrich Glasl.[136] Es unterscheidet neun Stufen bzw. „Wendepunkte" in einer Konflikteskalation:

1. **Verhärtung.** Jeder Konflikt beginnt mit einer Spannung, etwa einem Meinungsunterschied. Eine Spannung wird zu einem ersten kleinen Konflikt, sobald Beteiligte sich widersprechende Positionen beziehen. Man ist sich bewusst, dass das Gegenüber anderslautende Vorstellungen hat, ist aber nicht bereit, ihnen zuzustimmen. Ein häufiger Satz in dieser Situation ist „Nein, das sehe ich anders."
2. **Debatte.** Debatten sind vom Versuch geprägt, möglichst überzeugende Argumente zu finden. Man möchte die andere Partei auf die eigene Seite ziehen und legt sich dafür Strategien zurecht. Die Situation kann sich emotional aufheizen, aber es wird weiterhin über die Sache gesprochen. Unterschwellig können andere, unausgesprochene Konflikte, etwa auf der Beziehungsebene, die Lösung der vordergründig geführten Sachdebatte erschweren.
3. **Taten statt Worte.** Wenn auch längere oder wiederholte Debatten nicht zu einem Ergebnis führen, werden Gespräche irgendwann abgebrochen. Es verfestigt sich die Ansicht, dass mit „denen" zu reden nichts bringt. Mitgefühl und Verständnis für die andere Seite gehen nach und nach verloren, die Parteien versuchen stattdessen, durch Alleingänge Tatsachen zu schaffen.
4. **Koalitionsbildung.** Da sich beide Seiten weiterhin im Recht glauben, wird der Konflikt indirekt fortgesetzt. Der eigene Standpunkt wird gegenüber Dritten verargumentiert, in der Hoffnung, Unterstützer zu gewinnen und so den Gegner unter Druck zu setzen. Koalitionen werden gebildet und neutrale Personen gedrängt, sich für eine der beiden Seiten zu entscheiden. Beide Seiten fühlen sich ungerecht behandelt. Es geht nun nicht mehr um die Sache, sondern darum, den Konflikt zu gewinnen.

[136] Siehe z.B. Glasl, Friedrich (2020). *Konfliktmanagement: Ein Handbuch für Führung, Beratung und Mediation* (12. Aufl.). Freies Geistesleben. S. 243.

5. **Gesichtsverlust.** Durch Unterstellungen, Gerüchte und persönliche Angriffe wird versucht, die Glaubwürdigkeit und das Ansehen der anderen Seite zu beschädigen und so die Deutungshoheit zu gewinnen. Ein Rückzug wird zunehmend schwieriger, da der Konflikt nun an das eigene Selbstwertgefühl rührt und eine Niederlage die eigenen Anhänger enttäuschen würde.
6. **Drohstrategien.** Forderungen werden gestellt und mit Sanktionen gedroht. Man versucht, die eigene Macht zu demonstrieren und anzudeuten, zu welchen schlimmen Dingen man in der Lage wäre, sollte die andere Seite nicht klein beigeben. Provokationen sollen den Gegner zu unüberlegten Handlungen verleiten, die dann als Rechtfertigung für eigene Eskalationsschritte dienen können.
7. **Begrenzte Vernichtung.** Ab dieser Eskalationsstufe geht das Interesse an einer Lösung endgültig verloren. Der Gegner wird nicht mehr als Mensch, sondern als zu vernichtender Feind wahrgenommen. Alles, was der anderen Partei schadet, ist gut, solange die eigenen Verluste dabei geringer bleiben.
8. **Zersplitterung.** Durch gezielte Aktionen wird das Unterstützernetzwerk der anderen Seite angegriffen. Ziel ist, die andere Partei vollständig und endgültig zu besiegen.
9. **Gemeinsam in den Abgrund.** Alle Mittel sind akzeptabel. Der eigene Untergang wird bewusst in Kauf genommen, solange dabei noch so viel Schaden angerichtet wird wie möglich.

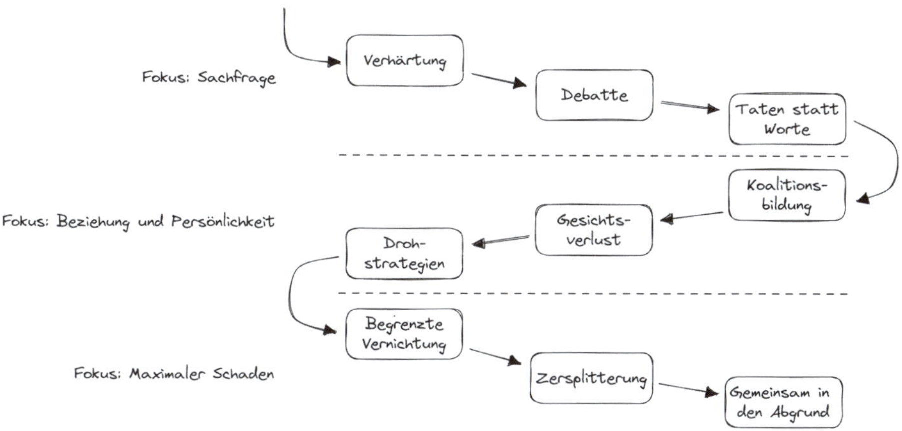

Das Modell bildet das volle Spektrum möglicher Eskalationsstufen ab. Nicht alle diese Stufen kommen in der Arbeit in Teams regelmäßig vor, und nicht alle wirken sich auf das Team negativ aus. Gerade die ersten beiden Stufen, Verhärtung und Debatte, sind in Teams ein ganz normaler Teil des Alltags. Unterschiedliche Sichten gegenüberzustellen, mit Argumenten für eigene Interessen zu streiten oder die Position anderer Teammitglieder kritisch zu hinterfragen, ist völlig normal.

Rund um die Stufen 3 und 4 verändert sich der Charakter der Auseinandersetzung dagegen fundamental. Der Austausch kommt zum Erliegen, gleichzeitig verschiebt sich die Problemwahrnehmung von der Sachfrage auf die Person. Die Auseinandersetzung wird verallgemeinert und auf eine grundsätzliche Ebene gehoben: Die inhaltliche Frage ist nicht länger das Problem, sondern (zum Beispiel) das „Geltungsbedürfnis" des Gegenübers! Charakterzüge des anderen, mit denen man vielleicht noch nie wirklich glücklich war, werden nun zum eigentlichen Problem erklärt. Da den Konfliktparteien bewusst ist, dass ihre Position zunehmend schwieriger zu begründen ist, suchen sie Verbündete, um durch zahlenmäßige Stärke und möglichst mächtige Unterstützer der eigenen Sichtweise Legitimität zu verleihen. Spätestens sobald diese Versuche der Koalitionsbildung erfolgreich sind, beginnt die Leistung des Teams spürbar unter dem Konflikt zu leiden und die gemeinsame Aufmerksamkeit verschiebt sich von der inhaltlichen Arbeit auf den nicht länger ignorierbaren Konflikt.

Ab der Stufe 5 (Gesichtsverlust) haben sich im Team gegnerische Lager gebildet, die sich gegenseitig über persönliche Angriffe zu beschädigen versuchen. Dass es im Team ein Problem gibt, ist nun auch für Führungskräfte des Teams, eventuell sogar Kunden und Stakeholder nicht mehr zu übersehen. Leider kommen Interventionen zu diesem Zeitpunkt oft zu spät, um das Team in seiner derzeitigen Zusammensetzung noch retten zu können. Dass das Team ohne externe Hilfe wieder aus einer derart verfahrenen Situation herausfindet, ist unwahrscheinlich, und eine Lösung wird oft den Austritt einiger Teammitglieder bedeuten.

Die beste Strategie für die Konfliktparteien und auch das übrige Team ist, es gar nicht so weit kommen zu lassen. Konkrete Handlungsempfehlungen können etwa so aussehen:

	Typische Merkmale	**Umgang und Reaktionen des Teams**
1 – Verhärtung	Es wird sich gegenseitig widersprochen: „Nein, das sehe ich anders.“	Solange das sachlich und konstruktiv stattfindet, besteht kein Handlungsbedarf. Der Rest des Teams kann gegenseitiges Verständnis fördern und auf eine gemeinsame Lösung hinwirken. Sie sollten das Thema jedoch nicht größer machen, als es ist. Bisher ist noch nichts Schlimmes passiert.
2 – Debatte	Es wird sich gegenseitig zu überzeugen versucht: „Deine Position ist falsch, weil …“. Ein wesentliches Erkennungsmerkmal besteht darin, dass sich Konfliktparteien Argumente und Strategien zurechtlegen. Die Debatte kann sich emotional aufheizen.	Das Team wirkt deeskalierend auf die Konfliktparteien ein und beobachtet die Entwicklung aufmerksam. Gegenseitiges Verständnis wird unterstützt, die Notwendigkeit betont, eine Lösung zu finden. Unter Umständen kann das Team helfen, indem es den Gesprächsprozess strukturiert und den gegenseitigen Erwartungsabgleich unterstützt. Eventuell ist es möglich, den Konflikt durch eine gemeinsame Teamentscheidung aufzulösen.
3 – Taten statt Worte	Die Diskussion bricht ab, es werden individuell Tatsachen geschaffen. Typischer Satz: „Ich habe versucht, mit ihm darüber zu reden, aber es bringt einfach nichts.“ Teammitglieder schweigen sich demonstrativ an, Gesprächsversuche rutschen von allein immer wieder in das Konfliktthema.	Nicht mehr miteinander sprechen zu wollen, ist ein absolut kritischer Wendepunkt. Beteiligte müssen verstehen, dass sie durch „Taten statt Worte“ den Konflikt weiter eskalieren. Destruktive Alleingänge dürfen vom Team unter keinen Umständen ermutigt werden. Dieser Punkt ist oft der letzte, an dem noch eine gemeinsame, konstruktive Lösung möglich ist – vorausgesetzt, es wird weiter miteinander gesprochen.

	Typische Merkmale	Umgang und Reaktionen des Teams
4 – Koalitionsbildung	Konfliktparteien sprechen nicht mehr miteinander, dafür umso mehr übereinander. Es wird versucht, andere Teammitglieder auf die eigene Seite zu ziehen.	Koalitionsangebote dürfen unter keinen Umständen angenommen werden. Konfliktparteien müssen verstehen, dass sie in ihrem Eskalationsbestreben allein sind. Das Team unternimmt alle Anstrengungen, um beide Seiten wieder miteinander ins Gespräch zu bringen. Gelingt das nicht, steigt die Wahrscheinlichkeit, dass am Ende eine der beiden Parteien das Team verlassen muss.
Ab Stufe 5 – Gesichtsverlust …	Konfliktparteien haben die Sachfrage endgültig hinter sich gelassen und arbeiten nun im Wesentlichen mit persönlichen Angriffen auf die Glaubwürdigkeit, Integrität und Kompetenz der anderen Seite. Dem anderen zu schaden, wird höher priorisiert als normale Arbeit.	Die Konfliktparteien haben das Interesse an einer einvernehmlichen Lösung verloren. Das Team holt sich externe Hilfe durch Mediatoren oder Vorgesetzte. Die Möglichkeit, dass einer oder mehrere Beteiligte das Team verlassen müssen, steht nun offen im Raum. Unter Umständen müssen die Konfliktparteien aktiv voneinander getrennt werden.

Auch wenn die Eskalationsstufen „typische“ Verhaltensweisen und Aussagen aufzeigen, bedeutet nicht jede genervte Aussage sofort einen fortgeschrittenen Konflikt. Ein Satz wie „Manchmal kann er ein richtiger Idiot sein“ stellt noch nicht automatisch einen „Gesichtsverlust“ dar, und „Wenn das nicht funktioniert, kann ich eventuell nicht Teil dieses Teams bleiben“ ist noch keine Drohstrategie nach Stufe 6. Manche Aussagen können Versuche sein, den eigenen Emotionen Luft zu machen, und gelegentlich nutzen Menschen auch die *Andeutung* höherer Konfliktstufen, um in einer Debatte ihren Standpunkt zu verhärten. Eskalierte Konflikte sind stabile und in der Regel deutlich spürbare Kommunikationsdynamiken, ein kurzes „Eintauchen“ reicht dafür noch nicht.

Zwei wesentliche Kipppunkte in der Konfliktdynamik sind der Abbruch von Gesprächen und das Verlagern der Auseinandersetzung auf die persönliche Ebene. Beides sind Entwicklungen, die das Team unter keinen Umständen fördern oder unterstützen darf. Haben sich erst einmal verfeindete Lager im Team gebildet und eine Atmosphäre von „Bist du nicht für uns, dann bist du gegen uns“ etabliert, steckt die Gruppe in ernsthaften Schwierigkeiten. Eine gute Faustregel ist daher: Wenn wir Schwierigkeiten haben, uns zu verstehen oder uns zu einigen, sollten wir *mehr* miteinander sprechen, nicht weniger. Probleme in der Zusammenarbeit werden meistens durch mehr Zusammenarbeit gelöst, nicht durch stärkere Abgrenzung. In den Worten des Informatikers Martin Fowler: *„Wenn etwas unangenehm ist, macht es häufiger.“*

7.2 Ein kompaktes Schema zum Lösen einfacher Konflikte

Eine ausführliche Anleitung zu erfolgreicher Konfliktlösung kann dieses Buch hier natürlich nicht anbieten, aber es gibt bewährte und hilfreiche Werkzeuge. Ich persönlich nutze ein für mich selbst zusammengestelltes, kompaktes Schema zum Lösen einfacher Konflikte auf den ersten Eskalationsstufen. Dieses besteht aus fünf Schritten:

1. **Ruhig und sachlich bleiben**
2. **Emotional deeskalieren**
3. **Gegenseitiges Verständnis aufbauen**
4. **Gemeinsames Ziel formulieren**
5. **Lösungsansätze bzw. nächste Schritte vereinbaren**

Ruhig und sachlich bleiben

Mit der Erkenntnis, dass weitere Eskalation nicht zu einer Konfliktlösung führt, ist der erste Schritt immer, sich an dieser nicht weiter zu beteiligen. Im ersten Schritt bedeutet das, den eigenen Tonfall ruhig und sachlich zu halten. Ist man selbst schon emotional, hilft es, sich etwas Zeit zur bewussten Abkühlung zu nehmen. Dies ist auch der richtige Zeitpunkt, sich die eigene Rolle im Konflikt klarzumachen: Bin ich Konfliktpartei oder neutral? Wie nehmen mich die anderen wahr? Um welche Interessen geht es mir selbst? Wie kommt es, dass mich das Thema emotional werden lässt?

Zum Grundsatz, ruhig und sachlich zu bleiben, gehört auch, sich nicht jedes Problem zu eigen zu machen und sich nicht von jeder Stimmung anstecken zu lassen. Das gilt besonders in Situationen, in denen gestresste Teamkollegen beispielsweise ihrer Anspannung in Form von patzigen Kommentaren oder allgemeiner Gereiztheit Ausdruck verleihen. Auf diese Einladungen zum Streit einzusteigen oder die Schuld bei sich selbst zu suchen, würde niemandem helfen. Besser ist es, diese Probleme bei dem zu lassen, dem sie „gehören", sie beiläufig anzusprechen und Hilfe anzubieten: „Du wirkst gestresst. Kann ich etwas tun, um dir zu helfen?"

Emotional deeskalieren

Ein wesentlicher Schritt in emotional aufgeladenen Gesprächen besteht darin, die andere Partei wieder in eine sachliche Atmosphäre zurückzuführen – starke Emotionen sind bei einer Lösungsfindung eher hinderlich. Statt um Redezeit und Lautstärke zu konkurrieren, kann man das Gegenüber seinen Standpunkt erst einmal fertig darstellen lassen. Das bedeutet, so lange aufmerksam zuzuhören (abgesehen von Bestätigungslauten wie „okay"), bis das Gegenüber *wirklich ausgesprochen* hat – gut erkennbar an einer längeren Pause. Kein wütender Monolog lässt sich beliebig lange durchhalten. Zu irgendeinem Zeitpunkt muss sich die Aufmerksamkeit wieder auf den Zuhörer verschieben.

Konflikte eskalieren besonders leicht, wenn Konfliktparteien sich nicht verstanden oder nicht ernst genommen fühlen. Sie reagieren darauf mit stärkeren Versuchen, „durchzukommen", wiederholen ihre Aussagen, werden laut und emotional und lassen ihr Anliegen grundsätzlicher wirken als es ist. Es ihnen gleich zu tun und den eigenen

Standpunkt lauter und energischer zu vertreten, wäre ein Fehler, der den Konflikt weiter eskalieren würde. Der Ausweg besteht stattdessen darin, aufbrausendes Verhalten als Frustsymptom zu erkennen und der anderen Partei das zu geben, was sie zu diesem Zeitpunkt sucht. Das sind eben nicht Zugeständnisse (die sind später gefragt), sondern erst einmal nur das Gefühl, verstanden und ernst genommen worden zu sein.

Das bedeutet nicht, dass man die Verhaltensweise des Gegenübers bestärken oder validieren muss. Insgesamt geht es zu diesem Zeitpunkt nicht darum, irgendjemandem Recht zu geben. Alles, was mitgeteilt werden muss, ist: Ich habe dich verstanden und kann sowohl deine Sicht als auch deine emotionale Reaktion nachvollziehen. Verständnisfragen oder Sätze wie „Das verstehe ich" transportieren die vom Anderen erhoffte Empfangsbestätigung. Emotional kann es helfen, die beim Gegenüber erkennbaren Gefühle zu benennen und als valide anzuerkennen, eine Technik, die der Konfliktmediator Douglas Noll als *Affect Labeling* bezeichnet hat:[137] „Ich verstehe, dass du wütend bist." Es kann vorkommen, dass der Gesprächspartner die Wahrnehmung noch korrigieren will: „Ich bin nicht wütend, ich bin enttäuscht!" Eine Diskussion wäre hier wenig zielführend, das Einfachste ist, die Korrektur mitzugehen: „Okay, du bist enttäuscht, das verstehe ich auch." Auch Gründe für die emotionale Lage lassen sich *labeln*:

> *„Nein, ich bin nicht wütend, ich bin enttäuscht!"*
> *„Okay, du bist enttäuscht – weil das schon wieder nicht geklappt hat."*
> *„Nein, weil ich mich auf dich nicht verlassen kann!"*
> *„Du bist enttäuscht, weil du das Gefühl hast, dich nicht auf mich verlassen zu können."*
> *„Ja. Genau."*

Auch wenn es noch nicht wie Fortschritt aussehen mag, ist durch diese kleine Interaktion doch schon einiges erreicht worden. Das Gespräch wurde emotional etwas entschärft. Das Gegenüber fühlt sich ein Stück weit verstanden und validiert. Und, ganz wesentlich, es ist ein „Ja" gesagt worden: Wir haben uns gerade auf etwas geeinigt! Die Konfliktdynamik „ich gegen dich" wurde für einen Moment unterbrochen, wir können nun gemeinsam weitere Punkte suchen, auf die wir uns einigen können.

Gegenseitiges Verständnis aufbauen

Sobald eine halbwegs sachliche Gesprächsatmosphäre wiederhergestellt ist, ist der nächste Schritt, die jeweiligen Anliegen möglichst objektiv festzustellen. Nacheinander können die Beteiligten ihre Erwartungen und Interessen erklären. Eine Diskussion bringt an dieser Stelle weiterhin wenig, aber Verständnisfragen können helfen, noch nicht verstandene Aspekte zu klären. Ein wesentlicher Meilenstein ist erreicht, wenn beide Parteien in der Lage sind, das Anliegen der anderen Seite in eigenen Worten zusammenzufassen, und diese Darstellung vom Anderen auch bestätigt wird:

> *„Wenn ich dich richtig verstanden habe, geht es dir vor allem darum, dass ..."*
> *„Ja, genau."*

[137] Noll, Douglas (2017): *De-Escalate: How to Calm an Angry Person in 90 Seconds or Less.* Atria Books/Beyond Words. Auf Deutsch ist das Buch unter dem (etwas unglücklichen) Titel „*Die elegante Art, Hitzköpfe zu beruhigen*" bei Scorpio erschienen.

Bei dieser Klärung kann sich herausstellen, dass es nicht nur um ein einzelnes Problem, sondern um ein ganzes Konglomerat aus Erwartungen geht, oder sich die eine Seite mit einer inhaltlichen Differenz, die andere dagegen mit einem Beziehungskonflikt beschäftigt. In diesem Fall werden die Themen am besten voneinander getrennt und nacheinander besprochen. Die Reihenfolge kann mehr oder weniger frei gewählt werden, Hauptsache, man kann sich darauf einigen.

Das eigene Anliegen vom Gegenüber verstanden zu wissen, öffnet den Raum für ein kritischeres „Abklopfen" der gegenseitigen Standpunkte. Dabei soll nicht die ursprüngliche Diskussion wieder aufgewärmt werden, das würde den bisherigen Fortschritt zunichtemachen. Es geht weiterhin darum, den Anderen verstehen zu wollen, aber nun mit Blick auf Prioritäten und Details. Welche Teile des Anliegens sind besonders wichtig? Was wäre verhandelbar, was nicht? Ist das Anliegen eindeutig, oder gibt es augenscheinliche Widersprüche zwischen Aussagen der Person, die noch geklärt werden wollen? In dieser Phase ist es wichtig, langsam spezifisch zu werden. Es ist verständlich, wenn Konfliktparteien bis hierhin nur auf Basis eines diffusen Störgefühls handeln, aber über Verallgemeinerungen lässt sich die Situation nicht lösen. Um welche Situation ging es genau? Können wir ein Beispiel besprechen? Was ist faktisch passiert, was ist vielleicht nur Interpretation? Was stört uns jeweils am Verhalten des anderen?

Gemeinsames Ziel formulieren

Bis zu diesem Punkt kann sich der Dialog noch sehr um vergangene Ereignisse drehen. Spätestens wenn beide Interessen bekannt sind, wird es aber Zeit für einen gemeinsamen Blick nach vorn: „Was machen wir jetzt damit?" Wenn alles gut läuft, findet spätestens an diesem Punkt eine fundamentale Verschiebung der Konfliktdynamik statt: Von „Ich gegen dich" wechselt die Wahrnehmung auf „Wir beide gegen das Problem". Die andere Partei ist nicht länger Gegner, sondern Partner beim Auflösen der vertrackten Interessenlage.

Damit ein Konflikt entstehen kann, müssen sich die Interessen der Konfliktparteien gar nicht unbedingt widersprechen. Es genügt, wenn beide zur gleichen Zeit versuchen, die gemeinsame Aufmerksamkeit auf das eigene Thema zu lenken – oft ist das sogar der größere Konflikttreiber als mögliche inhaltliche Differenzen. Idealerweise kann ein gemeinsames Ziel gefunden werden, bei dem beide bekommen, was sie wollen. Aber auch bei sich widersprechenden Interessen gibt es eine Vielzahl von Möglichkeiten, die Erwartungen zu integrieren. Statt einer Grundsatzentscheidung kann etwa eine zeitlich begrenzte Lösung gefunden werden, oder es wird einige Wochen Ansatz A und anschließend einige Wochen Ansatz B ausprobiert und mit beiden Erfahrungen gesammelt. Wenn all das nichts hilft, bleibt nur die Suche nach einem Kompromiss, bei dem beide Seiten Abstriche von dem machen müssen, was sie sich erhofft hatten.

Nächste Schritte vereinbaren

Bevor das Gespräch endet und die Beteiligten ihrer Wege gehen, sollte noch einmal miteinander zusammengefasst werden, wie die Lösung nun aussieht, und von beiden Parteien die Bestätigung und das Einverständnis eingeholt werden. Es wäre schade, wenn ein Missverständnis an diesem Punkt den Konflikt wenig später wieder reaktivieren würde.

7.3 Weitere hilfreiche Ideen

Hier sind einige weitere Ansätze, die ich im Umgang mit Teamkonflikten als sehr nützlich erlebt habe.

Probleme sachlich ansprechen

Wie spricht man als Teammitglied an, wenn einen das Verhalten der Kollegen stört? Viele bekannte Feedback-Methoden empfehlen, vor allem in Ich-Botschaften zu bleiben, die eigenen Gefühle zu beschreiben und Erwartungen und Wünsche zu formulieren: Was habe ich wahrgenommen? Was macht das mit mir? Was wünsche ich mir von dir in Zukunft? Auch wenn der Ich-bezogene Kommunikationsstil sicher gute Absichten verfolgt, Schuldzuweisungen vermeiden und den Interpretationsraum offenhalten soll, haben diese Ansätze doch eine Reihe von Schwächen. Unter anderem machen sie systemexterne Emotionen zum Thema, verschieben die Verantwortung für das eigene Wohlbefinden auf das Gegenüber („Schau, was du mit mir machst!“) und verleiten dazu, beim anderen ein fertiges Statement samt Erwartungen in Form eines Monologs „abzuladen“, anstatt in einen ergebnisoffenen Dialog einzutreten.

Ein für den Teamalltag passenderes Format ist das sogenannte *SAG ES*-Schema:[138]

- **Sichtweise ansprechen:** Was ist konkret passiert? Was habe ich beobachtet?
- **Auswirkungen beschreiben:** Welche Konsequenzen hatte das für mich, das Team und unsere gemeinsame Arbeit?
- **Gefühle ausdrücken:** Wie geht es mir damit? Welche Befürchtungen habe ich mit Blick auf die Zukunft?
- **Erfragen der anderen Perspektive:** Nun ist Zuhören angesagt. Wie kam es zu der Situation? Wie hast du das Geschehen wahrgenommen? Welche guten Gründe hattest du für dein Verhalten?
- **Schlussfolgerungen ziehen:** Was machen wir nun damit? Wie könnte eine gemeinsame Lösung aussehen?

Auch wenn Gefühle und Emotionen in diesem Gespräch zur Sprache kommen, stehen sie nicht im Vordergrund. Sie sind Indikatoren für mögliche Probleme in unserer Zusammenarbeit, bleiben aber in der Verantwortung der Beteiligten. Wichtiger sind stattdessen Ereignisse und Konsequenzen für das Team, seine Ziele, Ergebnisse und Arbeitsweisen.

Anders als bei vielen Feedbackmethoden findet über das das SAG ES-Schema ein echter Dialog statt. Anstatt nur über die eigenen Bedürfnisse zu sprechen, wird den Wahrnehmungen und Erwartungen des Anderen ebenso Platz eingeräumt wie den eigenen. Erst im Anschluss an diesen Abgleich unterschiedlicher Perspektiven werden – gemeinsam – nächste Schritte gesucht. Das Gespräch beginnt bei individuellen Perspektiven, die anschließend zu einer gemeinsamen Lösung integriert werden, und vermeidet damit bewusst eine häufige Konfliktdynamik, in der zuerst um gemeinsame Deutungshoheit konkurriert („Nein, das stimmt nicht!“) und anschließend individuelle Lösungen gesucht werden.

---

[138] Siehe beispielsweise Schmidt, Thomas (2009). *Konfliktmanagement-Trainings erfolgreich leiten.* managerSeminare. S. 156 ff.

Destruktive Muster aufbrechen

„Gerade Konfliktsysteme zeichnen sich oft durch eine feste Kopplung aus, weil die Beteiligten ihr Verhalten vom Verhalten der Gegenseite abhängig machen, nach dem Motto: „Wenn die anderen etwas wollen, dann müssen wir dagegen sein!"
Joop Willemse, Falko von Ameln[139]

Hat ein Konflikt sich erst einmal etabliert, stellt er ein eigenes, sich selbst stabilisierendes Kommunikationssystem dar, in dem das Verhalten der einen Partei das Verhalten der anderen Partei erzeugt und umgekehrt. Beide Seiten betrachten sich als Opfer – *weil* mein Gegenüber sich so verhält, muss ich mich so verhalten – und verstehen dabei nicht, dass das eigene Verhalten wiederum beim Gegenüber genau das auslöst, woran man Anstoß nimmt. Die Situation wird von beiden Seiten ähnlich wahrgenommen, aber das Verhalten des anderen wird als Ursache, das eigene Verhalten als Konsequenz und damit als alternativlos betrachtet. Paul Watzlawick hat dieses Phänomen als „Interpunktion" bezeichnet[140] – man ist sich über die Inhalte einig, aber wo die „Punkte" und „Kommas" gesetzt werden, unterscheidet sich. Da man das eigene Verhalten als zwingend betrachtet, sieht der Konflikt nur dann lösbar aus, wenn die andere Partei den eigenen Vorstellungen entgegenkommt. Das findet nicht statt, da beide vom jeweils anderen den ersten Schritt erwarten. Gleichzeitig entsteht durch den ausbleibenden Fortschritt ein Anreiz, den Konflikt weiter zu eskalieren, da der andere es ja offensichtlich „immer noch nicht verstanden" hat.

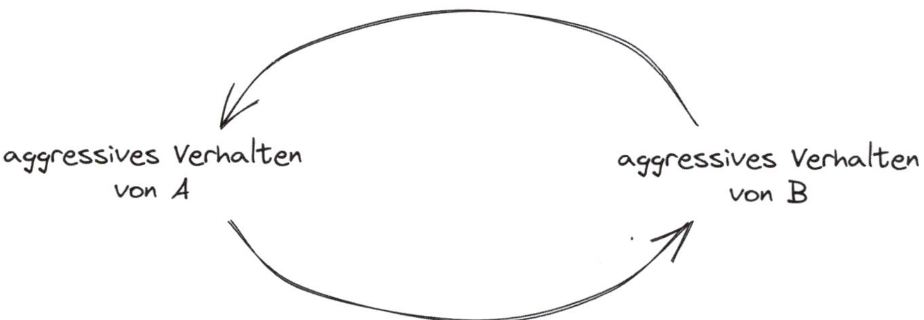

Mit zunehmender Verfestigung des Konflikts werden „Nebenkriegsschauplätze" eröffnet, die die andere Partei weiter unter Druck setzen sollen. Die Anzahl der offiziell zu lösenden Probleme nimmt zu, die ursprüngliche Sach- oder Beziehungsfrage gerät immer mehr aus dem Fokus der Aufmerksamkeit:

„Konfliktparteien bemühen sich im Zweifel darum, lieber zu viele als womöglich zu wenige Argumente für ihre Position zu haben, und führen diese, z.T. auch aus taktischen Gründen, dann ins Feld, selbst wenn sie unwesentlich sind. Die Sachlage wird damit unübersichtlicher und die Komplexität des Konflikts steigt mit

139 Willemse, Joop & von Ameln, Falko (2018): *Theorie und Praxis des systemischen Ansatzes.* Springer. S. 72.

140 Vgl. Watzlawick, Paul & Weakland, John & Fisch, Richard (2020). *Lösungen. Zur Theorie und Praxis menschlichen Wandels* (9. Auflage). Hogrefe. S. 42.

zunehmender Dauer der Auseinandersetzung. Parallel wächst in der Regel der Stress, auch durch Zeitdruck oder schwindende Handlungsspielräume. Das verlangt von den Parteien Vereinfachungen und Auslassungen, die eine Versteifung im Denken und eine Verschärfung des Auftretens und möglicher Forderungen begünstigen.“[141]

Wer ursprünglich einmal „angefangen“ hat, spielt zu diesem Zeitpunkt längst keine Rolle mehr. Der Konflikt wird durch das aktive Mitwirken beider Parteien aufrechterhalten. Oft wird das Muster erst unterbrochen, wenn einer der Beteiligten erkennt, dass den Konflikt mitzuspielen nicht länger im eigenen Interesse ist und es sehr wohl Handlungsalternativen gibt.

Das eigene Verhalten zu ändern, reicht oft schon aus, um das Konfliktsystem aus dem Gleichgewicht zu bringen. Speziell geht es darum, zu erkennen, welcher Teil des eigenen Verhaltens den Konflikt am Leben erhält, und diesen zu ändern (zum Beispiel zuzustimmen, anstatt zu widersprechen). Die Schwierigkeit besteht dabei einerseits darin, das bisherige Verhalten als eine mögliche, aber keinesfalls zwingende Option zu sehen, und die Veränderung andererseits auch ernst zu meinen, also nicht nur eine weitere Variante zu suchen, wie man der anderen Partei eins „auswischen“ kann.

Gedanklich zwischen Person und Rolle trennen

Wir haben schon gesehen, dass große Teile der täglichen Arbeit im Rahmen mehr oder weniger offizieller Rollen stattfinden. Es ist klar, dass Rollen das Verhalten ihrer Inhaber beeinflussen – eine Produktdesignerin wird tendenziell in kreativen, ungewöhnlichen Lösungen denken, eine Compliance-Abteilung wird regelnd und kontrollierend auftreten, ein technischer Betrieb denkt vor allem in Kategorien von Sicherheit und Zuverlässigkeit.

Teams, die nicht gelernt haben, zwischen Mensch und Rolle zu unterscheiden, können rollenspezifisches Verhalten schnell mit Persönlichkeitsmerkmalen verwechseln. „Die im Vertrieb“ verkaufen dem Kunden Dinge, die gar nicht möglich sind, und „die in der Entwicklung“ interessieren sich mehr für ihre technische Architektur als für Kundenanforderungen. Dabei wird übersehen, dass der unterschiedliche Aufmerksamkeitsfokus Kern des jeweiligen Jobs ist. Menschen werden dafür bezahlt, in der Organisation auf eine bestimmte Art und Weise aufzutreten und sogar Ziele zu verfolgen, die zu anderen in der Organisation im direkten Widerspruch stehen. Solange man versteht, dass diese Konflikte strukturell angelegt sind, muss das nicht zu einem Problem werden – man kann im Meeting im Rahmen seiner Rollen eine harte Auseinandersetzung führen und hinterher als Kolleginnen und Kollegen entspannt miteinander einen Kaffee trinken gehen.

Im Kapitel über Rollendefinition haben wir schon gesehen, wie bewusstes Thematisieren des aktuellen „Rollen-Huts“ für Klarheit sorgen kann: „Sprichst du gerade als Geschäftsführer zu uns?“ Anzuerkennen, dass bestimmte Aufgaben bestimmtes Verhalten von Menschen fordern, kann die Situation deutlich entspannen: „Ich verstehe, dass es

141 Autor unbekannt, gefunden bei https://de.wikipedia.org/wiki/Phasenmodell_der_Eskalation (abgerufen am 08.12.2022). Siehe dazu auch Glasl, Friedrich (2013): *Konfliktmanagement* (11. Auflage). Haupt. S. 215 ff.

deine Aufgabe als Kundenbetreuer ist, diese Position zu vertreten." Teilnehmende an einer Diskussion schlüpfen so bewusst in unterschiedliche Rollen, nutzen diese für den verbalen Schlagabtausch, und können sie anschließend wieder ablegen, ohne dabei die persönliche Beziehung zu gefährden.

Gesichtswahrende Auswege anbieten

In Konflikten rund um mögliches Fehlverhalten kann die Versuchung groß sein, über Konfrontation und Angriff die andere Partei „zur Rede zu stellen". Gespräche bekommen schnell einen erzieherischen Aspekt: Du hast Mist gebaut und erst, wenn du das einsiehst, können wir darüber sprechen, wie du es wieder gutmachen kannst! Das Problem mit diesem Ansatz ist, dass er zwar unser Bedürfnis nach Gerechtigkeit bedient, wir damit aber einer schnellen Lösung oft selbst im Weg stehen. Aus einer Sachfrage ist nun eine Frage von Ehre und Reputation geworden – unser Gegenüber kann gar nicht klein beigeben, ohne sich dabei unterzuordnen und das eigene Selbstwertgefühl und den sozialen Status in Gefahr zu bringen.

Überraschend elegante Lösungen lassen sich manchmal finden, wenn wir den Wunsch nach Bestrafung fallenlassen und der anderen Konfliktpartei einen gesichtswahrenden Ausweg aus der Konfrontation anbieten. Damit ist nicht gemeint, klein beizugeben, sondern Wege zu finden, wie sich das Erfüllen der eigenen Interessen für die andere Partei wie ein Gewinn anfühlen kann. Das ist natürlich nur in einer Gesprächsatmosphäre möglich, die nicht mit Schuldzuweisung aufgeladen ist – nicht immer ganz einfach zu leisten, wenn einem gerade gefühlt ein Unrecht geschehen ist.

Ein besonders schlichtes und schönes Beispiel ist mir von einer Leiterin kommunaler Integrationsprojekte in einem sozialen Brennpunktviertel erzählt worden. Im gemeinschaftlich betriebenen Projektgarten war Material und Werkzeug abhandengekommen. Projektmitarbeiter hatten eine Gruppe von Jugendlichen aus dem Viertel im Verdacht, die sich in den letzten Tagen häufiger um das Projektgelände herum aufgehalten hatten. Anstatt diese bei der nächsten Begegnung zur Rede zu stellen und für die Diebstähle zur Rechenschaft zu ziehen, begrüßte die Projektleiterin die Gruppe freundlich und lud sie zu einer Führung über das Gelände ein. Nachdem sie die Hintergründe des Projekts und die positive Wirkung auf die Gemeinschaft im Viertel erklärt hatte, erwähnte sie beiläufig das fehlende Werkzeug und die Tatsache, dass das Projekt nun in Schwierigkeiten war – Beete konnten nicht gepflegt, Pflanzen nicht gewässert werden.

Den Jugendlichen war die Situation sichtlich unangenehm. Einer meldete sich zu Wort und sagte, er wisse eventuell, wo die vermissten Gegenstände zu finden wären. Die Gruppe verschwand und kam nach einigen Minuten mit den fehlenden Sachen zurück, zur großen Freude des Teams.

Hatten die Jugendlichen das Material gestohlen? Vielleicht, vielleicht auch nicht. Spielt es eine Rolle? Sie konnten es wiederbeschaffen und dabei nicht nur Streit vermeiden, sondern auch Anerkennung einsammeln und einen positiven Beitrag leisten. Das Verhalten der Leitung hatte ihnen eine attraktive Handlungsoption geschaffen, die darin bestand, genau das zu tun, was das Projekt von ihnen wollte.

Personelle Änderungen

Langlaufende Konflikte können dazu führen, dass das Konfliktverhalten regelrecht eingeübt wird, dass also die Wahrnehmung als Konfliktpartei in das eigene Selbstbild integriert wird: „Es scheint mein Schicksal zu sein, immer an Idioten zu geraten". Solche über die konkrete Beziehung hinaus verinnerlichten Konflikte sind auf Ebene des Teams nicht lösbar, ähnliche Konflikte brechen, mit wechselnden Partnern, immer wieder von neuem aus.

In diesen Fällen, aber auch wenn eskalierende Konflikte die Beziehungen innerhalb des Teams irreparabel beschädigt haben, braucht das Team professionelle Unterstützung und eventuell personelle Änderungen. Dabei geht es nicht um Bestrafung, sondern darum, die Arbeitsfähigkeit des Teams wiederherzustellen und denen, die das Team verlassen wollen oder müssen, einen halbwegs gesichtswahrenden Rückzug zu ermöglichen. Wenn das Team einen oder mehrere Vorgesetzte hat, ist hier ein Moment gekommen, an dem diese ihre formale Entscheidungsmacht nutzen dürfen. Teams, die auf keine übergeordnete Hierarchie zurückgreifen können, sollten sich rechtzeitig (das heißt *vor* einem Konflikt!) einen „Notfallmodus" definieren, in dem etwa der Rest des Teams per Konsens oder Mehrheitsprinzip über einen Teamausschluss entscheiden kann. Mehr dazu im Abschnitt „Personelle Änderungen" ab Seite 326.

Alles in allem wird klar, dass Konflikte besser früher als später gelöst werden. Das ist insofern keine ganz leichte Aufgabe, weil Interessenkonflikte, Meinungsverschiedenheiten und unterschiedliche Vorstellungen und Erwartungen zum Alltag eines interdisziplinären, selbstorganisierenden Teams gehören. Auf jeden gereizten Kommentar mit einer offiziellen Konfliktmoderation zu reagieren, würde Themen größer machen als sie sind und Probleme aufbauen, wo vielleicht gar keine gewesen wären. Das Team muss daher seine eigenen Gesprächsdynamiken beobachten und klare Erwartungen etablieren, was in diesen akzeptabel ist und was nicht.

Dinge unterschiedlich zu sehen, mit einem Vorgehen oder einem Ergebnis nicht zufrieden zu sein, sich inhaltlich zu widersprechen, aber auch Entscheidungen zu treffen, die andere gern anders getroffen hätten, und sich energisch für die eigenen Interessen und Blickwinkel einzusetzen, all diese Dinge sind im Team in Ordnung. Solange alle Beteiligten miteinander sprechen, ihr Verhalten begründen und die gemeinsam gesetzten Vereinbarungen und Strukturen respektieren, sind Meinungsunterschiede und sogar kleinere Streitigkeiten für ein Team kein Problem.

Rote Linien werden immer dann überschritten, wo Autonomie und Grenzen von anderen nicht respektiert werden, wo sich gegenseitig beleidigt oder auf persönlicher Ebene angegriffen wird, man sich am Gesichtsverlust seiner Teammitglieder erfreut, destruktive Alleingänge startet oder sich zu mehreren gegen andere verbündet. Derartiges Verhalten kann der Rest des Teams nicht tolerieren, ohne dabei seinen Zusammenhalt und letztlich auch seine eigene Arbeitsfähigkeit aufs Spiel zu setzen. Anders als bei einigen anderen Themen lässt sich ein guter Umgang mit Konflikten nicht allein auf der strukturellen Ebene sicherstellen. Entscheidend ist vielmehr das tägliche Verhalten der Teammitglieder, welches immer wieder neu etabliert und betont, welcher Umgang miteinander im Team akzeptabel ist und welcher nicht.

8. Stress und Überlast

Weitreichende Gestaltungsmöglichkeiten, hohe Autonomie sowie herausfordernde und vielseitige Aufgaben stellen für Teammitglieder nicht nur wesentliche Motivationsfaktoren dar, sie können auch zu ihrem Stressempfinden beitragen. Für das Team ist daher wichtig zu verstehen, wie Stress entsteht und welche Möglichkeiten zur Stressreduzierung ihm zur Verfügung stehen.

Stress ist, wertfrei ausgedrückt, ein erhöhter körperlicher und psychischer Erregungszustand als Reaktion auf Umwelteinflüsse. Wenn wir Stress haben, wird Adrenalin ausgeschüttet, Aufmerksamkeit und Entscheidungsbereitschaft nehmen zu, Blutdruck und Muskeltonus sind erhöht. Wir fühlen uns unruhig und „aufgekratzt", entspannen fällt uns schwer, die Gedanken kreisen um die Stresssituation.

Dabei ist Stress nicht unbedingt etwas Negatives: Ein gewisses Maß an Unsicherheit und Aufregung kann Spaß machen. Das kann so weit gehen, dass Menschen sich freiwillig stresserzeugenden Situationen aussetzen, etwa im Kletterpark oder beim Motorradfahren. Auch im beruflichen Kontext ist es motivierend, hin und wieder Herausforderungen zu bewältigen, die man sich nicht unbedingt vorher zugetraut hätte. Länger anhaltender Stress wirkt sich jedoch belastend auf die Gesundheit und emotionale Verfassung aus und kann langfristig bleibende gesundheitliche Probleme verursachen, zu denen Veränderungen von Organen und Gewebe, Entzündungserkrankungen, psychische Krankheiten wie Burn-out oder Herz-Kreislauf-Probleme gehören. Es ist also im Interesse des Teams und seines Umfelds, die Zusammenarbeit so zu gestalten, dass das Stressniveau für alle Beteiligten langfristig hinnehmbar ist.

8.1 Wie entsteht Stress?

Ein für unsere systemtheoretisch inspirierte Sicht besonders interessantes Denkmodell ist die sogenannte *Person-Environment-Fit-Theorie,* unter anderem aus der Feder des Organisationspsychologen Robert D. Caplan. Nach dieser lässt sich Stress als eine Folge mangelhafter Passung zwischen einem Individuum und seiner Umwelt betrachten. Schlechte Passung kann zwei wesentliche Formen annehmen:

- Die Umwelt stellt Anforderungen an das Individuum, die es nicht oder nur teilweise erfüllen kann.
- Das Individuum hat Bedürfnisse, die von der Umwelt nicht oder nur unzureichend erfüllt werden.

In dieser Sichtweise ist ein Mensch immer dann besonders *wenig* gestresst, wenn die eigenen Bedürfnisse größtenteils gedeckt sind und man die Anforderungen und Erwartungen seines Umfelds mit hoher Sicherheit erfüllen kann. Umgekehrt sind – mit Blick auf die Bedürfnishierarchie Maslows – Müdigkeit, Hunger, Schmerzen, Angst, Einsamkeit, Selbstzweifel, niedriger sozialer Status, aber auch Überlast oder unmöglich erscheinende Aufgaben, fehlende Fachkompetenz und starke externe Abhängigkeit Faktoren, die das eigene Stressempfinden steigen lassen. Es ist interessant, wie sich hier eine frühere These aus diesem Buch spiegelt: Ähnlich einem Team, welches umso weniger Probleme hat, je besser es sich in sein Arbeitsumfeld integrieren kann, hat auch ein Teammitglied, welches gut in sein Arbeitsumfeld integriert ist, tendenziell weniger Stress. Integration funktioniert dabei in beide Richtungen und bedeutet nicht nur, dass Teammitglied bzw. Team sich einem feststehenden Umfeld anzupassen haben, sondern auch, dass die Arbeitsumgebung individuelle Bedingungen und Möglichkeiten bei der Formulierung von Anforderungen und Unterstützungsangeboten berücksichtigen muss.

Allgemein ist Stressempfinden ein hochgradig individuelles Phänomen und lässt sich nicht an einzelnen Stressfaktoren oder körperlichen Reaktionen festmachen. Wir müssen uns also etwas genauer anschauen, wie Stress funktioniert, und wie es sein kann, dass dieselbe Situation bei unterschiedlichen Menschen unterschiedliche Reaktionen hervorruft.

Das *Transaktionale Stressmodell* von Richard S. Lazarus und Susan Folkman[142] unterscheidet vier Aktivitäten, über die ein Individuum Stressempfinden auf- und wieder abbaut:

- In der **primären Bewertung** wird die Wahrnehmung der eigenen Situation auf Stressoren untersucht. Anforderungen werden identifiziert und ihre möglichen Konsequenzen auf die eigenen Bedürfnisse, aber auch auf die eigenen Ziele bewertet. Positive und neutrale Einflüsse werden oft aussortiert, übrig bleibt eine Bestandsaufnahme möglicher Gefahren und Risiken. Beispiel: Jemand, der gerade viel zu tun hat, aber auch ein gutes Mittagessen hatte, wird sich wahrscheinlich eher auf die hohe Arbeitslast als auf den gestillten Hunger konzentrieren.
- Die **sekundäre Bewertung** stellt diesen Stressoren eigene Kompetenzen und Ressourcen gegenüber. Ergibt der Vergleich von primärer und sekundärer Bewertung, dass die eigenen Möglichkeiten für das Bewältigen des Problems nicht ausreichend sein könnten, steigt das eigene Stressempfinden. Hohe Arbeitslast kombiniert mit einem fähigen, hilfsbereiten Team und viel eigener Erfahrung wird vermutlich weniger Stress erzeugen, als wenn man sie allein und inhaltlich überfordert bewältigen muss.
- **Problemorientiertes Coping** fasst Strategien des Individuums zusammen, die die Situation angehen und versuchen, den Stress an seiner Ursache zu lösen. Das können direkte Lösungsschritte sein, aber auch die Beschaffung zusätzlicher Informationen fällt in diese Kategorie. „Unklare Erwartungen stressen mich, deswegen lasse ich mir die Anforderungen noch einmal im Detail erklären" stellt etwa eine problemorientierte Copingstrategie dar.
- **Emotionsorientiertes Coping** beinhaltet Strategien, die eher nach innen gerichtet sind und dem Individuum helfen sollen, sich mit der stresserzeugenden Situation irgendwie zu arrangieren. „Unklare Erwartungen stressen mich, deswegen mache ich nach Feierabend lange Spaziergänge im Wald" fällt unter die emotionsorientierten Copingstrategien.

Hinzu kommen individuelle, auf persönlichen Werten und Glaubenssätzen basierende *Stressverstärker*. Beispiele können hier etwa Perfektionismus („Wenn ich etwas mache, mache ich es richtig"), Ungeduld („Das muss doch schneller gehen") oder Einzelkämpfertum sein („Wenn es gut werden soll, mache es lieber selbst").

[142] Vgl. Lazarus, Richard & Folkman, Susan (1984). *Stress, Appraisal, and Coping.* Springer.

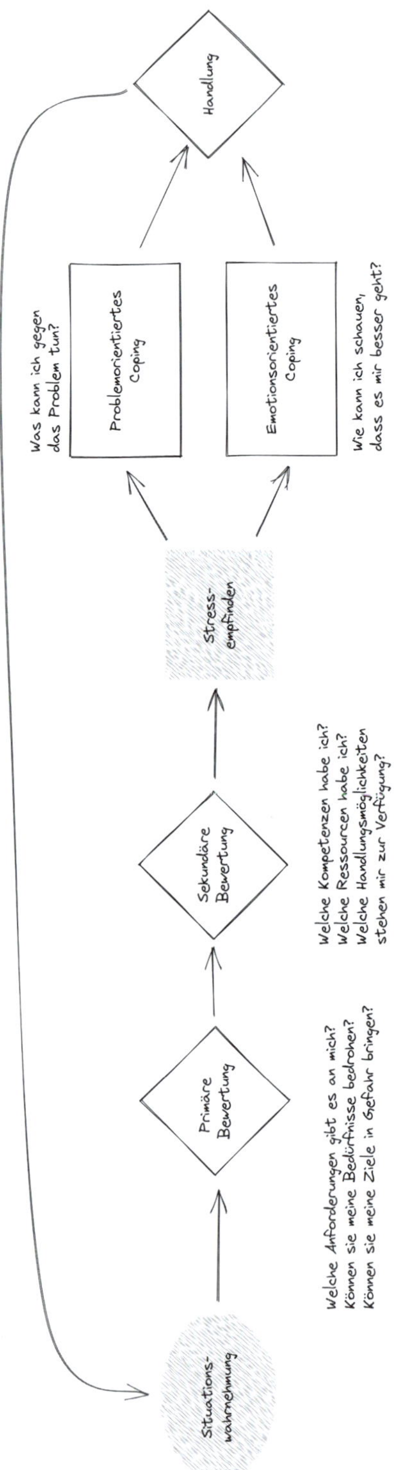
Situations-
wahrnehmung
Primäre
Bewertung
Welche Anforderungen gibt es an mich?
Können sie meine Bedürfnisse bedrohen?
Können sie meine Ziele in Gefahr bringen?
Sekundäre
Bewertung
Welche Kompetenzen habe ich?
Welche Ressourcen habe ich?
Welche Handlungsmöglichkeiten
stehen mir zur Verfügung?
Stress-
empfinden
Problemorientiertes
Coping
Was kann ich gegen
das Problem tun?
Emotionsorientiertes
Coping
Wie kann ich schauen,
dass es mir besser geht?
Handlung

8.2 Ansätze zur Stressreduzierung

Stressempfinden entsteht also durch (empfundene) fehlende Passung zwischen Anforderungen und verfügbaren Ressourcen. Erst im zweiten Schritt sucht das Individuum einen Umgang mit der Situation über Copingstrategien, die entweder nach außen, gegen das Problem, oder nach innen, also gegen das Stressgefühl, gerichtet sein können. Ein besserer Umgang mit Stress kann daher an diesen vier Punkten ansetzen.

Stressoren reduzieren
Oft besteht der wirksamste Weg zur Stressreduktion darin, die Ursachen für Stress direkt an der Wurzel zu packen. Das bedeutet, an Themen anzusetzen, die vom Unterbewusstsein als Gefahren und Risiken interpretiert werden können. Dazu gehören:

- **Arbeitslast reduzieren:** Weniger gleichzeitig tun zu müssen oder die eigene Arbeitslast über das Ziehen von Aufgaben selbst steuern zu können, senkt Stress unmittelbar.
- **Aufgabenschwierigkeit reduzieren** besteht darin, schwierige Tätigkeiten abzugeben, Anforderungen zu senken oder die Aufgabe in überschaubare Teilschritte zu zerlegen.
- **Zeitdruck zu reduzieren** kann bedeuten, Termine zu verschieben, den Kalender freizuräumen oder Erwartungen von Kunden und Stakeholdern neu zu verhandeln.
- **Klare Strukturen und Absprachen** setzen eindeutige Erwartungen, senken Abstimmungsbedarf und setzen so zusätzliche Ressourcen für die eigentliche Arbeit frei.
- **Fokussierung und Priorisierung** bringen Ordnung und Reihenfolge in die gestellten Anforderungen, das Teammitglied kann sich auf wenige wichtige Themen konzentrieren.
- Eine **störungsfreie Arbeitsumgebung** zu schaffen, indem Ablenkungen vermieden und unterbrechungsfreie Arbeitsblöcke geplant werden, reduziert Multitasking und Kontextwechsel.
- **Auflösung oder Vermeidung von Konflikten** setzt Zeit und Energie frei und hilft, emotionale und soziale Bedürfnisse zu erfüllen.
- Eine **bessere Arbeitsumgebung** durch Reduzierung von Lärm, mehr Pausen, ausreichend Schlaf und angenehmere Atmosphäre baut sekundäre Stressoren ab und erlaubt dadurch besseren Umgang mit den eigentlichen Anforderungen der Arbeit.

Ressourcen steigern
Lassen sich Faktoren wie Arbeitslast und Aufgabenschwierigkeit nicht reduzieren, kann durch den gezielten Ausbau der eigenen Lösungsressourcen dem Stressempfinden vorgebeugt werden.

- **Kompetenzen auszubauen**, etwa durch Weiterbildung, gezieltes Üben oder teaminterne Lernangebote, verleiht zusätzliche Handlungsoptionen und verbessert das Selbstvertrauen.
- Sich **erfahrene Unterstützung** zu suchen senkt das Fehlerrisiko, hilft bei Fokussierung und Priorisierung und senkt den Rechtfertigungsdruck für das eigene Vorgehen.
- **Gemeinsames Arbeiten** an Aufgaben und gegenseitige Unterstützung im Team beugen dem Gefühl vor, mit Herausforderungen ganz allein klarkommen zu müssen.
- **Gemeinsame Verantwortungsübernahme** vermittelt die Botschaft: „Auch wenn es schwierig wird oder mal nicht klappen sollte, wir stehen das gemeinsam durch!“

- **Kollegiale Fallberatung** oder ähnliche Formate bieten bei schwierigen Problemen zusätzliche Ideen und Lösungsansätze und vermitteln so die Gewissheit, im Notfall auf den gesamten Erfahrungsschatz des Teams zurückgreifen zu können.

Problemorientierte Copingstrategien fördern
Ist ein Stressempfinden erst einmal vorhanden, kann nur noch ein möglichst guter Umgang mit der Situation gesucht werden, etwa indem wir

- **Informationen beschaffen:** Was wird genau von mir erwartet? Welche Lösungen existieren schon, auf die ich zurückgreifen könnte? Was sagen Internet und Literatur dazu? Wen kann ich fragen?
- **Uns besser organisieren:** Gerade in Situationen von Multitasking und hoher Arbeitslast ist es essenziell, gut organisiert zu bleiben. Wenn das Team keine ausreichende Arbeitsübersicht bietet, können ein persönliches Taskboard mit klarer Priorisierung und bewusst reservierte Zeiträume für das Abarbeiten organisatorischer Aufgaben helfen.
- **Aufgaben abgeben oder de-priorisieren:** Vielleicht muss nicht alles unbedingt jetzt sofort gemacht werden. Manche Aufgaben lassen sich an andere abgeben oder auf einen späteren Zeitraum verschieben. Wichtig ist, sich für diese eine schriftliche oder visuelle Übersicht zu schaffen, um sie nicht vergessen zu können – alles im Hinterkopf halten zu müssen, stresst zusätzlich. Erst wenn es an einem gut auffindbaren Ort festgehalten ist – etwa auf einem Taskboard – kann es gedanklich „losgelassen" werden.
- **Es hinter uns bringen:** Manche Themen sind einfach unangenehm. Stress wird umso belastender, je länger er anhält, daher kann „Augen zu und durch" eine valide Strategie zur Stressreduzierung sein.
- **Andere um Hilfe bitten:** Ein wesentlicher Vorteil von Teamarbeit ist, dass andere mit uns zusammen an Themen arbeiten. Ich staune hin und wieder, wie lange Menschen bereit sind, sich individuell mit Problemen herumzuschlagen, obwohl gegenseitige Unterstützung doch der eigentliche Sinn hinter Teamarbeit ist.
- **Erwartungen managen:** Hierbei geht es sowohl um die eigenen Erwartungen – vielleicht muss es diesmal nicht perfekt sein – als auch um die Erwartungen von Kunden und Stakeholdern. Jammern hilft nicht, aber sachlich darauf hinzuweisen, dass die Situation angespannt ist und sich Ergebnisse etwas verzögern können, kann die Lage für alle etwas beherrschbarer machen.
- **Allgemeine Lösungsstrategien anwenden:** Mir fällt auf, dass stressresistente Menschen oft über einen großen mentalen „Werkzeugkoffer" mit allgemein anwendbaren Lösungsstrategien verfügen. Dazu gehören Techniken wie Abstraktion, Modellierung, Visualisierung, das Zerlegen und Priorisieren von Anforderungen und Teilzielen und weitere. Einige davon nehmen wir im Kapitel „Herausforderungen und Problemlösung" ab Seite 403 unter die Lupe.

Emotionsorientierte Copingstrategien fördern
Für den Fall, dass sich weder die stresserzeugenden Faktoren reduzieren noch die eigenen Ressourcen steigern, noch die eigenen Vorgehensweisen optimieren lassen, bleibt manchmal nur die Option, einen persönlichen Umgang mit Stressgefühlen zu finden. Was Menschen hier hilft, ist sehr individuell und reicht von Ablenkung (etwa am Kickertisch im Büro) oder das Konzentrieren auf positive Gedanken und Wahrnehmungen über regelmäßige Pausen bis hin zu Entspannungstechniken wie Yoga oder Meditation.

Manche gehen in Bars und trinken zu viel, andere machen Sport. Manche suchen die Gesellschaft ihrer Freunde, andere brauchen verstärkt Zeit für sich. Im Allgemeinen ist es wichtig, auf konsequente Bedürfnisbefriedigung zu achten, also regelmäßige Mahlzeiten, ausreichend Getränke, frische Luft, Bewegung und Schlaf bewusst in den Alltag zu integrieren. Das muss nicht im Widerspruch zur Arbeit stehen, vielleicht lässt sich ein wichtiges Gespräch ja auch bei einem gemeinsamen Spaziergang führen anstatt in einem Besprechungsraum. Die Vernachlässigung dieser individuellen physiologischen Bedürfnisse würde das eigene Stressempfinden weiter steigen lassen, daher ist das konsequente Achten auf die eigenen Bedürfnisse durchaus im Interesse des Teams.

Viele, vor allem größere Organisationen haben in den letzten Jahren unter dem Stichwort „Resilienz" Angebote für bessere Stressbewältigung für ihre Mitarbeitenden eingeführt. Es fällt auf, dass sich diese Angebote oft auf den inneren Umgang mit Stress, also auf emotionsorientierte Copingstrategien konzentrieren, anstatt die äußeren oder inneren Ursachen für Stress abzubauen oder Mitarbeitenden bessere Problemlösungsstrategien an die Hand zu geben – alles Themen, die ja ebenfalls im Verantwortungsbereich des Arbeitgebers liegen. Besonders kritisch ist zu sehen, wenn die Aufgabe des Stressabbaus stillschweigend an die Freizeit und das private Umfeld von Menschen „delegiert" wird – Arbeit findet dann dauerhaft bis an die Belastungsgrenze statt, während Freizeit auf die Aufgabe reduziert wird, die Arbeitsfähigkeit von Menschen wiederherzustellen. Ein Team, welches fähige und motivierte Mitstreiter gewinnen und dauerhaft halten will, tut gut daran, ihnen ein Arbeitsumfeld zu schaffen, in dem sich Stress und Arbeitslast auf einem langfristig tragbaren Niveau bewegen. Team und Organisation haben kein Recht, die private Zeit von Menschen als Ausgleichszone für schlechte Arbeitsbedingungen zu verwenden. Da Stressempfinden sehr subjektiv ist, ist es in der Verantwortung des Teammitglieds, seine eigenen Grenzen zu setzen und zu vertreten.

Wie kann das Team das anwenden?

Auch wenn Stressempfinden ein individuelles Phänomen ist, gibt es doch eine Reihe von strukturellen Stressfaktoren, die in der Verantwortung des Teams liegen. Eine Anwendung der Stresstheorien durch das Team kann beispielsweise damit beginnen, dass Teammitglieder sich ein gemeinsames Bild ihrer Stressniveaus erarbeiten. Dazu können Teammitglieder häufige arbeitsbezogene Stressoren individuell danach einordnen, ob sie sich von diesen häufig, gelegentlich oder eher selten gestresst fühlen. Die folgende Abbildung zeigt ein mögliches Ergebnis. Sie verwendet eine beispielhafte Liste von Stressoren, die im Rahmen eines Kundenprojekts bei Chili and Change für einen Stressfragebogen zusammengetragen wurde.

Für das Team sind vor allem zwei mögliche Teilergebnisse interessant. Zum einen deuten Stressfaktoren, die der Großteil des Teams als stark stressend empfindet, auf strukturelle Schwächen in der Arbeitsweise des Teams hin (in der Abbildung „Störungen und Arbeitsunterbrechungen" und „Oft wechselnde Prioritäten"). Diese angedeuteten strukturellen Probleme können analysiert, besprochen und durch gemeinsam vereinbarte Maßnahmen angegangen werden. Zum anderen sind Situationen interessant, in denen der Großteil des Teams ein vertretbares Stressniveau, einzelne Teammitglieder aber hohes Stressempfinden zurückmelden (in der Abbildung „Aufgabenschwierigkeit" und „Nicht genug Schlaf"). Diese können auf private Stressfaktoren des Teammitglieds hinweisen, die dem Team bekannt sein sollten, oder aber das Teammitglied arbeitet unter anderen Rahmenbedingungen als das übrige Team (Sonderaufgaben, fehlende Erfahrung oder Ähnliches). Auch für diese Situationen kann das Team Lösungen suchen, um das Stressniveau für den Kollegen oder die Kollegin wieder auf ein vertretbares Niveau zu bringen.

Vorsicht: Stress kann bei Menschen teilweise „unlogisches", durch missglückte Copingstrategien erzeugtes Verhalten hervorbringen. Ich habe etwa Situationen erlebt, in denen Teammitglieder als Reaktion auf einen verdeckten zwischenmenschlichen Konflikt plötzlich das Bedürfnis geäußert haben, die Zusammenarbeit im Team stärker durch Regeln zu strukturieren. Das eine steht mit dem anderen in keinem offenkundigen Zusammenhang, sondern hier wird versucht, angesichts einer neuen Stressquelle (Konflikt, von dem das Team nicht weiß) eine bestehende Stressquelle (unklare Erwartungen im Alltag, hohe Spontanität der Zusammenarbeit) zu reduzieren, weil beides in Kombination die individuelle Stresstoleranz übersteigt. Ob zusätzliche Regeln diese Situation für irgendeinen der Beteiligten verbessern würden, darf angezweifelt werden. In Fällen wie diesen lohnt es sich, besonders genau hinzuhören, um die Motivation hinter neuen, nicht nachvollziehbaren Erwartungen zu ergründen und das Problem an seiner Wurzel packen zu können.

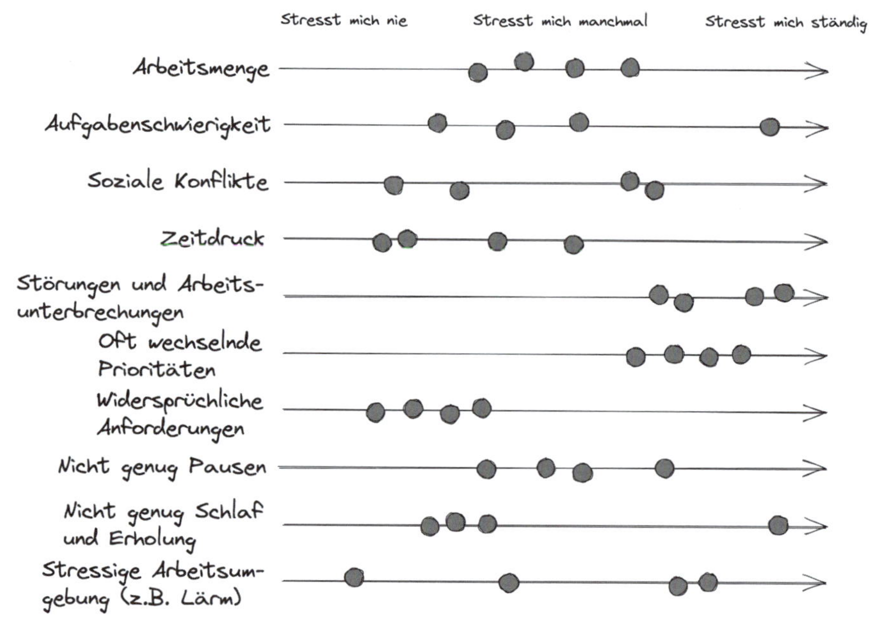

Kapitel 5
Produktiver Teamalltag

„Die Arbeitsumgebung des Individuums ist der wichtigste Einflussfaktor auf seine Entwicklung."

Douglas McGregor

Inhaltsübersicht

Mit festgelegten Strukturen und einem konstruktiven Umgang ist es mit der Selbstorganisation natürlich noch nicht getan. Die Frage, *wie* das Team seine Arbeit erledigt, entscheidet wesentlich über seinen Erfolg, und der wesentliche Teil selbstorganisierter Arbeit besteht darin, die Herausforderungen des Alltags durch Dialog und gemeinsame Entscheidungen zu lösen.

Den Bereich der „eigentlichen" Arbeit, also der Wertschöpfung des Teams, sparen wir an dieser Stelle bewusst aus. Nicht nur würde schon eine oberflächliche Betrachtung aller möglichen Arbeitsfelder jeden verfügbaren Rahmen sprengen, in der Regel wissen Teams auch, wie ihre Arbeit funktioniert. Wer wäre ich, einer Ärztin das Behandeln von Patienten, einem Kindergärtner die Erziehung von Kindern, einer Softwareentwicklerin das Programmieren erklären zu wollen?

In diesem Kapitel nehmen wir uns stattdessen die inhaltsunabhängigen Aspekte des Teamalltags vor. Hierzu gehören die Definition von Zielen, das Planen und Verteilen von Aufgaben, Vorbereitung und Durchführung guter Teammeetings, die Weiterentwicklung des Teams, Umgang mit Zu- und Abgängen und das Verwalten von Teamfinanzen und anderen kollektiven Ressourcen. Auch wenn sich nicht jedes Team mit all diesen Aspekten beschäftigt, sind die Themen doch allgemein genug, dass sie für viele Teams im echten Leben anwendbar sein sollten.

1. Zieldefinition und Arbeitsplanung

„Es ist unmöglich, Teamziele zu formulieren,
die Mitglieder motivieren, orientieren und engagieren,
wenn die Arbeit dahinter im Grunde trivial ist."
Richard Hackman[143]

Teams formieren sich um ein gemeinsames Ziel oder eine gemeinsame Aufgabe herum. Erst die Tatsache, dass ein bestimmtes Problem nur gemeinsam lösbar ist, macht die Zusammenarbeit notwendig. Man könnte nun daraus den Schluss ziehen, dass ein Team regelmäßig Ziele definieren muss, dass also das Verhandeln und Vereinbaren gemeinsamer Ziele ausschlaggebend für den Teamerfolg wäre. Das stimmt aber nicht immer. Wie wir sehen werden, erfüllen gemeinsam definierte Ziele eine bestimmte teamdynamische Funktion, die abhängig von Aufgaben und Arbeitskontext mehr oder weniger wichtig sein kann.

Zuerst sollten wir den Begriff des „Ziels" klären. Damit etwas ein Ziel sein kann, muss es handlungsleitend sein, also einen Einfluss auf unsere Entscheidungen haben. Es muss ein erreichbarer Zustand sein, sonst wäre es eine Vision. Es muss einen klaren Unterschied zum Status quo aufweisen, sonst wäre nichts zu tun. Und wir müssen eine Entscheidung treffen, unser Handeln daran auszurichten, sonst wäre es nur eine Option.

---

[143] Hackman, Richard (2002). *Leading Teams: Setting the Stage for Great Performances.* Harvard Business Review Press. S. 72 (Übersetzung des Autors).

Ein Ziel ist ein zukünftiger Zustand, auf dessen Erreichung – auf Basis einer Entscheidung – das eigene Handeln ausgerichtet wird und der einen erkennbaren Unterschied zur aktuellen Situation aufweist.

Organisationstheoretisch gehören Teamziele in die Kategorie der *Zwecke* bzw. *Zweckprogramme.*[144] Das Gegenstück zu Zwecken sind Mittel, also die Handlungen und Entscheidungen, mit denen versucht wird, ein Ziel zu erreichen. Ein Zweck kann so ziemlich alles sein, worin man einen Sinn sieht. Eine Aufgabe zu übernehmen hat den Zweck, dass die Aufgabe erledigt wird. Für das Team Kaffee zu kochen kann den Zweck haben, wacher zu sein. Mit der Geschäftsführerin essen zu gehen kann den Zweck haben, sich für eine Beförderung in Stellung zu bringen, und so weiter. Im Arbeitsalltag wimmelt es nur so von Zielen und Zwecken, und viele davon haben mit offiziellen Teamzielen nichts zu tun oder stehen zu ihnen sogar im Widerspruch.

Ob etwas ein Ziel oder eine Aufgabe, also Zweck oder Mittel ist, ist gar nicht eindeutig zu sagen und hängt vor allem von Betrachtungswinkel und Flughöhe ab:

- Um ein schwieriges Problem der Organisation zu lösen (Ziel), gründen wir ein Team, das sich damit befasst (Aufgabe).
- Um die Teamgründung erfolgreich zu gestalten (Ziel), wollen wir ein gutes Kick-off mit allen Beteiligten machen (Aufgabe).
- Um das Kick-off zu einem Erfolg werden zu lassen (Ziel), muss sich jemand um Essen und Getränke kümmern (Aufgabe).
- Um beim Kick-off Essen und Getränke zu haben (Ziel), muss jemand beim Catering anrufen (Aufgabe) …

Genauso lassen sich Jahres-, Quartals- und Wochenziele, Aufgaben, Unteraufgaben und Unter-Unteraufgaben unterscheiden. Für uns sind an dieser Stelle vor allem Zielzustände mit einem Zeithorizont von mehreren Wochen bis einigen Monaten interessant, da wir damit tägliche Aufgaben und gemeinsame Handlungsoptionen priorisieren und entscheiden können. Mit dem Begriff „Teamziel" sind hier also gemeinsam vereinbarte, mittel- bis langfristige Ziele gemeint, die für konkrete Aufgaben und den Teamalltag spürbar relevant sind.

Dass Teamziele am besten auf einer mittleren Flughöhe gewählt werden, ist kein Zufall. Untersuchungen zeigen, dass Teams besonders produktiv sind, wenn die gemeinsamen Ziele klar, aber die Lösungswege noch unbekannt sind.[145] Sehr langfristige Ziele lassen sich nur schwer für alltägliche Entscheidungen heranziehen und entfalten kaum orientierende Wirkung. Wenn andererseits alle Handlungen und Zwischenschritte schon feststehen würden, bräuchte es das Team nicht – Teammitglieder würden nur stumpf Aufgaben abarbeiten, Kreativität und Selbstorganisation wären unnötig. Konkrete, wichtige, anspruchsvolle Ziele mit einem Zeithorizont von wenigen Wochen treffen dagegen den „Sweet Spot" zwischen Klarheit und Autonomie, und stellen für das Team (im Idealfall) ein spannendes, gemeinsam zu lösendes Rätsel dar.

---

[144] Siehe etwa Kühl, Stefan (2016). *Strategien entwickeln: Eine kurze organisationstheoretisch informierte Handreichung.* Springer. S. 10.

[145] Vgl. Hackman, Richard (2002). *Leading Teams: Setting the Stage for Great Performances.* Harvard Business Review Press. S. 74 ff.

In Berater- und Managementkreisen ist die Vorstellung verbreitet, man müsse einfach nur den höheren Zweck („*Purpose*") der Gesamtorganisation eindeutig festlegen, dann würden sich die Teamziele eindeutig und widerspruchsfrei davon ableiten lassen. Dahinter steht ein gedankliches Bild von der Organisation als eine Art sozialer Maschine, in der sich die Aufgabe jedes einzelnen „Rädchens" eindeutig definieren ließe, und jegliche Arbeit harmonisch ineinandergreifend das große Ganze unterstützt.[146] Organisationen funktionieren aber nicht wie Maschinen. Sie existieren, weil unterschiedliche Personen und Gruppen mit ihnen gleichzeitig unterschiedliche (und oft widersprüchliche) Ziele verfolgen können. Gesamtziele der Organisation sind daher eine mögliche Quelle von Erwartungen an das Team, aber bei Weitem nicht die einzige.[147]

Als komplexe Systeme zeichnen sich Teams durch Polytelie, also Vielzieligkeit aus. Teammitglieder, Kunden, Stakeholder und weitere Akteure verfolgen individuelle Ziele und richten diese in Form von Erwartungen an das Team. Diese Interessen passen ein Stück weit zusammen (deswegen arbeitet man ja miteinander), sie widersprechen sich aber auch ein Stück weit. Permanente Zielkonflikte gehören daher zur Arbeitsrealität von Teams. Das ist nicht schlimm, im Gegenteil – es schafft ständigen Kommunikations- und Entscheidungsbedarf und stellt damit die Notwendigkeit für das Team als soziales System überhaupt erst her. Es wäre aber naiv zu glauben, die Ziele aller Teams würden zusammengenommen, quasi wie die Teile eines Puzzles, die Unternehmensziele bilden. Der Organisationssoziologe Stefan Kühl fasst es treffend zusammen: *„Es herrscht in der Organisationsforschung weitgehend Einigkeit darüber, dass ein Organisationsalltag, in dem das Unternehmensziel durch harmonische Umsetzung der vom gemeinsamen Oberzweck abgeleiteten Unterzwecke erreicht wird, eine reine Phantasievorstellung des Topmanagements ist."*[148]

Eine wesentliche Aufgabe des Teams besteht darin, zwischen Organisationszielen, Kundenanforderungen, Stakeholdererwartungen und den Interessen der eigenen Teammitglieder eine Balance zu finden. Das tut es so oder so, jeden Tag, unabhängig davon, ob die Ergebnisse dieses Aushandlungsprozesses irgendwo aufgeschrieben werden oder nicht. Keine Ziele zu definieren, bedeutet nicht, keine Ziele zu *haben*! Die gemeinsame Zielfindung kann auch unbewusst ablaufen, sodass Teamziele nur unterschwellig im gemeinsamen Bewusstsein, anstatt irgendwo ausdrücklich aufgeschrieben zu finden sind.

Jedes Team ist also immer mit unterschiedlichen Zielen aufgeladen. Für uns ist hier die Frage interessant, unter welchen Umständen es sich für das Team lohnt, Zeit in das Aushandeln und Vereinbaren *expliziter* Teamziele zu investieren, also aus intransparenten und individuellen Erwartungen offizielle Strukturen zu machen.

[146] Diese *Maschinenmetapher* spiegelt sich oft in der Sprache: große Unternehmen werden als „schwere Tanker", kleine Startups als „Schnellboote", Einflussfaktoren als „Stellschrauben" bezeichnet. Arbeitsweisen werden „designt" und „ausgerollt" und „gesteuert", bei wichtigen Themen „Gas gegeben" oder „einen Gang höher geschaltet". In meiner Erfahrung haben von Maschinenmetaphern geprägte Organisationen oft Schwierigkeiten, die bewusste Unkontrolliertheit selbstorganisierter Teams zu begreifen und zu nutzen, da die Fähigkeit zu Spontanität und Überraschung nicht als Wettbewerbsvorteil, sondern vor allem als Steuerungsrisiko gesehen wird.

[147] Siehe dazu u.a. Simon, Fritz B. (2021). *Einführung in die systemische Organisationstheorie* (eBook, 8. Auflage). Carl-Auer Verlag. S. 36 ff.

[148] Kühl, Stefan (2016). *Strategien entwickeln*. Springer. S. 39.

1.1 Nutzen und Risiko von Zieldefinition

Offiziell beschlossene, gemeinsame Ziele können eine Reihe wichtiger Funktionen für ein Team ausfüllen. Zu diesen gehören:

- **Normierung:** Ziele zu verhandeln bringt unterschiedliche Erwartungen ans Licht und macht sie besprechbar. Durch Vereinbarung offizieller Teamziele legt das Team ein gemeinsames Verständnis seiner eigenen Zukunft fest. Kunden und Stakeholder können Erwartungen formulieren, von deren Erfüllung sie das Fortbestehen des Teams abhängig machen. Ein gemeinsames Bild der Zukunft zu entwickeln verhindert, dass das Team sich im Alltag in Richtungsdebatten verliert und an den aufkommenden Differenzen möglicherweise zerbricht.
- **Stabilisierung:** Ziele legen Erwartungen fest, an denen sich das Team bei aufkommenden Störungen oder Ablenkungen orientieren kann. Neue Informationen, Ereignisse, veränderte Erwartungen oder Rahmenbedingungen können mit Verweis auf die Teamziele ein Stück weit ignoriert werden. Das ist besonders dann wichtig, wenn Fortschritt und Ergebnisse nur durch längere, fokussierte Anstrengungen zu erreichen sind. Richard Hackman nennt als Beispiel eine Bergsteiger-Seilschaft, die sich auf einen Gipfel als Tagesziel festlegen muss. Welche der Optionen gewählt wird, ist weniger entscheidend, mit ständig wechselnden oder im Konflikt stehenden Zielen wird die Gruppe aber nicht weit kommen.[149]
- **Fokussierung:** Teamziele helfen dabei, wichtige Informationen von unwichtigen zu unterscheiden. Sie bieten einen Wahrnehmungsfilter an, durch den eingehende Optionen sortiert werden können, und entlasten so das Team. Auch Aufgaben können danach unterschieden werden, ob sie auf vereinbarte Teamziele einzahlen oder nicht. Weniger wichtige Aktivitäten wegzulassen oder an andere abzugeben, schafft wichtige Freiräume für das Erarbeiten konkreter Ergebnisse.
- **Orientierung:** Anhand von Zielen lassen sich verschiedene Optionen und Handlungsalternativen schneller und besser bewerten, was die Entscheidungsfindung beschleunigt. Anstatt alle möglichen Vor- und Nachteile in einer Entscheidungssituation gegeneinander abzuwägen, reduziert sich die Auswahl auf eine einfachere Frage: „Welche dieser Optionen wird uns mit Blick auf unsere Ziele am weitesten bringen?“[150]
- **Motivierung:** Gut formuliert, erzeugen gemeinsam vereinbarte Ziele kreative Spannung, indem sie einen klaren Unterschied zwischen einem Ist- und einem Sollzustand markieren. Die gemeinsame Vereinbarung baut eine Erwartung des Teams gegenüber seinen Mitgliedern auf, regelmäßig Dinge zu tun, die auf die gemeinsamen Ziele einzahlen. Nützlich ist das vor allem dann, wenn diese Dinge nicht sowieso passieren würden, wenn also Aufgaben unattraktiv oder nicht offensichtlich sind, vergessen oder aus anderen Gründen vernachlässigt werden könnten.

---

[149] Hackman, Richard (2002). *Leading Teams: Setting the Stage for Great Performances.* Harvard Business Review Press. S. 61 ff.

[150] Das heißt nicht, dass sich Handeln automatisch an Zielen ausrichtet. Man kann auch Dinge tun, die den eigenen oder von anderen vorgegebenen Zielen zuwiderlaufen. Ein Ziel zwingt aber dazu, Position zu beziehen. Man handelt für oder gegen ein Ziel, aber man macht nicht einfach irgendetwas. Ziele schaffen ein Bewusstsein dafür, was „richtiges“ Verhalten sein könnte, sie garantieren es aber nicht.

Nutzen gemeinsamer Zieldefinition

kontraproduktiv ← optional – hilfreich → notwendig

kontraproduktiv		notwendig
Erfolgskriterien sind klar und für alle offensichtlich (z.B. Feuerwehr)	**Normierung** „Wo wollen wir gemeinsam hin?"	Erfolgsvorstellungen sind divers oder unklar (z.B. Forschung, Innovation)
Stakeholdererwartungen ändern sich selten bis nie, Erhalt des Status Quo steht im Vordergrund (z.B. IT-Betrieb)	**Stabilisierung** „Woran halten wir fest?"	Stakeholdererwartungen wechseln häufig, Aufgaben des Teams verändern sich über die Zeit (z.B. Produktentwicklung, Beratung)
Wichtige Tätigkeiten sind offensichtlich und dringend, Priorisierung ist einfach (z.B. Kindergarten, Rettungsdienst)	**Fokussierung** „Worauf konzentrieren wir uns?"	Wichtige sind von unwichtigen Tätigkeiten kaum zu unterscheiden, unklare Priorisierung (z.B. Verwaltung)
bekannte Lösungswege, komplizierte Probleme, Aufgaben lassen sich klar aus Problemstellung ableiten (z.B. Anlagenwartung)	**Orientierung** „Woran richten wir unser Handeln aus?"	unbekannte Lösungswege, komplexe Probleme, mangelhafte Informationslage, schwierige Auswahl von Handlungsalternativen (z.B. Projektleitung, Krisenmanagement)
Aufgaben mit hoher intrinsischer Motivation (z.B. Krankenpflege, Bildungswesen)	**Motivierung** „Was dürfen wir nicht vernachlässigen?"	Unattraktive, aber notwendige Aufgaben (z.B. Umsetzung rechtlicher Anforderungen)

Auf den ersten Blick klingen diese Wirkmechanismen attraktiv und erstrebenswert. Warum würde man etwas nicht haben wollen, das das Team stabilisieren, motivieren und orientieren kann? Wir dürfen aber nicht übersehen, dass es neben Zielen noch andere Wege gibt, diese Wirkungen zu erreichen, und dass die Notwendigkeit für Normierung, Stabilisierung, Fokussierung, Orientierung und Motivierung sehr von Aufgaben und Arbeitskontext des Teams abhängt.

Ziele verengen die Wahrnehmung.[151] Das ist nicht negativ gemeint. Wie bei allen Entscheidungen entsteht auch der Nutzen von Zielen daraus, dass sie Möglichkeiten ausschließen und so die erdrückende Komplexität der Welt, mit all ihren Möglichkeiten, ein klein wenig beherrschbarer machen. Der Grund, warum sich nicht jedes Team Ziele definiert, liegt darin, dass Teams in sehr unterschiedlichem Maß mit äußerer Komplexität konfrontiert sind. Je mehr ein Team unter großer Ungewissheit, starken Zielkonflikten, ständig wechselnden Prioritäten, lückenhaften Informationen oder unbekannten Lösungswegen leidet, desto mehr wird es die orientierenden, fokussierenden und stabilisierenden Effekte gemeinsamer Ziele zu schätzen wissen.

Im Umkehrschluss ist Zieldefinition für Teams, in denen es vor allem um „business as usual" geht, weniger hilfreich oder sogar kontraproduktiv. Beispiele können etwa Teams in Arztpraxen, Krankenhäusern, Werkstätten, Kindergärten, Schulen, öffentlicher Verwaltung oder Ähnlichem sein, auch wenn es hier sicher Ausnahmen gibt. Die notwendige Komplexitätsreduktion ist in diesen Teams dank Routinen und fester Abläufe oft schon gegeben, Aufgaben sind halbwegs vorhersagbar und wiederkehrend, und die Tätigkeiten des Teams ändern sich über die Zeit nicht oder nur sehr langsam. Einzelne, größere Veränderungen, wie zum Beispiel die Einarbeitung neuer Teammitglieder, können als kleinere „Projekte" neben der normalen Routine gut bewältigt werden.

Allgemein kann man sagen: je größer die Handlungsmöglichkeiten eines Teams, je widersprüchlicher die eingehenden Informationen und Erwartungen, und je ungewisser seine Zukunft, desto wertvoller wird gemeinsame Zielfestlegung sein. Teams, die klare und zeitstabile Aufgaben haben und deren Fortbestand gesichert ist, brauchen oft keine festgelegten Ziele.

Mögliche *Risiken* von Teamzielen ergeben sich direkt als Kehrseiten der genannten Funktionen. Der Versuch der Normierung kann Konflikte erzeugen, wo keine gewesen wären, da das Team unter Umständen auch mit unterschiedlichen Vorstellungen arbeitsfähig gewesen wäre. Stabilisierung bedeutet, dem Team durch Zielfestlegung Flexibilität zu nehmen, eventuell wäre Reaktionsfähigkeit und spontanes Eingehen auf neue Kundenerwartungen aber wichtiger. Fokussierung beinhaltet immer das Risiko, Aufgaben oder Tätigkeiten zu vernachlässigen, die für das Team ebenfalls wichtig gewesen wären. Orientierung durch Ziele kann verhindern, dass das Team ungewöhnliche und innovative Lösungsideen ausprobiert. Und die Motivierungsfunktion kann zusätzlichen Stress auf Teammitglieder ausüben, wenn sie neben einem anspruchsvollen Alltag noch zusätzliche, längerfristige Ergebnisse liefern sollen. Insgesamt lässt sich festhalten, dass klare Ziele Flexibilität und Veränderung begrenzen oder sogar verhindern können, selbst wenn diese notwendig wäre:

---

[151] Stefan Kühl spricht in diesem Zusammenhang, in Anlehnung an Niklas Luhmann, von „Scheuklappen der Organisation": *Strategien entwickeln.* Springer. S. 11.

„Präzise Zielbestimmungen reduzieren die Handlungsvielfalt der Menschen. Sie begrenzen also zunächst ihre Kreativität. Man kann sogar so weit gehen, zu behaupten, dass genaue Zielbestimmungen […] die Menschen enger und dümmer machen, Innovationen infolgedessen eher ausschließen als anregen.“[152]

Auch die Art und Weise, wie Ziele formuliert werden, bringt mögliche Nachteile mit sich. Teams, die ihre Ziele an konkret messbaren Kennzahlen festmachen, können eine Tendenz entwickeln, auf Kosten der eigentlich angestrebten Wirkung einseitig auf diese Metriken hin zu optimieren. Für Ziele ohne messbare Kriterien ist es dagegen schwierig, ihre Erreichung objektiv festzustellen – ob etwas „erfolgreich“ war, wird zu einer Frage des Bauchgefühls. So kann es passieren, dass sich im Team eine falsche Wahrnehmung von Fortschritt einstellt, da laufend Meilensteine abgehakt werden, während die ursprüngliche Intention und die angestrebte Wirkung aus dem Blick geraten. Insgesamt sind Ziele also mächtige, aber nicht ganz ungefährliche Werkzeuge mit einer Vielzahl möglicher Nebenwirkungen, und wollen mit entsprechender Sorgfalt eingesetzt werden.

1.2 Gemeinsames Vereinbaren von Zielen

Die wesentliche Hürde bei der Zieldefinition ist, einen Kompromiss zwischen sich widersprechenden Erwartungen zu finden. Zieldefinition wird umso wichtiger, je unterschiedlicher die zu vereinbarenden Interessen sind. Das bedeutet paradoxerweise, dass Ziele umso nützlicher werden, je schwieriger ihre Festlegung ist.

Teamziele können im Allgemeinen nicht vollständig *und* eindeutig sein. Der Versuch, alle möglichen Interessen abzubilden, führt zu widersprüchlichen Erwartungen: Das Team soll kreativ, aber auch regelkonform arbeiten! Kundenorientiert, aber auch möglichst profitabel! Leistungsfähig, aber gleichzeitig ein Wohlfühl- und Entwicklungsraum! Die meisten Teams sind komplexitätserprobt genug, um mit solchen Erwartungen irgendwie umgehen zu können, allerdings geht angesichts der in alle Richtungen weisenden Erwartungen die Orientierungsfunktion verloren. Das Balancieren und Abwägen dieser Ziele erzeugt dann im Arbeitsalltag laufenden Diskussionsbedarf.

Oft ist die bessere Option, eindeutige, aber unvollständige Ziele zu vereinbaren. Ziele markieren dabei „Fokusthemen“, denen das Team in den nächsten Wochen besondere Zeit und Energie widmen wird, aber es tut das im Verständnis, dass im Alltag immer auch Dinge getan werden müssen, die nichts mit den Teamzielen zu tun haben. Da es bei Zieldefinition darum geht, Einfluss auf zukünftiges Handeln zu nehmen, wäre es unsinnig, Tätigkeiten zu Zielen zu erklären, die das Team so oder so tun wird.[153] Der normale Arbeitsalltag muss nicht in Ziele gegossen werden. Stattdessen sind Themen interessant, die einmalige, ungewöhnliche oder anspruchsvolle Veränderungen des Status quo darstellen, und aus denen sich ein klarer Nutzen für das Team oder seine Kunden – etwa in Form neuer Handlungsmöglichkeiten – ergibt.

[152] Kühl, Stefan (2015). *Das Regenmacher-Phänomen* (2. Auflage). Campus. S. 103.

[153] Außer natürlich, die Organisation „belohnt“ das Erreichen von Zielen durch Incentive- oder Bonusmodelle, die einen Anreiz schaffen, jede noch so banale Tätigkeit irgendwie in Zielen abzubilden.

Wie im Grundlagenkapitel festgehalten, gehen wir in diesem Buch davon aus, dass das Team nicht selbstverwirklichend, sondern im Auftrag anderer Menschen aktiv ist. Deren Erwartungen müssen also in die Definition von Teamzielen unbedingt mit einfließen. Die unterschiedlichen Interessen von Teammitgliedern, Kunden und Stakeholdern lassen sich in einem strukturierten Dialog, etwa einem gemeinsamen Workshop, am besten integrieren.[154] Am besten wird schon in der Rahmenöffnung kurz darauf eingegangen, dass Interessenkonflikte zur Sprache kommen werden und unterschiedliche Erwartungen ehrlich, aber konstruktiv besprochen werden sollen. Die erste divergente Phase des *Double Diamond* kann darin bestehen, Wünsche für die Zukunft des Teams zu verschriftlichen und zu sammeln. Was müsste in den nächsten Wochen oder Monaten passieren, damit die Beteiligten mit der Arbeit des Teams zufrieden sein können? Die Erwartungen dürfen anspruchsvoll sein und auch zueinander im Widerspruch stehen – es geht an diesem Punkt noch nicht um Einigung, sondern darum, die unterschiedlichen Erwartungen besprechbar zu machen und durch Verschriftlichung ein Stück weit zu entpersonalisieren, damit sie später hinterfragt werden können, ohne jemanden in die Defensive zu treiben.

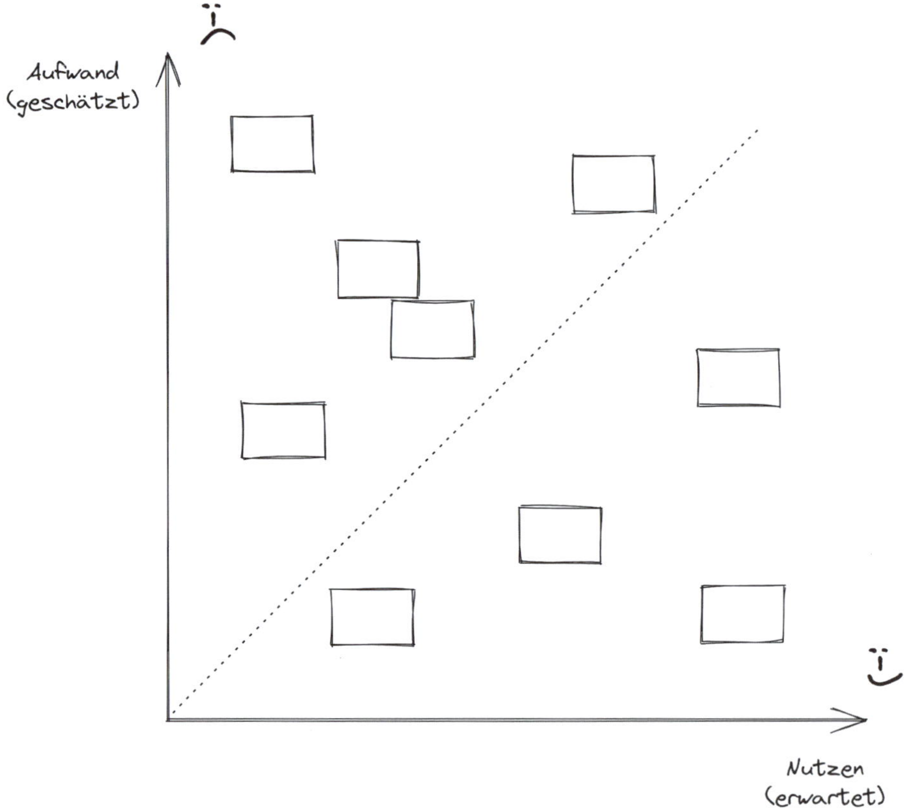

[154] Die folgende Beschreibung stützt sich auf die Konzepte allgemeiner Teamworkshops aus dem Kapitel „Elementare Teamstrukturen".

Verdichten lässt sich die Sammlung möglicher Zielzustände anhand der Frage, auf welche dieser Themen sich das Team vor allem konzentrieren sollte. Die Gruppe kann dazu verschiedene Priorisierungsmethoden nutzen, etwa Punkte vergeben, Optionen in eine Aufwand-Nutzen-Matrix einsortieren oder die erwarteten Verzögerungskosten (*Cost of Delay*: Wie schlimm wäre es, das jetzt nicht zu tun?) abschätzen. Die Liste wird so auf einige wenige Punkte reduziert, für die in einer zweiten Divergenzphase mögliche Zielformulierungen gesammelt werden. Zielvorschläge sollten mindestens die folgenden Informationen enthalten:

- Was soll erreicht werden (Absicht)?
- Woran werden wir erkennen, dass wir das erreicht haben (Erfolgskriterien)?
- Welchen Nutzen, z.B. in Form neuer Handlungsmöglichkeiten, erhoffen wir uns davon (Wirkung)?
- Bis wann soll das passieren (Zieltermin)?
- Was soll unterwegs nicht passieren (Leitplanken)?

Die letzte Phase des Zielfindungsworkshops besteht darin, aus der Sammlung möglicher Zielformulierungen die tatsächlichen Teamziele auszuwählen. Diese Auswahl sollte so klein sein, dass Teammitglieder sie im Alltag im Hinterkopf halten können, ohne ein Dokument heranziehen zu müssen. Ken Blanchard fasst es in seiner Managementfabel „Der Minuten-Manager“ so zusammen: *„Die Arbeitsergebnisse, auf die es wirklich ankommt, stammen zu 80 Prozent aus dem, was nur 20 Prozent unserer Arbeitsziele ausmacht. Also konzentrieren wir uns bei der […] Zielbeschreibung auf genau diese 20 Prozent, das heißt auf die Schwerpunkte unseres Aufgabenbereichs. Das ergibt insgesamt vielleicht drei bis sechs Ziele.*“[155]

Den Zeithorizont kann das Team im Grunde frei festlegen, in der Praxis bieten sich aber Zeiträume von zwei bis drei Monaten besonders an – sie sind klein genug, um kreative Spannung zu erzeugen, und gleichzeitig groß genug, um spürbare Veränderungen bewirken zu können.

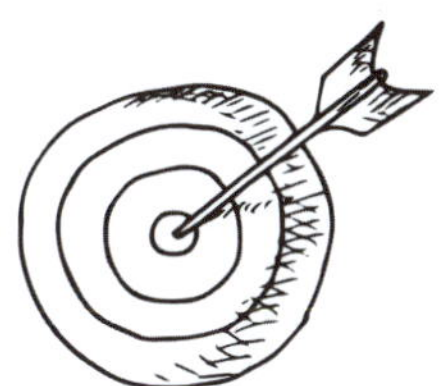

Unser Ziel ist, bis zum nächsten Quartal zwei neue Teammitglieder eingestellt zu haben (d.h. Vertrag unterschrieben).

Wir erhoffen uns davon, als Team leistungsfähiger und flexibler zu werden, unsere Fähigkeiten in ... und ... zu stärken und neue Entwicklungsimpulse zu erhalten.

Wir wollen auch im Fall einer Absage bei allen Bewerber:innen einen angenehmen und professionellen Eindruck hinterlassen.
Wir werden nicht einfach irgendjemanden einstellen, um dieses Ziel zu erreichen - sollte sich niemand geeignetes finden, stellen wir dieses Ziel zurück und erarbeiten stattdessen Vorschläge, wie unsere Bewerbungsprozesse verbessert werden können.

Vielen Teams hilft es an dieser Stelle, pro Teamziel eine Rolle des „Zielverantwortlichen“ festzulegen. Ein Teammitglied, welches für ein Ziel verantwortlich ist, verspricht damit, den Überblick über das Thema zu behalten, konkrete Schritte und Aufgaben zu identifizieren und sich darum zu kümmern, dass das Ziel gemeinsam erreicht wird. Zielverantwortlich zu sein, bedeutet nicht, dass man das Ziel im Alleingang erreichen muss! Mit einer Verantwortlichen-Rolle versehene Ziele sind keine individuellen Ziele für einzelne Teammitglieder, sondern gemeinsame Ziele, für die das Team die Koordination und

[155] Blanchard, Kenneth & Johnson, Spencer (2016). *Der neue Minuten Manager* (7. Auflage). Rowohlt. S. 29.

Übersicht an ein Teammitglied delegiert. Die Rolle darf das Team für die Zielerreichung in die Pflicht nehmen und erwarten, dass sich auch andere Teammitglieder regelmäßig in der Arbeit am gemeinsamen Ziel engagieren.

1.3 Ziele verfolgen und nachhalten

Um mit Zielen erfolgreich zu sein, reicht ihre Definition natürlich nicht aus: Das Team muss sich im Alltag regelmäßig mit ihnen beschäftigen und konkrete Aufgaben davon ableiten und umsetzen. Eine dafür besonders geeignete Gelegenheit sind regelmäßige Planungs- und Reviewmeetings des Teams, da hier ohnehin schon Aufgaben festgelegt und Ergebnisse besprochen werden.

Ein Teil eines normalen Planungsmeetings kann sich dann um die Frage „Was werden wir in den nächsten <X> Wochen tun, um unsere Ziele voranzubringen?" drehen, während sich Reviewmeetings mit der Rückschau beschäftigen: „Welchen Fortschritt haben wir für unsere Ziele seit dem letzten Reviewmeeting erreicht?" In beiden Fällen liegt der Fokus nicht auf Statusberichten oder Rechtfertigung, sondern auf dem Ableiten konkreter Entscheidungen für die nahe Zukunft. Auch wenn es für das Ziel einen Zielverantwortlichen gibt, und selbst wenn kein Fortschritt erkennbar sein sollte, hat es wenig Nutzen, dafür das Teammitglied individuell zur Verantwortung zu ziehen. Viel interessanter ist, welche Schlussfolgerungen das Team aus der Situation zieht – eventuell können sich weitere Teammitglieder in das Thema einbringen, oder es braucht Unterstützung des Teamumfelds, oder das Ziel wird an neue Zielverantwortliche abgegeben. Sollte sich abzeichnen, dass ein Ziel bis zum Zieltermin nicht mehr erreichbar ist, ist das in den meisten Fällen ebenfalls keine Katastrophe – je nach Situation kann das Team entscheiden, die Arbeit abzubrechen oder das Ziel in die nächste Planungsperiode mitzunehmen, wenn weitere Arbeit daran erfolgversprechend erscheint.

Für manche Ziele kann es hilfreich sein, einen Plan zu ihrer Erreichung aufzustellen. Ein Plan ist eine Abfolge von konkret beschriebenen Aufgaben, die mit Abhängigkeiten untereinander, möglichen Fertigstellungsterminen und eventuell sogar schon mit Namen konkreter Teammitglieder versehen sind. Oft hilft ein visuelles Ablaufdiagramm, mögliche Probleme bei Abhängigkeiten oder Terminen zu erkennen. Einen Plan zu erstellen hat mehrere Funktionen: Es kann dem Team helfen, die Konsequenzen möglicher Handlungen besser zu verstehen, etwa wie sich unterschiedliche Priorisierungen auf andere Ziele des Teams auswirken könnten. Anhand des Plans können Aufwand und Dauer größerer Aufgaben abgeschätzt und die Erfüllbarkeit von Erwartungen, etwa zur Einhaltung von Lieferterminen, besser abgeschätzt werden. Außerdem kann der Plan später als Beobachtungswerkzeug dienen, zum Beispiel über die Frage, was überraschende Ereignisse oder neue Anforderungen für die Arbeit des Teams bedeuten.

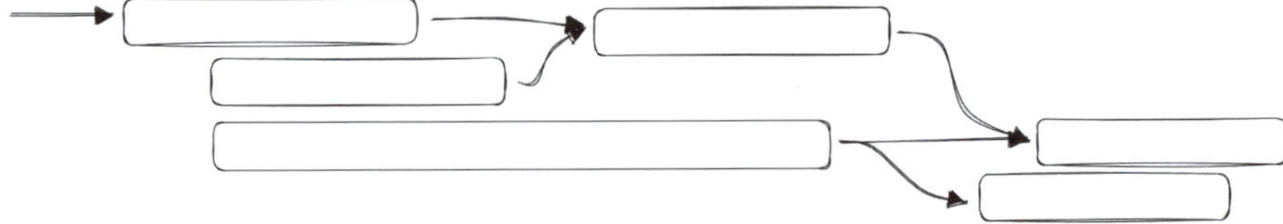

Ein häufiger Fehler rund um gemeinsame Planung ist, bei auftretenden Problemen die Realität an den Plan anpassen zu wollen, anstatt andersherum. Pläne sind dann nützlich, wenn wir wertvolle Erkenntnisse und sinnvolle Entscheidungen von ihnen ableiten können. Der gemeinsame Akt der Planung hilft uns hier und heute, Entscheidungen zu treffen, und unterstützt uns dabei, unsere mentalen Modelle und Erwartungen anzugleichen. Das daraus resultierende gemeinsame Verständnis macht es möglich, später im Arbeitsalltag zueinander passende Entscheidungen zu treffen, nach außen als eine geschlossene Einheit aufzutreten und eine gemeinsame Richtung zu verfolgen, ohne sich dafür laufend koordinieren zu müssen. Diese Fähigkeit ergibt sich aber nicht aus dem sichtbaren Artefakt (dem Plan), sondern aus der Tatsache, dass das Team den Plan gemeinsam erarbeitet hat. In einem berühmten Zitat hat General Eisenhower es in wenige klare Worte gefasst: *„Pläne sind wertlos, aber Planung ist unschätzbar wertvoll.“*

Wie auch bei Zielen, entsteht der Mehrwert von Planung durch den Erwartungsabgleich, nicht durch das starre Durchexerzieren eines Ablaufs. Der Plan selbst beginnt ab dem Moment seiner Erstellung zu veralten und muss immer wieder aktualisiert und an neue Situationen angepasst werden. Gute Pläne sind daher oberflächlich und flexibel und werden nicht zur Kontrolle und Statusabfrage verwendet, sondern helfen als Diskussionsgrundlage, die Auswirkungen möglicher Entscheidungen zu verstehen. Das Team sollte sich bei seinen Entscheidungen immer durch die aktuelle Lage leiten lassen, nicht durch das, was es vor Wochen oder Monaten irgendwann mal festgelegt haben mag.

Von einem Plan abgeleitete Aufgaben werden in die normale Arbeitsverwaltung des Teams integriert. Das bedeutet, sie in die Warteschlange des Teams aufzunehmen, geordnet anzugehen und wie alle anderen Themen auf dem Taskboard abzubilden. Der Plan stellt eine parallele Metastruktur dar, die diese Aufgaben zeitlich anordnet und mit zusätzlichen Informationen anreichert. Wenn das Team digitale Werkzeuge zur Aufgabenverwaltung nutzt, können diese hier ihre Stärken ausspielen: Die meisten Produkte bieten von Haus aus Funktionen, um Aufgaben sowohl in einer Plan- als auch in einer Taskboardansicht darzustellen.

Planung kann dazu verführen, sich verfrüht durch Entscheidungen festlegen zu wollen, etwa, wenn es um Stichtage geht: „Wir beschließen jetzt, dass wir das schaffen – Punkt.“ Flexibel auf Überraschungen reagieren zu können ist aber eine wichtige Fähigkeit, die man nicht leichtfertig aus der Hand geben sollte. Einer der beiden Faktoren „Aufgabenmenge“ und „verfügbare Zeit“ muss dafür variabel bleiben. Das Team kann sich auf einen Stichtag festlegen, solange es den Aufgabenumfang anpassen kann – oder es kann sich auf eine bestimmte Arbeitsmenge festlegen, wenn der Fertigstellungstermin variabel sein darf. Beides detailliert festzulegen ist in komplexen Umgebungen selten eine gute Idee. Gute Planung schafft es, die vorhandene Unsicherheit realistisch abzubilden, etwa indem ein „Trichter der Ungewissheit“ visualisiert und angestrebte Ergebnisse (oder auch Termine) in eine grüne, gelbe und rote Zone einsortiert werden: „Grüne“ Anforderungen werden mit hoher Sicherheit wie erwartet fertig, „gelbe“ sind möglich, können aber nicht garantiert werden, während „rote“ nach aktuellem Stand definitiv nicht erfüllt werden. Je mehr Aufgaben das Team erledigt und je näher der Stichtag rückt, desto kleiner wird die Zone der Unsicherheit, bis am Ende eindeutig feststeht, was das Team geschafft hat und was nicht.

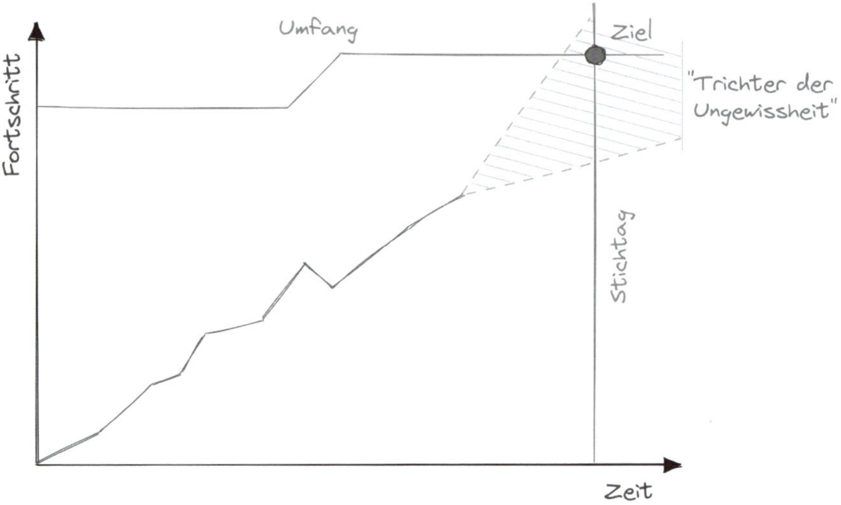

1.4 Umgang mit individuellen Zielen

Wir haben nun schon mehrmals angesprochen, dass Teammitglieder in der Zusammenarbeit mit dem Team eigene Ziele verfolgen. Das ist normal und zu erwarten und hindert das Team nicht an guter Zusammenarbeit, solange sich die individuellen Ziele der Teammitglieder mit den kollektiven Zielen des Teams in Übereinstimmung bringen lassen. Die persönlichen Gründe, die Teammitglieder für ihr Engagement haben, müssen für das Team keine Rolle spielen. Sie hin und wieder zu besprechen kann helfen, etwa um gemeinsam passende, individuell motivierende Aufgaben auswählen zu können, im Grunde hat das Team aber kein Recht darauf, die persönlichen Absichten seiner Teammitglieder zu kennen.

Es ist allerdings wichtig zu verstehen, dass es nicht nur innerhalb des Teams Zielkonflikte gibt, sondern auch zwischen Arbeit und Privatleben. Das soziale Umfeld stellt eigene Anforderungen an Teammitglieder und nimmt dabei nicht unbedingt Rücksicht auf die Erfordernisse des Teams. Teammitglieder sind daher immer wieder gefordert, zwischen den Interessen des Teams, des privaten Umfelds und ihren eigenen Zielen Kompromisse zu finden. Das ist nicht einfach, und mal wird die eine, mal die andere Seite einen leichten Vorzug bekommen. In Summe müssen sich die unterschiedlichen Kontexte am Ende die Waage halten, wenn es nicht langfristig Probleme geben soll.

Diese Zielkonflikte für das einzelne Teammitglied aufzulösen, ist *nicht* Aufgabe des Teams! Es kann seine Mitglieder aber dabei unterstützen, indem es die Arbeitsbedingungen so flexibel gestaltet, dass sie sich in eine Vielzahl unterschiedlicher Lebensentwürfe integrieren lassen. Dazu gehören beispielsweise die Flexibilisierung von Arbeitszeiten und -orten, Möglichkeiten, von unterwegs an Meetings teilzunehmen, kurzfristig Urlaub nehmen zu können, und ähnliche Strukturentscheidungen. Rücksichtnahme und Entgegenkommen ist auch im Interesse des Teams, schließlich wird ein Teammitglied, dessen private Bedarfe konsequent missachtet werden, nicht lange dabeibleiben.

Individuelle Ziele im Sinne von persönlichen Absichten und Interessen gehören also zum Alltag jedes Teams, wenngleich sie nicht *Teil* des Teams als solches sind. Individuelle Ziel*vereinbarungen*, also durch einzelne Teammitglieder zu erreichende Quartals- oder Jahresziele, sind dagegen mit echter Teamarbeit kaum zu vereinbaren. Sie schaffen Anreize für nicht teamorientiertes Verhalten, stören die gemeinsame Verantwortungsübernahme und können Misstrauen erzeugen, wenn das Verhalten von Teammitgliedern nicht von außen nachvollziehbar ist. Sollte die umgebende Organisation individuelle Zielvereinbarungen einfordern, tut sich das Team einen Gefallen damit, diese entweder sehr oberflächlich, teamunabhängig (z.B. persönliche Weiterentwicklung) und/oder in enger Abstimmung mit den Zielen des Teams zu definieren.

1.5 Alternativen zu Zieldefinition

Wie wir gesehen haben, gibt es viele Teams, die sich nicht oder nur unregelmäßig Ziele definieren. Diese Teams ziehen ihre notwendige Orientierung, Fokussierung und Stabilisierung aus anderen Mechanismen, die sich ein Stück weit als „Alternativen" zur Zieldefinition betrachten lassen. Wie Ziele auch, haben diese alternativen Ansätze jeweils eigene Vor- und Nachteile und eignen sich für bestimmte Arbeitsumgebungen mehr, für andere weniger.

Eine Möglichkeit ist die *Verregelung* des Arbeitsalltags. Wenn Ziele organisationstheoretisch zu den *Zweckprogrammen* gehören, bewegen wir uns hier in der Kategorie der sogenannten *Konditionalprogramme*. Zu Konditionalprogrammen gehören alle Strukturen, die das gleichbleibende und unkreative Erfüllen von Erwartungen verlangen, also beispielsweise Regeln, Vorschriften, Prozessbeschreibungen, *Standard Operating Procedures*, festgelegte Arbeitsabläufe und Ähnliches.

Konditionalprogramme kommen typischerweise in einer von drei Formen daher:

- Gebote: „Unter allen Umständen musst du ..."
- Verbote: „Unter keinen Umständen darfst du ..."
- Regeln und Prozesse: „Wenn Situation <...> eintritt, mache folgendes ..."

Anders als bei Zielen ist das Teammitglied bei Konditionalprogrammen nicht gefordert, eigene Lösungswege zu finden, sondern die Strukturen geben diese bereits vor. Das Teammitglied hat stattdessen zwei Aufgaben: zu entscheiden, ob die Vorbedingung eingetreten ist, der Prozess oder die Regel also angewendet werden muss, und diese dann möglichst wortgetreu auszuführen.

Verregelung ist in einem selbstorganisierten Team nicht ganz unproblematisch. Zum einen verschieben Regeln und Prozesse die Verantwortung vom Regelanwender auf den Regelverfasser: Wenn ein korrekt angewendeter Prozess schlechte Ergebnisse liefert, kann das Teammitglied die Verantwortung zu Recht von sich weisen. Teams können sich zwar selbst Regeln und Prozesse definieren, oft werden Vorschriften aber dem Team von außen auferlegt, was die gemeinsame Verantwortungsübernahme schwächt. Zum anderen läuft umfangreiche Prozessdefinition der Kernidee von Teams zuwider, nämlich im Gruppendialog individuelle, situativ angepasste Lösungen zu finden. Prozesse sollen individuelle Lösungen verhindern und Kommunikation unnötig machen, sie arbeiten also als Werkzeug der gewünschten Teamdynamik eher entgegen. Trotzdem haben, wie wir im Kapitel „Teamstrukturen“ gesehen haben, Regeln und Prozesse in Teams ihren Platz. Besonders nützlich sind sie für häufiger auftretende Probleme aus der komplizierten Domäne mit hohem Fehlerpotenzial, in denen Sicherheit und gleichbleibende Ausführung wichtiger sind als kreative und ungewöhnliche Lösungen. Als Faustregel: Wenn etwas planbar ist, wir es immer auf die gleiche Art tun müssen und Fehler schlimme Konsequenzen hätten, sind Regeln und Prozesse gute Werkzeuge. Teams in der Buchhaltung werden daher stärker auf sie zurückgreifen als Teams in innovativer Produktentwicklung.

Für Themen, die vom Team weder über Regeln noch über Ziele strukturiert werden, bilden sich über die Zeit *Routinen* heraus. Das sind eingeschliffene Abläufe, in denen das Team bestimmte Aufgaben oder Problemtypen immer wieder auf die gleiche Art und Weise angeht und löst. Sie werden nur selten irgendwo ausdrücklich aufgeschrieben, sondern werden in Form von stabilen Erwartungen im kollektiven Gedächtnis festgehalten. Der wesentliche Vorteil von Routinen gegenüber Regeln ist, dass sie Beobachtung und Mitdenken stärker aktivieren: Teammitglieder orientieren sich laufend aneinander, wenden situationsabhängig ausgefeilte Verhaltensmuster an und achten darauf, die „Lücken“ im Verhalten der anderen flexibel zu füllen. Routinenbildung braucht seine Zeit, kann aber durch bewusste Metakommunikation (z.B. in Retrospektiven) gefördert und unterstützt werden. Ein wesentliches Problem mit Routinen tritt immer dann zutage, wenn sich die Zusammensetzung des Teams ändert: Abgänge aus dem Team bringen die eingespielten Abläufe durcheinander, und für Neuzugänge ist es schwierig, die unausgesprochenen Erwartungen zu verstehen und den eigenen Platz darin zu finden.

Ein weiterer, interessanter Ansatz namens *Effectuation* hat sich im Bereich von Wirtschaftspionieren und Start-up-Unternehmen herausgebildet, also in Arbeitsumgebungen, in denen laufend Entscheidungen unter hoher Unsicherheit getroffen werden müssen. Saras Sarasvathy, Professorin für Unternehmertum an der Universität von Virginia, hat in ihrer Forschung wesentliche Unterschiede zwischen unternehmerischem Denken und klassischer Betriebswirtschaft herausgearbeitet:[156]

- **Mittel- anstatt Zielorientierung:** Anstatt zu versuchen, unter hoher Dynamik und Unsicherheit Ziele festzulegen, konzentrieren sich erfolgreiche Unternehmer auf die ihnen zur Verfügung stehenden Mittel: Was haben wir, was können wir und welche nächsten Schritte sind damit möglich? Aufgaben werden weniger von der Zukunft und mehr von den unmittelbaren Möglichkeiten der Gegenwart abgeleitet.
- **Leistbare Verluste anstatt Business Cases:** Klassische Betriebswirtschaft möchte oft vor Beginn eines Projekts die erwarteten Erträge und geschätzten Kosten kennen, um den absehbaren *Return on Investment* in die Entscheidung einbeziehen zu können. Der erreichbare Nutzen ist aber bei vielen innovativen Optionen im Vorfeld kaum absehbar. Effectuation legt auf der Kostenseite einen Rahmen *leistbarer Verluste* fest, innerhalb dessen eine Handlungsoption ausgelotet und verprobt wird. Sollte sich kein Erfolg einstellen, schützt der Kostenrahmen davor, sich finanziell und zeitlich zu weit aus dem Fenster zu lehnen.
- **Überraschungen nutzen anstatt vermeiden:** In Organisationen, die noch stark auf traditionelle Analyse- und Planungslogik setzen, sind unerwartete Ereignisse in

[156] Sarasvathy, Saras (2008). *What Makes Entrepreneurs Entrepreneurial?* SSRN Electronic Journal, 10.2139/ssrn.909038.

der Regel unerwünscht. Da das Aufstellen von Projekt- und Jahresplänen sehr lange dauern kann, wird auf alles, was diese Pläne infrage stellen könnte, mit Skepsis oder sogar Feindseligkeit reagiert – selbst, wenn es keine Probleme, sondern Chancen für größeren Nutzen sind. Saras Sarasvathy beobachtete im Kontrast dazu, dass erfolgreiche Unternehmer ihr Umfeld laufend auf Überraschungen und neue Möglichkeiten überprüfen, die sie zum eigenen Vorteil nutzen können.

- **Kooperation anstatt Konkurrenzdenken:** In Arbeitsumgebungen, die von großer Dynamik und unerprobten Geschäftsmodellen geprägt sind, bringen Konkurrenzdenken sowie Kämpfe um Ressourcen und Marktanteile oft nicht viel. Stattdessen sind große und hilfsbereite Netzwerke, gegenseitige Unterstützung und Großzügigkeit bewährte Erfolgsstrategien. Fragen wie „Wen kennen wir?“, „Was brauchen sie?“, „Wie könnten wir zum gegenseitigen Vorteil zusammenarbeiten?“ sind dabei handlungsleitend.

Für Teams kann der Effectuation-Ansatz vor allem dann nützlich sein, wenn der Handlungsdruck hoch und die Planbarkeit gering ist. Es ist interessant, wie sehr sich die Arbeitsweise von Teams in dynamischen Kontexten (vom Kindergarten bis zum Rettungsdienst) und die Vorgehensweise erfolgreicher Wirtschaftsunternehmer in dieser Weise ähneln. Eine ausführlichere Beschreibung von Effectuation findet sich in der Literatur.[157]

1.6 Selbststeuerung auf mehreren Ebenen

Eine weitere Alternative zur Zieldefinition ergibt sich, wenn wir die Arbeitsverwaltung und Planung des Teams in mehrere Abstraktionsebenen auffächern. Der Ansatz zur Arbeitsverwaltung, den wir im Kapitel „Teamstrukturen“ betrachtet haben, ist nützlich, aber recht eindimensional: Zu erledigende Aufgaben werden vom Team zusammengetragen, in der Warteschlange gesammelt, von Teammitgliedern gezogen, erledigt und eventuelle Ergebnisse anschließend an andere Teams oder Personen übergeben. Arbeit wandert im Prozess von links nach rechts, alle Aufgaben haben eine Größe, die innerhalb weniger Stunden oder Tage abschließbar ist, und es gibt keine Möglichkeit, längerfristige Themen oder größere Zusammenhänge abzubilden.

Wenn wir die Aufgaben eines normalen Teams genauer betrachten, stellen wir fest, dass sich dieselben Tätigkeiten auf verschiedenen Abstraktionsebenen betrachten lassen, die in der Managementsprache oft als „operative“, „taktische“ und „strategische“ Ebene bezeichnet werden. Operativ könnte eine Aufgabe etwa darin bestehen, ein Dokument auszufüllen. Diese für sich genommen sinnfreie Tätigkeit erhält ihre Bedeutung dadurch, dass sie in einem größeren, taktischen Kontext steht – beispielsweise, einen Antrag auf Fördergelder zu stellen. Und der Antrag wiederum kann Teil einer langfristigen, strategischen Entwicklung sein, etwa die Finanzierung des Teams anders aufzustellen.

Die konkrete Aufgabe ist jeweils die Gleiche, aber wir können gedanklich „hinein-“ beziehungsweise „herauszoomen“, um mehr Details oder mehr Kontext in den Blick zu nehmen. Der Organisationsberater Klaus Leopold hat für diesen Denkansatz den Begriff der „Flight Levels“ geprägt, analog zu verschiedenen Flughöhen, auf denen Flugzeuge

[157] Z.B. Faschingbauer, Michael (2021). *Effectuation: Wie erfolgreiche Unternehmer denken, entscheiden und handeln* (4. Auflage). Schäffer-Poeschel.

fliegen können.[158] Je nach Flughöhe sind bestimmte Aspekte der Arbeit mehr oder weniger gut wahrnehmbar. Auf der niedrigsten Ebene („Level 1") haben wir einen guten Blick für Details und den Fortschritt einzelner Aufgaben, unter Umständen fehlt aber der Blick für größere Zusammenhänge. Die mittlere Ebene („Level 2") nimmt größere Themen und Projekte in den Fokus, auf Kosten der Detailschärfe. Die obere Ebene („Level 3") bildet langfristige Entwicklungen und Initiativen gut ab, kann aber das tägliche Geschehen nicht wirklich darstellen.

Eine ähnliche Idee stammt vom Unternehmer Ernst Weichselbaum, der das Geschehen in der Organisation in die drei Ebenen „Sein" (Tagesgeschäft), „Werden" (Projekte) und „Wollen" (Ausrichtung) unterscheidet.[159] Sowohl Klaus Leopold als auch Ernst Weichselbaum legen Wert darauf, dass die drei Ebenen eine *Arbeitsstruktur*, nicht eine Hierarchie der Menschen darstellen. In klassischen Organisationen werden die unterschiedlichen Abstraktionsebenen von Arbeit oft fest an Rollen und Managementebenen gekoppelt. Menschen, die mit täglicher Arbeit beschäftigt sind, arbeiten Aufgaben ab, ohne die strategische Relevanz ihrer Tätigkeiten zu verstehen. Menschen, die Strategie entwickeln, tun das, ohne die Notwendigkeiten des Alltagsgeschäfts zu kennen. Und Menschen dazwischen, meist das „mittlere Management", sind gefangen zwischen zwei sehr unterschiedlichen Logiken, die jeweils Anspruch auf Richtigkeit erheben, und sind vor allem mit Übersetzungsleistungen, Verhandlungen und Konfliktmoderation beschäftigt.

Mit den drei Flughöhen sind dagegen unterschiedliche Ebenen der *Arbeit* gemeint. Menschen in der Organisation können frei zwischen den gedanklichen Ebenen wechseln und über Aufgaben auf einer niedrigen, mittleren oder hohen Flughöhe sprechen. Selbst wenn es individuell Schwerpunkte gibt und einige Menschen mehr mit dem Tagesgeschäft, andere eher mit den großen Zusammenhängen beschäftigt sind, gehört der regelmäßige Austausch untereinander zu sinnvoller Planung und Priorisierung einfach dazu.

Die beiden Ansätze beschäftigen sich eher mit der Gesamtorganisation als mit einzelnen Teams, aber auch ein selbstorganisiertes Team kann seine Aufgaben nach Arbeitsebene, Projektebene und Strategieebene unterscheiden, und diese unterschiedlichen Flughöhen in die Themen der umgebenden Organisation integrieren. Konsequent umgesetzt, prägt diese Herangehensweise die Arbeitsstrukturen des Teams erheblich.

Ebenen der Arbeitsorganisation

Der erste Schritt zum bewussten Umgang mit verschiedenen Abstraktionsebenen besteht darin, sie in der eigenen Arbeitsverwaltung abzubilden. Im Kapitel über Teamstrukturen haben wir schon oberflächlich betrachtet, wie das Team seine täglichen Aufgaben mit einem Taskboard sichtbar machen und verwalten kann. Das Taskboard der täglichen Aufgaben stellt in unserem Modell das Level 1 (Arbeitsalltag) dar. Das Team kann nun ähnliche Visualisierungen für Level 2 (größere Themen, Projekte und Initiativen, in manchen Teams *Epics* genannt) und Level 3 (langfristige Veränderungen, strategische Ziele) aufbauen. Level 1 sammelt Aufgaben in Größenordnungen von we-

[158] Leopold, Klaus (2021). *Agilität neu denken: Mit Flight Levels zu echter Business-Agilität* (2. Auflage). dpunkt. Der Flight-Levels-Ansatz bietet deutlich mehr als nur drei Abstraktionsebenen, eine ausführliche Betrachtung an dieser Stelle würde den Rahmen dieses Buchs sprengen.

[159] Weichselbaum, Ernst (2020). *In jedem Unternehmen steckt ein besseres: Zeitorientierte Betriebswirtschaft mit dem Weichselbaum-System*. Vahlen, S. 38.

nigen Minuten bis hin zu wenigen Tagen, Level 2 fasst Themen mit einem Zeithorizont von wenigen Wochen bis einigen Monaten zusammen, und Level 3 bildet langfristige Initiativen ab, die sich über Monate oder sogar einige Jahre ziehen können.

Die drei Ebenen stehen nicht isoliert voneinander, sondern sind eng miteinander verknüpft. Strategische Themen auf Level 3 werden für ihre Umsetzung in eine Reihe von Teilthemen auf Level 2 zerlegt, von denen wiederum Einzelaufgaben auf Level 1 abgeleitet werden können. Sind alle Teilaufgaben auf einem niedrigeren Level abgeschlossen, schließt das auch das übergeordnete Thema auf der nächsthöheren Ebene ab. Die Arbeitsebenen können sich aber auch andersherum beeinflussen: Eine anfangs kleine Aufgabe auf Level 1 kann durch neue Erkenntnisse zu einem größeren Projekt oder sogar einer strategischen Initiative werden. Viele Aufgaben finden sich über alle drei Ebenen hinweg in größeren Zusammenhängen wieder, es kann aber auch auf niedrigen Ebenen Aufgaben geben, die einfach gemacht werden müssen, ohne dass es einen klaren Zusammenhang zu einem Projekt oder einem Strategiethema geben muss.

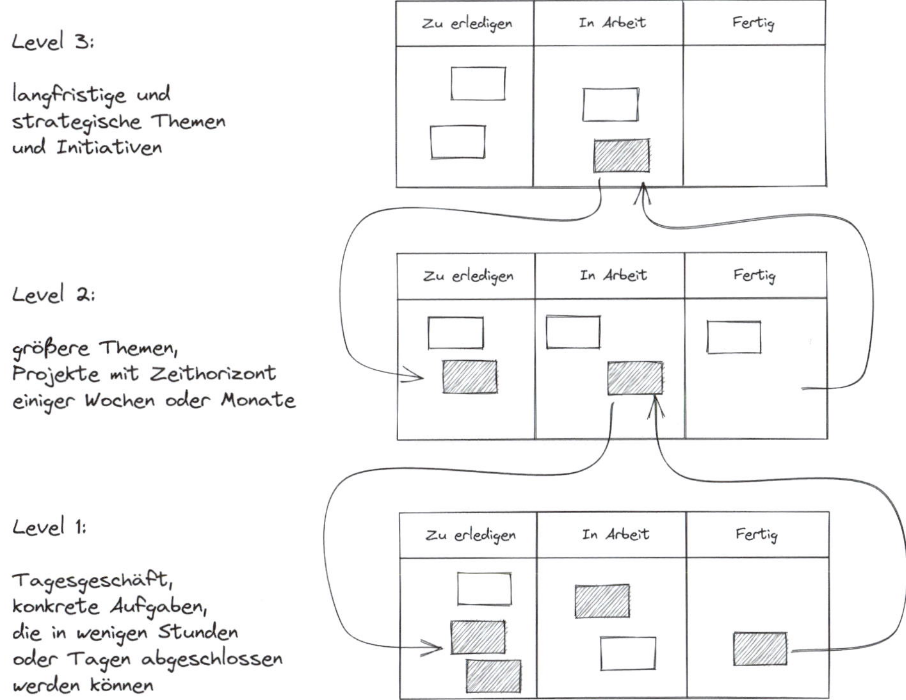

Wenn das Team eng mit anderen Teams zusammenarbeitet, bietet es sich an, die Arbeitsverwaltung auf Level 2 und 3 zu einer gemeinsamen Struktur zusammenzulegen. Teamspezifische Taskboards auf Level 1 bilden tägliche Aufgaben ab und liefern in teaminternen Meetings die nötige Übersicht, während gemeinsame Boards auf den höheren Ebenen hilfreiche Werkzeuge für Absprachen, Koordination und das Auflösen von Abhängigkeiten darstellen. Dabei sprechen auch auf der Projekt- und Strategieebene weiterhin ganz normale Teammitglieder miteinander! Ich betone das, weil man leicht gedanklich in klassische Steuerungsreflexe „rutschen" und den Schluss ziehen könnte, dass sich exklusive Entscheidungsgremien um die Projekt- oder Strategieebene kümmern müssten. Selbstorganisierte Teams koordinieren in diesem Modell ihre Zusammenarbeit weiterhin eigenverantwortlich und binden Kunden, Stakeholder, Führungskräfte und andere Menschen aus der umgebenden Organisation in diese Gespräche überall dort ein, wo es sinnvoll ist.

Quasi als „Nebenprodukt" der Aufgabenverwaltung auf den höheren Ebenen ergeben sich nun Ziele für das Team. In der täglichen Arbeit fokussiert das Team seine Zeit und Energie auf diejenigen Aufgaben, die schon angefangen wurden bzw. in der Warteschlange auf Level 1 hoch priorisiert sind. Beim Erstellen neuer Aufgaben konzentriert sich das Team auf die Themen und Projekte, die auf Level 2 bereits angefangen wurden bzw. in der Level-2-Warteschlange hoch priorisiert sind. Für die höheren Ebenen gilt das Gleiche analog. „Teamziele" in diesem Ansatz bestehen also immer aus denjenigen Themen, die entweder schon in Arbeit sind oder in der Warteschlange hohe Priorität haben. Aus dem gleichen Grund, warum wir uns bei Teamzielen auf wenige Ziele beschränken – um Fokus und Orientierung hochzuhalten –, sollte das Team auch in seiner Projekt- und Strategieübersicht nicht mehr als eine Handvoll (zwei bis vier) Themen gleichzeitig offen haben. Zu viele Projekte gleichzeitig führen zu Multitasking, kaum wahrnehmbaren Fortschritten und in Folge zu Frust und Demotivation.

Sorgen, dass sich durch die zusätzlichen Ebenen auch der Aufwand für die Arbeitsverwaltung verdreifachen könnte, muss das Team nicht haben. Themen auf den Ebenen zwei und drei haben einen längeren Zeithorizont und bewegen sich nicht in der gleichen Geschwindigkeit wie das Tagesgeschäft, können also in einem größeren Takt besprochen werden. Für Koordinationsmeetings mit anderen Teams ist es oft sinnvoll, wenn einzelne Teammitglieder ihr Team vertreten, um die Runden klein und wertvoll zu halten und die Arbeitszeit der übrigen Teammitglieder zu schonen – auch wenn es hier Ausnahmen gibt.[160] In jedem Fall gehören zu einer Arbeitsverwaltung auf mehreren Ebenen auch entsprechend gestaffelte Planungszyklen.

Ebenen der Meetingstruktur

Die drei Ebenen in der Arbeitsorganisation abzubilden, ist nur die halbe Miete. Das Team braucht auch einen Rahmen, in dem es sich für die Arbeits-, Projekt- und Strategieebene immer wieder ein gemeinsames Verständnis erarbeiten kann. Wir haben im Kapitel „Teamstrukturen" das Schleifenmodell der Selbststeuerung mit den drei Phasen „Planen-Entscheiden", „Ausführen" und „Reflektieren-Auswerten" kennengelernt. Auf Meetings bezogen ergeben sich daraus drei zentrale Aktivitäten für ein Team, die uns schon in Form konkreter Terminformate begegnet sind:

- **Gemeinsame Planung:** Was wird in nächster Zeit wichtig sein? Welche Optionen haben wir, welche Tätigkeiten stehen an? Wie priorisieren wir diese? Was werden wir bis zum Ende des aktuellen Zeithorizonts tun?
- **Regelmäßige Bestandsaufnahme:** Was passiert gerade? Wer tut gerade was? Wie kommen wir mit unseren Themen voran? Gibt es akute Probleme? Was hatten wir uns vorgenommen? Ist das, was noch zu tun ist, im verbleibenden Zeitraum realistisch?

[160] Unter dem Namen „Big Room Planning" führen einige Organisationen etwa regelmäßige Planungsmeetings mit mehreren Dutzenden oder sogar Hunderten von Teilnehmern durch.

- **Gemeinsamer Rückblick:** Was hatten wir uns vorgenommen? Was davon haben wir geschafft, was nicht? Wie sind die Ergebnisse ausgefallen? Was bedeutet all das für unsere nächste gemeinsame Planung?

Wir können dieses Schema auf die drei Ebenen der Arbeitsorganisation anwenden und erhalten eine zeitlich gestaffelte Struktur von Regelterminen. Konkret könnte die Umsetzung eines Teams wie folgt aussehen:

Level 1: Arbeitsebene und Tagesgeschäft
Gemeinsamer Ausblick in Form von Planungsmeetings, z.B. alle zwei Wochen. Fokus auf Fragen wie

- Was ist in nächster Zeit besonders wichtig?
- Welche aktuellen Geschehnisse müssen wir berücksichtigen?
- Welche Themen stehen gerade auf der Projektebene (Level 2) an?
- Welche konkreten Aufgaben können wir von diesen ableiten?
- Was nehmen wir uns für die kommenden zwei Wochen vor?

Regelmäßige Bestandsaufnahme z.B. in Form von Dailys, die eine Art Selbststeuerungs-Schleife auf der Mikroebene („Level 0"?) darstellen.

- Was gibt es Neues?
- Was werden wir heute tun?
- Gibt es etwas, um das wir uns unmittelbar kümmern müssen?

Gemeinsamer Rückblick durch Review-Meetings, z.B. alle zwei Wochen, mit Fragen wie

- Was hatten wir uns vorgenommen?
- Was haben wir geschafft?
- Welche Erkenntnisse wollen wir in unserer nächsten Planung berücksichtigen?

Level 2: Projekt- und Wertschöpfungsebene
Gemeinsamer Ausblick in Form von regelmäßigen Planungsmeetings in größerem Abstand, z.B. alle zwei bis drei Monate. Themen sind

- Wie ist der Stand bei unseren größeren Projekten und Vorhaben?
- Was erwartet unser Teamumfeld in nächster Zeit von uns?
- Welche Themen sind gerade auf der Strategieebene besonders wichtig?
- Was nehmen wir uns bis zum Ende des aktuellen Planungszyklus vor?

Ausführung und regelmäßige Bestandsaufnahme werden im Wesentlichen durch Planung und Review auf Level 1 abgedeckt, können aber bei Bedarf auch ein eigenes Meeting bekommen.

Gemeinsamer Rückblick in Form regelmäßiger Review-Meetings in größerem Abstand, z.B. alle zwei bis drei Monate, mit Fragen wie

- Welche größeren Themen und Projekte hatten wir uns vorgenommen?
- Was haben wir geschafft?
- Welche Erkenntnisse wollen wir in unserer nächsten Planung berücksichtigen?

Level 3: Strategie- und Entwicklungsebene
Gemeinsamer Rückblick und Ausblick in Form von Teamtagen oder Offsites in großem Abstand, z.B. ein bis zwei Mal im Jahr. Diese drehen sich um Fragen wie

- Wie ist unsere Situation insgesamt?
- Wie hat sie sich seit dem letzten Strategiemeeting entwickelt?
- Wo sehen wir uns in Zukunft?
- Wo wollen wir uns langfristig hin entwickeln?
- Welche strategischen Entwicklungen und langfristigen Themen nehmen wir uns vor?

Ausführung und regelmäßige Bestandsaufnahme werden im Wesentlichen durch Planung und Review auf Level 2 abgedeckt, können aber bei Bedarf auch ein eigenes Meeting bekommen.

Neben diesen Meetings braucht es noch einen regelmäßigen Rahmen, in dem das Team seine Zusammenarbeit reflektieren und seine Strukturen und Arbeitsweisen verbessern kann, etwa in Form von Retrospektiven. Die meisten Teams nutzen hier, abhängig von ihrem Kontext und ihrer Erfahrung, einen Takt zwischen zwei und maximal acht Wochen. Bei noch größeren Abständen wird der zeitliche Abstand zwischen Auftreten eines Problems und seiner Bearbeitung zu groß, Maßnahmen verlieren sich im Alltagsgeschehen, Risiken und Konflikte können sich unerkannt ausbreiten. Gerade neuen oder in Selbstorganisation unerfahrenen Teams rate ich eher zu einem engeren Takt, der dann über die Zeit mit zunehmend stabilen Strukturen etwas wachsen kann.

Obwohl wir zwei komplette Arbeitsebenen hinzugenommen haben, bedeutet die Langfristigkeit der höheren Ebenen in Summe nur wenige zusätzliche Meetings für das Team. Nebenbei sind diese Strukturen auch keine komplett neuen Ideen – viele Teams nutzen heute schon Quartals- und Jahresplanungen, Teamtage, Konzepttage, Strategie-Offsites, Betriebsausflüge mit Arbeitsblöcken oder ähnliche Formate, die für diese Gespräche weiterverwendet werden können. Es geht dann nur noch darum, die Lücken in den ineinander geschachtelten Selbststeuerungsschleifen zu finden und zu schließen.

Wie kann das Team das anwenden?

Nicht für alle Teams ist es sinnvoll oder notwendig, auf allen drei Ebenen Selbststeuerungsschleifen zu haben. Ein Beispiel in die eine Richtung könnte etwa ein Stationsteam in einer Klinik sein, welches seinen Fokus stark auf Arbeits- und Projektebene legt – konkrete Fälle und Patienten gehen vor, interne Vorhaben und Veränderungen spielt noch eine Rolle, aber eine langfristige Strategie liegt außerhalb des Einflussbereichs des Teams. Beispiele in die andere Richtung sehe ich häufiger bei Beratungsteams, deren tägliche Arbeit meistens unabhängig voneinander mit Klienten oder in Kundenprojekten stattfindet. Abstimmungen auf Level 1 gibt es bei diesen entweder nicht oder sie beschränken sich auf oberflächliches Informieren. Auf Projekt- und Strategieebene wird dagegen oft intensiv zusammengearbeitet, um die eigene Positionierung, inhaltliche Themen und teaminterne Projekte voranzubringen.

Für ein Team, welches ihre Arbeitsübersicht verfeinern und ausbauen will, stellt sich daher zuerst die Frage, welche der drei Ebenen Alltagsarbeit, Projektebene und Strategie für das Team besonders relevant sind. Wie kann sich die Gruppe ein gemeinsames Verständnis der Themen auf den drei Ebenen erarbeiten – ist z.B. die Einführung von Taskboards auf unterschiedlichen Flughöhen interessant? Wann und wie wird auf den Ebenen geplant, wann Ergebnisse ausgewertet? Nicht zuletzt brauchen, wie erwähnt, auch Teamentwicklungsmaßnahmen, Arbeit an den eigenen Strukturen, regelmäßige Retrospektiven und ähnliche Themen noch einen Platz.

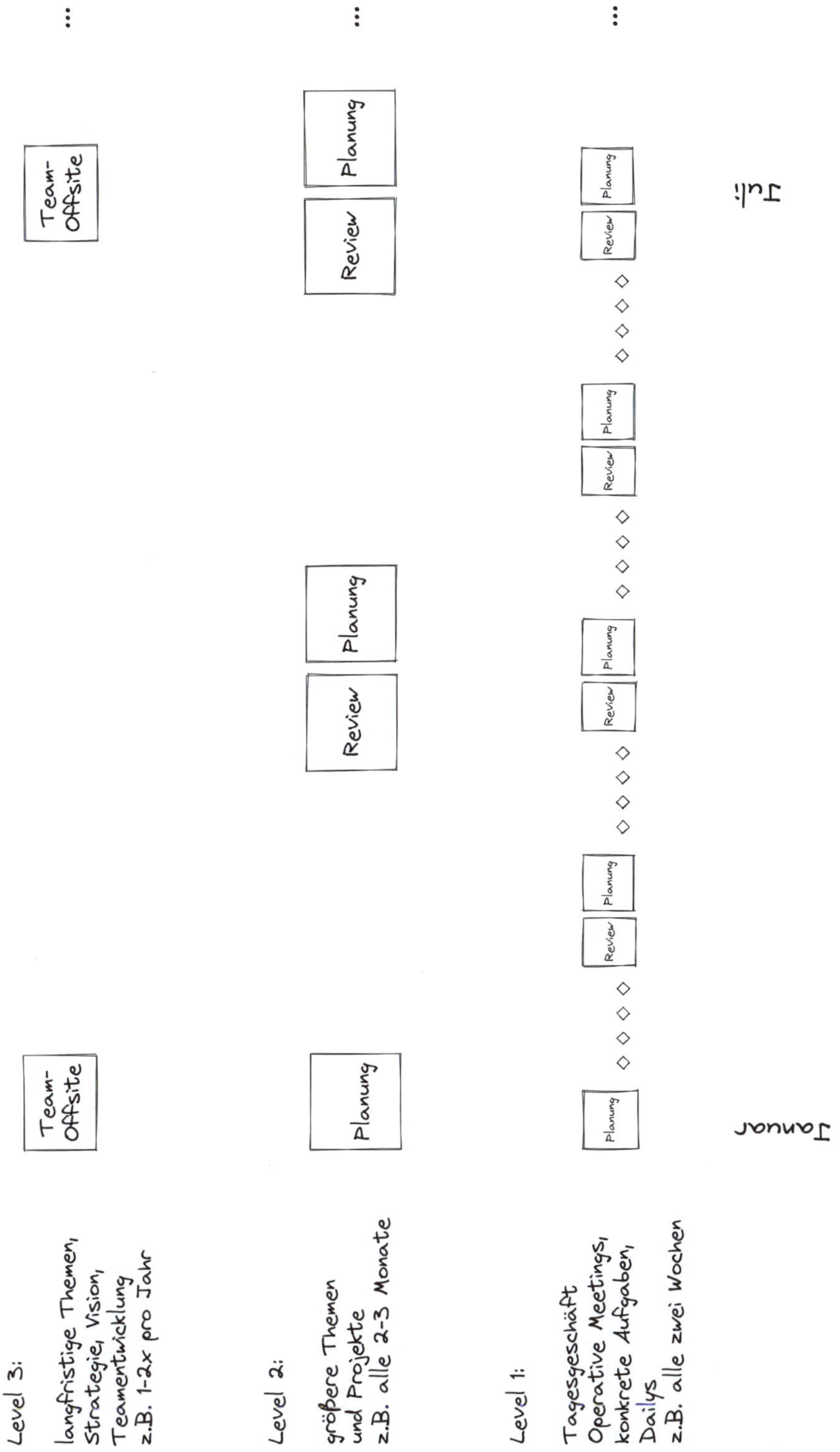

Level 3:

langfristige Themen,
Strategie, Vision,
Teamentwicklung
z.B. 1-2x pro Jahr

Team-Offsite
Team-Offsite
...

Level 2:

größere Themen
und Projekte
z.B. alle 2-3 Monate

Planung
Review
Planung
Review
Planung
...

Level 1:

Tagesgeschäft
Operative Meetings,
konkrete Aufgaben,
Dailys
z.B. alle zwei Wochen

Planung
◇ ◇ ◇ ◇
Review
Planung
◇ ◇ ◇ ◇
Review
Planung
◇ ◇ ◇ ◇
Review
Planung
◇ ◇ ◇ ◇
Review
Planung
...

Januar
Juli

1.7 Aufgabenverteilung

Im Kapitel über Teamstrukturen haben wir bereits angesprochen, dass das *Pull-Prinzip* – der Grundsatz, dass Aufgaben von Teammitgliedern aus einer Warteschlange gezogen, anstatt zugewiesen werden – für selbstorganisierte Teams einen wichtigen Grundsatz darstellt. Gründe dafür gibt es viele – wir markieren Aufgaben lieber transparent als „wartend und verfügbar" als sie durch Zuweisung für alle anderen zu blockieren, zu viele Aufgaben würden zu ineffizientem und stresserzeugendem Multitasking führen, das Element der freiwilligen Aufgabenübernahme stärkt das Engagement und Verantwortungsgefühl. Wir haben auch im vorherigen Kapitel die Idee der *Promise Theory* gestreift, und dabei festgestellt, dass in einem Team aus Gleichberechtigten sowieso niemand Aufgaben „zuweisen" könnte, es sei denn, das Team schafft diese Rolle in einem gemeinsamen Beschluss. Im Normalfall sind Teammitglieder sich gegenseitig nicht weisungsbefugt, weshalb die Aussage „Du machst das" höchstens einen Wunsch ausdrücken kann.

Aufgaben werden stattdessen *angeboten* und können von Teammitgliedern zugesagt oder abgelehnt werden. Mit einer Zusage wird Verantwortung für die Aufgabe übernommen, daher kommen hier die Aspekte Können, Wollen und Dürfen ins Spiel. Ist das Team davon überzeugt, dass ich das leisten kann? Traue ich es mir selbst zu? Habe ich ausreichend Motivation, um die Aufgabe erfolgreich abzuschließen, und aktuell Zeit, mich darum zu kümmern?

Viele Teams neigen reflexhaft dazu, Aufgaben denjenigen Teammitgliedern anzubieten, die die größte Könnerschaft und die meiste Erfahrung im entsprechenden Bereich mitbringen. Das kann sinnvoll sein: Immer dann, wenn es darauf ankommt, eine gegebene Aufgabe schnell, zuverlässig und hochwertig zu erledigen, sind die Spezialisten gefragt. Es gibt aber auch andere Gründe, Aufgaben zu übernehmen, beispielsweise:

- **Lerneffekte**: Gerade dann, wenn es bei einer Aufgabe nicht auf besondere Schnelligkeit ankommt, das Fehlerrisiko niedrig ist oder die Spezialisten schon beschäftigt sind, kann diese Aufgabe bewusst von Teammitgliedern übernommen werden, die mit dem Themenbereich weniger Erfahrung haben. Besonders sinnvoll ist das natürlich, wenn das Teammitglied sich ohnehin in das Thema einarbeiten will oder z.B. absehbar eine Urlaubsübergabe ansteht. Es versteht sich von selbst, dass unerfahrene Teammitglieder mit einer neuen Aufgabe nicht allein gelassen werden, sondern dass das Team Unterstützung und enge Betreuung anbietet oder die Aufgabe gleich zu mehreren übernommen wird.
- **Verfügbare Zeit:** Wenn einige im Team sehr viel, andere sehr wenig zu tun haben, sind bei der Verteilung neuer Aufgaben natürlich zuerst die gefragt, die ansonsten eher herumsitzen würden. Wenn diese sich außerstande sehen, die Aufgabe zu übernehmen, gibt es noch die Möglichkeit einer Aufgabenrotation: Ein Spezialist übernimmt die neue Aufgabe und gibt dafür eine bestehende, weniger schwierige an jemand anderen im Team ab.
- **Motivation:** Immer dann, wenn Teammitglieder Begeisterung für eine Aufgabe mitbringen, sollte das Team dieses Potenzial nicht leichtfertig liegen lassen. Wir erinnern uns, dass spannende Aufgaben eine Art „Belohnung" für die Erledigung von weniger interessanten Aufgaben sein können. Teammitgliedern spannende und motivieren-

de Arbeit vorzuenthalten, sollte daher gut begründet sein – dass es jemand anders eventuell schneller erledigen könnte, reicht hier nicht.

- **Vernetzung:** Wenn Aufgaben regelmäßig bedeuten, mit einer festen Gruppe an Kunden oder Stakeholdern zu arbeiten, ist es für alle Beteiligten einfacher, wenn der Ansprechpartner auf Seiten des Teams fix ist. Gleichzeitig konzentriert sich so das relevante Wissen über die Zeit, was Übergaben erschwert und das Ausfallrisiko erhöht, es sprechen also auch gute Gründe dagegen.

Aufgaben dürfen auch durch mehrere Teammitglieder zusammen übernommen werden. Überraschend oft wird in Teams das *zusammen arbeiten* in der Zusammenarbeit vergessen. Manchmal wirkt es auf mich, als würden Teams einen Zustand anstreben, in dem Aufgaben so routiniert verteilt werden, dass man gar nicht mehr miteinander sprechen muss. Ein Team, in dem jeder nur seine eigenen Aufgaben bearbeitet, ist aber keins. Zu zweit oder dritt Themen zu übernehmen und abzuschließen bringt eine Fülle positiver Effekte mit sich – Teammitglieder lernen voneinander, das Fehlerrisiko sinkt, es entstehen kreativere Lösungen, das Stressempfinden sinkt, nebenbei werden Erwartungen abgeglichen und Vertrauen aufgebaut. Meetings sollten nicht die einzigen Situationen sein, in denen Teammitglieder miteinander sprechen, sondern nur eine weitere Facette eines laufenden Dialogs, der sich durch den gesamten Arbeitsalltag zieht.

Eine häufige Sorge rund um das freiwillige Ziehen von Aufgaben ist, dass es Aufgaben geben wird, die niemand übernehmen will. Aus meiner persönlichen Erfahrung heraus würde ich sagen, ja, die gibt es – aber sie sind die Ausnahme. Sicher 95 % aller Aufgaben lassen sich im Team einigermaßen unkompliziert verteilen. Für die übrigen gibt es mehrere Möglichkeiten, um sie doch zur Erledigung zu bringen. Die erste Variante wäre, dass Aufgaben im Zweifelsfall bei dem Teammitglied liegen, das sie mitgebracht hat – das stellt sicher, dass jede Aufgabe „abgedeckt" ist, schließlich muss irgendjemand die Aufgabe ja ins Team getragen haben; es schafft allerdings auch einen Anreiz, unschöne Themen bewusst zu übersehen, um am Ende nicht darauf sitzenzubleiben. Manchmal kann die Tatsache, dass sich niemand um ein Thema kümmern möchte, auch ein Hinweis sein, dass die Aufgabe vielleicht nicht wichtig genug ist – eventuell kann das Team sie einfach fallen lassen.

Das Problem löst sich auf besonders elegante Art, wenn das Team konsequent mit Pull-Prinzip und einer sauber priorisierten Warteschlange arbeitet. In diesem Fall ziehen sich Teammitglieder bei freier Kapazität Aufgaben von ganz oben aus der Warteschlange, die Aufgabe wandert also früher oder später zu demjenigen Teammitglied, das als nächstes Zeit hat, sich darum zu kümmern. Sollte die Aufgabe aus irgendwelchen Gründen nicht warten können, aber aktuell niemand Zeit haben, besteht Gesprächsbedarf. Das Team kann dann die aktuellen Aufgaben aller Teammitglieder mit der neuen Aufgabe vergleichen und priorisieren, und beispielsweise entscheiden, eine weniger wichtige Aufgabe abzubrechen oder hintenanzustellen, um die freigewordene Zeit stattdessen für das neue Thema zu verwenden. Oft hilft es, wenn das Team zu der Aufgabe auch Unterstützung und Mitarbeit anbietet – unattraktive oder unangenehme Aufgaben erledigen sich deutlich besser zu zweit oder dritt.

Eine andere Sorge bei freiwilliger Aufgabenverteilung kommt oft eher unterschwellig ins Spiel: Was, wenn sich einzelne Teammitglieder um Aufgaben drücken und den Rest für sich arbeiten lassen? Die gute Nachricht ist, dass es solche Situationen in der

Praxis kaum gibt, und wenn doch, dann nur für kurze Zeiträume. Zum einen fällt es relativ schnell auf, solange das Team transparent verfolgt, wer gerade an welchen Aufgaben arbeitet. Sich zu „verstecken" funktioniert nicht, wenn der eigene Name auf dem Taskboard durch Abwesenheit glänzt. Nebenbei spürt der Rest des Teams sehr genau, wer sich engagiert und wer nicht, auch wenn es für Stakeholder und Teamleitung nicht unbedingt erkennbar sein muss. Teammitglieder wissen das, deswegen kommen solche Situationen eher selten vor.

Ich will aber auch dazu ermuntern, bei gefühlter Aufgabenvermeidung wohlwollend nach den Ursachen zu suchen. Ist das Teammitglied gerade aufgrund anderer Umstände nicht so belastbar wie sonst oder traut sich die Aufgabe nicht zu? In solchen Fällen lässt sich oft eine Lösung finden, die sowohl im Interesse des Teammitglieds als auch des Teams ist.

Nicht zuletzt könnte das Team natürlich auch Teammitglieder ausschließen, die konsequent und über einen längeren Zeitraum die Arbeit verweigern. Tatsächlich wird es das schon allein aus Selbstschutz tun, da ungerechte Aufgabenverteilung schnell erhebliche Konflikte produziert. Ich will aber nochmal betonen, dass diese Situationen extrem selten sind. Selbstorganisierte Teams, die von außen als transparente und leistungsorientierte Gruppen erkennbar sind, ziehen vor allem Menschen an, die sich engagieren wollen. Mir ist in zehn Jahren selbstorganisierter Arbeit nicht ein einziger „Drückeberger" begegnet, höchstens einige Menschen, die neben der Arbeit gerade durch andere, meist private „Baustellen" abgelenkt oder mit ihren Aufgaben schlicht überfordert waren. Aufgaben zu vermeiden hat hier nichts mit Faulheit, sondern mit Selbstschutz zu tun. Ein kluges und aufmerksames Team erkennt das, und findet Wege, durch Gruppensolidarität und gegenseitige Hilfestellung dem Kollegen oder der Kollegin über eine schwierige Zeit hinweg zu helfen. Oft zahlen diese den Vertrauensvorschuss anschließend in Form hohen Engagements und unerschütterlicher Loyalität zurück. Der Versuchung des Misstrauens zu widerstehen, lohnt sich daher auch hier.

1.8 Zerlegung von großen oder unscharfen Anforderungen

In vielen Fällen werden Aufgaben nicht in der konkreten, wichtigen und anspruchsvollen Form an das Team herangetragen, die es für Orientierung, Fokussierung und Motivation braucht. Vor allem Teams, die von ihren Kunden früh in neue Themen einbezogen werden, sehen sich unter Umständen mit diffusen und wechselnden Erwartungshaltungen konfrontiert. Ihre Leistung besteht dann zum Teil darin, ihren Kunden überhaupt erst verstehen zu helfen, welche Wünsche sie an das Team richten sollten.

Auch wenn Themen noch sehr groß und unscharf sind, können sie trotzdem auf die Warteschlange des Teams aufgenommen werden. Tatsächlich ist es für mittelfristige Ziele und größere Projekte von Vorteil, diese nicht zu früh mit zu vielen Details festzulegen, da die Wahrscheinlichkeit von Änderungen und Überraschungen hier noch sehr hoch ist. Weiter entfernt anstehende Themen feingranular zu spezifizieren, wäre in diesen Fällen reine Zeitverschwendung. Die Kunst ist, die Anforderung möglichst vollständig, aber sehr oberflächlich zu erfassen, etwa im Stil von „Wir organisieren eine Dialogveranstaltung mit etwa 40 Teilnehmenden" oder „Wir stellen zwei neue Teammitglieder ein."

Mit der Zeit werden diese großen und unscharfen Themen sich dem oberen Ende der Warteschlange nähern. Auf dem Weg dorthin müssen sie vom Team untersucht, verfeinert und in konkrete Aufgaben zerlegt werden – ein Prozess, der in agilen Arbeitsweisen *Refinement* genannt wird. Eine gute Größe für Aufgaben, die vom Team demnächst gezogen werden sollen, liegt für die meisten Teams zwischen wenigen Stunden und wenigen Tagen Aufwand.

Teams, die mit der Zerlegung größerer Aufgaben Schwierigkeiten haben, können sich an bewährten Zerlegungsmustern orientieren:

- Welche Rollen und Nutzergruppen sind involviert? Was brauchen sie jeweils?
- Welche Anwendungsfälle lassen sich finden? Welche davon sind mehr, welche weniger wichtig?
- Wie laufen Anwendungsfälle im Detail ab? Gibt es eine *User Journey*, also eine Abfolge von konkreten Schritten, die Nutzer/Kunden/Teammitglieder durchlaufen?[161]
- Lässt sich ein Aufgabenkern identifizieren, der den größten Mehrwert (z.B. das größte Lernpotenzial oder den größten Kundennutzen) verspricht?
- Sind einige Teilaufgaben deutlich aufwendiger/komplexer/risikoreicher als andere?
- Gibt es nicht-essenzielle Schritte oder Aufgaben, die das Team später flexibel erledigen könnte?
- Lassen sich bestimmte nicht-funktionale Anforderungen (z.B. rechtliche Vorschriften) im Vorfeld oder im Nachgang erledigen?

Für den Fall, dass das Team auch anhand dieser Leitfragen das Thema nicht verstanden und zerlegt bekommt, besteht das Problem meistens darin, dass wesentliche Informationen fehlen. Anstatt das unscharfe Thema einfach irgendwie anzugehen, kann das Team stattdessen eine Aufgabe ableiten, die fehlenden Informationen zu sammeln – auf Englisch manchmal als *Spike* bezeichnet. Hierzu können Gespräche mit Nutzern und Stakeholdern geführt, Experten befragt, gezielte Experimente organisiert, Prototypen entwickelt, eine Machbarkeitsstudie durchgeführt, Marktforschungsmethoden angewendet werden oder vieles mehr. Die Kernerkenntnis hier ist: Wenn sich eine Aufgabe nicht weiter zerlegen lässt, fehlen dem Team wichtige Informationen, also ist die erste Aufgabe, diese Informationen zu beschaffen.

2. Meetings und Kommunikation im Alltag

Kompakte, fokussierte und mit nützlichen Inhalten gefüllte Meetings tragen wesentlich dazu bei, dass sich eine Zusammenarbeit wertvoll und motivierend anfühlt. Für die meisten Menschen findet in Meetings nicht die „eigentliche" Arbeit (Wertschöpfung) des Teams statt. In ihrer Wahrnehmung können sie entweder arbeiten oder an einem Meeting teilnehmen, aber nicht beides gleichzeitig. Teammitglieder sind sich ständig der Tatsache bewusst, dass ihre wirklichen Aufgaben während eines Meetings im Hin-

[161] Ein sehr beliebter Ansatz ist das sogenannte *User Story Mapping*, siehe beispielsweise Patton, Jeff (2015). *User Story Mapping: Nutzerbedürfnisse besser verstehen als Schlüssel für erfolgreiche Produkte.* O'Reilly.

tergrund auf sie warten. Das führt dazu, dass die Meetingbereitschaft in den meisten Teams eine begrenzte Ressource ist – ein gewisses Maß an Terminen und Gruppendiskussion wird als notwendig akzeptiert, aber mit steigendem Aufwand und sinkendem Nutzen ist schnell das Ende des Geduldsfadens erreicht.

Vor dem Hintergrund unserer bisherigen Überlegungen wird klar, dass ein selbstorganisiertes Team kaum ohne Meetings auskommen kann, ohne in einen losen Verbund einzelner Mitarbeiter zu zerfallen.[162] Erfolgreiche Teams betrachten ihre gemeinsame Meetingzeit als kostbar und sorgen dafür, dass sie so effizient, effektiv und gewinnbringend wie möglich genutzt wird. Unter sich laufend ändernden Rahmenbedingungen und Teambedarfen muss die Meetingstruktur so oder so immer wieder angepasst werden. Selbst wenn sich über die Zeit bestimmte Grundmuster der Zusammenarbeit herausbilden, wird das Team an seinen Meetings immer etwas zu optimieren haben. Vorstellungen von einem „Best Practice-Arbeitsprozess“ gehören daher wohl ins Reich der Fantasie. Das soll allerdings nicht bedeuten, dass es nicht bewährte Prinzipien gäbe, mit denen man Meetings insgesamt wertvoller gestalten kann.

2.1 Meetings vorbereiten

In ihrem Buch „How to Fix Meetings“[163] schlagen die Autoren Graham Allcott und Hayley Watts eine 40-20-40-Regel für Meetings vor: 40 Prozent der Zeit und Aufmerksamkeit für ein Meeting sollte in die Vorbereitung fließen, 40 Prozent in die Nachbereitung und Umsetzung des Besprochenen und nur 20 Prozent in den tatsächlichen Termin. Man kann diese Regel auch andersherum lesen: Ein Meeting, welches gut vor- und nachbereitet ist, kann um ein Vielfaches kürzer ausfallen als eine strukturlose, schlecht organisierte Besprechung.

Meetings sind dann wertvoll, wenn sie einen Einfluss auf unser Handeln ausüben, also wenn die im Meeting ausgetauschten Informationen geeignet sind, unsere zukünftigen Entscheidungen zu beeinflussen. Das erklärt, warum sie von Teilnehmenden als sehr unterschiedlich wertvoll erlebt werden können. Viele Meetings in Organisationen bringen nur für einen kleinen Teil der Gruppe relevante Erkenntnisse. Beispielsweise nützen Statusberichte vor allem denjenigen etwas, an die der Status berichtet wird; für die Berichtenden dagegen ist der Termin meistens eine lästige Pflichtübung, diese kennen den Status ja bereits und nehmen aus dem Gespräch selten neue Erkenntnisse mit. Wir können diese Art von Meetings *asymmetrisch* nennen. Oft sind sie so strukturiert, dass einige der Anwesenden etwas für andere Anwesende tun, es gibt also eine „gebende“ und eine „nehmende“ Partei. Wertvolle Meetings sind stattdessen oft *symmetrisch* aufgebaut. Sie kommen zustande, weil alle Parteien Interesse an einem Austausch haben: „Ich habe etwas, was du brauchst, und du hast etwas, was ich brauche – wir sollten miteinander sprechen.“

[162] Eine Ausnahme würde ich für Teams machen, die sowieso ständig in unmittelbarem Kontakt, etwa in einem Teamraum, zusammenarbeiten und dabei alles auf Zuruf klären – wobei sich selbst in deren Alltag immer wieder Phasen der Planung, Ergebnisbetrachtung, Informationsaustausch und Verbesserung auf der Metaebene abwechseln.

[163] Allcott, Graham & Watts, Hayley (2021). *How to Fix Meetings: Meet Less, Focus on Outcomes and Get Stuff Done*. Icon Books.

Die Rollen von Gastgebern und Teilnehmern

Auch wenn im Idealfall alle Anwesenden ein Meeting für wichtig halten, gibt es doch meistens jemanden, der den Termin einberuft und organisiert. Wir können diese Rolle den *Gastgeber* des Meetings nennen. Da im selbstorganisierten Team jeder zu Terminen einladen kann, können alle Teammitglieder zu beliebigen Zeitpunkten Gastgeber sein. Wenn nicht anders vereinbart, wird grundsätzlich die Person Gastgeber, die den Termin organisiert hat. Es ist auch möglich, dass mehrere Teammitglieder gemeinsam die Gastgeberrolle übernehmen, wenn sie sich im Vorfeld dazu absprechen und die Aufgaben der Rolle untereinander verteilen. Zu diesen Aufgaben gehört:

- **Das Meetingziel festlegen**: Wozu trifft sich die Gruppe? Welches Problem wird durch dieses Meeting gelöst? Was muss passieren, damit das Meeting ein Erfolg ist? Welchen Nutzen haben die Teilnehmenden von ihrer Teilnahme?
- **Die Einladungen aussprechen**: Wer soll dabei sein? Wie tragen die Eingeladenen zum Meetingerfolg bei? Welche Erwartung gibt es an sie, was Vorbereitung, Durchführung und Nachbereitung des Termins angeht? Ist das Meeting für einen kleinen Kreis gedacht, oder geht eine offene Einladung an eine größere Runde?
- **Den Ablauf festlegen:** Wann wird der Termin stattfinden? Wie lang wird er sein? Welche Themen werden besprochen, wie wird die Unterhaltung strukturiert und moderiert?
- **Den Kommunikationskanal wählen:** Soll das Meeting in Person oder digital stattfinden? Ist es in Ordnung, sich per Telefon hinzuzuschalten? Braucht es eine störungsfreie Umgebung, oder können nebenbei die Kinder betreut werden? Welche zusätzlichen Kanäle und Werkzeuge nutzt die Gruppe?
- **Den Termin inhaltlich vorbereiten:** Hierzu gehört, alle für die Vorbereitung nötigen Inhalte rechtzeitig zur Verfügung zu stellen und dafür zu sorgen, dass während des Termins alle Dokumente, Materialien und Hilfsmittel vorhanden und einsatzbereit sind. Niemand möchte anderen beim Suchen von Informationen zusehen, oder im entscheidenden Moment feststellen, dass die Technik nicht funktioniert.
- **Moderation organisieren, falls nötig:** Aufgabe der Gastgeberrolle ist, dafür zu sorgen, dass das Meeting fokussiert und wertvoll ablaufen kann. Wenn die Gruppe das ohne Meetingmoderation leisten kann – super! Ansonsten organisieren die Gastgeber eine Moderation, indem sie sie entweder selbst übernehmen oder (mit ausreichend Vorlauf) jemanden dazu anfragen. Weiter hinten in diesem Kapitel findet sich eine kleine Übersicht von Moderationsmethoden.
- **Den Rahmen öffnen:** Die Gastgeberrolle begrüßt die Anwesenden, erklärt Zweck und Ablauf des Termins und stellt eventuelle Spielregeln auf. Diese können kurz besprochen werden, im Grunde steht aber die Entscheidung, wie der Termin ablaufen soll, den Gastgebern zu. Sollten bestimmte Punkte für Einzelne nicht passen, können sie sich an dieser Stelle noch aus dem Meeting zurückziehen.
- **Den Rahmen schließen:** Nachdem der inhaltliche Teil beendet ist, geht das Wort an die Gastgeberrolle zurück, die den Termin nach ihren Vorstellungen abschließt. Normalerweise gehört dazu, die Ergebnisse und nächsten Schritte zusammenzufassen, für Teilnahme und gegebenenfalls Moderation zu danken, eine Abschlussrunde bzw. ein Check-out durchzuführen und die Anwesenden anschließend zu verabschieden.

- **Ergebnisse nachverfolgen:** Sollten nach dem eigentlichen Termin noch Tätigkeiten anfallen, wie etwa Ergebnisse an eine andere Stelle zu überführen oder eine Dokumentation zur Verfügung zu stellen, fallen auch diese Aufgaben der Gastgeberrolle zu, es sei denn, es wurde anders abgesprochen.

Bei Regelterminen kommt die Besonderheit ins Spiel, dass nicht ein einzelnes Teammitglied einlädt, sondern das Team gemeinsam vereinbart hat, sich zu bestimmten Zeitpunkten zu bestimmten Themen auszutauschen. Eine weit verbreitete Lösung ist hier, die Gastgeberrolle für bestimmte Regeltermine fest in den Teamstrukturen anzulegen (z.B. „Review-Moderation") und dann entweder einzelnen Teammitgliedern dauerhaft zu übertragen oder in einem bestimmten Turnus (alle zwei Monate?) durch das Team zu rotieren. Die Rollenbesetzung regelmäßig zu wechseln hat neben dem Gerechtigkeitsaspekt („Jeder ist mal dran") den Vorteil, dass alle Teammitglieder ein Verständnis für die Herausforderungen effektiver Teammeetings entwickeln, und sich daher auch als Teilnehmer konstruktiver und verständnisvoller zeigen, als wenn die Verantwortlichkeiten fest verteilt wären. Zu den Nachteilen rotierender Rollen gehört, dass Qualität und Stil des Meetings schwanken können, sich niemand dauerhaft verantwortlich fühlt und die regelmäßigen Rollenübergaben zusätzlichen Aufwand bedeuten.

Als Teilnehmer oder Teilnehmerin eines selbstorganisierten Teammeetings sind die Aufgaben übersichtlicher. Der Wert des Meetings wird wesentlich durch das eigene Verhalten und die eigene Vorbereitung beeinflusst. Das bedeutet, im Vorfeld alles zu Lesende gelesen und alles zu Zeigende bereitgelegt zu haben, pünktlich und wach zu sein, mögliche Störquellen (z.B. E-Mails, Telefon) beiseitegelegt, Getränke organisiert, Toiletten- und Rauchereckenbesuche hinter sich gebracht zu haben, insgesamt also bereit zu sein, konzentriert mit der Gruppe wichtige Probleme zu lösen. Alles andere wäre respektlos denen gegenüber, deren Lebenszeit dann für das Nachholen dieser Dinge verwendet werden muss.

Meetingziele und thematische Grenzen

Aus der Tatsache, dass Meetings *zukünftiges* Verhalten und Entscheiden beeinflussen sollen, folgt unmittelbar, dass *jedes wertvolle Meeting ein auf die Zukunft gerichtetes Ziel* verfolgt. Das gilt ganz besonders für Termine, deren Agenda sich auf den ersten Blick auf die Vergangenheit zu beziehen scheint, wie etwa Reviewmeetings oder Retrospektiven. Meetings, aus denen sich nichts für die gemeinsame Zukunft ergibt, sind mit großer Skepsis zu betrachten. Die Wahrscheinlichkeit, dass sie von den Beteiligten als wertvoll erlebt werden, ist klein, selbst wenn die Zielsetzung auf den ersten Blick sinnvoll erscheinen mag:

- „Wir wollen einen Rückblick auf das Projekt machen und besprechen, was gut und was nicht gut gelaufen ist."
- „Ziel ist, zu klären, was letzten Montag schief gegangen ist und wie das passieren konnte."
- „Wir tragen Ergebnisse des Teams zusammen und besprechen sie."
- „Es geht darum, die Verkaufszahlen des letzten Quartals auszuwerten."

All diese Formulierungen sehen auf den ersten Blick wie gute Gründe für ein Meeting aus, aber sie sind unvollständig. Es fehlt jeweils der Transfer auf die Zukunft: „... um dann *was* damit zu tun?" Was folgt daraus, welche Konsequenzen sollen sich aus den gewonnenen Erkenntnissen ergeben? Es besteht die Gefahr, dass diese Meetings ihr Ziel vordergründig erreichen und trotzdem wertlos bleiben, da Betrachtungen der Vergangenheit ohne Konsequenzen für die Zukunft im Wesentlichen Zeitverschwendung sind.

Ein wertvolles Meeting hat also ein klares, für die Zukunft relevantes Ziel. Dieses Ziel festzulegen und den anderen Teilnehmenden im Vorfeld mitzuteilen, ist Aufgabe der Gastgeber. Anhand des Ziels können die anderen dann für sich entscheiden, ob und in welchem Rahmen ihre Teilnahme sinnvoll ist. Leitfragen hierzu können etwa sein:

- Was erhoffen wir uns von diesem Termin?
- Was soll anders sein, nachdem wir dieses Meeting hatten?
- Welche negativen Konsequenzen könnte es haben, dieses Meeting nicht durchzuführen?

Durch die konkrete Zielsetzung können Meetings in selbstorganisierten Teams teilweise sehr kurz ausfallen – 30 Minuten sind oft ausreichend. Ich erinnere mich an eine Situation, in der eine Kollegin eine einstündige Meetingeinladung von mir abgelehnt und mich vor eine Entscheidung gestellt hat: „*Entweder wir klären schnell etwas, dann brauchen wir maximal 30 Minuten, oder wir wollen etwas Substanzielles erarbeiten, dann brauchen wir 90 Minuten. Wenn du mich für 60 Minuten einlädst, wirkt das auf mich so, als hättest du noch keine klare Vorstellung, was passieren soll.*" Und sie hatte recht.

Es ist wichtig, bei der Festlegung des Ziels mit sich und den anderen ehrlich zu sein. Beispielsweise werden durch Misstrauen motivierte Ziele („Wir müssen die Kollegen für ihr Verhalten endlich mal zur Rede stellen") hin und wieder durch konstruktiv klingende Sprache verschleiert („Ziel ist, die Qualität unserer Zusammenarbeit zu verbessern"). Wenn man sich selbst dabei ertappt, einen heimlich herausgearbeiteten Informationsvorsprung zum Nachteil der anderen Teilnehmer in Stellung zu bringen, sollte die eigene Vorgehensweise noch einmal überdacht werden. Die Chancen stehen gut, dass der Termin über die Konfrontation hinaus kein klares Ziel verfolgt, schlechter verlaufen wird als erhofft und man die eigene Glaubwürdigkeit als Meeting-Gastgeber dauerhaft beschädigt.

Ein etwas subtilerer Effekt eines klaren Meetingziels sind die *thematischen Grenzen*, die dadurch aufgestellt werden. Thematische Grenzen sind (oft unausgesprochene) Erwartungen, welche Inhalte zum Meeting passen, also *relevant* sind, und welche nicht. Sie bieten eine wichtige Orientierungsfunktion, und werden immer dann spürbar, wenn sie missachtet werden, beispielsweise wenn jemand im Workshop plötzlich ein komplett anderes Thema anspricht. Die oft irritierte Reaktion der Gruppe hat nichts mit diesem neuen Thema zu tun, sondern man ist im gemeinsamen Verständnis schlicht zu einem anderen Zweck zusammengekommen, und es ist unklar, wie der neue Redebeitrag mit dem „eigentlichen" Thema in Verbindung steht. Thematische Grenzen fokussieren den Austausch, sie zu missachten und andere Themen aufzumachen, muss zumindest gut begründet werden. Gastgebern steht es offen, zu Beginn des Termins explizite thematische Grenzen zu setzen: „Worüber ich heute nicht reden will, ist <...> – wenn ihr dazu auch Ideen habt, lasst uns die in einem anderen Rahmen aufgreifen."

Meetings mit offener Agenda

Besprechungen ohne klares Ziel, in klassischen Organisationen manchmal „Jour fixe" oder „Abstimmungstermin" genannt, sind in selbstorganisierten Strukturen eher unüblich. In vielen Jour fixes habe ich es als völlig normal erlebt, nach zehn Minuten Smalltalk in die Runde zu fragen „Hat irgendjemand ein Thema, das wir besprechen wollen?" Mit so einem Ansatz kommt man in vielen selbstorganisierten Teams nicht weit. Wenn es kein Ziel gibt, gibt es kein Meeting, Punkt.[164] Oft werden Meetingteilnahmen abgesagt, wenn nicht im Vorfeld feststeht, welches Ziel erreicht werden soll und welchen Beitrag man dazu leisten kann. Man ist als Gastgeber also in der Pflicht, nicht nur eine klare Zielvorstellung zu haben, sondern den Eingeladenen auch verstehen zu helfen, welchen Mehrwert ihre Teilnahme stiftet.

Eine Sonderfall sind strukturierte Meetings mit offener Agenda. Hier stehen zu Meetingbeginn keine Themen fest, sondern Teilnehmende bringen selbst Themen ein, die sie mit der Gruppe besprechen wollen. Trotzdem hat das Meeting ein klares Ziel, nämlich innerhalb eines fixen Zeitrahmens (z.B. einer Stunde) diejenigen Themen zu besprechen, die für die Gruppe insgesamt die höchste Relevanz haben, und dabei für jedes Thema nur so viel Zeit aufzuwenden, wie nötig ist.

Eines der bekanntesten themenoffenen Meetingformate ist das 2009 von Jim Benson und Jeremy Lightsmith entwickelte *Lean Coffee:*[165]

- **Schritt 1: Themensammlung.** Wenn sich die Gruppe zu Beginn trifft, ist die Meetingagenda zunächst leer. Einige Minuten werden verwendet, um gemeinsam Themenvorschläge zu sammeln – was würden die Anwesenden gern mit dem Rest besprechen? Reihum werden die Themenvorschläge kurz der Gruppe vorgestellt und der erhoffte Nutzen in ein bis zwei Sätzen zusammengefasst. Zu den Themen muss es keine vorbereiteten Inhalte geben, offene Fragen oder Diskussionspunkte sind ebenfalls willkommen. Auch der Nutzen darf gern individuell sein: „Ich habe ein Problem und bräuchte ein paar Ideen von euch" ist ein absolut valider Themenvorschlag. Wenn schon klar ist, ob die Gruppe eher informiert, befragt oder etwas entschieden werden soll, ist das ebenfalls nützlich zu wissen.
- **Schritt 2: Priorisierung.** Im zweiten Schritt werden die Themen gemeinsam priorisiert. Meistens bekommt dazu jeder der Anwesenden eine bestimmte Anzahl von Punkten und darf diese nach eigenem Ermessen auf diejenigen Themen verteilen, die für ihn oder sie die höchste Relevanz haben. Die Punkte werden zusammengezählt und ergeben (absteigend) die Priorisierung und damit die Reihenfolge der Themen für das Lean Coffee.
- **Schritt 3: Besprechung.** Für jedes Thema steht zu Beginn ein fester Zeitrahmen (beispielsweise 7 Minuten) zur Verfügung, für den ein Timer gestellt wird. Den Auftakt macht die Themengeberin selbst, indem sie ihr Anliegen noch einmal zusammenfasst. Anschließend wird sich in der Gruppe offen dazu ausgetauscht. Wenn es zu

[164] Auch informelle „Kaffeetermine" bilden hier keine Ausnahme. Ihr ausdrücklich erklärtes Ziel ist die Beziehungspflege in lockerem Rahmen. Teammitglieder wissen das, und entscheiden ihre Teilnahme je nachdem, ob sie das in ihrer persönlichen Priorisierung aktuell unterbringen können oder nicht.

[165] Siehe z.B. http://german.leancoffee.org.

viele Wortmeldungen geben sollte, können die Themengeberin oder eine zentrale Moderation etwas Ordnung in das Gespräch bringen.

- **Schritt 4: Abstimmung.** Sollte die Zeit ablaufen, während die Diskussion noch im Gange ist, stimmt die Gruppe schnell per Handzeichen (Daumen hoch/Daumen runter) ab, ob der Zeitrahmen verlängert werden soll – meistens für einen kürzeren Zeitraum von 3 bis 5 Minuten. Eine einfache Mehrheit entscheidet. Alternativ darf die Themengeberin ihr Thema selbst für beendet erklären, oder beschließen, es im Nachgang in kleinerer Runde fortzusetzen. Findet sich keine Mehrheit für eine Verlängerung, geht die Gruppe zum nächsten Thema über. Das Schema wiederholt sich so lange, bis die Meetingzeit abgelaufen oder die Themenliste leer ist, je nachdem, was zuerst eintritt.

Es kann passieren, dass am Ende des Termins Themen offenbleiben. In der beschriebenen Form garantiert Lean Coffee nicht, dass die komplette Agenda besprochen wird, sondern nur, dass die Gruppe die verfügbare Zeit möglichst wertvoll nutzt. Themen, die am Ende keine Zeit bekommen haben, gehen an ihre Themengeber zurück und können von diesen in einen anderen Rahmen eingebracht, in kleinerer Runde besprochen oder fallengelassen werden.

Der richtige Teilnehmerkreis: offen für alle, verpflichtend für niemanden

Ein ungeschriebenes Gesetz vieler Organisationen ist, dass nur diejenigen in einem Meeting etwas verloren haben, die einen schlüssigen Grund für ihre Anwesenheit nennen können. Auch wenn die Absicht dahinter nachvollziehbar ist, greift mir dieser Ansatz doch etwas zu kurz.

Es stimmt, dass Größe und Zusammensetzung des Teilnehmerkreises viel zum Gelingen oder Scheitern eines Meetings beitragen. Kleinere Runden sind spürbar fokussierter und entscheidungsfreudiger. Gleichzeitig lässt sich der Mehrwert einer Meetingteilnahme oft erst im Nachhinein benennen. Zugangsbeschränkte Meetings können sich den Vorwurf der Exklusivität einhandeln und wichtigen Informationsaustausch erschweren. Und nicht zuletzt hängt die ideale Gruppengröße auch immer von der Struktur des Termins ab. Das Teilen von Informationen lässt sich auch in sehr großen Gruppen noch effizient organisieren, wohingegen offene Meinungsbildung mit mehr als einer Handvoll Teilnehmern schnell mühsam wird – ein Grund mehr, Meetings sauber nach Ziel und Anwendungszweck zu trennen, anstatt alles in einem großen, allgemeinen Teammeeting abhandeln zu wollen.

Eine wesentliche Vorbedingung für gelungene Selbstorganisation ist Transparenz. Damit Menschen gute Entscheidungen im Interesse von Kunden, Team und Organisation treffen können, müssen sie Zugriff auf alle dafür relevanten Informationen haben. Gleichzeitig wollen wir unsere Zusammenarbeit auf gegenseitigem Vertrauen basieren, wozu auch die Überzeugung gehört, dass Menschen selbst wissen, wo und wie ihre Zeit am besten investiert ist. Diese Grundsätze vertragen sich nicht gut mit geschlossenen Teilnehmergruppen und Anwesenheitspflicht. Stattdessen bietet sich ein anderes Modell an, welches zwei grundsätzliche Prinzipien definiert:

1. **Grundsatz der Offenheit:** *Alle* Meetings sind grundsätzlich allen zugänglich, es sei denn, es gibt klare Gründe, sie geschlossen zu halten, und

2. **Grundsatz der Freiwilligkeit:** Die Teilnahme an *allen* Meetings ist freiwillig, es sei denn, es gibt klare Gründe, warum die Teilnahme verpflichtend sein muss.

Bevor jetzt jemand entsetzt das Buch zuschlägt – ich handhabe meine Meetings seit vielen Jahren offen und freiwillig, sowohl als Teilnehmer als auch als Gastgeber, ohne dass das bisher negative Konsequenzen gehabt hätte. An vielen Meetings habe ich nicht teilgenommen und wurde, soweit ich das erkennen kann, auch nicht vermisst. Wenn ich einen nennenswerten Beitrag geleistet hätte, wäre mir das sicher bewusst gewesen. An Meetings, zu denen ich selbst eingeladen habe, haben oft etwas weniger Menschen teilgenommen, als ich eingeladen hatte – hoffentlich hat der Rest die gewonnene Zeit sinnvoll genutzt. Hin und wieder habe ich in der Mitte eines längeren Termins gefragt, ob ich noch etwas beitragen kann, und bin dann gegangen. Ansonsten arbeiten ich und mein Umfeld ganz normal zusammen. Manchmal würde ich mir die Teilnahme bestimmter Menschen an bestimmten Terminen wünschen, aber wenn es für sie nicht passt, muss ich mir als Gastgeber eine andere Lösung überlegen. *Die, die da sind, sind die Richtigen.* Eventuell trifft eine andere Runde die notwendigen Entscheidungen, als ich im Vorfeld erwartet hatte.

Im Grunde unterscheidet sich der normale Organisationsalltag gar nicht so sehr von diesen Grundsätzen. Bei den meisten Meetings sind sowohl Gastteilnahme als auch Fernbleiben heute schon ohne weiteres möglich, sie müssen nur jeweils begründet werden. Das Prinzip offener und freiwilliger Meetings dreht die Verantwortung um: Wir gehen davon aus, dass es sowohl für Meetingteilnahme als auch für Nichtteilnahme gute Gründe gibt, die nicht ausdrücklich gerechtfertigt werden müssen. Stattdessen werden die Gastgeber in die Verantwortung genommen: Wer einen exklusiven, intransparenten Rahmen möchte, muss das begründen, und wer die Anwesenheit bestimmter Menschen in seinem Meeting benötigt, muss den Termin eben für diese Menschen entsprechend attraktiv gestalten. Beides ist gut möglich. Vertragsinhalte und Gehälter können auch in diesem Modell weiterhin unter vier Augen besprochen werden, Retrospektiven des Teams dürfen als vertraulicher und deshalb geschlossener Kreis angelegt sein. Andersherum ist es weiterhin in Ordnung, für rechtlich notwendige Schulungen, Brandschutzunterweisungen oder Ähnliches die Teilnahme verpflichtend zu machen, da die Organisation ansonsten ihre formalen Pflichten verletzen würde.

Ihre Wirkung entfalten das Offenheits- und Freiwilligkeitsprinzip stattdessen in den Terminen, die in keine dieser beiden Kategorien fallen: Planungsmeetings, Reviews, Dailys, Workshops, Arbeitstermine und andere sind grundsätzlich offen und freiwillig. Teammitglieder, Kunden, Stakeholder und andere Beteiligte können beobachten, welche Termine in nächster Zeit anstehen, und für sich beschließen, ob ihre Teilnahme sinnvoll ist oder nicht.[166] Sorgen vor exzessivem Meetingbesuch brauchen wir sicher nicht zu haben – die Arbeit muss schon wirklich wenig Spaß machen, wenn man stattdessen lieber in einem Meeting herumsitzen möchte, in dem man nichts lernen oder beitragen kann. Sollte das vorkommen, ist das vielleicht eher ein Thema, über das man mal sprechen sollte.

[166] Dazu muss man sich natürlich einen Überblick über anstehende Meetings verschaffen können. In vielen Organisationen legen sich Teammitglieder dazu gegenseitig ihre Kalender offen, um sich selbstständig über anstehende Termine informieren zu können. Es erleichtert Gastgebern auch die Terminfindung mit einer größeren Gruppe.

Manche Menschen fragen an dieser Stelle, ob es nicht vorkommen kann, dass zu bestimmten Terminen überhaupt niemand mehr erscheint. Ja, das kann vorkommen. Und meine Gegenfrage ist: Sollte man nicht genau diese Meetings als erste weglassen? Die Erkenntnis, dass niemand einen Termin wertvoll genug für eine Teilnahme findet, ist als Feedback für dessen Gastgeber so wichtig, dass ich sie ihnen nicht vorenthalten will. Als Teilnehmer ist man natürlich weiterhin in der Pflicht, seine Teilnahme oder Nichtteilnahme im Vorfeld mitzuteilen, damit der Rest weiß, woran er ist.

Gut strukturiert ist halb gewonnen

Der dritte entscheidende Faktor in der Meetingvorbereitung, neben Zielsetzung und Teilnehmerkreis, ist seine interne Struktur. Hier spiegelt sich die grundsätzliche Frage selbstorganisierter Teams auf der Mikroebene: „Wie können wir unsere Zusammenarbeit so strukturieren, dass wir unsere gemeinsamen Ziele möglichst schnell und produktiv erreichen?“ – nur dass es hier eben nicht um Teamziele, sondern um Meetingziele geht.

Ein Meeting lässt sich in bestimmte Abschnitte oder *Phasen* unterteilen, die jeweils einen von fünf Funktionen erfüllen:[167]

1. **Information:** Jemand teilt den anderen etwas mit, der Rest kann dazu Rückfragen stellen oder eigene Gedanken teilen. Es findet keine Diskussion statt, es gibt auch keinen Druck, sich zu einigen, Wahrnehmungen können gleichwertig nebeneinanderstehen. Da die Information nur mitgeteilt wird, wäre eine Diskussion über die Information selbst ohnehin zwecklos. Das Gespräch kann sich höchstens um Konsequenzen der Information drehen.
2. **Beratung:** Jemand bringt eine Fragestellung oder ein Problem ein und sucht dazu Ideen und Impulse, *konsultiert* also die Gruppe. Die anderen Anwesenden teilen ihre Sichten und Lösungsideen. Eventuell wird Bezug auf andere Antworten genommen, ein Beitrag ergänzt oder auf ein mögliches Problem hingewiesen. Eine offene Diskussion findet aber nicht statt. Der Fragensteller nimmt vielfältige Eindrücke mit und trifft Entscheidungen eigenständig im Nachgang.
3. **Entscheidung:** Im Team muss eine Frage geklärt oder eine Auswahl aus mehreren Handlungsoptionen getroffen werden. Die verfügbaren Handlungsoptionen werden nebeneinandergestellt und eine vorher festgelegte Entscheidungsmethodik darauf angewendet. Eine Diskussion muss auch hier nicht stattfinden, solange das Team die Vorgehensweise sauber festgelegt hat. Stattdessen wird die vereinbarte Entscheidungsmethode auf die verfügbaren Optionen angewendet, und das Ergebnis gilt als beschlossen. Diskussionsbedarf entsteht hier vor allem dann, wenn die Entscheidungsmethodik nicht sauber festgelegt ist – was, zugegeben, in vielen Teams der Fall ist.
4. **Meinungsbildung:** Es kann Teammitgliedern helfen, sich in der Gruppe ausführlich mit einer Fragestellung, und vor allem mit Vor- und Nachteilen verschiedener Sichten und Handlungsoptionen zu beschäftigen. In diesen Fällen kann sich das Team bewusst einen Zeitrahmen setzen, in dem es das eigene Verständnis schärfen

[167] Die fünf Arten von Meetingabschnitten bauen auf einem Konzept des Organisationsberaters Robert Gies auf, welches *Informieren*, *Beraten* und *Entscheiden* als die drei Formen diskussionsfreier Kommunikation bezeichnet.

will: „Wir nehmen uns fünfzehn Minuten, um die verschiedenen Möglichkeiten zu diskutieren." Damit die offene Diskussion ihren Nutzen erreichen kann, sollte nicht gleichzeitig eine Entscheidung angestrebt werden. Es geht stattdessen um einen *Dialog* in dem Sinne, wie altgriechische Philosophen den Begriff verwendet haben:[168] Ein Gespräch, in dem das Wissen der Gesprächspartner an die Oberfläche geholt und der eigene Standpunkt hinterfragt wird. Ein Dialog ist von Neugierde geprägt: Da sieht jemand die Situation komplett anders als ich, wie interessant! Erzähle mir, wie du es siehst, dann erzähle ich dir, wie ich es wahrnehme. Wir können dabei auch ein Streitgespräch führen, Argumente austauschen, aber es gibt *keinen Druck, sich zu einigen.*[169] Ein erfolgreicher Dialog endet nicht mit dem „Überzeugen" eines Gesprächspartners, sondern damit, dass beide eine andere Sicht mitnehmen als sie mitgebracht haben.
5. **Pause:** Wird leicht vergessen, gehört aber zu einem erfolgreichen Meeting ebenfalls hinzu. Die Pause hat die Funktion, in längeren Terminen die Arbeitsfähigkeit wiederherzustellen. Ob das über mentales Abschalten, Gespräche in kleiner Runde, Getränkenachschub, frische Luft, Musik oder andere Wege stattfindet, ist jedem selbst überlassen. Pausen werden nicht mit offizieller Struktur oder Inhalten gefüllt, sonst wären es keine.

Nicht alle Arten von Meetingphasen eignen sich für jede Gruppengröße. Informieren ist noch recht unkompliziert und funktioniert auch für große Teilnehmerzahlen (100+) unproblematisch. Beratungsabschnitte werden ab zehn Personen erfahrungsgemäß schwieriger, da nicht mehr jeder zu Wort kommt – unter Umständen kann auf schriftliche Wege (z.B. Brainstorming auf Post-its) ausgewichen werden. Bei Entscheidungen hängt die maximale Gruppengröße stark von der Methode ab – Mehrheitsabstimmung und Widerstandsabfrage funktionieren auch mit großen Gruppen, wohingegen kommunikationsintensive Ansätze wie Konsens oder Einwandintegration schnell unpraktikabel werden.

Für effektive Meetings ist vor allem wichtig, Phasen der Meinungsbildung unter Kontrolle zu halten, also offenen Diskussionen einen klaren Rahmen zu geben. Erfahrungsgemäß nimmt ab einer Gruppengröße von fünf oder sechs Personen die Qualität einer offenen Diskussion im Plenum stark ab. In größeren Gruppen wird es zunehmend schwierig, den Fokus zu halten, Menschen kommen nicht mehr zu Wort, unterschiedliche Themen überlagern sich. Wenn Phasen der Diskussion für das Erreichen des Meetingziels notwendig sind, ist eine mögliche Lösung, diese in Kleingruppen zu verlagern. Beispielsweise könnte man einen größeren Arbeits- und Entscheidungsblock mit etwa 40 Teilnehmenden wie folgt strukturieren:

1. Der Gastgeber stellt die Fragestellung im Plenum vor und beantwortet Rückfragen. (Information)
2. Die Fragestellung wird in Kleingruppen diskutiert (Meinungsbildung, z.B. acht Gruppen zu je fünf Personen), es werden Vorschläge und Empfehlungen erarbeitet.

---

168 Siehe etwa die Idee des sokratischen Dialogs: https://de.wikipedia.org/wiki/Dialog#Sokrates

169 Managementvisionär Peter Senge hat das Grundprinzip des Dialogs als „Advocacy and Inquiry" (zu Deutsch etwa „Fürsprache und Nachforschung") bezeichnet – es ist möglich, für die eigenen Überzeugungen engagiert einzutreten und gleichzeitig den Standpunkt des anderen interessiert zu ergründen. Siehe Senge, Peter (2006). *The Fifth Discipline: The art and practice of the learning organization* (Zweite Auflage). Random House Business, S. 183.

3. Ein Sprecher oder eine Sprecherin stellt die Ideen jeder Gruppe in der großen Runde vor. (Beratung mit acht aktiven Rednern)
4. Gastgeber und Moderation erarbeiten in kleiner Runde eine Auswahl möglicher Handlungsoptionen (Meinungsbildung). Der Rest hat Pause. Anschließend werden die Handlungsoptionen im Plenum vorgestellt. (Information)
5. Die Gruppe wählt zwischen den Handlungsoptionen mittels einer geeigneten Methode, beispielweise per Widerstandsabfrage. (Entscheidung)

Meetings ohne interne Struktur laufen Gefahr, ineffizient und unproduktiv abzulaufen – das hat wenig mit Teammitgliedern und ihren Persönlichkeiten zu tun, sondern vor allem mit der Tatsache, dass sich die Inhaltsebene (Welche Interessen vertrete ich?) und die Strukturebene (Wie ist das Meeting insgesamt aufgebaut?) auf ungünstige Weise vermischen. Für Gastgeber ist es eine gute Idee, in der Vorbereitung zumindest eine grobe Skizze des geplanten Ablaufs zu erstellen. Dazu gehört ein Plan, wie die unterschiedlichen Abschnitte des Termins in Summe das Gesamtziel ergeben sollen und wie die einzelnen Abschnitte mit Information, Beratung, Entscheidung, Meinungsbildung oder Pausen gefüllt werden sollen. Oft kommt es anders als man denkt, aber auch wenn der Plan am Ende nicht exakt umgesetzt wird, ist seine Erarbeitung doch sehr wertvoll.

Offene Diskussion in der großen Runde wird von Teams oft als überflüssig und anstrengend erlebt. Es gibt daher nachvollziehbare Forderungen, mindestens die offiziellen Meetings eines Teams durch klare Struktur und straffe Moderation komplett diskussionsfrei zu halten. Persönlich sehe ich es differenzierter: Ein gemeinsames Verständnis inhaltlicher und struktureller Fragen zu bilden ist eine Kernaufgabe des Teams, und diese Aufgabe muss im Teamalltag irgendwo seinen Platz finden. An einer strukturierten Meinungsbildung im Sinn eines fachlichen, gern auch kontroversen Dialogs ist daher nicht unbedingt etwas auszusetzen, solange sie bewusst stattfindet, in einen passenden Zeitrahmen eingeplant ist, und alle Beteiligten wissen, was erreicht werden soll.

Was wir in selbstorganisierten Teams vermeiden wollen, sind Streitgespräche mit der Absicht „Du sollst es so sehen wie ich". Natürlich ist es im Dialog in Ordnung, den eigenen Standpunkt zu erklären und dafür zu argumentieren, und andere können davon übernehmen, was sie für richtig halten. Das Ziel ist aber nicht, das Argument zu gewinnen, sondern eine neue Position zu finden, die das Beste aus beiden Sichten vereint, sodass nicht einer gewinnt und einer verliert, sondern beide gemeinsam das Problem lösen. Dazu braucht es nicht Niederlagen oder Kompromisse, sondern geschickte Integration, und das erfordert mindestens so viel aktives Zuhören wie eigene Wortbeiträge. Die Unterschiedlichkeit unserer Wahrnehmungen ist eine zentrale Stärke des Teams, die wir zu unserem Vorteil nutzen, nicht bekämpfen sollten. Damit das stattfinden kann, achten wir darauf, Diskussionen und Entscheidungen strukturell voneinander zu trennen und beide in einem geeigneten, wohlüberlegten Rahmen stattfinden zu lassen.

Gute Meetingvorbereitung ist ein Geben und Nehmen. Schlampige Vorbereitung seitens der Gastgeber wird selten auf disziplinierte Teilnehmer treffen und umgekehrt. Und, so hart es klingen mag, ein Team, welches schon Mühe damit hat, seine Meetings gut vorzubereiten und durchzuführen, wird sich mit den anderen, teilweise deutlich anspruchsvolleren Strukturfragen der Selbstorganisation noch schwerer tun.

2.2 Meetings durchführen

Wie wir schon mehrmals gesehen haben, gelten die Grundsätze der Gleichwertigkeit und Gleichberechtigung im selbstorganisierten Team etwas anders, als man es auf den ersten Blick vermuten könnte, nämlich vor allem auf der Metaebene, nicht unbedingt in allen alltäglichen Situationen. Das bedeutet, dass das Gestalten und Ausfüllen von Strukturen grundsätzlich allen Teammitgliedern offenstehen, es aber in konkreten Arbeitssituationen sehr unterschiedliche Rechte und Pflichten geben kann, auf Basis gemeinsamer Rollen und Strukturen, die das Team im Vorfeld vereinbart hat. Auch Meetings sind im selbstorganisierten Team keine Spielwiese, auf der jeder tun kann, was er möchte, sondern ein fokussierter Arbeitsprozess mit klar verteilten Aufgaben. Entscheidungen über Zweck und Ablauf stehen grundsätzlich den Gastgebern zu, ebenso wie die Frage, wann und wie die Teilnehmer eingebunden werden. Es gibt kein Recht darauf, als Teilnehmer ein Meeting für eigene Zwecke zu kapern! Das gilt neben den Teammitgliedern insbesondere für alle Gäste, vom Kunden über den Praktikanten bis hin zur Geschäftsführerin. Wer in Meetings zu Gast ist, tritt wie ein Gast auf: man hält sich zurück, fragt um Erlaubnis, bevor man etwas Unerwartetes tut, und versucht, den Ablauf durch die eigene Anwesenheit so wenig wie möglich zu stören.

Besonders muss dabei das Recht der Gastgeber betont werden, den Ablauf des Termins festzulegen und organisatorische und moderationstechnische Entscheidungen zu treffen. Ich habe selbst ab und zu geglaubt, einen bereits laufenden Termin spontan besser strukturieren zu können, und dann schnell gelernt, dass eine Strukturdiskussion mitten im Meeting die Gruppe nur selten weiterbringt. Es braucht etwas Selbstdisziplin, aber für Teilnehmende ist die Hauptaufgabe vor allem, sich innerhalb des gesetzten Rahmens inhaltlich einzubringen. Wenn man überzeugt ist, Struktur und Moderation besser hinzubekommen, kann man gern den nächsten Termin als Gastgeber übernehmen und den anderen dort zeigen, wie es geht.

Pünktlicher Start, pünktliches Ende

Zu einem erfolgreichen Meeting gehören für mich unter anderem ein pünktlicher Start und ein pünktliches Ende. In vielen Teams wird gewartet, bis auch wirklich alle da sind – das ist höflich gemeint, ist aber in meinen Augen respektlos gegenüber denen, die schon zur offiziellen Zeit dabei waren. Die (unbeabsichtigte) Botschaft ist: Selbst schuld, wenn du pünktlich bist! Es ist kaum überraschend, wenn die Pünktlichen dann früher oder später ebenfalls zu spät kommen, schließlich beginnen Meetings in diesem Team sowieso nie dann, wann sie angesetzt sind …

Die andere Unsitte besteht darin, Termine zu überziehen. Auch das ist sicher gut gemeint, schließlich soll noch jeder zu Wort kommen, und es fühlt sich oft so an, als wäre man kurz vor dem entscheidenden Durchbruch. In den zehn Jahren, in denen ich in und mit Teams gearbeitet habe, hat sich überzogene Zeit am Ende eines Meetings nie besonders wertvoll angefühlt. Stattdessen bringt ein überzogener Termin den Tagesablauf der Teilnehmenden durcheinander, verkürzt Pausen, erzeugt Stress und lässt sie in Folgeterminen wiederum zu spät erscheinen. Meetings, die zu spät anfangen und zu spät enden, senden gleich mehrere unschöne Signale: Zum einen, dass der Termin insgesamt nicht so besonders wichtig sein kann, und zum anderen, dass die Gastgeber ihr Zeitmanagement nicht im Griff haben. Beides ist problematisch in einem Team, welches seine Zeit als kostbar und seine Zusammenarbeit als professionell etablieren will.

Ich will nun nicht dazu aufrufen, Teammitglieder bei Unpünktlichkeit unter Druck zu setzen. Wir gehen weiterhin davon aus, dass jeder gute Gründe für sein Verhalten hat, und hin und wieder kommt mal eine Bahn zu spät, ist kein Parkplatz zu finden oder die Schlange an der Kaffeemaschine besonders lang. Mein Ansatz ist schlicht, das Meeting zum angegebenen Zeitpunkt zu starten, mit denen, die da sind, und pünktlich zu beenden, auch wenn es noch Dinge gibt, die man sagen könnte. Teammitglieder, die später dazukommen oder am Ende gern noch etwas loswerden wollen, sind dann selbst in der Verantwortung, die fehlenden Informationen in einem anderen Rahmen auszutauschen.

Vor einigen Jahren waren ein Kollege und ich als externe Coaches in einem Teamworkshop eingeladen, in dem eine Reihe von internen Problemen bearbeitet werden sollten. Eines dieser Probleme war, dass das Team seine Termine regelmäßig überzog, um eine Viertelstunde, halbe Stunde oder sogar mehr. Der Workshop war bis um 12 Uhr angesetzt. Über den Vormittag hinweg war der Fortschritt spürbar, aber langsam, und es wurde zunehmend klar, dass die Gruppe es bis zum offiziellen Ende nicht schaffen würde, konkrete nächste Schritte zu vereinbaren. Genau um Punkt 12 brachen wir die Diskussion ab, wiesen darauf hin, dass wir den zeitlichen Rahmen des Teams nicht überziehen wollten, und erklärten unser Bedauern, dass dieser Workshop nun ohne konkrete Erkenntnisse enden würde. Anschließend packten wir unsere Sachen und verließen – unter allgemeiner Irritation – den Raum.

In den folgenden Wochen zweifelte ich einige Male an unserer Entscheidung. Die Intervention war hart gewesen, und das Team hatte sich anschließend nicht mehr bei uns gemeldet. Hatten wir den Bogen überspannt? Schließlich ergab sich eine Gelegenheit, eines der Teammitglieder bei einem Kaffee nach der Situation im Team zu fragen. Die Antwort war überraschend:

„Ich bewundere immer noch eure Konsequenz. Ihr habt damals echt Eindruck hinterlassen und uns gezeigt, dass pünktliches Abschließen von Meetings einfach nur eine klare Entscheidung braucht. Seit dem Workshop legt das Team deutlich mehr Wert auf Pünktlichkeit, und jetzt, wo wir wissen, dass wir unsere Meetings nicht überziehen wollen, sind auch unsere Diskussionen fokussierter als vorher. Wir wissen, wenn es vorbei ist, ist es vorbei, also müssen wir die verfügbare Zeit eben gut nutzen."

Check-in und Check-out

Wie wir weiter vorne gesehen haben, helfen klare thematische Grenzen, die Erwartungen für Meetings zu setzen und Gespräche fokussiert zu halten. Ein Nebeneffekt ist allerdings, dass eine ganze Reihe von Themen Gefahr laufen, in die „Ritzen zu fallen", weil es zwischen den inhaltlich scharf fokussierten Meetings nie einen geeigneten Rahmen gibt, um sie anzusprechen. Besonders groß ist dieses Risiko bei Teams, die geografisch verteilt zusammenarbeiten (zum Beispiel aus dem Homeoffice) und sich außerhalb von Meetings nicht auf dem Flur oder an der Kaffeemaschine treffen. Zu den Themen, die dabei besonders leicht verloren gehen, gehören unter anderem Smalltalk und das persönliche Befinden der Teammitglieder:

> *„Unsere Gesprächspartner:innen sind sich darin einig, dass das Persönliche wichtig ist für das Team – doch der Grad ist schmal zwischen einem Zuviel und Zuwenig. In so gut wie allen Teams gibt es dafür feste Orte und Rituale, die allerdings inhaltlich sehr unterschiedlich gefüllt werden.“*[170]

Viele Teams reservieren für diese Themen in längeren Meetings gesonderte Abschnitte:

> *„Fast alle Teams kennen den Check-in zu Beginn eines jeden Meetings und den Check-out zum Abschluss. Darunter verstehen sie eine sehr offene Einladung mitzuteilen, in welcher Stimmung, Arbeitsfähigkeit und welchem Anliegen ein Teammitglied da ist (Check-in) bzw. wie zufrieden mit dem Ergebnis es das Meeting verlässt (Check-out).“*[171]

Check-in und Check-out haben ähnliche, aber leicht unterschiedliche Funktionen. Beides sind Abschnitte, in denen die thematischen Grenzen des Meetings für den Moment missachtet werden dürfen, um andere Dinge mitzuteilen, die die Gruppe wissen sollte oder die das Teammitglied einfach loswerden will. Man kann sie sich als einen gedanklichen „Vorraum“ des Termins vorstellen, in dem man Dinge ablegen kann, die ansonsten den Ablauf stören könnten.

Typische Informationen, die in einem Check-in geteilt werden, sind beispielsweise:

- Wie geht es mir heute?
- (Am Montagmorgen) Wie war mein Wochenende/mein Urlaub?
- Was beschäftigt mich gerade?
- Mit welchen Erwartungen bin ich heute hier?
- Was solltet ihr wissen, um heute gut mit mir arbeiten zu können?

Das Check-out dreht sich dagegen eher um Rückblick und Ausblick:

- Wie geht es mir jetzt?
- Wie schaue ich auf den Termin?
- Wie wertvoll war die Teilnahme für mich?
- Wie geht es mir mit Blick auf die vereinbarten nächsten Schritte?

In Check-in und Check-out darf sich üblicherweise jeder reihum kurz zu Wort melden, muss aber nicht. Manche Teams nutzen die Gelegenheit auch für „Eisbrecher“-Fragen, die den Rahmen nicht allzu ernst wirken lassen („Wenn du ein Plüschtier/Comic-Held/Zimmerpflanze wärst, welches wärst du?“). Im Check-in darf man vom vergangenen Urlaub, dem Wochenende oder der Familie erzählen und so dem Team einen kleinen Einblick in persönliche Themen geben. Die wichtigste Funktion besteht aber darin, Verhaltenserwartungen abzugleichen und das eigene Handeln für die anderen nachvollziehbar zu machen. Dazu kann man sowohl im Check-in wichtige Hintergrundinformationen liefern („Ich habe heute Nacht nur zwei Stunden geschlafen, bitte seht es mir nach, wenn ich heute nicht so viel Geduld habe.“), als auch im Check-out das eigene Verhalten noch einmal ins richtige Licht rücken („Danke, dass wir heute so engagiert um das Thema streiten konnten, das hat mich echt weitergebracht.“). Menschen, die mit Check-in und Check-out wenig Erfahrung haben, können manchmal unsicher sein, wie

---

[170] Brinkmann, Babette & Schattenhofer, Karl (2022): *Erfolgreiche Teams in der Selbstorganisation*. Vahlen, S. 166.

[171] Ebd., S. 162.

viel persönliche Offenheit von ihnen erwartet wird. Hier sollte es im Team ein gemeinsames Verständnis geben, dass es sich dabei um offene Einladungen handelt und man sich immer enthalten oder rein auf fachliche Themen beschränken darf.

Grundsätze guter Meetingteilnahme

Über welche Inhalte in Teammeetings gesprochen wird, unterscheidet sich natürlich je nach Team, Aufgabe und Kontext. Eine vollständige Liste wäre hier sicher nicht sinnvoll – die meisten von euch werden sowieso wissen, wie der inhaltliche Teil eines Meetings funktioniert. Es gibt aber einige allgemein nützliche Prinzipien für Meetingteilnahme, die sich eher auf der Metaebene abspielen.

Nicht alles, was gesagt wird, ist Information: der Grundsatz der Informationsdichte

Wann melde ich mich im Meeting zu Wort und wann nicht? Abhängig von der eigenen Persönlichkeit kann die individuelle Präferenz sehr unterschiedlich sein: Extrovertierte Menschen würden am liebsten jeden Gedanken und jede Assoziation mit der Gruppe teilen, während introvertierte Teammitglieder einen spannenden Beitrag lieber für sich behalten, als zu riskieren, dass die anderen ihn für dumm oder irrelevant halten. Beidem könnte man dadurch vorbeugen, dass auf gleiche Redezeit geachtet wird (auch strukturell, zum Beispiel, indem nach und nach jeder reihum etwas beitragen darf). Ich würde aber infrage stellen, ob ein Meeting automatisch besonders wertvoll und zielführend wird, nur weil alle gleich viel gesagt haben. Fair verteilte Redeanteile sind sicher ein ehrenwertes Ziel, für einen Meetingerfolg entscheidender ist aber die Informationsdichte, also wie viele Erkenntnisse der Termin in einer gegebenen Zeit liefern kann.

Dem Kybernetiker[172] Gregory Bateson wird das Zitat zugeschrieben: *„Information ist ein Unterschied, der einen Unterschied macht."* Wenn wir unsere Teammeetings möglichst informationsreich halten wollen, können wir uns an diesen beiden Kriterien orientieren: Was von dem, das mir durch den Kopf geht, ist anders als das, was schon gesagt wurde? Und: Welche der Gedanken, die ich teilen könnte, würden für die anderen tatsächlich einen Unterschied machen? Ob man etwas mitteilt oder nicht, sollte also weniger damit zusammenhängen, ob man *selbst* einen Gedanken spannend findet oder nicht, sondern wie wahrscheinlich es ist, dass er für die anderen relevant sein, also neue Informationen oder Erkenntnisse bedeuten könnte. Wenn das bedeutet, dass in einem Termin vor allem ein Teammitglied spricht und die anderen zuhören, ist das in Ordnung, solange das, was gesagt wird, für den Rest wichtig und informativ ist. Wir können also eine Art *Grundsatz der Informationsdichte* formulieren:

Teile nicht alles mit, was dir einfällt, sondern vor allem das, was einen Unterschied machen könnte!

Woher weiß ich als Teammitglied, was für die anderen einen Unterschied machen könnte? Hier hat dieser Grundsatz weitreichende Konsequenzen. Um das einschätzen zu können, braucht es gegenseitiges Situationsbewusstsein: Nur wenn ich weiß, woran

[172] „Kybernetik" beschäftigt sich als Wissenschaft mit Steuerungs- und Regelungsprozessen in komplexen Systemen. Die Arbeit von Gregory Bateson ist einer der Grundsteine, auf denen Niklas Luhmann später seine Theorie sozialer Systeme aufbaute.

die anderen Teammitglieder gerade arbeiten, welche Ziele sie verfolgen und welche Sorgen und Hoffnungen sie haben, kann ich einschätzen, welche Informationen für sie relevant sein könnten. Ich muss mich in die anderen hineinversetzen und mit ihnen mitfühlen. Umgekehrt bedeutet das natürlich, dass ich den Rest auch über meine eigenen Aufgaben, Ziele, Sorgen und Hoffnungen auf dem Laufenden halten muss, damit sie ihrerseits in meine Richtung zielgerichtet kommunizieren können. Ich bin hin und wieder von Teammitgliedern gefragt worden, warum sie ihre Aufgaben beispielsweise auf einem Taskboard für alle sichtbar abbilden müssen, sie selbst wüssten doch, woran sie arbeiten. Das ist richtig – aber der Rest des Teams weiß das eben nicht, und ohne diese Information bleibt ihnen nichts anderes übrig, als das Teammitglied mit allen verfügbaren Informationen zu fluten, da sie selbst deren Relevanz nicht einschätzen können. Transparenz über die eigenen Aufgaben herzustellen hat also wenig mit Kontrolle oder Statusberichten zu tun, sondern damit, vom Rest nur diejenigen Informationen bekommen zu können, die man wirklich braucht.

Der Grundsatz „Teile nur mit, was einen Unterschied machen könnte" kommt vor allem dann zum Tragen, wenn im Team weitgehend Einigkeit besteht. Es lassen sich schnell mehrere Minuten eines Meetings nur damit füllen, dass reihum noch einmal bereits etablierte Sichtweisen in eigene Worte gefasst werden. Wenn es keine Unterschiede zum bereits Gesagten gibt, kann man sich die Wortmeldung auch sparen oder auf eine kurze Bestätigung reduzieren: „Plus eins", „Sehe ich auch so", „Ich habe nichts hinzuzufügen" oder „Ich bin bei dem, was Kathrin vorhin gesagt hat" sind absolut valide und vollständige Beiträge und brauchen keine weitere Ausführung.

Gleichzeitig gilt aber auch: Das, was einen Unterschied machen würde, ist Information und sollte mitgeteilt werden! Ein häufiges Problem in unerfahrenen Teams ist, dass Teammitglieder ihren eigenen Wissensstand für allgemein verfügbare Information halten und später überrascht sind, wenn andere in Unkenntnis von Tatsachen scheinbar unsinnige Dinge tun. Wissen im Kopf eines Teammitglieds ist nicht automatisch Wissen des Teams! Das Team ist ein Kommunikationssystem, nicht eine Gruppe von Menschen. Nur das, was mitgeteilt wird, kann Teil des Teams sein, daher müssen wir darauf achten, alles, was das Team wissen sollte, bewusst mitzuteilen.

Nicht alles, was Information ist, ist auch zielführend: der Grundsatz der Zielorientierung

„Die für einen Agendapunkt aufgewendete Zeit verhält sich umgekehrt proportional zur involvierten Geldmenge."
Parkinsons Gesetz der Trivialität[173]

Ein wesentlicher Vorteil selbstorganisierter Teams ist, dass ihre Teammitglieder Routine darin entwickeln, das Geschehen auf der Metaebene zu reflektieren. In Meetings kann das besonders dann nützlich sein, wenn die Diskussion in andere Themen abbiegt, die nicht mehr viel mit dem erklärten Meetingziel zu tun haben, oder sich die Gruppe unangemessen lange mit unwichtigen Details beschäftigt. Wir können daraus einen *Grundsatz der Zielorientierung* formulieren:

[173] Parkinson, Cyril N. (1957). *Parkinson's Law, and Other Studies in Administration.* Houghton Mifflin. S. 24 (Übersetzung des Autors).

Beiträge, die die Gruppe dem erklärten Terminziel näher bringen, sind allgemein besser als Beiträge, die einen Rückschritt bedeuten oder die Diskussion in andere oder sogar irrelevante Themen führen.

Das klingt offensichtlich, braucht aber im Alltag durchaus etwas Aufmerksamkeit und Selbstdisziplin. Es ist leider sehr einfach, als Gruppe auf einen gedanklichen Faden aufzuspringen und erst nach mehreren Minuten zu merken, dass man das eigentliche Thema des Termins längst verlassen hat. Selbstorganisation im Team ist hier insofern ein Vorteil, dass Teammitglieder die Meetingziele kennen und verstehen, aufmerksam auf den Wert ihrer investierten Zeit achten, und es über längere Zeit gemeinsam eingeübt haben, ihre Zusammenarbeit auf der Metaebene zu reflektieren und zu besprechen. Ich erlebe es in selbstorganisierten Teams deutlich häufiger und früher, dass Teammitglieder von sich aus darauf hinweisen, wenn der Diskussionsverlauf nicht länger auf die erklärten Meetingziele einzahlt: „Das ist ein interessantes Thema, aber sind wir gerade noch auf Kurs? Ich sehe nicht, wie uns das zu dem führt, was wir in diesem Termin eigentlich erreichen wollen."

Zur allgemeinen Zielorientierung gehört auch, dass Meetings einen hohen inhaltlichen Fokus halten. Über zwei oder mehr Themen gleichzeitig zu sprechen ist für die Gruppe sehr unproduktiv, weshalb Teammitglieder darauf achten, dass es zu jedem Zeitpunkt nur ein einziges, klar benennbares Thema gibt. Andere Themen können in einer Themenliste oder Warteschlange gesammelt werden und werden erst angegangen, wenn das aktuelle Thema abgeschlossen wurde. In vielen Meetings ist die Themenliste eher implizit in den Hinterköpfen der Teilnehmenden, es kann aber auch helfen, für bessere Übersicht und Konzentration eine visuelle Übersicht anzulegen.

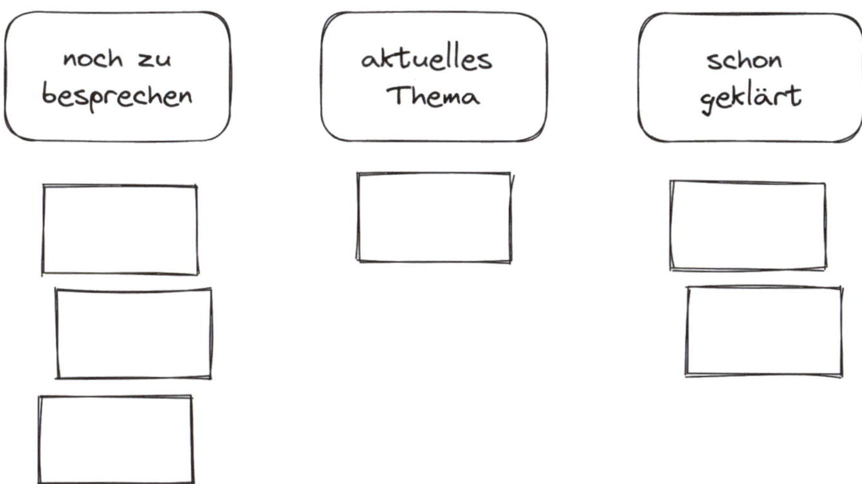

Wenn die Gruppe sehr diskussionsfreudig ist, kann es helfen, zu Beginn einen zeitlichen Rahmen für ein Thema festzulegen: „Wir geben uns zehn Minuten, um das zu besprechen, dann treffen wir entweder eine Entscheidung oder vertagen das Thema." Manche Teams nutzen auch eine Art Betroffenheitsregel: „In unseren Meetings werden nur Themen diskutiert, von denen mindestens einer der Anwesenden unmittelbar betroffen ist“ – es gibt also keine „Stellvertreter-Diskussion“ für andere Menschen und deren Probleme. Das kann helfen, die Gruppe auf akute und wichtige Themen zu konzentrieren und pragmatische Lösungen zu finden, es schränkt allerdings den Horizont des Teams auch auf riskante Weise ein.

Ein wesentlicher Grundsatz guter Meetingführung bleibt vom Grundsatz der Zielorientierung unberührt: Störungen haben Vorrang! Wenn etwas unerwartetes geschieht, das der Gruppe die normale Fortsetzung des Meetings unmöglich macht, ist der beste Weg, den ursprünglichen Ablauf konsequent fallen zu lassen und die gemeinsame Aufmerksamkeit der Störung zu widmen. Zu erfolgreicher Meetingdurchführung gehört auch die Fähigkeit, zu erkennen, wenn sich der Termin nicht mehr wie geplant abschließen lässt.

Visualisierung unterstützt das Verständnis: der Grundsatz der Offensichtlichkeit

Es wird schnell vergessen, dass der Begriff „Besprechung“ nicht bedeutet, dass nur verbal miteinander gesprochen werden darf. Alles, was das gegenseitige Verständnis und den Abgleich von Erwartungen unterstützt, ist erlaubt, auch Visualisierung von Inhalten, Gestik, Mimik, das Zeigen vorbereiteter Inhalte, die Verwendung von Gegenständen oder die Bewegung im Raum. Der *Grundsatz der Offensichtlichkeit* sagt:

Unsere Augen, Hände und weiteren Sinne können Informationen deutlich schneller und leistungsfähiger erfassen als nur unsere Ohren – nutzt sie!

Mit „Offensichtlichkeit“ ist dabei gemeint, dass sich möglichst viel Information aus der Gesamtsituation erschließen sollte, ohne dass man dafür Redezeit in Anspruch nehmen muss. Es hilft, sich jemanden vorzustellen, der erst in der Mitte des Meetings den Raum betritt. Kann sich diese Person selbstständig einen Überblick über bisherige Ergebnisse, noch anstehende Themen und den aktuellen Stand der Diskussion verschaffen, ohne dafür die Gruppe unterbrechen zu müssen? Schon kleine Details wie die Position im Raum transportieren Informationen, beispielsweise gehen wir bei einem vor der Gruppe stehenden Teammitglied davon aus, dass dieses gerade etwas präsentiert oder vorstellt, während im Kreis zu sitzen eher einen Austausch unter Gleichen suggeriert.

Dinge zu visualisieren ist aber sicher die mächtigste Form, ein Gespräch durch zusätzliche Informationen anzureichern. Mindestens die drei Fragen „Was besprechen wir gerade?“, „Was haben wir schon geklärt?“ und „Welche Themen stehen noch an?“ sollte man sich jederzeit selbst beantworten können – die eben besprochene visuelle Themenübersicht ist ein möglicher Schritt dazu. Unterschiedliche Standpunkte können festgehalten und räumlich zueinander angeordnet werden, beschlossene Maßnahmen und nächste Schritte in der Nähe der Tür gesammelt werden. Eine Selbstverortung auf einem „Energie-Barometer“ schafft Transparenz darüber, wann es mal wieder Zeit für eine Pause wäre.

Wie ist dein Energielevel gerade?

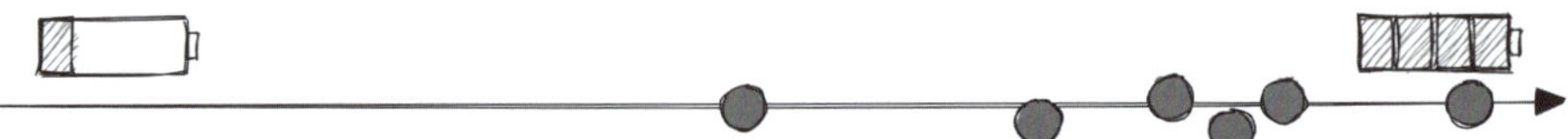

Es geht bei Visualisierung nicht nur darum, für Zuspätkommer oder Unaufmerksame eine Erinnerung zu schaffen. Verschriftlichen und Skizzieren wirken sich auf verschiedene Weise positiv auf den Meetingverlauf aus. Das aktuelle Thema gut sichtbar im Blick zu haben, unterstützt die Selbstfokussierung der Gruppe. Anstehende Themen aufzulisten, kann Entspannung und Konzentration fördern – wenn Teammitglieder ihr Herzensthema buchstäblich auf der Agenda sehen können, erlaubt ihnen das, gedanklich „loszulassen" und sich auf das laufende Gespräch zu konzentrieren. Eine Auflistung von Themen erlaubt die gemeinsame Priorisierung – eventuell muss ein Teammitglied früher gehen, dessen Thema deshalb vorgezogen wird. Ergebnisse, die an einem klar erkennbaren Ort gesammelt werden, können in die laufende Diskussion einbezogen werden: „Das Thema dürfte sich von alleine lösen, sobald wir die Maßnahme von vorhin umgesetzt haben …"

Allein schon die Verschriftlichung von Beiträgen ist ein bedeutungsvoller Akt. Ein Standpunkt, der vom Team offiziell aufgeschrieben und festgehalten wird, wird damit als valide und wichtig markiert und reduziert das Bedürfnis, ihm durch Emotion und Lautstärke mehr Gewicht zu verleihen. Unterschiedliche Sichten können nebeneinander gehängt und damit als Ergänzungen zueinander, nicht als Streitpunkte markiert werden. Und nicht zuletzt zwingt das Aufschreiben dazu, seine Vorstellungen konkret und in wenige Worte zu verpacken, was es dem Rest des Teams leichter macht, sie verstehen zu können.

Vermeide den Konjunktiv: der Grundsatz der Bestimmtheit

Besonders unproduktiv werden Meetings dann, wenn nur noch allgemein über Notwendigkeiten gesprochen wird, anstatt verbindliche Absprachen zu treffen. Gut erkennbar sind diese Momente oft an der Verwendung des Konjunktivs und vager Formulierungen: „Man müsste da wirklich mal etwas tun", oder „Wir sollten das nicht einfach so stehen lassen". Der *Grundsatz der Bestimmtheit* fordert hier dazu auf, konkret zu werden:

Was muss getan werden? Welche Handlungen sind nötig? Wer wird sie tun? Worin sieht der Sprecher bzw. die Sprecherin den eigenen Beitrag dazu?

Auch in selbstorganisierten Teams ist klare Verantwortungsübernahme Trumpf. Teammitglieder dürfen sich gern gegenseitig (freundlich) daran erinnern, in den Aussagen konkret zu werden und bei Entscheidungen Nägel mit Köpfen zu machen. Wer ist „man", was muss konkret getan werden? Es hilft, wenn Punkte auf der Themenliste von vorneherein nach ihrem Strukturtyp sortiert sind: Soll eine Information geteilt, die Gruppe befragt, eine Entscheidung getroffen werden? In den meisten Fällen lassen sich Themen in der Verantwortung derjenigen sehen, die sie eingebracht haben. Das bedeutet nicht, dass sie auch alle sich daraus ergebenden Aufgaben selbst übernehmen müssen, aber sie können dem Team helfen, indem sie ihr Thema vorstrukturieren und per Anfragen/Einladungen Arbeit ins Team verteilen:

- „Okay, es sind also Aufgaben A, B und C zu erledigen. Wer kümmert sich darum?"
- „Marco, ich sehe das bei dir. Passt das zu deinen Aufgaben, kannst du das übernehmen?"
- „Ich kann das machen, es geht aber schneller, wenn Anna mir das einmal kurz zeigt. Kannst du mir helfen?"

Kontextinformationen ergänzen Inhalte: der Grundsatz der Metakommunikation

Wir haben im Kapitel „Kommunikation“ schon beleuchtet, wie störungsanfällig und missverständlich unsere Kommunikation sein kann (siehe Seite 139). Ein- und dieselbe Aussage kann anders gemeint sein, als sie verstanden wird, und in allem, was wir mitteilen, schwingen unterschwellig Beziehungsaussagen, Selbstoffenbarungen und unausgesprochene Erwartungen mit.

Besonders häufig treten missverständliche Situationen in Meetings auf. Hier versucht das Team unter Zeitdruck, Ergebnisse zu bearbeiten, oft ist nicht viel Zeit für klärende Worte, und jeder mögliche Konflikt wird vor versammelter Runde angesprochen und verhandelt, was die Beteiligten zusätzlich stresst. Idealerweise vermeiden Teammitglieder Probleme von vorneherein, indem sie in ihren Wortmeldungen nicht nur inhaltliche Beiträge, sondern auch wichtige Metainformationen mitliefern. Dazu kann gehören, wie es ihnen gerade geht („Ich finde es super, dass wir darüber sprechen“), welche Beziehungen sie anstreben („Letztes Mal haben wir schon super zusammengearbeitet, das würde ich gern wiederholen“) oder aus welcher Rolle heraus eine Aussage zu verstehen ist („Ich würde das gern möglich machen, aber als Projektverantwortliche funktioniert diese Lösung für mich noch nicht“). Gerade Rolleninformationen können mit wenigen Worten ein reiches Kontextverständnis transportieren, ohne dass daraus ein längerer Monolog werden muss: „Bitte versteht meine Ablehnung nicht als Blockadehaltung. Ich spreche gerade nicht als normales Teammitglied, sondern als Projektverantwortliche. Wir waren uns im Team einig, dass mir in dieser Rolle ein Entscheidungsrecht zusteht, das nehme ich hiermit wahr. Unsere Beziehungen sind gesund, ich will eure Sichten darauf nicht abwerten, aber meine Verantwortung für das Thema zwingt mich dazu, eine bessere Lösung zu suchen – nicht, weil ich euch blöd finde, sondern weil ihr mir als Team diese Aufgabe übertragen habt.“ Natürlich kann der eigene Standpunkt in dieser ausführlichen Form erklärt werden, wenn es nötig ist. Bei eingespielten Teams reicht aber im Allgemeinen schon der Hinweis auf die eigene Rolle, um das eigene Verhalten für die anderen nachvollziehbarer zu machen.

Der *Grundsatz der Metakommunikation* sagt daher:

Sprich im Meeting nicht nur über fachliche Inhalte, sondern mache den anderen auch deine Erwartungen und dein Rollen- und Beziehungsverständnis transparent!

Teams, die zwanghaft versuchen, ihre Meetings rein auf der inhaltlichen Ebene zu halten, entwickeln über die Zeit die Tendenz, Beziehungskonflikte unterschwellig, quasi „über Bande“ auszutragen. Hin und wieder fällt in meinen Beraterkreisen bezogen auf Kunden die Aussage „Die müssten einfach mal offen und ehrlich miteinander reden“ – aber genau das kann in einem Team, das teilweise seit Jahren nicht über Erwartungen gesprochen hat, sehr schwierig sein.

Wir haben außerdem im Kapitel „Kommunikation“ gesehen, wie das Ein- und Ausklammern verschiedener Facetten einer Mitteilung helfen kann, Missverständnisse und Konflikte zu vermeiden (siehe Seite 144). Auch die anderen dort beschriebenen Meta-Techniken, wie beispielsweise das Paraphrasieren („Habe ich dich richtig verstanden, dass …“), tragen viel zu gelungenen Meetings bei.

Grundsatz der Informationsdichte:

Teile nicht alles mit, was dir einfällt, sondern nur das, was einen Unterschied machen könnte!

Grundsatz der Zielorientierung:

Fokussiere deine Beiträge auf das, was die Gruppe dem Terminziel näherbringt!

Grundsatz der Offensichtlichkeit:

Sorge dafür, dass möglichst viele Informationen schnell und intuitiv erfasst werden können!

Grundsatz der Bestimmtheit:

Vermeide Konjunktive und vage Aussagen - sprich über konkrete Personen und konkrete Handlungen!

Grundsatz der Metakommunikation:

Sprich neben Inhalten auch über Strukturen und Erwartungen, um Missverständnisse zu vermeiden!

Die fünf Grundsätze konsequent umzusetzen ist anspruchsvoll. Aber keine Sorge, sie sind keine unbedingte Voraussetzung dafür, als Team ein wertvolles Meeting haben zu können. Bitte stellt euch meinen Arbeitsalltag nicht so vor, dass ich acht Stunden am Tag informationsdicht, zielorientiert, spezifisch (und so weiter …) kommuniziere – ich kann in Teammeetings genauso unfokussierte und irrelevante Beiträge leisten wie die meisten Menschen. Ich versuche aber, bewusst auf den Wert meiner Meetings zu achten, schließlich ist es auch meine Lebenszeit, die dafür verwendet wird. Jedes Meeting, in dem wir die fünf Prinzipien ein Stück besser umsetzen können, wird dadurch etwas wertvoller werden, und am Ende haben alle etwas davon.

2.3 Die Rolle der Moderation

Die Rolle der Meetingmoderation habe ich bis hierhin bewusst ausgeklammert. Meetings in selbstorganisierten Teams brauchen nicht unbedingt eine offizielle Moderation. Bei routinierten Arbeits- und Abstimmungsterminen, oder wenn die von den Gastgebern erdachte Struktur schon für produktive Zusammenarbeit sorgt, kann und darf das Team seine Meetings gern frei durchführen. Bei langen oder schwierigen Terminen, Retrospektiven, Strategietagen oder größeren Teamworkshops kann eine Moderation aber helfen, indem sie den Austausch strukturiert und die gemeinsame Entscheidungsfindung erleichtert.

Moderation ist als Rolle klar definiert: Sie unterstützt die Gruppe dabei, auf Basis ihrer unterschiedlichen Wahrnehmungen und Interessen eine gemeinsame Richtung und Entscheidung zu finden. Moderation lenkt Aufmerksamkeit und ist damit – wie wir im nächsten Kapitel sehen werden – eine Führungsrolle. Um als neutrale Instanz wahrnehmbar zu sein, ist es wichtig, dass sie sich bei inhaltlichen Fragen enthält und die Arbeit rein auf die Prozess- und Strukturebene des Termins beschränkt. Eine eigene Agenda zu verfolgen, würde eine Moderation bei der Gruppe schnell in Manipulationsverdacht bringen und den Ablauf stören. Teammitglieder, die eine Moderationsrolle für einzelne Termine übernehmen, stellt das vor ein Dilemma, denn in aller Regel haben sie ja selbst ein inhaltliches Interesse an bestimmten Ergebnissen.

Man könnte hier nun den Schluss ziehen, dass Moderation im Team grundsätzlich am besten von externen Moderatoren übernommen werden sollte. Das halte ich für übertrieben und unnötig. Mitglieder eines selbstorganisierten Teams lösen im Alltag deutlich schwierigere Rollenkonflikte als den zwischen Moderation und inhaltlicher Mitarbeit, und wie glaubwürdig ist ein selbstorganisiertes Team, welches noch nicht einmal seine eigenen Meetings organisiert bekommt? Nichtsdestotrotz kann es in einzelnen Fällen gute Gründe für eine externe Moderation geben – zu diesen kommen wir später.

Vier Kernaufgaben der Moderation

Sam Kaner, Autor des „*Facilitator's Guide to Participatory Decision-Making*"[174], sieht die Aufgaben der Moderationsrolle in vier zentralen Bereichen, von denen sich zwei eher auf divergente, zwei eher auf konvergente Abschnitte des Termins konzentrieren:

1. **Gleiche Teilhabe ermöglichen:** Wenn das Ziel von Moderation ist, die unterschiedlichen Standpunkte zu einem gemeinsamen Ergebnis zu integrieren, müssen diese Standpunkte vorher besprechbar gemacht, also ins kollektive Bewusstsein gebracht werden. Wie sehr die Gruppe sich mit einem bestimmten Standpunkt beschäftigt, sollte von dessen Nutzen für das gemeinsame Ergebnis, nicht von Extrovertiertheit oder Eloquenz seiner Fürsprecher abhängen. Eine zentrale Aufgabe der Moderation ist daher, sicherzustellen, dass alle Beteiligten zu Wort kommen und Gelegenheit haben, ihre Sicht darzulegen. Sie tut das, indem sie unterschiedlichen Teilnehmern das Wort erteilt, zurückhaltende Menschen zum Sprechen ermutigt, Standpunkte präzisiert und für die Gruppe gut sichtbar festhält.
2. **Gemeinsames Verständnis herstellen:** Um gemeinsame Lösungen finden zu können, müssen Teilnehmende ein gemeinsames Verständnis der unterschiedlichen Interessen und Standpunkte entwickeln. Moderation unterstützt diesen Prozess, indem sie durch Paraphrasieren, Zusammenfassen und Visualisierung Standpunkte klärt, Ideen sammelt und mit der Gruppe weiterentwickelt, Missverständnissen vorbeugt, Teilnehmende aus ihrem eigenen Standpunkt herauslockt und sie einlädt, den Wert in anderen Perspektiven zu sehen.
3. **Integrierende Lösungen finden:** Sobald die Gruppe die unterschiedlichen Sichtweisen erfasst und verstanden hat, unterstützt die Moderation dabei, daraus eine gemeinsame Lösung zu entwickeln. Dabei ist vor allem wichtig, die Orientierung zu halten, den Austausch also nach und nach in Richtung des eigentlichen Terminziels zu lenken. Darüber hinaus stellt sie sicher, dass alle wichtigen Interessen berücksichtigt werden und die Gruppe zu einer glaubwürdigen und belastbaren Entscheidung findet.
4. **Gemeinsame Verantwortung aufbauen:** Gelungene Moderation hat nicht nur Entscheidungen zum Ergebnis, sondern stellt auch sicher, dass diese in gemeinsamer Verantwortung beschlossen werden. Teilnehmende verlassen den Termin mit dem Gefühl, die Ergebnisse gemeinsam erarbeitet und geprägt zu haben. Die Moderation unterstützt die gemeinsame Verantwortungsübernahme durch die Verwendung angemessener Entscheidungsmethoden und Möglichkeiten zur Einwandintegration.

[174] Kaner, Sam (2014). *Facilitator's Guide to Participatory Decision-Making* (3. Auflage). Jossey-Bass.

Nimmt man zu diesen vier Aufgaben noch die vordergründig sichtbaren Tätigkeiten hinzu, nämlich Steuerung der Diskussion, Lenken von Aufmerksamkeit, Visualisierung und gutes Zeitmanagement, wird klar, dass Moderation eine anspruchsvolle Rolle darstellt, die erlernt und geübt werden will und in einem Termin die volle Aufmerksamkeit des Rolleninhabers in Anspruch nimmt. Der oberflächliche Einblick an dieser Stelle kann eine ordentliche Weiterbildung oder auch nur ein gutes Lehrbuch sicher nicht ersetzen.[175] Zum Glück muss Moderation nicht „ganz oder gar nicht" erlernt werden. Es gibt eine Vielzahl hilfreicher Ideen und Techniken, die nach und nach in die eigene Arbeitsweise aufgenommen werden können und auch abseits von Moderationsaufgaben in vielen alltäglichen Gesprächen nützlich sind.

Einfache Moderationstechniken

Der Kernarbeitsbereich von Moderation besteht aus Situationen, in denen eine Gruppe gemeinsam ein Ergebnis erarbeiten möchte. Herausforderungen gibt es hier zahlreich: noch nicht fertig entwickelte Standpunkte, Konkurrenz um Redezeit, das Öffnen von Nebenthemen, Dominanz der Diskussion durch Einzelne, emotionale Ausbrüche, Fokusverlust und vieles mehr. Gute Moderation schafft es, in dieser Gemengelage sanft korrigierend, aber nicht zurechtweisend aufzutreten und die Gruppe immer wieder auf ihren ursprünglichen Kurs zurückzuführen. Zu den Techniken, die sie dazu einsetzen kann, gehören:

- **Redereihenfolge festlegen:** Wenn sich mehrere Menschen gleichzeitig zu Wort melden wollen, legt die Moderation eine Reihenfolge fest: „Okay … Anna, dann Ben, dann Carlotta." Zu wissen, dass sie gleich an der Reihe sein werden, entspannt die Teilnehmer und erlaubt es ihnen, sich auf die anderen Redebeiträge zu konzentrieren.
- **Parallele Themen sortieren:** Wenn die Gruppe versucht, mehrere Fragen gleichzeitig zu klären, können diese auseinandergezogen und nacheinander bearbeitet werden: „Wir haben jetzt mehrere Punkte aufgemacht. Lasst uns erst … klären, und dann kommen wir auf die übrigen Themen zurück." Verschriftlichung und sichtbare Visualisierung helfen: „Ich schreibe es auf die Themenliste, dann vergessen wir es nicht."
- **Fokussieren:** Es passiert schnell, dass ein Teil der Gruppe das ursprüngliche Ziel des Termins aus den Augen verliert und beginnt, engagiert über andere Themen zu streiten. Die Kunst für die Moderation besteht hier darin, den Zielfokus wiederherzustellen, ohne diese Menschen dabei vor den Kopf zu stoßen: „Wir sind jetzt etwas abgebogen. Ich verstehe, dass dieses Thema für euch auch interessant ist. Ich würde aber gern noch mal auf die eigentliche Fragestellung zurückkommen …"
- **Balancieren von Perspektiven:** Eine von der Moderation ausgestrahlte Kernbotschaft sollte sein, dass unterschiedliche Sichtweisen nicht nur normal, sondern sogar wertvoll und erwünscht sind. Tatsächlich ist der Hauptgrund dafür, ein Thema überhaupt im Team gemeinsam zu bearbeiten, die Verbesserung der Ergebnisse durch die Integration verschiedener Blickwinkel. Moderation kann bewusst darauf hinarbeiten, Unterschiede sichtbar zu machen, etwa durch Validierung abweichender Meinungen

[175] Weiterführende Literatur beispielsweise: Stach, Michaela (2022). *Moderation in Workshop und Meeting*. BusinessVillage; von Kanitz, Anja (2020). *Crashkurs Professionell Moderieren* (3. Auflage). Haufe; Engelmann, Ulrich & Baumann, Martin (2022). *Zielführend moderieren*. UTB; oder Funcke, Amelie & Havenith, Eva (2010). *Moderations-Tools*. managerSeminare.

(„Das klingt nach einer wichtigen Ergänzung. Ich nehme sie mit auf.") oder sogar durch bewusste Einladung, die bisherigen Ideen infrage zu stellen („Welche möglichen Nachteile des Vorschlags fallen euch ein?").

- **Neue Erkenntnisse generieren:** In der konstruktivistischen Sicht sind die Handlungsmöglichkeiten der Gruppe durch die Perspektiven beschränkt, die sie einnehmen kann. Immer dann, wenn die Gruppe gedanklich in einer „Sackgasse" steckt, kann Moderation zu bewussten Perspektivwechseln einladen, etwa durch zirkuläre Fragetechniken („Was denkt ihr, was unsere Stakeholder an dieser Stelle von uns erwarten?") oder dadurch, dass die gleiche Fragestellung von einer völlig neuen Seite angegangen wird („Was wäre, wenn...?"). Der Übergang zum Teamcoaching ist hier fließend.
- **Raum schaffen:** In einer engagierten Diskussion kann es für manche Teilnehmer schwierig sein, zu Wort zu kommen. Gerade eher zurückhaltende Menschen in der Gruppe haben aber oft wertvolle Beiträge zu leisten, nicht zuletzt deshalb, weil sie die vergangenen Minuten oft mit Nachdenken statt mit Reden verbracht haben. Sie in das Gespräch einzuladen, kann wichtige Impulse setzen („Wie siehst du das?"). Auch Schweigen ist eine stark unterschätzte Moderationstechnik. Gerade wenn jemand sichtlich noch am eigenen Verständnis arbeitet, ist Abwarten und den Raum halten oft der beste Weg. Stille darf gern einen Moment lang ausgehalten werden. Für mich war seinerzeit eine wichtige Erkenntnis, dass ich als Moderator nicht unbedingt das Wort ergreifen muss, wenn eine Frage unbeantwortet im Raum steht und niemand antwortet. Auch wenn es dreißig Sekunden oder länger dauern kann – jemand wird sich zu Wort melden, es ist nur eine Frage der Zeit.
- **Ideen weiterentwickeln:** In einer Gruppe, die mit oberflächlichen Ideen ein Problem bisher nicht lösen konnte, wird eine Diskussion, in der jeder nur den ersten Einfall teilt, vermutlich nicht zum Ziel führen. Für Kreativität und Tiefgang muss im offenen Gespräch aber bewusst Platz geschaffen werden. Moderation kann hier helfen, indem sie gemeinsam mit Teilnehmern deren Ideen entwickelt („Kannst du das weiter ausführen?"), konkretisiert („Hast du ein Beispiel, wie das aussehen könnte?") oder Alternativen aufbaut („Was noch?", „Was fällt dir sonst noch ein?").
- **Zeitlimits setzen:** Teilnehmer, die sich engagiert mit inhaltlichen Fragen auseinandersetzen, achten oft nicht auf die Zeit – und das ist auch in Ordnung. Es ist eine Aufgabe der Moderation, die Restdauer des Termins im Blick zu behalten, gedanklich auf die noch zu klärenden Themen zu verteilen, und Gespräche, soweit nötig, zu begrenzen („Ich gebe euch zehn Minuten, um diesen Punkt zu besprechen, danach gehen wir zum nächsten Thema über") oder abzukürzen („Wir haben noch Zeit für zwei Wortmeldungen, dann treffen wir eine Entscheidung"). Wenn sich die Gruppe erkennbar weiter mit einem Thema beschäftigen möchte, dadurch aber die Erreichung des ursprünglichen Meetingziels gefährden würde, sollte die Moderation auf den Konflikt hinweisen und eine Entscheidung einfordern.
- **Gemeinsamkeiten herausarbeiten:** Eine Gruppe, die sich zu 90 Prozent einig ist, wird sich in der Diskussion engagiert über die verbleibenden zehn Prozent Unterschiede streiten. In der gemeinsamen Wahrnehmung gerät dabei schnell aus dem Blick, wie nah man in den Überzeugungen eigentlich schon beisammen liegt, und dass es nur noch Details sind, die eine Einigung verhindern. Oft hilft es, in dieser Situation die vielen Gemeinsamkeiten zu benennen: „Ich höre hier jetzt heraus, dass wir uns in der groben Zielsetzung eigentlich schon einig sind ..."

- **Zusammenfassen und validieren:** In den Abschnitten über Kommunikation und Konflikte haben wir festgestellt, dass Missverständnisse (besser: Anders-Verständnisse) in sozialen Systemen normal und zu erwarten sind, und dass das Gefühl, nicht verstanden worden zu sein, Frust und Verärgerung aufbaut. Beidem kann eine Moderation dadurch vorbeugen, dass sie längere Wortbeiträge noch einmal kurz zusammenfasst: „Wenn ich dich richtig verstehe, geht es dir vor allem darum … – stimmt das?“ Nicht nur hilft die verbale Verdichtung den anderen, die Kernbotschaften schneller zu erfassen, sondern die Technik hat auch eine laufende deeskalierende Wirkung durch die Tatsache, dass Wortbeiträge immer von mindestens einer Person verstanden und validiert werden: der Moderation selbst.

Ein Grundprinzip zieht sich durch alle diese Techniken: Beiträge einer Moderation zielen immer darauf ab, die Integration unterschiedlicher Perspektiven zu unterstützen. Die Moderation selbst bewertet die Standpunkte der einzelnen Teilnehmer nicht und greift höchstens ein, wenn individuelles Verhalten den Ablauf stören könnte.

Auch wenn offene Gruppendiskussion sicher das Haupttätigkeitsfeld von Moderation ist, kann es für die Produktivität und Ergebnisqualität der Gruppe gut sein, die Standarddynamik „Alle sitzen in einem Besprechungsraum und diskutieren“ in irgendeiner Weise aufzubrechen. Weitere Möglichkeiten für die Gestaltung von Terminabschnitten sind etwa:

- **Stillarbeit:** jeder für sich, oft mit Verschriftlichung der Ergebnisse, um das eigene Verständnis aufzubauen und Standpunkte zu entwickeln.
- **Brainstorming:** ein klassisches Format für divergente Workshopabschnitte, meistens so strukturiert, dass eine Moderation Ideen schriftlich festhält, die ihr aus der Gruppe zugerufen werden. Je mehr und desto kreativer die Ideen, desto besser, weshalb Kritik an anderen Wortbeiträgen oft nicht zugelassen ist.
- **Wortmeldungsrunde:** Jeder darf sich reihum zu einem Thema oder einer Fragestellung äußern. Die Technik bringt zurückhaltende Teilnehmer zu Wort und stellt viele Perspektiven gleichberechtigt nebeneinander.
- **Kleingruppenarbeit:** oft auch „Breakout-Session“ genannt. Die Anwesenden teilen sich in Gruppen zu je drei bis sechs Teilnehmenden, die sich innerhalb eines festen Zeitrahmens konzentriert mit einem Problem oder einer Fragestellung beschäftigen. Die Gruppen können am gleichen Thema arbeiten, um anschließend unterschiedliche Perspektiven vergleichen können, oder unterschiedliche Fragestellungen behandeln, um mit mehr Ergebnissen aus dem Termin zu gehen.
- **1-2-4-all:** Eine Technik aus den *Liberating Structures,*[176] bei denen im „Turniermodus“ erst einzeln, dann zu zweit, dann zu viert (usw.) Ideen entwickelt und nach und nach immer weiter zu einem gemeinsamen Ergebnis integriert werden.
- **Iterative Ideenentwicklung:** Kleingruppenarbeit und Besprechung von Zwischenergebnissen in der großen Gruppe wechseln sich mehrmals hintereinander ab, während die Fragestellungen für die Kleingruppen fix gehalten werden. Der Austausch im Plenum bringt Einwände und Impulse, die die Kleingruppen dann in der nächsten Arbeitsphase für die Verbesserung ihrer Idee nutzen können. Oft werden die Arbeits-

[176] Siehe beispielsweise Steinhöfer, Daniel (2021). *Liberating Structures: Entscheidungsfindung revolutionieren.* Vahlen. S. 100 ff., oder online unter https://liberatingstructures.de/liberating-structures-menue/1-2-4-all/

phasen für die Kleingruppen kurz gehalten (10 Minuten oder weniger), damit Ideen nicht zu detailliert ausgearbeitet werden und Gruppenteilnehmer keine allzu große emotionale Bindung an ihre Vorschläge entwickeln.

- **Strukturierte Debatte:** Eine Debatte dient dazu, zwei unterschiedliche Standpunkte zum gleichen Thema tiefgehender zu untersuchen. Zu jedem Standpunkt wird eine Gruppe gebildet, die Argumente sammelt und anschließend in einem Plädoyer vor allen vertritt. Nachdem beide Gruppen ihre Sichten präsentiert haben, gibt es eine weitere Runde, in der auf die Argumente der anderen Gruppe Bezug genommen werden kann. Interessante Erkenntnisse entstehen oft dann, wenn Teammitglieder einen anderen Standpunkt als ihren eigenen verargumentieren dürfen.
- **Experten befragen:** Diskussionsbedarf entsteht oft dort, wo es an Informationen fehlt. Eventuell lassen sich teamexterne Personen finden, die Empfehlungen abgeben könnten? Gibt es Fachliteratur oder Vortragsvideos, in denen nützliche Impulse zu finden sind?
- **Anordnungs- und Ortswechsel:** Der Rahmen hat starken Einfluss auf die Dynamik eines Gesprächs. Zwei Teilgruppen, die sich an einem Tisch gegenübersitzen, werden sich in der Diskussion leicht in zwei Lager sortieren, während eine „Hörsaal"-Anordnung eher Präsentationen und längere Monologe begünstigt. Was passiert, wenn man nebeneinander, im Kreis, im Stehen oder auch im Liegen miteinander spricht? Kann man die Diskussion statt in einem Besprechungsraum auch in der Kantine, auf der Couch, in einem Café, im Park oder beim Spazierengehen führen?

Nicht zuletzt unterstützt Moderation während des Gesprächs die Gruppe durch Verschriftlichung und Visualisierung. Ideen werden möglichst so aufgenommen, wie sie gesagt wurden (also mit Originalformulierungen), aber so, als ob die Gruppe sie geschrieben hätte („Wir werden …"). Die Kunst guter Verschriftlichung besteht darin, lange Wortmeldungen so zu verdichten, dass sie auf einen Blick erfasst werden können, die Essenz des Gesagten einfangen und auch mit einigen Wochen Abstand im Fotoprotokoll noch verstanden werden können. Meistens bedeutet das, aus einem längeren Beitrag kurze Subjekt-Verb-Objekt-Sätze zu bilden: „Tim klärt Erwartungen mit Stakeholdern".

Visualisierung bedeutet nicht nur das schriftliche Festhalten von Ideen, sondern auch deren Anordnung zueinander, um den größeren Kontext des Gesagten abzubilden. Diese Anordnung kann mithilfe von Listen (für parallele Ideen), Matrizen (bei der Gegenüberstellung von zwei Dimensionen), Flowcharts (für Abläufe), logischen Verbindungen mit Pfeilen (um Ursachen und Wirkungen auszudrücken) oder Clustern (um Gemeinsamkeiten zu betonen) geschehen. Ein Fazit oder zentrales Ergebnis wird groß und visuell hervorgehoben, meistens mittig oder im unteren Teil der Fläche festgehalten.

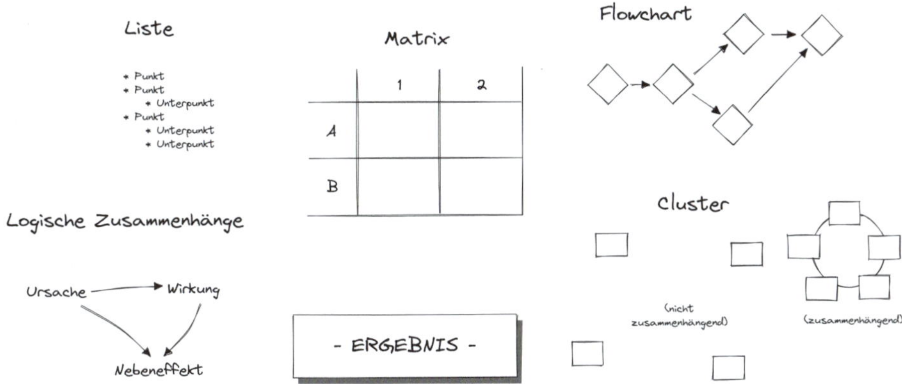

Interne oder externe Moderation

Für Teammitglieder stellt sich noch die Frage, wie sie gleichzeitig einen Termin neutral moderieren und ihre inhaltlichen Interessen angemessen vertreten können. Hierzu gibt es mehrere mögliche Ansätze:

- **„Neutrale" Themenwahl:** Bei den meisten Themen interessieren sich einige Teammitglieder mehr, andere weniger für die inhaltlichen Details. Letztere können ihre Kolleginnen und Kollegen dadurch unterstützen, dass sie sich für die Moderation anbieten: „Ich denke, ich kann mich bei dem Thema gut enthalten – soll ich die Moderation machen?"
- **Gastgeberrolle übernehmen:** Gastgeber, die durch ihr eigenes Meeting moderieren, haben es insofern etwas einfacher, dass von ihnen keine Neutralität erwartet wird. Sie sind diejenigen, die an einem Ergebnis das größte Interesse haben, daher steht es ihnen auch zu, strukturelle Entscheidungen zu treffen und im Termin bestimmte Richtungen stärker zu verfolgen als andere.
- **Bewusster Rollenwechsel:** In Teams, die mit rollenbasiertem Arbeiten schon etwas Erfahrung gesammelt haben, ist es für das moderierende Teammitglied möglich, den „Moderations-Hut" für kurze Zeit abzulegen, selbst etwas inhaltlich beizutragen und die Rolle dann wieder aufzunehmen. Dabei ist wichtig, dass der Rollenwechsel explizit stattfindet, damit der Rest seine Verhaltenserwartungen entsprechend anpassen kann: „Ich gehe mal kurz aus der Moderation raus. Meine persönliche Sicht darauf ist …"
- **Einen Stellvertreter finden:** Perspektiven, die aus Sicht des moderierenden Teammitglied unbedingt berücksichtigt werden müssen, können auch einem anderen Teammitglied „stellvertretend" mitgegeben werden. Beispielsweise könnte ich als Terminmoderator eine Teamkollegin im Vorfeld bitten, für mich bestimmte Standpunkte oder Interessen zu vertreten. Diese würde dann im Termin ihren Rollenwechsel jeweils transparent machen: „Kai hat mich im Vorfeld gebeten, hier noch einmal daran zu erinnern, dass … „

In besonderen Situationen kann es für das Team sinnvoll sein, eine externe Moderation aus einem anderen Team oder durch professionelle Teamcoaches in Anspruch zu nehmen. Solche Situationen können sein:

- Konflikte oder emotional aufgeladene Themen, bei denen Teammitglieder nicht neutral sein können, die Moderation sehr schwierig sein wird oder die Gefahr besteht, dass Beziehungen innerhalb des Teams beschädigt werden.
- Innovative inhaltliche oder strukturelle Vorhaben, bei denen die Lösungswege unbekannt sind oder Methoden und Ansätze genutzt werden sollen, mit denen das Team wenig Erfahrung hat.
- Festgefahrene Probleme, bei denen das Team in einer Sackgasse steckt und mehrere Lösungsversuche bisher nicht zum Erfolg geführt haben.
- Lange erfolgreiche Zusammenarbeit, in der die Perspektiven innerhalb des Teams so ähnlich geworden sind, dass sich das Team frische Impulse und Wahrnehmungen von außen wünscht.
- Arbeitsphasen mit hohem Ergebnisdruck, in denen Teammitglieder inhaltlich stark gefordert sind und der Kopf für Moderation nicht frei ist.
- Strategisch wichtige Themen (z.B. Jahresplanung), in denen alle Teammitglieder inhaltlich mitarbeiten wollen und niemand für die Moderation zur Verfügung steht.

Bei der Beauftragung externer Moderatoren oder Coaches darf sich das Team selbst als Auftraggeber sehen und seine Ideen und Vorstellungen als Erwartungen an die externe Person formulieren. Klare Vereinbarungen im Vorfeld helfen, den Termin nach den Wünschen des Teams zu organisieren. Gute Teamcoaches übernehmen früh Verantwortung für den Prozess, beraten das Team zur Frage, wie es seine Ziele am besten erreichen kann, und kommunizieren offen, was von ihrer Seite aus möglich ist und was nicht. Zum Ablauf einer solchen Zusammenarbeit siehe den entsprechenden Abschnitt ab Seite 394.

2.4 Abschluss und Nachbereitung

Ist das eigentliche Meetingziel erreicht, gibt es wenig Gründe, den Termin weiter in die Länge zu ziehen. Gemeinsam werden die wesentlichen Ergebnisse und Vereinbarungen zusammengefasst. Wenn einzelne Teammitglieder individuelle Aufgaben mitnehmen, geben sie noch einmal kurz wieder, was sie verstanden haben und im Anschluss tun werden. Es ist wichtig, dass bei allen Aufgaben das „Wer“ und „Was“ klar sind – allgemeine Wünsche („Erwartungen mit Stakeholdern absprechen“) laufen Gefahr, nicht bearbeitet zu werden. Das Meeting endet mit einem kurzen Check-out („Wie gut war eure Zeit in diesen Termin investiert?“), anschließend verabschieden die Gastgeber die Runde und erklären den Termin offiziell für beendet.

Sollten Ergebnisse für nicht anwesende Personen relevant sein, können die Gastgeber diesen eine kurze Zusammenfassung mündlich oder schriftlich zur Verfügung stellen. Meetingprotokolle, in denen detailliert der Verlauf des Termins mit allen Wortmeldungen und Ergebnissen festgehalten werden, sind mittlerweile sehr unüblich – die meisten Teams haben die Erfahrung gemacht, dass diese zu selten gelesen werden und zu wenig relevante Informationen enthalten, als dass sich der Aufwand lohnen würde. Eine wesentliche Funktion dieser Protokolle, nämlich das Festhalten und Nachverfolgen von Aufgaben, wird vom Taskboard des Teams übernommen. Idealerweise verwendet die Gruppe die letzten Minuten des Termins, um Aufgaben auf das Taskboard zu übernehmen, damit sie nicht vergessen werden.

2.5 Kommunikation außerhalb von Meetings

In erfolgreichen Teams findet ein wesentlicher Teil der Kommunikation *außerhalb* von Meetings statt. Der Spruch vom „Meeting, das besser eine E-Mail geworden wäre", ist alt, aber weiterhin zutreffend. Den meisten Teams steht eine Fülle unterschiedlicher Wege zur Verfügung, dieselbe Information mitzuteilen. Zu verantwortungsvoller Mitarbeit im Team gehört daher auch regelmäßig die Entscheidung, welche Zeit, welcher Ort und vor allem welcher Kommunikationskanal für das eigene Anliegen am besten geeignet ist.

Teammeetings sind immer dann der richtige Kanal, wenn:

- Entscheidungen zu treffen sind und der verwendete Modus die direkte Interaktion der ganzen Gruppe erfordert, zum Beispiel per Einwandintegration. Entscheidung per Abstimmung lassen sich dagegen auch außerhalb von Meetings durchführen.
- Informationen geteilt oder Ergebnisse vorgestellt werden, bei denen eine größere Anzahl von Rückfragen zu erwarten ist und diese auch Bezug aufeinander nehmen können.
- Ideen oder Perspektiven gesammelt werden sollen und es wahrscheinlich ist, dass Teilnehmende sich gegenseitig inspirieren und gemeinsam eine „Ja, und ..."-Dynamik entwickeln könnten.

Grundsätzlich lässt sich nicht sagen, dass bestimmte Kanäle, wie z.B. persönliche Gespräche, anderen Formen der Kommunikation immer vorzuziehen wären. Unterschiedliche Anliegen stellen unterschiedliche Anforderungen an das Team, beispielsweise direkte Interaktionsmöglichkeiten der Teilnehmenden untereinander, zeitliche Dringlichkeit, Informationsdichte, Grad der Beziehungsaktivierung, Strukturtyp (Information, Beratung, Entscheidung, Meinungsbildung) und so weiter. Diesen stehen unterschiedliche Austauschmöglichkeiten gegenüber, unter denen die jeweils passende Form ausgewählt werden will. Um das zu erleichtern, können wir die zahlreichen Kriterien in die allgemeinere Eigenschaft „*Kopplung*" zusammenfassen. Stark gekoppelte Kommunikationsformen stellen große Voraussetzungen an die Teilnehmenden, etwa, dass sie zur gleichen Zeit am gleichen Ort anwesend sind und ihre Aufmerksamkeit voll und ganz dem Gespräch widmen. Schwach gekoppelte Formen sind von Zeit und Ort unabhängig, können asynchron und in einer Vielzahl von Situationen genutzt werden oder der Kommunikationspartner muss gar nicht persönlich bekannt sein.

Nochmal: Auch wenn die tendenziellen Eigenschaften stark gekoppelter Kommunikation (persönlich, nuanciert, interaktiv) auf den ersten Blick positiver wirken, soll die Aussage hier nicht sein, dass man am besten alles in Meetings und persönlichen Gesprächen klärt. Die dafür verfügbare Zeit der Teammitglieder ist begrenzt und sollte geschont werden, indem man wo möglich auf weniger „fordernde" Kommunikationswege ausweicht. Den Großteil der alltäglichen Kommunikation über schwächer gekoppelte Kanäle abzuwickeln, gibt den Themen, die dann in direkten Gesprächen besprochen werden, auch eine ganz andere Wichtigkeit.

Gründe, stärker gekoppelte Kommunikationswege zu nutzen, können sein:

- Das Thema ist sehr wichtig und/oder dringend.
- Es ist absehbar, dass es Gesprächsbedarf geben wird.
- Die Gruppe muss sich noch eine Meinung oder gemeinsames Verständnis bilden.

- Die Information ist sensibel oder beziehungsbezogen, ihre Verbreitung muss kontrolliert werden.
- Es soll Wertschätzung und Respekt ausgedrückt werden.
- Es soll Raum für Kreativität und gegenseitige Inspiration geben.

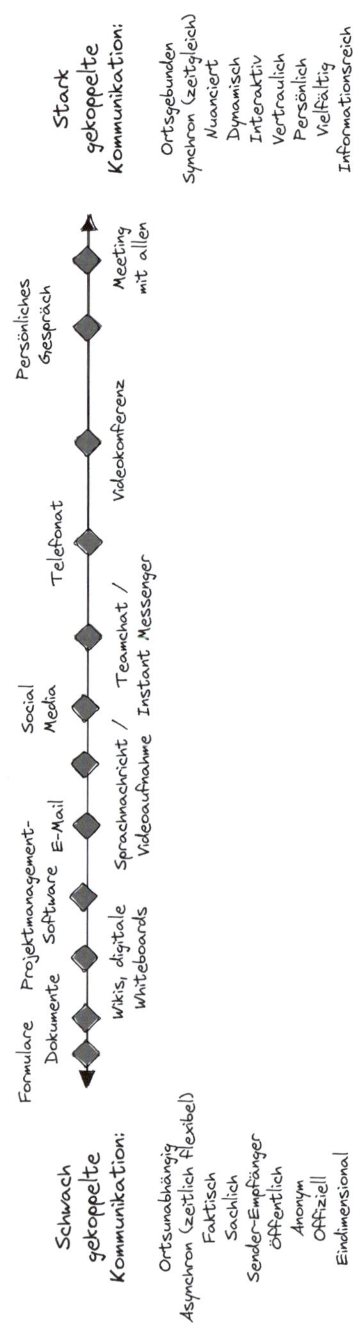

Beispiele für Themen, die sich auch über andere, meist digitale und asynchrone Kanäle erledigen lassen, sind etwa:

- Bekanntgabe von Informationen, zu denen es wenig Rückfragen geben wird.
- Kurze Updates: „Ich arbeite heute Nachmittag nicht", „Thema XY ist fertig".
- Einholen von Perspektiven zu einer klar formulierten Fragestellung.
- Treffen von Entscheidungen, für die Optionen und Methodik schon feststehen.
- Länger laufende Diskussionen, bei denen es in nächster Zeit keine Einigung braucht.
- Festhalten von Ergebnissen eines Meetings oder Workshops.
- Terminabsprachen mit längerem Vorlauf.
- Lose Zusammenarbeit mehrerer Teammitglieder an einer Aufgabe, mit gelegentlichem Abgleich des Arbeitsstands.
- Verbreitung wenig wichtiger Inhalte („FYI – For Your Information", „Schaut mal, ich hab hier was Interessantes gefunden …").

Einen besonders interessanten Platz nehmen auf Teams fokussierte Chatplattformen bzw. Instant Messenger ein, die wir im Kapitel „Teamstrukturen" schon kurz angeschnitten hatten (siehe Seite 97). Die Kombination von zeitlicher und räumlicher Flexibilität, Vertraulichkeit, Übersicht mithilfe themenbezogener Kanäle und Threads, formloser Kommunikation und guten Integrationsmöglichkeiten in Projektmanagementtools, Apps und andere Werkzeuge passt hervorragend zur zeitlich und räumlich flexiblen, netzwerkförmigen Zusammenarbeit moderner Teams, was sie zu einer guten Ergänzung zwischen persönlichen Gesprächen auf der einen und offiziellen Dokumenten und E-Mails auf der anderen Seite macht. Viele der gängigen Werkzeuge haben ihre integrierende Rolle verstanden und akzeptiert und bieten Möglichkeiten, während der Zusammenarbeit (mehr oder weniger unkompliziert) zwischen Video-/Audiokonferenz, asynchronem Chat und gemeinsamem Bearbeiten von geteilten Dokumenten zu wechseln.

3. Weiterentwicklung des Teams

„Revolutionär wird der sein, der sich selbst revolutionieren kann."
Ludwig Wittgenstein

Was bedeutet es, dass ein Team sich „entwickelt"? Selbst im Gespräch mit professionellen Organisationsberatern und Teamcoaches habe ich manchmal den Eindruck, dass Teamentwicklung als geheimnisvolles und schwer fassbares Phänomen betrachtet wird. Jeder kann ein neues, unerfahrenes Team auf den ersten Blick von einem eingespielten und erfahrenen Team unterscheiden, die Effekte erfolgreicher Teamentwicklung sind also klar beobachtbar – aber was ist es, das sich auf dem Weg vom einen zum anderen verändert?

Gehen wir noch einmal ganz zurück an den Anfang und stellen uns zwei Teams an unterschiedlichen Enden ihrer Teamentwicklung vor. Am einen Ende finden wir eine Gruppe von Fremden, die einander noch nicht kennen und nicht einschätzen können, nicht wissen, was sie zu tun haben oder wie sie es tun werden und die weder interne (innerhalb der Gruppe) noch externe Erwartungen (der Teamumwelt) verstehen. Diese

Gruppe beginnt gewissermaßen „auf der grünen Wiese“ ohne jegliche Struktur, und das Einzige, was sie von einer zufällig zusammengewürfelten Gruppe von Menschen unterscheidet, ist die Erwartung kommender Zusammenarbeit.

Am anderen Ende steht ein Team, welches seine Aufgaben mit schlafwandlerischer Sicherheit bewältigt. Die Mitglieder des Teams haben sich Strukturen geschaffen, die ihnen genau das Maß an Unterstützung bieten, die sie brauchen. Aufgabenannahme und -bearbeitung verlaufen routiniert und ohne Reibungsverluste. Auftretende Probleme oder Überraschungen werden ruhig und zügig gelöst, Konflikte und unterschiedliche Perspektiven sachlich verhandelt und zum gemeinsamen Vorteil genutzt. Das Team hat sich *selbst organisiert*: Es hat Strukturen etabliert, die für alle Mitglieder nützlich und nachvollziehbar sind, und es hat sich so in sein Umfeld integriert, dass es gleichzeitig die Interessen von Kunden, Stakeholdern und Teammitgliedern erfolgreich bedienen kann. Manche würden vielleicht sagen, dass die Mitglieder dieses Teams gelernt haben, gut miteinander zu arbeiten. Wir können es klarer auf den Punkt bringen: Teammitglieder haben ihre Erwartungen untereinander geklärt, ein gemeinsames Verständnis von Ziel und Arbeitsweise aufgebaut und ihr individuelles Verhalten darauf abgestimmt.

Den strukturbildenden Prozess, der ein Team über die Zeit vom ersten in das zweite Szenario überführt, nennen wir *Teamentwicklung*. In seinem Mittelpunkt steht der Abgleich von Erwartungen und Erwartungs-Erwartungen sowohl der Teammitglieder untereinander als auch zwischen dem Team und der Teamumwelt. Zur Erinnerung:

Als Team bezeichnen wir das Kommunikationssystem, nicht die Gruppe der Menschen. Teamentwicklung ist daher das Weiterentwickeln von Kommunikationsstrukturen, nicht das Verändern von Menschen.

Teamentwicklung ist nichts anderes, als sich gemeinsam so zu organisieren, dass das Team die an es gerichteten Erwartungen erfüllen kann. Dabei ist wichtig, dass in der systemischen Perspektive nicht nur Kunden, Stakeholder und andere Teile der Organisation, sondern auch die Teammitglieder zur „Umwelt“ des Teams gehören und sich das Team auch in deren Erwartungen integrieren muss! Da die Erwartungen an das Team nicht nur schwierig zu balancieren sind, sondern sich auch über die Zeit verändern, ist eine Teamentwicklung nie abgeschlossen.

„Die besten Teams leisten natürlich immer gute Arbeit für ihre Kunden. Aber sie werden mit der Zeit auch zu immer leistungsfähigeren Einheiten, da Mitglieder Erfahrungen sammeln und neue und bessere Wege der Zusammenarbeit entdecken. Und schließlich bieten sie ein Umfeld, in dem jedes einzelne Mitglied in seiner Teamarbeit ein gutes Maß an persönlichem Lernen und Erfüllung finden kann. Ein effektives Team erfüllt alle drei Aufgaben.“[177]

Wir können unser Verständnis von Teamentwicklung also so zusammenfassen:

Teamentwicklung ist ein strukturbildender Prozess, in dem wechselseitige Erwartungen zwischen Teammitgliedern, aber auch zwischen Team und Teamumwelt abgeglichen und verhandelt werden. Erfolgreiche Teamentwicklung führt zu klaren und tragfähigen Strukturen und

[177] Hackman, Richard (2002). *Leading Teams: Setting the stage for great performances.* Harvard Business Review Press. S. 23 (Übersetzung des Autors).

Vereinbarungen, die für die Beteiligten Erwartungssicherheit schaffen und so dem Team erfolgreiche Zusammenarbeit und eine gelungene Kontextintegration möglich machen.

Es ist klar, dass das selbstorganisierte Team diesen Prozess nur selbst durchführen kann. Man kann ein Team nicht von außen „entwickeln", weil jeder Eingriff von außen dem Team Entscheidungen und damit Verantwortung abnimmt und damit genau den Prozess stört, den man doch eigentlich unterstützen möchte. Man kann allerdings Einfluss auf das Geschehen nehmen, indem man (als Stakeholder oder Teammitglied) klare Erwartungen an das Team formuliert, dem Team also externe Orientierungspunkte anbietet, an denen es sich ausrichten kann.

Wir sehen, dass Teamentwicklung zwar ein dynamischer, aber kein mysteriöser Prozess ist. Er entzieht sich in vielen Situationen direkten Steuerungsversuchen, findet deshalb aber nicht zufällig statt. Im Gegenteil: Mit Blick auf unser Verständnis von Teamentwicklung ist vollkommen klar, dass Beziehungsaufbau, Strukturbildung, Rollenfindung und Integration vom Team bewusst durchgeführt werden können. Das Ergebnis mag vorher nicht absehbar und der Erfolg nicht garantiert sein, aber konkrete Schritte lassen sich daraus ohne Weiteres ableiten.

3.1 Nutzen und Schwächen von Teamentwicklungsmodellen

Um den Prozess noch besser zu verstehen, können wir gängige Teamentwicklungstheorien genauer unter die Lupe nehmen. Zur Beobachtung und Erklärung von Teamentwicklungsprozessen ist über die Jahre eine ansehnliche Anzahl verschiedener Modelle entstanden, deren wissenschaftlicher Anspruch sehr unterschiedlich ausfällt. Eines der frühesten und bekanntesten Modelle stammt aus der Feder des US-amerikanischen Psychologen Bruce Tuckman und beschreibt Teamentwicklung als Prozess mit fünf wesentlichen Phasen:[178]

1. **Forming:** Das Team bildet sich, es wird geklärt, wer dazugehört und wer nicht. Der Fokus liegt darauf, Beziehungen aufzubauen und sich gegenseitig kennen zu lernen. Teammitglieder verhalten sich tendenziell höflich, zurückhaltend und konfliktscheu, testen vorsichtig aus, welches Verhalten innerhalb der Gruppe akzeptabel ist und orientieren sich bevorzugt an Personen, die das definieren können (z.B. eine Teamleitung). Es findet nur wenig tatsächliche Zusammenarbeit statt, Themen werden vor allem durch Einzelne bearbeitet. Um die allgemeine Unsicherheit zu bewältigen, kann der Wunsch nach Abgrenzung von individuellen Zuständigkeiten und Verantwortungsbereichen aufkommen, was die Struktur schnell in Richtung Arbeitsgruppe entwickeln würde.
2. **Storming:** Widersteht das Team der Versuchung, die internen Abhängigkeiten durch Abgrenzung aufzulösen, erreicht es nach einiger Zeit einen Punkt, an dem sich unterschiedliche Erwartungen und Vorstellungen der Teammitglieder nicht länger

[178] Tuckman, Bruce (1965). *Developmental sequence in small groups.* Psychological Bulletin, 63(6), 384–399. Das Modell umfasst hier nur vier Phasen, die fünfte Phase „Adjourning" wurde später hinzugefügt.

ignorieren lassen. Es entstehen Konflikte, die teilweise emotional ausgetragen werden können. Aufkommende Differenzen zu klären ist für das Team notwendig, es besteht allerdings ein erhebliches Risiko für Konflikteskalation, bei der inhaltliche Auseinandersetzungen auf die Beziehungsebene übergreifen. Teammitglieder können ihre Mitgliedschaft oder die von anderen kritisch hinterfragen, es kann zu personellen Veränderungen kommen.

3. **Norming:** Wenn das Team an seinen anfänglichen Konflikten nicht zerbricht, bilden sich über die Zeit die Beziehungen, Strukturen und Rollen aus, die für seinen Alltag notwendig sind. Konflikte werden nicht länger über Konfrontation, sondern über neue Vereinbarungen gelöst. Das Team baut geteilte Positionen und Prinzipien auf, die nach außen hin gemeinsam vertreten werden. Im gleichen Maß, wie das Team belastbare Vereinbarungen findet, nehmen Wertschöpfung und Produktivität spürbar zu. Der Fokus verschiebt sich von der internen Organisation auf die fachliche Arbeit. Oft ist dies der Zeitraum, in welchem sich Teammitglieder wirklich mit dem Team zu identifizieren beginnen, was von früheren Teams und Abteilungen auch negativ wahrgenommen werden kann.
4. **Performing:** Ursprünglich als Endzustand des Teams aufgenommen, beschreibt Performing einen Zustand des produktiven Gleichgewichts. Die wesentlichen Strukturen und Erwartungen im Team sind geklärt, eine gemeinsame Vorgehensweise ist gefunden. Anders, als man meinen könnte, zeigt ein Performing-Team oft intensiveres Konfliktverhalten als in der Norming-Phase davor, aber der Umgang damit ist ein anderer. Meinungsverschiedenheiten werden als notwendiger Teil der Lösungsfindung gesehen, die die Qualität der gemeinsamen Vereinbarungen verbessert. Ein stabiles Team, welches die bisherige Entwicklung erfolgreich durchlaufen hat, kann sich oft über Monate oder Jahre in einem Performing-Zustand halten.
5. **Adjourning** ist eine Phase, die dem Modell erst später hinzugefügt worden ist. Sie beschreibt die sozialen Prozesse, die während und nach einer Teamauflösung ablaufen. Gemeinsame Verantwortung geht verloren, Teammitglieder orientieren sich neu und suchen nach ihrer nächsten Aufgabe. Je nach Team und Umständen der Auflösung können Trauerprozesse stattfinden, die bis zu Kündigungen reichen können. Die Produktivität des Teams sinkt dramatisch im Vergleich zu vorher. Manchmal kann es schwierig sein, das gemeinsame Vorhaben noch ordentlich abzuschließen, bevor sich zu viele Teammitglieder von der gemeinsamen Sache verabschieden.

Auch wenn das Tuckman-Modell recht logisch klingt, ist es doch problembehaftet. Tuckman hatte sich in seiner Entwicklung vor allem mit Therapiegruppen beschäftigt und die Übertragbarkeit auf Teams infrage gestellt. Empirische Studien zeigen, dass die Verortung von Teams in den Teamphasen selten eindeutig möglich ist.[179] In der Realität kennen sich häufig einige Teammitglieder schon, andere sind sich komplett fremd. Einige mögen gerade erst lange genug dabei sein, um die Unterschiede in den Erwartungen

[179] Z.B. Knight, Pamela (2007): *Acquisition Community Team Dynamics: The Tuckman Model vs. the DAU Model.* In: Proceedings of the 4th Annual Acquisition Research Symposium of the Naval Postgraduate School.
Nur ungefähr zwei Prozent der etwa 320 untersuchten Teams folgten erkennbar dem Verlauf von Tuckmans Teamphasen. Vor allem eine Storming-Phase ließ sich selten eindeutig feststellen: Konfliktverhalten war in den untersuchten Teams sehr unterschiedlich ausgeprägt, allgemein aber über ihre komplette Entwicklung hinweg beobachtbar, anstatt sich in eine klare Phase eingrenzen zu lassen.

klar wahrnehmen zu können, während andere das Team wieder verlassen und sich im Prozess der Abnabelung befinden. Ein Team kann sich also in einer, mehreren, keiner oder auch allen dieser „Phasen" gleichzeitig befinden. Babette Brinkmann und Karl Schattenhofer fassen es gut zusammen:

„Die Annahme, dass so komplexe soziale Systeme wie Teams sich nach festen Phasen entwickeln, ist unrealistisch und wurde auch empirisch nicht belegt. Viele Teams arbeiten gut und effektiv zusammen, ohne bei sich eine Stormingphase festgestellt zu haben. Andere Teams erlebten nach heftigen Konflikten und mühsamer Klärung keine florierende Produktivität, sondern Erschöpfung und Langeweile."[180]

Problematisch am Tuckman-Modell ist vor allem die Annahme einer Storming-Phase – die Vorhersagequalität des Modells steigt deutlich, wenn diese aus der Betrachtung entfernt wird. Babette Brinkmann und Karl Schattenhofer schlagen deshalb ein dreistufiges Modell aus *Formierung, Zusammenarbeit* sowie *Krise und Wandlung* vor und vertreten damit eine ähnliche Sicht wie andere Autoren.[181] Auch unter dem Gesichtspunkt des Erwartungsabgleichs bietet sich ein dreistufiges Modell an.

Phase 1: Formierung/Normierung – Etablieren gemeinsamer Erwartungen

Zu Beginn der Zusammenarbeit haben Teammitglieder individuelle Erwartungen und Erwartungs-Erwartungen, die nicht miteinander abgeglichen sind. Teammitglieder spüren, dass ihr Situationsverständnis nicht belastbar ist, die Unsicherheit ist demzufolge hoch. Da das Ziel die gemeinsame Übernahme von Verantwortung ist, sollte das Team bewusst darauf achten, gegenseitige Abhängigkeiten und Arbeitsbeziehungen aufzubauen, beispielsweise indem gemeinsam geplant und Aufgaben zu zweit oder dritt übernommen werden. Gleichzeitig kann es Unsicherheit reduzieren, indem es in einem Kick-off gemeinsame Strukturen und Arbeitsweisen vereinbart. Die bewusst intensive Zusammenarbeit und das Etablieren von Strukturen fördern den Beziehungsaufbau und schaffen Erwartungssicherheit. Es kann sinnvoll sein, die ersten Strukturen des Teams offiziell als „vorläufig" zu markieren, um unterschiedliche Vorstellungen und Interessenkonflikte nicht zu früh auf den Tisch zu bringen. Idealerweise klärt das Team grundsätzliche Unterschiede in den Erwartungen erst nach wenigen Wochen, wenn sich die Beziehungen innerhalb des Teams als belastbar erwiesen haben und das Team etwas Routine in der gemeinsamen Problemlösung aufgebaut hat.

In den ersten Monaten nach einer Teamgründung ist das Risiko für Konflikte im Team höher als sonst, da Teammitglieder noch nicht für alle Aspekte der Zusammenarbeit belastbare Vereinbarungen gefunden haben. In dieser Zeit sollte das Team besondere Aufmerksamkeit auf sachliche Auseinandersetzung und konstruktive Konfliktlösung richten. Es ist wichtig, Meinungsverschiedenheiten auf der Sachebene nicht auszuweichen, sondern sie aktiv anzugehen. Gleichzeitig muss das Team darauf achten, dass sich Konflikte nicht auf der Beziehungsebene festsetzen und dort eskalieren können. Wo möglich, kann es hilfreich sein, unterschiedliche Sichten einfach gleichberechtigt nebeneinander stehen zu lassen, nach dem Motto „agree to disagree". Positive Erfahrungen, die das Team im Verhandeln von Erwartungen und der weiteren Anpassung der inter-

180 Brinkmann, Babette & Schattenhofer, Karl (2022). *Erfolgreiche Teams in der Selbstorganisation.* Vahlen. S. 12.

181 Siehe z.B. auch Knight, Pamela (2007): *Acquisition Community Team Dynamics.* In: Proceedings of the 4th AARS.

nen Strukturen macht, bilden ein starkes Fundament für die weitere Zusammenarbeit. Diese Konflikte können, müssen aber nicht stattfinden, hin und wieder sind auch nur einige Teammitglieder betroffen. Manche Teams scheinen im Glauben an die Notwendigkeit einer „Storming"-Phase Konflikte aktiv anzuzetteln, um diese Phase „hinter sich zu bringen". Davon kann ich nur abraten – wenn sich ein Team ohne nennenswerte Konflikte formieren kann, ist das etwas Gutes.

Über die folgenden Wochen und Monate kristallisieren sich aus vielen einzelnen Vereinbarungen nach und nach gemeinsame Grundprinzipien und Vorstellungen heraus. Das gemeinsame Verständnis des Teams entwickelt sich weiter und beinhaltet nicht mehr nur inhaltliche Vereinbarungen, sondern auch die Art und Weise, wie das Team zu Lösungen und Vereinbarungen kommt. Das Team hat gelernt, konstruktiv miteinander zu streiten, und wendet diese neue Fähigkeit mit Freude auf bisher ungeklärte Aspekte der Zusammenarbeit an. Es ist in dieser Zeit wichtig, das entstehende Identitätsgefühl nicht zu Lasten einer guten Integration in das Teamumfeld gehen zu lassen. Gerade für Stakeholder kann sich diese Zeit wie ein Kontrollverlust oder eine „Verselbstständigung" des Teams anfühlen – hier gilt es, gleichzeitig Vertrauen aufzubauen, dass das Team auch zukünftig externe Interessen respektieren und Erwartungen erfüllen wird. Die steigende Produktivität des Teams dürfte dabei helfen.

Nur, weil sich Vereinbarungen und Strukturen nun besonders leicht finden lassen, heißt das nicht, dass auch alles geregelt und strukturiert werden muss. Ja, man kann für jedes Problem eine offizielle Regel finden, aber das Team tut sich nicht immer einen Gefallen damit. Seltene Ereignisse und Ausnahmesituationen lassen sich besser durch Einzelfallentscheidungen als durch dauerhaft gültige Strukturen lösen. Nebenbei ist in dieser Zeit das Risiko für *Groupthink*[182] und sozialen Anpassungsdruck besonders hoch. Gute Teams sind sich dessen bewusst, und achten gerade in dieser Phase ihrer Entwicklung darauf, abweichenden Sichten und kritischen Stimmen ausreichend Raum zu bieten.

Phase 2: Zusammenarbeit – stabile gemeinsame Erwartungen
Früher oder später erreicht das Team einen Punkt, an dem seine Vereinbarungen und Strukturen im Wesentlichen geklärt sind und der Fokus nun wirklich auf der fachlichen Arbeit liegen kann. Der Großteil der Erwartungen innerhalb des Teams ist zu diesem Zeitpunkt stabil und kann über Monate oder sogar Jahre unverändert bleiben. Nichtsdestotrotz gehört es für das Team dazu, bei Änderungen in den Rahmenbedingungen oder neuen Erkenntnissen die eigene Arbeitsweise immer wieder zu überprüfen und weiterzuentwickeln. Auch in einem Zustand erfolgreicher Zusammenarbeit ist Teamentwicklung nie fertig, sondern findet weiterhin situationsangepasst und bedarfsorientiert statt. Die alte Managementweisheit „Never change a winning team" stimmt daher höchstens, wenn man das Team als Gruppe von Menschen versteht – ein „winning team" als Kommunikationsstruktur entwickelt sich dagegen immer weiter.

Phase 3: Krise und Wandlung – Infragestellung gemeinsamer Erwartungen
Die dritte Phase markiert eine tiefgreifende Veränderung im Erwartungsgefüge des Teams, nämlich das Infragestellen der fundamentalen Erwartung „Wir werden weiterhin zusammenarbeiten". Unsicherheit über das weitere Fortbestehen ist für das

182 „Groupthink" bezeichnet ein Phänomen, bei dem eine Gruppe zu suboptimalen oder sogar falschen „Lösungen" gelangt, weil Einzelne sich eher der Gruppenmeinung beugen, als auf Probleme hinzuweisen.

Team in der Regel eine tiefe Krise. Es ist möglich, sich in ähnlicher oder veränderter Konstellation neu zu formieren und die Zusammenarbeit fortzusetzen, das Team kann jedoch auch zu der Erkenntnis gelangen, dass die gemeinsame Zeit zu Ende ist, und mit der Selbstauflösung beginnen. Für Teammitglieder ist dieser Moment das Zeichen, dass sie die Arbeitsbeziehungen abbauen und sich wieder stärker auf ihre eigenen Ziele und Interessen besinnen müssen. Vorsicht, dieser Prozess eines Teams ist schneller eingeleitet als man denkt, und einmal begonnen, ist er kaum rückgängig zu machen! Ich habe Teams erlebt, die durch einen flapsigen Nebensatz ihrer Leitung („Übrigens, unser Projekt wird wohl nicht fortgesetzt") quasi „versehentlich" in die Selbstauflösung geschickt wurden, was anschließend (als das Projekt doch fortgesetzt wurde) den Wiederaufbau der gemeinsamen Verantwortung enorm schwierig gestaltet hat. Natürlich ist ein Team meistens ein zeitlich begrenztes Konstrukt, sein Ende will aber sorgfältig und mit dem gebotenen Respekt angegangen werden – dazu mehr im entsprechenden Kapitel ab Seite 439.

Eine häufige Aussage zu Teamentwicklungsmodellen ist, dass bei personellen Veränderungen der ganze Prozess im Wesentlichen von vorne beginnt. Das stimmt nur teilweise – bei Neuzugängen beschränkt sich der Entwicklungsprozess vor allem auf die Beziehungen zum neuen Mitglied. Vereinbarungen des Teams können angesichts der neu hinzugekommenen Erwartungen noch einmal neu verhandelt werden, insgesamt wird von neuen Mitgliedern aber eher erwartet, sich an bestehende Strukturen anzupassen. Trotzdem ist es so, dass häufige personelle Wechsel die Teamentwicklung empfindlich stören. Ich habe Projektteams erlebt, deren Zusammensetzung sich im Schnitt jede Woche änderte, über viele Monate hinweg. Einen Zustand, den ich „leistungsfähig" nennen würde, haben diese Teams zu keinem Zeitpunkt erreicht.

Es ist wichtig zu verstehen, dass das Erreichen eines Zustands mit geklärten Erwartungen und stabilen Strukturen nicht einfach nur eine Frage der Zeit ist. Die Phasen der Teamentwicklung sind selbst bei wohlwollender Betrachtung nicht einfach nur eine Abfolge von Ereignissen, die im Team quasi „von allein" stattfinden. Erwartungen abzugleichen, Konflikte zu lösen und Strukturen aufzubauen bedeutet für das Team erhebliche Mengen Arbeit, und Teamentwicklung wird genau in dem Maß stattfinden, wie es diese Aufgaben respektiert und aktiv angeht. Selbst dann braucht ein vollständiger Erwartungsabgleich in einem neuen Team selbst bei intensiver Zusammenarbeit einige Monate, bei eher unregelmäßiger Zusammenarbeit oder Vernachlässigung der Teamstrukturen auch mal ein Jahr oder länger.[183] Es folgt, dass sich die Zusammensetzung eines langfristig orientierten Teams am besten nur im Abstand von mindestens einigen Monaten ändern sollte, da ansonsten der noch laufende Erwartungsabgleich gestört wird.

Es gibt über die besprochenen Modelle hinaus weitere Ansätze, beispielhaft seien hier etwa das *Team Performance-Modell* von Allan Drexler und David Sibbet[184], die *Bedingungen für Team-Effektivität* von Richard Hackman[185] oder das *T7-Modell für Team-*

[183] Vgl. dazu Brinkmann, Babette & Schattenhofer, Karl (2022). *Erfolgreiche Teams in der Selbstorganisation*. Vahlen, S. 12 ff.: „Diese Phase kann drei bis sechs Monate dauern."

[184] Sibbet, David (2011). *Visual Teams: Graphic Tools for Commitment, Innovation, and High Performance*. Wiley.

[185] Hackman, Richard (2002). *Leading Teams: Setting the Stage for Great Performances*. Harvard Business Review Press.

effektivität von Michael Lombardo und Robert Eichinger[186] genannt. Allen gemeinsam ist, dass sie den Fokus nicht auf Persönlichkeiten der Teammitglieder, sondern auf Strukturen und Vereinbarungen der Zusammenarbeit legen: Sauber definierte Mitgliedschaft, eine klare Ausrichtung, nützliche Strukturen und eine für beide Seiten wertvolle Integration von Team und Umwelt sind die Faktoren, die eine lose Gruppe von Fremden zu einem effektiven und produktiven Team werden lassen.

3.2 Weiterentwicklung von Teamstrukturen

Wie das Team seine initialen Strukturen und damit die grundsätzlichen Erwartungen seiner Zusammenarbeit festlegt, haben wir in den Kapiteln „Teamgründung" und „Teamstrukturen" ausführlich betrachtet. An dieser Stelle soll es um die Weiterentwicklung und Neuentwicklung dieser Strukturen gehen, wie sie vor allem in den späteren Phasen von Zusammenarbeit, Krise und Wandlung stattfindet. Angesichts eines dynamischen Umfelds ist diese Weiterentwicklung ein nie endender Prozess: Starre, dauerhaft festgelegte Abläufe sind für Teams unnatürlich und schränken ihre Leistungsfähigkeit unnötig ein. Selbstorganisierte Teams wissen das und gehen ihre Strukturarbeit daher mit großem Engagement an:

> *„Veränderung ist in allen [untersuchten] Teams Teil der Gründungsgeschichte und positiv besetzt. [...] Erstarrung – ein Risiko, das wir aus vielen hierarchisch eingebetteten Teams kennen – bedroht unsere Teams nicht. Ihr Risiko ist eher der Zerfall."*[187]

Zu den Eigenschaften aller lebenden Systeme, auch sozialer Systeme wie Teams, gehört die Fähigkeit zu *lernen*. So lange man unter der Vorstellung arbeitet, dass Teams aus Menschen bestehen würden, ist das Konzept eines lernenden Teams nicht besonders hilfreich. Natürlich lernen Teams, könnte man sagen, schließlich bestehen sie aus ihren Teammitgliedern, und Teammitglieder lernen jeden Tag. In unserer Perspektive wird das Konzept aber interessanter: Wenn Teams aus Kommunikation bestehen und über Erwartungen interne Strukturen aufbauen, können sie auf eine Art und Weise lernen, die von den individuellen Lernprozessen ihrer Teammitglieder unabhängig ist.

Treten wir noch einmal einen Schritt zurück: Lernen ist ein Prozess, in dem ein System sein Denken und Verhalten auf Basis von Erfahrungen oder Einsichten ändert, mit dem Ziel, sich seinen Umweltbedingungen besser anpassen zu können.[188] Lernen findet vor allem dort statt, wo es Spannung zwischen dem System und seiner Umwelt gibt, wo also neues Wissen und verändertes Verhalten eine besonders hohe Relevanz haben. Wir können das im Alltag zum Beispiel bei Auslandsaufenthalten beobachten: Spanisch zu lernen ist in einem spanischsprachigen Land um ein Vielfaches einfacher, da die zusätz-

[186] Lombardo, Michael & Eichinger, Robert (1995). *The Team Architect® user's manual*. Lominger Limited.
[187] Brinkmann, Babette & Schattenhofer, Karl (2022). Erfolgreiche Teams in der Selbstorganisation. Vahlen. S. 115.
[188] https://de.wikipedia.org/wiki/Lernen

lichen Sprachkenntnisse unmittelbar dabei helfen, den Alltag zu bewältigen, und daher besonders relevant sind.

Nach dem Entwicklungspsychologen Jean Piaget gibt es im Wesentlichen zwei Möglichkeiten, Umwelteindrücke und Erfahrungen in die eigenen (mentalen) Strukturen zu integrieren. Während *Assimilation* die Integration neuer Informationen in bereits bestehende Strukturen bezeichnet (die dadurch bestätigt und gefestigt werden), beschreibt *Akkommodation* das Anpassen der internen Strukturen auf Basis von Erfahrungen oder Spannungen, die sich in das bestehende Denk- und Verhaltensschema nicht integrieren lassen. In beiden Fällen geht es darum, sich möglichst gut an seine individuelle Umwelt anpassen zu können. Strukturen, die in Bezug auf die Umwelt nützlich sind, werden bestätigt, während Strukturen, die die Umweltanpassung behindern, überarbeitet oder verworfen werden.

Was hat all das nun mit Teamentwicklung zu tun? Lernen ist das Verändern von Wissen. Das „Wissen" des Teams findet sich aber weder in den Köpfen der Teammitglieder noch in den Dokumenten wieder, sondern in den Strukturen, Routinen und Abläufen, die das Team jeden Tag nutzt. Team und Organisation sind Kommunikationssysteme, daher muss ihr Lernen über Veränderungen in den Kommunikationsmustern stattfinden:

> *„Bezogen auf die Organisation heißt dies, dass sich ihr Wissen in ihren Handlungsmustern, ihrer alltäglichen Praxis, realisiert. […] Jedes erneute Abspulen tradierter Verhaltens- und Kommunikationsmuster innerhalb der Organisation wirkt als Bestätigung dieses Wissens: Das Gedächtnis der Organisation ist die Organisation. […] Für das Gedächtnis von Individuen wie von Organisationen sind Datenspeicher – wie etwa Akten, Handbücher, Notizzettel, Sitzungsprotokolle, Konstruktionspläne und -zeichnungen, Gebrauchsanweisungen, Festschriften, E-Mails, Gedenksteine usw. – nichts anderes als Merkhilfen (wie der Knoten im Taschentuch). Sie sind nicht das Gedächtnis, denn erst, wenn sie gelesen und gedeutet und damit er-innert werden, können sie Informationswert gewinnen und als Wissen in einem aktuellen Praxiskontext erneut realisiert werden. […] Bezogen auf Organisationen, deren Wissen in ihren Prozessen und Strukturen liegt, bedeutet Lernen, dass Prozesse und Strukturen verändert werden."*[189]

Teamentwicklung ist ein kollektiver Lernprozess, und Lernen ist in Teams gleichbedeutend mit Strukturanpassung. Teams lernen, indem sie ihre internen Strukturen so entwickeln, dass sie sich auf ihre Aufgaben ausrichten, Erwartungen erfüllen und in ihr jeweiliges Umfeld möglichst gut integrieren können. Sie müssen dabei immer wieder zwischen Assimilation („Was funktioniert gut, was sollten wir beibehalten?") und Akkommodation („Wo gibt es Probleme, was sollten wir anders machen?") wählen. Da Teams Kommunikationssysteme sind, muss auch diese Reflexion kommunikativ stattfinden, indem sich Teammitglieder über die eigenen Strukturen und ihre Nützlichkeit austauschen und Entscheidungen treffen. Das Team lernt besonders leicht, wenn die notwendigen Veränderungen relevant sind, wenn also Kunden, Teammitglieder und die eigene Wertschöpfung direkt betroffen sind, anstatt einfach irgendwelche zusammenhanglosen Richtlinien umzusetzen. Dafür braucht es Sicherheit, Ideen ausprobieren zu können – kleinere Fehler und Irrtümer lassen sich in Lernprozessen kaum vermeiden.

---

[189] Simon, Fritz B. (2021). *Einführung in die systemische Organisationstheorie* (eBook, 8. Auflage). Carl-Auer. S. 79 ff.

Und es braucht unmittelbares Feedback über die Wirkung von Entscheidungen, beispielsweise durch direkten Kontakt zu seinen Kunden und Stakeholdern. Leider sind viele Organisationen nicht gut darin, ihren Teams Relevanz, Sicherheit und Feedback bereitzustellen – wenn Entscheidungen anderswo getroffen werden, Ideen direkt im ersten Anlauf funktionieren müssen und erst Monate später Erkenntnisse über das eigene Tun gewonnen werden können, werden Teams in ihren Lernprozessen immer Mühe haben.

Wie lernfähig ein Team sein muss, ergibt sich aus seinen Umweltanforderungen. In einer eher statischen, stabilen Umgebung kann ein Team seine Strukturen über lange Zeit unverändert lassen. In einer dynamischen, anspruchsvollen, von Widersprüchen geprägten Umwelt dagegen geht ein Team, welches seine Zusammenarbeit nicht regelmäßig gemeinsam reflektiert und anpasst, früher oder später unter, da es auf Dauer die Erwartungen der Beteiligten nicht erfüllen kann. Wir können es auch noch prägnanter zusammenfassen: Selbstorganisation ist die Strategie, mit der Teams in komplexen Umgebungen ihr eigenes Überleben sichern.

Teamentwicklung hat nichts damit zu tun, die „Best Practice", also den perfekten Satz an internen Spielregeln zu finden und zu halten. Sie hat auch nichts damit zu tun, Einigkeit herzustellen, da Uneinigkeit eine wesentliche Produktivitätsquelle ist. Ein Team ist dann erfolgreich, wenn es die Erwartungen aller Beteiligten so sehr erfüllen kann, dass sein eigenes Weiterbestehen gesichert ist. Ein zentraler Faktor ist hier das Herstellen und Aufrechterhalten der *Entscheidungsfähigkeit* des Teams, indem interne Differenzen sichtbar gemacht und produktiv genutzt werden:

> *„[…] nicht nur durch die Formulierung einer Strategie, sondern durch eine ‚vorausschauende Selbsterneuerung' […] auf der Ebene der Organisationsstrukturen und Abläufe. Schon Luhmann […] weist in diesem Sinne darauf hin, ‚dass Organisationen ihre eigene Entscheidungsfähigkeit erzeugen und dass folglich Erhaltung und Verbesserung der Entscheidungsfähigkeit das eigentliche Kriterium effektiver Organisation sind'. Dafür muss […] das System ausreichend interne Komplexität aufbauen, um steigende Umweltkomplexität verarbeiten zu können. Der größte Komplexitätsvernichter in Organisationen sind die Machtstrukturen der Hierarchie […] [Das] heißt also, im System vorhandenen Differenzen zur Geltung zu verhelfen, interne Abweichungen (unkonventionelle Ideen, Widerspruch gegen das Bestehende) zu erhöhen und die Dominanz hierarchischer Führung einzudämmen."*[190]

Auch wenn das Zitat abstrakt und eventuell etwas revolutionär klingt, sind die Erkenntnisse für uns doch recht einfach. Teams entwickeln sich, indem sie gemeinsam ihre Strukturen so anpassen, dass sie für produktive Zusammenarbeit und gute Integration möglichst nützlich sind. Eine zentrale Aufgabe für Teams ist, ihre internen Differenzen durch Entscheidungen in gemeinsames Handeln zu überführen. Die eigene Fähigkeit zur Entscheidungsfindung zu entwickeln und zu bewahren ist daher ein zentrales Ziel in der Teamentwicklung – ein Team, welches keine Entscheidungen treffen und daher unterschiedliche Erwartungen nicht integrieren kann, sieht sich schnell mit ernsthaften Problemen konfrontiert. Und: Strukturen werden nicht einmal aufgebaut und dann ge-

[190] Willemse, Joop & von Ameln, Falko (2018). *Theorie und Praxis des systemischen Ansatzes.* Springer. S. 349.

halten, sondern vom Team immer weiterentwickelt, daher müssen sie schon so angelegt sein, dass das Team sie leicht verändern kann:

> *„Das Verständnis von Veränderung hat sich in der Selbstorganisation und im agilen Arbeiten deutlich weiterentwickelt. Es geht heute häufig nicht mehr darum, eine neue Stabilität zu erreichen, dafür ist die Umwelt viel zu dynamisch. In Selbstorganisation und agiler Arbeitswelt ist es das Ziel, ein Gleichgewicht zu finden, in dem Veränderungen möglich sind und bleiben."*[191]

Ständige Anpassung von Strukturen ist ein völlig normaler Teil selbstorganisierter Arbeit. Je schneller und einfacher das Team seine Strukturen überprüfen und anpassen kann, desto feiner kann es sie justieren, und desto mehr Zeit steht infolgedessen für die eigentliche, wertschöpfende Arbeit zur Verfügung. Allgemein sind daher wenige, grob definierte und flexibel angelegte Teamstrukturen, die häufig hinterfragt werden, besser als detailliert ausformulierte, eng aneinander gekoppelte und selten hinterfragte Arbeitsprozesse.

Entwicklungsrichtungen des Teams

Um sich selbst zielgerichtet weiterentwickeln zu können, braucht das Team Orientierungspunkte, anhand derer es den eigenen Standort bestimmen und eine Zielrichtung festlegen kann. In erster Linie sind das natürlich die gemeinsame Aufgabe in Form einer Teamvision oder eines Mission Statements, davon abgeleitete Teamziele und allgemein die Erwartungen und die Zufriedenheit von Kunden, Teammitgliedern und Stakeholdern. Wir können den Dialog über Entwicklungsziele des Teams aber noch etwas konkreter führen als über diese allgemeinen Begriffe.

Bei der Frage, was ein Team erfolgreich macht, haben wir uns bisher auf allgemeine Aussagen wie „produktive Zusammenarbeit" oder „zufriedene Kunden" beschränkt. Aber woran machen wir diese Kriterien fest? Geht es dabei darum, dass das Team *möglichst viel* schafft?

Competing Forces

Für den Organisationsberater Troy Magennis ist die Menge der erledigten Arbeit nur eines von mindestens sechs Erfolgskriterien, die an die Arbeit von Teams angelegt werden. In seinem Modell der *Competing Forces* stellt er diese Kriterien als „Kräfte" dar, die miteinander konkurrieren.[192] Die sechs Kräfte im Modell sind:

- **Wert:** Die Ergebnisse des Teams sollten für ihre Nutzer so nützlich sein wie möglich, also präzise auf deren Probleme zugeschnitten sein und sie elegant und effektiv lösen.
- **Konsistenz:** Das Team sollte möglichst gleichbleibende und vorhersagbare Ergebnisse produzieren, um für seine Umwelt die Planbarkeit zu erhöhen. Starke Schwankungen

191 Brinkmann, Babette & Schattenhofer, Karl (2022). *Erfolgreiche Teams in der Selbstorganisation.* Vahlen. S. 116.

192 Magennis, Troy (2020): *Six Dimensions of Performance.* Blogartikel bei flightlevels.io, *https://circle.flightlevels.io/c/blog/six-dimensions-of-performance*

in Ergebnismenge und/oder Qualität erzeugen zusätzliche Aufwände und sorgen für Verschwendung im Arbeitsprozess.

- **Produktivität:** Allgemein ist es besser, wenn das Team mehr Arbeit pro Zeiteinheit erledigen kann, zumindest so lange Kunden oder nachfolgende Teams in der Lage sind, diese zusätzlichen Ergebnisse auch zu verarbeiten.
- **Nachhaltigkeit:** Das Team sollte auch in Zukunft im gleichen Maß lieferfähig sein und seinen derzeitigen Arbeitsmodus über einen langen Zeitraum hinweg aufrechterhalten können. Hierzu gehört unter anderem die Arbeitszufriedenheit der Teammitglieder selbst. Überraschungen und Störungen sollten die Leistung des Teams so wenig wie möglich beeinträchtigen, sodass auch in Ausnahmesituationen und Krisen auf die gemeinsame Arbeit Verlass ist.
- **Geschwindigkeit:** In der Regel sind frühe, das heißt, schnell produzierte Ergebnisse wertvoller als spät bereitgestellte. Sie ermöglichen es Kunden und Stakeholdern, ihrerseits flexibel auf Überraschungen zu reagieren, bieten schnelles Feedback, häufigere Lerngelegenheiten und bauen Vertrauen in das Team auf.
- **Qualität:** Auf die Ergebnisse des Teams sollte Verlass sein, sodass Nutzer nicht mit unschönen Überraschungen, Ausfällen, Defekten oder dem Verletzen von Regeln und Richtlinien rechnen müssen.

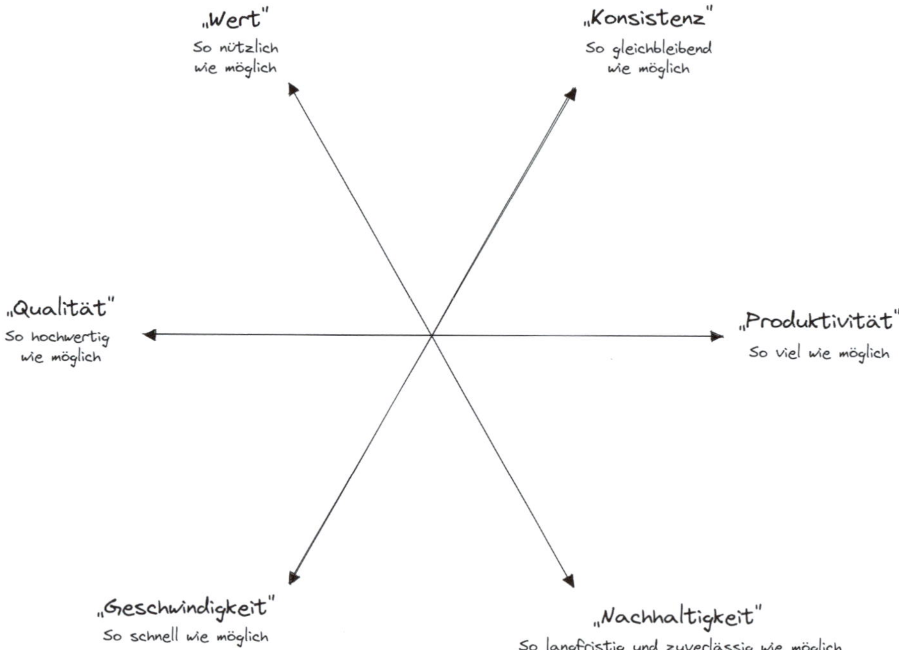

Teams können niemals maximale Ergebnisse auf allen sechs Dimensionen erreichen und müssen daher eine individuelle Balance der Kriterien finden. Beispielsweise kann ein Team, welches technische Systeme entwickelt, diese schnell in Form von oberflächlich getesteten Prototypen liefern, wird dabei aber Abstriche bei Qualitätssicherung und Funktionsumfang machen müssen. Geschwindigkeit und hohe Qualität lassen sich vielleicht noch erreichen, wenn Qualitätsprüfungen automatisiert werden können, allerdings bindet die Automatisierung zusätzliche Kräfte des Teams und geht damit zu Lasten der Ergebnismenge. Darüber hinaus stellt automatische Qualitätssicherung eine zusätzliche Quelle für Störungen dar, und so weiter.

Um aus dem Modell eine gemeinsame Entwicklungsrichtung abzuleiten, kann das Team zusammen mit Kunden und Stakeholdern eine Selbstverortung durchführen: wie sehr erfüllt die Arbeit des Teams aktuell die Erwartungen im Hinblick auf Wert, Konsistenz, Produktivität, Nachhaltigkeit, Geschwindigkeit und Qualität? Wo sollte sich das Team in Zukunft verbessern, und an welcher anderen Stelle sind Team und Umwelt bereit, dafür Abstriche zu machen? Woran macht man Verortung und Zielsetzung fest? Lassen sich dafür Kennzahlen finden?

Troy Magennis selbst sagt über sein Modell, dass jede Teilgruppe dieser konkurrierenden Interessen, blind und einseitig auf Kosten der anderen Dimensionen optimiert, zu Problemen führt. Dennoch gibt es eine, die den anderen gewissermaßen „vorangestellt" ist: Nachhaltigkeit, also die Gewissheit, auch in Zukunft auf hohem Niveau Ergebnisse liefern zu können. Schließlich spielen in einem Team, dessen zukünftige Arbeitsfähigkeit insgesamt infrage steht, andere Faktoren wie Menge und Qualität nur eine nachgelagerte Rolle.

Agile Fluency Model

Einen etwas anderen Fokus verfolgt das *Agile Fluency-Modell* von Diana Larsen und James Shore. Es zeichnet einen möglichen Entwicklungspfad auf, über den ein Team effektiver und wirkungsvoller werden kann.[193] Es werden dabei vier große „Entwicklungszonen" beschrieben:

1. **Fokus auf die Wertschöpfung:** Das Team konzentriert seine Arbeit auf seine Kunden und deren Nutzen und beginnt, alles wegzulassen, was keinen spürbaren Beitrag zur Wertschöpfung leistet. Es arbeitet im engen Austausch mit seinen Stakeholdern zusammen, plant und priorisiert mit diesen gemeinsam und kann regelmäßig Ergebnisse vorweisen. Intern hat es eine stabile und funktionierende Arbeitsweise etabliert, in der Teammitglieder in kollegialer Atmosphäre gemeinsam Ergebnisse schaffen.
2. **Steigerung der Lieferfähigkeit:** Das Team optimiert seine Prozesse dahingehend, seinen Kunden laufend wertvolle Ergebnisse bereitstellen zu können. Es kann jederzeit, auch kurzfristig, Ergebnisse liefern und stellt diese zuverlässig und in hoher Qualität her. Durch seine Produktivität, interdisziplinäre Zusammenarbeit und gemeinsame Verantwortung erreicht das Team ein hohes Motivationsniveau und entwickelt von sich aus Anziehungskraft für weitere Kunden und potenzielle neue Teammitglieder.
3. **Optimierung des Produktwerts:** Das Team entwickelt sich vom ausführenden Dienstleister hin zu einer beratenden und lösungsfindenden Instanz, arbeitet also mit seinen Kunden aktiv daran, die eigentliche Problemstellung besser zu verstehen und seine Leistung darauf auszurichten. Es verantwortet sein Produkt bzw. seine Dienstleistung eigenverantwortlich über einen gesamten Wertstrom hinweg, entwickelt es auf Basis von Kundenfeedback aktiv weiter und verprobt neue Ideen gezielt durch Hypothesenbildung, Prototypen und kontrollierte Experimente.

[193] Z.B. Larsen, Diana & Shore, James (2019). *The Agile Fluency Model.* Whitepaper, frei verfügbar unter *https://www.agilefluency.org/ebook.php*

4. **Stärkung der Teamumwelt:** Das Team gestaltet auch die umgebende Organisation um, um durch das Teilen von Wissen sowie den Abbau von Kommunikationshürden und Bürokratie seine Wirksamkeit noch weiter zu verbessern. Spätestens hier übernimmt das Team unternehmerische Verantwortung für seine Leistung und integriert diese eigenverantwortlich in die Arbeit anderer Teams und die Ziele der Gesamtorganisation. Team und Arbeitsweise entwickeln zu diesem Zeitpunkt eine hohe Strahlkraft über den eigenen Kontext hinaus, Fachwissen und Erfahrung der Teammitglieder werden von Stakeholdern und anderen Teams aktiv nachgefragt.

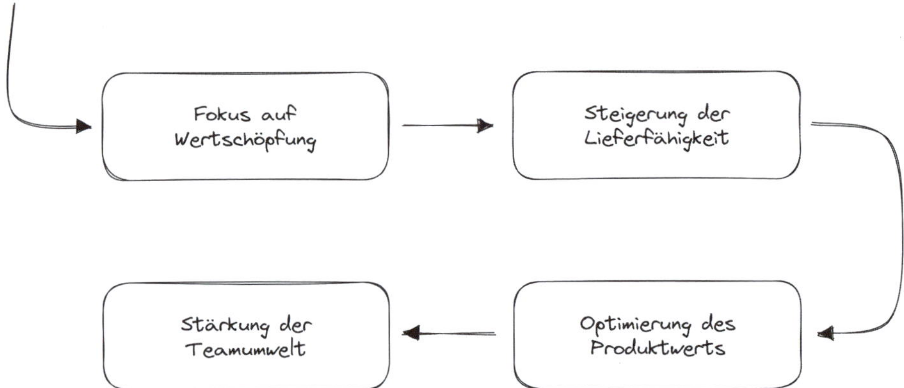

Der Begriff „*Fluency*“ ist bewusst in Anlehnung an das „fließende“ Beherrschen einer Fremdsprache gewählt. Welche Zonen das Team beherrscht, zeigt sich daran, welches Verhalten es auch unter Druck im anspruchsvollen Arbeitsalltag aufrechterhalten kann. Das Ziel ist dabei nicht, maximale „Fluency“ zu erreichen. Ebenso wie bei einer Fremdsprache, stellt sich auch im Agile Fluency-Modell die Frage, welche Anforderungen das zu erwartende Umfeld stellt, und wie hoch sich das Team seine Ziele stecken will. Für einige Teams mögen hoher Fokus und mühelose Lieferfähigkeit kein wesentliches Problem darstellen, weshalb diese Teams seine Aufmerksamkeit schnell auf die größeren Wertschöpfungsprozesse und die Organisationsumgebung richtet. Für andere Teams mag es dagegen schon ein Erfolg sein, sauber fokussieren und priorisieren zu können und schnell und zuverlässig Ergebnisse zu produzieren. Welche Zonen das Team bereits gemeistert hat, wo es seine Ziele sieht, und auf welche Fähigkeiten und Eigenschaften es in nächster Zeit seine Aufmerksamkeit konzentrieren will, kann das Team gemeinsam mit seinem Umfeld vereinbaren. Tipps und konkrete Ideen sind in der angegebenen Quelle zu finden.

Strukturanpassung über Retrospektiven

Mit dem Verständnis, dass die Weiterentwicklung der eigenen Strukturen eine Kernaufgabe selbstorganisierter Teams ist, und mit einer gemeinsamen Vorstellung der angestrebten Richtung, braucht das Team nun noch einen Raum, in dem es seine Erfahrungen besprechen und reflektieren und daraus konkrete Änderungsmaßnahmen beschließen kann. Einen solchen Raum haben wir im Kapitel „Teamstrukturen“ schon kennengelernt: gemeinsame, regelmäßige Termine zur Verbesserung der eigenen Zusammenarbeit, in vielen Teams „Retrospektiven" genannt (siehe Seite 95). Retrospektiven sind essenzielle Reflexionsrituale des Teams, dessen Lerncharakter unmittelbar aus dem gemeinsamen Austausch über Erfahrungen rührt:

> *„Erst durch Reflexion wird man aus eigenen Erfahrungen klug. Was für Individuen gilt, gilt auch für Teams und Gruppen, mit dem Unterschied, dass es sich hier nicht nur um einen inneren, psychischen, sondern darüber hinaus um einen sozialen Prozess handelt."*[194]

Im Kern von Retrospektiven steht für mich der aus den Organisationsmodellen Soziokratie[195] und Holokratie[196] entlehnte Begriff der *Spannung*. Eine Spannung ist eine gefühlte Differenz zwischen dem, wie die Situation ist, und dem, wie sie (besser) sein könnte:

> *„[…] ich meine das nicht negativ. Wir können diesen Zustand als ‚Problem' bezeichnen, das wir lösen ‚sollten'. Aber wir können es auch als ‚Möglichkeit' bezeichnen, die wir nutzen können. In beiden Fällen projizieren wir einfach eine Bedeutung auf die reine Erfahrung, die ich als Spannung bezeichne – die Wahrnehmung einer spezifischen Lücke zwischen der gegenwärtigen Realität und dem wahrgenommenen Potenzial."*[197]

Spannungen können sämtliche Beobachtungen sein, in denen Teammitglieder mit dem Status quo noch nicht zufrieden sind. Beispielsweise kann eine Spannung darin bestehen, dass ein Meeting sich noch nicht wertvoll anfühlt, dass bestimmte Informationen intransparent sind, oder dass sich die Arbeitslast im Team ungleich verteilt. Spannungen müssen nicht unbedingt aufgelöst werden! Es kann für ein Team auch ausreichen, sie nur anzusprechen oder zu beobachten, ohne sie zu bearbeiten. Wie wir im Abschnitt über Visionen gesehen haben, kann eine bewusst unaufgelöste (konstruktive) Spannung Bewegung in den Status quo bringen. Spannungen mit destruktiver Wirkung stellen dagegen Probleme dar, die das Team lösen muss, da sie sonst zu größeren Krisen eskalieren können. Die Aufgabe von Retrospektiven im Team ist, Spannungen gemeinsam zu besprechen und einen Umgang mit ihnen zu vereinbaren.

Ob die Beobachtungen auch „Spannungen" genannt werden, ist dabei nicht so wichtig. Manche mögen den negativen Klang von Worten wie „Spannung" oder „Problem" nicht und nennen die zu lösenden Themen gern „Herausforderungen" oder „Störgefühle". Wichtig ist, dass die verwendeten Begriffe die Absicht der Sprecher ausdrücken und einen ehrlichen und offenen Umgang mit der Situation fördern, im Sinne respektvoller Zusammenarbeit zwischen erwachsenen Menschen. Am Ende kommt es darauf an, dass in der Retrospektive wahrnehmbare Unterschiede besprochen werden zwischen dem, wie es ist, und dem, wie es sein könnte, in Bezug auf die Zusammenarbeit und Strukturen im Team.

---

194 Brinkmann, Babette & Schattenhofer, Karl (2022). *Erfolgreiche Teams in der Selbstorganisation.* Vahlen. S. 41.

195 Strauch, Barbara & Reijmer, Annewiek (2018). *Soziokratie: Kreisstrukturen als Organisationsprinzip zur Stärkung der Mitverantwortung des Einzelnen.* Vahlen.

196 Robertson, Brian (2016). *Holacracy: Ein revolutionäres Management-System für eine volatile Welt.* Vahlen.

197 Ebd., S. 19.

Wenn es um *Spielregeln* für Retrospektiven geht, gibt es eigentlich nur eine, die das Team wirklich verinnerlichen sollte: Die *Oberste Direktive* (engl. *Prime Directive*) des Unternehmensberaters Norman Kerth. Sie lautet:

Unabhängig von dem, was wir entdecken werden, verstehen und glauben wir aufrichtig, dass in der gegebenen Situation, mit dem verfügbaren Wissen und Ressourcen und unseren individuellen Fähigkeiten, jeder sein Bestes gegeben hat.[198]

Wir schlagen hier einen Bogen zum grundsätzlich positiven Menschenbild, das selbstorganisierter Zusammenarbeit zugrunde liegt. Selbst wenn es Probleme gibt, gehen wir fest davon aus, dass alle Beteiligten eigentlich ihre Arbeit gut machen wollten. Ich habe viele Teams erlebt, die diese Grundregel nicht nur während ihrer Retrospektiven visuell im Raum aufgehängt hatten, sondern bei denen die Zustimmung zur Prime Directive sogar eine Vorbedingung war, um an diesen Terminen überhaupt teilnehmen zu dürfen – besonders für teamexterne Teilnehmer, denen die Regel unter Umständen nicht bekannt ist.

Der Grund, warum diese Regel so wichtig ist, hat weniger mit Moral und mehr mit Pragmatismus zu tun, als es vielleicht auf den ersten Blick erscheint. *Schuldzuweisung führt nicht zu gemeinsamen Lösungen.* Anders gesagt, wenn wir ein Problem aufarbeiten und am Ende bei einer Erkenntnis wie „Klaus hat es falsch gemacht" herauskommen, haben wir die Diskussion damit ergebnislos an die Wand gefahren. Klaus war schuld. Toll, und jetzt? Was soll aus einer solchen Erkenntnis folgen – Klaus muss es halt beim nächsten Mal richtig machen? Das ist keine durchführbare Maßnahme, nur eine diffuse Erwartung, und hat mit einer gemeinsamen Lösung überhaupt nichts zu tun. Nein, so kommen wir nicht weiter. Schuldzuweisung dieser Art sorgt vor allem dafür, dass Probleme in Zukunft unter den Teppich gekehrt werden, weil Klaus und andere natürlich keine Lust haben, beim nächsten Mal wieder schuld zu sein. Nebenbei verschleiern wir mögliche systemische Probleme und erschweren so deren Lösung. Wir alle kennen Beispiele, aus den Medien oder unserer eigenen Erfahrung, bei denen in Organisationen die Schuld immer wieder bei Menschen gesucht wird, diese gefeuert und durch andere ersetzt werden, ohne dass sich wirklich etwas ändert. Die Beteiligten verlieren sich in der Frage, wer es dieses Mal verbockt hat, aufeinanderfolgende Krisen sehen sich verdächtig ähnlich, während für außenstehende Beobachter offensichtlich ist, dass die wirklichen Probleme schon lange struktureller Natur sind.

Wenn wir stattdessen davon ausgehen, dass alle Beteiligten zu jeder Zeit ihr Bestes gegeben haben, ändert das die Richtung des Gesprächs. Wie kann es zum Beispiel sein, dass unserem fiktiven Teammitglied Klaus ein Fehler unterlaufen konnte, ohne dass es jemand anderem im Team aufgefallen ist? Im Team muss es für jeden, dem ein Fehler passiert, jemand anderen geben, dem der Fehler hätte auffallen können. Wenn einem von uns unbemerkt Fehler unterlaufen können, deutet das auf Schwächen in unserer Zusammenarbeit hin. Eventuell sollten wir unsere Arbeitsweise überprüfen und an wichtigen Stellen ein Vier-Augen-Prinzip einbauen. Es kann auch sein, dass Fehler sehr leicht zu machen sind, was bedeutet, dass wir unsere Prozesse weniger fehleranfällig strukturieren sollten. Oder Klaus fehlt das nötige Wissen und die Erfahrung, um es

198 Kerth, Norman (2001). *Project Retrospectives: A Handbook for Team Reviews.* Dorset House. S. 7 (Übersetzung des Autors).

richtig machen zu können, was ebenfalls ein lösbares Problem darstellt. Wir könnten ihm ein anderes Teammitglied zur Seite stellen, welches ihm die richtige Vorgehensweise zeigen und einen zusätzlichen Blick auf seine Ergebnisse werfen kann, bis er seine Wissenslücken schließen konnte.

Probleme auf Basis der Prime Directive zu besprechen ist kein Akt der Freundlichkeit, sondern Grundlage für eine lösungsfokussierte Diskussion und umsetzbare Erkenntnisse. Dadurch, dass wir unseren Teammitgliedern grundsätzlich gute Absichten unterstellen, können wir innerhalb weniger Minuten eine Fülle an unterschiedlichen Lösungsansätzen entwickeln und gewinnen Klaus sogar für die Umsetzung dadurch, dass wir ihn nicht mit Schuldzuweisungen in die Defensive treiben.

Wir kommen hier zur Idee sicherer Zusammenarbeit zurück. Niemand *will* Dinge falsch machen, aber Fehler passieren nunmal. Wir sollten nicht fehlerfreies, sondern fehlerrobustes Arbeiten anstreben – eine Arbeitsweise, in der Probleme früh erkannt und behoben werden. Menschen werden gern ihr Vorgehen verbessern, wenn wir ihnen die Möglichkeit dazu geben, und sie werden sich konstruktiv in die Lösungsfindung einbringen, wenn wir sie dazu einladen. Von konstruktiver Lösungsbereitschaft auszugehen, ist für selbstorganisierte Teams also nicht verhandelbar. Anstatt Menschen vorwurfsvoll mit der Erwartung zu begegnen „Du darfst nichts falsch machen!", machen wir durch konsequente Anwendung der Obersten Direktive ihr Arbeitsumfeld sicherer: „Uns allen werden mit Sicherheit Fehler passieren, deswegen arbeiten wir ständig daran, dass sie früh auffallen und möglichst keine schlimmen Konsequenzen haben können."

Ein weiterer, häufig genutzter Grundsatz in den Retrospektiven von Teams ist die sogenannte *Las Vegas-Regel*: „Was in Vegas passiert, bleibt in Vegas!". Die Regel verlangt, in der Retrospektive besprochene Inhalte grundsätzlich vertraulich zu behandeln. Es kann gerade für Retrospektiven-unerfahrene Teams wichtig sein, diesen psychologischen Schutzraum aufzubauen, um auch heikle Themen wie Konflikte oder persönliche Unsicherheiten besprechen zu können. Andererseits können viele Ergebnisse und Vereinbarungen nur Wirkung erzielen, wenn sie gegenüber dem Umfeld transparent gemacht werden, und die Zusammenarbeit mit Stakeholdern oder anderen Personen wird nur besser werden, wenn das Team mit ihnen darüber spricht und sie dafür beispielsweise in eine Retrospektive einlädt. Insofern sehe ich die Las Vegas-Regel differenziert – niemand wird in meinen Teams für Aussagen in der Retrospektive bloßgestellt werden, aber wir sind uns auch bewusst, dass die Verbesserungsmöglichkeiten innerhalb des geschützten Raums überschaubar sind, wenn wir nicht mit anderen über unsere Herausforderungen sprechen können. Ein guter Mittelweg besteht für mich darin, angesprochene Probleme oder Einzelmeinungen zu vergemeinschaften und dadurch zu anonymisieren. Formulierungen wie „im Team ist uns aufgefallen …" oder „wir haben in der Retrospektive darüber gesprochen, dass …" machen es möglich, Probleme gegenüber Stakeholdern oder einer Führungskraft anzusprechen, ohne dabei einzelne Teammitglieder bloßzustellen.

Ablauf von Retrospektiven

Im Grunde ist eine Retrospektive ein Teamworkshop – und zwar ein Arbeitsweisen-Optimierungs-Workshop. Das bedeutet, dass wir den normalen Workshopaufbau aus dem Kapitel „Teamstrukturen“ (siehe Seite 92) verwenden können, um der Retrospektive eine innere Struktur zu geben.

Esther Derby und Diana Larsen, zwei wesentliche Vordenkerinnen von Teamretrospektiven, schlagen einen Aufbau über fünf Phasen vor.[199] Ich habe dazu einige beispielhafte Inhalte aufgelistet. Achtet auf die Ähnlichkeiten zum Double Diamond-Modell:

1. **Den Rahmen etablieren:** Teilnehmende werden begrüßt und stellen sich ggfs. sehr kurz vor, falls neu in der Runde. Grundregeln wie die Prime Directive werden etabliert, falls nötig. Sollte es ein Fokusthema für den Termin geben, kommt das an dieser Stelle zur Sprache. Es gibt ein kurzes Check-in – wie geht es mir gerade, mit welchen Erwartungen bin ich hier? Die Teilnehmer an diesem Punkt einmal kurz ins Reden zu bringen, wirkt sich erfahrungsgemäß positiv auf ihre aktive Teilnahme im weiteren Verlauf aus. Eine Faustregel ist, dass alle Anwesenden im Laufe der ersten zehn Minuten mindestens einmal etwas sagen sollten.
2. **Informationen zusammentragen:** Die Gruppe stellt einen Überblick über die Faktenlage her. Was ist passiert, welche relevanten Ereignisse brauchen Aufmerksamkeit? Was läuft gut, was läuft nicht so gut? Welche unterschiedlichen Sichten auf das zu lösende Problem gibt es? Zu diesem Zeitpunkt wird Diskussion noch vermieden, auch sich widersprechende Wahrnehmungen können gleichberechtigt nebeneinander stehen bleiben. Die Gruppe befindet sich noch in der ersten Divergenzphase des Double Diamond und möchte möglichst offene und vielfältige Gedanken sammeln. Oft werden Beiträge individuell in Stillarbeit auf Klebezetteln oder Karten gesammelt und anschließend zusammengetragen, um ein möglichst vollständiges Bild der Lage zu bekommen.
3. **Erkenntnisse gewinnen:** Die gesammelten Informationen werden gemeinsam besprochen. Welches Bild zeichnet sich ab? Wo sind wir uns einig, wo uneinig? Welche Muster können wir erkennen, welche Ursachen für Probleme identifizieren? Diese Phase der Retrospektive ist die wichtigste und schwierigste, ihr sollte die meiste Zeit eingeräumt werden. Wir befinden uns hier mitten im Double Diamond, dort also, wo das zu lösende Problem fixiert und erste Lösungsansätze entwickelt werden. Sam Kaner nennt diese Phase die „Groan Zone“[200], sie ist der Workshopabschnitt, in der häufig entnervte Geräusche zu hören sind. Eine souveräne und lösungsorientierte Moderation kann helfen. Ziel ist jedenfalls, dass am Ende einer intensiven Diskussion ein oder mehrere zu lösende Probleme mit möglichen Lösungsansätzen stehen.
4. **Nächste Schritte vereinbaren:** In diesem Abschnitt wird die bisherige Arbeit verdichtet, aus der Fülle der Lösungsideen werden einige wenige Maßnahmen abgeleitet und gemeinsam beschlossen. Wenige, konsequent durchgeführte Maßnahmen sind besser als viele halbherzige. Außerdem ist es wichtig, dass das Team geschlossen hinter den Maßnahmen steht – Konsent-Entscheidungen mit Einwandintegration bieten sich an.
5. **Den Rahmen schließen:** Nachdem das Team Maßnahmen vereinbart hat, werden diese noch einmal zusammengefasst und eventuell einer Zuversichtsabfrage unterzogen. In einem kurzen Check-out können die Anwesenden ausdrücken, wie sie den Termin und die Ergebnisse wahrnehmen. Abschließend wird – sehr kurz – der Wert der durchgeführten Retrospektive selbst reflektiert und eventuelle Änderungswünsche für die nächste Retrospektive festgehalten.

---

[199] Derby, Esther & Larsen, Diana (2018). *Agile Retrospektiven.* Vahlen.
[200] Kaner, Sam (1996). *Facilitator's Guide to Participatory Decision-Making.* John Wiley.

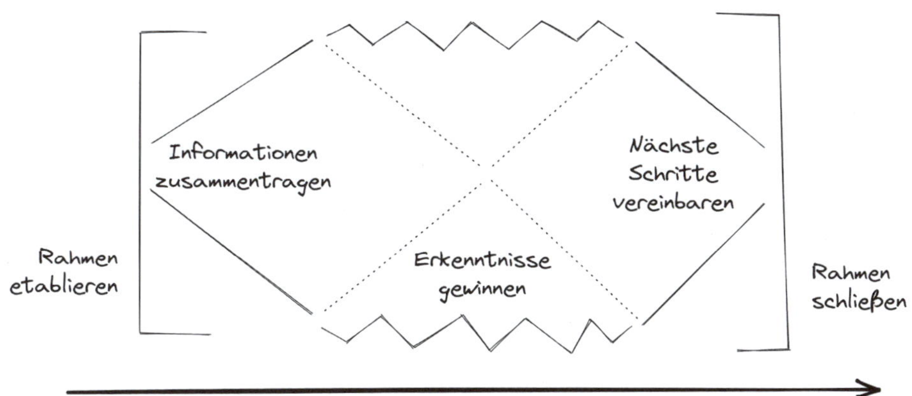

Die Double Diamond-Struktur ist leicht zu erkennen. Viele Teams führen in Phase 3 bewusst oder unbewusst den Verdichtungsschritt durch, aus der Fülle der Wahrnehmungen einige wenige Themen für die Lösungsfindung auszuwählen. Ein wesentlicher Unterschied zu einem normalen Arbeitsworkshop ist die Abwesenheit eines klaren „Gastgebers", der im Zweifelsfall bei der Priorisierung das letzte Wort haben könnte. In Retrospektiven steht stattdessen eine Fülle von unterschiedlichen Handlungsfeldern im Raum, die für Teammitglieder von sehr unterschiedlicher Wichtigkeit sind. Das, zusammen mit den eher persönlichen und emotional aufgeladenen Themen, macht gute Retrospektiven oft schwieriger in der Durchführung als einen vergleichbaren Arbeitsworkshop.

Natürlich müssen Retrospektiven nicht den fünf Phasen folgen, sie sind nur eine Denkhilfe zur Strukturierung. Erfahrene selbstorganisierte Teams nutzen oft eine große Vielfalt unterschiedlicher Methoden und Abläufe, um ihre Aufmerksamkeit situationsangepasst auf unterschiedliche Aspekte ihrer Zusammenarbeit zu lenken. Um zu verdeutlichen, wie vielseitig Retrospektiven zur Teamentwicklung genutzt werden können, habe ich im folgenden Abschnitt einige Ideen zu ihrer Gestaltung zusammengetragen.

Beispielhafte Formate

Eine **Standard-Retrospektive** folgt dem normalen Aufbau mit fünf Phasen entlang des Double Diamond. Phase 2, also das Sammeln von Wahrnehmungen, gibt dabei ein Schema als gedankliche Stütze vor, in das Teammitglieder ihre Wahrnehmungen einsortieren können. Beliebte Schemata sind beispielsweise:[201]

- *Plus/Delta* beziehungsweise *Ich mag/ich möchte*: Was ist mir positiv aufgefallen, was soll sich ändern?
- *Start/Stop/Continue:* Was sollten wir anfangen, was sollten wir aufhören, was sollten wir genau so weitermachen wie bisher?
- *I liked/I learned/I lacked/I longed for:* Was hat mir gefallen, was habe ich gelernt, was hat mir gefehlt, was habe ich mir gewünscht?

[201] Eine umfassende Methodensammlung für Standard-Retrospektiven findet sich unter https://retromat.org/de/

Aus der Summe der individuellen Wahrnehmungen bildet das Team anschließend Themencluster und akute Handlungsfelder und priorisiert sie für die weitere Bearbeitung. Standard-Retrospektiven funktionieren gut als regelmäßige Überprüfung der Arbeitsweise, als Einstieg in den Selbstreflexionsprozess für ein unerfahrenes Team oder wenn es gerade keine größeren Probleme oder dringenden Entwicklungsbedarf für das Team gibt. Eine typische Standard-Retrospektive nimmt meistens 90-120 Minuten in Anspruch, je nachdem, wie erfahren das Team ist und wie lange die letzte Retrospektive zurückliegt.

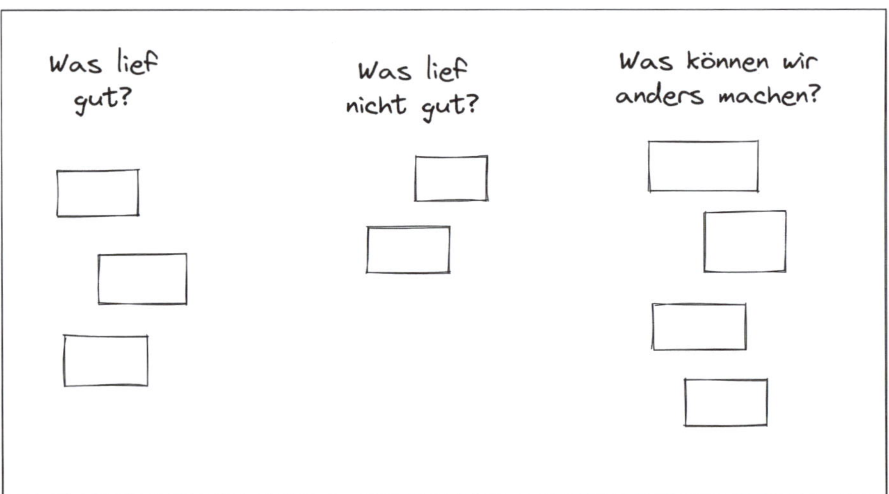

Die **Kurz-Retrospektive** dauert nicht länger als 15 oder 20 Minuten. Sie bietet gerade genug Zeit für alle Teammitglieder, eine kurze Rückmeldung zu geben: Wie geht es mir gerade, welche dringenden Probleme gibt es zu lösen? Das Team beschließt zwei oder drei Maßnahmen, dann ist der Termin wieder vorbei. Um die Kreativität anzuregen, kann eine Bildkarte gezogen oder ein sogenannter Story Cube[202] gewürfelt werden, dessen Bild in die Beschreibung der Situation eingebaut wird. Kurz-Retrospektiven sind für tiefgehende Problemanalysen nicht geeignet, signalisieren aber gerade in stressigen Arbeitsphasen, dass sich das Team die Zeit für gemeinsame Reflexion nicht nehmen lässt.

Das **Blitzlicht** ist ein noch kürzeres Format, in welchem jedem Teilnehmer nur ein oder zwei Sätze für eine Wortmeldung bleiben: „Wie geht es mir gerade?". Es sollte nicht mehr als fünf Minuten in Anspruch nehmen, und kann entweder in einen hektischen Arbeitsalltag eingebaut werden, oder für ein längeres Meeting als Check-in oder Check-out dienen. Als Check-in hilft es den Anwesenden, ihre emotionale Verfassung und die der anderen besser einzuschätzen, und zum Beispiel Frust oder Verärgerung aus einem anderen Kontext gewissermaßen „an der Tür abzugeben". Am Ende eines Meetings kann es eine wichtige Rückmeldung für die Organisatoren des Termins sein, wie wertvoll die gemeinsame Zeit für die Gruppe gewesen ist, und was besser hätte laufen können.

[202] Story Cubes sind Würfel, die anstatt Zahlen kleine thematisch sortierte Bilder zeigen. https://www.storycubes.com/de/

Der **Erwartungsabgleich** ist eine Retrospektive mit besonderem Fokus auf das Aufbauen gegenseitigen Verständnisses. Wir erinnern uns, dass Empathie, Situationsbewusstsein, sich ineinander hineinversetzen-Können und das Angleichen von Erwartungen und Erwartungs-Erwartungen wesentliche Teile dessen sind, was wir „Teamgefühl" nennen. Beginnen kann eine solche Retrospektive mit einer Check-in-Kette. Hierbei sind Teilnehmer gefragt, den Check-in nicht für sich selbst, sondern für ihren Sitznachbarn zu machen – wie geht es ihm/ihr gerade, wie waren die vergangenen zwei Wochen für ihn/sie? Die Empathieübung schärft das Bewusstsein füreinander. Anschließend sammeln Teammitglieder individuell Antworten auf die Frage „Was brauche ich von euch, um meine Arbeit gut machen zu können?" Die Antworten werden, verschriftlicht und mit Namen versehen, an eine Wand oder Arbeitsfläche gehängt. Anschließend beantworten alle die Erwartungen der anderen ihrerseits mit schriftlichen Angeboten, die dazu gehängt werden: „Da du von uns … brauchst, um deinen Job gut machen zu können, biete ich dir an …" In einer abschließenden Runde wird gemeinsam reflektiert, wo Erwartungen und Angebote zueinander passen, wo es eventuell Lücken gibt, und wie diese gefüllt werden können. Die Gruppe schließt mit einem Check-out analog zum Check-in: „Wie hat mein Sitznachbar diesen Termin erlebt?".

Das **Four Spaces-Meeting** geht auf ein Modell von Thomas Thomison[203] zurück und dreht sich zentral um das Sammeln und Bearbeiten von Spannungen. Diese werden in vier gedanklichen Kontexten oder „Spaces" gesammelt:

- Im *individuellen* Space sammeln wir Spannungen, die mit unserem Innenleben, unseren Emotionen, Selbstreflexion und persönlichem Wachstum zu tun haben.
- Im *sozialen* oder Gemeinschafts-Space finden sich Spannungen, die mit unseren Beziehungen und sozialen Interaktionen untereinander zusammenhängen.
- Im *operativen* Space geht es um unsere tägliche Arbeit – fachliche Fragen, Probleme, Teamstrategie, Arbeitsmittel und Werkzeuge, und generell alles, was uns von mehr Erfolg, Produktivität und Spaß an unseren regulären Aufgaben zurückhält.
- Im *strukturellen* oder Governance-Space sprechen wir über unsere Strukturen und Spielregeln als Team, also die Art und Weise, wie wir zusammenarbeiten – unsere Meetings, Regeln, Rollen, Prinzipien und andere strukturelle Teile unserer Zusammenarbeit.

Spannungen werden individuell gesammelt, reihum vorgestellt und dann gemeinsam besprochen. Wie am Anfang des Kapitels schon erwähnt, geht es nicht darum, für jede Spannung eine Lösung zu finden! Oft hilft es schon, eine Spannung auszusprechen und vom Rest des Teams Bestätigung und Verständnis zu erhalten. Gerade im individuellen Space finden sich oft persönliche Themen, die gar nichts mit dem Team zu tun haben und die das Team auch nicht lösen kann – trotzdem helfen diese Hintergrundinformationen, das Verhalten der anderen zu verstehen und auf besondere Bedürfnisse Rücksicht zu nehmen.

Besonders wirksam werden Four Spaces-Meetings, wenn sie in regelmäßigen Abständen wiederholt und die Spannungen des jeweils letzten Meetings zu Beginn gemeinsam überprüft werden. Bleiben Spannungen über mehrere Termine hinweg hängen oder kehren wieder, deutet das auf ein hartnäckiges Problem in der Zusammenarbeit hin, dem das Team besondere Aufmerksamkeit widmen sollte.

---

203 Tom Thomison war unter anderem gemeinsam mit Brian Robertson Gründer und Partner bei HolacracyOne, dem Unternehmen hinter dem Organisationsmodell Holacracy.

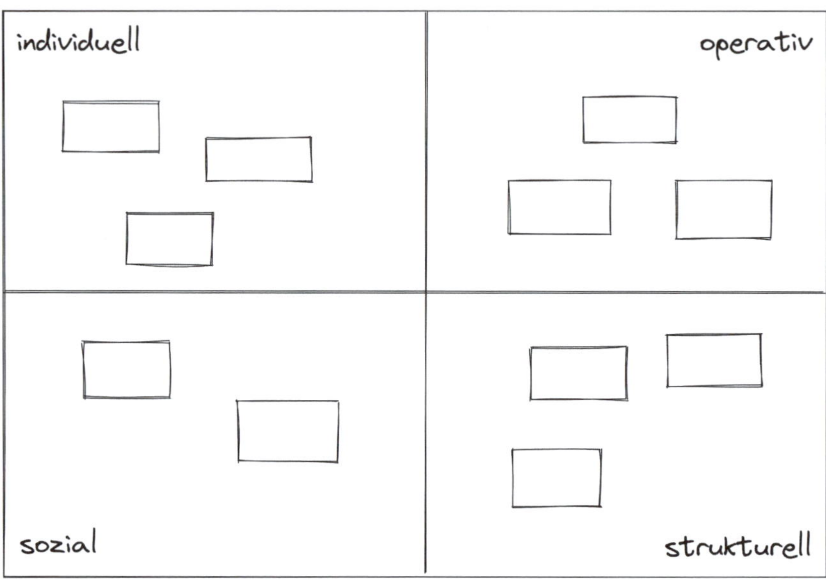

Die **Wertschätzungsdusche** kann besonders in Krisenzeiten des Teams wirkungsvoll sein, wenn Erfolge ausbleiben, Teammitglieder zunehmend gereizt reagieren und sich der Tonfall untereinander verschärft. Bei einer Wertschätzungsdusche werden keine Probleme besprochen, die Regel lautet stattdessen: Es dürfen den anderen Anwesenden nur anerkennende Dinge gesagt werden! Eine typische Wortmeldung in einer Wertschätzungsdusche hat die Form „Ich finde es toll, wenn du…" oder „Danke, dass du …". Für den Erfolg des Formats ist es absolut essenziell, dass die wertschätzenden Beiträge ernst gemeint sind. Sarkasmus oder vergiftete Komplimente haben in einer Wertschätzungsdusche keinen Platz – wer nichts Positives zu sagen hat, bleibt besser still. Erfahrungsgemäß steckt die anerkennende Atmosphäre jedoch schnell an, besonders wenn das Team darauf achtet, alle gleichmäßig mit Wertschätzung zu „duschen". Sobald die Wortmeldungen spärlicher werden, wird der Termin zügig zu einem Ende gebracht, um die Retrospektive auf einer positiven Note zu beenden und die Wirkung in den Teamalltag ausstrahlen zu lassen. Wertschätzungsduschen lassen sich auch gut im Anschluss an Review-Meetings des Teams durchführen, um sich jenseits der fachlichen Ergebnisse Zeit für gegenseitige Anerkennung zu nehmen.

Die **Problemanalyse** ist eine Form der Retrospektive, die eine ganz konkrete Problemsituation oder einen gemachten Fehler aufarbeitet. Offensichtlich hat die Oberste Direktive in diesem Termintyp besondere Wichtigkeit – es geht nicht darum, Schuld zuzuweisen, sondern zu verhindern, dass eine problematische Situation in Zukunft noch einmal auftreten kann. Zwei Ansätze sind hier weit verbreitet:

- das *Ishikawa-* oder *Fishbone-Diagramm*[204] eignet sich vor allem dann, wenn ein kompliziertes Problem, zum Beispiel ein technischer Defekt, besser verstanden werden will,

[204] https://en.wikipedia.org/wiki/Ishikawa_diagram. Auf Deutsch wird die Methode oft „Ursache-Wirkungs-Diagramm" genannt, was etwas unglücklich ist, da man sie leicht mit dem folgenden Ansatz verwechseln kann.

- für komplexe Probleme sind *Ursache-Wirkungs-Diagramme* im Stil von Henrik Kniberg[205] ein guter Ansatz.

Beide Ansätze sind im Kapitel „Herausforderungen und Problemlösung“ etwas ausführlicher beschrieben.

Die Kombination aus **Zeitleiste** und **Future Perfect** eignet sich gut für ein Zwischenfazit in längerer Zusammenarbeit, etwa in mehrjährigen Projekten. Wir haben sie im Kapitel „Kontextintegration“ schon im Detail betrachtet.

Die **Eventualitäten-Analyse** ist eine weitere Art, als Team gemeinsam einen eher strategischen Blick auf das eigene Handeln zu werfen. Die bisher besprochenen Meetingformate konzentrieren sich weitgehend darauf, was in der Vergangenheit geschehen ist, aber es ist für das Team wichtig, nicht immer nur in die „Rückspiegel“, sondern auch gelegentlich durch die Frontscheibe zu schauen: Was kommt gerade auf uns zu, wie werden wir damit umgehen?

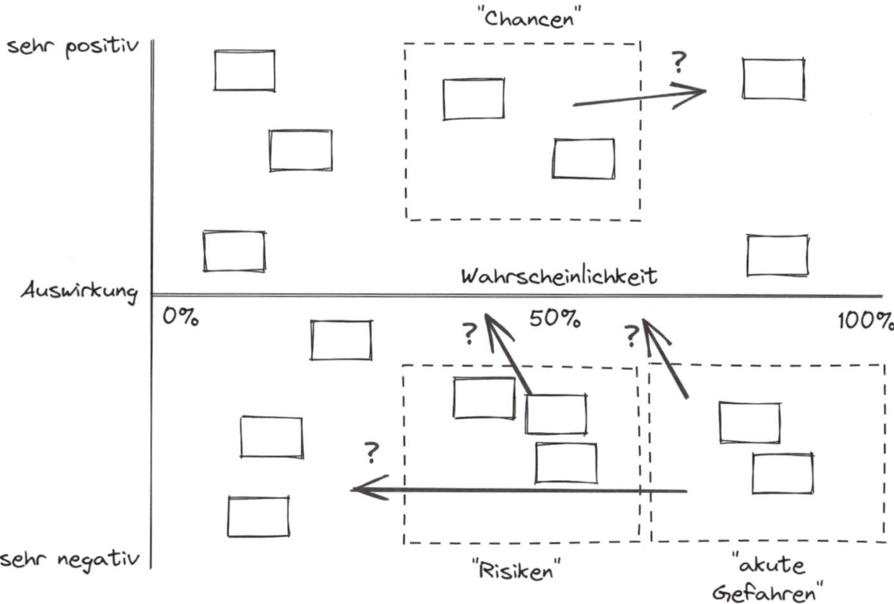

Von besonderem Interesse sind dabei absehbare Ereignisse, die spürbare Auswirkungen auf das Team (positiv oder negativ) haben werden. Das Team baut ein Diagramm auf, in dem mögliche Ereignisse auf Karten gesammelt und einsortiert werden. Auf der einen Achse steht die geschätzte Wahrscheinlichkeit, von „kaum möglich“ bis „so gut wie sicher“. Auf der anderen Achse wird geschätzt, welche Auswirkung das Ereignis auf das Team haben wird, von „katastrophal negativ“ bis „phänomenal positiv“.

[205] Kniberg, Henrik (2009): *Cause-Effect Diagrams.* Blogartikel bei Crisp, https://blog.crisp.se/2009/09/29/henrikkniberg/1254176460000

Ist die Übersicht erstellt, kann das Team sich Maßnahmen überlegen, um die absehbare Zukunft in seinem Sinn zu beeinflussen. Im Fokus liegen dabei vor allem schwerwiegende Risiken und Gefahren (Wie kann das Team sie abwenden oder abfedern?) und Chancen, die möglich, aber nicht sicher sind (Wie kann das Team sie fördern und nutzen?). Bei unwahrscheinlichen Ereignissen, und solchen, die sich kaum positiv oder negativ auswirken werden, braucht es dagegen keine Maßnahmen – sie im Blick zu haben, ist für den Moment ausreichend.

Da es um ein möglichst vollständiges Bild geht, ist eine diverse Teilnehmergruppe für eine Eventualitäten-Analyse offensichtlich ein Vorteil. Neben dem Team dürfen sich also auch Führungskräfte, Kunden, Stakeholder und Fachexperten an der Diskussion beteiligen. Denjenigen von euch mit Projektleitungserfahrung wird auffallen, dass das Team hier eine Form von aktivem Risikomanagement betreibt, bei dem sowohl das Erfassen, das Bewerten, als auch das Mitigieren möglicher Risiken vom Team gemeinsam durchgeführt werden. Identifizierte Maßnahmen werden in die normale Aufgabenverwaltung – die Warteschlange – des Teams aufgenommen und wie alle anderen Aufgaben gemeinsam priorisiert und abgearbeitet.

Ein **Struktur-Workshop** nimmt eine der normalen Teamstrukturen, beispielsweise die Regelmeetings, die Rollenverteilung oder die Entscheidungsprozesse, im Detail unter die Lupe und überprüft bzw. erneuert sie. Die im Kapitel „Teamstrukturen" genannten Werkzeuge und Formate können dafür genutzt werden.

Das **Teamradar**, manchmal auch Spinnennetz-Diagramm genannt, ähnelt der Selbsteinschätzung anhand der Competing Forces. Das Team kann hier allerdings beliebige Aspekte seiner Zusammenarbeit untersuchen und verbessern. Meistens wird eine Mischung aus Faktoren zu Kundennutzen (z.B. Produktivität), interner Leistung (Qualität, Weiterentwicklung) und zwischenmenschlichen Aspekten (Vertrauen, Motivation) in den Fokus gerückt. Teammitglieder bewerten den aktuellen Stand des Teams nach Bauchgefühl auf einer Skala, z.B. von 1 bis 5. Die individuellen Einschätzungen werden gesammelt und auf dem Teamradar übereinandergelegt, sodass ein Gesamteindruck des Teams entsteht.

Das Team kann anschließend drei Aspekte in den Blick nehmen. Zum einen sind Faktoren interessant, bei denen sich das Team insgesamt eher niedrig einschätzt (im Beispiel: Lernen und Entwicklung, Zuverlässigkeit) – gibt es Maßnahmen, mit denen sich diese Aspekte der Zusammenarbeit verbessern lassen? Das Team sollte auch über Themen sprechen, bei denen die Einschätzungen der Teammitglieder sehr weit auseinanderliegen (im Beispiel: Qualität). Fehlt hier eventuell ein gemeinsames Verständnis, oder gehen die Ansprüche an das Team weit auseinander? Nicht zuletzt sind Aspekte interessant, bei denen ein oder zwei Teammitglieder eine völlig andere Einschätzung haben als der Rest (im Beispiel: Motivation). Hier liegt es nahe, dass sich die Arbeitsbedingungen zwischen Teammitgliedern unterscheiden, was darauf hinweist, dass die Zusammenarbeit verbessert oder Aufgaben anders verteilt werden könnten.

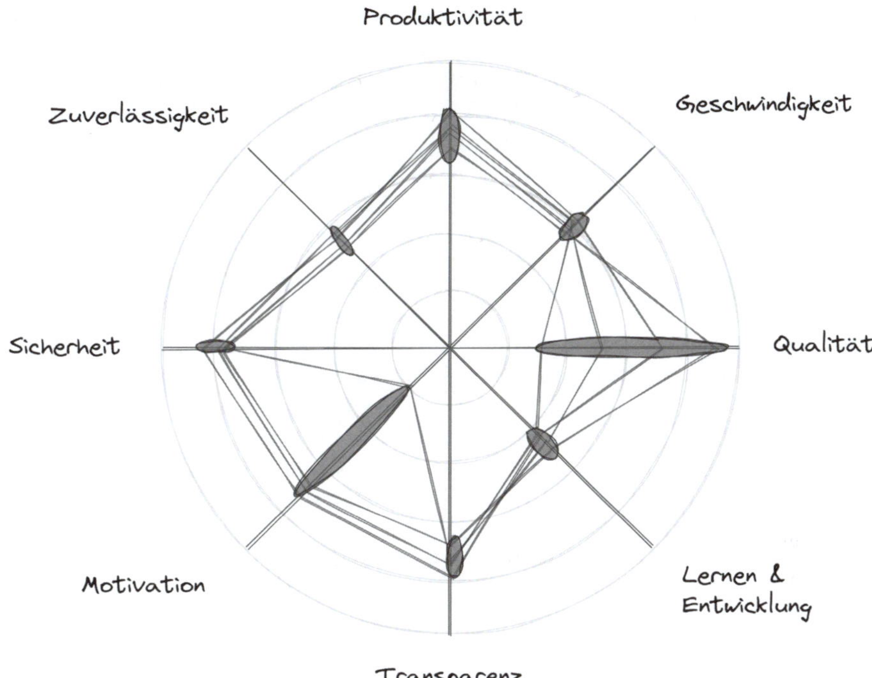

Die **Segelboot**-Retrospektive und ähnliche Formate nutzen Bildmetaphern, um die Aufmerksamkeit des Teams auf langfristige Entwicklungen, strategische Fragen sowie Chancen und Risiken zu lenken. Typischerweise werden Wahrnehmungen der Teammitglieder in vier Quadranten gesammelt. Im Segelboot-Format sind das

- *Die sonnige Insel:* Wo möchte das Team gemeinsam hin? Wie definiert es mittelfristig seinen eigenen Erfolg? Welche Hoffnungen richtet es an seine Zukunft?
- *Der Eisberg:* Welche Gefahren lauern auf dem Weg? Worauf sollte das Team unterwegs achten? Welche Risiken bestehen für das Team und seine Zusammenarbeit?
- *Der Rückenwind:* Was hat das Team in letzter Zeit wirklich vorangebracht und unterstützt? Auf welche Stärken und Ressourcen kann die Gruppe zurückgreifen?
- *Der Anker:* Was hat das Team in letzter Zeit gebremst und zurückgehalten? Welchen Ballast sollte das Team ablegen, um Fahrt aufnehmen zu können?

Für die Auflösung kleinerer Konflikte oder Streits ist mir abschließend ein Format begegnet, welches wir **Perspektivwechsel** oder **Aussprache** nennen können. Nach einem etwas ausführlicheren Check-in bekommen reihum alle Anwesenden Gelegenheit, eine bestimmte Situation aus der eigenen Perspektive zu schildern, Emotionen zur Sprache zu bringen und das eigene Verhalten zu erklären. Anschließend fasst der Rest der Gruppe in eigenen Worten zusammen, was sie verstanden haben, *ohne* dabei eigene Wertungen, Kritik oder Widerspruch einzubringen. Es geht ausschließlich um das verbale Nachvollziehen und Bestätigen der individuellen Perspektive, der richtige Zeitpunkt für die eigenen Wahrnehmungen ist später, wenn man selbst an der Reihe ist. Sollte es mehrere Konfliktparteien geben, achtet das Team besonders darauf, dass diese die Standpunkte der jeweils anderen verstehen und wiedergeben können. Erst wenn das Teammitglied zurückmeldet, dass seine Sicht von der Gruppe verstanden und treffend zusammengefasst wurde, geht das Wort an die nächste Person, die dann wiederum die eigene Wahrnehmung teilen kann. Eine Diskussion oder Fehleranalyse findet nicht statt – es geht ausschließlich darum, das jeweilige Verhalten verständlich zu machen und Empathie füreinander aufzubauen. Ein Perspektivwechsel bietet sich an, wenn es in einer einmaligen Situation mal „gekracht" hat, die Beziehungen im Team aber noch nicht ernsthaft beschädigt wurden. Für die Aufarbeitung festgefahrener oder weit eskalierter Konflikte eignet sich das Werkzeug nur bedingt.

Auch wenn diese Liste von Retrospektiven-Formaten bei Weitem nicht vollständig ist, wird hoffentlich erkennbar, wie vielseitig und mächtig dieses Werkzeug zur Teamentwicklung sein kann. Ich will euch ausdrücklich zum Entwickeln und Ausprobieren eigener Formate einladen. Weiteres Material für Inspiration findet sich reichlich in der Literatur und im Internet.[206]

Maßnahmen vereinbaren und nachverfolgen

So wichtig Retrospektiven auch sind – der wichtigste Teil von Retrospektiven ist das, was zwischen ihnen stattfindet. Werden keine oder nicht umsetzbare Maßnahmen vereinbart, oder ihre Umsetzung bis zur Wirkungslosigkeit verschleppt, kann das Team recht bald das Interesse an Retrospektiven verlieren und die Sinnhaftigkeit der Termine infrage stellen. Jedes wertvolle Meeting hat ein in die Zukunft gerichtetes Ziel, und das ist auch bei Retrospektiven nicht anders – auch wenn primär die Vergangenheit besprochen wird, geht es dabei vor allem um die Verbesserung der Zukunft.

[206] Beispielsweise Derby, Esther & Larsen, Diana (2018). *Agile Retrospektiven.* Vahlen; Löffler, Marc (2014). *Retrospektiven in der Praxis.* dpunkt; Dräther, Rolf (2014). *Retrospektiven – kurz & gut.* O'Reilly; Andresen, Judith (2017). *Retrospektiven in agilen Projekten: Ablauf, Regeln und Methodenbausteine* (2. Auflage). Hanser.

Nicht alle der besprochenen Formate führen auf eine Liste von Maßnahmen. Eine Wertschätzungsdusche *ist* beispielsweise bereits die Maßnahme und braucht für ihre Wirksamkeit in der Regel keine weiteren Vereinbarungen. Für Retrospektiven, in denen Arbeitsstrukturen des Teams angepasst werden sollen, ist es dagegen wichtig, konkrete und vom Team umsetzbare nächste Schritte zu vereinbaren.

Für gute Maßnahmen wird oft das Akronym SMART als kleine „Checkliste" verwendet – ist die Maßnahme spezifisch, messbar, ausführbar, realistisch und terminierbar? Ein Abgleich mit diesen fünf Prinzipien kann verhindern helfen, dass sich das Team Pseudomaßnahmen wie „Wir kommen ab sofort alle pünktlich zum Meeting" (nicht ausführbar), „Wir verbessern unsere interne Kommunikation" (unspezifisch, nicht messbar, nicht terminiert) oder „Wir erstellen dieses Jahr nur noch fehlerfreie Ergebnisse" (nicht ausführbar, unrealistisch) setzt.

Wie alle Teamentscheidungen können auch Maßnahmenvorschläge im Entscheidungsbereich (alles, was wir direkt tun können), Einflussbereich (alles, was wir beeinflussen können) oder Beobachtungsbereich (für uns kaum beeinflussbar) des Teams liegen. Eine Chance auf Umsetzung haben Maßnahmen nur, wenn sie für das Team selbst ausführbar sind, also die Form „Wir werden <X> tun" oder „Anne macht <X>" haben. Vorschläge, die dieses Kriterium nicht erfüllen („Die Bereichsleitung kommt ab sofort zu unseren Reviewmeetings") werden am besten direkt in eine durch das Team durchführbare Handlung umgewandelt („Wir laden die Bereichsleitung ein, an unseren Reviewmeetings teilzunehmen").

Vereinbarte Maßnahmen werden entweder sofort umgesetzt (z.B. eine Termineinladung verschickt, eine Teamregel angepasst), oder in Form bearbeitbarer Aufgaben in den normalen Arbeitsprozess (Backlog bzw. Warteschlange) des Teams aufgenommen. Abraten will ich an dieser Stelle von einer separaten Maßnahmenliste, die sich in der Praxis leider allzu oft zum Ideenfriedhof entwickelt – mir sind Maßnahmenlisten mit Dutzenden, teilweise mehrere Jahre alten Einträgen begegnet, in denen manchmal als Maßnahme festgehalten war, mal wieder die Maßnahmenliste aufzuräumen. Als Team ausführlich Zeit in Retrospektiven zu investieren, um anschließend aufgrund schlechter Organisation die resultierenden Maßnahmen nie umzusetzen, ist von allen Optionen sicher die schlechteste.

Auch wenn in ihnen keine inhaltliche Arbeit stattfindet, sind Retrospektiven gewissermaßen das Herzstück selbstorganisierter Teamarbeit. Sie sind der Rahmen, *in dem sich das Team selbst organisiert*. Als solche sollten sie regelmäßig und im Abstand von höchstens wenigen Wochen stattfinden. Häufige Retrospektiven bieten eine Reihe unterschiedlicher Vorteile: Unpassende Teamstrukturen werden schnell bemerkt und behoben, Teammitglieder üben die Reflexion und Strukturierung der eigenen Zusammenarbeit, auftretende Spannungen werden früh gelöst, bevor sie sich zu ernsthaften Problemen entwickeln können. Mir ist kein Fall eines Teams bekannt, welches regelmäßig wertvolle Retrospektiven durchgeführt hätte und dennoch an internen Problemen zerbrochen wäre. Ein gut laufendes Team kann manchmal den Eindruck erwecken, keine Retrospektiven zu brauchen – schließlich funktioniert die Zusammenarbeit ja –, aber dabei wird übersehen, dass eine gute Zusammenarbeit nicht einfach vom Himmel fällt.

Die Kunst guter Retrospektiven besteht darin, die negative Energie in Beschwerden und Unzufriedenheit aufzunehmen und in die positive Veränderung gemeinsamer

Erwartungen umzuwandeln. In jeder angesprochenen Spannung ist – manchmal gut versteckt – ein Verbesserungsvorschlag enthalten, den das Team finden, aufgreifen und umsetzen kann. Zusammen mit Reviewmeetings sind Retrospektiven wichtige Lernräume für das Team, in denen es Wahrnehmungen und Perspektiven reflektiert und seine Arbeitsweise kontinuierlich weiterentwickelt.

Grundsätzliche Überprüfung von Strukturen

In einem buddhistischen Kloster soll es vor vielen Jahren eine junge Katze gegeben haben, die die schlechte Angewohnheit hatte, die Mönche beim täglichen Gebet zu stören. Um den geregelten Ablauf zu sichern, dem Tier aber kein Leid zuzufügen, wies der alte Abt die Mönche an, die Katze jeden Tag zur Gebetszeit an einen Baum auf dem Klosterhof anzubinden und anschließend wieder freizulassen. Die Lösung funktionierte hervorragend: Der Katze ging es gut, und die Mönche konnten ungestört ihrem Gebet nachgehen. Auch nachdem der alte Abt gestorben war, wurde weiterhin jeden Tag zur Gebetszeit die Katze an den Baum angebunden, und neuen Mönchen wurde in ihren ersten Tagen beigebracht, wie wichtig es war, dieses Ritual konsequent einzuhalten.

Nach einigen Jahren entdeckten die Mönche eines Morgens, dass die mittlerweile alt gewordene Katze über Nacht gestorben war. Sie waren verunsichert – sie erinnerten sich, dass das Anbinden der Katze wichtig war, aber sie waren sich nicht einig, wofür. Um sicherzugehen, dass sie nicht aus Unkenntnis einen unentschuldbaren Fehler begehen würden, kauften sie auf dem Markt eine junge Katze, um sie fortan jeden Tag zur Gebetszeit wieder an den Baum auf dem Klosterhof zu binden.

Viele Jahrzehnte später schrieb ein Gelehrter, der auf seiner Reise durch die Provinzen einen Zwischenhalt im Kloster eingelegt hatte, eine theologische Abhandlung über die Bedeutung des rituellen Katzenanbindens in der buddhistischen Gebetspraxis.

Auch wenn sich die Geschichte mit der Katze und dem Kloster sicherlich nicht so zugetragen hat, beschreibt sie den Alltag in vielen Organisationen besser, als es uns lieb sein kann. Mir ist die Geschichte eines Teams erzählt worden, dessen Bereichsleiter großes Interesse an den Arbeitsergebnissen der Teammitglieder hatte, weshalb das Team ihm alle zwei Wochen in einem einstündigen Termin sämtlichen Fortschritt im Detail vorstellen durfte. Nach einigen Monaten wechselte der Bereichsleiter in einen anderen Teil der Organisation, und sein Nachfolger wurde vom Team wieder in das „Ergebnis-Freigabemeeting" eingeladen. Nach wenigen Wochen hatte dieser das Interesse an der detaillierten Ergebnisvorstellung verloren und blieb dem Termin fern – schickte aber von nun an seine Assistentin in das Meeting, schließlich müsse ja irgendjemand die Ergebnisse des Teams kontrollieren. Dieser blieb mangels Sachverständnis nichts anderes übrig, als alles abzunicken, das ihr vorgestellt wurde …

Überregulierung abbauen

Viele Strukturen des Teams werden ursprünglich aus guten Gründen und mit den besten Absichten eingeführt. Viele von ihnen sind auch eine Zeitlang nützlich, aber dann verändert sich die Lage. Das Team entwickelt sich weiter, aufgebautes Vertrauen macht Kontrolle unnötig, Rollen und Abläufe stellen sich als weniger wertvoll heraus als gedacht, Personen verlassen das Team und sein Umfeld und die Erwartungen, auf deren Basis bestimmte Strukturen einmal eingeführt wurden, fallen weg. Was bleibt, sind Erwartungen und Routinen, die das Team weiterhin Tag für Tag einhält, ohne sich dessen bewusst zu sein, und oft auch ohne deren Sinn zu verstehen oder auch nur zu hinterfragen. Vielen Teams fällt es deutlich einfacher, Strukturen einzuführen, als sie wieder abzuschaffen. Die Folge ist, dass sich über die Zeit mehr und mehr Verhaltenserwartungen ansammeln, während der Kerngedanke der selbstorganisierten, flexiblen, situationsangepassten Zusammenarbeit zunehmend in den Hintergrund rückt. Jede einzelne dieser Regeln und Strukturen mag für sich genommen gute Gründe (gehabt?) haben, aber in Summe können sie das Team mit ihren komplizierten Abläufen erdrücken:

> *„Jede dieser Maßnahmen ist für sich genommen eine gute Idee. Aber niemand prüft jemals ihre kollektiven Auswirkungen auf Teams und ihre Arbeit."*[207]

Das heißt: Selbstorganisierte Teamarbeit bedeutet nicht nur, Strukturen gemeinsam festzulegen und diese dann evolutionär in Retrospektiven gemeinsam weiterzuentwickeln. Hin und wieder ist es für das Team auch notwendig, die bestehenden Strukturen kritisch zu hinterfragen und so weit zu stutzen, dass wieder Freiräume für neue Ideen entstehen. Genauso, wie es im Team bestimmte Abläufe gibt, in denen es möglichst keine Überraschungen geben soll und wo Strukturen und Routinen wichtige Stabilität erzeugen, gibt es auch Situationen, in denen Platz für kreatives und intelligentes Verhalten sein muss:

> *„Die Ordnung eines Teams ist immer auch durch die Beziehung zwischen dem Stabilisierenden und dem Dynamischen gekennzeichnet. So kann es überregulierte Teams geben, denen eine Fülle von Normen und Vorschriften die Lebendigkeit nimmt, aber auch unterregulierte Teams, die ständig damit beschäftigt sind, alles immer neu auszuhandeln."*[208]

Einen letzten Grund für regelmäßige Überprüfung der bestehenden Strukturen haben wir im Abschnitt „Menschenbild" kurz angedeutet: Selbst dann, wenn alle Beteiligten eine vertrauensvolle Zusammenarbeit pflegen, haben Misstrauen und negative Menschenbilder eine unselige Tendenz, in strukturelle Entscheidungen von Team und Organisation „hineinzusickern". Es ist leider zu einfach, auftretende Probleme durch Regeln und Verbote erschlagen zu wollen, oder bei der Verallgemeinerung von Entscheidungen ins Zweifeln zu kommen: „Für unsere aktuellen Teammitglieder brauchen wir das nicht, für die lege ich meine Hand ins Feuer – aber wer weiß, wer später mal auf diesem Team arbeiten wird?" Niels Pfläging und Silke Hermann nennen das bewusste Aufräumen dieser Misstrauensstrukturen „Organisationshygiene"[209] – sie zu entfernen schafft nicht nur wichtige Handlungsspielräume für Teammitglieder, sondern es betont auch das Vertrauen, dass Teammitglieder die Verantwortung für tolle Ergebnisse und gute Zusammenarbeit übernehmen können, anstatt sich hinter einem detaillierten Regelwerk verstecken zu müssen.

[207] Hackman, Richard (2002). *Leading Teams: Setting the Stage for Great Performances.* Harvard Business Review Press. S. 78 (Übersetzung des Autors).

[208] Brinkmann, Babette & Schattenhofer, Karl (2022). Erfolgreiche Teams in der Selbstorganisation. Vahlen. S. 10.

[209] Pfläging, Niels & Hermann, Silke (2015). *Komplexithoden.* Redline. S. 84.

Offsites sind ein geeigneter Rahmen

Im Prinzip kann die Überprüfung von Strukturen zu jedem Zeitpunkt stattfinden. Besonders eignen sich aber dafür Situationen, in denen Teammitglieder sowieso eine eher strategische und langfristige Perspektive auf das Team haben, bereit für den Austausch auf der Metaebene sind und wenigen Ablenkungen durch alltägliche Aufgaben und Störungen ausgesetzt sind. Wenn das Team beispielsweise ein- oder zweimal im Jahr größere *Teamtage* oder ein *Offsite* geplant hat, bieten sich diese Termine auch für grundsätzliche Strukturüberprüfung an. Frische Perspektiven lassen sich durch einen Ortswechsel erreichen, weshalb viele Teams für diese Termine für wenige Tage in ein Seminarhotel oder in eine Berghütte wechseln. Falls sich auch am normalen Arbeitsort eine störungsfreie Umgebung herstellen lässt (oder die Finanzlage einen mehrtägigen Ausflug nicht hergibt) kann das Team auch dort arbeiten. Ich rate aber zumindest dazu, das Team tatsächlich physisch an einem Ort zusammenzubringen, auch wenn es normalerweise geographisch verteilt arbeitet. Die kleinen nebenläufigen Gespräche, der persönliche Rahmen und die parallel stattfindende Beziehungspflege finden in Videokonferenzen einfach nicht auf dem gleichen Niveau statt.

Neben der Arbeit an der eigenen Struktur haben an diesen Terminen natürlich auch andere Themen einen Platz. Häufig finden sich auf der Agenda beispielsweise:

- **Gemeinsame inhaltliche Innovation:** Gibt es neue Produkte oder Dienstleistungen, die das Team anbieten kann, oder warten die bisherigen Angebote schon länger auf eine grundsätzliche Erneuerung?
- **Strategischer Rückblick und Ausblick:** Was ist seit dem letzten gemeinsamen Offsite alles passiert? Welche Erfolge kann das Team feiern, welche Herausforderungen wurden gemeistert? Auch der langfristige Ausblick auf die kommenden Monate gehört zu diesem Arbeitsblock. Wir hatten diesen Aspekt von Offsites bereits eingangs in diesem Kapitel, im Abschnitt „Ebenen der Meetingstruktur", kurz beleuchtet.
- **Weiterentwicklung/Voneinander lernen:** Oft sind Teammitglieder überrascht, was ihre Kolleginnen und Kollegen alles können und wissen, für das im Alltag wenig Gelegenheit ist. Einzelne Teammitglieder können für die anderen kleine Lerneinheiten oder Workshops vorbereiten, um Wissen im Team besser zu teilen und ihr Können sichtbar zu machen.
- **Persönliches Feedback/Beziehungspflege:** Teamtage sind eine gute Gelegenheit für Teammitglieder, um ihre zwischenmenschlichen Beziehungen zu pflegen und Anerkennung und Entwicklungsideen auszutauschen. *Feedbackspaziergänge* (siehe Ende dieses Kapitels, S. 309) sind dazu ein mögliches Format.
- **Retrospektiven:** Insbesondere Formate mit eher ungewöhnlichen Schwerpunkten oder größeren Zeithorizonten bieten sich an.
- **Ein Spaßblock:** Das Team muss die verfügbare Zeit nicht nur für inhaltliche Arbeit nutzen – auch gemeinsames Kochen, Spielen, Sport, Restaurant- oder Barbesuche oder Ausflüge dürfen in ein Offsite eingebaut werden.

Der organisatorische Frühjahrsputz

Beim *Frühjahrsputz* geht es nicht darum, den Arbeitsplatz aufzuräumen (auch wenn das sicher auch hin und wieder sinnvoll ist). Stattdessen nimmt das Team an dieser Stelle seine eigenen internen Strukturen und seine Umfeldintegration gemeinsam unter die Lupe. Die zentrale Frage lautet: Welche unserer Teamstrukturen sind tatsächlich für unsere Arbeit hilfreich und welche stehen uns eher im Weg? Gesammelt werden dabei offizielle Strukturen des Teams, das bedeutet:

- Zielformulierungen und Aufgabenbeschreibungen,
- Taskboards, Regeln und Abläufe rund um die Arbeitsverwaltung,
- Regelmeetings und Kommunikationskanäle,
- Entscheidungsverfahren und -prozesse,
- Rollendefinitionen und Rollenbesetzung,
- Regeln und Arbeitsprinzipien,
- Strukturen der Umfeldintegration: Nahtstellen, die Verwaltung von Ressourcen und Material, Regeltermine, definierte Verantwortungsbereiche und Ähnliches,
- wesentliche interne Werkzeuge und Hilfsmittel.

Das Team sollte dabei nicht vergessen, dass Strukturen in der Regel auf das Betreiben eines oder mehrerer Teammitglieder eingeführt worden sind. Allzu rücksichtsloses Aufräumen könnte bei diesen für Irritation sorgen. Selbst wenn sich in der gemeinsamen Betrachtung herausstellt, dass sie nicht (mehr) gebraucht werden, darf das Aufräumen durchaus einen wertschätzenden Charakter haben, schließlich waren die Strukturen eventuell einmal wertvoll oder haben dem Team zumindest geholfen, eine Problemstellung oder eine Erwartung besser zu verstehen. Es ergibt sich ein Arbeitsmodus, der aufgrund seiner speziellen Atmosphäre bei uns den Spitznamen „Marie Kondo-Retrospektive" bekommen hat: Das Team untersucht seine eigenen Strukturen anhand der Frage „Ziehen wir noch Freude aus dieser Struktur?". Wenn das nicht so ist, kann die Gruppe kurz anerkennende Wahrnehmungen sammeln, wofür die Strukturentscheidung einmal gut gewesen sein mag oder welche Erkenntnisse sich daraus ergeben haben. Anschließend wird die Struktur abgeschafft und die sich daraus ergebenden Konsequenzen besprochen.

Für die Übersicht kann das Team ein Schema wie das folgende nutzen. Da das Aufräumen und Optimieren im Fokus stehen, werden vor allem Strukturen im Fokus der Diskussion stehen, die wenig oder zumindest zweifelhaften Nutzen bringen. Als wertvoll empfundene Strukturen müssen nicht besprochen werden. Falls es unterschiedliche Ansichten über den Wert von Strukturen gibt, entscheidet im Zweifelsfall die positive Betrachtung. Wenn zwei oder mehr Teammitglieder eine Struktur wertvoll finden, ist das Grund genug, sie beizubehalten – allerdings bietet sich hier ein Austausch darüber an, wie man sie für die übrigen Teammitglieder nützlicher oder zumindest weniger störend gestalten könnte.

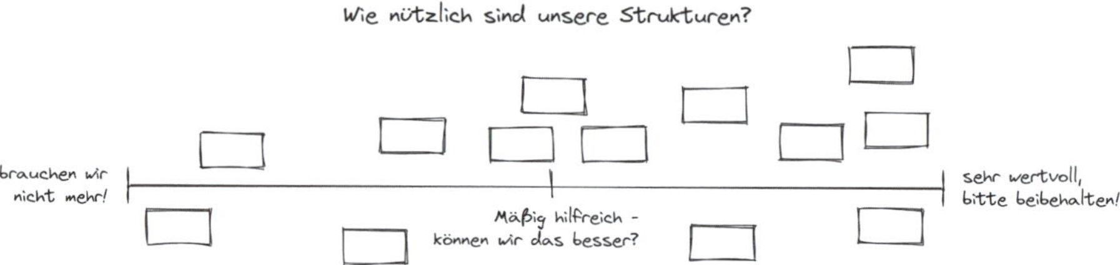

Strukturexperimente

Das Team kann Offsites und Teamtage auch nutzen, um kreative und ungewöhnliche Ideen für die eigene Strukturentwicklung zu besprechen. Wie wäre es, halb so viele oder sogar gar keine Meetings mehr zu haben? Ausgabenregeln abzuschaffen? Eine enge Partnerschaft mit einem anderen Team oder Bereich anzustreben? Eventuell lässt sich das Gehalts- und Beteiligungsmodell anders definieren oder Teammitglieder können sich gegenseitig aus einem zentralen Topf Belohnungen zukommen lassen[210] oder es gibt unbegrenzt Urlaubstage für alle?

Diese Ideen müssen nicht unbedingt gut sein – das ist nicht Sinn der Übung. Es geht mehr darum, im Team den Blick für das zu weiten, was in Selbstorganisation alles noch möglich sein könnte, und welche Effekte bestimmte Strukturen haben und haben könnten. In meinen Teams haben wir viele solche Ideen besprochen und letztlich nicht umgesetzt, und dennoch waren die Gespräche darüber immer sehr wertvoll.

Sollte das Team tatsächlich ungewöhnliche Ideen finden, die es umsetzen möchte, sollten diese unbedingt unter drei wichtigen Gesichtspunkten kritisch betrachtet werden:

1. **Strukturexperimente müssen sicher sein.** Je „radikaler" eine Idee, desto wichtiger ist es, diese auf ihre möglichen Folgen und Nebeneffekte zu untersuchen. Unter anderem gehören dazu eine ordentliche, ausführliche Einwandintegration und ein Vetorecht aller Teammitglieder. Manchmal lassen sich Ideen auch erst in einem kleineren oder zeitlich eng begrenzten Rahmen ausprobieren, bevor das Team eine grundsätzliche Entscheidung trifft. Auf die Frage „Ist das sicher genug, um es auszuprobieren?" kann das Team nur mit einem klaren „Ja!" anworten, wenn es eher kreative Strukturideen umsetzen will.
2. **Experimente werden nur an Strukturen gemacht, nie an Menschen.** Die Grenze ist hier an manchen Stellen schwierig zu ziehen, da sich Arbeitsstrukturen immer auf die Menschen auswirken, die in ihnen arbeiten. Es ist aber etwas ganz anderes, Meetings anders zu organisieren, als beispielsweise psychologische Manipulationstechniken einzuführen oder Teammitglieder in Arbeit und Stress zu ertränken. Egal welche Ideen hier besprochen werden, sie dürfen nicht dazu führen, dass für die beteiligten Menschen – auch außerhalb des Teams! – ein unsicheres Arbeitsumfeld geschaffen wird. Im Zweifelsfall entscheidet sich das Team besser für die konservativere Option und sammelt erst weitere Erfahrungen.

[210] Ein Konzept namens „Merit Money", siehe Appelo, Jurgen (2018). *Managing for Happiness.* Vahlen, S. 171.

3. **Teamentwicklung geht nur vorwärts, nie rückwärts.** In manchen Teams ist mir eine gewisse Nonchalance beim Verändern der eigenen Strukturen begegnet. „Einfach mal machen – wenn es nicht klappt, schaffen wir es eben wieder ab!". Ich möchte dem den systemischen Grundsatz entgegenstellen, dass man in komplexe Systeme immer nur *neue* Veränderungen einführen kann, man kann sie nicht „rückgängig" machen. Ein Team, welches durch die Einführung einer Rolle Verantwortung anders verteilt, mit den Ergebnissen nicht zufrieden ist, und die Rolle anschließend wieder abschafft, hat *zwei* Änderungen vorgenommen, die beide Effekte haben werden. Das Abschaffen einer vorher eingeführten Struktur (oder andersherum) führt das Team an einen neuen Ort, nicht in die Ausgangssituation zurück.

   In ihrem Buch „Freakonomics" beschreiben die Autoren Steven Levitt und Stephen Dubner ein Sozialexperiment, welches diesen Grundsatz gut verdeutlicht.[211] *In einer Reihe von Kindertagesstätten im israelischen Haifa versuchten Verhaltensökonomen, das Problem zu lösen, dass Eltern ihre Kinder regelmäßig zu spät abholten. Als Maßnahme wurde beschlossen, für jedes verspätet abgeholte Kind eine Strafzahlung einzuführen, die von den Eltern zusätzlich zu den normalen Gebühren erhoben werden würde. Die Beträge waren nicht so groß, dass sie Eltern in finanzielle Schwierigkeiten bringen würde, aber doch über einen längeren Zeitraum nicht unerheblich.*

   Nach Einführung der Strafe entwickelte sich die Anzahl der Zuspätkommer nach… oben. Um genau zu sein, verdoppelte sie sich. Das Experiment war nach hinten losgegangen – die Ökonomen hatten nicht bedacht, dass sie durch das Einführen eines Preises einen vorher unangenehmen, sozialen Fauxpas in eine bezahlbare Dienstleistung verwandelt hatten, die Eltern nur zu gern in Anspruch nahmen. Also wurde die Strafzahlung wieder abgeschafft – mit dem Ergebnis, dass die Anzahl der Zuspätkommer auf hohem Niveau verharrte, denn aus Sicht der Eltern war das Zuspätkommen nun neuerdings umsonst.

Teams sind komplexe Systeme, keine Maschinen, in die man nach Belieben Strukturen ein- und wieder ausbauen kann. Niels Pfläging vergleicht das Phänomen der ewigen Vorwärts-Veränderung mit einem Kaffee, in den Milch gegossen wird:[212] Es ist leicht, Milch in den Kaffee zu geben, und die Handlung wird den Kaffee sofort sichtbar verändern. Milch, die einmal in den Kaffee gegossen wurde, kann jedoch nicht ohne Weiteres wieder entfernt werden. Genauso verhält es sich mit Veränderungen in Teams: Sie sind leicht zu beschließen, aber man kann anschließend nur neue Veränderungen hinzufügen, und die Effekte sind oft weiterhin spürbar, auch nachdem eine Strukturentscheidung wieder umgekehrt wurde. Das muss nicht unbedingt schlimm sein, viele Menschen mögen Kaffee mit Milch, und viele Menschen mögen auch Veränderungen ihrer Teams. Wir tun aber gut daran, diese Tatsache im Kopf zu behalten, gerade wenn wir als Team ungewöhnliche Strukturideen austesten wollen.

---

211 Levitt, Steven & Dubner, Stephen (2009). *Freakonomics*. Harper. Kap. 1.

212 Pfläging, Niels (2017). *Change ist so wie Milch in Kaffee geben*. Blogbeitrag bei LinkedIn, https://www.linkedin.com/pulse/change-ist-so-wie-milch-kaffee-geben-niels-pflaeging

3.3 Teamkultur und Teamidentität

Zwei Begriffe, die wir aufgrund ihrer Beliebtheit an dieser Stelle noch klären sollten, sind die Konzepte von „Kultur“ und „Identität“ des Teams. Vor allem der Kulturbegriff wird im Bezug auf Teams fast schon inflationär verwendet: Fehlerkultur, Zusammenarbeitskultur, Kultur des Lernens, der Leistung, des Miteinanders. In Internet und Managementliteratur finden sich zahlreiche Anleitungen und Angebote, mit denen man seine Teamkultur vorgeblich „verbessern“ oder „transformieren“ kann. Bei genauerem Blick fällt auf, dass die meisten dieser Quellen sichtlich Schwierigkeiten haben, den Begriff der Kultur genauer zu definieren. Das ist kein Zufall.

Stefan Kühl bezeichnet den Begriff der „Organisationskultur“ als „terminologischen Staubsauger“, und meint damit ein sprachliches Mittel *„[...] mit dem alles aufgenommen werden kann, was in irgendeiner Form mit Organisationen zu tun hat. Werte, Normen, Geschäftsmodelle, Regeln, Symbole, Denkweisen, Glaubenssätze, Mythen, Dogmen, Bedeutungen – alles wird mit dem Begriff der Organisationskultur erfasst und miteinander vermengt. Der Begriff der Organisationskultur droht dabei das gleiche Schicksal zu erleiden wie die im Managementdiskurs ebenfalls expansiv verwendeten Begriffe der Führung oder der Strategie – begriffliche Beliebigkeit.“*[213]

Die große Stärke solch unscharfer Begriffe ist gleichzeitig ihre zentrale Schwäche: ihre Fähigkeit, beliebige Bedeutung anzunehmen. Es ist sehr leicht, über Teamkultur zu sprechen, da jeder sich unter dem Begriff irgendetwas vorstellen kann – Aussagen über Teamkultur sind, um einen Begriff aus der Systemtheorie zu verwenden, enorm „anschlussfähig“. Leider geht diese Anschlussfähigkeit auf Kosten des Informationsgehalts. Die Beteiligten an einem Gespräch verstehen unter dem Begriff, was auch immer sie individuell darunter verstehen wollen – für einige ist es der Umgangston, für andere das Selbstverständnis, für andere wiederum der Umgang mit auftretenden Problemen oder die Bereitschaft zur Verantwortungsübernahme. Ein gemeinsames Verständnis entsteht so nicht. Dafür braucht es Begrifflichkeiten, die so klar begrenzt sind, dass man sein eigenes Verständnis an ihnen reiben und schleifen kann. Regelmäßig begegnen mir in Kundenprojekten oder auf Konferenzen Fragestellungen der Form „Wie können wir eine bessere Teamkultur erreichen“? Meine einzige mögliche Antwort auf diese Frage ist „Was genau meinst du damit?“ – weil die Fragestellung zur Beantwortung viel zu unscharf ist. Hier hilft nur der Grundsatz des britischen Mathematikers George Spencer Brown:

Erkenntnis beginnt damit, eine Unterscheidung zu ziehen.[214]

Teamkultur: die Menge nicht entschiedener Erwartungen

Beginnen wir mit einigen bekannten Grundsätzen: Teams sind soziale Systeme. Sie bestehen aus Kommunikation, nicht aus Menschen. Ein wesentlicher Teil dieser Kommunikation besteht darin, Entscheidungen zu treffen. Offensichtlich hat „Teamkultur“ etwas damit zu tun, *wie* jeden Tag gemeinsame oder individuelle Entscheidungen ge-

---

[213] Kühl, Stefan (2018). *Organisationskulturen beeinflussen. Eine sehr kurze Einführung.* Springer, S. 8.

[214] Vgl. Brown, George Spencer (1972). *Laws of Form.* The Julian Press, S. 1.

troffen werden. Wir entscheiden, andere in eine Aufgabe mit einzubeziehen oder nicht. Wir entscheiden, ob wir fürsorglich oder rücksichtslos miteinander umgehen. Wir entscheiden, ob wir uns um ein auftretendes Problem kümmern oder es ignorieren. Diese Entscheidungen werden nicht im luftleeren Raum getroffen, sondern durch eine Vielzahl von Faktoren beeinflusst. Die Organisationssoziologie nennt diese Faktoren *Entscheidungsprämissen*, sie sind eine mögliche Form von Erwartungen.[215]

Wenn wir während der Arbeit Entscheidungen treffen, richtet sich dabei eine Vielzahl von Erwartungen an uns. Diese Erwartungen definieren nicht im Detail, wie wir zu entscheiden haben, aber sie schränken den Handlungsspielraum ein. Beispielsweise stellt ein Teamziel eine Erwartung bzw. Entscheidungsprämisse dar: Orientiere dich bei deinen Entscheidungen daran, dass das Team dieses Ziel erreichen möchte! Wir können diese Erwartungen erfüllen oder missachten, aber sie zwingen uns zumindest dazu, Stellung zu beziehen.

Einen wesentlichen Teil der im Team vorhandenen Erwartungen haben wir in diesem Buch bisher ausführlich betrachtet, nämlich Erwartungen, die durch gemeinsame Entscheidungen zu offiziellen *Strukturen* geworden sind. Es gibt aber auch eine andere, oft deutlich größere Menge von Erwartungen, sich im Teamkontext auf eine bestimmte Art und Weise zu verhalten, zu kommunizieren oder Entscheidungen zu treffen, die nirgendwo aufgeschrieben sind und dennoch wirken. Nach einer gewissen Zeit wissen Teammitglieder, dass auch abseits der offiziellen Teamstrukturen einfach bestimmte Dinge von ihnen erwartet werden. In den meisten Fällen erfüllen sie diese Erwartungen stillschweigend und ohne daraus ein großes Ding zu machen. Manchmal missachten sie sie, oder rebellieren offen dagegen. Aber die unausgesprochenen Erwartungen in einem Team sind ebenso real und wirksam wie die offiziellen Strukturen.

Der Begriff der „Kultur" in Teams und Organisationen ist über diese Perspektive nun klar eingrenzbar:

> *„Unter ‚Organisationskultur' versteht man all jene Verhaltenserwartungen, die nicht über Entscheidungen festgelegt wurden, sondern die sich langsam eingeschlichen haben. Die Organisationstheorie spricht hier von den nicht entschiedenen Entscheidungsprämissen […]"*[216]

Das bedeutet: Alle dauerhaften Erwartungen, die vom Team (oder anderen Personen) offiziell entschieden wurden, fallen in die Kategorie der *Teamstrukturen*. Alle, über die es keine offizielle Entscheidung gegeben hat – die „nicht entschiedenen Entscheidungsprämissen" – bilden die *Teamkultur*. Wir könnten auch sagen: Teamkultur ist das einzigartige Gleichgewicht aus Erwartungen und Erwartungs-Erwartungen abseits der offiziellen Strukturen. Erwartungen schleichen sich in die Teamkultur langsam über die Zeit ein. Teamkultur ist so gesehen die Versteinerung des täglichen Verhaltens, die über viele Wochen und Monate ausgetretenen Trampelpfade im kollektiven Miteinander. Teammitglieder verhalten sich über lange Zeiträume immer wieder ähnlich und bauen dadurch nicht nur die Erwartung auf, dass sie sich auch in Zukunft so verhalten werden, sondern etablieren ihr Verhalten gleichzeitig auch als normal.

---

[215] Jede Entscheidungsprämisse ist eine Erwartung, aber nicht jede Erwartung ist eine Entscheidungsprämisse.

[216] Kühl, Stefan (2018). *Organisationskulturen beeinflussen*. Springer. S. 9.

Man könnte an dieser Stelle nun auf unterschiedliche Ideen kommen. Die Erste davon wäre die Frage: Warum würde man überhaupt diese Abläufe unter der Oberfläche, diese „Hinterbühne" der Teamarbeit, zulassen und entscheidet nicht einfach alles offiziell? Wir erkennen aber schnell, dass das weder praktikabel noch erstrebenswert wäre. Wir wollen Teamarbeit nicht vollständig verregeln, da die Freiräume im Verhalten genau das sind, was gute Teamarbeit ausmacht. Nebenbei sind viele Erwartungen überhaupt nicht offiziell entscheidbar, weil ihr offizieller Beschluss zu unsinnigen oder paradoxen Forderungen – „Seid kreativ!", „Arbeitet selbstorganisiert!", „Habt keine Konflikte!" – führen würde. Außerdem schafft jede eingeführte Struktur neue Interpretationsspielräume und Verhaltensmöglichkeiten, die Menge nicht entschiedener Erwartungen wächst also schneller, als man sie offiziell regeln könnte.

Man könnte auch auf den Gedanken kommen, die nicht entschiedenen Erwartungen systematisch zu überprüfen und als Team seine eigene Teamkultur gemeinsam „festzulegen". Das ist leider ebenfalls nicht so einfach. Zum einen ist für das Team die eigene Kultur schwierig zu beobachten, da man das eigene Verhalten immer für „normal" hält. Zum anderen wäre jede Festlegung eine offizielle Entscheidung, mit der wir die Erwartung aus dem Bereich der Teamkultur herausnehmen würden, wo sie durch andere, neue unausgesprochene Erwartungen ersetzt wird. Wie wir es drehen und wenden, Teamkultur lässt sich weder abschaffen noch gezielt bearbeiten. Sie ist einfach.

Arbeit mit, statt an Teamkultur

All das bedeutet nun nicht, dass man *mit* Teamkultur nicht arbeiten könnte – man kann nur nicht direkt *an* ihr arbeiten. Selbstverständlich beobachten wir als selbstorganisierte Teammitglieder unseren Umgang miteinander und unsere Arbeitsweise sehr genau. In Retrospektiven und anderen geeigneten Gelegenheiten können wir das Geschehen reflektieren und erwünschte beziehungsweise unerwünschte Muster ansprechen: „Mir gefällt der neue Ergebnisfokus seit einigen Wochen sehr gut, aber ich habe das Gefühl, dass wir zunehmend gereizt aufeinander reagieren." Die Wahrnehmungen teamexterner Personen kann darüber hinaus helfen, die eigenen blinden Flecken aufzudecken – Kunden und Stakeholder, Mitglieder anderer Teams und externe Teamcoaches können uns auf Eigenheiten unseres Verhaltens hinweisen, die uns selbst schon lange nicht mehr auffallen.

Um als Team Einfluss auf diese Muster zu nehmen, ist der beste Weg oft, die eigenen Strukturen und Spielregeln unter die Lupe zu nehmen. Nicht nur sind diese für das Team leicht veränderbar, sie prägen menschliches Verhalten auch stärker, als es uns in vielen Fällen bewusst ist. Der gedankliche Fehlgriff, Verhalten durch charakterliche Eigenschaften anstatt über die in der Situation vorherrschenden Erwartungen erklären zu wollen, ist so weit verbreitet, dass er einen eigenen Namen bekommen hat:

> *„[...] denn Menschen erklären sich menschliches Verhalten in der Regel über die Persönlichkeit des Gegenübers, nicht aber über die Situation (die Kontextbedingungen), in denen das Verhalten auftritt. Die Psychologie spricht hier vom Fundamentalen Attributionsfehler. [...] Wenn wir das Verhalten anderer beobachten und erklären, warum sich jemand wie verhält, so erklären wir das Verhalten anderer überdurchschnittlich oft mit der Persönlichkeit und mit stabilen Eigenschaften der Person (sie hat keinen Vorschlag*

gemacht, weil sie so schüchtern ist). Deutlich seltener kommt es uns in den Sinn, Verhalten mit der Situation zu erklären (sie hat keinen Vorschlag gemacht, weil die Leitung so vehement aufgetreten ist und sie in der letzten Reihe saß und hätte aufstehen müssen, um gehört zu werden).“[217]

Uns selbst ist meistens akut bewusst, welche Sachzwänge und externen Erwartungen unserem Verhalten zugrunde liegen, bei anderen sind diese aber oft schwer zu erkennen. Ich habe etwa einige Organisationen erlebt, in denen darüber geklagt wurde, dass „die aus dem Vertrieb“ gegenüber Kunden Aufträge abgeschlossen und Ergebnisse zugesichert haben, die die Produktion kaum einhalten konnte. Die Tatsache, dass Vertriebsmitarbeiter von der Organisation erfolgsabhängige Provisionen erhalten haben, spielte dabei selten eine Rolle. Stattdessen wurde darüber spekuliert, ob es für Vertriebsarbeit einfach eine bestimmte Form von rücksichtslosem Optimismus bräuchte …

Die Frage, welche Strukturen des Teams oder der Organisation das beobachtete Verhalten begünstigen könnten, steht daher im Mittelpunkt gemeinsamer Arbeit mit der Teamkultur. In vielen Fällen ist es aber auch einfach unser eigenes Verhalten, welches den Unterschied macht. Das, was wir jeden Tag tun (oder nicht tun), etabliert sich über die Zeit als normal und akzeptabel. Ob wir uns pünktlich oder unpünktlich, strukturiert oder chaotisch, ruhig oder hektisch, sachlich oder emotional, hilfsbereit oder egoistisch zeigen, prägt die Teamkultur immer mit. Das Gleiche gilt für unsere Reaktion auf das Verhalten von anderen. Unwidersprochenes oder sogar anerkanntes Verhalten wird über die Zeit Eingang in unseren normalen Umgang miteinander finden. Wenn wir bei bestimmten Verhaltensweisen nicht wollen, dass sie sich normalisieren, müssen wir das bewusst markieren: „Hey, ich verstehe, dass du heute gestresst/gereizt/angeschlagen bist, aber das gerade war nicht in Ordnung.“

Wie kann das Team das anwenden?

Eine kleine Übung zur Beobachtung der eigenen Teamkultur schlagen Babette Brinkmann und Karl Schattenhofer in „Erfolgreiche Teams in der Selbstorganisation“ vor – unter dem Namen „Zehn goldene Regeln“.

„Stell dir vor, eine gute Freundin beginnt nächsten Monat in diesem Team und du bist nicht da. Du willst sie vorbereiten und schreibst ihr zehn Sätze:

– Fünf Sätze darüber (fünf goldene Regeln), was sie tun muss, um gut im Team integriert zu sein und gut mitarbeiten zu können.

– Fünf Sätze darüber (fünf weitere goldene Regeln), was sie tun muss, um in diesem Team mit wenig Einfluss am Rand zu stehen oder rauszufliegen.“[218]

Besonders interessant wird die Übung dann, wenn sie von mehreren oder sogar allen Teammitgliedern durchgeführt und die Ergebnisse anschließend verglichen werden. Welche Übereinstimmungen, welche Unterschiede gibt es? Wie lassen sich die Erkenntnisse durch Kontextbedingungen und wohlwollende Interpretation erklären, ohne psychologisieren oder unterstellte Charakterfehler heranziehen zu müssen? Welche Strukturen des Teams könnten die beobachteten Verhaltensmuster begünstigen?

[217] Brinkmann, Babette & Schattenhofer, Karl (2022). *Erfolgreiche Teams in der Selbstorganisation.* Vahlen. S. 112.

[218] Ebd., S. 210.

Teamidentität

„Identität beschreibt eine ‚Seins-Weise' des Individuums: Ich weiß, wer ich bin, was mich von anderen unterscheidet und wozu ich gehöre. Identität hat also immer mit Bindung und Abgrenzung zu tun […]"[219]

Eine starke Identität ist etwas, das viele selbstorganisierte Teams über die Zeit von allein entwickeln. Anders als bei fremdbestimmter Arbeit, in der Mitarbeitende Projekten von außen zugeteilt und nach einer Zeit wieder abgezogen werden, ist die Mitgliedschaft in einem selbstorganisierten Team wesentlich durch die eigene Entscheidung des Teammitglieds zustande gekommen. Es ist also in seinem eigenen Interesse, dass sich diese Entscheidung als gut und richtig herausstellt, und dass das Team klare Identifikationsmöglichkeiten anbietet und etwas darstellt, auf dessen Zugehörigkeit und gemeinsame Leistung man stolz sein kann.

Teamidentität spielt dabei auf zwei verschiedenen Ebenen eine wichtige Rolle. Die eine sind die nach außen erkennbaren Symbole und Selbstdarstellungen des Teams – seine „Schauseite". Die andere hat eher mit dem internen, unterschwelligen Abgrenzungsbedürfnis zu tun. Beide sind sekundäre, aber dennoch wichtige Facetten erfolgreicher Arbeit in der Selbstorganisation.

„Die ersten Beschreibungen, die man als Außenstehender von einem Unternehmen, einer Verwaltung, einer Universität oder einem Krankenhaus zu sehen oder zu hören bekommt, wirken häufig seltsam geglättet. […] Im trügerischen Windschatten ausgeblendeter Komplexität und ungelöster Konflikte wird eine für die Außenwelt geeignete ‚zweite Realität' geschaffen, die mit den Abläufen in der jeweiligen Organisation nur sehr begrenzt etwas zu tun hat. […] Solche Fassaden sozialer Gebilde sind nicht einfach vorhanden, sondern müssen auf- und ausgebaut, regelmäßig gepflegt und bei Bedarf ausgebessert werden."[220]

Es fällt auf, mit welcher Regelmäßigkeit selbstorganisierte Teams über die Zeit sichtbare „Markenzeichen" etablieren. Mit der Übernahme gemeinsamer Verantwortung und ersten gemeinsamen Erfolgen wächst das Bedürfnis, nach außen hin als Einheit erkennbar zu sein. Zu diesen Markenzeichen gehören eigene Teamnamen und Logos, wiedererkennbare Bildsprache und Vokabular, teilweise sogar locker durchgesetzte Dresscodes, die von bedruckten T-Shirts bis hin zu an Uniformen grenzende Teamoutfits reichen können. Typisch ist auch ein eigener, vom Teamnamen abgeleiteter Sammelbegriff für offizielle Teammitglieder – die Mitglieder eines meiner früheren Teams, des Agile Enabler Teams (AGENT) der DB Systel, wurden etwa organisationweit und selbst auf Management-Ebene als „Agents" bezeichnet.

Starke Außendarstellung selbstorganisierter Teams ist ein zweischneidiges Schwert. Auf der einen Seite macht eine klare Marke das Team und seine Leistung in der Organisation besprechbar, fördert die Identifikation der Teammitglieder, weckt das Interesse potenzieller neuer Kunden und Teammitglieder. Gleichzeitig sind Marketing- und Kommunikationsverantwortliche der Gesamtorganisation oft nicht glücklich über zu viel Individualität, vor allem wenn die Teammarke auch über die Organisationsgrenzen hinaus Sichtbarkeit entwickelt. Hier kann es zu Konflikten kommen.

---

219 Alter, Urs (2018). *Teamidentität, Teamentwicklung und Führung*. Springer, S. 1.
220 Kühl, Stefan (2020). *Organisationen. Eine sehr kurze Einführung* (2. Auflage). Springer, Kap. 3.3.

In einem erfolgreichen Team bildet sich eine gemeinsame Außendarstellung erfahrungsgemäß oft von allein über die Zeit heraus. Erfahrungen, Insiderwitze und Anekdoten kristallisieren sich nach und nach zu sichtbaren Erkennungszeichen, die für die Eingeweihten eine Fülle von Hintergrundinformationen und Assoziationen aus der gemeinsamen Teamgeschichte symbolisieren. Dieser Prozess wird am besten ein Stück weit sich selbst überlassen: Ihn zu stören verletzt den Selbstverwaltungsprozess des Teams an einer absolut unnötigen Stelle, gleichzeitig wirken Versuche, ihn zu beschleunigen, oft künstlich und unauthentisch. Das Team muss sich in seiner Außendarstellung jedoch an einigen erwartbaren Rahmenbedingungen orientieren. Auch wenn die eigene Schauseite gegenüber der Alltagsrealität immer etwas aufpoliert wird, sollte der Unterschied zwischen Selbstdarstellung und tatsächlicher Zusammenarbeit nicht zu groß werden, um keine falschen Erwartungen zu wecken. Und weiterhin gilt natürlich, dass Teammitglieder auch einer umgebenden größeren Organisation weiterhin Loyalität schulden, sich organisationsextern als Teil dieser Organisation zu erkennen geben und sich keine Markenzeichen geben, die die Außenwahrnehmung der Organisation beschädigen könnten.

Der andere Aspekt von Teamidentität entsteht aus der Tatsache, dass sich soziale Systeme bilden, indem sie einen wahrnehmbaren Unterschied zwischen sich und ihrer Umwelt erzeugen und aufrechterhalten. Das bedeutet, dass es einen spürbaren Unterschied zwischen „uns" und „dem Rest" geben muss, damit sich das Team als soziale Einheit bilden kann. Teilweise entsteht dieser Unterschied von allein aus klaren Mitgliedschaftsgrenzen, einer gemeinsamen Aufgabe und selbst gewählten Strukturen. Teams, bei denen die gemeinsame Identität schwach ausgeprägt ist oder die nicht ausreichend Identifikationspotenzial aus fachlichen Erfolgen und guter Zusammenarbeit gewinnen, können aber die Tendenz entwickeln, die Systemgrenze durch Abwertung von Kunden, Stakeholdern und anderen Teams zu schärfen. Erkennbar sind diese Tendenzen vor allem daran, dass Teammitglieder bei Rückschlägen oder internen Problemen die Aufmerksamkeit auf andere Problemfelder in der Organisation zu lenken versuchen: „Schau mal, die im Team XY bekommen es gerade auch überhaupt nicht hin." Auch wenn diese Versuche, das Selbstwertgefühl auf Kosten anderer wiederherzustellen, nachvollziehbar sind, stellen sie für das Team doch keine gute Dynamik dar. Um stattdessen Eigenverantwortung und eine positive Sicht auf das eigene Umfeld in der Teamkultur zu verankern, sollte das Team den Fokus lieber darauf lenken, wie es seine eigene Leistung verbessern und die auftretenden Probleme selbst lösen kann. Erfolgreiche, selbstbewusste Teams haben es nicht nötig, sich über Fehlschläge anderer Organisationsbereiche zu definieren.

3.4 Fachliche Weiterentwicklung

„Die Arbeitsumgebung des Individuums ist der wichtigste Einflussfaktor auf seine Entwicklung."
Douglas McGregor[221]

[221] McGregor, Douglas (2005): *The Human Side of Enterprise* (kommentierte Neuauflage). McGraw-Hill. Kap. 15 (Übersetzung des Autors).

Damit das Team seine Aufgaben erledigen kann, sollte es natürlich über das Wissen und die Fähigkeiten verfügen, die der Arbeitsalltag erfordert. Zum Zeitpunkt der Gründung ist das normalerweise noch nicht der Fall – es kommt häufig vor, dass ein Team nur mit einem Teil der nötigen Kompetenzen startet. Von den Teammitgliedern verlangt das ein gewisses Maß an fachlicher Weiterentwicklung. Da diese für die meisten Menschen einen Motivationsfaktor darstellt, ist das grundsätzlich erst einmal etwas Gutes.

Fachliche Entwicklung von Teammitgliedern muss sich in den meisten Fällen an den Aufgabenbereichen des Teams zumindest orientieren. Mit der Entscheidung, im Team mitzuarbeiten, akzeptieren sie den groben Rahmen, den die Teamarbeit für sie und ihre berufliche Entwicklung setzt. Innerhalb dieses Rahmens gibt es durchaus Spielräume, unterschiedliche Schwerpunkte zu setzen, Weiterentwicklungswünsche in komplett andere Richtungen kann das Team aber ablehnen beziehungsweise verlangen, dass man diese außerhalb der Teamarbeitszeiten verfolgt.

Über vollständige Kenntnisse und Fähigkeiten zu „verfügen", bedeutet nicht, dass Teammitglieder alles selbst können und wissen müssen. Das Team kann und darf auch auf Leistungen von anderen Teams oder externen Partnern zurückgreifen. Der Anteil der wertschöpfenden Tätigkeiten, die von Teammitgliedern selbst erledigt werden, wird in der Betriebswirtschaft mit dem Begriff der *Fertigungstiefe* bezeichnet. Die optimale Fertigungstiefe ist eine, die dem Team Fokus und Effizienz möglich macht, aber gleichzeitig einen klar erkennbaren Mehrwert schafft. Zu hohe Fertigungstiefe ist in der Regel ineffizient, weil Teammitglieder sehr viele Themen gleichzeitig beherrschen und im Blick behalten müssen. Zu niedrige Fertigungstiefe stellt dagegen den Mehrwert des Teams infrage, da Kunden und Stakeholder das Team auch überspringen und direkt mit den Zulieferern arbeiten könnten.

Normalerweise wählen Teams zwischen Eigenleistung und Fremdleistung entlang der folgenden Kriterien:

- **Eigenleistung** umfasst das, wofür Kunden das Team im Kern beauftragen, regelmäßige, wichtige und langfristige Aufgaben, Themen, die sich nicht gut isolieren und auslagern lassen sowie kleine Aufgaben, bei denen Delegation aufwendiger wäre als sie selbst zu erledigen.
- **Fremdleistung** wird für Themen genutzt, für die es qualitativ hochwertige, standardisierte Angebote gibt, sowie für einmalige oder sehr unregelmäßige Aufgaben oder spezialisierte Tätigkeiten, die nicht zur eigentlichen Wertschöpfung des Teams gehören.

Beispielsweise wird ein Team, welches Kooperationsverträge abschließt, in aller Regel eigene Juristen beschäftigen, ein Kindergarten wird dafür eher eine externe Kanzlei beauftragen. Beide werden wahrscheinlich ein Reinigungsunternehmen beauftragen, wogegen für ein Küchenteam die tägliche Reinigung zum eigenen Arbeitsalltag gehört.

Unser Wirtschaftssystem hat in den letzten Jahrzehnten arbeitsteiliges Spezialistentum sehr stark gefördert. Eine häufige Herausforderung interdisziplinärer Teams ist, dass sich nicht für jeden Aufgabenbereich eigene *Spezialisten* ins Team aufnehmen lassen, da das Team ansonsten deutlich zu groß würde – nebenbei sind Teams mit nur hochspezialisierten Teammitgliedern für den dynamischen Alltag oft zu unflexibel. Wir haben am Modell der Competing Forces gesehen, dass Produktivität und Qualität, typische

Eigenschaften von Spezialisten, zwei wichtige Eigenschaften erfolgreicher Teams sind, aber eben nicht die einzigen. Andere Eigenschaften, wie etwa Flexibilität und Ausfallsicherheit, erreicht das Team über *Generalisten*, also Teammitglieder, die in der Lage sind, zwischen Themen zu wechseln und sehr unterschiedliche Aufgaben zu bearbeiten, wenn auch nicht mit der gleichen Geschwindigkeit und Expertise. Ein gutes Team besteht aus einer Mischung von spezialisierten und generalisierten Teammitgliedern, um sowohl seine Aufgaben schnell und hochwertig erledigen und gleichzeitig flexibel unterschiedliche Themen und Schwerpunkte bearbeiten zu können.

Sowohl Spezialisten als auch Generalisten lassen sich von außen neu anwerben. Generalisten lassen sich aber auch in überschaubarer Zeit, meist wenigen Monaten, innerhalb des Teams ausbilden, indem Teammitglieder bewusst in für sie neuen Themenbereichen arbeiten. Spezialisten entwickeln sich auch von allein über die Zeit, allerdings dauern diese Prozesse typischerweise eher mehrere Jahre.

Mit Spezialisten geht immer ein gewisses Ausfallrisiko einher – sollten sie krank werden oder im Urlaub sein, sind ihre Aufgaben nicht leicht von anderen zu übernehmen. Jim Coplien hat dafür den etwas makabren Begriff des „Truck-Faktors" geprägt:[222] Wie viele Teammitglieder können in einen Verkehrsunfall verwickelt werden und längere Zeit arbeitsunfähig sein, bevor das Team in ernsthafte Schwierigkeiten kommt? (Keine Sorge, sie nehmen keinen bleibenden Schaden.) Es sollte im Team keine wichtigen und regelmäßigen Aufgaben mit Faktor 1 geben, bei denen also nur ein einzelnes Teammitglied weiß, wie sie erledigt werden. Kluge Teams achten auf *Redundanz*: Sie besetzen wichtige Themen immer mit mindestens zwei Teammitgliedern, um ungeplante Abwesenheiten oder Lastspitzen besser abfedern zu können.

Das Zielbild für die fachliche Entwicklung des Teams lässt sich also klar und relativ allgemein beschreiben:

Das Team sollte alle regelmäßigen Aufgaben seiner Eigenleistung selbst beherrschen und dabei eine gute Mischung aus Spezialisten und Generalisten haben, mit Spezialisierungen, die sich auf die zentralen Kernaufgaben des Teams konzentrieren. Jedes Thema, das für die Wertschöpfung des Teams unerlässlich ist, wird von mindestens zwei Teammitgliedern abgedeckt.

Aus den Lücken zwischen diesem Zielbild und den tatsächlichen Fähigkeiten des Teams ergeben sich die Maßnahmen, die das Team für seine fachliche Entwicklung ergreifen muss.

Die Entwicklungsmatrix

Um dazu einen Dialog führen zu können, braucht das Team eine gemeinsame Übersicht seiner Fähigkeiten und Entwicklungsmöglichkeiten. In der Praxis trifft man häufig Versuche an, diese Übersicht in Form von *Kompetenzmatrizen* herzustellen, als Übersicht von allem, was Teammitglieder gut und weniger gut können. Die Auflistung von

[222] Siehe Williams, Laurie & Kessler, Robert (2003). *Pair Programming Illuminated.* Addison-Wesley. S. 59.

allem, was man kann, dauert eine Weile, und Stärken und Schwächen in der Gruppe zu bewerten ist keine besonders motivierende Tätigkeit. Für mich hat sich deshalb eine andere Variante eher bewährt, die ich *Entwicklungsmatrix* nennen würde. Diese listet nicht die Kompetenzen von Teammitgliedern, sondern die wesentlichen Aufgabenfelder des Teams auf und setzt diese zu selbst wahrgenommenen Entwicklungsbedarfen in Bezug. Teammitglieder füllen die Matrix mit ihrer Selbsteinschätzung aus:

- Ein *Kreis* steht für „Das traue ich mir zu, ich fühle mich den Anforderungen gewachsen, ihr könnt gern mit Problemen oder Aufgaben aus diesem Bereich auf mich zukommen".
- Ein *Pfeil nach oben* steht für „Ich fühle mich den Anforderungen dieses Themas noch nicht gewachsen, möchte aber gern dazulernen und hier mehr Verantwortung übernehmen".
- Ein *Kreis mit Pfeil nach oben* drückt aus „Ich kann das, und möchte meine Spezialisierung hier gern weiter ausbauen".
- Ein *Pfeil nach unten* trifft die Aussage „Ich habe das bisher gemacht, würde aber gern in Zukunft weniger davon tun bzw. das Thema abgeben".
- Ein *Strich* markiert einen Aufgabenbereich als persönlich irrelevant – „Ich kenne mich in diesem Thema nicht aus und sehe mich da auch in Zukunft nicht".

Als Matrix kann diese Übersicht dann etwa so aussehen wie abgebildet. Mögliche Entwicklungsmaßnahmen sind schnell erkennbar – etwa dort, wo Teammitglieder großes Interesse an bestimmten Themen haben, wo Themen von einer Person an eine andere übergeben werden müssen, wo bestimmte Fähigkeiten im Team bisher gar nicht vertreten sind, oder wo sich wichtige Themen auf ein einzelnes Teammitglied konzentrieren und dadurch ein Ausfallrisiko für das Team darstellen. Gleichzeitig urteilt das Team nicht über die Fähigkeiten einzelner Teammitglieder, sondern diese gleichen ihre Selbsteinschätzung mit den gefühlten Anforderungen ab und leiten davon direkt eine Entwicklungserwartung ab. Anstatt in wertenden Begriffen wie „gut", „durchschnittlich" oder „schlecht" zu denken, fokussiert das Team auf die Entwicklungsrichtung: mehr, weniger oder ausreichend? Ob Teammitglieder auf einem hohen oder niedrigen Wissensniveau starten, spielt für diese Übersicht keine Rolle. Die Kreise im Diagramm markieren zusätzlich, wer sich selbst als Ansprechpartner für bestimmte Themen sieht.

	Neukunden-Akquise	Forschung & Entwicklung	Finanzen	Rechtliches	Netzwerk-aufbau	Marketing & Kommunikation	Kunden-betreuung	IT und Technik	Betrieb / Produktion
Anna	↑	○	↓	–	↑	↑	↓	–	○
Bruno	↑	↑○	–	–	↑	○	○	–	○
Carla	–	○	↑	–	↑	–	–	○	○
David	↑○	↑	○	○	–	–	–	–	↑

Fachliche Entwicklung im Team

Wenn das Team seine wesentlichen Entwicklungsfelder und Veränderungsbedarfe verstanden hat, leitet es daraus konkrete Maßnahmen ab. Hier ist wichtig, dass „Fachkompetenz" nicht nur aus Wissen, sondern auch aus Können besteht. Wissen lässt sich aus Büchern und Seminaren erwerben, Können nicht. Können ist *„die Fähigkeit, in einer unverstandenen Problemsituation problemlösende Gefühle zu entwickeln"*[223], die dafür nötige Intuition wird durch Erfahrung und bewusstes Üben entwickelt.

Das Team kann seine Teammitglieder also auf Weiterbildungen und Schulungen schicken und ihnen Fachliteratur zur Verfügung stellen – das wird Wissen aufbauen und schadet mit Sicherheit nicht. Können dagegen wird durch das praktische Lösen echter Aufgaben aufgebaut. Teammitglieder, die sich in ein neues Thema einarbeiten wollen, sollten deshalb im Alltag an konkreten Aufgaben aus diesem Bereich arbeiten und dabei durch einen erfahrenen Mentor aus dem Team begleitet werden. Wenn ein größerer Teil des Teams Interesse an einem Thema hat, bieten sich spezielle „Voneinander Lernen"-Termine an, in denen ein oder zwei Könner dem Rest des Teams Abläufe erklären und sie bei der Erledigung von Beispielaufgaben unterstützen.

Weiterentwicklung und Arbeit finden nicht getrennt voneinander statt. Menschen lernen das, was sie jeden Tag tun. Fachliche Weiterentwicklung setzt daher auch Veränderungen der täglichen Arbeit voraus. Es ist wie mit dem Führerschein: Autofahren lernt man nicht primär in einem Seminarraum oder auf dem Beifahrersitz, sondern durch aktives Tun, also begleitetes Sammeln von Erfahrungen in realen Situationen. Lernen geht dann am schnellsten, wenn Teammitglieder – unter Begleitung eines Könners – echte Aufgaben übernehmen. Für den Anfang können das kleine, überschaubare Anforderungen sein, später können die Themen komplizierter und die Arbeitsweise eigenständiger werden. Zügige und wirksame fachliche Entwicklung geht aber immer mit einer Veränderung des Arbeitsalltags einher, und zwar zu Beginn, nicht zu Ende des Lernprozesses.

Leistungsbeurteilung und Beförderungen

Für klassische Leistungsbeurteilungen in Form von Jahresgesprächen, wie sie in klassischen Organisationen teilweise noch üblich sind, haben selbstorganisierte Teams wenig Verwendung. Rückmeldungen über gute und weniger gute Ergebnisse stellt das Team unmittelbar im Alltag bereit, nicht erst nach mehreren Monaten. Eine Leistungsbeurteilung läuft dabei recht einfach ab: Erfüllt das Teammitglied die Erwartungen des Teams, kann es gern bleiben – erfüllt es sie über einen längeren Zeitraum und trotz ergriffener Maßnahmen nicht, muss es unter Umständen gehen. Die meisten selbstorganisierten Teams, die ich erlebt habe, hatten klassische Mitarbeitergespräche als Struktur an irgendeinem Punkt stillschweigend fallengelassen.

Eine Ausnahme sind formale Entwicklungsschritte (Beförderungen) in Teams, deren Teammitglieder auf unterschiedlichen Entwicklungsebenen (Junior/Professional/Senior-Level) arbeiten und bei denen personalrechtliche Entscheidungen zumindest

[223] Wohland, Gerhard & Wiemeyer, Matthias (2012): *Denkwerkzeuge der Höchstleister*. Unibuch. S. 125.

teilweise in der Verantwortung des Teams liegen. Ob eine Beförderung dabei organisatorisch vom Team selbst oder von einer Führungskraft in die Wege geleitet wird, ist unerheblich – wichtig ist, ob das Team die Entscheidungen trifft.

Beförderungen in selbstorganisierten Teams unterscheiden sich ein Stück weit von Beförderungen in hierarchischen Organisationen. Sie werden nicht als Belohnung verteilt, sondern in einer Vereinbarung zwischen Teammitglied und Team gemeinsam festgelegt. Im Mittelpunkt steht eine fundamentale Veränderung der Erwartungen, die Team und Teammitglied aneinander richten. Die Ansprüche an ein Senior-Mitglied sind typischerweise höher, die Aufgaben schwieriger, die Arbeitsweise eigenständiger. Eine Beförderung geht mit einem erheblichen Zuwachs an Verantwortung einher. Typischerweise wird die gestiegene Verantwortung durch ein höheres Gehalt oder andere Privilegien aufgewogen. Es darf aber für das Teammitglied auch gute Gründe geben, eine Beförderung abzulehnen, beispielsweise, weil es sich neue, höhere Anforderungen aktuell noch nicht zutraut.

Welche neuen Aufgaben mit einer Beförderung einhergehen, hängt vom Aufgabenbereich und der umgebenden Organisation des Teams ab. Für ein Beratungsteam könnte die Unterscheidung beispielsweise wie folgt aussehen:

- **Junior-Level:** klar abgrenzbare Aufgaben mit konkreten Ergebnisvorstellungen, Verantwortung für einzelne Ergebnisse, laufende Unterstützung durch ein erfahrenes Teammitglied, Mitarbeit in der Selbstorganisation des Teams.
- **Professional-Level:** komplexe oder unscharfe Aufgaben und Verantwortung für größere Arbeitsabschnitte und Teilprojekte. Weitgehend eigenständige Arbeit, Verantwortung für die wirtschaftliche Durchführung übernommener Aufträge, Strukturgestaltung des Teams.
- **Senior-Level:** eigenverantwortliche Akquise und Durchführung großer Kundenaufträge, Verantwortung für lange und erfolgreiche Kundenbeziehungen, unternehmerische Verantwortung für das Team und seine Strategie, Unterstützung anderer Teammitglieder in ihrer fachlichen Entwicklung.

Eine letzte Form von „Mitarbeitergesprächen“, die sich auch in selbstorganisierten Teams noch häufig findet, ist die gemeinsame Reflexion am Ende einer Probezeit. Hier wird nicht die Leistung des Teammitglieds bewertet, sondern die Zusammenarbeit der vergangenen Monate besprochen, insbesondere, ob die wechselseitigen Erwartungen erfüllt werden konnten und welche Änderungen man an der Zusammenarbeit vornehmen möchte. Auch wenn das einzelne Teammitglied in diesem Gespräch eine Sonderrolle einnimmt, findet der Austausch klar auf Augenhöhe statt, und das Teammitglied darf ebenso seine Wertschätzung ausdrücken und Wünsche formulieren wie das Team.

3.5 Persönliche Weiterentwicklung

„Sie verlassen jetzt den Teamsektor …“

In vielen klassischen Organisationen gehören nicht nur die fachliche, sondern auch die persönliche Weiterentwicklung, also das Verändern von Denken und Handeln eines Menschen, in die offiziellen Verantwortungsbereiche von Führungskräften. Der Werkzeugkoffer ist groß und reicht von 360-Grad-Feedback über Entwicklungspläne bis hin zu Verhaltensschulungen. Das Verhältnis zwischen Organisation und Mitarbeitern ist klar geregelt: Über Personalprogramme und Leitbilder gibt die Organisation vor, welche Menschen sie braucht, und von Mitarbeitenden wird erwartet, ihr Fähigkeitenprofil und ihre Persönlichkeit so zu formen, dass sie der Organisation dienen. Außerhalb der Personalbereiche, die sie erdacht haben, sind diese Werkzeuge oft sehr unbeliebt, aber darum geht es hier nicht.

Das Team scheint hier vor einem Dilemma zu stehen. Auf der einen Seite ist offensichtlich, dass nicht jeder Charakter und jede Verhaltensweise für selbstorganisierte Teamarbeit von Vorteil ist. Auf der anderen Seite liegen Wesen und Denkweisen eines Menschen außerhalb der Systemgrenze des Teams. Sie fallen in den Verantwortungsbereich des Individuums, das Team hat kein Recht, seine Mitglieder zu „erziehen". Auch wenn man moralische Aspekte beiseitelässt, bauen sich praktische Probleme auf: Persönlichkeiten ändern sich nur sehr langsam, sie von außen verändern zu wollen, erzeugt Widerstände, und da Arbeit nur ein sozialer Kontext unter vielen ist, gerät das Team schnell in Konflikt mit dem privaten Umfeld seiner Mitglieder.

Einem Team beizutreten, stellt eine gegenseitige Vereinbarung dar. Das Teammitglied verspricht, seine Leistung und Kreativität in das Team einzubringen. Im Gegenzug sagt das Team explizit zu: „Wir wollen dich dabeihaben, und so, wie du bist, bist du in Ordnung". Diese Vereinbarung nachträglich aufzukündigen, wäre ein folgenschwerer Schritt. Ein ehrlicher Umgang mit Differenzen bestünde dann eher darin, klar zu sagen, wenn es mit der Zusammenarbeit doch nicht so passt wie erwartet, und gegebenenfalls getrennte Wege zu gehen.

Es gibt aber noch einen zusätzlichen Spielraum, der sich erst offenbart, wenn wir gelernt haben, das Team als Kommunikationssystem, nicht als Gruppe von Menschen zu sehen.

Der Unterschied zwischen Mensch und Person

Im Grundlagenkapitel haben wir die Idee besprochen, dass Mitarbeit im Team Ähnlichkeiten mit einem gemeinsamen Spiel hat. Im Rahmen von Spielen verhalten wir uns oft anders, als wir es normalerweise tun würden. Gegen unsere Freunde und Familie Krieg zu führen oder sie skrupellos finanziell in die Enge zu treiben sind für uns keine „natürlichen" Verhaltensweisen, aber für alle Beteiligten in Ordnung und sogar erwartet, solange sie im Rahmen des Spiels stattfinden. Innerhalb des Spiels haben wir andere Aufgaben und Ziele als im übrigen Leben, daher ist auch anderes Verhalten erwartbar und plausibel. Der andere Kontext erlaubt es uns, Verhalten zu erklären und damit zu entschuldigen: Der andere meint es nicht böse, er handelt im Rahmen des Spiels.

Einen ähnlichen Effekt gibt es auch in der Zusammenarbeit. Eine Geschäftsführerin hat beispielsweise im Spiel der Organisation die Aufgabe, unternehmerische Entscheidungen zu treffen, ein Compliance-Officer soll die korrekte Umsetzung von Regeln überprüfen, ein Werkstudent hat kraft seiner Rolle den Fokus auf Lernen und Entwicklung. Die Idee, dass Teammitglieder verschiedene „Hüte" tragen können, die unterschiedliches Verhalten von ihnen verlangen, ist uns in diesem Buch schon mehrmals begegnet. Auch wenn wir keine „besondere" Rolle innehaben, haben wir im Spiel der Zusammenarbeit bestimmte Aufgaben und Ziele, was uns erlaubt, uns so zu verhalten, wie es der gemeinsamen Sache am meisten dient. Bei mir selbst ist es auch so: „Arbeits-Kai" und „Privat-Kai" beschreiben zwar den gleichen Menschen, aber in unterschiedlichen Facetten. Es werden unterschiedliche Erwartungen an die beiden gerichtet, deshalb dürfen sich die beiden auch unterschiedlich verhalten. Es entsteht damit eine Art sozial konstruierte Erwartungsfigur, in die ich schlüpfen kann, und die von Soziologen als „Person" bzw. „Persona" bezeichnet wird:

> *„Wenn ein Individuum nicht als „ganzer Mensch" Teil der Organisation sein kann, wie kommt es dann überhaupt in ihr vor? Antwort: als Person. Das setzt natürlich eine Definition von Person voraus, die nicht identisch ist mit „ganzer Mensch" […]: Die Person ist eine fiktive Einheit, die in der Kommunikation konstruiert wird. […] Es wird also gewissermaßen nur die „Außenseite" dessen benannt, was wir üblicherweise unter einem Individuum verstehen."*[224]

> *„Als Personen sind hier nicht psychische Systeme gemeint, geschweige denn ganze Menschen. Eine Person wird vielmehr konstituiert, um Verhaltenserwartungen ordnen zu können […] Das Personsein erfordert, daß man […] Erwartungen an sich zieht und bindet [… und] kann durchaus milieuspezifische Unterschiede aufweisen […]"*[225]

Die Tatsache, dass Teammitglieder eine von ihrem sonstigen Verhalten abweichende „Arbeitspersona" haben, bedeutet, dass sich diese Person ein Stück weit gemeinsam gestalten lässt. Es geht dann nicht darum, den Charakter des Teammitglieds zu manipulieren, sondern gemeinsam zu definieren, wie sich das Teammitglied *im Rahmen der Zusammenarbeit* verhalten kann, damit die Zusammenarbeit für alle Beteiligten möglichst wertvoll ist. Was das Mitglied dabei denkt und wie es sich außerhalb seiner Arbeit verhält, geht das Team im Grunde nichts an, solange es nicht negativ auf die Gruppe zurückfällt.

Auf den einen oder anderen wirken diese Ideen eventuell ketzerisch. Bedeutet das, dass wir von Teammitgliedern erwarten, sich zu verstellen? Was ist mit dem Grundsatz, dass Menschen auch am Arbeitsplatz authentisch und ganz sie selbst sein dürfen? Die Soziologie stellt allerdings Vorstellungen von „authentischem" Verhalten schon länger infrage. Als Menschen passen wir unser Verhalten immer an soziale Kontexte an. Im Stadion verhalten wir uns anders als auf einem Opernball, im Fitnessstudio anders als auf einem romantischen Date. Arbeit ist ein anderer sozialer Kontext, als zuhause bei der Familie zu sein, deshalb darf sich auch das Verhalten unterscheiden. Erwartungskontexte prägen Verhalten, und das Team bildet immer einen Erwartungskontext, ob es das will oder nicht. Die Entscheidung besteht darin, ob man diesen Erwartungskontext bewusst gestalten oder dem Zufall überlassen will.

Für Teammitglieder bietet das Konzept der Arbeitsperson dabei mehr Vor- als Nachteile. Die Möglichkeit, sich situationsangepasst unterschiedlich verhalten zu können, entlastet und schafft Flexibilität. „Authentisch" bedeutet, dass man sich dabei wohlfühlt und im Einklang mit den eigenen Werten und Überzeugungen handelt. Das ist eine ziemlich breite Kategorie, innerhalb derer man große Spielräume hat, auf die Erwartungen seines Teams ein Stück weit einzugehen. Nebenbei ist im Vergleich zu einem „Verändere

[224] Simon, Fritz B. (2021). *Einführung in die systemische Organisationstheorie* (8. Auflage). Carl-Auer. S. 51f.
[225] Luhmann, Niklas (2021). *Soziale Systeme* (18. Auflage). Suhrkamp. S. 429.

dich!“ klassischer Personalentwicklung ein respektvolles „Kannst du dich im Rahmen des Teams anders verhalten?“ sicher die weniger übergriffige Option.

Der Begriff „Persönliche Entwicklung“ ist in Bezug auf Teammitglieder also wörtlich zu nehmen: es wird gemeinsam die *Person entwickelt*. Das bedeutet, Erwartungen und Erwartungs-Erwartungen zu klären und gegebenenfalls Verhalten anzupassen, ohne dabei Anspruch auf das Wesen des Anderen zu erheben. All das findet im Rahmen alltäglicher Interaktion, in Meetings und vor allem in Retrospektiven ohnehin statt. Das Team kann es aber von Zeit zu Zeit auch bewusst in den Fokus rücken, um diejenigen Wahrnehmungen auszutauschen, für die der Alltag sonst keine Gelegenheit bietet.

Feedbackspaziergänge

Eine kleine Methode, die wir dazu im Rahmen unserer Zusammenarbeit bei Chili and Change nutzen, sind *Feedbackspaziergänge*. Ein-, maximal zweimal im Jahr nehmen wir uns im Rahmen eines Offsites einen halben Tag Zeit, um zu zweit in wechselnden Konstellationen persönliche Gespräche über gegenseitige Wahrnehmungen, Erwartungen und Vorstellungen zu führen. Jede Gruppe aus zwei Teammitgliedern bekommt 30 Minuten Zeit für den Dialog. Auch wenn wir diese Gespräche als „Spaziergänge“ bezeichnen, gibt es keine Regel, dass man dabei spazieren gehen muss – sich mit einem Kaffee auf die Couch oder in einen Besprechungsraum zurückzuziehen ist auch in Ordnung. Wir schätzen allerdings die entspannte Atmosphäre, die sich durch Bewegung, frische Luft und das Seite-an-Seite-Laufen einstellt, insofern finden viele dieser Gespräche tatsächlich draußen statt.

Das Thema eines Spaziergangs ist in der Hinsicht „persönlich“, dass es sich um die Arbeitsperson, also das Verhalten im Arbeitskontext und seine Wahrnehmung durch die anderen dreht. Leitfragen können dabei sein:

- Was schätze bzw. bewundere ich an dir?
- Wie kannst du dich verhalten, damit ich möglichst gut mit dir arbeiten kann?
- Welche Verhaltensweisen von dir machen es mir schwieriger?
- In welchen Aspekten sind wir uns ähnlich?
- In welchen Aspekten unterscheiden wir uns?
- Welche Herausforderungen ergeben sich dadurch? Wie gehen wir mit ihnen um?
- Wie können wir unsere Ähnlichkeiten, aber auch unsere Unterschiede zu unserem Vorteil nutzen?

Da jedes Gespräch nur eins von mehreren an dem Tag ist, sammeln Teammitglieder eine Vielzahl unterschiedlicher Eindrücke und Perspektiven auf sich selbst. Das Team legt nicht fest, wie man zu sein hat, sondern spiegelt nur die Außenwirkung des eigenen Verhaltens. Unterschiedliche Wahrnehmungen dürfen unkommentiert nebeneinanderstehen. Die Entscheidung, das eigene Verhalten zu ändern, liegt dann beim Einzelnen und bezieht Erkenntnisse aus allen Gesprächen sowie die eigenen Möglichkeiten und Vorstellungen mit ein. Oft wird das gleiche Verhalten von anderen Teammitgliedern sehr unterschiedlich wahrgenommen und interpretiert, weshalb sich Erwartungen auch widersprechen können. Am Ende ist es Aufgabe des einzelnen Teammitglieds, einen „persönlichen“ Umgang mit möglicherweise unterschiedlichen Erwartungen zu finden, ohne sich dabei verstellen zu müssen.

Zwischen Mensch und Person zu unterscheiden ist eine recht abstrakte Idee. Es ist nicht notwendig, dass Teammitglieder diese Unterscheidung unbedingt kennen und verstehen, um aus Gesprächen oder Feedbackspaziergängen einen Nutzen zu ziehen. Wir achten aber darauf, dass Gespräche wirklich nur zu zweit stattfinden, Gesprächsinhalte in keiner Weise dokumentiert und vertraulich behandelt werden. Im Fokus einer größeren Gruppe zu stehen oder Rückmeldungen später in eine Personalakte oder Ähnliches übernehmen zu müssen würde Anreize für defensives Verhalten, Rechtfertigungen und Selbstdarstellung schaffen und damit den Wert dieser Gespräche in Gefahr bringen.

Erwartungsgestaltung des Teams

In den letzten Jahren hat sich eine Bewegung verschiedener Autoren und Berater gebildet, die charakterliche Veränderungen in breiten Teilen der Gesellschaft zur Voraussetzung für eigenverantwortliches und selbstorganisiertes Arbeiten machen möchte. In dieser eher mangelorientierten Sicht seien viele Menschen in ihrer jetzigen Form nicht bereit, die Erwartungen neuer Arbeitswelten zu erfüllen, weshalb die innere Arbeit an sich selbst untrennbar mit der Veränderung unserer Zusammenarbeit verbunden wäre.

Diese Sicht teile ich nicht. Menschen arbeiten seit Jahrtausenden in selbstorganisierten Gruppen zusammen. Mal sind sie dabei erfolgreich, mal nicht, aber ich kann nicht erkennen, dass „innere Arbeit" eine notwendige Vorbedingung wäre. Nicht falsch verstehen: Aus eigener Entscheidung an sich zu arbeiten und ein besserer Mensch werden zu wollen ist ein edles Vorhaben und hat meine volle Unterstützung. Tiefe emotionale Beziehungen, wie sie in der Familie, langen Freundschaften oder Partnerschaften vorkommen, erfordern oft auch Anpassung aneinander. Teams sind aber zeitlich begrenzte, deutlich stärker formalisierte Formen der Zusammenarbeit. Wer Erkenntnisse aus dem Privatleben zur Voraussetzung für inhaltliche Zusammenarbeit machen will, verkennt die unterschiedlichen Anforderungen, die die jeweiligen Kontexte an uns stellen. Andere Autoren mit langjähriger Erfahrung nehmen ähnliche, kritische Perspektiven ein:

„Solch eine Psychologisierung ist aus unserer Sicht weder realistisch noch erstrebenswert. Und sie zeigt einen Anspruch an soziale Kompetenz, psychische Stabilität und persönliche Offenheit, der viele Menschen ausschließt."[226]

„Mit Personalentwicklung wird versucht, das Verhalten einer Person so zu verändern, dass sie künftig auf der gleichen Position andere Entscheidungen trifft. Dabei wird häufig der Eindruck erweckt, dass das Personal gewissermaßen die ‚Software' der Organisation darstellt, die durch Trainings, Coachings und Supervisionen beliebig umprogrammiert werden kann, während die Programme, Technologien und Dienstwege die ‚Hardware' ausmachen. Plausibel scheint eher das Gegenteil zu sein. Während sich Organisationspläne und Aufgabenbeschreibungen ‚leicht, praktisch mit einem Federstrich ändern lassen', sind Personen ‚schwer, wenn überhaupt umzustellen' …"[227]

„Die Tendenz, Erfolg und Schuld einzelnen Personen zuzuschreiben, zeigt sich in der individualistischen Ausrichtung von Interventionen, die die Teamleistung verbessern sollen. Ziel vieler solcher Maßnahmen ist es, Gruppenleitern und -mitgliedern die Aspekte

[226] Brinkmann, Babette & Schattenhofer, Karl (2022). *Erfolgreiche Teams in der Selbstorganisation.* Vahlen. S. 167.
[227] Kühl, Stefan (2016). *Strategien entwickeln.* Springer. S. 20.

ihrer Persönlichkeit, ihrer Einstellungen und ihrer Verhaltensweisen bewusst zu machen, die nach Ansicht der Change Agents für die Effektivität eines Teams entscheidend sind. Die Hoffnung besteht darin, dass sich das Funktionieren des Teams mehr oder weniger automatisch verbessert, wenn jedes Mitglied seinen persönlichen Stil versteht und die Notwendigkeit einer guten Kommunikation und Koordination erkennt. Mir ist keine wissenschaftliche Evidenz bekannt, die diese Annahme stützen würde."[228]

Meine Erfahrung aus über zehn Jahren Arbeit mit Teams ist eindeutig, dass normale, psychisch gesunde[229] Menschen ohne weiteres in der Lage sind, selbstorganisiert zu arbeiten, allerdings immer von Neuem lernen müssen, wie das *in ihrem konkreten Team* funktioniert. Nicht alle wollen das – selbstorganisierte Zusammenarbeit stellt Ansprüche, die nicht jeder bereit ist, zu erfüllen. Das ist in Ordnung, und die Konsequenz kann nicht sein, sie dazu zwingen zu wollen. Auftretende Probleme über veränderte Charaktereigenschaften der Beteiligten lösen zu wollen ist schon aus dem Grund unsinnig, dass die Entwicklungen vermutlich länger dauern würden als das Team überhaupt existiert. Was sich dagegen jederzeit und mit wenig Aufwand ändern lässt, sind die Strukturen und Erwartungen innerhalb des Teams.

„Der beste Weg, um Einzelne dazu zu bringen, sich in einer Gruppe gut zu verhalten, besteht darin, die Gruppe selbst gut zu gestalten und zu unterstützen. Eine gesunde Gruppe fördert kompetentes Verhalten ihrer Mitglieder; eine kranke Gruppe lädt zu allen möglichen bizarren individuellen Verhaltensweisen ein – die dann ironischerweise zur Erklärung der Probleme der ganzen Gruppe herangezogen werden können."[230]

Der beste Weg, die guten Seiten seiner Teammitglieder zu Gesicht zu bekommen, ist, ein Team aufzubauen, in dem man gern Mitglied sein und bleiben möchte. Der Wunsch nach Zugehörigkeit ist ein starker Motivator, und Menschen können sich sehr engagiert, anpassungsfähig und lösungsorientiert verhalten, wenn es für sie einen attraktiven Grund dazu gibt. Ein Team mit freiwilliger Teilnahme, motivierenden Aufgaben und geschickt gewählten Spielregeln wird von seinen Teammitgliedern produktives, engagiertes und verantwortungsvolles Verhalten ernten. Mehr kann und muss es von ihnen nicht erwarten.

4. Zusammenarbeit mit anderen

Ein Team, welches seine Aufgaben eigenverantwortlich plant, priorisiert und umsetzt, braucht ein hohes Maß an Situationsbewusstsein für die Ziele und Prioritäten seines Umfelds. Die Verantwortung dafür, dass eigene Entscheidungen in die größere Strategie

---

228 Hackman, Richard (2002). *Leading Teams*. Harvard Business Review Press. S. 38 (Übersetzung des Autors).

229 Diese Einschränkung soll psychische Erkrankungen nicht abwerten oder verharmlosen, erkennt aber an, dass es im Leben von Menschen Ausnahmesituationen geben kann, die der Arbeitskontext „Team" nicht zu bewältigen in der Lage ist. Es handelt sich dabei um eine vorübergehende Einschränkung, keine grundsätzliche Unfähigkeit.

230 Hackman, Richard (2002). *Leading Teams*. Harvard Business Review Press, S. 38 (Übersetzung des Autors).

von Kunden, Stakeholdern und der Gesamtorganisation passen, liegt beim Team, und damit auch die Erwartung, eigenständig Informationen darüber einzuholen und dafür notwendige Strukturen zu schaffen.

Auch bei der Zusammenarbeit verschiedener Teams sprechen oft nur einzelne Teammitglieder miteinander. Diese sind jeweils autorisiert, im Namen ihres Teams zu sprechen und Entscheidungen zu treffen, für die das Team anschließend gemeinsam Verantwortung übernimmt. Entscheidungen im Namen eines Teams zu treffen kann zu Anfang ungewohnt sein, gerade vor dem Hintergrund, dass Teammitglieder für ihre Kolleginnen und Kollegen nur eingeschränkt verbindliche Aussagen treffen können. Um das Risiko für die Repräsentanten des Teams beherrschbar zu halten, ist es essenziell, dass sich das Team mit diesen laufend abspricht, sämtliche Informationen austauscht, die wichtig sein könnten, und mögliche Entscheidungen schon im Vorfeld freigibt („Du kannst unsere Mitarbeit gern zusagen, wir haben das auf dem Schirm"). Bei Überraschungen oder besonderen Anforderungen ist es in Ordnung, Entscheidungen hin und wieder zu vertagen („Das kann ich noch nicht versprechen, das muss ich einmal mit dem Team klären"), aber Repräsentanten, deren Antworten vor allem aus „Ich frage das Team" bestehen, erzeugen bei ihren Ansprechpartnern schnell Unmut.

Eine etwas überraschende Erkenntnis vieler selbstorganisierter Teams besteht darin, dass es nicht unbedingt immer von Vorteil ist, die eigene Selbstorganisation nach außen hin offensiv darzustellen. Die Besonderheiten der eigenen Arbeitsweise können ungünstige Erwartungen aufbauen, das Team in organisationspolitische Fragen hineinziehen oder Kontrollbedürfnisse wecken. Das heißt nicht, dass man die eigene Selbstorganisation verheimlichen oder verschweigen sollte, aber es ist auch nicht nötig, daraus ein großes Ding zu machen („Ja, wir arbeiten recht eigenverantwortlich, aber sollte das nicht in allen Teams so sein?" oder „Wir haben seit mehreren Monaten keine Führungskraft, und es funktioniert echt gut"). Selbst wenn das Ziel ist, selbstorganisierte Arbeitsformen in der Organisation voranzubringen, ist es oft das Beste, wenn das Team seine Leistung und seine Ergebnisse in den Vordergrund stellt. Die meisten Organisationen mögen Ergebnisse, und bei Interesse kann dann immer noch auf die interne Organisation des Teams eingegangen werden. Insgesamt ist aber in vielen Organisationen eine Tendenz erkennbar, gerade die erfolgreichsten selbstorganisierten Bereiche durch externe Verregelung und Standardisierung wieder „unter Kontrolle" zu bringen:

> *„Paradoxerweise wächst die Gefahr der Wiedereinverleibung durch die Mutterorganisation mit dem Erfolg der Teams. Aus mehreren Organisationen wurde uns berichtet, dass auch der sichtbare Erfolg der Teams dazu beigetragen habe, Selbstorganisation breiter zu etablieren – aber nun in festen Methoden und Formaten, die auch den bestehenden Teams übergestülpt werden (sollen). Was in und von den Teams entwickelt wurde, sollte nun, weil das Prinzip erfolgreich war, von oben gestoppt und durch etwas Neues ersetzt werden."*[231]

Der Grundsatz „Tue Gutes und sprich darüber!" gilt also vor allem für fachliche und inhaltliche Erfolge des Teams. Die Form der eigenen Zusammenarbeit zu betonen, kann, muss aber nicht immer von Vorteil sein.

[231] Brinkmann, Babette & Schattenhofer, Karl (2022). *Erfolgreiche Teams in der Selbstorganisation*. Vahlen. S. 185.

4.1 Strukturen teamübergreifender Zusammenarbeit

Wenn das Team regelmäßig intensiv mit anderen Teams zusammenarbeitet, braucht es gemeinsame Strukturen, die über den Austausch im Alltag hinausgehen. Zieldefinition und -abgleich, inhaltliche Planung und Ergebnisreviews sind Aktivitäten, die sich gut teamübergreifend durchführen lassen. Bei starken inhaltlichen Abhängigkeiten bietet sich an, individuelle Taskboards zu einer größeren Arbeitsübersicht zusammenzulegen, Teams können aber auch gemeinsame Rollen definieren und besetzen oder über Werkzeuge wie Umweltkarten, Eventualitätenanalyse oder Wertstrombetrachtung anfangen, einen gemeinsamen Verantwortungsraum aufzubauen.

Im Organisationmodell der *Kollegialen Führung* wird die Vernetzung vor allem über die Rolle des *Verbinders* hergestellt, die an eine entsprechende Rolle aus der Soziokratie angelehnt ist.[232] Verbinder haben die Aufgabe, durch Austausch oder Mitarbeit mit einem anderen Team dauerhaft Erwartungen zwischen Teams abzugleichen und inhaltlichen Austausch sicherzustellen. Einige Verbinder-Varianten sind: [233]

- **Einfachverbinder:** Ein Teammitglied, welches in zwei Teams mitarbeitet und eigenständig Informationen zwischen diesen austauscht.
- **Doppelverbinder:** Jedes Team sendet jeweils einen Repräsentanten in das andere Team, um dort das eigene Team zu vertreten. Dieses Modell entlastet die Verbinder von der Verantwortung, die Interessen beider Teams verhandeln und auflösen zu müssen, und verlagert diese Aufgabe in die Gesprächsrunden der Teams.
- **Gemeinsamer Austauschkreis:** Für eine größere Anzahl von Teams bietet es sich an, eine neue Gruppe zu etablieren, in die Teams jeweils einen oder zwei Repräsentanten schicken können. Dieses Modell bietet sich vor allem bei größeren, aber zeitlich begrenzten gemeinsamen Projekten an, oder wenn Teams, wie im Flight Levels-Modell, dauerhaft ihre Arbeit auf Levels 2 oder 3 koordinieren wollen.

Bei der Zusammenarbeit zwischen Teams ist es wichtig, die jeweiligen Verantwortungsbereiche und Zuständigkeiten zu respektieren – auch und gerade dann, wenn andere Teams hier weniger diszipliniert sind. Mir sind Situationen begegnet, in denen Teams versucht haben, unliebsame oder schwierige Themen durch schleichende Verantwortungsübertragung nach und nach in andere Teams zu verlagern. Teams sind auch in der übergreifenden Zusammenarbeit weiterhin für ihre eigenen Aufgaben verantwortlich und haben keinen grundsätzlichen Anspruch auf die Mitarbeit oder Unterstützung anderer Teams! Auch zwischen Teams gilt der Grundsatz der freiwilligen Kooperation, bei denen Anfragen gestellt, zugesagt, verhandelt oder abgelehnt werden können. Die jeweiligen Systemgrenzen sanft, aber bestimmt zu betonen, hilft anderen Teams dabei oft mehr als das gut gemeinte „Abnehmen" von Aufgaben: „Wir verstehen, dass ihr das Thema am liebsten ganz an uns abgeben würdet, aber wir können das nicht für euch lösen. Wir helfen euch gern, aber die Verantwortung für die Ergebnisse liegt letztendlich weiterhin bei euch."

---

[232] Siehe Strauch, Barbara & Reijmer, Annewiek (2018). *Soziokratie: Kreisstrukturen als Organisationsprinzip zur Stärkung der Mitverantwortung des Einzelnen*. Vahlen. Kap. 3.3.

[233] Siehe dazu Oestereich, Bernd & Schröder, Claudia (2016): *Das kollegial geführte Unternehmen*. Vahlen. S. 110 ff.

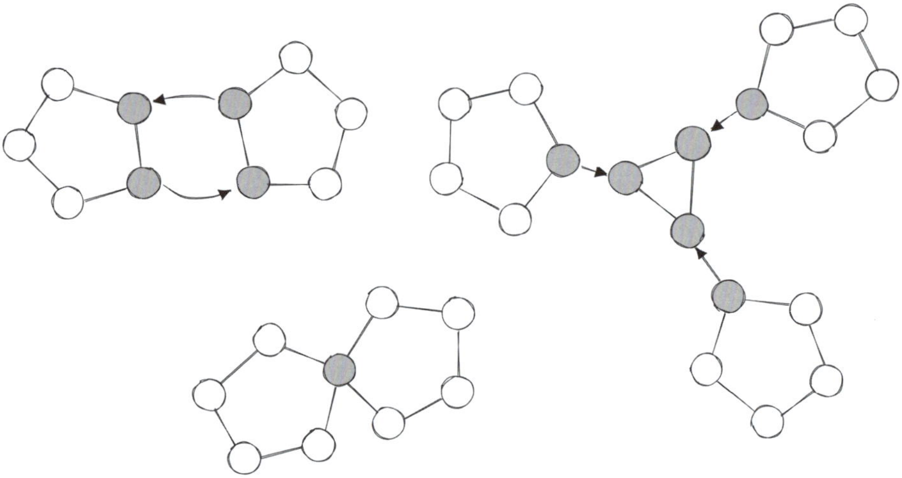

Das Gleiche gilt bei Konflikten oder Konkurrenzdenken zwischen Teams. Teams mit fragiler innerer Struktur oder niedrigem Selbstwertgefühl können versuchen, ihre Unzufriedenheit durch das Anzetteln externer Konflikte zu kompensieren:

> *„Konflikte an den Außengrenzen haben eine stabilisierende Funktion für ein Team. Selbst wenn es gar keinen Anlass gibt, kann ein Konflikt an der Außengrenze das Team nach innen stärken."*[234]

Der beste Umgang mit diesen Konflikten ist, gar nicht auf sie einzusteigen. Teams, die auf ihre Leistung und Arbeitsatmosphäre stolz sind und klare, nützliche Strukturen haben, müssen andere nicht abwerten – sie wissen, was sie können. Versuche anderer Teams, interne Probleme durch derartige Konflikte zu „externalisieren", können ruhig und bestimmt abgelehnt werden: „Wir verstehen, dass es hier ein Problem gibt, uns ist aber noch nicht klar, welche Erwartungen es an uns gibt. Wollt ihr das erst einmal untereinander klären, bevor wir uns wieder zusammensetzen?"

4.2 Delegation an Sub- und andere Teams

Die Übergabe von Aufgaben an andere Teams spielt sich im Wesentlichen so ab, wie die Übernahme eigener Aufgaben von externen Auftraggebern – mit dem Unterschied, dass sich das Team nun auf der anderen Seite der Interaktion wiederfindet. Seine Aufgabe ist, ein „guter Kunde" zu sein, das bedeutet, klare Erwartungen zu formulieren, diese mit dem anderen Team in Aufgaben und eine gemeinsame Planung zu formulieren und einen klaren, anspruchsvollen, aber unterstützungsbereiten Partner darzustellen. Die Erfahrungen aus der eigenen Strukturarbeit kann und sollte das Team nutzen, um mit dem anderen Team gute Austauschstrukturen aufzubauen.

[234] Brinkmann, Babette & Schattenhofer, Karl (2022). *Erfolgreiche Teams in der Selbstorganisation.* Vahlen. S. 130.

Die Gründung von Subteams für spezialisierte Aufgaben funktioniert etwas anders, da hier die Zusammenarbeit einen hierarchischen Charakter annimmt. Die Mitarbeit im Subteam ist natürlich weiterhin freiwillig, allerdings kann das Oberteam jederzeit beschließen, das Subteam wieder aufzulösen – es stellt quasi nicht den Kunden, sondern die Umwelt des Teams dar.

Um nicht in klassische hierarchische Steuerungsmuster zu verfallen, kann das Muster der Doppelverbinder aus der Soziokratie verwendet werden.[235] Hierbei stellt das Oberteam einen offiziellen Repräsentanten im Subteam, der die Erwartungen des Oberteams in der kleineren Runde vertritt. Gleichzeitig benennt das Subteam einen offiziellen Repräsentanten, der die Interessen des Subteams im Oberteam vertritt. Durch konsequente Anwendung von Konsententscheidungen stellt das Soziokratiemodell sicher, dass weder das Oberteam die Interessen des Unterteams verletzen kann, noch andersherum. Trotz hierarchischer Beziehungen zwischen den beiden Teams wird so ein starker Anreiz für Kooperation und gemeinsame Entscheidungsfindung geschaffen.

4.3 Nahtstellen symmetrisieren

Mit dem Begriff „Nahtstellen" hatten wir im Kapitel „Teamstrukturen" strukturierte Kontaktpunkte bezeichnet (siehe Seite 126), an denen das Team regelmäßig mit anderen Teams, Kunden oder Stakeholdern zusammenarbeitet. Die Anzahl dieser Nahtstellen will das Team nach Möglichkeit eher klein halten: Zusätzliche Kontaktpunkte erzeugen auch zusätzlichen Aufwand und ziehen Entscheidungen und Arbeitsabläufe in die Länge, und viele externe Abhängigkeiten sind oft ein Zeichen, dass der Aufgabenbereich des Teams ungünstig geschnitten ist. Wo immer möglich, wollen wir also Abhängigkeiten *abbauen*, zum Beispiel indem Verantwortung anders verteilt wird, oder indem beispielsweise statt ständiger Zusammenarbeit mit einer Rechtsabteilung eine Mitarbeiterin aus dieser Abteilung zeitweise in das Team wechselt und dort für ihren Bereich sprechen und die entsprechende Expertise vertreten kann.

Wo es nicht möglich ist, Abhängigkeiten aufzulösen, kann es interessanterweise helfen, sie bewusst *umzubauen* – ein Ansatz, den der Organisationsberater Gerhard Wohland als „symmetrisieren" bezeichnet.[236] In klassischer Organisation wird Zusammenarbeit oft asymmetrisch organisiert, zum Beispiel indem eine Partei Ergebnisse für eine andere Partei produziert, die von dieser dann „abgenommen" werden. Da an asymmetrischen Nahtstellen eine Partei deutlich mehr Interesse an der Zusammenarbeit hat als die andere, entsteht ein Kontroll- und Steuerungsbedürfnis. Die Lösung besteht nun darin, die Leistungsbeiträge so zu verteilen, dass eine *gegenseitige* Abhängigkeit entsteht, etwa indem die zu erstellenden Ergebnisse gemeinsam definiert und priorisiert werden. Da beide Seiten ein Interesse an erfolgreicher Zusammenarbeit haben, können Kontrolle und Steuerung durch Selbstorganisation der direkt Beteiligten ersetzt werden. Eine solche Nahtstelle ist nicht „führungslos", sondern die Partner „führen" sich gegenseitig.

---

[235] Strauch, Barbara & Reijmer, Annewiek (2018). *Soziokratie: Kreisstrukturen als Organisationsprinzip zur Stärkung der Mitverantwortung des Einzelnen.* Vahlen, Kap. 3.3.

[236] Wohland, Gerhard & Wiemeyer, Matthias (2012): *Denkwerkzeuge der Höchstleister.* Unibuch, S. 172.

Ein sehr gelungenes Beispiel ist mir in Form eines Teams begegnet, welches die Aufgabe hatte, in einem Konzern für mehrere hundert andere Teams technische Architekturstandards zu definieren – eine oft recht undankbare Aufgabe. Das genannte Team war klug genug, die konfrontative Rollenverteilung „Definierer gegen Umsetzer“ abzulehnen, die eigene Aufgabe als unterstützende Dienstleistung zu rahmen und die Softwareteams zu aktiver Mitarbeit einzuladen: „Wir wissen, Standards sind oft unbeliebt, aber wir würden es in diesem Fall gern besser machen. Standards zu haben, kann auch für euch ein Vorteil sein. Helft uns zu verstehen: Wie können wir die Standards so definieren, dass sie für euch im Alltag möglichst nützlich sind?“

4.4 Das Kernteam-Unterstützer-Modell

Teams, die über einen längeren Zeitraum an Themen mit hoher Aufmerksamkeit arbeiten, bauen oft einen Kreis von Menschen auf, die keine „richtigen“ Teammitglieder sind, aber dennoch regelmäßig in inhaltliche Arbeit und teilweise auch strukturelle Entscheidungen einbezogen werden. Wir können diese Gruppe den *Unterstützerkreis* nennen. Strukturen aus Kernteam und Unterstützerkreis sind oft sehr stabil und leistungsfähig. Der Unterstützerkreis macht es Menschen möglich, sich inhaltlich einzubringen, ohne die volle Verantwortung einer „richtigen“ Teammitgliedschaft auf sich zu nehmen. Er bietet dem Team eine Vielzahl zusätzlicher Augen und Ohren und kann so wichtige Informationen früh zusammentragen. Nebenbei ist der Unterstützerkreis eine hervorragende Quelle potenzieller neuer Teammitglieder, wenn das Team wachsen will oder den Austritt eines Kernteammitglieds kompensieren muss.

Unterstützerkreise haben die Wertschätzung und Anerkennung des Teams verdient. Neben offenen Einladungen in seine Regeltermine sollte sich das Team bei ihnen ab und zu erkenntlich zeigen, etwa indem sie zu einem gemeinsamen Essen, fachlichen Austauschen oder abschnittsweise in strategische Teamtage eingeladen werden.

5. Personelle Änderungen

Ein über die Zeit stabiles Team ist wichtig, um Routinen entwickeln und Verlässlichkeit in den Teamalltag bringen zu können. Ein Erwartungsabgleich ist ein zeitintensiver Prozess – selbst mit einem guten Kick-off und intensiver Zusammenarbeit kann es gut und gern sechs bis zwölf Monate dauern, bis sich ein Team wirklich eingespielt anfühlt. Dennoch ändert sich die Zusammensetzung des Teams natürlich hin und wieder. Die drei zentralen Arten, in denen das passieren kann, sind Zugänge, Abgänge und längere Abwesenheiten.

5.1 Neuzugänge

Wenn die Zusammenarbeit gut läuft, sich Erfolge einstellen und die Kunden und Stakeholder des Teams zufrieden sind, sieht sich das Team oft mit steigenden Erwartungen konfrontiert. Bis zu einem gewissen Grad sind Teammitglieder oft selbst noch in der Lage, dem Wunsch nach mehr Ergebnissen entgegenzukommen, früher oder später wird jedoch eine Grenze in der eigenen Leistungsfähigkeit erreicht – das Team muss anfangen, Anfragen von außen abzusagen, oder es wächst.

Es kann auch andere Gründe geben, neue Teammitglieder aufzunehmen. Eventuell spürt das Team grundsätzliche Lücken im eigenen Fähigkeitenprofil, die auch durch Ausbildung von internen Generalisten nicht gefüllt werden können. Durch veränderte Anforderungen oder Rahmenbedingungen kann die Übernahme neuer Themenbereiche vom Team erwartet werden. Und ab und zu kommt es auch vor, dass sich potenzielle Teammitglieder anbieten, die das Team offensichtlich hervorragend ergänzen würden, auch wenn sich für sie noch kein klarer Bedarf aus dem Arbeitsalltag ableiten lässt.

Die Gründe für eine Erweiterung des Teams kritisch zu hinterfragen, lohnt sich. Hin und wieder kommt es vor, dass Teams versuchen, durch Hinzunahme neuer Teammitglieder ein bereits verspätetes Projekt zu retten. Ein in aller Regel aussichtsloses Unterfangen, wie der Softwarearchitekt Fred Brooks bereits 1975 prägnant zusammenfasste:

Brooks' Gesetz: Einem verspäteten Projekt weitere Arbeitskräfte hinzuzufügen, verzögert das Projekt weiter.[237]

Neue Teammitglieder zu finden und einzuarbeiten bindet Zeit und Energie, die nicht in die Fertigstellung des Projekts fließen. Unterschwellig ist hier wieder die Maschinenmetapher zu erkennen, in der Teammitglieder wie zusätzliche „Produktionsstationen“ betrachtet werden, die man nur „hochfahren“ müsse. Wer Teams als komplexe soziale Systeme begreift, versteht, dass die Produktivität infolge personeller Änderungen zunächst sinken muss, bevor sie sich auf einem (hoffentlich) höheren Niveau wieder stabilisieren kann.

Bevor es auf die Suche nach neuen Mitgliedern geht, sollte das Team ein gemeinsames Verständnis der Erwartungen bilden, die es an ein neues Teammitglied richten will. Welche Aufgaben und Verantwortlichkeiten soll es übernehmen? Welchen Rahmen kann das Team dafür anbieten?

Anschließend muss das Team öffentlich machen, dass es wachsen möchte und für Gespräche zur Verfügung steht. Wenn das Team schon ein großes Netzwerk hat oder als Kernteam mit einem Unterstützerkreis zusammenarbeitet, sind diese Gruppen gute Startpunkte für die Suche. Ansonsten werden die Erwartungen und Vorstellungen übersichtlich zusammengestellt und organisationsintern (auf entsprechenden Plattformen) oder -extern (als Stellenanzeige) veröffentlicht.

[237] Brooks, Frederick (1995). *The Mythical Man-Month. Essays on Software Engineering* (Jubiläumsausgabe). Addison-Wesley. Kap. 2 (Übersetzung des Autors).

Selbstorganisierte Bewerbungsprozesse

Klassische Bewerbungsverfahren, in denen Interessenten anhand von standardisierten Anforderungsprofilen auf Schwächen getestet werden, während sie selbst versuchen, sich möglichst vorteilhaft zu präsentieren, sind für die Anwendung in selbstorganisierten Teams ungeeignet. In der Regel hat das Team eine sehr konkrete Kombination von Eigenschaften und Fähigkeiten im Blick und sucht Menschen, die nicht nur eine bestimmte inhaltliche Lücke schließen können, sondern auch von ihrem Wesen, ihrem Auftreten und ihren Lebensumständen in das Team passen. Da man anschließend eng zusammenarbeiten wird, ist es im Interesse beider Seiten, die jeweiligen Erwartungen und Möglichkeiten ehrlich und transparent zu besprechen, um später keine unangenehmen Überraschungen zu erleben. Kennenlern- und Bewerbungsgespräche werden daher grundsätzlich von den Teammitgliedern selbst geführt.

Da Teammitgliedschaft immer auch gemeinsame Verantwortung bedeutet, wählen selbstorganisierte Teams neue Mitglieder in der Regel sehr sorgfältig aus und verschicken lieber eine Absage zu viel als zu wenig. Da die Beteiligten am Bewerbungsprozess später auch eng zusammenarbeiten werden, wird das übliche „Tänzchen" aus optimistischer Selbstdarstellung und kritisch-testenden Fragen überflüssig. Sich bei einem selbstorganisierten Team zu bewerben, bedeutet, einen ersten intensiven Erwartungsabgleich zu durchlaufen – ehrlich, auf Augenhöhe, aber durchaus anspruchsvoll. Das Team hat an vorbereiteten Antworten und Geschichten wenig Interesse, stattdessen geht es unter anderem auch darum, herauszufinden, wie offen und transparent ein Interessent oder eine Interessentin mit Stärken und Schwächen, mit Möglichkeiten, Erwartungen und möglichen Herausforderungen umgehen kann. Beiden Parteien sollte bewusst sein, dass eine Bewerbung immer gegenseitig ist. Auch das Team hat keinen Anspruch auf eine Zusammenarbeit, und einen uninteressanten oder unangemessenen Eindruck zu hinterlassen führt schnell zu Absagen seitens der Kandidaten.

Sollte es eine größere Anzahl von Interessenten geben, kann das Team schon vor dem ersten Gespräch eine erste Vorqualifizierung vornehmen, um diejenigen Bewerbungen auszusortieren, die aus offensichtlichen Gründen nicht für eine Zusammenarbeit infrage kommen. Das Team sollte sich aber die Zeit nehmen, mit allen übrigen Interessenten zumindest ein direktes Gespräch zu führen, um sich einen persönlichen Eindruck zu machen.

Das Erstgespräch

In der Regel beginnt der Prozess mit einem ersten Kennenlernen, bei dem typischerweise nur ein oder zwei Teammitglieder, nicht die ganze Gruppe anwesend sind – das schont die Arbeitszeit des Teams, macht aber auch für die Interessenten die Atmosphäre etwas ungezwungener. Oft kann ein erstes Gespräch per Videokonferenz stattfinden, um es für beide Seiten etwas einfacher zu machen. Im Erstgespräch werden noch wenig fachliche Dinge besprochen – man beschnuppert sich gegenseitig, tauscht sich über Hintergründe und Vorerfahrungen aus, fachsimpelt eventuell ein wenig. All das findet in einer recht lockeren Atmosphäre statt. Hintergründe werden geklärt: Wie kam es zu dem Kontakt, welche Faktoren haben gegenseitiges Interesse erzeugt? Mögliche „Showstopper" können ausgetauscht werden – ist es für die Bewerberin ein Problem, dass man im Rahmen der Teamarbeit hin und wieder reisen muss? Kommt für das Team auch eine Teilzeitmitarbeit infrage? Interessenten können ihren bisherigen Werdegang und ihre groben beruflichen Ziele skizzieren, das Team seine eigene Geschichte und weitere Entwicklung zusammenfassen. Der weitere Bewerbungsprozess wird kurz durchgesprochen, damit Interessenten wissen, was sie erwarten dürfen. Das wesentliche Ziel des Erstgesprächs ist, zu klären, ob die Vorstellungen nah genug beieinander liegen, dass sich ein weiteres Kennenlernen lohnt.

Falls für das Team relevant, können auch Gehaltsvorstellungen abgeglichen werden, allerdings nicht, um hier schon in eine Verhandlung einzusteigen. Der Sinn dahinter ist eher, den Prozess abkürzen zu können, falls die Vorstellungen überhaupt nicht zusammenpassen. Mit dem möglichen Gehaltsrahmen geht das Team am besten ehrlich und transparent um: Was finanziell „drin" gewesen wäre, findet das neue Teammitglied früher oder später sowieso heraus, und sollte es sich übervorteilt fühlen, wird das die spätere Zusammenarbeit sehr schwierig machen. Die zu klärende Frage ist, ob sich innerhalb des finanziellen Rahmens ein Angebot machen lässt, welches der Bewerberin eine Zusammenarbeit möglich macht, also ihre Erfahrung und Verantwortungsübernahme würdigt und ihren aktuellen Lebensstandard finanzieren kann. Einen groben, aber ehrlichen Gehaltsrahmen zu nennen schränkt die Spielräume des Teams beim späteren Angebot noch nicht ein, bietet aber einen frühen Entscheidungspunkt, der für beide Seiten Klarheit schaffen kann.

Einige Tage nach dem ersten Treffen findet ein kleiner Kontakt, meistens per E-Mail, statt – wie war der erste Eindruck, wollen beide Seiten das Kennenlernen fortsetzen? Wenn dem nicht so ist, ist es für beide Seiten besser, an dieser Stelle freundlich, aber eindeutig abzusagen. Wenn doch, steht für den zweiten Termin auf dem Plan, konkreter über Erwartungen, Anforderungen und Möglichkeiten zu sprechen.

Das Zweitgespräch

Das Zweitgespräch ist das Herzstück der Bewerbungsphase. In ihm wird geklärt, ob es *wahrscheinlich* ist, dass die gegenseitigen Erwartungen zusammenpassen und sich eine produktive Zusammenarbeit aufbauen lässt. Der Erwartungsabgleich muss hier nicht im Detail stattfinden, dafür ist in der Probezeit beziehungsweise den ersten Arbeitsmonaten noch genug Zeit. Sein Erfolg muss aber zumindest für beide Parteien wahrscheinlich wirken. Normalerweise findet das Zweitgespräch in Person am Haupt-Arbeitsort des Teams statt, sofern es einen solchen gibt.

Je mehr Klarheit das zweite Gespräch für beide Seiten schaffen kann, desto besser. Interessenten wollen verstehen, welche Erwartungen an sie gestellt werden, und ob das Team ihre eigenen Erwartungen erfüllen kann. Das Team wiederum will einen Überblick über Fähigkeiten, Erfahrungen, aber auch Motivationen der Kandidaten bekommen – die Frage, was potenziellen Teammitgliedern Spaß macht, wofür sie Motivation und Energie aufbringen können, ist für das spätere Verteilen von Aufgaben schließlich enorm relevant.

Ein kleines Werkzeug, welches wir bei Chili and Change einsetzen, ist, eine Reihe von vorbereiteten Beispielaufgaben in ein simples Achsenkreuz einzuordnen. Die Aufgaben sollten die möglichen Tätigkeiten des potenziellen Teammitglieds möglichst umfassend beschreiben. Eine der beiden Skalen fragt nach der eigenen Kompetenzeinschätzung: Wie sehr traut man sich eine gegebene Aufgabe zu, von „Davon habe ich keine Ahnung“ zu „Das kann ich im Schlaf“? Die andere fragt die individuelle Motivation ab: Wie viel Spaß macht der Bewerberin diese Art von Aufgabe, von „Das will ich überhaupt nicht machen“ zu „Das könnte ich den ganzen Tag tun“? Durch die beiden Achsen entsteht ein Schema aus vier Quadranten:

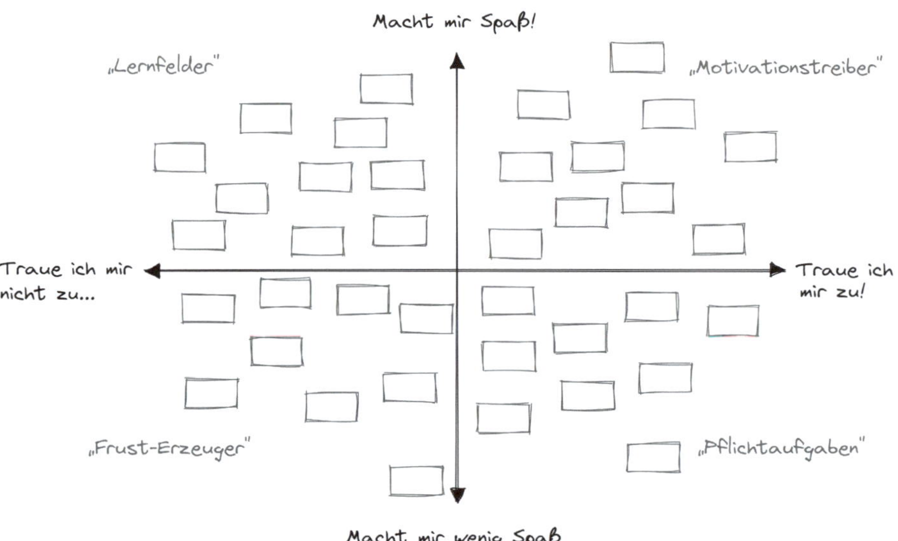

- **Kann ich und mache ich gern:** „Motivationstreiber“-Aufgaben, die Kandidaten gern als Fokusthemen sehen würden, und die sie ausdauernd, selbstständig und auf hohem Niveau erledigen können.
- **Kann ich nicht, würde ich aber gern:** Aufgaben, in denen Kandidaten sich noch nicht sicher fühlen, die sie aber gern lernen würden – zum Beispiel, wenn das Team sie dort einarbeiten oder unterstützen kann.
- **Kann ich, mache ich aber nicht gern:** Aufgaben, die eher in den Bereich „Pflichterfüllung“ fallen – notwendig, aber nicht gerade motivierend. Das können Schwerpunkte aus der Vergangenheit sein, von denen Kandidaten sich langsam lösen wollen, persönlich unattraktive Aufgaben, aber auch administrative oder bürokratische Tätigkeiten.
- **Kann ich nicht, und mache ich nicht gern:** Diese Aufgaben können wir als „Frusterzeuger“ zusammenfassen, und das Verständnis ist, dass Kandidaten, wenn sie über einen längeren Zeitraum nur Aufgaben aus diesem Segment bearbeiten müssten, das Team schnell wieder verlassen bzw. kündigen würden.

Je genauer die Beispielaufgaben den späteren Arbeitsalltag wiedergeben, desto besser. Auch kleine oder organisatorische Aufgaben sollten aufgenommen werden – schreibt das Team hin und wieder Dokumentationen, geht es auf Veranstaltungen, gibt es Dinge in Richtung Buchhaltung, Stakeholder-Interaktion, Projektmanagement zu tun? Die ganze Übung läuft dabei in Form eines Dialogs ab: Teammitglieder können die Aufgaben beschreiben und erklären und Beispiele aus der Praxis erzählen, während die

Bewerberin ihre Einordnung treffen, kommentieren und aus eigenen Erfahrungen der Vergangenheit erzählen kann.

In Summe sollte sich ein Bild ergeben, in dem alle vier Quadranten in etwa gleich stark gefüllt sind. Offensichtliche Lücken können durch die Bewerberin selbst gefüllt werden: „Du hast gar nichts in den Bereich Lernfelder gehängt – was sind denn Themen, die du bei uns gern lernen würdest?“ oder „Welche Art von Aufgaben möchtest du bei uns denn *nicht* machen?“ An die Befüllung des Schemas schließt sich eine gemeinsame Reflexion an. Passt die Selbsteinschätzung der Kandidatin zu den Erfordernissen der Rolle? Hat sie einen Eindruck gewinnen können, wie ihr späterer Alltag aussehen wird? Ist es dem Team möglich, Aufgaben aus dem „Frusterzeuger“-Quadranten von anderen übernehmen zu lassen?

Neben der Selbsteinschätzung finden typischerweise noch einige weitere Elemente im Zweitgespräch statt. Typischerweise kommt der Rest des Teams zumindest für ein kurzes Kennenlernen hinzu. Wenn es sich einrichten lässt, kann die Bewerberin die Teammitglieder zeitweise bei ihren normalen Aufgaben begleiten und einen persönlichen Eindruck der Arbeit gewinnen. Andernfalls stellen Teams oft eine kleine Beispielaufgabe zur Verfügung, die gelöst werden darf. Um den Erfolgsdruck nicht zu hoch aufzubauen, ist der Zeitrahmen für Beispielaufgaben oft bewusst sehr kurz (10–30 Minuten) gewählt. Für das Team spielen Kriterien wie „richtig“ oder „falsch“ dabei kaum eine Rolle – fehlendes Wissen lässt sich auch später noch vermitteln. Es geht vor allem darum, einen generellen Eindruck der Vorgehensweise der Bewerber zu bekommen. Ist ihr Vorgehen mit den Arbeitsabläufen des Teams vereinbar? Auch für die Bewerberin bietet eine Testaufgabe weitere Einblicke in die an sie gerichteten Erwartungen. Der Fairness halber sollte das Team mehrere Optionen für zu lösende Aufgaben zur Verfügung stellen und ihr entweder die Auswahl überlassen, oder eine Aufgabe vorschlagen, die in der Selbsteinschätzung im Quadranten „Kann ich, macht mir Spaß“ eingeordnet wurde. Das ganze darf übrigens gern auch andersherum stattfinden: Ich erinnere mich an einen Bewerber, der uns als Team ganz selbstverständlich eine Aufgabe ins Zweitgespräch mitgebracht hatte, „damit ich einen Eindruck bekomme, wie ihr als Team arbeitet“. Selbstverständlich sind wir dem Wunsch nachgekommen. Auch wenn es in diesem konkreten Fall nicht zu einer Zusammenarbeit kam, ist das genau die Art selbstbewussten Hinterfragens von Strukturen, die ich mir für selbstorganisierte Zusammenarbeit wünsche.

Abschließend sollte das Zweitgespräch eine allgemeine Erwartungsklärung beinhalten, bei der Vorstellungen und Abgrenzungen besprochen werden, die beiden Seiten besonders wichtig sind. Was sollte unbedingt passieren, damit die Zusammenarbeit ein Erfolg werden kann? Was sollte auf keinen Fall passieren? Passen diese Vorstellungen zu den Möglichkeiten der anderen Partei?

Selbst wenn im Zweitgespräch klar werden sollte, dass die Vorstellungen nicht miteinander vereinbar sind, sollte der Grundsatz doch immer sein, das Kennenlernen für beide Seiten angenehm und interessant zu gestalten. Auch im Fall einer Absage sollte das Fazit lauten: „Schade, dass das nicht geklappt hat – der Eindruck war ansonsten echt gut!“ Zu den „Basics“ gehören dabei Pünktlichkeit, klare und freundliche Kommunikation, zeitnahe Rückmeldungen und Zuverlässigkeit bei getroffenen Absprachen.

Auswertung

Im Anschluss an die Zweitgespräche entscheidet das Team, welchen der Interessenten ein Angebot gemacht werden soll. Der Rest bekommt eine freundliche und zeitnahe Absage mit einer konstruktiv formulierten Begründung. Um zu einer gemeinsamen Entscheidung zu kommen, kann das Team die Interessenten für sich nach fachlicher und sozialer Passung sortieren:

- „Kann alles, was die Aufgabe erfordert"/„Müsste noch viel lernen" beziehungsweise
- „Ist uns vom Typ sehr ähnlich"/„Ist ganz anders als wir".

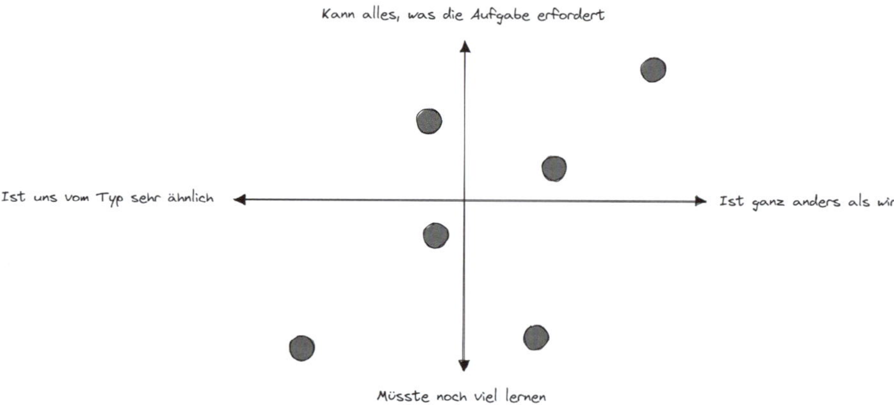

Beides sind keine wertenden Kriterien, sondern das Team muss selbst entscheiden, welche Form der Ergänzung es sucht. Von einem Werkstudenten würde sicher niemand hohe fachliche Expertise erwarten, und Unterschiedlichkeit zu bestehenden Teammitgliedern kann Bewegung in eine ansonsten eher homogene Gruppe bringen. Insgesamt neigen Teams leider dazu, neue Mitglieder auszuwählen, die ihnen selbst ähnlich sind, auch wenn ihnen mehr Diversität guttun würde. Die Verortung auf der Ähnlichkeitsskala kann helfen, die eigene Entscheidung noch einmal zu überdenken, und sich eventuell doch eher für jemanden zu entscheiden, der mehr Unterschiede in das Team bringt.

Zusammengefasst sind zentrale Grundsätze für den Bewerbungsprozess:

- **Teammitglieder organisieren und leiten das Kennenlernen selbst.** Ob jemand das Team gut ergänzen würde, kann niemand so gut entscheiden wie die Teammitglieder selbst. Es ist in Ordnung, sich gegebenenfalls durch eine Führungskraft oder den Personalbereich unterstützen zu lassen, aber für die Kennenlerntermine und die Bewerberkommunikation ist das Team verantwortlich.
- **Der Prozess soll insgesamt drei zentrale Fragen beantworten:**
  - Passen die Fähigkeiten der Interessenten zu den Erwartungen, die die Teamarbeit an sie stellt?
  - Ist das, was das Team tut, für Interessenten eine interessante und motivierende Tätigkeit?
  - Kann man sich auf einer zwischenmenschlichen Ebene vorstellen, miteinander zu arbeiten?

- **Zusagen an neue Teammitglieder sind im Allgemeinen Konsensentscheidungen.** Das bedeutet, dass jedes bestehende Teammitglied wenigstens einmal Gelegenheit gehabt haben sollte, mit jeder Interessentin zu sprechen, und dass es bei der Neuaufnahme ein individuelles Vetorecht gibt.
- **Team und Interessenten bewerben sich beieinander.** Das bedeutet, auf Kontrollfragen, Misstrauen und Tests zu verzichten, und sich stattdessen auf Augenhöhe über Erwartungen und Anforderungen auszutauschen. So wie die Atmosphäre bei einem Date die spätere Beziehung vorwegnimmt, beobachten auch die Parteien in einem Bewerbungsprozess das gegenseitige Verhalten sehr aufmerksam, und leiten daraus ihre Vorstellungen der späteren Zusammenarbeit ab.
- **Selbstbewusstes Auftreten ist Trumpf.** Vor allem für Interessenten kann die Bewerbung bei einem selbstorganisierten Team eine ungewöhnliche Erfahrung sein - ich hatte über die letzten Jahre teilweise das Gefühl, Neugier auf den Prozess war bei einigen der ausschlaggebende Grund, überhaupt eine Bewerbung abzuschicken. Selbstorganisierte Teams suchen allgemein Teammitglieder, die ihre Erwartungen klar formulieren, ihre Wahrnehmungen reflektieren, den Rahmen ihrer Möglichkeiten offen und ehrlich abstecken und ihre Interessen selbstbewusst vertreten können. Das bedeutet nicht, rücksichtslos oder unhöflich zu sein – aber auch ein Bewerbungsprozess stellt im Grunde eine verhandelbare Struktur dar, in die man sich nicht unhinterfragt einordnen muss.

Einstieg in ein bestehendes Team

Sobald sich das Team mit einem oder mehreren Interessenten einig geworden ist, ist das gemeinsame Ziel, die neuen Teammitglieder zügig in das Team zu integrieren. Wesentliche Schritte sind hier:

Administratives und technisches Set-up
Schon bevor die Neuzugänge offiziell starten, muss das Team die wesentlichen Voraussetzungen für deren Arbeitsfähigkeit schaffen. Hierzu gehört, administrative Prozesse zu bedienen, Arbeitsgeräte zu bestellen und einzurichten und die spätere Einarbeitung zu planen.

Eindeutiger Starttermin
Einen Zeitpunkt festzulegen, ab dem das neue Teammitglied offiziell dabei ist und dem Team auch voll zur Verfügung steht, hilft auf beiden Seiten klare Erwartungen zu formulieren und Missverständnissen vorzubeugen.

Begrüßung
Wie wir wissen, zählt vor allem der erste Eindruck – weshalb sich das Team den ersten Tagen eines neuen Mitglieds besondere Aufmerksamkeit schenken sollte. Ein Team, welches zur Begrüßung am ersten Morgen vollzählig anwesend ist, eventuell eine Flasche (alkoholfreien) Sekt mitbringt und die erste Stunde mit lockerem Kennenlernen füllt, wird viel dazu beitragen, dass sich die Entscheidung, dem Team beizutreten, richtig anfühlt.

Einarbeitung
Für neue Teammitglieder gibt es in ihren ersten Tagen viel zu tun und zu lernen. Die Aufgabe des Teams ist, für sein individuell gestaltetes „Spiel" den Neuzugängen die

Spielregeln zu erklären. Es kann das über umfangreiche Vorträge und lange Präsentationen tun, eventuell findet es aber auch Wege, die Einarbeitung etwas interaktiver und spielerischer zu gestalten. Ich habe eine Organisation kennengelernt, für deren Einarbeitung interne Prozesse und Werkzeuge in einer Art „Quiz" verpackt wurden. Neue Teammitglieder konnten Punkte sammeln, indem sie häufige Alltagsaufgaben diesen korrekt zuordneten – am Ende gab es einen kleinen Preis zu gewinnen.

Eine andere Idee ist, neuen Teammitgliedern ein eigenes Einarbeitungs-Taskboard anzulegen, auf dem das Team vor dem offiziellen Start gemeinsam Aufgaben und Themen sammelt, mit denen sich die Neuzugänge in ihren ersten Tagen und Wochen unbedingt beschäftigen sollten.[238] Anstatt in langen Terminen in „Frontalbeschallung" mehr Informationen vorgestellt zu bekommen, arbeiten sich neue Teammitglieder – durch den Rest eng unterstützt – in die wichtigsten Themenfelder eigenständig ein, stellen Fragen, erzählen in den Regelterminen des Teams von ihrem Fortschritt und übernehmen so selbst Verantwortung dafür, dass ihr Start erfolgreich verläuft. Nebenbei lernen sie die Arbeitsorganisation mit Aufgaben und Taskboards kennen und üben ein, sich Arbeit selbstständig zu ziehen, sobald sie bereit sind.

Um die bestehenden Erwartungen im Team besser zu verstehen, können die inhaltlichen Blöcke des Kapitels „Teamstrukturen" als Gesprächsgerüst dienen. Wer sind die Kunden? Was ist die Aufgabe? Wie werden Arbeit und Kommunikation organisiert? Wie trifft das Team Entscheidungen? Welche Spielregeln gibt es, offiziell und inoffiziell? Wie sieht die Umwelt des Teams aus, und wie ist das Team in diese integriert?

Erwartungsabgleich – Überprüfen der Teamstrukturen
Zur Einarbeitung in die bestehenden Strukturen gehört natürlich auch die Möglichkeit, diese zu hinterfragen. Hier ist eine feine Balance zu finden: Auf der einen Seite sollen Neuzugänge vollwertige Teammitglieder mit allen Rechten sein, wozu gehört, die bestehenden Strukturen infrage stellen und Verbesserungen vorschlagen zu dürfen. Auf der anderen Seite kann das Team auch erwarten, dass neue Teammitglieder die Strukturen zumindest für den Anfang einmal so akzeptieren, wie sie sind. Typischerweise hat das Team seine Strukturen über einen langen Zeitraum entwickelt und sorgfältig austariert. Das Ergebnis infrage zu stellen ist etwas, wozu neue Teammitglieder aufgrund ihrer frischen Perspektive oft besonders gut qualifiziert sind, andererseits können sie unter Umständen noch nicht verstehen, warum die konkreten Strukturen für das Team besser funktionieren als andere. Sanftes Hinterfragen wird von den meisten Teams gern angenommen, aber eine grundsätzliche Neudefinition der Zusammenarbeit steht neuen Teammitgliedern in aller Regel noch nicht zu. Die Botschaft ist hier „Für uns funktioniert das so. Komm erst einmal an, lerne unsere Arbeitsweise kennen – dann entwickeln wir sie gemeinsam weiter."

Anders ist die Situation natürlich, wenn die bestehenden Strukturen des Teams eine Mitarbeit aus irgendwelchen Gründen unmöglich machen sollten. In diesem Fall muss sich das Team dazu beraten und zeitnah eine Lösung finden.

[238] Siehe Dubbel, Daniel (2014): *Neu ins Team.* Blogartikel bei Inspect&Adapt, https://www.inspectandadapt.de/neu-ins-team/

Übernahme erster Aufgaben – am besten in Begleitung
So früh wie möglich übernehmen neue Teammitglieder echte Aufgaben des Teams. Am besten stellt das Team ihnen für die Anfangszeit ein erfahrenes Teammitglied an die Seite, um aufkommende Fragen zu klären und mögliche Unsicherheiten auszuräumen. Manche Teams definieren zusätzlich eine Rolle des „Einarbeitungs-Buddys", also jemanden, der für ein neues Teammitglied in den ersten Monaten einen festen Ansprechpartner darstellt, allgemeine Fragen beantwortet und Sorgen und Wünsche in einem vertraulichen Rahmen aufnehmen kann.

Die Einarbeitung sollte schließlich mit einem halb-formalen Abschlussgespräch offiziell beendet werden – wenn das neue Teammitglied eine offizielle Probezeit hat, bietet sich ihr Ende als Zeitpunkt an. Hier kann die bisherige Zusammenarbeit reflektiert und Änderungen für die gemeinsame Zukunft beschlossen werden. Als kleines Übergangsritual markiert dieser Termin den endgültigen Wechsel vom „neuen" zum „bestehenden" Teammitglied und hilft so, mögliche Liminalitätsgefühle ein Stück weit abzubauen.

5.2 Team-Split – das Zellteilungsprinzip

Ein wachsendes Team wird früher oder später an Grenzen seiner selbst gewählten Strukturen stoßen. Erfahrungsgemäß beginnt ab einer Größe von etwa 10 Personen die gemeinsame Verantwortung zu bröckeln – kleinere Untergruppen und Subteams bilden sich. Früher oder später wird die Durchführung von Regelmeetings schwierig, die Transparenz von Aufgaben lässt nach, Informationen erreichen nicht mehr alle. Unter diesen Umständen wird es irgendwann Zeit, das Team zu teilen.

Der „Split" eines selbstorganisierten Teams funktioniert nach dem Zellteilungsprinzip. Das bedeutet, auch wenn sie anschließend gemeinsame Strukturen beibehalten oder neu entwickeln, etabliert sich jedes neue Team als vollwertige, eigenständig arbeitsfähige Einheit, mit klarer Mitgliedschaft, eigenen Strukturen, und direkten Beziehungen zu Kunden und Stakeholdern. Der eigentliche Team-Split wird in einem Zellteilungsworkshop gemeinsam erarbeitet:

1. Der Workshop beginnt mit der Feststellung des Ziels. In einem Check-in können sich Teammitglieder dazu äußern, wie es ihnen mit der Idee der Teamteilung geht. Die Reaktionen können von Trauer bis Erleichterung reichen und werden von der Gruppe wahrgenommen, aber nicht diskutiert. Das Zellteilungsprinzip wird besprochen, Erwartungen an die zu erarbeitende Struktur und die neuen Teams gesammelt und gut sichtbar verschriftlicht.
2. Teammitglieder sortieren sich selbstorganisiert in kleinere Teams. Diese sollten in etwa gleich groß sein, einen guten Mix aus Erfahrungsniveaus und inhaltlichen Schwerpunkten in sich vereinen und jeweils vollwertig arbeitsfähige Einheiten bilden. Teammitglieder ordnen sich eindeutig einem Team zu (auch, wenn sie eine Verbinder-Rolle einnehmen). Abgesehen davon ist an dieser Stelle Platz für persönliche Präferenzen.
3. Die Gruppe sammelt die eigenen Strukturen und sortiert diese danach, ob sie von den Teams in Zukunft gemeinsam geführt, getrennt fortgesetzt oder durch neue Strukturen ersetzt werden sollen. Beispielsweise kann die Gruppe beschließen, das

Taskboard und die Aufgabenverwaltung weiterhin gemeinsam zu führen, tägliche Abstimmungsmeetings in den Teams getrennt zu halten, und Retrospektiven durch eine Kombination aus teamindividueller Reflexion und übergreifendem Austausch zu ersetzen.

4. Sobald das neue Zusammenarbeitsmodell feststeht, vereinbart die Gruppe einen Termin, an dem sich das Team offiziell teilen wird. Dieser Termin markiert den Wechsel in den gemeinsamen Erwartungen und sollte von einem kleinen Übergangsritual begleitet werden. Ein Rückblick mit Wertschätzungsrunde und ein gemeinsames Mittag- oder Abendessen bieten sich als Zeremonie an.

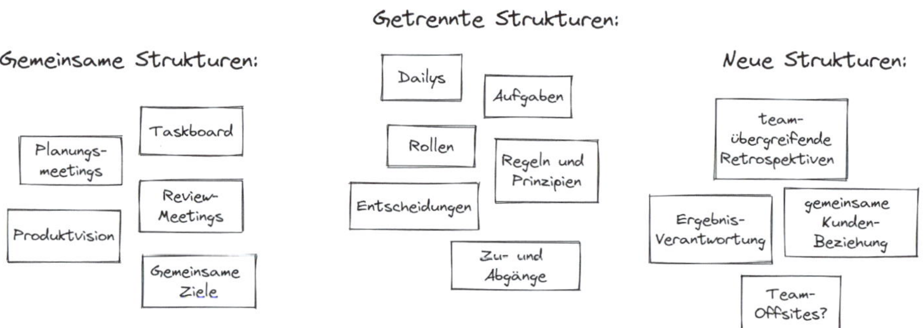

5.3 Abgänge

Es kann viele Gründe geben, warum Menschen von sich aus das Team verlassen. Einige davon können positiv sein: Eventuell hat das Teammitglied eine neue, spannende Aufgabe gefunden, möchte sich umorientieren, seine Prioritäten haben sich verschoben oder seine Lebensumstände geändert. Es kann auch sein, dass das Team nicht länger das motivierende Arbeitsumfeld bieten kann, welches sich ein Mensch erhofft hatte, oder dass sich während der Zusammenarbeit herausstellt, dass die jeweiligen Vorstellungen doch nicht zusammenpassen. Und natürlich kann es eine Konsequenz ungelöster Konflikte sein, dass Teammitglieder freiwillig das Team verlassen wollen, da für sie die andauernde Belastung nicht länger tragbar ist.

Bevor ein Mitglied aus teambezogenen Gründen die Gruppe verlässt, bietet das Team mindestens einen sorgfältig vorbereiteten und ernst gemeinten Klärungsversuch an. Einen Teamaustritt zu erklären, verschiebt die Erwartungen auf eine Art und Weise, die nicht einfach wieder rückgängig zu machen ist, weshalb dieser Schritt gut überlegt sein will. Einen besonders kritischen Blick sollte das Team dabei auf sein eigenes Verhalten werfen. Teams können in der Suche nach einem gemeinsamen Verständnis teilweise energisch und konsequent vorgehen und „unbequeme" Teammitglieder auf subtile Weise aus der Gemeinschaft drängen – diese werden nicht offiziell ausgeschlossen, sondern entwickeln nach und nach das Gefühl, nicht wirklich Teil des Teams zu sein. Was für den Rest des Teams danach aussehen mag, endlich Einigkeit erreicht zu haben, kann vom herausgedrängten Teammitglied als Mobbing empfunden werden. Entsprechende Vorwürfe sollte das Team sehr ernst nehmen.

Sobald ein Teammitglied seinen Austritt erklärt, ist das Ende der Zusammenarbeit dagegen beschlossene Sache. Ein entsprechender Beitrag im Teammeeting ist als „Informieren", nicht als „Diskutieren" zu verstehen. Der Respekt gegenüber einer Entscheidung dieser Tragweite gebietet es, das Teammitglied zu diesem Zeitpunkt nicht mehr umstimmen zu wollen.

Geordnete Austritte

Teammitglieder, die von sich aus das Team verlassen, handeln normalerweise so professionell, das geordnet und mit zeitlichem Vorlauf zu tun. Verbleibende Themen, Aufgaben und Rollen werden nach und nach an andere Teammitglieder übergeben. Jenseits der offiziellen Aufgaben können Abgänge aber auch das allgemeine Erwartungsgefüge im Team durcheinanderbringen. Unter Umständen bietet sich ein Termin nur für den Rest des Teams an, in dem Risiken und mögliche Konsequenzen gesammelt und geklärt werden können. Nebenbei muss das Team die Entscheidung treffen, ob es einen Ersatz suchen oder in kleinerer Runde weiterarbeiten möchte.

Auch wenn man getrennter Wege geht, gehört eine ordentliche Verabschiedung am letzten Arbeitstag zum guten Ton. Für das Team und den Abgänger stellt es ein Übergangsritual dar, welches die Veränderung in der gemeinsamen Beziehung markiert. Viele Teams bereiten kleine Abschiedsgeschenke vor, die an die gemeinsame Zeit erinnern sollen, während das Teammitglied oft Getränke und Snacks zur Verfügung stellt. In einer Organisation, in der ich vor einigen Jahren gearbeitet habe, war es Tradition, Abgängern an ihrem letzten Arbeitstag eine sogenannte „Wortmarke" zu überreichen: Eine gedruckte Karte, auf der die Kolleginnen und Kollegen eine lange Liste von Assoziationen, Stichworten, Anekdoten und Insiderwitzen gesammelt hatten, die irgendetwas mit der Person zu tun hatten. Meine eigene „Wortmarke" findet sich auch heute noch auf meinem Schreibtisch.

Nach dem Austritt entfernt das Team so bald wie möglich die übrigen Strukturen des Abgängers aus seinen Abläufen. Hierzu gehört beispielsweise, Schließfächer zu räumen und Benutzerkonten aus digitalen Systemen zu entfernen, um für die verbleibenden Teammitglieder Klarheit zu schaffen und mögliche Sicherheitsrisiken zu vermeiden. Selbst wenn man sich nicht unter den besten Voraussetzungen getrennt haben sollte, versteht es sich von selbst, dass gegenüber Dritten anschließend nicht negativ übereinander gesprochen wird. In einem Team, welches seine Zusammenarbeit eigenverantwortlich und selbstorganisiert untereinander regelt, kann die Verantwortung für eine Trennung sowieso nie einseitig der anderen Partei zugeschoben werden. Über diese herzuziehen, wirft daher vor allem ein schlechtes Licht auf einen selbst.

Worst Case: Der Teamausschluss

Für einen einseitigen Ausschluss aus einem Team gibt es im Wesentlichen zwei mögliche Szenarien:

- Das Erste wäre eine Situation, in der ein Teammitglied konsistent und über einen längeren Zeitraum wesentliche Erwartungen nicht erfüllt, etwa keine Aufgaben übernimmt, Regeln missachtet oder sich bei Entscheidungen nicht an den Prioritäten,

Zielen und Rahmenbedingungen des Teams orientiert. Bevor es hier zu einem Ausschluss kommt, ist das Team typischerweise einen langen Weg mit vielen Gesprächen gegangen. Ein Ausschluss kommt dann infrage, wenn eine Änderung der Situation auch in Zukunft nicht absehbar ist und bisherige Klärungsversuche nicht zu einer Lösung geführt haben.

- Das andere Szenario tritt dann ein, wenn ein Teammitglied bewusst und mutwillig Fehlverhalten zeigt, welches dem Rest des Teams eine Fortsetzung der Zusammenarbeit unmöglich macht. In diesen Fällen *muss* das Team das Mitglied ausschließen oder es riskiert den Austritt anderer Teammitglieder. Zu möglichen Gründen für einen sofortigen Ausschluss gehören beispielsweise Diebstahl, Zerstörung von Teameigentum, Gewaltanwendung, Übergriffigkeit oder grob unprofessionelles Auftreten gegenüber Dritten.

Teamausschlüsse sollten für die betroffene Person niemals überraschend kommen, vorherige Lösungsversuche sind in den meisten Fällen Pflicht. Bei Teamausschlüssen ist das Mobbingrisiko besonders hoch, weshalb die Entscheidung grundsätzlich auf überprüfbaren Fakten, nicht auf diffusen Wahrnehmungen basieren sollte.

Die Entscheidungsregel für Teamausschlüsse lautet, sofern das Team es nicht anders festlegt: „Konsens minus Eins" – Ausschlüsse werden einstimmig, aber ohne die Beteiligung der betroffenen Person beschlossen. Sollte das Team einen Ausschluss beschließen, gilt dieser ab sofort, ein Übergabeprozess und eine offizielle Verabschiedung erübrigen sich in den meisten Fällen. Der Ausschluss wird dem Teammitglied sachlich und höflich mitgeteilt: „Wir haben das Thema besprochen, und entschieden, dass wir die Zusammenarbeit nicht fortsetzen wollen." Für das Team bedeutet es, dass die Aufgaben und Rollen des Teammitglieds nicht ordentlich übernommen werden können und unter Umständen mühsam zusammengesucht werden müssen.

Ich will an dieser Stelle betonen, dass Teamausschlüsse aus selbstorganisierten Teams die absolute Ausnahme darstellen. Einen tatsächlichen Ausschluss habe ich persönlich in zehn Jahren nicht ein einziges Mal erlebt und nur wenige Male von anderen erzählt bekommen. Der hier wiedergegebene Ablauf stellt einen „Notfallplan" dar, der im Team hoffentlich nie zum Einsatz kommen muss. Dennoch ist es für das Team essenziell, diesen Mechanismus zu haben – nicht nur um für den Fall der Fälle vorbereitet zu sein, sondern vor allem für seine subtile disziplinierende Wirkung.

Nur unter dem Prinzip der gegenseitigen Freiwilligkeit haben beide Parteien klare Anreize, sich für eine gute Zusammenarbeit zu engagieren. Freiwilligkeit setzt dabei die Möglichkeit voraus, die Zusammenarbeit einseitig beenden zu dürfen – auch von Seiten des Teams. Diese Möglichkeit muss nicht genutzt und sogar noch nicht einmal angesprochen werden, um Wirkung zu zeigen. Das Wissen, dass man sich im Team nicht einfach alles leisten kann, trägt seinen Teil dazu bei, dass Teammitglieder in der Regel zur konstruktiven und kollegialen Lösung von Konflikten und Problemen bereit sind.

5.4 Abwesenheiten

Nach diesen eher dramatischen Themen kommen wir nun zu einem alltäglichen Teil der Teamarbeit: der zeitlich beschränkten Abwesenheit von Teammitgliedern. Für das Team spielt es im Grunde kaum eine Rolle, ob es sich um Urlaub, Krankheit, eine Kur oder ein Sabbatical handelt. Der wesentliche Unterschied besteht darin, ob das Teammitglied geplant oder ungeplant abwesend ist.

Urlaub und geplante Abwesenheiten

Urlaube und Erholungszeiten sind wichtig, um die Batterien wieder aufzuladen. Daneben kommen in jedem normalen Team weitere geplante Abwesenheiten dazu: Weiterbildungen, absehbare Krankheitszeiten nach Operationen, Konferenz- und Eventteilnahmen, längere Auszeiten und ähnliches. Der Grundsatz für planbare Abwesenheiten im selbstorganisierten Team lautet:

Teammitglieder planen ihre Abwesenheiten eigenverantwortlich und *informieren* das Team darüber. Sie stellen dabei sicher, dass ihre Abwesenheit die Arbeitsfähigkeit des Teams so wenig beeinträchtigt wie möglich.

Das bedeutet für Teammitglieder, ihre Abwesenheiten nach Möglichkeit nicht überschneidend mit anderen Teammitgliedern zu planen (Ausnahme: Schließzeiten, Betriebsferien, Weihnachtsurlaub o.ä.), und sicherzugehen, dass wichtige und dringende Aufgaben ordentlich übergeben und fortgeführt werden können. Um das tun zu können, braucht es natürlich Transparenz über Abwesenheitszeiten der übrigen Teammitglieder, weshalb viele selbstorganisierte Teams einen gemeinsamen Urlaubskalender pflegen. Sollte es Überschneidungen geben oder der Urlaub aus anderen Gründen sehr ungünstig liegen, hat das Team das Recht, Einwände vorzubringen und zu integrieren, allerdings kann das Recht des Teammitglieds auf Abwesenheit nicht grundsätzlich eingeschränkt werden. In den meisten Fällen findet sich eine unkomplizierte Lösung. Grundsätzlich haben früh angemeldete Abwesenheiten Vorrang vor späten Entscheidungen, um es Teammitgliedern möglich zu machen, größere Vorhaben wie Hochzeiten oder Auslandsreisen verbindlich planen zu können.

Bei Abwesenheit von mehr als einigen Tagen liegt eine geordnete Übergabe ebenfalls in der Verantwortung des Teammitglieds. Für meine Teams hat es sich bewährt, eine kurze Liste der eigenen Projekte, Aufgaben, Ansprechpartner und Verantwortlichkeiten anzulegen und für jeden Punkt zu vermerken, ob er während der Abwesenheit liegenbleiben kann oder (vorher abgesprochen) durch ein anderes, namentlich erwähntes Teammitglied übernommen wird. Die Liste wird dann an einem vereinbarten Ort hinterlegt, auf den das komplette Team Zugriff hat.

Externe Ansprechpartner, Kunden und Stakeholder, mit denen das Teammitglied eng zusammenarbeitet, werden über die Abwesenheit informiert und an eine Stellvertretung oder die zentralen Kontaktpunkte des Teams verwiesen. Auf Kommunikationskanälen, auf denen unerwartet Anfragen hereinkommen könnten (z.B. E-Mail-Postfach), wird eine Abwesenheitsbenachrichtigung oder Weiterleitung eingerichtet, sofern das möglich ist.

Grundsätzlich ist das Teammitglied selbst in der Verantwortung, Abnehmer für die eigenen Aufgaben zu finden. Es kann dabei auf das Entgegenkommen der Teamkollegen zählen, schließlich werden ja auch diese einmal eine Urlaubsübergabe machen wollen. Trotzdem handelt es sich um eine *Anfrage* und nicht um eine Zuweisung: „Ich werde im Urlaub sein, kannst du dich in der Zwischenzeit darum kümmern?" Diese Anfragen können auch abgelehnt werden, in welchen Fällen sich das Teammitglied selbst um eine Alternative kümmern muss.

Ungeplante Abwesenheiten

Bei spontanen und ungeplanten Abwesenheiten, wie etwa Krankheitsausfall, Verletzungen oder privaten Notfällen, gelten diese Regeln natürlich nicht. Es gehört zu gemeinsamer Verantwortung im Team dazu, dass Teammitglieder im Rahmen ihrer Möglichkeiten versuchen, einen Ausfall durch Übernahme von Aufgaben und Rollen aufzufangen. Das abwesende Teammitglied unterstützt diese Übernahme, soweit es ihm möglich ist, und hält das Team über die erwartete Dauer der Abwesenheit auf dem Laufenden. Ansonsten richtet es seine Aufmerksamkeit und Energie darauf, seine Gesundheit wiederherzustellen beziehungsweise seinen Notfall zu lösen. Sollten Aufgaben durch die ungeplante Abwesenheit nicht abgeschlossen oder Termine nicht eingehalten werden können, zeigen Kunden und Stakeholder in der Regel Verständnis.

6. Geografisch verteilte Teams

Über die letzten Jahre hat sich ein Wandel in der Arbeitswelt vollzogen, der spätestens durch die Corona-Pandemie und den Homeoffice-Boom in scharfen Fokus gerückt ist: Die Verschiebung von Teamarbeit weg von einer Gruppe von Menschen im gleichen Raum, hin zu geografisch verteilter Zusammenarbeit über das Internet. Auf gewisse Weise unterstreicht das unsere Erkenntnis aus dem Grundlagenkapitel, dass ein Team als Kommunikationssystem, nicht als „Haufen" von Menschen betrachtet werden muss. Für Außenstehende ist kaum erkennbar, wer aus einer Menge von im Homeoffice arbeitenden Menschen ein Team bildet und wer nicht, aber Teammitglieder wissen ganz genau, mit wem sie regelmäßig sprechen. Teams lassen sich vor allem daran erkennen, dass ihre Kommunikation, nun ja, *System* hat.

Auch wenn Prognosen eines „Ende des Büros" sicher verfrüht sind, gehört die Fähigkeit, ortsunabhängig zusammenzuarbeiten, mittlerweile zu den erwartbaren Kernkompetenzen von Teammitgliedern. Damit ist nicht gemeint, dass ab und zu mal jemand nicht im Büro ist und deshalb auf dem Mobiltelefon angerufen werden muss. *Verteilt* beziehungsweise *remote* arbeitet ein Team dann, wenn seine Zusammenarbeit dauerhaft und regelmäßig von verschiedenen Orten aus stattfindet, es also eine Arbeitsweise etablieren muss, in der es auch ohne persönliche Anwesenheit voll leistungsfähig sein kann. Für Teams, in denen das nicht der Fall ist, können die Inhalte dieses Abschnitts trotzdem interessant sein – eventuell lassen sich einige Ideen übernehmen, um etwas mehr Flexibilität in die eigene Zusammenarbeit zu bringen.

Von verschiedenen Standorten aus zusammenarbeiten zu können, bringt für das Team eine Reihe von Vorteilen, aber auch zusätzliche Herausforderungen. Zu den Vorteilen gehört natürlich, dass Teammitglieder ihren Arbeitsort frei wählen können (Büro, zuhause, unterwegs, Café, tropische Strandbar?) und so ihren Arbeitsalltag nicht nur abwechslungsreicher gestalten, sondern auch besser mit den Anforderungen ihres Privatlebens vereinbaren können.

Der Kandidatenkreis möglicher Teammitglieder wächst natürlich durch ortsunabhängige Arbeit enorm. Das Team ist nicht länger darauf angewiesen, dass Teammitglieder aus ihrem Standort oder der eigenen Region stammen, sondern kann landesweit oder sogar international nach Verstärkung suchen. Auch für die zeitlich begrenzte Mitarbeit von Könnern und Fachexpertinnen lässt sich leichter Unterstützung finden. Nicht zuletzt kann ein Team, welches komplett verteilt arbeitet, oft auf eigene Büroflächen verzichten und spart dadurch Geld und Aufwand.

Wesentliche Herausforderungen verteilter Teams sind:

- Eine büroähnliche Technikausstattung an allen Arbeitsorten des Teams zu schaffen. Dazu gehören eine schnelle und stabile Internetverbindung, ein zusätzlicher Bildschirm (um in Meetings nicht zwischen Inhalten und Teilnehmern hin- und herschalten zu müssen), ein gutes Headset und gegebenenfalls eine zusätzliche Kamera für Ton und Bild, und für längere Arbeit eine ergonomische Tastatur und Maus. Offensichtlich stehen diese Dinge im Zug, in der Bahnhofslounge oder im Hotelzimmer nicht ohne weiteres zur Verfügung, weshalb diese Orte für intensive, längere Zusammenarbeit weiterhin suboptimal sind. Anders als im Büro liegt es bei verteilten Teams meist in der Verantwortung des Teammitglieds, für eine angemessene technische Ausstattung zu sorgen, auch wenn Team oder Organisation diese natürlich (mit-)finanzieren können.
- Alle potenziellen Störungen des jeweiligen Orts sind immer auch Störungen des gesamten Teams. Zuhause können das Paketboten, Kinder, Partner oder Haustiere sein, im Hotel Reinigungskräfte, Bauarbeiten oder der Feueralarm, unterwegs sind Verbindungsabbrüche, Hintergrundgeräusche und fehlende Stromversorgung oft ein Problem. Auch wenn die meisten Teams gelernt haben, entspannt mit diesen Faktoren umzugehen, stellen sie doch Einschränkungen und Ablenkungen dar.
- Selbst mit gutem Ton und gutem Bild sind Online-Meetings deutlich ermüdender als Präsenztermine. Sie wollen besser vorbereitet, strukturiert und moderiert werden, Störungen haben schwerwiegendere Auswirkungen.
- Große Mengen wichtiger Alltagskommunikation außerhalb offizieller Meetings gehen verloren, was Erwartungsabgleich und Beziehungspflege erschwert. Der beiläufige Smalltalk am Schreibtisch und in der Kaffeeküche lässt sich nicht einfach ersetzen. Ich habe häufiger aus Teams gehört, dass selbst nach monatelanger verteilter Zusammenarbeit sich die Gruppe erst nach dem ersten richtigen Präsenztreffen „wie ein Team“ angefühlt hat. Viele verteilte Teams etablieren freiwillige „Kaffeetermine“ für Smalltalk und Beziehungspflege, die dieses Problem etwas verbessern, aber nicht grundsätzlich lösen können.

- Spontane Interaktionen und Informationsübergaben („Hey, wo ich dich gerade sehe …") fallen weg, andere aktiv zu kontaktieren stellt eine zusätzliche Hürde dar, es entstehen Anreize, Probleme auf eigene Faust lösen zu wollen, auch wenn das länger dauert und fehleranfälliger ist. Wenn das Team nicht bewusst auf Zusammenarbeit achtet, kann seine Zusammenarbeit über die Zeit in Richtung einer Arbeitsgruppe tendieren.
- Verteilte Zusammenarbeit erfordert, dass sämtliche Arbeits- und Informationsverwaltung des Teams digital stattfinden, und macht dadurch auf einen Schlag eine ganze Reihe neuer Werkzeuge notwendig. Die Einarbeitung in diese kostet zusätzlich Zeit, Bedienungsfehler erzeugen Frust und verlangsamen Abläufe.

6.1 Werkzeuge für verteilte Teams

Verteilte Teams nutzen in ihrer täglichen Arbeit eine Reihe von Softwarewerkzeugen. Anstatt konkreter Empfehlungen, die vermutlich schon bei Veröffentlichung dieses Buchs wieder veraltet wären, will ich hier eher allgemeine Anforderungen beschreiben:

Meetingsoftware bietet eine Möglichkeit, Videokonferenzen über das Internet zu planen und durchzuführen. Wichtige Funktionen sind dabei, den eigenen Bildschirm zu teilen, die Anwesenden in Kleingruppen aufteilen und wieder zusammenführen zu können, ein Chatkanal sowie die Möglichkeit, per Mausklick für eine Wortmeldung die „Hand zu heben". Viele nutzen gern die Möglichkeit, den Hintergrund des Videobilds automatisch unscharf stellen zu lassen, um auch bei der Arbeit zuhause etwas Privatsphäre zu wahren.

Chatsoftware erlaubt Kommunikation außerhalb von Meetings. E-Mail ist für den Teamalltag zu schwerfällig und unübersichtlich, die Werkzeuge müssen spontanen, themenbezogenen Austausch ermöglichen. Manche Teams nutzen öffentliche Messenger-Apps auf dem Smartphone, besser (und datenschutzrechtlich weniger problematisch) ist es aber, einen dedizierten Team-Chatroom in einer dafür vorgesehenen Software zu haben. Gängige Produkte bieten Möglichkeiten, themenbezogene Untergruppen anzulegen, Diskussionen für bessere Übersichtlichkeit in Threads zu gruppieren, mit Emojis auf Nachrichten von anderen reagieren zu können, unkompliziert Kleingruppen zu bilden, sich Direktnachrichten schreiben zu können, Umfragen und Abstimmungen durchzuführen und vieles mehr.

Natürlich muss das verteilte Team auch seine **Aufgabenverwaltung** in eine Softwarelösung verlagern, wenn es darüber den Überblick behalten will. Die Auswahl ist groß, von kostenlosen einfachen Taskboards mit beschränktem Funktionsumfang bis hin zu konzerntauglichen Enterprise-Lösungen mit definierbaren Prozessen, Rollen- und Berechtigungssystemen, Aufgabenhierarchien mit mehreren Ebenen, Dateiablage, Zeitbuchungsfunktionen und anderem.

Für Arbeitsergebnisse, Dokumente und gemeinsam genutzte Materialien braucht das Team in aller Regel einen **Dateispeicher**. Meistens sind hier keine ausgefallenen Funktionen nötig: Zugriffskontrolle, ein Versionierungssystem (um im Notfall auf eine frühere Version eines Dokuments zurückrollen zu können) und eine frei gestaltbare

Ordnerstruktur bringen die meisten Werkzeuge von Haus aus mit. Nützlich, aber nicht unbedingt notwendig, ist die Möglichkeit, direkt im Dateispeicher Änderungen an Dokumenten oder Tabellen machen zu können.

Für Retrospektiven, Workshops und Arbeitstermine bietet sich ein **digitales Whiteboard** an, manchmal auch als „*Visual Collaboration*"-Tool bezeichnet. Das sind spezialisierte Softwarelösungen, in denen das ganze Team wie an einem echten Whiteboard gleichzeitig Elemente zeichnen, Text schreiben, Klebezettel anlegen und räumlich zueinander anordnen kann. Sich in eines dieser Werkzeuge einzuarbeiten, lohnt sich – geschickt eingesetzt, kommt die Zusammenarbeit auf einem digitalen Whiteboard einem „echten" Arbeitstermin in Person schon recht nah.

Eine Zeitlang sehr beliebt, mittlerweile aber eher optional, ist eine **Informationsablage** in Form eines Wikis oder ähnlichem. Teams, die schon einen Dateispeicher und ein digitales Whiteboard nutzen, können einen Großteil ihrer Informationen auch dort ablegen. Nützlich sind sie für die Dokumentation und das Ablegen allgemeiner Informationen wie Anleitungen, Checklisten, Nutzerhandbücher oder Ähnlichem. Essenzielle Standardfunktionen sind Versionierung (um Änderungen nachvollziehen zu können), eine Favoritenfunktion (um schnell zu häufig benutzten Seiten zu navigieren) und Verlinkung der Seiten untereinander.

6.2 Onlinemeetings

Onlinemeetings wertvoll zu gestalten, ist spürbar schwieriger als in Präsenz – die Zusammenarbeit fühlt sich oft „hakelig" und schwerfällig an, gleichzeitig sind Videokonferenzen wesentlich anstrengender als die gleichen Termine in Person. Die wesentliche Herausforderung ist dabei nicht, dass man die anderen nur auf einem Bildschirm zu sehen bekommt, auch wenn das häufig als Grund angeführt wird – nach Jahrzehnten alltäglichen Umgangs mit Fernsehen und Computer haben wir uns an zweidimensionale Darstellungen von Menschen längst gewöhnt. Ein zentrales Problem ist vielmehr, dass unsere Ohren daran gewöhnt sind, gesprochene Sprache dreidimensional, räumlich und nuanciert wahrzunehmen. Wir sind etwa ohne Weiteres in der Lage, abends in einer lauten Bar einzelne Sprecher zu fokussieren und ihnen zu folgen, und in ruhigeren Umgebungen nehmen wir neben den Worten über Tonfall, Lautstärke, Klangfarbe und Raumakustik eine Vielzahl von zusätzlichen Informationen auf. Die meisten Telefon- und Videokonferenzen bieten dagegen nur einen einzigen Sprechkanal in Mono an, und der Ton ist nie wirklich natürlich. Studien zeigen, dass der Verlust räumlicher Informationen das Zuhören deutlich anstrengender macht als dieselbe Situation mit Stereoklang.[239] Wenn mehrere Personen gleichzeitig sprechen, überlagern sich deren Stimmen, und machen es dem Ohr so gut wie unmöglich, einzelne Sprecher zu identifizieren – etwas, das für uns in Präsenz überhaupt kein Problem darstellt. Die schlechte Tonqualität der meisten Mikrofone und Lautsprecher und die in vielen Verbindungen unvermeidlichen Zeitverzögerungen tun ihr übriges.

[239] Z.B. Rennies, Jan & Kidd, Gerald (2018): *Benefit of binaural listening as revealed by speech intelligibility and listening effort.* Journal of the Acoustical Society of America, 2018, Oct. 144(4), 2147-2159.

Die Tatsache, dass es nur einen Kommunikationskanal gibt, der immer nur von einer Person genutzt werden kann, macht es notwendig, dass Online-Meetings deutlich stärker strukturiert werden und Teilnehmende sich disziplinierter verhalten müssen, als das in einem Präsenztermin der Fall wäre. Kleine „Seitengespräche" sind tabu, Nebengeräusche müssen vermieden werden. Wer gerade das Wort hat, muss für alle Beteiligten klar feststehen, um Situationen zu vermeiden, in denen mehrere gleichzeitig zu sprechen beginnen. Insgesamt ist aktive Redezeit in einem Online-Meeting noch kostbarer als in normalen Terminen und will respektiert und mit allen Mitteln geschützt werden.

Aus mehreren Jahren Arbeit in verteilten Teams habe ich mit Kolleginnen und Kollegen gemeinsam die folgende Liste von Tipps zusammengetragen, um Onlinemeetings wertvoller zu gestalten:

- **Meetings gut vorbereiten und sauber moderieren:** Onlinemeetings profitieren sehr von klarer Rollenverteilung und guter Vorbereitung. Das bedeutet, die Gastgeber- und Moderationsrollen noch mehr zu betonen, als man es in einem Präsenzmeeting tun würde. Zum Start eines Meetings sollte mindestens das zu erreichende Ziel feststehen, eine Struktur etabliert sein, die auf dieses Ziel hinführt, und eine Person die Moderationsrolle übernommen haben, die in unklaren Momenten das Rede- und Strukturierungsrecht übernimmt.
- **Sprechreihenfolge festlegen**: Wenn mehrere Menschen etwas sagen wollen, hilft es, eine ausdrückliche Reihenfolge festzulegen: „Okay, als nächstes Anna, dann Kai, dann Stefan."[240] Seinen Platz in der Reihenfolge zu kennen, entlastet mental – man weiß, man wird sich gleich zu Wort melden dürfen, also kann man sich auf das aktuell Gesagte konzentrieren und parallel den eigenen Wortbeitrag vorbereiten. Die meisten Videokonferenzwerkzeuge bieten eine „Hand heben"-Funktion, die bei mehreren Meldungen automatisch eine Reihenfolge bildet.
- **Den Ball weiterreichen:** Es ist nicht immer klar erkennbar, ob jemand fertig gesprochen hat oder nur eine kurze Pause macht, deshalb gehört es zum guten Ton, das Ende einer längeren Wortmeldung verbal zu markieren: „Punkt", oder „Das war's von mir". Für Check-ins, Check-outs und ähnliche Formate ist es üblich, als letzten Satz das Rederecht an jemand anderen abzugeben: „Ich gebe weiter an …"
- **Teilnehmende aktiv integrieren:** Gerade wenn Teilnehmende Kamera und Mikrofon abgeschaltet haben, ist es für die Gruppe schwierig, ihr Schweigen zu deuten oder zu erkennen, wenn sie sich zu Wort melden wollen. Der Rest des Teams kann sie gelegentlich in die Unterhaltung einladen: „Von dir haben wir noch nichts gehört, hast du etwas, das du sagen willst?" Natürlich gibt es keine Pflicht, etwas beizutragen. Allgemein gibt es in vielen Teams eine Erwartung, in Meetings die Kamera eingeschaltet zu lassen. Das hat wenig mit Kontrolle zu tun, es ist vielmehr so, dass ohne Kamerabild und mit stummgeschaltetem Ton jegliche Rückmeldung fehlt, ob man verstanden wurde oder auch nur die Verbindung noch steht. Für Menschen, die in Terminen viel sprechen, kann es eine unangenehme Erfahrung sein, große Teile der Zuhörer weder sehen noch hören zu können.
- **Eigene Beiträge vorbereiten:** Zu wissen, was man sagen möchte, und sich das in wenigen, einfachen Worten zurechtzulegen, hält nicht nur das Meeting kurz, es hilft auch den anderen beim Verständnis. In vielen Meetings habe ich parallel ein

240 Siehe Abschnitt „Einfache Moderationstechniken" ab Seite 255.

Notizdokument offen, in dem ich mir Stichpunkte, offene Fragen und teilweise sogar ausformulierte Sätze zurechtlegen kann.

- **Regelmäßig Pausen einplanen:** Noch mehr als in normalen Terminen müssen Online-Meetings regelmäßige Pausen anbieten – einmal pro Stunde zehn Minuten Auszeit sind einfach wichtig, um sich um körperliche Bedürfnisse kümmern zu können und die Konzentrationsfähigkeit hochzuhalten. Oft wird vergessen, dass Teammitglieder direkt vor oder nach dem Termin weitere Meetings haben können, weshalb ein (abgesprochener) späterer Start oder früheres Ende gern gesehen wird.
- **Schriftliche und visuelle Kanäle nutzen:** Redezeit ist in Onlinemeetings „heilig" und sollte nur mit unbedingt notwendigen Informationen gefüllt werden. Viele Themen lassen sich auch nebenbei schriftlich klären, ohne die aktuellen Sprecher dafür zu stören. Zum Beispiel können Teammitglieder schon während des Check-ins ihre Gesprächsthemen in einen Chat oder auf ein digitales Whiteboard schreiben. Informationen können dort geteilt werden, man kann in die Runde schreiben, dass man das Meeting früher verlassen muss oder es irgendwelche Besonderheiten gibt. Die organisatorischen Teile eines Meetings über einen anderen Kanal zu klären, hält die kostbare Redezeit für die Beschäftigung mit dem eigentlichen Thema frei.

Neben schriftlicher Kommunikation stehen dem Team auch die Kamerabilder als Kanal zur Verfügung. Zustimmung lässt sich mit erhobenem Daumen ausdrücken, Applaus wird in einigen Teams durch das Schütteln der erhobenen Hände ausgedrückt. Differenziertere Botschaften können durch beschriebene Zettel oder spezielle Interaktionskarten mitgeteilt werden, auf denen einfache Sätze wie „+1 – Sehe ich genauso!", „Ich kümmere mich darum" oder „Könnt ihr das separat klären?" stehen. Viele Videokonferenzwerkzeuge bieten Buttons an, die Standard-Reaktionen wie Applaus oder einen erhobenen Daumen für alle sichtbar einblenden.

- **Auf Besonderheiten hinweisen:** In einer Videokonferenz werden Meetingbeitritte, Austritte oder Verbindungsverluste nicht immer von allen bemerkt. Wer gerade spricht, kann deshalb ausdrücklich darauf hinweisen: „Ich sehe, Anna ist jetzt auch dabei, schön dass du da bist" oder „Ich glaube wir haben Klaus verloren" machen die geänderte Situation für alle transparent.

- **Headset verwenden:** Ein gutes Headset sorgt für alle Beteiligten für bessere Akustik und reduziert das Echo- und Rückkopplungsrisiko erheblich. Mit Funkkopfhörern lässt sich sogar beim Kaffeekochen in der Küche das Gespräch fortsetzen. Eine Ausnahme sind Situationen, in denen mehrere Teammitglieder aus dem gleichen Raum teilnehmen – andere gleichzeitig im Raum und im Headset sprechen zu hören ist unangenehm ablenkend. Meistens ist hier eine *Konferenzspinne* eine bessere Option.
- **Diszipliniert stummschalten:** Die Regel ist einfach – wer gerade nicht spricht, schaltet sich stumm, entweder in der Software oder direkt am Headset. Selbst wenn man das Schweigen perfektioniert hat, sind die Klimaanlage im Hintergrund, der Verkehrslärm vor dem Fenster oder der telefonierende Kollege am Nachbartisch Störungen, die man dem Team besser erspart.
- **Werkzeugbedienung beherrschen:** Mitten im Termin ist nicht der richtige Zeitpunkt, um herauszufinden, wie man die Meetingsoftware bedient. Den Bildschirm mit oder ohne Ton teilen zu können, zwischen verschiedenen Lautsprechern und Mikrofonen zu wechseln, spontan weitere Menschen zum Meeting hinzuzufügen oder ein für alle bearbeitbares gemeinsames Dokument anzulegen sind Dinge, die man für sich herausfinden und erlernen kann, um Teammeetings anschließend souveräner über die Bühne zu bringen.
- **Präsentationen vorbereiten:** Den Bildschirm zu teilen, bedeutet, andere quasi „über die eigene Schulter" schauen zu lassen. Das eigene Gerät für eine Präsentation vorzubereiten, heißt nicht nur, die vorzustellenden Inhalte parat zu haben, sondern auch Pop-up-Benachrichtigungen abzuschalten und alle Fenster zu schließen, die nicht zu sehen sein sollen. Versehentlich eingeblendete Downloadlisten, Browserverläufe, private E-Mails oder Chatnachrichten haben schon in einigen Meetings für unbeabsichtigte Unterhaltung gesorgt.
- **Selbsttest der eigenen Tonqualität durchführen:** Anders als in echten Meetings, wissen wir bei Online-Meetings meist nicht, wie wir für andere klingen. Sind wir laut oder leise? Sind Echos oder Atemgeräusche zu hören? Gibt das Mikrofon unsere Stimme eher natürlich oder eher verzerrt wieder? Mit einer „Sprachrekorder"-Funktion oder einem Testbutton der Meetingsoftware lässt sich das leicht testen und gegebenenfalls optimieren – oder man bittet eine Teamkollegin um einen kurzen Test und überprüft die Tonqualität gegenseitig.

Einige der anspruchsvollsten Onlinemeetings sind sogenannte *hybride* Meetings, in denen einige zusammen in einem Raum und andere digital teilnehmen. Bei schlechter Organisation zerfallen diese leicht in zwei Untergruppen: Präsenzteilnehmer, die versuchen, einen Präsenztermin mit gelegentlichen Störungen aus dem Lautsprecher durchzuführen, und Remote-Teilnehmer, die nur die Hälfte mitbekommen und sich als Teilnehmende zweiter Klasse fühlen. Allgemein gilt der Grundsatz: „Ist einer remote, sind alle remote" – oft ist es statt einem hybriden Meeting einfacher, wenn alle Beteiligten sich in unterschiedliche Räume zurückziehen und mit ihrem eigenen Headset an ihrem eigenen Gerät teilnehmen. Wenn das nicht möglich ist, helfen unter Umständen die folgenden Ideen:

- **Ein gemeinsamer Fokuspunkt für alle.** Das bedeutet beispielsweise, durch eine Kombination aus Projektor und geteiltem Bildschirm eine Situation zu schaffen, in der alle, Präsenz- und Remoteteilnehmende, auf die gleichen Inhalte schauen. Parallele Nebengespräche sind für Menschen, die nicht im Raum sind, oft sehr störend und machen es so gut wie unmöglich, dem Geschehen zu folgen, weshalb es für Präsenzteilnehmer etwas Disziplin braucht. Es wird auch schnell vergessen, dass Dinge, auf die im Raum mit dem Finger gezeigt wird, für nicht-Anwesende meistens nicht sichtbar sind. In hybriden Meetings sollte die *gesamte* Gruppe einen für alle eindeutigen, gemeinsamen Fokuspunkt haben.

- **Teilnehmende füreinander sichtbar machen.** Dazu gehört, Remote-Teilnehmende im Raum auf einem Bildschirm einzublenden und gleichzeitig eine Kamera so im Raum zu platzieren, dass die Gruppe und vor allem der Fokus des Geschehens remote zu sehen sind. Oft lässt sich das recht unkompliziert mit einem zusätzlichen Laptop erreichen, über eine angeschlossene Konferenzspinne ist der Ton oft zumindest akzeptabel. Alternativ können sich auch alle Präsenzteilnehmenden mit ihren eigenen Laptops einwählen, sodass über die persönlichen Kameras alle gut zu sehen sind. Um Rückkopplungen zu vermeiden, läuft der Ton am besten über einen der Anwesenden, während die übrigen konsequent sowohl Lautsprecher als auch Mikrofone stummgeschaltet halten.
- **Wortmeldungsfunktion nutzen.** Für Remote-Teilnehmende kann es schwierig sein, in einer engagiert geführten Präsenzdiskussion zu Wort zu kommen. Sich über die Meetingsoftware zu Wort zu melden, ist hier der beste Weg, setzt aber natürlich voraus, dass Präsenzteilnehmende diese auch im Blick behalten. In jedem Fall sollte der Ball regelmäßig aktiv zu den remote teilnehmenden Teammitgliedern gespielt werden: „Wie ist es bei euch dort draußen – wollt ihr dazu etwas sagen?"
- **Remote-Buddy etablieren.** Diese zusätzliche Rolle übernimmt im Auftrag der Gruppe die Verantwortung dafür, dass Remote-Teilnehmende vollwertig eingebunden sind. Dazu gehört unter anderem, ihren Input einzuholen und in die Diskussion zu integrieren, zu erklären, wenn etwas nicht verständlich war, für gute Ton- und Bildübertragung zu sorgen, die Kamera in Richtung der aktuell Sprechenden zu richten, und Remote-Teilnehmer in Kleingruppenarbeiten oder Breakout-Sessions zu integrieren.
- **Gemeinsame Arbeitsfläche nutzen.** Wenn von der Gruppe gemeinsam etwas erarbeitet werden soll, findet das am besten auf einem digitalen Whiteboard statt, das von allen gleichberechtigt genutzt werden kann. Müssen Ergebnisse real im Raum bearbeitet und festgehalten werden, braucht das für Remote-Teilnehmende zusätzliche Schritte. Über die Kamera sind Notizzettel oft nicht mehr zu entziffern, daher ist es notwendig, regelmäßig Fotos des Arbeitsstands über den Chat zu schicken. Umgekehrt gehört zu jeder Arbeitsphase dazu, Beiträge von Teammitgliedern aus der Videokonferenz aktiv einzusammeln und festzuhalten.

Insgesamt zeigt die Erfahrung vieler Teams in den letzten Jahren, dass sich auch in einem verteilen Set-up erfolgreich und produktiv zusammenarbeiten lässt, also es keine *grundsätzlichen* Gründe gegen diese Art der Zusammenarbeit gibt. Gleichzeitig muss ganz klar betont werden, dass verteilte Teams zusätzliche Probleme zu meistern haben, neben den normalen Herausforderungen, die Teamarbeit ohnehin mit sich bringt. Neben technischen Anforderungen und einem latenten Gefühl der Vereinzelung können auch Probleme intransparent bleiben und wenn, dann erst deutlich später auffallen. Konflikte entwickeln sich über Wochen unerkannt, oder Teammitglieder geraten mit ihren Aufgaben in Probleme, ohne dass es jemand mitbekommt. Nebenbei geht durch fehlende Interaktion das gemeinsame Verständnis von Prioritäten und Erwartungen über die Zeit immer wieder verloren und muss bewusst neu hergestellt werden. Spürbar wird das unter anderem daran, dass Meetings häufiger mit Strukturdiskussionen und dem latenten Wunsch nach mehr Verregelung gefüllt werden. Teams, die ein gemeinsames Verständnis und vertrauensvolle Beziehungen haben, brauchen nicht alles im Detail festzulegen. Der Wunsch nach mehr Struktur ist daher oft ein Indiz, dass es an anderer Stelle an gemeinsamen Vorstellungen fehlt.

Ein Stück weit lassen sich diese Probleme dadurch abfangen, dass das Team zusätzliche Termine für Smalltalk, Socializing und gemeinsame Orientierung plant und durchführt. Oft bessert sich die Situation jedoch erst spürbar mit dem nächsten gemeinsamen Präsenztermin.

7. Internationale Teams

Die Herausforderungen verteilter Teams steigen, wenn das Team über Landes- und Sprachgrenzen hinweg zusammenarbeitet. Auch wenn der erweiterte Pool an möglichen Teammitgliedern und der Zuwachs an Perspektiven für das Team attraktiv sein kann, wird das Schaffen eines gemeinsamen Verständnisses noch einmal schwieriger. Dabei rücken vor allem zwei zentrale Probleme in den Fokus: Teamalltag in einer Fremdsprache sowie kulturelle Unterschiede.

Natürlich ist es möglich, in einem Team beispielsweise auf Englisch zusammenzuarbeiten, selbst wenn es für keines der Teammitglieder die Muttersprache sein mag. Viele Teams stellen das jeden Tag, teilweise sehr erfolgreich, unter Beweis, ich selbst arbeite regelmäßig mit internationalen Teams auf Englisch zusammen. Die zusätzliche Sprachbarriere sollte aber ernst genommen werden, vor allem für Selbstorganisationsprozesse, in denen nuanciertes Verständnis teilweise sehr wichtig sein kann. Zu den normalen Möglichkeiten für „Anders-Verstehen" – Zuhören als aktivem Prozess, den vier Seiten einer Nachricht (siehe Seite 142) – kommen begrenztes Vokabular, aus der eigenen Muttersprache übertragene Metaphern und Redewendungen und unterschiedliche kulturelle Interpretation hinzu. Selbst in Teams, die sich als „englischsprachig" bezeichnen, gehen im Alltag regelmäßig Aussagen und Intentionen in der Übersetzung verloren. „Falsche Freunde" – ähnlich klingende Worte mit unterschiedlicher Bedeutung – tragen ihren Teil dazu bei. Dass „actual" nicht „aktuell", sondern „tatsächlich" bedeutet, eine „conception" wenig mit Konzepten, sondern mehr mit Schwangerschaft zu tun hat und „eventually" nicht mit „eventuell", sondern mit „früher oder später" übersetzt wird, muss man erst einmal wissen. Im Alltag führt das nicht unbedingt zu sichtbaren Problemen, es untergräbt aber das Vertrauen der Teammitglieder, mit den anderen wirklich ein gemeinsames Verständnis aufgebaut zu haben, und macht so zusätzliche Rückversicherung und stärkere Struktur notwendig.

Ein weiteres Problem entsteht dadurch, dass Unsicherheit in einer Fremdsprache das eigene Auftreten verändert. Es wird mehr über Fakten und weniger über Wahrnehmungen gesprochen, Erwartungen härter und eindeutiger ausgedrückt und sich mit möglicherweise missverständlichen Aussagen zurückgehalten. Sprachliche Unsicherheiten potenzieren die vorhandenen Kommunikationsunschärfen und Gelegenheiten für Missverständnisse. Erfahrungsgemäß sind Teammitglieder sich dessen bewusst, und halten lieber Informationen zurück, als etwas zu sagen, das auf der anderen Seite komplett falsch ankommen könnte. In klassisch geprägten, sternförmig kommunizierenden Projektstrukturen, in denen sich die Gespräche vor allem um Aufgaben, fachliche Entscheidungen und Ergebnisse drehen, sind diese Einschränkungen beherrschbar. In einem hochgradig sozialen Umfeld, in dem es teilweise darauf ankommt, die eigenen Erwartungen und Gefühle sehr nuanciert und kontextbezogen äußern zu können, sind fehlende Sprachkenntnisse definitiv eine Hürde.

Für selbstorganisierte, fremdsprachliche Teams bedeutet das, all diejenigen Hilfsmittel besonders zu betonen, die das gemeinsame Verständnis fördern können: Meta-Kommunikation, Aufbau vertrauensvoller Beziehungen, persönliche Gespräche, einfache Aussagen, Rückversicherung, Paraphrasierung. Teammitgliedern, die sich besonders schwertun, kann ein Sprachkurs helfen. Inhalte zu visualisieren hilft ebenfalls – Bilder transportieren Botschaften auch über Sprachgrenzen hinweg.

Eine besondere Herausforderung stellt sich dann, wenn ein erstes fremdsprachliches Teammitglied einem bisher beispielsweise deutschsprachigen Team beitritt. Auf einen Schlag muss sämtliche Kommunikation auf Englisch stattfinden, auch in der Zusammenarbeit mit Kunden, Stakeholdern und anderen Teams. Meistens wird der Übergang nicht konsequent vollzogen, sodass sich das neue Teammitglied mit nicht übersetzten Dokumenten oder unverständlichem Smalltalk in Meetings konfrontiert sieht. Dem Neuzugang wirklich das Gefühl zu geben, ein vollwertiger Teil der Gruppe, anstatt eine zusätzliche Bürde zu sein, erfordert bewusstes und diszipliniertes Handeln des gesamten Teams.

7.1 Kulturelle Unterschiede

Dass auch in der Arbeitswelt in anderen Ländern andere Sitten herrschen, gehört zum Allgemeinwissen. Diese kulturellen Unterschiede sind allerdings nicht immer konkret zu benennen und in der eigenen Arbeitsweise zu berücksichtigen. Zum Glück haben andere hier schon wichtige Grundlagenarbeit getan.

In ihrem Buch „The Culture Map“[241] fasst Erin Meyer, Professorin an der internationalen Wirtschaftshochschule INSEAD, die Unterschiede zwischen weltweiten Arbeitskulturen in acht übersichtlichen Dimensionen zusammen:

1. **Direktheit der Kommunikation.** Wie offen teilen Menschen ihre Erwartungen mit? In *direkten* beziehungsweise „kontextarmen“ Kommunikationskulturen neigen Menschen dazu, wortwörtlich zu sagen, was sie ausdrücken wollen, und Andeutungen als „umständlich“ und „unehrlich“ zu interpretieren. „Gute“ Kommunikation ist präzise, ehrlich und klar, Anfragen werden offen zu- oder abgesagt, vieles noch zusätzlich verschriftlicht.
   Indirekte („kontextreiche“) Kommunikation transportiert viele Informationen zwischen den Zeilen oder über die Gesprächssituation, aufmerksames Zuhören ist daher essenziell. „Gute“ Kommunikation ist vielschichtig, nuanciert und empathisch, ein „Nein“ wird oft nur angedeutet, Verschriftlichung von Aufgaben kann als mangeln-

[241] Auf Deutsch erschienen als Meyer, Erin (2018). *Die Culture Map: Verstehen, wie Menschen verschiedener Kulturen denken, führen und etwas erreichen.* Wiley.

des Vertrauen oder Mikromanagement verstanden werden. Direkte Anfragen abzulehnen kann in diesen Kulturen unangenehm sein, oft wird eher angedeutet, warum eine Aufgabe schwierig zu erfüllen sein könnte.

2. **Direktheit von Kritik.** Kritik ist ein besonders sensibles Thema und wird von Kultur zu Kultur sehr unterschiedlich gehandhabt. In *kritikaffinen* Arbeitskulturen wird offen ausgesprochen, was einem nicht gefällt: „Die zweite Hälfte deines Dokuments ist noch relativ schwach." Es wird dabei die Sache, nicht der Mensch kritisiert, und Kritik kann als Ermunterung gelesen werden: Ich weiß, dass du es besser kannst! In *kritikaversen* Arbeitskulturen wird negatives Feedback eher durch Weglassen transportiert: „Die erste Hälfte deines Dokuments gefällt mir schon sehr gut." Offen kritisiert zu werden wird als Gesichtsverlust interpretiert, vor allem wenn es vor einer Gruppe geschieht.
   Interessanterweise bedeutet direkte allgemeine Kommunikation nicht unbedingt, dass auch mit negativen Rückmeldungen offen umgegangen wird. Erin Meyer nennt als Beispiel die USA, in denen allgemein sehr direkt miteinander gesprochen, Kritik dagegen sorgfältig in Komplimente (das „Feedback-Sandwich") verpackt wird.
3. **Argumentation über Prinzipien, Anwendung oder Zusammenhänge.** Die Art, wie wir andere Menschen zu überzeugen versuchen, unterscheidet sich je nach Herkunft enorm. Besonders weit liegen hier europäische und nordamerikanische Arbeitskulturen auseinander – leicht zu erkennen, wenn man Fachbücher oder Vorträge der beiden Regionen im Vergleich betrachtet. *Prinzipienbasierte* Argumentation beginnt typischerweise mit wenigen, offensichtlichen Grundsätzen, und leitet davon in einer schlüssigen Argumentation nach und nach die entscheidenden Erkenntnisse ab. Die Anwendung auf konkrete Praxisfälle folgt erst gegen Ende.
   Menschen aus *anwendungsorientierten* Arbeitskulturen verlieren in diesen „theoretischen" Argumentationen schnell das Interesse. Sie interessieren sich für konkrete Beispiele und das, was man aus ihnen lernen kann. *„Get to the point"* ist ein wichtiger Grundsatz – wichtig ist das jetzt, hier und heute. Philosophische Diskussionen werden vermieden, es wird von Einzelfällen ausgehend verallgemeinert – ein Ansatz, der auf prinzipienorientiert geprägte Menschen naiv und kurzsichtig wirken kann.
   Eine dritte, vor allem für asiatische Länder typische Form besteht schließlich darin, ausführlich den Kontext einer Entscheidung oder Handlung zu beleuchten. In einer von Erin Meyer als *„holistisch"* bezeichneten Argumentation werden Rahmenbedingungen, Einflussfaktoren und mögliche Effekte im Detail besprochen, teilweise in längeren Monologen. Was für Menschen aus der gleichen Arbeitskultur Gründlichkeit und Situationsverständnis ausdrückt, kann bei anderen Arbeitskulturen die Frage aufwerfen, was all diese Informationen mit der eigentlichen Fragestellung zu tun haben.
   Die unterschiedlichen Denkweisen spiegeln sich auf interessante Weise in unterschiedlichen Aspekten des täglichen Lebens wider, etwa bei der Frage, ob bei Namen zuerst der Rufname oder der Familienname genannt werden, oder in der Tatsache, dass US-amerikanische Adressen mit der Hausnummer, viele asiatische dagegen mit Land und/oder Provinz zuerst geschrieben werden.
4. **Egalitäre oder hierarchische Führung.** Wie viel Respekt steht jemandem aufgrund einer Leitungsrolle zu? Wie akzeptabel ist es, bei der Kommunikation Hierarchieebenen zu überspringen? Wie wichtig und akzeptiert ist das Zurschaustellen von Statussymbolen? Arbeitskulturen unterscheiden sich hier teilweise erheblich.

Ein *egalitäres* Arbeitsverständnis, wie es zum Beispiel für skandinavische Länder typisch ist, betrachtet „Chefsein" als Sonderaufgabe unter ansonsten im Wesentlichen gleichrangigen Menschen. Es wird von Vorgesetzten erwartet, als Teil des Teams aufzutreten und auf Augenhöhe mit ihren Mitarbeitenden umzugehen. Es wird ein Ideal gleicher Rechte und Pflichten angestrebt und in der Organisation teilweise kreuz und quer über Hierarchieebenen hinweg miteinander gesprochen. Vorgesetzte von anderen in einer E-Mail auf Kopie zu setzen, also „die Chefs zu involvieren", kann als Zeichen von Misstrauen gedeutet werden.
Hierarchisch geprägte Arbeitskulturen sind beispielsweise in afrikanischen, asiatischen, aber auch lateinamerikanischen Ländern und in Russland zu finden. Führung ist hier asymmetrisch: Vorgesetzte treffen Entscheidungen und weisen andere an, tragen aber auch Verantwortung für ihre Untergebenen. Zwischen sehr unterschiedlichen Hierarchieebenen direkt zu kommunizieren ist eine Missachtung der sozialen Ordnung und brüskiert diejenigen, deren Verantwortungsbereich dadurch verletzt wird. Vorgesetzte von anderen in einer E-Mail auf Kopie zu setzen kann daher eine wichtige Geste des Respekts sein: „Ich erkenne an, dass ich deinen Verantwortungsbereich betrete, und möchte, dass du über das, was passiert, im Bilde bist."

5. **Entscheidungsfindung durch Einzelne, oder durch das Kollektiv.** Die Bedeutung von Entscheidungen und die Frage, wer in sie involviert wird, ist sehr von der lokalen Arbeitskultur und den Traditionen des jeweiligen Landes abhängig. Es gibt einen allgemeinen, aber nicht unbedingt zwingenden Zusammenhang mit der Bedeutung von Hierarchie: *generell* neigen hierarchisch geprägte Arbeitskulturen eher zu *Entscheidungen durch Einzelne*, egalitäre Arbeitskulturen eher zu *Konsensentscheidungen* in der Gruppe. Es gibt aber Ausnahmen. Deutschland etwa zeigt allgemein eine recht hierarchische Arbeitsweise, es gehört aber zum guten Ton, alle von einer Entscheidung Betroffenen zu involvieren und einen allgemeinen Konsens zu etablieren, auch wenn das relativ lange dauert. Die USA pflegen einen kollegialen Umgang miteinander, Entscheidungen werden allerdings stark von oben nach unten vorgegeben. Sowohl Japan als auch China sind hierarchische Kulturen, in Japan ist es aber üblich, Entscheidungen durch intensive Vorarbeit der Gruppe vorzubereiten, während in chinesischen Organisationen eher Entscheidungen von oben herab üblich sind.
Als Konsequenz dieser Unterschiede haben Entscheidungen insgesamt einen anderen Stellenwert: In konsensorientierten Kulturen wie der deutschen kann es sehr lange dauern, eine für alle akzeptable Einigung zu erreichen, daher wird an einmal getroffenen Entscheidungen lange und beharrlich festgehalten. Entscheidungen durch Vorgesetzte oder Fachexperten, wie z.B. in den USA üblich, sind schnell getroffen, müssen aber anschließend oft noch mehrmals korrigiert werden. Wenn diese unterschiedlichen Entscheidungsstile in der Zusammenarbeit nicht transparent gemacht und besprochen werden, bieten sie in der internationalen Zusammenarbeit erhebliches Konfliktpotenzial.
6. **Aufgabenorientiertes oder beziehungsorientiertes Vertrauen.** Auch die Frage, wie arbeitsbezogen Vertrauen verstanden und aufgebaut wird, wird kulturabhängig unterschiedlich beantwortet. Westeuropa und Nordamerika denken Vertrauen sehr stark *entlang von Aufgaben*: Man traut anderen bestimmte Leistungen und Wertbeiträge zu, oder eben nicht. Arbeitsbeziehungen sind flexibel und sehr von gegenseitiger Zuverlässigkeit abhängig. Afrikanische, asiatische, lateinamerikanische, aber eingeschränkt auch südeuropäische Kulturen machen Arbeitsbeziehungen dagegen

deutlich stärker von *persönlichen Beziehungen* abhängig. Geschäfte kommen teilweise nur zustande, wenn gemeinsame Bekannte vorher den Kontakt hergestellt haben, man nimmt sich viel Zeit für gegenseitiges Kennenlernen, Mahlzeiten, Getränke und Smalltalk. Ist eine stabile Arbeitsbeziehung einmal aufgebaut, kann sie über viele Jahre Bestand haben.
Die ausgedehnte soziale Seite des Kennenlernens hat dabei nicht unbedingt nur etwas mit Geselligkeit zu tun. Erin Meyer hält fest, dass aufgabenorientiertes Vertrauen vor allem in Gesellschaften zu finden ist, die eine lange Tradition stabiler Institutionen und rechtsstaatlicher Mechanismen haben, wo man sich also die Zusammenarbeit mit häufig wechselnden Partnern deshalb leisten kann, weil es mächtige Werkzeuge zum Durchsetzen getroffener Vereinbarungen gibt. Ohne diese Mechanismen sind Menschen darauf angewiesen, jeden ihrer Geschäftspartner ausführlich kennenzulernen: Ist dieser Mensch vertrauenswürdig, kann ich mich auf ihn oder sie ganz persönlich verlassen? Arbeitsbeziehung und persönliche Beziehung sind oft das gleiche, über die Jahre bildet sich ein eingeschworener Kreis aus Kontakten, auf die man zählen kann. Teil einer solchen Gemeinschaft zu werden, dauert einfach seine Zeit.

7. **Konfliktfreudigkeit oder Konfliktvermeidung.** Bei dieser kulturellen Dimension geht es primär darum, wie Widerspruch im kollektiven Verständnis verstanden wird. *Konfrontative* Kulturen – dazu gehören vor allem Deutschland und Frankreich, aber auch Israel oder Russland – sehen eine engagierte Diskussion als Weg, um das eigene Sachverständnis zu schärfen und als Team zu möglichst guten Lösungen zu gelangen. Es werden Meinungen und Argumente angegriffen, nicht Personen, und teilweise vertreten Menschen bewusst gegenteilige Standpunkte, um das Gespräch interessanter zu machen.
   Für *harmonieorientierte* Kulturen – etwa Thailand und Indonesien, aber auch arabische Länder – ist die Idee, verbale Konflikte zum Spaß auszutragen, eher fremd. In der Zusammenarbeit wird vor allem Wert darauf gelegt, dass alle Beteiligten das Gesicht wahren können. Dazu gehört, den Ansichten der anderen nicht offen zu widersprechen, vor allem nicht öffentlich. Offener Widerspruch stellt Qualifikation oder Status eines Menschen infrage, daher wird im Allgemeinen eher ein fehlerhaftes Argument stehengelassen, als über eine Diskussion die Beziehung zu gefährden.
   Es ist wichtig, dass Widerspruch nicht das gleiche wie Emotionalität, Harmonie nicht das gleiche wie Ruhe ist. Arabische und indische Menschen können im täglichen Umgang überraschend emotional wirken, halten sich aber mit offener Konfrontation eher zurück. Deutsche und Niederländer dagegen werden international als sachlich, aber sehr diskussionsfreudig wahrgenommen.
8. **Lineare oder flexible Zeitwahrnehmung.** Bei der letzten Kulturdimension geht es um Zeitwahrnehmung, Strukturiertheit und die Bedeutung von Pünktlichkeit. Wenig überraschend bilden Deutschland und die Schweiz das eine, „*lineare*" Extrem auf der Skala: Zeit wird in Sekunden und Minuten gerechnet, Pläne werden detailliert aufgestellt und sequenziell abgearbeitet, Termine und Deadlines haben große Bedeutung, Pünktlichkeit und Zuverlässigkeit sind wichtiger als Flexibilität.
   Klar ist, dass ein solches Zeitregiment in „*flexiblen*" Gesellschaften, in denen schon die Fortbewegung von A nach B diversen Unwägbarkeiten unterworfen ist, nicht funktionieren würde. Den Alltag zu meistern, erfordert hier nicht Struktur, sondern Improvisationstalent – und ob man die Arbeit nun um acht, viertel nach acht oder

halb neun beginnt, spielt nun wirklich keine besonders große Rolle. Das kann es für andere schwierig machen, die Verbindlichkeit von Terminen und Zeiten einzuschätzen. Vor allem Worte wie „gleich" oder „bald" können kulturell sehr unterschiedlich aufgeladen sein und von „in den nächsten sechzig Sekunden" bis zu „in den nächsten Tagen" so ziemlich alles bedeuten.

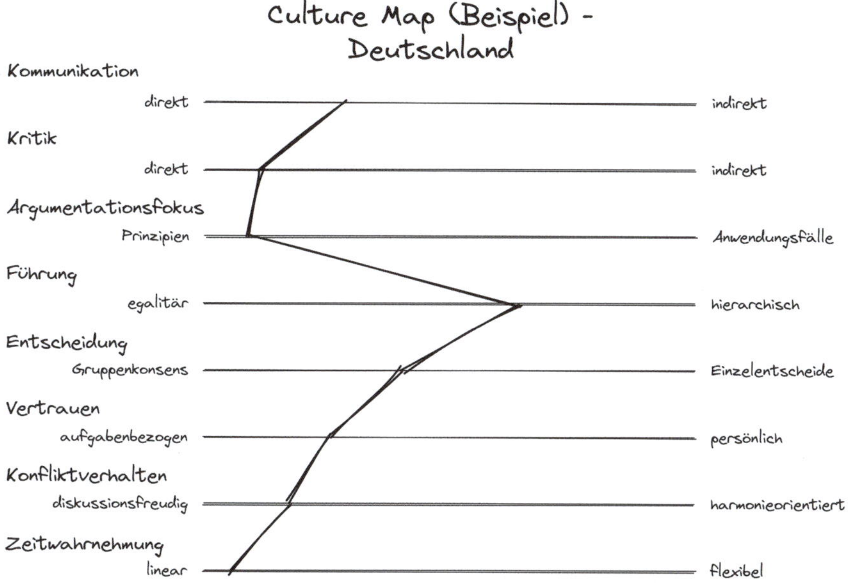

Erin Meyer betont, dass für die praktische Arbeit mit der Culture Map vor allem *relative* kulturelle Unterschiede entscheidend sind. Das gleiche Verhalten kann aus verschiedenen Kulturen betrachtet sehr unterschiedlich verstanden werden. US-amerikanisches Auftreten kann für in Westeuropa sozialisierte Menschen beispielsweise oberflächlich und unehrlich wirken, für den Rest der Welt dagegen unangenehm direkt und auf den Punkt. Es gibt dabei natürlich keine „besseren" und „schlechteren" Arbeitskulturen, Menschen arbeiten einfach so, wie sie es gewohnt sind, und das eigene Verhalten kommt uns immer „normal" vor. Erin Meyer schlägt vor, dass Teams am besten eine eigene Arbeitskultur etablieren, die einen Kompromiss zwischen den Gewohnheiten und Routinen der Teammitglieder darstellt. Die Culture Map kann dabei helfen, die Unterschiede zwischen Erwartungen bewusst zu machen und Mittelwege zu finden.

Es gibt eine Ausnahme vom Grundsatz, dass kulturelles „aufeinander zugehen" der beste Weg ist: die Frage direkter oder indirekter Kommunikation. Da indirekte Kommunikationsstile sehr auf das Verständnis lokaler Kulturen und Traditionen angewiesen sind, sind Aussagen für Fremde nur schwer richtig zu interpretieren. Insbesondere kommt es zu erheblichen Übersetzungsschwierigkeiten, wenn zwei Teammitglieder aus unterschiedlichen indirekten Kommunikationskulturen aufeinandertreffen: beide sind es gewohnt, Botschaften über Andeutungen und subtile Hinweise zu transportieren, interpretieren Aussagen aber jeweils unterschiedlich und die resultierenden Missverständnisse sind über indirekte Kommunikation kaum aufzulösen. Erin Meyer vertritt hier die These, dass im Zweifelsfall direkte Kommunikation mit eindeutigen Aussagen und klaren Erwartungen immer die bessere Option ist, selbst wenn sich dieser Stil für manche Teammitglieder anfangs unangenehm anfühlen kann:

> *„Es gibt nur eine einfache Strategie, die man sich merken sollte: Multikulturelle Teams brauchen kontextarme Prozesse."*[242]

Abschließend darf an dieser Stelle einmal festgehalten werden, dass *dieses* Buch vor allem westeuropäische und nordamerikanische Vorstellungen von Zusammenarbeit vertritt. Schon die Idee eines selbstorganisierten Teams ohne Anführer ist eine, die in westlichen Gesellschaften stärker anschlussfähig ist als anderswo. Viele der von uns besprochenen Grundsätze sind in der Culture Map als „typisch deutsch" erkennbar: Erwartungen klar zu formulieren, Probleme direkt anzusprechen, Entscheidungen in der Gruppe zu treffen, Vertrauen auf Zuverlässigkeit zu bauen, anstatt auf persönliche Sympathie. Selbst der Aufbau dieses Buchs – erst allgemeine Überlegungen anzustellen, um sie dann auf mögliche Praxissituationen anzuwenden – passt in das bei uns übliche kulturelle Schema. Es wäre auch seltsam, wenn es anders wäre, schließlich muss die Frage, wie Zusammenarbeit zwischen Menschen funktioniert, immer kultur- und kontextbezogen beantwortet werden. All das bedeutet allerdings, dass sich die Inhalte dieses Buchs eventuell nur eingeschränkt in anderen Teilen der Welt anwenden lassen. Wenn ihr es ausprobiert, wäre ich sehr an euren Erfahrungen interessiert.

7.2 Wahrnehmbare Machtgefälle

Ein ebenfalls wichtiges Thema sind mögliche Machtgefälle, die sich aus strukturellen Unterschieden in der internationalen Zusammenarbeit ergeben. Als Mitteleuropäer sind wir häufig die privilegierteren, besser bezahlten, einflussreicheren und dem Hauptstandort der Organisation näheren Teammitglieder. Wie mit allen Privilegien ist es leicht, sie zu übersehen, wenn man sie hat – unseren Kolleginnen und Kollegen aus anderen Regionen der Welt dagegen können die Unterschiede sehr bewusst sein. Behutsames und respektvolles Auftreten ist hier besonders wichtig.

Vor einigen Jahren war ich in einer leitenden Rolle für ein internationales IT-Projekt über sechs Standorte, einer davon in Serbien. Da es mir und einigen weiteren Teammitgliedern sehr wichtig war, eine offene und kollegiale Zusammenarbeit aufzubauen, flogen wir kurz nach Projektstart für einige Tage nach Belgrad, um die Menschen dort persönlich kennenzulernen. Es war uns klar, dass wir aufgrund unserer Rolle, unseres Status als Westeuropäer und auch unserer Gehaltsunterschiede nicht ohne weiteres „auf Augenhöhe" gesehen werden würden, auch wenn das unser Anliegen war.

Die Versuchung war groß, die wenigen Tage mit allen möglichen Meetings, Briefings und Informationsabfragen zu füllen, um sie „möglichst gut zu nutzen", aber wir widerstanden ihr. Derart über den Terminkalender unserer Teamkolleginnen und -kollegen zu verfügen, wäre eine Machtdemonstration gewesen, die das Gegenteil der beabsichtigten Wirkung erreicht hätte. Stattdessen kamen wir in der Niederlassung an, lernten einander kennen, und erklärten dann, dass wir kein besonderes Programm

[242] Meyer, Erin (2014): *The Culture Map*. Public Affairs. S. 55 (Übersetzung des Autors).

geplant hätten und einfach so arbeiten würden wie sonst, nur eben von ihrem Standort aus. Etwas Überraschung war spürbar, aber man arrangierte sich und ging zum Alltag über. Die nächsten drei Tage waren zunehmend von inoffiziellen Gesprächen, gemeinsamen Essens- und Kaffeepausen und erster Zusammenarbeit geprägt, und man konnte spüren, wie sich die gegenseitige Wahrnehmung normalisierte: Hey, das sind ja ganz normale Menschen, man versteht sich, man kann offen miteinander reden, und beide Seiten respektieren, dass man Aufgaben zu erledigen hat.

Das Team hatte in den nächsten Monaten teilweise erhebliche Schwierigkeiten zu bewältigen, aber es war auffällig, wie gleichberechtigt und fachlich-fokussiert die Zusammenarbeit im Vergleich zu benachbarten Projekten verlief, und wie sehr sich das Team einfach wie ein Team anfühlte.

7.3 Zeitzonen

Ein letzter wichtiger Punkt betrifft, ganz banal, die zeitlichen Unterschiede zwischen den Arbeitstagen internationaler Teammitglieder. Im Grunde sollten uns diese bewusst sein, ich bin aber regelmäßig überrascht, wie leicht sie vergessen werden. Vor allem leichte Unterschiede – Finnland, Großbritannien, Portugal, Griechenland liegen beispielsweise nicht in der gleichen Zeitzone wie Deutschland, Österreich oder die Schweiz – erzeugen kleine, aber hartnäckige Probleme in der Zusammenarbeit. Für uns mag ein Termin um 8:30 kein Problem sein, bringt aber in Großbritannien (7:30) den morgendlichen Ablauf der Familie durcheinander. Eine Mittagspause um 13 Uhr oder Feierabend um 19 Uhr können für uns kein Problem sein, aber für osteuropäische Teammitglieder (14 Uhr bzw. 20 Uhr) eine Herausforderung darstellen. Bei größeren zeitlichen Unterschieden ist das Bewusstsein in der Regel größer, dafür wird die gemeinsame Terminfindung schwierig, da die Schnittmenge der jeweiligen Arbeitszeiten schrumpft. Gegenseitiges Situationsbewusstsein und eine bewusste Einwandintegration bei Terminentscheidungen helfen, die Zusammenarbeit so zu organisieren, dass sie in die Lebensumstände aller Teammitglieder integrierbar bleibt.

Wie kann das Team all das anwenden?

Ein zentrales Dilemma internationaler Zusammenarbeit ist: Je unterschiedlicher wir kulturell sozialisiert sind, desto wichtiger ist eine gewisse Direktheit im Umgang (um nicht missverstanden zu werden), aber desto wahrscheinlicher ist es gleichzeitig, dass diese Direktheit für Irritation sorgen wird. Der Ausweg führt über Metakommunikation: Warum sagen wir Dinge so deutlich, warum bestehen wir auf schriftlichen Zusammenfassungen? Ist es, um gemeinsam mögliche Missverständnisse aufzudecken, oder unterstellen wir den anderen, schwer von Begriff zu sein?

Allgemein ist es auf den meisten Kulturdimensionen eine gute Idee, eher zur Mitte zu tendieren. Für kontextarme Kulturen wie die unsere bedeutet das, den Rahmenbedingungen und unterschwelligen Andeutungen unserer Gespräche mehr Aufmerksamkeit zu schenken. Es mag für uns wenig Bedeutung haben, ob eine Aussage im Büro der Führungskraft, im Teammeeting oder unter vier Augen beim Mittagessen fällt, andere Menschen in unserem Team können auf diese Aspekte jedoch sensibel reagieren. Bei

Unsicherheit hilft, dass Bescheidenheit und höfliches Nachfragen in so gut wie allen Kulturen gut funktionieren: „Entschuldigung, ich habe wenig Erfahrung in der Zusammenarbeit mit (…). Wie darf ich deine Aussage verstehen?"

Je größer die kulturellen Unterschiede im Team sind, desto mehr kann es helfen, Entscheidungen nicht immer in der großen Runde zu suchen. Themengruppen oder konsultative Einzelentscheide sind oft ebenso gut in der Lage, die unterschiedlichen Blickwinkel zu nutzen, ohne dabei die kulturellen Unterschiede immer mitverhandeln zu müssen. Für Arbeitskulturen, in denen Ansehen und Gesichtsverlust wichtige Konzepte sind, reduzieren kleinere Gesprächsrunden auch den Druck.

Besonders wertvoll können „Brückenbauer" sein, also Teammitglieder, die durch internationale Arbeit Erfahrung in mehreren Kulturen sammeln konnten. Diese haben ein gutes Auge für Missverständnisse und unterschwellige Irritation und können im Konfliktfall vermitteln. Über die Zeit sollte das Team über Austausch und bewussten Erwartungsabgleich eine eigene Arbeitskultur etablieren, in der sich alle Teammitglieder wohlfühlen können.

Ansonsten sind Freiwilligkeit, attraktive Aufgaben und einfache, nachvollziehbare Strukturen weiterhin Elemente, die auch in sehr unterschiedlichen Kulturen anschlussfähig sind. Die Leiterin eines kommunal geförderten Integrationsprojekts hat mir gegenüber ihr Erfolgsrezept so zusammengefasst:

„Wir arbeiten mit 30 Familien aus 13 Nationen zusammen. Unsere Zusammenarbeit funktioniert gut, weil wir eine ganz einfache Abmachung haben: Mitmachen ist freiwillig, du darfst dich einbringen – aber es gibt ein paar wenige Ziele und Regeln, die wir festgelegt haben, und die gelten für alle. Niemand wird gezwungen, im Projekt mitzuarbeiten, aber wenn man mitarbeiten möchte, muss man sich an die Regeln der Gemeinschaft halten. Und natürlich funktioniert das nur, solange das Projekt für Menschen attraktiv ist, solange die Leute darin etwas sehen, was sie anspricht und für das sie sich engagieren wollen."

8. Teamfinanzen

Für die überwiegende Mehrheit aller Teams ist es notwendig, im Rahmen der normalen Arbeit zumindest hin und wieder Geld ausgeben und Einkäufe tätigen zu müssen. Da das Team für seine Arbeit und Entscheidungen selbst verantwortlich ist, gehört auch das Treffen finanzieller Entscheidungen in den Aufgabenbereich des Teams. Nebenbei wäre es für produktives Arbeiten viel zu langsam, jede Ausgabe durch externe Personen mühsam freigeben lassen zu müssen.

Gemeinsame Verantwortung über die Teamfinanzen ist leichter gesagt als getan. Das Risiko für Missbrauch ist höher als beispielsweise in der Arbeitsverwaltung, und schon der Verdacht von Untreue oder Diebstahl kann die Arbeitsbeziehungen im Team dauerhaft beschädigen. Vollständige Transparenz und gemeinsame Kontrolle über sämtliche Ausgaben und Einnahmen ist deshalb im selbstorganisierten Team essenziell.

8.1 Vor- und Nachteile von Budgets

In klassischen Organisationen sind Teammitglieder es oft gewohnt, im Rahmen feststehender Budgets zu arbeiten, die meistens auf Jahresbasis beantragt und freigegeben werden. Budgets sind deshalb auch für die Finanzplanung innerhalb des Teams für viele ein naheliegender Mechanismus. Es gibt Gründe, die für sie sprechen – Teammitglieder können sich beispielsweise vom Team eine bestimmte Summe für die Bearbeitung eines Themas zuteilen lassen, innerhalb derer sie anschließend eigenverantwortlich entscheiden können.

Leider bringen Budgets auch Nachteile mit sich. Ihre Beantragung und Freigabe verlaufen teilweise über irritierend umständliche, teure und langwierige Prozesse – ich habe mit Teams gearbeitet, von denen erwartet wurde, bereits im Sommer eines Jahres eine detaillierte finanzielle Planung des kompletten Folgejahres abzuliefern, ohne zu diesem Zeitpunkt überhaupt zu wissen, ob es das Team und seine Aufgaben in der aktuellen Form dann überhaupt noch geben würde. Budgets schaffen Anreize, sämtliches zur Verfügung stehendes Geld auszugeben, unabhängig davon, ob das für das Team oder die Organisation sinnvoll ist. Auch wenn sie meist als Kosten*obergrenze* betrachtet werden, stellen sie in der Realität nicht selten eine Kosten*untergrenze* dar, inklusive skurriler Phänomene wie das Ablehnen von Versuchen, nicht ausgegebene Mittel der Organisation wieder zur Verfügung stellen zu wollen.

Harte Budgetgrenzen geraten leicht in Widersprüche mit der sich ändernden Realität und produzieren dann dysfunktionales Verhalten. Besonders offenkundig sind die Probleme bei Reisekostenrichtlinien, die in der Praxis langwierige Verbindungen und zusätzliche Kosten provozieren, etwa, weil ein günstigeres, weiter entferntes Hotel gewählt werden muss, auch wenn das eine zusätzliche teure Taxifahrt erforderlich macht.[243] Ganz allgemein wirkt umfangreiche Budgetplanung mit Jahresplänen in einem Umfeld, in der es für das Überleben von Teams und Organisationen auf schnelles Reagieren und situationsangepasste Entscheidungen ankommt, irgendwie aus der Zeit gefallen. Mit meinem Verständnis von unternehmerischem Denken und Handeln hat all das wenig zu tun. Besser wäre es, wenn das Team einen Weg findet, Geld dann auszugeben, wenn es notwendig und sinnvoll erscheint, und sich dabei die Entscheidungen so lange wie möglich offenzuhalten.

8.2 Beyond Budgeting

Die Frage, wie Organisationen insgesamt ohne Budgetierungsprozesse arbeiten können, ist für sich genommen enorm spannend. Etliche große Unternehmen, wie etwa die schwedische *Handelsbanken* oder mehrere norwegische Industriekonzerne, haben unter dem Begriff *Beyond Budgeting* Pionierarbeit geleistet und gezeigt, dass es durchaus möglich ist, Organisationen mit über 10.000 Mitarbeitenden erfolgreich ohne Budgets

243 Mein „Highlight" war eine Situation, in der ich persönlich ein günstiges Hotel nahe am Veranstaltungsort nicht buchen durfte, weil es vier Sterne hatte – Vier-Sterne-Hotels waren laut Richtlinie nur für höhere Führungskräfte zugelassen.

und entsprechende Planungsprozesse zu betreiben.[244] In Teams ist die Umsetzung entsprechender Ideen deutlich einfacher, da die Gruppe klein genug ist, um persönliches Vertrauen aufzubauen, die Gesamtsituation im Blick zu behalten und gemeinsam Entscheidungen zu treffen.

Das zu lösende Problem ist schnell umrissen: Wenn das Team keine Budgets nutzt, steht im Grunde jede Ausgabenentscheidung unter Vorbehalt der gesamten Gruppe – viele alltägliche Ausgaben sind aber so trivial, dass es sich nicht lohnt, gemeinsame Arbeitszeit für ihre Entscheidung zu verwenden. Eine einfache Lösung besteht in der gemeinsamen Definition von *Ausgabenkategorien*:

- Die *Indifferenzzone* stellt die unterste Kategorie dar und sammelt Ausgaben, die so trivial oder offensichtlich sind, dass sich das Team mit ihnen nicht beschäftigen will. Teammitglieder können innerhalb der Indifferenzzone nach eigenem Ermessen Ausgaben tätigen oder Dinge einkaufen, ohne das Team darüber informieren zu müssen. Hierzu könnte beispielsweise neuer Kaffee für die Büroküche, ein Satz Kugelschreiber oder Ähnliches gehören. Auch Reisekosten für vereinbarte Reisen gehören (im normal erwartbaren Rahmen) dazu: Wenn Teammitglieder auf eine Weiterbildung fahren, versteht es sich von selbst, dass dazu ein Zugticket und eine Unterkunft notwendig werden. Notwendiges Material im Rahmen von Kundenprojekten oder offiziell übernommenen Aufgaben fällt ebenfalls in die Indifferenzzone. Auch wenn Ausgaben aus dieser Kategorie nicht offiziell mitgeteilt werden müssen, werden sie in der Kostenübersicht des Teams weiterhin erfasst, damit sich Geldflüsse später eindeutig nachvollziehen lassen.
- Die *Transparenzzone* fasst Beträge zusammen, die für das Team eine spürbare Größe haben, aber bei denen die Wahrscheinlichkeit für Zustimmung hoch ist. Hierzu gehören etwa der Austausch defekter Geräte, Telefon- und andere Verträge, jährliche Abonnements, die Anschaffung notwendiger Technik und Software und ähnliche Themen. Teammitglieder dürfen Ausgaben im Rahmen der Transparenzzone nach eigenem Ermessen tätigen, müssen das aber gegenüber dem Team transparent machen, etwa indem es in einen dafür vorgesehenen Chatkanal geschrieben wird. Das Team kann vereinbaren, dass bestimmte Ausgaben im Vorfeld angekündigt werden müssen („Ich werde folgendes kaufen …"), um Teammitgliedern eine Möglichkeit für Einwände zu bieten, etwa damit etwas nicht versehentlich zwei Mal gekauft wird.
- Die *Investitionszone* umfasst sämtliche größeren und außergewöhnlichen Ausgaben, bei denen eigenmächtiges Handeln voraussichtlich auf Widerspruch stoßen würde. Ausgaben dieser Art werden im Team offiziell vorgeschlagen, besprochen und gemeinsam beschlossen. Das Teammitglied, welches die Ausgabe tätigen will, bereitet die für eine Entscheidung notwendigen Informationen übersichtlich auf und kann unter anderem darlegen, wie viel Geld genau benötigt wird, wofür es eingesetzt werden soll und welche Vorteile das Team daraus voraussichtlich ziehen wird.

[244] Eine ausführliche Schilderung der Ideen und Konsequenzen findet sich etwa bei Bogsnes, Bjarte (2016). *Implementing Beyond Budgeting* (2. Auflage). Wiley.

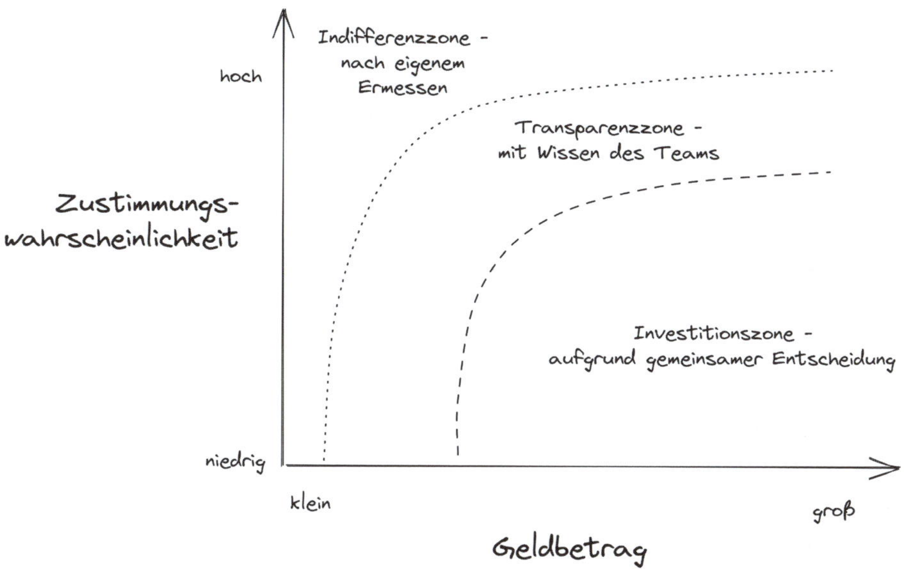

Die Zonen werden vom Team gemeinsam festgelegt und können sowohl über Geldbeträge („Ausgaben unter 150 Euro können eigenverantwortlich getätigt werden, müssen aber im Team transparent gemacht werden") als auch über andere Kriterien definiert werden („Ausgaben im Rahmen eines Kundenprojekts können Teammitglieder nach eigenem Ermessen tätigen, das Team muss nicht informiert werden").

8.3 Gehälter und Bonuszahlungen

Die Anzahl der Teams, die frei und gemeinschaftlich über Entlohnung und Beförderungen ihrer Teammitglieder entscheiden können, ist nach wie vor überschaubar, weshalb dieser Abschnitt etwas kürzer ausfällt. Es wäre für Teams grundsätzlich möglich, auch diese Aspekte ihrer Zusammenarbeit zu regeln, allerdings scheinen nur wenige überhaupt Interesse daran zu haben. Personalrechtliche Aspekte bleiben oft dauerhaft in der Verantwortung einer Führungskraft:

> *„Im Laufe der Gespräche wurde uns klar, dass hier die Grenze verläuft, was sich die Teams zutrauen und zumuten können. Personal und Gehaltsfragen gehören nicht dazu. Diese Fragen haben die Führungskräfte übernommen."*[245]

Teams, die über Gehälter selbst entscheiden, haben dabei immer mit Gerechtigkeitsfragen zu tun. Je komplizierter das Entlohnungssystem, desto mehr mögliche Anlässe für Ungerechtigkeitsempfinden lassen sich finden. Mein Beratungsteam bei Chili and Change definiert und entwickelt sein Gehalts- und Bonusmodell selbst, dabei achten wir vor allem auf drei Aspekte:

[245] Brinkmann, Babette & Schattenhofer, Karl (2022). *Erfolgreiche Teams in der Selbstorganisation.* Vahlen. S. 192.

- **Gehälter müssen die Verantwortungsverteilung im Team abbilden.** Das bedeutet, dass mehr Verantwortung, nicht notwendigerweise mehr Erfahrung, ein höheres Gehalt im Zweifelsfall rechtfertigt. Da ein selbstorganisiertes Team Verantwortung möglichst gleichmäßig verteilen und gemeinsam tragen möchte, sind einheitliche oder zumindest ähnliche Gehälter erfolgsversprechender als große Unterschiede.
- **Einfache Modelle sind besser als komplizierte.** Als Team standen wir mehrfach vor der Entscheidung, bestimmte Aspekte (Lebensumstände, Familie, Wohnort, Vorerfahrung?) in das Modell zu integrieren oder nicht, und haben uns immer wieder bewusst dagegen entschieden – ein Modell, welches grob, aber dafür sofort für alle nachvollziehbar ist, erscheint uns gegenüber komplizierten Berechnungsmodellen bisher wie die bessere Option.
- **Gehälter müssen hoch genug sein, um engagierte Mitarbeit möglich zu machen.** Das bedeutet, dass das Team (als Struktur) seinen Mitgliedern ein Angebot machen muss, welches ihre Lebenshaltungskosten so sicher und komfortabel deckt, dass Geld in ihrer Aufmerksamkeit keine große Rolle spielen muss.

Dieses Grundgehalt ist nicht die „Belohnung" für Leistung, sondern hat die Aufgabe, Teammitgliedern ihre Mitarbeit möglich zu machen (und kann auch so in Bewerbungsprozessen besprochen werden: „Was brauchst du, um bei uns mitmachen zu können?"). Die einzige Ausnahme ist kollektive Erfolgsbeteiligung: Sollte das Team oder die Gesamtorganisation finanzielle Überschüsse erwirtschaften, können und sollten diese an die Teammitglieder ausgeschüttet werden:

> *„Teams, die wie Unternehmer handeln, verdienen es, wie Unternehmer behandelt zu werden – und das bedeutet letztlich, dass sie an den finanziellen Erträgen ihrer Arbeit beteiligt werden."*[246]

Die Verteilung dieser Überschüsse erfolgt dabei entweder gleichmäßig oder anteilig zum Grundgehalt oder der Arbeitzeit (Teilzeitmitglieder bekommen anteilig weniger als Vollzeitmitglieder). Es gilt der Grundsatz, dass gemeinsame Erfolge belohnt werden, nicht individuelle Leistung. Das Team geht davon aus, dass seine Mitglieder sich freiwillig und bereitwillig engagieren und verzichtet daher auf leistungsabhängige Bonuszahlungen, individuelle Zielvereinbarungen oder ähnliche, auf Misstrauen basierende Anreizsysteme, die die gemeinschaftliche Verantwortung untergraben und das Gemeinschaftsgefüge stören würden:

> *„Eine Gehaltsstruktur, die Teamleistungen honorieren kann, stärkt die Teams, individuelle Bonus und Belohnungssysteme widersprechen der Idee der Selbstorganisation auf Teamebene."*[247]

Zweifel an diesem Modell werden gelegentlich mit dem Argument angeführt, dass es in manchen Teams einzelne Teammitglieder gäbe, die deutlich mehr zum Erfolg beitragen würden als andere. Sollte das so sein, ist das ein mögliches Problem innerhalb des Teams, welches vermutlich besser an der Wurzel angepackt und gelöst werden sollte, anstatt es auch noch über unterschiedliche Gehälter weiter zu zementieren. In Ausnah-

---

[246] Hackman, Richard (2002). *Leading Teams.* Harvard Business Review Press. S. 138 (Übersetzung des Autors).

[247] Brinkmann, Babette & Schattenhofer, Karl (2022). *Erfolgreiche Teams in der Selbstorganisation.* Vahlen. S. 205.

mesituationen haben auch wir als Team schon beschlossen, besondere Anerkennungen für besondere Leistungen zu verteilen, aber das sind Einzelfälle, die den Grundsatz gleicher Beiträge und gleicher Beteiligung nicht infrage stellen. Nebenbei hat eine vom Team beschlossene zusätzliche Anerkennung sicher einen stärker wertschätzenden Charakter als eine vor vielen Monaten vertraglich festgelegte Geldsumme.

Insgesamt existiert bei modernen, teamorientierten Gehaltsmodellen bereits eine beeindruckende Vielfalt an möglichen Ansätzen.[248] Eine Alternative zur gemeinsamen Erfolgsbeteiligung besteht darin, größere Erfolge mit einem gemeinsamen Event zu feiern. Der Effekt ist psychologisch ähnlich, die Gemeinschaft wird betont, und in den meisten Organisationen lassen sich Teamevents oder Firmenfeiern leichter abbilden als finanzielle Zuwendungen.

[248] Eine umfangreiche Übersicht realer Beispiele findet sich etwa bei Franke, Sven & Hornung, Stefanie & Nobile, Nadine (2019). *New Pay – Alternative Arbeits- und Entlohnungsmodelle.* Haufe.

Kapitel 6
Führung in selbstorganisierten Teams

„Modelle der geteilten Führung betrachten Führung als eine Menge von Verhaltensweisen, die von Menschen auf allen Ebenen ausgeübt werden können und sollten, und nicht als eine Menge von persönlichen Eigenschaften und Attributen von Menschen an der Spitze."

Craig Pearce, Jay Conger

Inhaltsübersicht

Wenn man Menschen fragt, wer in einem Team eigentlich „das Sagen" hat, würden viele wohl antworten „na, die Teamleitung – wer sonst?" Für manche kann schon die Vorstellung eines sich selbst führenden Teams eine Herausforderung sein. Teams, in denen es entweder keine Leitung gibt oder in denen diese nur eine sekundäre Rolle spielt, sind in unserer Arbeitswelt nach wie vor eher ungewöhnlich. Die Überzeugung ist weit verbreitet, dass es für gemeinsamen Erfolg einen einzelnen, überdurchschnittlich kompetenten und engagierten Menschen braucht, der das Geschehen lenkt und steuert, während das Team vor allem macht, was ihm gesagt wird.

Fragt man dagegen erfolgreiche Teams nach den Schlüsseln zu ihrem eigenen Erfolg, bekommt man andere Antworten:

- „Bei uns packen einfach alle mit an."
- „Jeder von uns versteht, was wir tun müssen, und trägt seinen Teil dazu bei."
- „Unsere Teamleitung hält uns vor allem den Rücken frei, damit wir in Ruhe arbeiten können."
- „Auftretende Probleme lösen wir zu 90 Prozent selbst."
- „Uns ist klar, warum unsere Arbeit wichtig ist, das muss uns niemand von außen erzählen."
- „Das Wichtigste ist, dass wir für uns gegenseitig da sind und uns unterstützen."

Erfolgreiche Teams sehen ihren eigenen Erfolg nicht im Handeln einer Führungsfigur begründet, sondern darin, dass alle mitdenken und Verantwortung tragen. Ich will das noch stärker betonen: Mir ist noch nie ein erfolgreiches Team begegnet, das aus einem starken Anführer und einer Reihe von passiven Befehlsempfängern bestanden hätte. Das Gegenteil scheint mir der Fall: Je erfolgreicher das Team, desto unwahrscheinlicher, dass ein Einzelner das Sagen hat. Andere sehen das ähnlich:

> *„... in Hochleistungsteams ist die Rolle des Teamleiters weniger wichtig und schwieriger zu identifizieren, da alle Mitglieder das Team zu unterschiedlichen Zeiten leiten."*[249]

> *„Führung im Team bedeutet die gemeinsame Gestaltung eines Prozesses, der [...] im Prinzip von jedem Teammitglied nach vorher festgelegten Regeln oder Vereinbarungen (z.B. zeitlich oder thematisch begrenzt) übernommen werden kann. Durch dieses „rollierende Führungsprinzip" gewinnt das Team an Flexibilität und Stärke [...]".*[250]

Wir stoßen hier auf zwei scheinbar widersprüchliche Erkenntnisse. Zum einen ist es eine Binsenweisheit, dass Teams, auch und gerade selbstorganisierte Teams, Führung brauchen. Dem gegenüber steht aber die klar belegte Erkenntnis aus der Praxis, dass sich gerade die besten Teams durch eine auffällige Abwesenheit einer starken Führungsfigur auszeichnen. Was ist hier los?

---

[249] Katzenbach, Jon & Smith, Douglas (2015). *The Wisdom of Teams*. Harvard Business Review Press, Prolog (Übersetzung des Autors).

[250] von Haug, Christoph (2016): *Erfolgreich im Team* (5. Auflage). Beck-Wirtschaftsberater im dtv. S. 43.

Wir werden sehen, dass diese Erkenntnisse beide richtig sind und sich sogar hervorragend ergänzen. Der Widerspruch entsteht durch die Art und Weise, wie wir Führung betrachten. Aber dazu müssen wir zuerst klären, was Führung überhaupt ist.

1. Führung und ihre Ausprägungen

Stellen wir uns vor, zwei Menschen A und B kommen zusammen, um gemeinsam ein Problem zu lösen. Am Anfang des Prozesses haben sie unterschiedliche Vorstellungen des Problems und der Lösung und ihre Handlungen passen folglich nicht zusammen. Wenn ihre Zusammenarbeit erfolgreich ist, haben sie gegen Ende gemeinsame Vorstellungen von Problem und Lösung – vielleicht nicht gleich, aber doch ähnlich genug, um zueinander passende Handlungen durchführen zu können. Wie kommen die beiden vom einen in den anderen Zustand? Irgendwas muss ihr Denken und Handeln, ihre Erwartungen und Erwartungs-Erwartungen so sehr angeglichen haben, dass es ihnen möglich war, mit koordiniertem Verhalten ein gemeinsames Ergebnis zu erarbeiten.

Soziologie und Psychologie beschäftigen sich schon seit über hundert Jahren mit der Frage, was dieses ominöse *Etwas* sein könnte. Meistens wird das Phänomen unter dem Begriff der „Macht“ zusammengefasst. Wie kann es sein, dass A den B dazu bringen kann, etwas zu tun, selbst wenn B das gar nicht möchte? Von diesem Standpunkt ausgehend könnte man Führung so definieren, dass jemand *zielgerichtet das Denken und Handeln eines anderen beeinflusst*, und das ist auch das, was in den Sozialwissenschaften den kleinsten gemeinsamen Nenner darstellt:

> *„[…] bezeichnet der Begriff [Führung] planende, koordinierende und kontrollierende Tätigkeiten in Gruppen und Organisationen. Der Zweck der Führung besteht in der Beeinflussung der Einstellungen und des Verhaltens zur Zielerreichung.“*[251]

> *„[…] ist der gemeinsame Nenner unterschiedlicher Definitionen von Führung immer der Aspekt der Einflussnahme auf andere Personen […]“*[252]

Hierbei gibt es allerdings ein Problem. Natürlich kann es sein, dass A im Beispiel oben B von seiner Sicht überzeugt hat, oder vielleicht auch umgekehrt. Es gibt aber in Teams noch einen weiteren Fall, der regelmäßig auftritt, nämlich dass A und B im Dialog zu einem gemeinsamen Standpunkt C finden, den keiner der beiden in das Gespräch mitgebracht hatte. Wer „führt“ hier jetzt wen?

Wenn wir diesen Gedanken weiterspinnen, stellen wir fest, dass sich Führung oft gar nicht an einzelnen Personen festmachen oder in festen Kategorien wie „Anführer“ und „Geführte“ denken lässt. Wir können aber sicher sagen, dass erfolgreiche Führung aus *unterschiedlichen* Wahrnehmungen, Absichten und Handlungen *gemeinsame* Wahrnehmungen, Absichten und Handlungen macht.

---

[251] https://de.wikipedia.org/wiki/Führung_(Sozialwissenschaften) (abgerufen am 08.01.2023).

[252] Werther, Simon (2014). *Geteilte Führung. Ein Überblick über den aktuellen Forschungsstand.* Springer Gabler. S. 5.

Führung ist das Herstellen von Gemeinsamkeiten.

Da wir in Teams jeden Tag mit unterschiedlichen Zielen, Perspektiven und Vorstellungen konfrontiert sind, ist erfolgreiche Führung *als Prozess* für Teams überlebenswichtig. Das bedeutet allerdings nicht, dass es einen erkennbaren Anführer geben muss.

Die erste wichtige Einsicht beim Thema Führung ist, dass es sich bei ihr um einen sozialen Kommunikationsprozess, also eine zeitlich begrenzte *Beziehung* handelt, nicht um eine Eigenschaft. Führung zwischen Menschen findet immer dann statt, wenn jemand sein Denken und/oder Handeln durch jemand anderen beeinflussen lässt. Damit Führung erfolgreich sein kann, braucht es also immer das Mitwirken von mindestens zwei Menschen. Eine Vorstandsvorsitzende, die allein irgendwo in der Wildnis ist, „führt" dort niemanden außer sich selbst. Führung ist keine Eigenschaft der Person, sondern eine zwischenmenschliche Dynamik in einem sozialen System:

„Wo jemand im ‚Besitz' (eine problematische Metapher) von Macht ist, muss es jemanden geben, demgegenüber sie ausgeübt wird."[253]

„Führung ist eine Tätigkeit, die unter den Mitgliedern einer Gruppe oder Organisation geteilt oder verteilt wird."[254]

Eine zweite wichtige Erkenntnis ist, dass die Entscheidung, ob Führung stattfindet, vor allem auf Seite des *Beeinflussten* liegt, nicht auf Seiten desjenigen, der Einfluss nehmen möchte. In der systemtheoretisch-konstruktivistischen Perspektive ist das offensichtlich – Menschen entscheiden selbst, welche äußeren Erwartungen sie durch ihre Systemgrenze lassen, also *internalisieren*, und welche sie ignorieren oder nur zur Kenntnis nehmen. Diese Sicht steht im Kontrast zur gängigen Darstellung in Massenmedien und sozialen Netzwerken, in denen die kollektive Aufmerksamkeit vor allem auf das Verhalten von vermeintlich „einflussreichen" Menschen gelenkt wird, die scheinbar nach Belieben „die Massen steuern" können. Es handelt sich hierbei um einen Wahrnehmungsfehler, Menschen steuern andere Menschen nicht. Sie können von außen mit einer Erwartung „anklopfen" und dabei mehr oder weniger erfolgreich sein, aber was Menschen letztendlich hineinlassen, ist von außen nicht steuerbar, und das ist auch gut so.

Diese Perspektive auf Führung wird leider selten eingenommen. Deutlich beliebter ist die Frage, welche charakterlichen Eigenschaften eines Menschen sich in Form von „Führungsqualitäten" ausbilden und trainieren lassen. Wir müssen aber ganz klar festhalten: Wenn sich die anderen nicht beeinflussen lassen, kann eine „Führungsperson" machen, was sie will, sie wird nichts bewirken. Insofern interessiert uns beim Thema Führung genau die entgegengesetzte Perspektive: Unter welchen Umständen verändern Menschen ihr Denken und Handeln aufgrund externer Impulse, und zwar nicht widerwillig, sondern gern?

Eine ganze Reihe von Führungsproblemen in Organisationen lässt sich unter anderem darauf zurückführen, dass Führung gedanklich in einen aktiven und einen passiven Teil, ein führendes Subjekt und ein geführtes Objekt, in anweisende Chefs und aus-

[253] Simon, Fritz B. (2021). *Einführung in die systemische Organisationstheorie* (eBook, 8. Auflage). Carl-Auer Verlag. S. 111.

[254] Pearce, Craig & Conger, Jay (2003). *Shared Leadership: Reframing the Hows and Whys of Leadership.* SAGE Publications, S. xi (Übersetzung des Autors).

führende Mitarbeitende unterteilt wird, anstatt Führung als eine von beiden Seiten freiwillige und auch für beide Seiten vorteilhafte Sozialdynamik zu betrachten, in der im Prinzip jeder jederzeit die führende und geführte Rolle einnehmen kann:

> *„Führung ist keine mystische Eigenschaft, die manche besitzen und andere nicht. Als Menschen haben wir alle das Zeug dazu, und wir alle müssen unsere Führungsqualitäten in jedem Aspekt unseres Arbeitslebens einsetzen."*[255]

Gründe für die Entscheidung, sich beeinflussen zu lassen, können kontextabhängig wechseln und sind hochgradig individuell. Menschen beobachten laufend und meist unbewusst die an sie gerichteten Erwartungen und wägen ab, ob es vorteilhaft wäre, die eigenen Ansichten und Absichten anzupassen oder nicht. Ein grundsätzlicher Zielkonflikt ist immer wieder neu aufzulösen: Einerseits ist es für das Selbstwertgefühl und die eigenen Bedürfnisse wichtig, hin und wieder die eigenen Vorstellungen durchsetzen und persönliche Ziele verfolgen zu können, auf der anderen Seite gibt es viele gute Gründe, sich an den Erwartungen von anderen zu orientieren. Viele davon stützen sich auf die „*Kontrolle relevanter Unsicherheitszonen*"[256], also die Möglichkeit, sich gegenseitig das Leben leichter oder schwieriger zu machen. Wer Unsicherheit für andere erhöhen oder senken kann, dessen Erwartungen bekommen Aufmerksamkeit. Gleichzeitig lässt sich dieser Mechanismus nicht beliebig ausreizen: Eigene Machtpositionen zu offensichtlich auszunutzen führt schnell dazu, dass Menschen sich der Beziehung entziehen wollen. Im echten Leben sind die Prozesse gegenseitiger Führung daher meist subtil, komplex und vielschichtig und bei Weitem nicht so eindeutig, wie nachfolgend dargestellt.[257]

1.1 Formale Autorität

Bei formaler Autorität handelt es sich um offizielle, längerfristige und strukturell verankerte Beziehungen innerhalb der Organisation, in denen über eine Hierarchie Macht verteilt und über Regeln, Ressourcen und Personal entschieden wird. Das Wort „formal" ist nicht wertend gemeint, sondern bedeutet nur, dass es einen Formalismus gibt, in dem diese Machtstrukturen rechtlich bindend geschaffen und ausgefüllt werden. Formale Macht erhält eine Person dadurch, dass andere Personen mit formaler Macht ihr diese offiziell zuteilen, zum Beispiel durch Beförderung oder Einstellung in eine Leitungsposition. Die Quelle formaler Macht liegt bei den Eigentümern der Organisation und dem rechtlichen Rahmen, in dem sich die Organisation bewegt.

Mit formaler Macht ist ein Verantwortungsbereich samt Handlungsspielräumen und Sanktionsmöglichkeiten verbunden. Wichtig ist dabei vor allem das Recht, über *Mitgliedschaft* zu entscheiden, also Menschen in einen Bereich, ein Team, ein Projekt oder eine Organisation einladen oder aus diesen ausschließen zu können. Für diese ist es eine gute Idee, den Erwartungen formaler Führung zumindest so weit zu entsprechen, dass

255 Marquet, L. David (2015): *Turn the Ship Around!* Penguin. S. xxiii (Übersetzung des Autors).

256 Kühl, Stefan (2017): *Laterales Führen.* Springer. S. 24.

257 Zu den folgenden Abschnitten vgl. auch Pfläging, Niels & Hermann, Silke (2015). *Komplexithoden.* Redline. S. 26 ff.; Kühl, Stefan (2017): *Laterales Führen.* Springer VS. S. 19 ff.; und Simon, Fritz B. (2021). *Einführung in die systemische Organisationstheorie* (eBook, 8. Auflage). Carl-Auer. S. 111 ff.

die eigene Mitgliedschaft nicht gefährdet ist. Wie sehr formale Macht als Führungsquelle funktioniert, hängt davon ab, wie wichtig der beeinflussten Person die eigene Mitgliedschaft ist, beziehungsweise ob sich über die Machtbeziehung eigene Interessen realisieren lassen.

Es ist noch einmal wichtig zu betonen, dass formale Macht keine Eigenschaft von Personen ist, sondern durch soziale Erwartungen und Normen entsteht. Hierarchie ist eine allgemein akzeptierte Struktur in der Organisation, die besagt, dass bestimmte Personen bestimmte Entscheidungen treffen dürfen. Wenn andere nicht nur einzelne Entscheidungen, sondern die Entscheidungsbefugnis an sich nicht respektieren, stellt dieses Handeln gleich das komplette Sozialgefüge infrage. Hierarchien reagieren daher empfindlich auf „Befehlsverweigerung", weil das ungestrafte Missachten der Struktur weitreichende Signalwirkung hätte. Im Grunde sieht man aber an der Tatsache, wie selten disziplinarische Maßnahmen notwendig sind, die hohe Wirksamkeit formaler Macht als Ordnungsmechanismus für Organisationen.

Eine Sonderform formaler Macht ist das Ausfüllen von Schlüsselpositionen, von denen aus wichtige Kommunikationswege und Informationsquellen kontrolliert oder für andere verbindliche Vorgaben gemacht werden können. Zu solchen Rollen gehören etwa die Ansprechpartner wichtiger Kunden, Bereichs- und Vorstandsassistenzen oder Stabsabteilungen. Oft sind sie auch ohne offizielle Weisungsbefugnis in der Organisation sehr einflussreich.

Wie jede andere Form von Macht bietet auch formale Autorität Missbrauchsmöglichkeiten. Per se ist sie aber nichts Negatives, sondern erfüllt für Teams und Organisationen wichtige Funktionen, die wir etwas später noch ausführlicher unter die Lupe nehmen. Hierarchiebildung ist eine normale, natürliche Antwort von Systemen auf steigende interne Komplexität, und nur sehr wenige Organisationen kommen ohne sie aus.

1.2 Sozialer Einfluss

Unter sozialen Einfluss fallen alle Formen von Beeinflussung, die auf der rein zwischenmenschlichen Ebene stattfinden: Tratsch, Flurfunk, Freundschaften, Feindschaften, kleine Gefälligkeiten, Meinungsbildung in der Kaffeeküche, und so weiter. Hier werden Beziehungen aufgebaut und gepflegt, Netzwerke geknüpft, Informationen ausgetauscht, das Geschehen in der Organisation kommentiert und bewertet. Diese Prozesse lassen sich weder ändern noch abschaffen, sie entziehen sich hartnäckig jeglichen Versuchen, sie „unter Kontrolle" zu bringen.

Sozialer Einfluss wirkt über Zugehörigkeit. Menschen wollen Teil einer sozialen Gruppe sein, Beziehungen aufbauen und erhalten, und sind daher bereit, ihren Mitmenschen entgegenzukommen und ihren Erwartungen und Wünschen ein Stück weit zu entsprechen. Ein Team, dessen Mitglieder freiwillig dabei sind, kann deutlich stärker auf deren Integrationsbereitschaft bauen als eines, dem sie gegen ihren Willen zugewiesen wurden, und daher auf ihr Verhalten auch stärker Einfluss nehmen.

Eine für Teams wichtige Sonderform der sozialen Führung funktioniert über Vertrauen: „Ich verstehe zwar noch nicht genau, was du vorhast, aber du wirst dir schon etwas dabei gedacht haben." So sind auch Ideen realisierbar, die sich schwierig erklären oder begründen lassen. Da es dabei auf persönliche Beziehungen und gemeinsame Erfahrungen ankommt, lässt sich eine Organisation ab einer gewissen Größe aber nicht mehr allein auf Vertrauen aufbauen.

Soziale Führung ist ein zweischneidiges Schwert: Auf der einen Seite wären Organisationen und Teams ohne die kurzen Informationswege, sozialen Kontakte und kulturbildenden Prozesse gar nicht überlebensfähig. Auf der anderen Seite finden sich hier aber auch Phänomene wie Mobbing oder das egoistische Verfolgen von Individualinteressen. Hinzu kommt, dass sich soziale Prozesse von außen kaum beeinflussen lassen, also quasi „schreibgeschützt" sind.

1.3 Fachliche Könnerschaft

Neben formaler Autorität und sozialem Einfluss gibt es noch eine dritte Quelle für Führungsbeziehungen: *Könnerschaft*, manchmal auch irreführend als „Kompetenzhierarchie" bezeichnet. In jeder Organisation gibt es Menschen, die für bestimmte Themen offensichtliche Ansprechpartner darstellen, ohne dass das durch irgendeine offizielle Rolle begründbar wäre. Die meisten von uns wissen, welche unserer Kollegen wir bei bestimmten Problemen als erstes ansprechen würden, auch wenn diese Menschen für das Thema gar nicht offiziell „zuständig" sein müssen.

Diese *Reputation* ist das kollektive Wissen, dass bestimmte Menschen bei einem Thema viel Erfahrung haben, sich gut auskennen oder im entscheidenden Moment zuverlässig die richtige Frage oder Idee einbringen können. Reputation lässt sich nicht formal zuweisen, es ist einfach ein Erfahrungswert – wer regelmäßig wertvolle Beiträge leistet, wichtige Informationen oder überzeugende Argumente einbringt, baut Reputation auf. Wie alle Formen von Führung kontrolliert auch Könnerschaft Unsicherheitsbereiche für Menschen: Vorschläge und Ideen von Könnern anzunehmen, bietet Orientierung und macht den Erfolg wahrscheinlicher, sie zu ignorieren erzeugt dagegen Rechtfertigungsdruck („Sie hat dir doch gesagt, wie es geht, warum hast du es anders gemacht?").

Führung kommt nun dadurch zustande, dass mit wachsender Reputation Menschen auch zunehmend mehr Einfluss auf Entscheidungen und Handlungen eingeräumt wird. Könnerschaft ist eine „schöne" Führungsvariante in dem Sinne, dass sie Engagement und Leistung belohnt, der Wertschöpfung nützt und im Kern offen und freiwillig ist, das bedeutet, dass es jedem offensteht, Könnerschaft aufzubauen und Einfluss zu nehmen, ohne dass man dadurch miteinander in Konkurrenz geraten muss.

Eine für Teams besonders relevante Sonderform fachlicher Führung ist die *Verständigung*, bei der mehrere Menschen durch den Austausch von Argumenten gemeinsam zu einer für alle tragfähigen Lösung gelangen. Dabei lässt sich oft nicht klar sagen, wer wen „führt", man befindet sich gemeinsam in einem dynamischen Prozess gegenseitiger Beeinflussung. In Teams, in denen es keine interne Hierarchie gibt und Menschen auf ähnlichem Könnerschaftsniveau arbeiten, wird Verständigung besonders häufig genutzt.

Es gibt Fälle dysfunktionaler Könnerschaft, etwa wenn in der Organisation nur noch eine Person ein bestimmtes System bedienen kann und diese Machtposition zum eigenen Vorteil ausnutzt. Diese Fälle sind aber die Ausnahme. Auch wenn Könnerschaft eine persönliche Eigenschaft ist, entsteht Einfluss daraus zwangsläufig als Beziehung und hängt unmittelbar davon ab, wie relevant das jeweilige Fachthema für die Vorhaben der anderen ist.

1.4 Wichtige Erkenntnisse

Alle drei der genannten Wirkmechanismen gibt es in jedem Team und in jeder Organisation. Sie lassen sich nicht „abschalten" und in vielen Fällen nicht einmal gezielt steuern. Was sich allerdings entscheiden lässt, ist ihr relatives Gewicht: Indem Entscheidungen, Rollen und Regeln unterschiedlich strukturiert werden, kann der Einflussbereich der unterschiedlichen Mechanismen vergrößert oder verkleinert werden. Organisationen, in denen offizielle Regeln, Prozesse und Hierarchierollen großen Einfluss bekommen, verlagern Macht in Richtung formaler Hierarchie. Strukturen abzubauen und durch klare Orientierung in Richtung Kunden und Wertschöpfung zu ersetzen, wird Könnerschaft fördern und Hierarchie in den Hintergrund treten lassen. Wenn sowohl formale Strukturen als auch Kundenorientierung fehlen, übernehmen soziale Prozesse – es kann sich eine „Schulhofkultur" bilden, in der persönliche Interessen, Cliquenbildung und Machtspiele das Miteinander prägen.

Begriffe wie „Macht" und „Führung" lösen oft negative Assoziationen von Ausbeutung, Machtmissbrauch und Egoismus aus. Die beschriebenen Phänomene sind aber nicht negativ, sondern für Teams und Organisationen überlebenswichtig. Menschen mit unterschiedlichen Vorstellungen und Zielen können nur erfolgreich zusammenarbeiten, wenn es einen Mechanismus gibt, über den sie zu einem gemeinsamen Verständnis und einer gemeinsamen Richtung kommen können. Dieser Mechanismus kann auf formalen Machtentscheidungen, subtiler sozialer Beeinflussung, unterschiedlicher Könnerschaft, Vertrauensbeziehungen, Kontrolle von Unsicherheitszonen oder einfach fachlicher Verständigung basieren – im Teamalltag ist es oft eine schwierig zu entwirrende Mischung all dieser Dinge. Das ist gut so. Nicht Macht allein führt zu Machtmissbrauch, sondern erst die Kombination aus Abhängigkeitsverhältnissen und großen Machtunterschieden.

Wir wollen daher im Team bewusst eine Situation herstellen, in der Abhängigkeiten gegenseitig statt einseitig sind und es für alle Beteiligten eine Fülle von Möglichkeiten gibt, sich für ihre Interessen einzusetzen.

Der Grundsatz der gegenseitigen Freiwilligkeit spielt hier eine entscheidende Rolle: Menschen, die sich aus dem Team jederzeit zurückziehen können, werden sich nicht beliebig ausnutzen lassen, und ein Team, welches theoretisch Mitglieder ausschließen kann, muss vor Egoismus und Machtspielen keine Angst haben.

Gute Zusammenarbeit ist in der Regel von ausgeglichenen Machtverhältnissen geprägt. Beide Seiten haben ein Interesse daran, die Zusammenarbeit fortzusetzen, und daher einen starken Anreiz, sich konstruktiv, lösungsorientiert und kompromissbereit zu verhalten. Diese Idee ist uns bereits beim Konzept der symmetrischen Schnittstellen begegnet, bei denen Entscheidungsbefugnisse möglichst gleichmäßig auf beide Seiten verteilt sind. Dabei geht es nicht darum, wie viel Einfluss beide Seiten „insgesamt" haben – zwischen einem Team und einer Geschäftsführung wäre das gar nicht zu leisten. Es geht darum, wie viel realen Einfluss man auf die *Partner in der Zusammenarbeit* hat. Führungskräfte, Kunden und Stakeholder, die von der Arbeit eines Teams abhängig sind, haben ein starkes Interesse an konstruktiver Zusammenarbeit und werden sich dem Team gegenüber entsprechend lösungsorientiert zeigen.[258]

Da sich Teams und Organisationen über ihre Wertschöpfung am Leben halten, sollten ihre Strukturen Könnerschaft und das gemeinsame Ringen um die beste fachliche Lösung in den Vordergrund rücken. Hierarchie und sozialer Einfluss sind weiterhin vorhanden, „verblassen" aber bei geschickter Wahl der Strukturen. Der Grund, warum dieses Buch die direkte Interaktion mit Kunden, hohe Ergebnisorientierung, team- statt personenbasierte Verantwortung und die Priorisierung gemeinschaftlicher über individuelle Interessen so sehr betont, liegt darin, dass unter diesen Rahmenbedingungen Führung über fachliches Können besonders gute „Wachstumsbedingungen" vorfindet.

Um die wichtigsten Erkenntnisse noch einmal übersichtlich zusammenzufassen:

- Führung ist keine Eigenschaft von Personen, sondern ein sozialer Prozess, in dem aus unterschiedlichen Vorstellungen und Absichten gemeinsame Vorstellungen und Absichten gebildet werden.
- Hierarchiebeziehungen, wie beispielsweise zwischen Team und Teamleitung, sind eine mögliche, aber bei Weitem nicht die einzige Basis für Führung. In jedem Team und in jeder Organisation findet ständig Führung abseits von offiziellen Strukturen statt. Führung mit Hierarchie oder dem Handeln von Führungskräften gleichzusetzen wäre ein fundamentaler Denkfehler, der uns den Blick auf wichtige Abläufe in der Organisation versperren würde.
- Organisationsmitgliedern stehen in der Regel alle Führungsmechanismen zur Verfügung, nicht nur die, die ihre Rollen nahelegen würden. Eine Bereichsleiterin kann ihre formale Macht nutzen, sie muss aber nicht. Ebenso gut kann sie über soziale Beziehungen oder ihre Könnerschaft, über Vertrauen oder Verständigung Einfluss nehmen, wenngleich ihr Handeln leicht unter „Hierarchieverdacht" geraten kann.
- Wir müssen uns von der naiven Vorstellung lösen, in einer Hierarchie hätten Menschen „oben" Macht und Menschen „unten" nicht. Normale Mitarbeiter können über eine Vielzahl von Wegen Einfluss in der Organisation nehmen, auch und gerade auf das Verhalten ihrer Vorgesetzten. Unter anderem halten Teams mit ihrer Leistung die Organisation am Leben und kontrollieren essenzielles Fachwissen, welches sich nicht ohne weiteres ersetzen lässt. Streiks, Kündigungsdrohungen, der „Dienst nach Vorschrift"[259] oder auch nur angedeutete Demotivation sind mächtige Werkzeuge, um Interessen gegenüber der Hierarchie durchzusetzen.
- Auch wenn sich formale Autorität, sozialer Einfluss und fachliche Reputation ein Stück weit gegenseitig „ersetzen" können, gibt es immer alle drei in Teams und Organisationen. Diese Tatsache gibt dem Team und seinem Umfeld Möglichkeiten, um die Konsequenzen von Strukturentscheidungen besser abschätzen zu können. Braucht das Team eine offizielle Teamleitung oder nicht? Soll eine Chefin die Entscheidung treffen, oder doch lieber ein Teammitglied, das fachlich näher am Geschehen ist? Wird ein Standard für alle definiert, oder werden Abläufe doch lieber undefiniert ge-

[258] Vgl. dazu Hackman, Richard (2002). *Leading Teams*. Harvard Business Review Press. S. 154 ff.

[259] Siehe z.B. Kühl, Stefan (2020). *Organisationen. Eine sehr kurze Einführung* (2. Auflage). Springer. Kap. 3.2.

lassen, damit sich erfolgreiche Lösungen von allein herausbilden können? Soll eine offizielle Rolle eingeführt werden, oder belässt man Themen in der gemeinsamen Verantwortung? Werden Entscheidungen in einem strukturierten Prozess getroffen, oder durch offene Diskussion? Finden in Meetings die wortreichen Teammitglieder Gehör, oder diejenigen, die sich besonders gut auskennen?

2. Geteilte Führung – das Team führt sich selbst

Große Teile von Führung in Teams haben nichts mit der Rolle einer offiziellen Teamleitung zu tun, sondern kommen durch soziale Beziehungen, Vertrauen, fachliche Kompetenz oder inhaltliche Verständigung zustande. Im Team gibt es ständig Situationen, in denen Führungsbeziehungen sich nicht sauber in Führenden und Geführten unterteilen lassen. Wenn zwei formal gleichrangige Menschen im fachlichen Diskurs zu einem neuen, gemeinsamen Standpunkt kommen, ist das eine führungsreiche Situation, die trotzdem keine klare Zuordnung einer Führungsrolle erlaubt.

Wir können nun den Widerspruch vom Anfang dieses Kapitels auflösen. Ja, auch selbstorganisierte Teams brauchen Führung, wenn wir mit „Führung" den sozialen Prozess meinen. Gemeinsamkeiten herzustellen ist eine Kernaufgabe des Teams. Laufend müssen unterschiedliche Sichten und Standpunkte verhandelt werden, um das bestmögliche Ergebnis zu finden. Teammitglieder können nur mit einem gemeinsamen Verständnis von Aufgaben, Strukturen und gegenseitigen Erwartungen zueinander passend handeln. Führung als das Herstellen von Gemeinsamkeiten ist essenziell, damit Menschen zusammenarbeiten können. Sie *muss* stattfinden. Die Anwesenheit einer designierten Führungsperson ist dabei möglich, aber nicht unbedingt nötig. Hierarchie spielt eine wichtige Funktion für die Organisation, aber wer Führung nicht losgelöst von Führungskräften denken kann, für den muss das tägliche Geschehen in erfolgreichen Teams rätselhaft bleiben.

Führung im Team braucht keine Hierarchie, kann aber mit Hierarchie koexistieren.

Gelegentlich wird noch versucht, die dynamischen Führungsprozesse im Team durch Begriffe wie „Kompetenzhierarchie", „informelle Hierarchie" oder „Emergent Leadership" in das bekannte Denkschema oben/unten zu bringen, aber auch diese Ideen greifen zu kurz. Wieder werden dabei Teams als Gruppe von Menschen anstatt als Kommunikationssysteme gedacht, mit der Konsequenz, Teammitglieder, anstatt viel kurzlebigere Kommunikationssituationen, gedanklich in eine „Ordnung" bringen zu wollen. Für einzelne Aussagen lässt sich auch in einem selbstorganisierten Team sagen, wer wen zu beeinflussen versucht, aber Teammitgliedern eine inoffizielle Hierarchie zu unterstellen, hat mit der Arbeitsrealität in erfolgreichen Teams wenig zu tun.

Es stimmt, dass Einzelne im Team entlang ihrer fachlichen Kompetenz unterschiedlich viel Gehör finden, und das ist auch gut so. Bei rechtlichen Fragen wird hoffentlich die Meinung des Juristen im Team stärkeres Gewicht bekommen, bei technischen Fragen die Einschätzung der Ingenieurin. In anderen Situationen werden diejenigen stärker

Einfluss nehmen, die am nächsten an der Problemstellung sind, oder schon am Thema arbeiten, oder davon betroffen sind, oder besonderes Interesse an einer Lösung haben. Das Team kann durch Rollen oder Aufgaben zeitweise Strukturen schaffen, in denen einzelne Teammitglieder für das ganze Team verbindlich entscheiden können. Diese unterschiedliche Gewichtung ist themenabhängig und verändert sich über die Zeit, und hat mit einer „Hierarchie" im Sinne einer Sozialordnung wenig zu tun. Dennoch sind Teams kein führungsloser Raum. Führung im Team ist nur so fluide und dynamisch, dass sie für Außenstehende schwierig zu beobachten ist. In erfolgreichen selbstorganisierten Teams hat nicht „niemand" das Sagen, sondern alle, und zwar unabhängig davon, ob es noch eine offizielle Leitungsrolle gibt oder nicht.

Dieses Geschehen ähnelt in gewisser Weise einem Fußballteam: Auch wenn es einen Trainer oder einen Kapitän geben kann, sagen diese während des laufenden Spiels nicht ständig jedem Spieler, was er oder sie zu tun hat. Stattdessen richtet sich die gemeinsame Aufmerksamkeit laufend auf denjenigen, der gerade am Ball ist. Die Mitspieler schauen währenddessen, dass sie gut „anspielbar" sind, um den Ball und damit die Führung anzunehmen. Das Team gewinnt Spiele nicht durch „Steuerung" des Trainers, sondern indem es das Kunststück vollbringt, den Ball (die Führung) immer zu dem Teammitglied zu bringen, das gerade freie Sicht auf das Tor (das gemeinsame Ziel) hat.

Wer keine Sportmetaphern mag, dem mag vielleicht das Konzept einer Jazzband näher liegen. Eine Jazzband kann einen formal benannten „Bandleader" und eine Starsängerin haben, gleichzeitig spielt aber jeder Musiker sein Instrument eigenverantwortlich, improvisiert und bietet Ideen an, die vom Rest aufgegriffen oder verworfen werden können. Im Kontrast wäre klassisch-hierarchische Zusammenarbeit eher wie ein Orchester, in dem jeder einen genau vordefinierten Part spielt, während ein Dirigent in der Mitte die Gruppe koordiniert. Das kann hervorragend funktionieren, wenn die Anforderungen bekannt sind, alles im Vorfeld geplant werden kann und während des Konzerts keine Überraschungen auftreten. Zu Kreativität, flexiblem Handeln und spontaner Innovation sind Orchester dagegen schon allein strukturell nicht fähig.

So, wie es im Jazz zum guten Ton gehört, jeden im Ensemble zeitweise in den Mittelpunkt zu stellen, lernen erfolgreiche Teams es, den ständigen Wechsel in den Führungsbeziehungen nicht zu „kontrollieren", sondern zu ihrem Vorteil zu nutzen. Wenn das nicht nur auf der fachlichen Ebene, sondern auch bei der Weiterentwicklung des Teams und seiner Strukturen passiert, können wir wirklich von Selbstorganisation und *gemeinsamer* oder auch *geteilter Führung* sprechen. Teammitglieder übernehmen dabei Aufgaben, die in anderen Formen der Zusammenarbeit klar in der Verantwortung einer Führungskraft oder Projektleitung liegen würden. Es ist ein Zustand, in dem alle daran arbeiten, aus ihrer Unterschiedlichkeit heraus gemeinsame Ergebnisse zu erzeugen, die für das Team, seine Kunden und seine Stakeholder wertvoll sind.

Sowohl das Konzept geteilter Führung (engl. *Shared Leadership*[260]) als auch seine Konsequenzen werden seit Jahren nicht nur theoretisch untersucht, sondern gehören schon lange zur Realität von Organisationen:

[260] Leider lässt sich das Wort „Shared" nicht sauber ins Deutsche übersetzen. „Geteilte" Führung könnte so verstanden werden, dass Führung auf unterschiedliche Personen „aufgeteilt" wird. Der Originalbegriff „to share" hat dagegen eher die Bedeutung von Teilhabe und gemeinsamer Nutzung. Der Begriff „Geteilte Führung" ist in der deutschsprachigen Literatur aber bereits etabliert.

„Die Verantwortung für die Führung eines Teams liegt nicht bei einer einzelnen Person. Führung wird von jedem übernommen, der dazu beiträgt, leistungsfördernde Bedingungen zu schaffen und aufrechtzuerhalten, unabhängig davon, ob diese Person eine formelle Führungsrolle innehat.“[261]

„Jeder, dem es gelingt, leistungsfördernde Bedingungen zu schaffen oder zu stärken, übt Teamführung aus. Das kann natürlich eine Person sein, die als „Teamleiter“ bezeichnet wird. Es können aber auch Teammitglieder, Manager oder sogar externe Berater oder Kunden sein.“[262]

„Vielleicht brauchen die für unsere Studie interviewten Teams keine formal definierte Führungskraft, aber sie sind darauf angewiesen, dass Leitungstätigkeiten ausgeführt werden – von wem auch immer. Das bedeutet, dass die Teammitglieder zwei Rollen ausfüllen müssen: eine mitgliedschaftliche und eine leitende Rolle.“[263]

„Die Teams mögen ohne formale Vorgesetzte auskommen, aber nicht ohne Führung im Sinne der entsprechenden Funktionen, die einzelne Mitglieder für die ganze Gruppe ausführen.“[264]

Es ist etwas überraschend, dass ein für Teamarbeit so wichtiges Konzept wie das der geteilten Führung in Forschung, Fachliteratur und Organisationsalltag bis heute eher ein Nischendasein fristet. Zentrale Beiträge haben unter anderem die Managementprofessoren Craig Pearce und Jay Conger geleistet,[265] Simon Werther hat vor wenigen Jahren den Forschungsstand auf Deutsch kompakt zusammengefasst.[266] Insgesamt lässt sich in Studien zeigen, dass geteilte Führung positive Effekte auf Produktivität, Kreativität und Eigeninitiative von Teams hat, vor allem bei der Lösung komplexer und schwieriger Aufgaben.[267] Craig Pearce und Henry Sims konnten zeigen, dass geteilte Führung Teameffektivität sogar stärker positiv beeinflussen kann als hierarchische Führung.[268]

---

261 Hackman, Richard (2002). *Leading Teams.* Harvard Business Review Press, S. 34 (Übersetzung des Autors).

262 Ebd., Vorwort (Übersetzung des Autors).

263 Brinkmann, Babette & Schattenhofer, Karl (2022). *Erfolgreiche Teams in der Selbstorganisation.* Vahlen, S. 16.

264 Ebd., S. 153.

265 Pearce, Craig & Conger, Jay (2003). *Shared Leadership: Reframing the Hows and Whys of Leadership.* SAGE Publications.

266 Werther, Simon (2014). *Geteilte Führung: Ein Überblick über den aktuellen Forschungsstand.* Springer Gabler.

267 Beispielsweise Wang, Danni & Waldman, David & Zhang, Zhen (2014). *A meta-analysis of shared leadership and team effectiveness.* Journal of Applied Psychology, 99(2), 181–198.
Hoch, Julia (2013). *Shared leadership and innovation: The role of vertical leadership and employee integrity.* Journal of Business and Psychology, 28(2), 159–174.
Boies, Kathleen & Lvina, Elena & Martens, Martin (2010). *Shared leadership and team performance in a business strategy simulation.* Journal of Personnel Psychology, 9(4), 195–202.
Erkutlu, Hakan (2012). *The impact of organizational culture on the relationship between shared leadership and team proactivity.* Team Performance Management. 18. 102–119.

268 Pearce, Craig & Sims Jr, Henry (2002). *Vertical versus shared leadership as predictors of the effectiveness of change management teams: An examination of aversive, directive, transactional, transformational, and empowering leader behaviors.* Group Dynamics: Theory, Research, and Practice, 6(2), 172–197.

Vor dem Hintergrund unserer bisherigen Überlegungen ist das erfreulich, aber nicht besonders überraschend.

Fassen wir es konkreter. Kernaufgaben von Führung allgemein sind die Sinndefinition (Wozu arbeiten wir zusammen?), Strategieentwicklung, Planung und Priorisierung, das Treffen inhaltlicher und organisatorischer Entscheidungen, Repräsentation, Stakeholder-Management, das Verhandeln unterschiedlicher Erwartungen und Interessen sowie das Beobachten und Auflösen von Problemen und Konflikten. Geteilte Führung bedeutet nun nicht mehr und nicht weniger, als dass das Team diese Aufgaben (teilweise oder vollständig) übernimmt, also sich gemeinschaftlich um die in den vorherigen Kapiteln aufgelisteten Themen kümmert. „Herstellen von Gemeinsamkeiten" bedeutet dabei, dass Führung vor allem das Treffen von Entscheidungen ist. Das könnte eine Teamleitung tun, in geteilter Führung entscheidet das Team aber gemeinsam und geht dafür den Umweg, erst eine gemeinsame Meinung bilden zu müssen (oder Rollen so zu verteilen, dass einzelne Teammitglieder im Namen des Teams entscheiden können).

Damit geteilte Führung gelingen kann, muss das Team einige Voraussetzungen schaffen und aufrechterhalten. Zu diesen gehören eine offene und reflektierte Kommunikation über Erwartungen, Inhalte und Strukturen sowie eine Gesprächskultur, die das engagierte Eintreten für die eigene Perspektive mit interessiertem Erforschen anderer Sichtweisen balanciert. Vor allem aber erfordert sie einen bewussten Umgang mit individueller und kollektiver Aufmerksamkeit.

2.1 Führung bedeutet, Aufmerksamkeit zu lenken

Kommunikation in der Gruppe setzt einen gemeinsamen Kontext und Fokuspunkt voraus. Um überhaupt zusammenarbeiten zu können, müssen sich Teammitglieder einig sein, was im gegebenen Moment jeweils das Thema ist:

> *„Menschen können nur dann miteinander kommunizieren, wenn sie einen gemeinsamen Fokus der Aufmerksamkeit teilen. […] Hieraus ergibt sich eines der wichtigsten (manchmal allerdings nur unbewusst verwendeten) Steuerungs- und Führungsinstrumente innerhalb von Organisationen: die Fokussierung der Aufmerksamkeit […]"*[269]

In formalhierarchischen Strukturen ist das kein besonderes Thema, da die Machtstruktur ganz klar vorgibt, wessen Prioritäten Aufmerksamkeit bekommen. Das, was für den Chef wichtig ist, hat automatisch auch für die Untergebenen wichtig zu sein. Sätze wie „Auch auf Vorstandsebene stehen die Türen unseren Mitarbeitenden immer offen" können daher schnell heuchlerisch wirken, da natürlich sowohl Mitarbeitende als auch Vorstandsmitglieder wissen, dass es einen Unterschied macht, wer in wessen Büro tritt. Vorstände können die Aufmerksamkeit der Organisationsmitglieder jederzeit nach Belieben beanspruchen, wohingegen diese beim Vorstand um Aufmerksamkeit bitten und ihr Anliegen gut begründen müssen.

[269] Simon, Fritz B. (2021). *Einführung in die systemische Organisationstheorie* (eBook, 8. Auflage). Carl-Auer. S. 146 ff.

In selbstorganisierten Teams ist die Situation anders gelagert, die Machtunterschiede entfallen. Keines der Teammitglieder hat automatisch einen Anspruch auf die Aufmerksamkeit der Gruppe. Stattdessen ist die Kommunikation mit Einladungen und Angeboten gefüllt: „Ich würde gern zum nächsten Thema übergehen" oder „Wollen wir uns noch mal mit … beschäftigen?" oder „Ich habe das Gefühl, wir sind etwas vom Ziel abgekommen" sind kommunikative Vorschläge an die Gruppe, die Aufmerksamkeit auf etwas anderes oder Neues zu richten oder sich auf ein ursprüngliches Ziel zurückzubesinnen. Für langjährige Führungskräfte, die es gewohnt sind, einer Gruppe einen Aufmerksamkeitsfokus vorgeben zu können, kann diese Form der Kommunikation ungewohnt sein und sich unverbindlich oder ziellos anfühlen, aber das ist sie nicht. Als Gruppe kollektiv das Thema zu wechseln, findet nur etwas wortreicher statt als bei Individuen.

Aufmerksamkeit zu lenken ist ein mächtiger Weg, als Teammitglied Einfluss auf das Geschehen zu nehmen. Teammitglieder spüren das instinktiv und entwickeln mit der Zeit eine Routine darin, den gemeinsamen Fokus auf der Metaebene zu beobachten und mit den Zielen und Prioritäten des Teams abzugleichen. Mehr als an jeder anderen Aussage sind selbstorganisationserfahrene Menschen an der Frage zu erkennen, ob die Aufmerksamkeit der Gruppe richtig platziert ist: „Hilft uns das gerade, das eigentliche Problem zu lösen?"

Es lassen sich einige Faustregeln aufstellen, worauf das Team seine Aufmerksamkeit grundsätzlich fokussieren sollte:

- **Wertschöpfung und Kundenbedarfe** mehr als interne Strukturen des Teams
- **Wirkungen und Absichten** mehr als Details der Umsetzung
- **Themen, die schon in Arbeit sind**, mehr als zukünftige Aufgaben
- **Neue Erkenntnisse** mehr als das, was ursprünglich mal geplant war
- **Überprüfbare Tatsachen** mehr als Vermutungen oder Befürchtungen
- **Handeln in der Gegenwart** mehr als mögliche Zukunftsszenarien
- **Gemeinsame Zukunft** mehr als die Vergangenheit
- **Angestrebte Ziele** mehr als ausschweifende Nebenthemen
- **Konkrete nächste Schritte** mehr als hypothetische Risiken
- **Kollektive Herausforderungen** mehr als individuelle Unzufriedenheiten
- **Neue Informationen** mehr als bereits bekannte Standpunkte
- **Konstruktive Lösungen** mehr als Probleme und Schuldzuweisung
- **Klare Vereinbarungen** mehr als unscharfe Optionen

Eine Herausforderung in selbstorganisierten Teams ist, dass es durch die Vielfalt der zu erledigenden Aufgaben immer auch andere Themen gibt, über die mal gesprochen werden müsste. Besonders für interne Strukturarbeit und die Reflexion auf der Metaebene ist es wichtig, diese in einem kontrollierten Rahmen (etwa Retrospektiven) durchzuführen, anstatt sie sich beliebig im Alltag ausbreiten zu lassen. Selbstorganisation erfordert es, das eigene Vorgehen immer wieder zu besprechen, aber ein Team, welches nur noch das eigene Vorgehen thematisiert, vernachlässigt darüber seine eigentliche Arbeit. Selbstorganisation ist kein Selbstzweck, sondern soll unter anspruchsvollen Bedingungen gemeinsame Wertschöpfung möglich machen. Es gibt daher im Team Zeiten für Wertschöpfung und Zeiten für Strukturarbeit, und beide sollten bewusst getrennt werden: „Du stellst eine interessante Frage, die hier aber vielleicht zu weit führen würde. Lass uns jetzt das konkrete Problem lösen, das Strukturthema greifen wir dann in der Retrospektive noch mal auf."

In geteilter Führung hat jedes Teammitglied jederzeit das Recht, den aktuellen Fokuspunkt der Aufmerksamkeit infrage zu stellen: „Bringt uns dieses Gespräch gerade weiter, ist es das, womit wir unsere Zeit verbringen sollten?“ Die Gruppe kann diese Impulse annehmen oder verwerfen, in der überwiegenden Mehrheit der Fälle ist die Frage aber berechtigt. Entschuldigungen oder Rechtfertigungen sind nicht notwendig, jeder kommt mal vom Thema ab. Kurze Wertschätzung und konsequentes Umschwenken bringen das Team wieder auf Kurs: „Du hast recht, wir sind vom Thema abgekommen. Danke. Wir klären das in einem anderen Rahmen. Zurück zur eigentlichen Frage …“

3. Führung als Teammitglied

Auch wenn die bisherigen Kapitel eventuell den Eindruck hinterlassen haben, dass mit der Entscheidung für mehr Selbstorganisation ein Berg neuer Aufgaben und Verantwortlichkeiten auf das einzelne Teammitglied zukommt – ich bin überzeugt davon, dass im Prinzip[270] jeder Mensch zur Mitarbeit in einem selbstorganisierten Team fähig ist. Das hat mehrere Gründe.

Zum einen bin ich selbst in Organisationen, in denen an allen Ecken und Enden über verantwortungslose, egoistische und unmotivierte Mitarbeiter geklagt wurde, solchen Menschen nie begegnet. Die zahllosen Menschen, mit denen ich über die Jahre arbeiten durfte, haben sich ausnahmslos dadurch ausgezeichnet, dass sie nur zu gern Dinge zum Besseren verändern wollten, auch wenn sie nicht immer einen Weg gefunden haben oder ihr Umfeld das zugelassen hat. Alles andere wäre auch überraschend, schließlich geht es um ihren Arbeitsplatz, also den Ort, wo sie einen ansehnlichen Teil ihrer Lebenszeit verbringen. Wer würde diese Zeit nicht gern dazu nutzen, einen Unterschied zu machen und Teil eines positiven Wandels zu sein?

Ich bin überzeugt davon, dass es Teammitgliedern an Kreativität, Motivation und Verantwortungsbewusstsein in keiner Weise mangelt – und wenn doch, hat das meistens mehr mit organisatorischen Rahmenbedingungen als mit ihnen als Menschen zu tun. Dazu kommt, dass die für ein Team wichtigen Themen und Fragestellungen in diesem Buch deutlich ausführlicher und breiter behandelt werden, als das für den Alltag in vielen Teams notwendig ist. Ich habe Teams sehr erfolgreich zusammenarbeiten sehen, die von den Inhalten in diesem Buch vielleicht 50 Prozent, vielleicht sogar weniger umgesetzt hatten, und trotzdem mit viel Freude gute Ergebnisse produziert haben. Gelegentliche Schwächen in Entscheidungsfindung oder Arbeitsverwaltung, in Kommunikation oder Integration können das Team bremsen, sind aber noch lange keine *Show-Stopper*.

Im Wesentlichen gibt es drei zentrale Voraussetzungen für die Mitarbeit im selbstorganisierten Team:

---

[270] Zur Erinnerung: Die Einschränkung entsteht vor allem aus der Tatsache, dass sich Menschen psychisch oder emotional in Situationen befinden können, die das Team mit seiner Arbeit nicht vereinbaren kann. Auch wenn ihnen das die produktive Mitarbeit in einem Team (zeitweise) unmöglich macht, ist das dennoch nicht als Abwertung oder grundsätzlicher Ausschluss zu verstehen.

- Die erste besteht darin, das eigene und gemeinsame Verhalten reflektieren zu können, also auf seine Wirkung zu überprüfen und bewusste Änderungen daran vorzunehmen, wenn anderes Verhalten zielführender wäre. Dazu gehört unter anderem ein Bewusstsein dafür, wann das Team von mir eher Führung, und wann eher Unterstützung braucht.
- Die zweite Anforderung ist, das eigene Selbstwertgefühl nicht von Kritik an eigenen fachlichen Ergebnissen abhängig zu machen. Erfolgreiche Teammitglieder verstehen, dass viele ihrer Vorschläge noch verbesserungs- und ergänzungsfähig sind, und ziehen Freude aus dem Prozess der gemeinsamen Weiterentwicklung: „Ich habe bisher nur eine grobe Idee, und freue mich, wenn ihr mir helfen könnt, sie weiterzuentwickeln."
- Die dritte Voraussetzung ist die Fähigkeit, Lösungen zu finden und mitzutragen, die nicht oder nur teilweise den eigenen Vorstellungen entsprechen: „Persönlich würde ich es anders machen, aber ich sehe ein, dass dieser Vorschlag für das Team besser ist als eine weitere Richtungsdiskussion."

Alle drei Fähigkeiten lassen sich erlernen, wenn sie nicht schon vorhanden sind, aber ohne sie wird eine Mitarbeit im selbstorganisierten Team tatsächlich schwierig.

Darüber hinaus gibt es eine Reihe von nützlichen Konzepten, die Teammitgliedern helfen können, zielorientiert Einfluss auf das Teamgeschehen zu nehmen. Ich verstehe diese als möglicherweise inspirierende Impulse, nicht als zwingende Voraussetzung. Ja, es wird dem Team helfen, als Teammitglied bestimmte Verhaltensweisen zu zeigen, das eigene Handlungsrepertoire zu erweitern und bestimmte Seiten von sich in den Vordergrund zu stellen. Ich erwarte aber von niemandem, eine größere charakterliche Veränderung zu durchlaufen, nur um gut in einem Team mitarbeiten zu können. *Ich bin okay, du bist okay,* ist der Grundsatz, der sich durch gute Teamarbeit zieht. Wer gern gemeinsam im Team erfolgreich arbeiten *will*, hat die wichtigste Hürde schon genommen. Alle der nachfolgenden Ideen beziehen sich daher auf mögliches Verhalten, nicht auf Persönlichkeitsmerkmale.

3.1 Dissens als Weg zu gemeinsamen Lösungen

In unserer westlichen, individualistisch geprägten Sicht gerät manchmal aus dem Blick, dass es einen Zustand von „Unabhängigkeit" für uns Menschen nicht gibt. Wir sind immer mit unserer Umwelt und unseren Mitmenschen verbunden und stehen mit ihnen in wechselseitiger Abhängigkeit. Freiheit bedeutet, diese Abhängigkeiten ein Stück weit selbst wählen zu können, aber entkommen können wir ihnen nicht.

Wenn wir im Team zusammenarbeiten, wählen wir bewusst Abhängigkeiten, die von Unterschiedlichkeit geprägt sind. Unterschiedliche Fähigkeiten, Erfahrungen und Perspektiven kommen zusammen, um ein Problem zu lösen, welches niemand von uns allein lösen könnte. Damit diese Perspektiven zu einer gemeinsamen Lösung integriert werden können, müssen sie verhandelt werden. Das bringt automatisch *Dissens* (Uneinigkeit) mit sich. Teammitglieder bringen unterschiedliche Sichten in die tägliche Arbeit mit ein, weil es zu ihrem Job gehört, das zu tun. Teams sind erfolgreich, wenn sie die daraus entstehenden Spannungen zu gemeinsamen Lösungen integrieren können; wenn das nicht gelingt, scheitern sie. In jedem Fall gehört Dissens zum Arbeitsalltag von Teams. Das bedeutet, dass sie ein gemeinsames Verständnis etablieren müssen, welches Uneinigkeit und fachlichen Konflikt nicht als unerwünschten Problemzustand, sondern als wichtige Zwischenstufe zu einer Lösung einordnet.

Es ist weit verbreitet, Dissens als „Störung" zwischen langen Phasen der Harmonie zu betrachten. Konflikt wird dabei als Skala gesehen: Auf der einen Seite liegt wohltuende Einigkeit, alles ist in Ordnung. Auf der anderen Seite liegt die Konflikteskalation, mit Streit, persönlichen Angriffen und emotionalen Ausbrüchen. In dieser eindimensionalen Sicht führt Uneinigkeit weg vom erwünschten Zustand der Harmonie und bietet nur zwei Auswege: Entweder man „versöhnt" sich, stellt also die Harmonie wieder her, oder der Konflikt eskaliert. Selbst das Konflikteskalationsmodell von Friedrich Glasl[271] legt diese Sicht nahe. In der Regel wird bei „Versöhnung" das zugrunde liegende Problem nicht gelöst, die Uneinigkeit besteht weiter. Man einigt sich einfach, nicht mehr über das Thema zu sprechen.

Für Freundschaften und Familien mag das ein gangbarer Weg sein, aber für Teams ist das Aushandeln unterschiedlicher Perspektiven nicht optional. In Harmonie könnten sie ihre Aufgabe nicht erfüllen, aber Konflikteskalation gefährdet die Beziehungen, auf denen die Zusammenarbeit gebaut ist. Wie lässt sich dieses Dilemma lösen?

Es ist leicht, einen der hier zugrunde liegenden Glaubenssätze unhinterfragt zu übersehen: Dass es sich bei den Parteien um Kontrahenten handelt, der Konflikt also „Ich gegen dich" ausgetragen werden muss. Teammitglieder sind aber nicht Gegner, sondern Partner mit dem gemeinsamen Ziel, Unterschiedlichkeit in gemeinsame Lösungen zu übersetzen. Manche Teams versuchen, den Zustand der Uneinigkeit zu überspringen und direkt von Harmonie in neue Lösungen zu wechseln – das funktioniert nicht, weil es mangels unterschiedlicher Perspektiven nichts zu integrieren gibt. Solange die alten (harmonischen) Lösungen noch tragfähig sind, fehlt die Notwendigkeit für neue Lösungen. Der Weg zu neuen Erkenntnissen führt über den Dissens, über den Moment, in dem ein Teammitglied verbal oder zwischen den Zeilen sagt: „Nein, das sehe ich anders!". Mit diesem Verständnis können wir aufhören, unterschiedliche Perspektiven als etwas Problematisches zu sehen. Wir verschieben unser Verständnis von Dissens weg von „Wir sind eine harmonische Gruppe", und dabei nicht hin zu „Wir streiten uns dauernd", sondern zu „Unterschiedliche Perspektiven sind für uns wertvoll, daher erforschen wir sie gern im Dialog". Grundlage für die Lösungsfindung im Team ist das Verständnis, dass der eigentliche Konflikt nicht „Ich gegen dich" lautet, sondern „Wir gemeinsam gegen das Problem".

Für das Denken und Handeln des Teammitglieds hat diese Idee weitreichende Konsequenzen. Die Kunst besteht darin, Problemlösung nicht im „Ich", sondern im „Wir" zu denken. Nicht ich muss das Problem lösen – *wir* müssen es lösen. Konflikte beginnen in der Regel mit einer Konfrontation, einem „Nein" in wie auch immer gearteter Form. Dieses Nein ist notwendig, um zu einer neuen Lösung kommen zu können. Es braucht dann die gedankliche Bereitschaft, den Wechsel von „Ich gegen dich" zu „Wir gegen das Problem" mitzugehen, wenn er sich anbietet, und die Unterschiedlichkeit der Erwartungen eine Zeitlang aushalten zu können.

---

271 Siehe Seite 188.

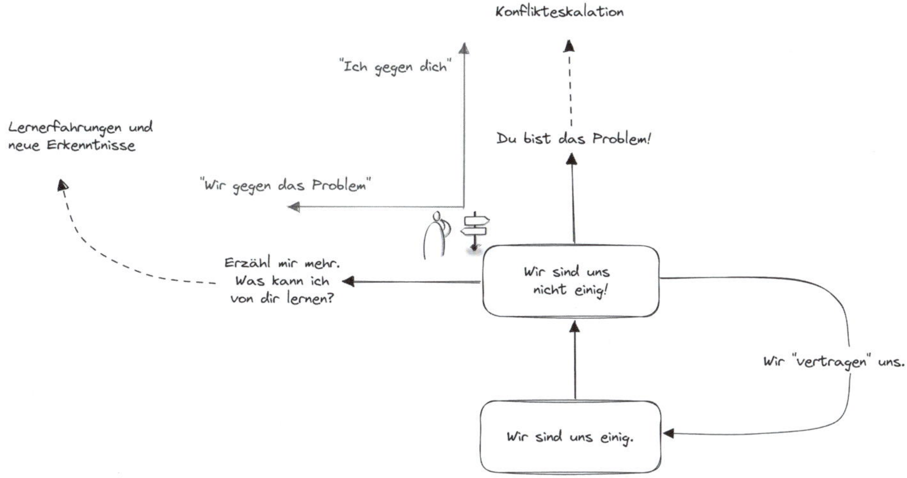

Für uns als Menschen kann das emotional herausfordernd sein. Das Bedürfnis nach Einigung und Harmonie ist stark, und natürlich fühlt es sich am besten an, wenn die anderen es einfach so sehen, wie man selbst – das bestätigt und gibt Sicherheit. Für gute Teamarbeit ist es aber notwendig, die Tatsache zu akzeptieren, dass die anderen die Situation eben nicht so sehen wie man selbst, nicht sehen werden und (im Interesse der gemeinsamen Sache) auch nicht sehen sollten.

Das, was Konflikte eskalieren lässt, ist selten der Dissens an sich, sondern meistens die *Symmetrie* der Gesprächsdynamik – die Tatsache, dass beide Parteien gleichzeitig um Führung ringen und versuchen, die gemeinsame Aufmerksamkeit auf ihre eigenen Interessen zu lenken. Die Diskussion verlangt nach einem eindeutigen Fokus, aber es gibt zwei (oder sogar mehr) Standpunkte, die darum konkurrieren, im Mittelpunkt zu stehen. Anstatt dieses zugrunde liegende Problem zu erkennen, entwickeln Beteiligte das Gefühl, der andere höre ihnen gar nicht zu (was stimmen kann, aber kein Charakterfehler, sondern nur Teil der Gesprächsdynamik ist). Aus einem sachlichen Konflikt wird ein Führungskonflikt, der in hierarchischer Zusammenarbeit durch ein „Machtwort" der nächsthöheren Führungsebene aufgelöst werden könnte. Im selbstorganisierten Team steht uns dieser Weg oft nicht zur Verfügung, was dazu führen kann, dass aus einer sachlichen Auseinandersetzung ein ernstzunehmender persönlicher Konflikt wird.

Im selbstorganisierten Team ist es in der Verantwortung der Teammitglieder, diese Dynamik zu erkennen und zu unterbrechen. Ein möglicher Weg besteht darin, aus der eindimensionalen Sicht „Ich gegen dich" abzubiegen und mit dem Grundsatz „Wir gemeinsam gegen das Problem" den Anderen als Partner für die gemeinsame Lösungsfindung sehen zu können. Das erfordert, den eigenen Standpunkt für einen Moment zu „parken" und die Interessen des Gegenübers in die Aufmerksamkeit zu rücken. Die eigenen Interessen werden dabei nicht fallengelassen, man nimmt sich einfach die Zeit, die andere Perspektive zuerst zu ergründen, bevor man zu den eigenen Interessen zurückkommt. Sowohl das Einstehen für die eigenen Überzeugungen als auch der Akt des Zuhörens nehmen durch den Perspektivwechsel einen anderen Charakter an.

Die Botschaft, die man selbst im Gespräch vertritt, wandelt sich von „Ich habe recht, du hast Unrecht!“ hin zu „Hier ist ein wichtiger Aspekt, den wir für eine Lösung berücksichtigen müssen.“ Man selbst ist dabei in der Verantwortung, die eigenen Interessen so zu formulieren, dass sie beim Gegenüber anschlussfähig sind. Das bedeutet unter anderem, auf persönliche Angriffe, emotionale Ausbrüche oder das „Bewerfen“ mit Argumenten zu verzichten, was gleichzeitig dazu beiträgt, den Konflikt nicht weiter eskalieren zu lassen.

In einer „Ich gegen dich“-Dynamik wird Zuhören oft so verstanden, Angriffe des anderen zu verstehen und sich dagegen zu verteidigen, oder sogar nur zu warten, bis man wieder mit Reden an der Reihe ist. Bei „Wir gegen das Problem“ ist Zuhören dagegen eine aktive, führende und für die Lösung entscheidende Tätigkeit. Wir hören zu, um zu verstehen, denn die unterschiedlichen Interessen können erst integriert werden, wenn man die Anliegen beider Parteien begreift. Zuhören können wir uns selbst, um unsere eigenen Anliegen klar herauszuarbeiten, vor allem aber ergründen wir die Interessen unseres Gegenübers. Was versucht dieser Mensch zu erreichen? Warum vertritt er diese Ansichten? Welche guten und unterstützenswerten Absichten kann ich darin finden?

Als Teammitglieder haben wir hier große Einflussmöglichkeiten. Bei Konflikten ins bewusste Zuhören wechseln zu können, ist eine starke und wertvolle Führungsleistung. Man verschiebt die Aufmerksamkeit auf die Interessen des Gegenübers und verlagert die Gesprächsdynamik von der Konfrontation hin zum Schulterschluss. Es ist gut, wenn mehrere oder sogar alle Teammitglieder diesen Schritt gehen können, aber oft reicht es schon, wenn einer der Beteiligten das vermag. Dafür braucht es keine grundsätzlichen charakterlichen Voraussetzungen – jeder Mensch kann zuhören. Zuhören im Konfliktfall als mächtigen Führungshebel einsetzen zu können, ist aber nicht automatisch Teil des eigenen Verhaltensrepertoires und will geübt werden. Ein bewusster und integrierender Umgang mit Dissens ist, neben der fachlichen Leistung, einer der wichtigsten Beiträge, die ein Teammitglied für den gemeinsamen Erfolg leisten kann.[272]

3.2 Bedürfnisse und individuelle Erwartungen mitteilen

Eine weitere wesentliche Führungsaufgabe des einzelnen Teammitglieds liegt darin, die Zusammenarbeit im Team so mitzugestalten, dass die eigenen Bedürfnisse und Erwartungen erfüllt werden. Die eigenen Erwartungen in das Team einzubringen, ist in der individuellen Verantwortung – niemand sonst kann das für das Teammitglied tun. Dabei ist insgesamt eine Balance zu finden: Das Team wird niemals allen eigenen Erwartungen gerecht werden können, da es auch die Interessen von Kunden, Stakeholdern, Führungskräften und der anderen Teammitglieder berücksichtigen muss. Es muss sich aber in das Leben und die Bedürfnisse von Teammitgliedern so weit integrieren, dass diese weiterhin im Team mitarbeiten können. Dazu ist es wichtig, zwischen Team und Teammitglied die Erwartungen und Bedarfe transparent zu machen und, wo nötig, zu verhandeln.

[272] Eine ausführlichere Betrachtung dieser Ideen findet sich bei Fletcher, Joyce & Käufer, Katrin (2003). *Shared Leadership. Paradox and Possibility.* In: Pearce, Craig & Conger, Jay. *Shared Leadership: Reframing the Hows and Whys of Leadership.* SAGE Publications, S. 35 ff.

Für mich als Teammitglied besteht der erste (und nicht ganz einfache) Schritt darin, sich über die eigenen Bedarfe und Erwartungen klar zu werden. Welche Bedingungen muss ich an eine Zusammenarbeit stellen, weil ich ansonsten nicht dauerhaft Teil des Teams bleiben kann oder möchte? Welche Strukturen, welches Verhalten brauche ich, um meinen Job gut machen zu können? Was sind individuelle Themen, die mich vielleicht stören, bei denen ich aber bereit bin, Kompromisse einzugehen?

Diese Erwartungen gegenüber dem Team (in einem geeigneten Rahmen!) klar und nachvollziehbar äußern zu können, ist bereits ein wichtiger Schritt. Einen schlechten Tag zu haben und dann wegen Kleinigkeiten einen Streit anzufangen, ist emotional verständlich, die dahinterliegenden Bedürfnisse sind für das Team aber kaum zu begreifen. Alles, was wir mitteilen, entfaltet im Team eine Wirkung. Wir achten deshalb darauf, was wir mitteilen, und bringen es in eine Form, in der andere uns verstehen können. Es passiert dabei schnell, dass Themen, die einen schon seit Wochen nerven, bereits beim ersten Versuch sehr energisch und grundsätzlich angesprochen werden: „Immer macht ihr…!“ Der Rest des Teams hört unter Umständen aber in diesem Moment zum ersten Mal davon und kann die emotionale Reaktion nicht nachvollziehen. Eine sachliche und auf konkrete Situationen bezogene Ansprache hilft beiden Seiten, die Situation schneller aus der Welt zu schaffen. Werkzeuge wie das SAG ES-Schema (siehe Seite 195) können helfen, die eigenen Bedürfnisse in eine verständliche Form zu bringen.

Wie erwähnt, gibt es keinen Anspruch darauf, die eigenen Vorstellungen im Team durchdrücken zu dürfen. Da Teams ihre Teammitglieder aber schätzen und halten wollen, kommen sie ihnen gern entgegen, wo es möglich ist. Für die anschließende Verhandlung und mögliche neue Vereinbarungen lassen sich einige Grundsätze aufstellen:

- **Schwerwiegende Themen sind wichtiger als nebensächliche**. Es mag offensichtlich klingen, aber es gibt einen großen Unterschied zwischen den Aussagen „Ich brauche das, sonst kann ich in diesem Team nicht mitarbeiten“ oder „Es nervt mich hin und wieder“. Wie wichtig ist das Anliegen? Geht es um ein ernsthaftes Problem, oder darum, mal etwas Stress abzulassen?
- **Einzelfälle sind leichter zu lösen als Grundsatzfragen.** Ein Teammitglied, das im Büro gerade mit einem Kunden telefoniert, während sich nebenbei zwei der Kollegen unterhalten, könnte natürlich eine allgemeine Diskussion über Situationsbewusstsein und gegenseitige Rücksichtnahme aufmachen. Aber würde das helfen? Meist ist es leichter, situationsbezogen zu bleiben: „Ich muss kurz telefonieren. Könnt ihr dafür rausgehen?“ Die Chancen stehen gut, dass die anderen beim nächsten Mal schon von allein darauf achten werden.
- **Arbeitsbezogene Bedürfnisse bekommen höhere Priorität als private.** Dinge, die das Teammitglied braucht, um seinen Job gut machen zu können, bekommen höhere Priorität als nicht arbeitsbezogene Interessen. Das bedeutet: Wer mit einem Kunden telefonieren will, kann den Rest bitten, kurz den Raum zu verlassen oder leise zu sein. Wer seinen Hausarzt anrufen will, geht besser selbst vor die Tür.
- **Ziel ist, die kleinstmögliche Lösung zu finden.** Um im Beispiel zu bleiben: Wenn sich zwei Teammitglieder im Hintergrund über ihren Urlaub unterhalten, kann man sie kurz bitten, das draußen zu tun. Wenn acht Teammitglieder in der Mitte einer Arbeitssession stecken, ist es vielleicht einfacher, den Raum selbst zu wechseln. Dazu gehört auch, zurückhaltend bei der Einführung offizieller Regeln oder anderer Teamstrukturen zu sein, vor allem, wenn sich die konkrete Situation mit einem einzigen

Satz lösen lässt. Oder: Wenn ein Teammitglied lärmempfindlich ist, lassen sich vermutlich leichter Ohrstöpsel anschaffen, als dass das Team nur noch in Flüsterlautstärke kommunizieren darf.

Insgesamt ist es Aufgabe des Teammitglieds, selbst zu formulieren, was es vom Team braucht, um weiterhin motiviert, engagiert und konstruktiv mitarbeiten zu können. Vom Team kann es insofern Entgegenkommen erwarten, wie das Team durch veränderte Zusammenarbeit diesen Interessen mit vertretbarem Aufwand gerecht werden kann. Einen Anspruch darauf, dass sich das Team zum Beispiel mit der Lösung privater Probleme beschäftigt, hat das Teammitglied nicht, genauso wenig wie das Team ein Mitspracherecht in privaten Herausforderungen oder Abläufen der eigenen Psyche hat.

Abschließend: Wenn Bedürfnis, Lösung und Konsequenzen im Wesentlichen beim einzelnen Teammitglied liegen, muss das Team meistens nur informiert werden: „Hey zusammen, ich muss heute zwei Stunden früher gehen, ich habe noch einen Termin beim Arzt. Ich setze mich heute Abend zuhause hin und hole die Themen nach."

3.3 Wertschätzung und Empathie als Einflusswerkzeuge

Wie oft kommt es in unserem Arbeitsalltag vor, dass andere Menschen uns mit Erwartungen, Forderungen, Vorwürfen oder Kritik begegnen – und wie oft mit Dankbarkeit und Anerkennung? Wie oft sprechen Menschen im Dialog vor allem über ihre Bedürfnisse und Vorstellungen, und wie oft über den Wert der Beiträge ihres Gegenübers? Was wird wohl mehr Einfluss auf das Denken und Verhalten von anderen Menschen haben: Das, was ihnen ohnehin schon den ganzen Tag begegnet, oder ihre seltenen und außergewöhnlichen Erlebnisse?

Mein Eindruck ist, dass der Arbeitsalltag in den meisten Organisationen vor allem unter negativen Aspekten wahrgenommen wird: Erwartungsdruck, Leistungsdruck, Zeitdruck, Kritik, Perfektionismus, Risiko, Unsicherheit, widersprüchliche Vorstellungen, Meinungsverschiedenheiten, zwischenmenschliche Konflikte. Der Fokus auf Probleme und Kritik ist bei uns insgesamt kulturell tief verankert: „Nicht geschimpft ist genug gelobt" beschreibt den Umgang oft recht treffend. Wer in dieser Gemengelage auffallen und Eindruck hinterlassen möchte, muss sich anderer Wege bedienen. Es ist leicht zu übersehen, wie mächtig Anerkennung, Wertschätzung und Dankbarkeit aufgrund der schlichten Tatsache sein können, dass sie in Teams und Organisationen vergleichsweise selten sind.

In seinem Klassiker „How to win friends and influence people" aus dem Jahr 1936 schreibt Dale Carnegie:

> *„Es gibt keinen anderen Weg, jemanden dazu zu bringen, daß er tut, was wir wünschen, als daß man ihm gibt, was er wünscht. […] [Und] der stärkste Trieb in der menschlichen Natur ist der Wunsch, bedeutend zu sein."*[273]

[273] Auf Deutsch erschienen als Carnegie, Dale (2011). *Wie man Freunde gewinnt: Das einzige Buch, das Sie brauchen, um beliebt und einflussreich zu sein.* Fischer. S. 60.

Damit ist nicht gemeint, Menschen nach dem Mund zu reden oder flachen Führungskräfteratgebern zu folgen: „Loben Sie ihre Mitarbeiter mehr!" Menschen zu schmeicheln, um eigene Interessen zu erreichen, wäre manipulativ, und kopftätschelndes Loben („Das hast du aber gut gemacht!") wäre herablassend. Es geht darum, sichtbar Anerkennung zu zeigen, wenn andere Menschen unsere Erwartungen erfüllen oder übertreffen und damit einen konkreten Mehrwert für uns und unsere eigenen Ziele erzeugen. Dafür braucht es kein Lob, mit der man sich zum Richter über die Leistung anderer erhebt, sondern ernst gemeinte Wertschätzung: „Danke für das, was du tust – du hilfst mir damit wirklich weiter." Anstatt mögliche Schwächen anderer zu kritisieren, können wir auch ihre Stärken ermutigen und ihnen spiegeln, welche positive Wirkung ihr Handeln auf das Leben anderer hat. Ich bin immer wieder berührt, wie beeindruckt Menschen reagieren, wenn man ihre Leistung wahrnimmt, heraushebt und anerkennt, und die Rückmeldung, dass ihre Arbeit einen Unterschied macht, wird ihr weiteres Handeln erheblich prägen.

Hin und wieder begegnet mir die Frage: „Aber was, wenn es nichts gibt, das man wertschätzen könnte?" Ehrlich gesagt, dann sucht man nicht gründlich genug. Es gibt immer etwas, was man anerkennen kann, und wer es finden möchte, wird es finden, selbst wenn es nur die Tatsache ist, dass ein Teammitglied weiterhin freiwillig im Team mitarbeitet und sich jeden Tag engagiert, obwohl es laufend mit Rückschlägen konfrontiert wird. Je kleiner die Beiträge dabei auf den ersten Blick erscheinen, desto wahrscheinlicher ist es, dass sie noch nie jemand wahrgenommen und gespiegelt hat, und desto mehr Eindruck wird es hinterlassen, das zu tun: „Übrigens, danke dass du heute schon wieder die Kaffeeküche aufgeräumt hast – das ist nicht selbstverständlich."

Wertschätzung ist ein hervorragendes Hilfsmittel, um mit Blick auf die Vergangenheit bestimmtes Verhalten zu bestärken. Mit Blick auf die Zukunft stellt Dale Carnegie diesem ein zweites Werkzeug zur Seite: Empathie.

> *„Deshalb gibt es auf der ganzen Welt nur eine einzige Methode, um andere Menschen zu beeinflussen: mit ihnen über das zu sprechen, was sie haben möchten, und ihnen zeigen, wie* ***sie*** *es bekommen können."*[274]

Seien wir ehrlich: Wir können den ganzen Tag anderen erzählen, was wir selbst gern hätten, welche Erwartungen wir haben, wie unsere Vorstellungen sind und unter welchen Bedingungen wir ihre Arbeit als gut oder schlecht bewertet werden. Das, was Menschen antreibt und motiviert, sind Interessen, die *ihnen selbst* am Herzen liegen. Solange wir diese Motivatoren nicht verstehen, können wir sie auch nicht ansprechen. Wirkliche Führung liegt nicht darin, andere gegen ihren Willen zum Gehorsam zu zwingen, sondern Wege zu finden, wie sich unsere eigenen Interessen mit den Interessen unseres Gegenübers in Übereinstimmung bringen lassen. dm-Gründer Götz Werner findet in seiner Autobiographie dazu klare Worte:

> *„Viele Menschen verwechseln Führung mit Manipulation: Man müsse den anderen dazu bringen, dass er etwas macht, was er eigentlich gar nicht will, aber so, dass er glaubt, er habe es gewollt. Wie zynisch! Wie menschenverachtend! [...] Führen funktioniert nicht, indem man den Menschen Wurstscheibchen vor die Nase hält, so wie man einen Hund zum Springen bringt. Die meisten Menschen meinen, Führen*

[274] Ebd., S. 80.

heißt Druck aufbauen. Das ist ein Irrtum. Man darf nicht Druck aufbauen, sondern man muss einen Sog entfachen. Sinn hat eine unglaubliche Sogwirkung."[275]

Einflussreiche Gespräche drehen sich daher vor allem um das, was unser Gegenüber möchte. Was motiviert ihn oder sie, welche Sorgen hat dieser Mensch? Wie kann das, was ich will, zu diesen Interessen beitragen? Dabei geht es nicht um das Verdrehen von Absichten („Es wäre doch auch für dich toll, ein paar Überstunden arbeiten zu können!"), sondern um das Aufbauen von Empathie und darum, das eigene Anliegen so zu verpacken, dass unser Gegenüber es als Chance, und nicht als Bedrohung erkennen kann.

Die tiefere Erkenntnis liegt hier darin, dass wir „Einfluss nehmen" nicht damit verwechseln sollten, anderen einfach zu sagen, wie sie sich verhalten sollen. Die Vorstellung, dass wir das Verhalten von anderen steuern könnten, legen wir besser früher als später ab, sie wird alle Beteiligten nur unglücklich machen. Was wir dagegen verändern können, ist unser eigenes Verhalten, und jede Änderung daran wird erhebliche Wirkung auf unser Umfeld haben. Die Anpassung des eigenen Verhaltens ist eine der wirkungsvollsten und mächtigsten Führungsmechanismen, die uns im Team und in anderen Kontexten zur Verfügung stehen.

3.4 Verhaltensweisen, die Teamkultur prägen

Was kann ich, als einzelnes Teammitglied, sonst noch tun, um mein Team in seiner Arbeit und Selbstorganisation zu unterstützen und zum gemeinsamen Erfolg zu führen? Es ist klar, dass aufgabenorientierte, inhaltliche Beiträge nur ein Teil dessen sind, was Teammitglieder für das Team leisten. Prozessorientierte Beiträge, also Strukturierung, Orientierung, Aufmerksamkeit, Unterstützung, Solidarität, Wertschätzung, Stressabbau und Mitgefühl sind in den Ergebnissen nicht immer zu sehen, aber für die Zielerreichung des Teams ebenso wichtig. Auch wenn sich Teamkultur nicht einfach per Entscheidung ändern lässt, hat das eigene Verhalten große Auswirkung auf sie und etabliert einen Standard, an dem sich andere orientieren können. Insgesamt lässt sich gute Mitarbeit im Team unter fünf großen Begriffen zusammenfassen:

- **Offenheit**
  Offenheit bedeutet, Informationen nicht zurückzuhalten, egal ob das Fragen oder Ideen, Anerkennung oder Kritik sind. Nur das, was ich mitteile, kann in das Teambewusstsein eingehen. Daher teile ich meine Sichten und Wahrnehmungen ehrlich und eigeninitiativ, immer dann, wenn meine Perspektive für das Team wertvoll sein könnte.

  Wenn ich mit etwas Schwierigkeiten habe, Erwartungen nicht erfüllen kann oder mich unsicher fühle, gehe ich mit diesen Herausforderungen offen um, biete eine realistische Selbsteinschätzung meiner Fähigkeiten und Möglichkeiten an und suche eigenständig Unterstützung, sobald ihre Notwendigkeit absehbar wird. Umgekehrt

[275] Werner, Götz (2013). *Womit ich nie gerechnet habe.* Ullstein. S. 108.

teile ich das, was ich habe, offen mit allen, die es brauchen können. Mein Wissen und Können stelle ich denen zur Verfügung, die dadurch ihre Arbeit besser machen können. Ich halte Dinge nicht zurück, nur weil sie später nützlicher für mich sein könnten, sondern biete Hilfe an, wenn sie gebraucht wird.

- **Verbindlichkeit**
  Mein Team kann sich auf mich verlassen. Ich verspreche nur, was ich halten kann, und halte, was ich versprochen habe. Ich bin pünktlich und zuverlässig. Wenn ich etwas erledigen muss, packe ich es an und mache es gut, anstatt eine halbgare Lösung zu produzieren, die mehr Probleme erzeugt als sie löst. Im Sinne einer guten Arbeitsbeziehung achte ich darauf, meinem Umfeld das Leben leichter und nicht schwieriger zu machen.

  Ich verstehe, dass es meine freiwillige Entscheidung war, im Team mitzuarbeiten. Bis zu dem Tag, an dem diese Mitarbeit endet, stehe ich zu meiner Entscheidung und damit zu meinem Team. Ich darf mal einen schlechten Tag haben, angeschlagen sein oder früher Feierabend machen, aber insgesamt engagiere ich mich bereitwillig für mein Team und die gemeinsame Sache.

- **Courage**
  Ich werde das tun, was notwendig ist, damit das Team mit seinen Themen erfolgreich sein kann. Dazu gehe ich auch unangenehmen Gesprächen nicht aus dem Weg, wenn sie notwendig sind. Probleme spreche ich offen an, sobald ich sie wahrnehme, und mache meine Mitmenschen auf mögliche Risiken in ihren Themen aufmerksam. Meine Arbeit erledige ich entlang professioneller Standards und auf einem Qualitätsniveau, auf das wir stolz sein können.

  Ich werde nicht um Erlaubnis bitten, meine Arbeit richtig machen zu dürfen, sondern tue selbstverständlich das, was für eine ordentliche und dauerhaft tragfähige Lösung notwendig ist. Ich biete eher meinen Rücktritt aus dem Team an, als meine professionellen Grundsätze zu opfern, und erinnere mich und meine Teammitglieder an unsere gemeinsamen Vereinbarungen, wenn es nötig ist.

- **Fokus**
  Ich habe mich, meine Kommunikation und meine Arbeit im Griff. Ich weiß, auf welches Ziel wir gerade hinarbeiten und worauf es in der Situation ankommt, ob das im Arbeitsalltag, im Meeting oder auf einer strategischen Ebene ist. Falls nicht, lenke ich die Aufmerksamkeit auf diese Fragen. Das große Ganze habe ich im Blick, und priorisiere meine Zeit, meine Arbeit und meine Aufgaben so, dass wir das beste mögliche Ergebnis für das Team erreichen. Ich verstehe, wann das Team von mir Führung und wann Mitarbeit braucht, und folge anderen bereitwillig, wenn ihr Vorgehen das Team voranbringt.

  Ich tue das, was nötig ist, auf hohem Niveau, ohne dabei in Perfektionismus zu verfallen. Ich verstehe, dass „Gut genug für heute" in den meisten Fällen ausreicht, und wir Ergebnisse, Strukturen und Vereinbarungen immer noch später verbessern können, wenn wir mehr Informationen haben. Ich verstehe, dass ich nicht immer meinen eigenen Willen durchsetzen kann, und bin nicht nur zu Kompromissen und neuen, integrierenden Lösungen bereit, sondern lasse auch Entscheidungen meiner Teammitglieder gelten, die ich selbst an ihrer Stelle vielleicht anders getroffen hätte.

- **Respekt**
  Ich begegne meinen Teammitgliedern, unseren Stakeholdern, Kunden, Führungskräften und anderen Mitgliedern der Organisation kollegial und auf eine Art, die für erwachsene, kompetente Profis angemessen ist. Schwierige Gespräche führe ich klar, sachlich und lösungsorientiert. Ich übernehme Verantwortung für meine eigenen Emotionen und Bedürfnisse, anstatt sie anderen zur Last zu legen. Wenn ich mich aus der Ruhe bringen lasse, ist das mein Problem, nicht ihres.
  Ich bin in der Lage zu erkennen, wann Sarkasmus und Kommentare von der Seite angebracht sind und wann nicht, und verkneife sie mir gegebenenfalls. Ich nehme die anderen mit ihren Sichten ernst, auch und gerade, wenn sie von meinen abweichen. Die Beiträge, die sie leisten, sehe und schätze ich, anstatt mich innerhalb meiner bescheidenen Expertise überlegen zu fühlen.
  Ich werde meine Mitmenschen nicht wie Kleinkinder oder Dummköpfe behandeln. Ich werde nicht versuchen, sie zu erziehen, zu missionieren oder zu dem zu führen, was ich für „gesunden Menschenverstand" halte. Vor allem aber bin ich überzeugt, dass wir alle jeden Tag einfach nur gute Arbeit machen wollen, auch wenn das mal besser und mal schlechter gelingt – und ich gebe mir Mühe, die Beweggründe der anderen nachzuvollziehen und mich in ihre Lage zu versetzen, egal, wie abwegig ihr Verhalten manchmal für mich auch sein mag.

Natürlich widersprechen sich diese Anforderungen ein Stück weit. Im Alltag werde ich mich entscheiden müssen, ob ich ein Problem offen anspreche oder mich respektvoll zurückhalte, ob ich eher ein mutiges oder ein pragmatisches Ergebnis anstrebe. Oft sind Mittelwege der Schlüssel zu einer guten Lösung.

Insgesamt sind die Ansprüche, die dieses Buch an das Teammitglied formuliert, hoch. Das ist eine bewusste Entscheidung – es ist eine Idealvorstellung, und Ideale müssen nicht unbedingt erreicht werden. Sie sollen kreative Spannung erzeugen. Ihnen nicht gerecht zu werden, ist daher nicht schlimm, solange unsere Reaktion nicht darin besteht, die Ansprüche an sich selbst zu senken. Wer versucht, jeden Tag ein klein wenig besser im Team mitzuarbeiten, wird über die Zeit den eigenen Fortschritt und den des Teams sicher spüren können.

4. Die Rolle der Teamleitung

„Beginnen wir mit der grundsätzlichen Situation, in der ich mich als Führungskraft befinde. Ein Wesensmerkmal dieser Situation ist die Widersprüchlichkeit der Anforderungen."
Friedemann Schulz von Thun[276]

In den wenigsten Organisationen arbeiten Teams einfach losgelöst. Meistens sind Teams in irgendeine Form von Hierarchie eingebettet und haben eine oder sogar mehrere formale Führungskräfte, denen sie zugeordnet sind. Noch einmal: Der Begriff „formal"

276 Schulz von Thun, Friedemann & Ruppel, Johannes & Stratmann, Roswitha (2018). *Miteinander reden: Kommunikationspsychologie für Führungskräfte* (eBook-Ausgabe). Rowohlt. S. 15.

ist nicht wertend gemeint, sondern drückt nur aus, dass diese Führungsrolle auf einem offiziellen, meist rechtlich bindenden Weg (z.B. mit einem Vertrag) eingenommen wird. Es geht also darum, dass die Rolle *formalisiert* ist, nicht darum, dass die Rolleninhaber dabei formell auftreten.

Selbstorganisierte Teams sind als Zusammenarbeitsform ein Stück weit besonders, weil für sie eine formale Leitungsrolle optional ist. Klassische Abteilungen oder Projekte setzen Leitung strukturell voraus und funktionieren nicht ohne sie, selbstorganisierte Teams schon. Unabhängig von der Frage, ob das Team eine gemeinsame Leitung hat, können Teammitglieder natürlich individuell Vorgesetzte haben. Ein Team, bei dem Teammitglieder individuell Vorgesetzte haben, aber bereichsübergreifend ohne Teamleitung zusammenarbeiten, wäre in unserem Verständnis weiterhin ein Team ohne offizielle Leitung. Teammitglieder klären ihre organisatorischen Themen hier individuell mit ihren jeweiligen Vorgesetzten, aber im Alltag leitet sich das Team selbst.

Grundsätzlich schließt die Selbstorganisation eines Teams es nicht aus, dass es eine offizielle Teamleitung gibt. Gegenüber klassischer Teamleitung mit Koordinations- und Entscheidungsaufgaben unterscheidet sich die Leitung eines selbstorganisierten Teams jedoch erheblich. In diesem Abschnitt betrachten wir die Konsequenzen von Selbstorganisation auf die Teamleitungsrolle und sammeln Ideen für die produktive Zusammenarbeit mit einem Team, das sich im Wesentlichen selbst strukturiert und organisiert.

4.1 Die Funktion formaler Hierarchie

Hierarchie hat eine wichtige Funktion für die Organisation. Diese hängt – wieder einmal – mit dem Prinzip zusammen, dass Entscheidung, Verantwortung und Information untrennbar zusammenhängen.

Bei den meisten Entscheidungen, Verantwortungen und Informationen in der Organisation können wir im Grunde recht frei festlegen, wann sie wie bei wem liegen sollen. Es gibt aber Ausnahmen, zu denen etwa die rechtliche Haftung gehört, wenn jemand zu Schaden kommt oder die Organisation fahrlässig oder illegal handelt. Diese Verantwortung ist in unserem Wirtschaftssystem fest den Eigentümern, Geschäftsführung und (teilweise) leitenden Angestellten der Organisation zugewiesen. Sollte in der Organisation ernsthaft etwas schiefgehen, werden sie dafür zur Rechenschaft gezogen, manchmal über den Jobverlust hinaus mit Geld- oder sogar Gefängnisstrafen.

Damit Menschen dieser Verantwortung gerecht werden können, brauchen sie Informationen über das, was geschieht, und Entscheidungsbefugnisse, um im Notfall eingreifen zu können. Sobald die Organisation so groß wird, dass einzelne Menschen sie nicht mehr überblicken können, wird eine Struktur nötig, die diese Informationen zusammenträgt und Entscheidungen umsetzt, in der also die formale Macht der Eigentümer und Geschäftsführung an andere delegiert wird. Wir nennen diese Struktur die *Formalhierarchie*, und sie muss *mindestens* den Eigentümern und oberen Führungsebenen die Erfüllung ihrer gesetzlich vorgesehenen Aufgaben möglich machen. Das *Organigramm* einer Organisation bildet in der Regel nicht die Wertschöpfung, sondern die Formalhierarchie ab. Aus ihm ist nicht abzulesen, wie Wert für Kunden erzeugt wird, sondern wie Informationen zusammengetragen und Entscheidungen delegiert werden.

Das ist Absicht. Wertschöpfung muss die Formalhierarchie nicht organisieren, das können Teams im direkten Kundenkontakt besser. Typischerweise sind die Entscheidungswege der Hierarchie ohnehin zu langsam und unflexibel für den schnelllebigen Alltag. Hierarchie muss aber möglichen Schaden von der Organisation und ihren Eigentümern abwenden können. Dazu braucht sie Möglichkeiten, um Informationen zusammenzutragen (zum Beispiel, in dem der Status von Themen abgefragt wird), Weisungen zu erteilen (zum Beispiel, eine Schulung zu besuchen) oder bestimmte Handlungen zu verbieten (zum Beispiel Diebstahl oder die Zahlung von Schmiergeldern). Hierarchie kann Menschen (durch Arbeitsverträge) rechtlich bindend in die Organisation einladen. In seltenen Fällen braucht sie auch das Recht, Menschen aus der Organisation ausschließen zu können, etwa wenn deren Verhalten die Organisation gefährdet oder die Zahlungsunfähigkeit droht. Überall dort, wo die Zusammenarbeit einen offiziellen rechtlichen Rahmen hat (also in einem Verein, einer Gesellschaft, einer Genossenschaft, einer Körperschaft des öffentlichen Rechts o.ä. stattfindet), braucht es Formalhierarchie in irgendeiner Weise als Struktur.

4.2 Welche Aufgaben bleiben bei einer Teamleitung?

Eine Kernaufgabe der Teamleitung (oder nächsthöheren Führungsebene) besteht also darin, als Teil der Formalhierarchie die Interessen der Organisation (nicht: der Kunden!) und der Eigentümer gegenüber dem Team zu vertreten. Dazu gehört, eingreifen zu können, wenn das Handeln des Teams der Organisation schaden könnte. Das hat auch für das Team eine Schutzfunktion, und die meisten Teams wünschen es sich ausdrücklich: „Stoppe uns bitte, bevor wir einen schlimmen Fehler machen." Im Alltag wird es häufiger bedeuten, Entscheidungen von „weiter oben" gegenüber dem Team zu vertreten, auch wenn diese Aufgabe recht undankbar sein kann:

> *„Vereinfacht könnte das heißen, dass Linienentscheidungen, die z.B. von der Geschäftsleitung gefällt oder in ihrem Auftrag durchzuführen sind, auch als solche klar kommuniziert werden, da von ihrer verbindlichen Einhaltung die Sicherung des Unternehmens oder gar dessen Überleben abhängt."*[277]

> *„Eine Führungskraft sollte erst dann handeln, wenn das Erreichen [des] Zieles gefährdet ist. Häufig handeln Führungskräfte auch früher, und zwar entweder, um sich abzusichern, dass alles richtig läuft, oder wenn sie annehmen, dass ihre eigenen Ideen schneller oder besser zum Ziel führen als das, was das Team gerade tut. […] Die Führungskräfte, mit denen wir sprachen, mischen sich nicht in Inhalte ein, führen die Teams nicht vom Ziel her und beziehen sich deutlich weniger auf die Zukunft. Sie sehen ihre Aufgabe vielmehr darin, die Arbeitsfähigkeit der Teams und ihre Wirksamkeit in die Organisation hinein abzusichern. Der Fokus der Führung liegt im Hier und Jetzt. Sie stoppen die Teams nicht im Tun."*[278]

---

[277] von Haug, Christoph (2009): *Erfolgreich im Team*. 4. Auflage, Beck-Wirtschaftsberater im dtv. S. 47.

[278] Brinkmann, Babette & Schattenhofer, Karl (2022). *Erfolgreiche Teams in der Selbstorganisation*. Vahlen, S. 182.

Dazu gehört auch, dem Team als Verhandlungspartner für die Grenzen seines Verantwortungsbereichs zur Verfügung zu stehen. Das Team kann seinen Entscheidungsraum nicht einfach nach Belieben abstecken, Verantwortung muss im gegenseitigen Einvernehmen verlagert werden. Die Aufgabe der Teamleitung ist es, in diesem Dialog stellvertretend für das Teamumfeld und die Organisation zu sprechen und dabei auch Erwartungen und Befürchtungen klar auszudrücken. Das Team kann sich seine Freiräume nicht nach Belieben aussuchen, sondern muss zeigen können, dass es für die Übernahme bestimmter Formen der Verantwortung bereit ist.

Im Wesentlichen besteht die Aufgabe dabei darin, das Team zur Selbstorganisation zu *autorisieren*, also zu entscheiden, dass das Team selbst weitreichende Entscheidungen treffen darf. Da das nur über formale Macht möglich ist, kann das Team sich nicht „selbst ermächtigen". Dazu gehört, das Team vor möglichen Durchgriffen der Hierarchie zu schützen, da sich das Team mangels formaler Macht nicht gegenüber Erwartungen der Hierarchie behaupten kann. Die Autorität der Teamleitung steckt einen Schutzraum ab, in dem das Team auch auf eine Art und Weise handeln darf, die Stakeholdern nicht immer gefallen muss. Die Botschaft nach außen ist: „Das Team macht nicht einfach, was es will, sondern handelt mit meinem Wissen und meiner Billigung – wenn euch das nicht gefällt, sprecht bitte mit mir."

Eine dritte Aufgabe besteht typischerweise darin, diejenigen Aufgaben zu übernehmen, für die die Organisation oder der rechtliche Rahmen formale Autorität verlangen. Oft gehören dazu personalrechtliche Fragen wie Einstellungen, Entlassungen, Versetzungen, Beförderungen oder Gehaltsanpassungen. Typischerweise geben selbstorganisierte Teams diese Art von Aufgaben mit hohem Konfliktpotenzial auch gern ab:

> *„... teilweise lehnen die Teams diese Aufgaben ab und delegieren sie gezielt nach außerhalb. Die Teams betrachten das weniger als Einschränkung ihrer Autonomie, sondern vielmehr als Entlastung und Schutz vor Konflikten. Tatsächlich sind Personalfragen der einzige Bereich, in dem die Teams explizit kein Mehr an Selbststeuerung wünschen."*[279]

Ausnahmen bestätigen auch hier die Regel – im Zweifelsfall sprechen am besten Team und Teamleitung darüber, wie die Verantwortung genau verteilt sein soll.

Hinzu kommen all diejenigen Aufgaben, die man gemeinsam beim Abstecken des Team-Verantwortungsbereichs[280] gemeinsam herausdefiniert hatte, für die das Team also nach der gemeinsamen Vereinbarung offiziell nicht zuständig ist. Genauso wenig, wie Aufgaben vom Team fallen gelassen oder vernachlässigt werden sollten, sollte die Entscheidung „Das Team wird das *nicht* tun" bedeuten, dass es niemand tun wird. Aufgaben, die das Team nicht übernimmt, fallen auf die Teamleitung beziehungsweise die nächste Hierarchieebene zurück und müssen dort erledigt werden.

Eine offizielle Teamleitung leistet für den Erfolg eines selbstorganisierten Teams einen wichtigen Beitrag: Sie stellt die formale Autorität zur Verfügung, die das Team für einige Teile seiner Arbeit benötigt.

279 Ebd. S. 139.
280 Vgl. dazu den entsprechenden Abschnitt im Kapitel „Kontextintegration" ab Seite 128.

All das soll nun nicht heißen, dass die *Person* der Teamleitung den ganzen Tag nur Machtentscheidungen kommunizieren und personalrechtliche Abläufe bedienen sollte. Als Job wäre das wohl sehr unbefriedigend. Es bedeutet aber, dass die *Rolle* der Teamleitung um alle Aufgaben entlastet wird, die das Team auch selbst übernehmen kann und will. Der Rolleninhaberin steht es natürlich frei, andere Themen zu übernehmen, sich inhaltlich einzubringen oder mit dem Team auf andere Art zusammenzuarbeiten. Auch formal Vorgesetzte dürfen selbstverständlich kompetent, beliebt, engagiert und produktiv sein, diese Eigenschaften haben nur nicht unbedingt etwas mit ihrer Vorgesetztenrolle zu tun.

4.3 Teaminterne oder teamexterne Leitung?

Immer wieder haben wir in diesem Buch den Grundsatz betont, dass das Team nur dann gemeinsame Verantwortung übernehmen kann, wenn es klare Außengrenzen hat. Dazu gehört, eindeutig festzulegen, wer Teil des Teams ist und wer nicht. Dieser Grundsatz macht auch vor der Teamleitung nicht halt. Man könnte nun meinen, dass eine Teamleitung allein schon vom Namen her „Teil des Teams" sein müsse. Wenn wir das Team als Verantwortungsgemeinschaft betrachten, sieht die Realität in vielen realen Fällen aber anders aus.

Eine der grundlegenden Entscheidungen für eine Teamleitung ist also, ob sie sich auf die formalhierarchische Rolle (als „Stakeholder-Führungskraft") zurückziehen oder sich (als „leitendes Teammitglied") in die wertschöpfende Arbeit des Teams mit einbringen will. „Drinnen" bedeutet, an der Alltagsarbeit des Teams unmittelbar beteiligt zu sein, Ergebnisse zu erarbeiten und für diese gemeinsam Verantwortung zu übernehmen. Die Rolle „draußen" ähnelt dagegen eher der Rolle der Stakeholder des Teams, wenn auch mit der Besonderheit formaler Weisungsbefugnis. Beide Varianten sind denkbar und begegnen mir in der Praxis regelmäßig. Mittelwege funktionieren dagegen selten gut – für das Team stellt eine Leitung, die im Alltag mitentscheiden, aber Ergebnisse nicht selbst erstellen und verantworten will, eher einen Störfaktor als eine willkommene Unterstützung dar.

Teamintern: Das „Leitende Mitglied"

Leitende Mitgliedschaft im Team gelingt am besten, wenn man sie sich in Form zweier unterschiedlicher Rollen vorstellt. Sowohl die Rolle der Teamleitung als auch die des Teammitglieds können dabei weitgehend unverändert bleiben, im Alltag wird zwischen ihnen einfach gewechselt. Wir können es uns so vorstellen, dass die Führungsperson sowohl Teammitgliedschaft als auch Teamleitung „in Teilzeit" ausfüllt. Meistens läuft es darauf hinaus, den Großteil der Zeit wie ein normales Teammitglied aufzutreten, Aufgaben zu übernehmen, Strukturen zu gestalten und inhaltliche Ergebnisse zu erstellen. Immer, wenn es nötig ist, kann in die Rolle der Teamleitung gewechselt und aus dieser heraus mit formaler Autorität gesprochen werden.

Vor allem für Menschen, für die die Arbeitsthemen des Teams persönliche Motivationsfaktoren oder „Herzensthemen" darstellen, ist dieser Weg oft einfacher, als von außen zusehen zu müssen. Die offensichtliche Herausforderung besteht darin, die häufigen

Rollenwechsel für alle transparent und nachvollziehbar zu halten, damit immer klar ist, ob gerade das Teammitglied einen Wunsch oder die Teamleitung eine Anweisung ausdrückt. Mein Team bei Chili and Change, in dem auch zwei Geschäftsführer mitarbeiten, hat für diese Situationen die Geste des „Hut-Aufsetzens" etabliert. Die Geste markiert für alle sichtbar: Achtung, die folgende Aussage ist als offizielles Statement eines „Chefs" zu verstehen! Trotzdem kann es im Alltag immer wieder kleinere Unsicherheiten über die Abgrenzung zwischen den Rollen und Verhaltensweisen geben, die hoffentlich geklärt, manchmal aber auch als Missverständnisse weitergetragen werden.

Teamextern: Die Stakeholder-Führungskraft

Für eine „außen" stehende Teamleitung ist die Situation eindeutiger: Team und Teamleitung arbeiten weitgehend eigenständig und respektieren jeweils den Verantwortungs- und Entscheidungsbereich der anderen Partei. Wie bei anderen Stakeholdern auch, sollten gegenseitige Erwartungen regelmäßig besprochen und geklärt werden. Angesichts der weitreichenden Entscheidungen, die die Teamleitung „theoretisch" in Bezug auf das Team treffen könnte, wird das Team die Erwartungen seiner Teamleitung oft höher priorisieren als die von anderen. Sie sollte daher darauf achten, dass diese nicht im Widerspruch zu den Erwartungen von Kunden und anderen Stakeholdern stehen, um das Team nicht unnötig vor Interessenskonflikte zu stellen.

Eine Herausforderung teamexterner Leitung kann darin liegen, mit eher dürftigen Informationen gegenüber Dritten das Handeln des Teams rechtfertigen zu müssen. Probleme werden an die Teamleitung erst herangetragen, wenn sie bereits über das Team hinaus Aufmerksamkeit erregt haben, oder Kunden verlangen eine Erklärung für Ereignisse, von denen die Teamleitung bisher keine Kenntnis hatte. Das kann die Teamleitung in ein Dilemma bringen: Von außen in das Team einzugreifen, würde die gerade etablierte Selbstorganisation empfindlich stören (mit erheblicher demotivierender Wirkung[281]), nach außen auf die Eigenständigkeit des Teams zu verweisen kann dagegen als „Führungsschwäche" gedeutet werden. Es ist sinnvoll, als Teamleitung zumindest an größeren Regelterminen des Teams (z.B. Review-Meeting) teilzunehmen, um einen regelmäßigen Überblick über das aktuelle Geschehen zu bekommen.

Unter allen Umständen müssen Team und Teamleitung vermeiden, sich als Kontrahenten auf unterschiedliche Seiten eines organisationalen Konflikts ziehen zu lassen. Die beiden Rollen sind keine Gegner! Aufgrund der fehlenden „Waffengleichheit" ist die Gefahr groß, dass eine Auseinandersetzung die Beziehungen dauerhaft beschädigen, die Selbstorganisationsprozesse stören und zur Abwanderung von Teammitgliedern führen könnte.

Ein weiterer schwerer Fauxpas, den es zu vermeiden gilt, ist der Versuch, Aufgabenzuteilung, inhaltliche Arbeit und Ergebnisleistung einzelner Teammitglieder zu steuern. Mikromanagement einzelner Personen stört die kollektive Verantwortung des Teams und verschiebt die Arbeitsweise schnell in Richtung Arbeitsgruppe. Für eine teaminterne Leitung mag Einflussnahme hier noch in Ordnung sein, wenn sie als Teil der

[281] Das zentrale Problem externer Eingriffe ist nicht nur die Missachtung des Verantwortungsbereichs, sondern das harte negative Feedback, welches in der Handlung mitschwingt: „Ihr habt es nicht hinbekommen."

internen Selbstorganisation verstanden wird. Von außen in die Verantwortungsverteilung innerhalb des Teams einzugreifen, wäre dagegen ein Fehler. Wenn das Team als Team arbeiten und sich wie ein Team anfühlen soll, muss sein Umfeld es auch wie ein Team behandeln. Dazu gehört, die Verantwortung für die gemeinsame Leistung beim Team zu belassen, den „Ergebniszug" in die Verantwortung der Kunden zu geben und eigene Erwartungen und Arbeitsaufträge nicht bei einzelnen Teammitgliedern, sondern im normalen Arbeitsprozess mit Warteschlange, Planung und Review zu platzieren:

> *„Die Aufgabe des Managers besteht nicht darin, als Ersatzkunde zu fungieren, sondern dem Team dabei zu helfen, die Standards zu ermitteln, die von seinen wirklichen Kunden verwendet werden, und dann alles zu tun, was dem Team hilft, diese Standards zu erfüllen."* [282]

> *„Wenn Sie ein Team gut führen wollen, müssen Sie zunächst sicherstellen, dass Sie überhaupt ein Team haben, das Sie führen können – und es dann auch als Team und nicht als eine Gruppe von Einzelpersonen behandeln. […] Ein großer Teil der organisatorischen Arbeit wird heutzutage von Gruppen von Menschen geleistet, die als „Teams" bezeichnet werden, aber in Wirklichkeit Arbeitsgruppen sind. Manager in Organisationen […] mögen die Hoffnung hegen, dass sie die weithin angepriesenen Vorteile der Teamarbeit nutzen können, während sie weiterhin das Verhalten der einzelnen Mitglieder direkt steuern. Diese Hoffnung ist unangebracht: Wenn man die Vorteile von Teamarbeit nutzen will, muss man dem Team die Arbeit geben."*[283]

Eine Ausnahme von diesem Grundsatz sind personalrechtliche Themen und normale Fürsorgeaufgaben im Rahmen der Vorgesetztenbeziehung, jenseits der inhaltlichen Arbeit des Teams. Sich um das Wohlbefinden seiner Mitarbeitenden, auch individuell, zu kümmern, ist in selbstorganisierten Teams weiterhin gut und richtig.

4.4 Vorteile und Herausforderungen der Leitung selbstorganisierter Teams

Gute Nachrichten! Die meisten selbstorganisierten Teams stellen hierarchische Führung nicht grundsätzlich infrage oder begrüßen sie sogar als wertvolle Unterstützung ihrer eigenen Selbstorganisation. Eine gut strukturierte Zusammenarbeit zwischen Team und Teamleitung kann daher unkompliziert, konfliktarm und produktiv ablaufen. Babette Brinkmann und Karl Schattenhofer teilen aus Interviews mit selbstorganisierten Teams Beobachtungen, die sich mit meinen persönlichen Erfahrungen decken:

> *„Die Teams sprachen allesamt äußerst positiv über ihre Führung. Das hat uns zunächst überrascht. […] Das Führungsverständnis, das uns hier begegnet, ist ein Dienstleistungsverständnis: Wir machen unsere Arbeit gut, und wer das als Führungskraft unterstützt, ist willkommen. Führung ist nützlich, sie hilft uns,*

[282] Hackman, Richard (2002). *Leading Teams*. Harvard Business Review Press, S. 24 (Übersetzung des Autors).

[283] Ebd., S. 41 ff. (Übersetzung des Autors).

den Kopf und den Rücken frei zu haben für die wichtigen Aufgaben im Job. […] Dieses Dienstleistungsverständnis führt auch zu einem weitgehend unaufgeregten Umgang mit Führung. Von Angst wurde nirgendwo berichtet […]"[284]

„Alle Teams berichten von Konflikten und Spannungen, die an diesen Grenzen [zwischen Selbstorganisation und Hierarchie] regelmäßig auftreten, jedoch werden die beiden Welten nicht als unvereinbar erlebt. Niemand stellt die Koexistenz infrage. Die verantwortlichen Leitungspersonen an dieser Schnittstelle werden akzeptiert und geschätzt."[285]

Die Vorteile, ein selbstorganisiertes Team leiten zu dürfen, sind zahlreich. Mit einem Team engagierter Fachexperten arbeiten zu dürfen, ist eine motivierende und belohnende Erfahrung. In dem Maß, wie das Team organisierende und strukturierende Aufgaben übernimmt, wird die Teamleitung entlastet, sich um besondere Herausforderungen oder Themen mit großer Tragweite zu kümmern. „Es fühlt sich endlich so an, wie ich mir damals eine Leitungsrolle vorgestellt habe" ist ein Satz, der mir regelmäßig begegnet. Auch wenn es in den Standardanforderungen an klassische Führungskräfte immer wieder zu finden ist: Die wenigsten Menschen wollen Mitarbeiter „kontrollieren" und „motivieren" müssen (Ernst Weichselbaum schreibt dazu „*Wer steuern muss, ist selber schuld*"[286]). Der sichtbare Kopf einer Gruppe engagierter Könner zu sein, kommt dagegen den Wunschvorstellungen vieler angehender Führungskräfte schon sehr nah.

Wenn das Team engagiert und eigenverantwortlich an den richtigen Dingen arbeitet, sollte die Teamleitung vor allem vermeiden, sich selbst in den Fokus der Aufmerksamkeit zu stellen. Das Team soll über Kunden und Wertschöpfung nachdenken, nicht über Erwartungen und Entscheidungen seiner Leitung. Wenn das Team „gesteuert" wird, dann von seinen Kunden, während die Teamleitung die Arbeit des Teams nach Kräften unterstützt, wo es sinnvoll ist.

Ein wesentliches Grundprinzip erfolgreicher Teamführung besteht darin, das gängige Führungsnarrativ auf den Kopf zu stellen. Nicht das Team arbeitet für mich – ich arbeite für das Team und mit dem Team, denn das Team erledigt die eigentlich wichtige Arbeit.

Häufig wird dafür das Konzept der „dienenden Führung" („*Servant Leadership*"[287]) verwendet, aber der Begriff ist irreführend – es geht nicht um Unterordnung, sondern um Unterstützung. Teammitglieder unterstützen sich auch gegenseitig, aber sie „dienen" sich nicht. Das Team tut wichtige Dinge, deswegen trägt sein Umfeld alles Nötige bei, damit es erfolgreich sein kann. Komplizierter braucht man es nicht zu machen.

Das Abgeben von Verantwortung wird in der Beratungs- und Managementrhetorik oft mit Angst, Unsicherheit oder Statusverlust verknüpft. Auch hier gibt es gute Nachrichten: Diese Themen kommen in der Zusammenarbeit mit selbstorganisierten Teams nicht zwangsläufig ins Spiel. Zum einen ist „Verantwortung" nicht in einer fixen Menge

---

[284] Brinkmann, Babette & Schattenhofer, Karl (2022). *Erfolgreiche Teams in der Selbstorganisation.* Vahlen. S. 114 ff.

[285] Ebd., S. 125.

[286] Weichselbaum, Ernst (2020). *In jedem Unternehmen steckt ein besseres.* Vahlen. S. 80.

[287] Z.B. Greenleaf, Robert (2015). *The Servant as Leader* (Neuauflage). The Greenleaf Center for Servant Leadership.

vorhanden, die nur unterschiedlich verteilt werden könnte. Vielmehr *erzeugen* Entscheidungen Verantwortung, weshalb auch die Leitungen selbstorganisierter Teams über ihre Entscheidungen (Wie wird das Team aufgesetzt? Wer arbeitet mit? Wie groß ist der Handlungsspielraum? Welche Unterstützung, Ressourcen und Informationen stehen dem Team zur Verfügung? Welche Erwartungen formuliere ich? Worauf lenke ich die Aufmerksamkeit des Teams?) erhebliche Mengen Verantwortung tragen.

Angst und Unsicherheit entstehen vor allem, wenn die Übergabe von Verantwortung schlecht strukturiert wird, wenn also nicht wirklich klar ist, was das Team in Zukunft tun wird, ob es sich dazu berufen fühlt oder welche Veränderungen das für die jeweiligen Rollen bedeutet. Werkzeuge, um diesen Prozess ordentlich und auf Basis gemeinsamer Vereinbarungen durchzuführen, haben wir in den vorherigen Kapiteln betrachtet. Klar, ein gewisses Maß an Sorge – „Wird es mit der Selbstorganisation klappen?" – lässt sich nicht vermeiden, aber auch für klassische, „*top-down*" organisierte Arbeitsgruppen gibt es keine Erfolgsgarantie.

Eine wesentliche Herausforderung kann sein, zu akzeptieren, dass das Team andere, bessere, und manchmal auch schlechtere Lösungen entwickelt, als man es selbst gern getan hätte. Dass andere Menschen zu anderen Lösungen kommen, liegt in der Natur der Sache. Unter Umständen kann die Teamleitung ihrem Team inhaltliche Unterstützung in der Umsetzung anbieten, ohne sich dabei aus der Vorgesetztenrolle heraus in die fachliche Arbeit einzumischen. Wenig hilfreich ist dagegen das „Zerpflücken" von fertigen Ergebnissen, welches vor allem das Team verunsichert und die gemeinsame Verantwortung infrage stellt. Verantwortung wandert von allein dorthin, wo wichtige Entscheidungen getroffen werden, und aus einer Leitungsposition heraus hat man beides schneller an sich gezogen, als einem lieb ist. Es braucht nur wenige, vor allem frühe und grobe Eingriffe von außen, um vergangene Aussagen über Selbstorganisation und Eigenverantwortung wie Heuchelei erscheinen zu lassen und die Eigeninitiative und Motivation der Teammitglieder zunichtezumachen. Verantwortung zurück übergeben zu bekommen, oft flankiert von Aussagen wie „Mach du, wie du es für richtig hältst" oder „Ist mir im Grunde auch egal", ist ein klares Zeichen, dass man den Bogen überspannt hat. Meistens ist das ein Zeichen, dass das Team die Erwartungen der Leitung nicht versteht, vielleicht auch, weil sie nicht klar formuliert sind. Ständig eingreifen zu müssen, deutet nicht auf „fehlende Reife" des Teams, sondern auf schwache Strukturen und unklare Erwartungen hin.

Ähnliches gilt für Situationen, in denen die eigentlich vereinbarte Verantwortungsübergabe im formalen Rahmen der Organisation gar nicht möglich ist. Teams werden nicht mitspielen, wenn vordergründig von Autonomie und Selbstorganisation gesprochen wird, während Standards und Vorschriften die tatsächlichen Freiräume auf ein Minimum beschneiden – frei nach dem Motto „Ihr dürft arbeiten, wie ihr wollt, solange ihr dabei ‚freiwillig' den Weg wählt, den wir für euch schon definiert haben". Wenn es feststehende Erwartungen gibt, gehören diese zu Beginn der Zusammenarbeit ehrlich auf den Tisch. Das Team wird sicher nicht versuchen, zu „erraten", was seine Führungskräfte und Stakeholder vielleicht gern gehabt hätten.

Nicht zuletzt kann es vorkommen, dass das Team vor allem in seiner Anfangszeit die Teamleitung von sich aus beanspruchen oder sogar Entscheidungen an diese abgeben will. Es ist für ein uneingespieltes Team verführerisch, Themen beim Anflug echter

Schwierigkeiten nach oben zu „delegieren". Diese Wünsche zu erfüllen, ist nicht unbedingt eine gute Idee. Hilfreich ist es vor allem dann, wenn das Team ein Problem gar nicht selbst lösen kann, etwa, weil Entscheidungen außerhalb des eigenen Einflussbereichs getroffen werden müssen oder ein teamübergreifender Konflikt aufgelöst werden will:

> *„Wenn beispielsweise unterschiedliche Organisationseinheiten widersprüchliche Ziele verfolgen und in Konflikt geraten, ermöglicht der ‚Dienstweg' oder die Einschaltung der Vorgesetzten die Auflösung von Patt-Situationen, d.h. die Wiederherstellung der Entscheidungs- und Handlungsfähigkeit der Organisation."*[288]

Bevor eine Teamleitung Probleme des Teams per Machtentscheidung löst, sollte sie sich einige grundsätzliche Orientierungsfragen stellen:

- Ist das Thema etwas, was laut unserer *expliziten* Vereinbarung in der Verantwortung des Teams liegt? (Also nicht nur aufgrund meiner eigenen, unausgesprochenen Erwartungen.)
- Ist das Team (z.B. aufgrund seiner Informationslage) besser für diese Entscheidung qualifiziert als ich?
- Ist das Thema eines, bei dem wir uns zusätzliche Zeit nehmen können, um eine ordentliche Teamentscheidung herbeizuführen?
- Gibt es eine Möglichkeit, dem Team durch Unterstützung mehr Sicherheit zu geben, damit es die Entscheidung selbst treffen kann?
- Versucht das Team gerade, durch Delegation des Problems seiner internen Uneinigkeit auszuweichen?

Wenn sich mehrere dieser Fragen mit Ja beantworten lassen, ist es meist ratsam, die Anfrage freundlich abzulehnen und stattdessen andere Unterstützung anzubieten – beispielsweise, einen Entscheidungsprozess zu moderieren, Kontakte herzustellen oder sich dem Team als Beratung anzubieten. Besonders wichtig ist das, wenn Teammitglieder versuchen, teaminterne Konflikte „über Bande" mithilfe der Teamleitung auszutragen. Eine gute Faustregel ist: Die Teamleitung darf das Team mit Entscheidungen unterstützen, vorausgesetzt das Team tritt wenigstens bei der Unterstützungsanfrage geschlossen auf („Wir können uns nicht einigen – kannst du uns helfen?"). Anfragen einzelner Teammitglieder, vor allem wenn sie sich auf die Lösung teaminterner Probleme beziehen („Ich komme mit dem nicht klar – kannst du da mal ein Machtwort sprechen?"), sollten dagegen nicht unüberlegt angenommen werden. Das Team entwickelt sich durch das Bewältigen eigener Probleme, daher sollten ihm diese nur in Ausnahmesituationen „weggenommen" werden, selbst wenn es das im ersten Moment zu wünschen scheint.

Nicht zuletzt kann es für Teamleitungen eine Herausforderung sein, sich von der Vorstellung von Führung als hierarchischer Weisung zu lösen, und sie stattdessen als komplexen Tanz aus wechselseitigem Einfluss zu begreifen. Erfolgreiche Teamarbeit entsteht nicht dadurch, dass ein Anführer besonders gekonnt steuert und delegiert, sondern dadurch, dass die Beteiligten aus individuellen Vorstellungen etwas Gemeinsames, Neues, Großartiges erschaffen, das sich keiner von ihnen allein hätte ausdenken können. Wen die fehlende „Steuerbarkeit" dieses Vorgangs beunruhigt, dem kann ich sagen: Nur Mut – es haben schon tausende Teams gezeigt, dass es funktionieren kann!

---

288 Simon, Fritz B. (2021). *Einführung in die systemische Organisationstheorie* (eBook, 8. Auflage). Carl-Auer. S. 91.

4.5 Allgemeine Grundsätze für die Arbeit als Teamleitung

Fassen wir die bisherigen Ideen noch einmal in Form einfacher Grundsätze zusammen:

- **Selbstorganisation hat nichts mit Strukturlosigkeit zu tun.** Viele der Sorgen, die Führungskräfte mit selbstorganisierten Teams anfangs verbinden, sind daher unbegründet. Man kann und darf von Teams erwarten, dass sie sich selbst klare und nachvollziehbare Arbeitsstrukturen definieren. Unter Umständen brauchen sie aufgrund fehlender Erfahrung anfangs etwas Unterstützung, die sich aber auf die Prozessgestaltung, und nicht auf die eigentlichen Strukturentscheidungen beziehen sollte.
- **Ein positives Menschenbild ist unverhandelbar.** Selbstorganisierter Teamarbeit muss die Überzeugung zugrunde liegen, dass Menschen gern und gut arbeiten und zu intelligenten Entscheidungen und verantwortlichem Handeln fähig sind. Manche Beschreibungen „selbstorganisierter" Strukturen erinnern leider eher an Schafherden, denen auf ihrer Weide etwas mehr Auslauf geschaffen wird, in der Hoffnung, es möge die Wollqualität verbessern. Auf Basis solch herablassender Konzepte wird sich Selbstorganisation im Team nicht erfolgreich umsetzen lassen.
  Werden Teammitglieder wirklich als fähige und intelligente Profis ernst genommen und respektiert oder wie Kinder betrachtet, die man zur Selbstständigkeit erziehen will? Menschen spüren, wie wir ihnen begegnen, und wer ihnen Verantwortungslosigkeit, Egoismus oder Desinteresse unterstellt, erntet oft die schlechtestmögliche Antwort: Recht zu behalten. Ein derartiges Menschenbild wird zu einer selbsterfüllenden Prophezeiung. Warum würde man sich als Teammitglied auch für jemanden engagieren, der einem derart abfällig gegenübertritt?
  Das heißt nicht, dass wir naiv von Selbstlosigkeit und Fehlerlosigkeit ausgehen, sondern dass wir bei jedem grundsätzlich die Fähigkeit zu produktiver und motivierter Mitarbeit vermuten. Wir „erziehen" erwachsene Menschen nicht, wir bieten ihnen Unterstützung an. Ja, dabei kann es vorkommen, dass Menschen alle Unterstützung verweigern und dann zu schlechten Ergebnissen gelangen. Das darf man kritisieren. Man darf sich auch von Menschen trennen, die ihre eigenen Interessen regelmäßig über die Ergebnisse des Teams stellen. Aber sie zu „erziehen", dazu haben wir im Arbeitskontext kein Recht.
- „**Das Tagesgeschäft muss führungskräftefrei sein können**."[289] Dieser Grundsatz grenzt den Aufgabenbereich von Teamleitung und Hierarchie klar von der normalen Wertschöpfung ab. Das bedeutet nicht, dass Führungskräfte jenseits ihrer Leitungsrollen nicht in der Wertschöpfung mitarbeiten dürfen – aber wenn im normalen Alltag eines Teams ständig formale Machteingriffe notwendig sind, ist in der gemeinsamen Struktur etwas ordentlich faul.
- **„Laissez-faire" ist kein Führungsstil – es ist das Gegenteil von Führung.** Häufig werden im Kontext der Führung selbstorganisierter Teams Begriffe wie „loslassen" verwendet: Führungskräfte müssten „loslassen" lernen, damit Teams Verantwortung übernehmen könnten. Das ist Unsinn: Dinge, die losgelassen werden, fallen herunter, und Verantwortung einfach fallen zu lassen wäre denkbar unklug. Es stimmt, dass es manchmal das Richtige sein kann, nichts zu tun, sich zurückzuhalten und das Team seine eigenen Lösungen finden zu lassen. Füße stillhalten kann in komplexen Situa-

[289] Unter anderem bei Weichselbaum, Ernst (2020). *In jedem Unternehmen steckt ein besseres.* Vahlen, S. 47.

tionen eine sinnvolle Strategie sein. Passives Verhalten hat aber nichts mit Führung zu tun, es ist das Gegenteil von Führung, und Selbstorganisation bedeutet nicht Selbstüberlassung. Es ist auch in selbstorganisierten Teams möglich, als Leitung präsent und aufmerksam zu sein, ohne sich in jede Detailentscheidung einmischen zu müssen.

- **Aufgaben und Erfolge sorgen für Motivation, nicht die Führungskraft.** Die Erfahrung zeigt, dass sich Teams gern und mit hoher Selbstverständlichkeit über ihre Leistung definieren und große Motivation aus gelungener Selbstorganisation und fachlichen Erfolgen ziehen – eine ermutigende Erkenntnis für Führungskräfte, die Sorge haben, dass das Team sich bevorzugt mit sich selbst beschäftigen könnte. Dazu braucht es Aufgaben, die interessant und anspruchsvoll sind, und einen organisatorischen Rahmen, in dem diese fokussiert und produktiv erledigt werden können. Die Teamleitung kann darauf hinwirken, dass dem Team beides zur Verfügung steht. Die Motivation von Teammitgliedern sollte aber aus der fachlichen Arbeit, nicht aus der Leitungsbeziehung heraus entstehen.
- **Es geht nicht um „Befähigung" von Mitarbeitern, sondern um den Rückbau organisatorischer Hürden.** Das Problem mit Konzepten wie „Befähigung" oder „Empowerment" ist, dass sie im gleichen Zug diejenigen als unfähig und passiv rahmen, denen dabei Verantwortung übertragen werden soll. Die Botschaft ist in sich widersprüchlich. Selbstorganisierte Führung geht stattdessen davon aus, dass Teams große Reserven an Energie und Kreativität in sich tragen, die nur freigelassen werden müssen:

> *„Uns wird beigebracht, dass die Lösung im Empowerment liegt. Das Problem mit Empowerment-Programmen ist, dass sie einen inhärenten Widerspruch zwischen der Botschaft und der Methode enthalten. Während die Botschaft „Befähigung" lautet, entmachtet die Methode – es braucht mich, um dich zu befähigen – die Mitarbeiter grundlegend. Das ertränkt die Botschaft."*[290]

> *„... Empowerment ist immer noch das Ergebnis und die Manifestation einer Top-Down-Struktur. Im Kern geht es um die Überzeugung, dass der Anführer die Gefolgschaft „ermächtigt", dass der Anführer die Macht und die Fähigkeit hat, die Gefolgschaft zu ermächtigen. Wir brauchen mehr als das [...] Was wir brauchen, ist Emanzipation."*[291]

> *„Der Grundgedanke, der hinter der Ermächtigung einzelner Arbeitnehmer steht, ist, dass diejenigen, die tagtäglich mit Situationen zu tun haben, am besten qualifiziert sind, Entscheidungen in Bezug auf diese Situationen zu treffen. [...] Die Befähigung von Teammitgliedern oder die Teilung der Macht mit ihnen ist jedoch nicht dasselbe wie die Beobachtung von geteilter Führung, die von einer Gruppe ausgeht. Geteilte Führung gibt es nur in dem Maße, in dem sich das Team aktiv in den Führungsprozess einbringt."*[292]

Intelligente und motivierte Könner, wie die Mitglieder unseres selbstorganisierten Teams, brauchen keine Befähigung – man muss ihnen aber durch strukturelle Veränderungen die Entscheidungsbefugnis übertragen und den organisatorischen Rahmen schaffen, damit sie ihre Arbeit gut machen können.

---

290 Marquet, L. David (2015): *Turn the Ship Around!* Penguin. S. xxii (Übersetzung des Autors).
291 Ebd., S. 212 (Übersetzung des Autors).
292 Pearce, Craig & Conger, Jay (2003). *Shared Leadership: Reframing the Hows and Whys of Leadership.* SAGE Publications, S. 12 (Übersetzung des Autors).

- **Bescheidenheit ist eine Tugend.** Von außen mögen die Probleme, mit denen sich Teams beschäftigen, hin und wieder irrelevant oder unverständlich erscheinen, was Bedürfnisse wecken kann, „hineinzuschweben" und dem Team einfache Lösungen zu demonstrieren, die man von außen sehen kann. Ich habe in mehreren Kontexten sowohl auf der Team- als auch auf der Leitungs- und Stakeholderebene gearbeitet, und führe diese Wahrnehmung vor allem auf fehlende Detailinformationen der Leitungsebene zurück. Menschen, die im täglichen Geschehen nicht involviert sind, können mangels Informationen oft nicht verstehen, warum ein Problem schwierig zu lösen ist. Die Wahrscheinlichkeit, dass die vermeintlich „einfachen" Lösungen an Hürden scheitern würden, die nur dem Team bekannt sind, ist hoch. Besser ist es, neugierig nachzufragen, ob das Team bestimmte Optionen schon in Betracht gezogen hat, und warum es sie verworfen haben könnte.
  Insgesamt begegnet einem hier und dort das Missverständnis, dass man von höheren Hierarchieebenen aus einen „besseren Blick" auf das Geschehen hätte. Es stimmt, dass man aufgrund anderer Informationen die größeren Zusammenhänge oft besser versteht, aber der Preis dafür ist, dass die Welt irreführend einfach aussehen kann, weil die realen Probleme der Umsetzung aus dem Blick geraten. Es ist eine gute Idee, sich hin und wieder daran zu erinnern, dass man aus einer Leitungsrolle heraus *anders* sieht, aber nicht unbedingt besser. Vor größeren Entscheidungen die eigene Perspektive mit der des Teams abzugleichen, ist deshalb immer eine gute Idee.

5. Teamführung als Kunde oder Stakeholder

Von allen involvierten Gruppen haben Kunden und wichtige Stakeholder, neben den Teammitgliedern selbst, sicher den größten Einfluss auf das Geschehen. Ihre Erwartungen und Bedarfe erzeugen die kreative Spannung, entlang derer sich die Teamleistung aufbaut und ordnet, sie sind der wichtigste Orientierungspunkt für die Selbstorganisation des Teams. Ohne sie würde die Leitfrage „Wie müssen wir uns organisieren?" keinen Sinn ergeben, schließlich organisiert sich das Team nicht einfach irgendwie, sondern um *einen Mehrwert zu erzeugen*. Das Verhalten von Kunden und Stakeholdern hat daher immer Führungswirkung, im positiven oder im negativen Sinn. Wenn Team und Kunden ihre jeweiligen Rollen verstehen und ernst nehmen, können beide Seiten von schnellen Entscheidungen, großer Produktivität und hoher Motivation profitieren. Eine missglückte Zusammenarbeit dagegen erzeugt Verwirrung, Frust und gegenseitiges Misstrauen.

Der wichtigste Beitrag, den Kunden und Stakeholder für die Arbeit des Teams leisten können, ist, die eigenen Bedarfe zu verstehen und in Form klarer Erwartungen an das Team zu formulieren. Das klingt offensichtlich, stellt in der Praxis aber häufig eine Herausforderung dar. Wer ein ganzes Team von hochqualifizierten Experten unter erheblichen Kosten für sich arbeiten lässt, schuldet es ihnen und sich, die zu lösenden Probleme klar benennen zu können. Das bedeutet, eine eindeutige Antwort auf die Frage „Wozu tun wir das?" geben zu können, mögliche Aufgaben und Ziele für das Team sauber zu priorisieren und die Flexibilität selbstorganisierter Arbeitsweisen als Vorteil, nicht als Problem zu sehen.

- **Klares Problemverständnis**
  Kunden oder Stakeholder, die ihre eigenen Bedarfe nicht verstehen, können dem Team keine Orientierung bieten. Die zentrale Aufgabe des Teams besteht darin, Kunden das Erreichen eigener Ziele und das Erledigen eigener Aufgaben möglich zu machen. Von klaren Zielen und wichtigen Aufgaben lassen sich notwendige Beiträge des Teams leicht ableiten – aus Fragen wie „Hmm, was könnten wir denn dieses Jahr tun?“ wird dagegen wenig Orientierung entstehen. Unter anderem habe ich die Erfahrung gemacht, dass selbstorganisierte Teams oft ihrerseits gute Kunden für andere Teams oder Teile der Organisation darstellen. Die intensive, gemeinsame Beschäftigung mit Fragen des Wie und Wozu schaffen die nötige Klarheit, um auch an Andere eindeutige Erwartungen formulieren zu können.

- **Saubere Priorisierung**
  Eine Binsenweisheit im Projektmanagement besagt, dass es immer nur eine „Prio 1“, also ein einziges wichtigstes Thema geben kann. Das gilt natürlich ebenso für Prio 2, 3 und folgende, weshalb es sich anbietet, Aufgaben und Themen in eine Warteschlange zu sortieren, die uns schon strukturell zu dieser Eindeutigkeit zwingt. In einer komplexen und widersprüchlichen Organisation, in der es immer auch andere wichtige Themen gibt, kann diese Klarheit herzustellen eine Herausforderung sein, aber es sind genau diese Entscheidungen, durch die Kunden und Stakeholder für die Beteiligten einen Mehrwert erzeugen. Oft wäre es schön, wenn die Erwartungen von weiter außen eindeutiger wären, aber Kunden, die unklare Erwartungen einfach nur an das Team weiterleiten, wären als Kunden überflüssig. Durch klare Priorisierungsentscheidungen übernehmen diese Rollen dagegen Verantwortung und schaffen eindeutige Orientierungspunkte für die Arbeit des Teams.

- **Flexibilität als Vorteil, nicht als Problem**
  Ein wesentlicher Vorteil des Teams ist seine Fähigkeit, mit Ungewissheit und Überraschungen umgehen zu können. In Momenten, in denen klassisch geplante Projekte an sich dynamisch ändernden Anforderungen zu zerbrechen drohen, laufen selbstorganisierte Teams zu ihrer vollen Stärke auf. Vor diesem Hintergrund finde ich es immer wieder bedauerlich, wenn unter erheblichem Aufwand ein Team aufgesetzt und entwickelt wird, um ihm dann einen detaillierten Umsetzungsplan mit zehn zu erreichenden Meilensteinen über zwölf Monaten zu präsentieren. Wenn sich die notwendigen Ergebnisse schon so weit in die Zukunft festlegen lassen, wozu dann ein Team, wenn es klassische Planung und Arbeitsverteilung auch getan hätten?
  In Wirklichkeit stellt sich ein solcher Jahresplan innerhalb weniger Wochen als veraltet heraus, wenn die Realität mit neuen Tatsachen eindrucksvoll ihre Unplanbarkeit demonstriert. In den meisten Fällen wäre die ehrliche Antwort auf die Frage, was das Team in sechs oder neun Monaten tun wird: „Das wissen wir nicht. Wir wissen ja noch nicht einmal, was bis dahin passieren wird oder was wir vom Team dann erwarten werden.“ Gut, dass es eine eingespielte Gruppe aus Experten gibt, die ihren Kunden und Stakeholdern zur Verfügung steht, um die aufkommenden Herausforderungen flexibel meistern zu können.

5.1 Zusammenarbeit mit dem Team

Grundsätzlich gilt: Je enger die Zusammenarbeit zwischen Kunden, Stakeholdern und Team, desto besser. Probleme in der Zusammenarbeit werden in der Regel durch mehr Zusammenarbeit, nicht mehr Abgrenzung gelöst. Mir sind kaum Teams begegnet, deren Zusammenarbeit mit ihren Stakeholdern „zu eng" gewesen wäre, dagegen jede Menge Situationen, in denen Menschen unbedingt mehr miteinander hätten sprechen sollen. Die Beiträge zu dieser Zusammenarbeit sind *beidseitig, aber unterschiedlich* – man nimmt sich nicht gegenseitig die Verantwortung ab, sondern beide Seiten leisten unterschiedliche Beiträge zum gemeinsamen Erfolg. Es geht nicht darum, dass eine Seite bestellt und die andere liefert – produktive Zusammenarbeit zeichnet sich dadurch aus, dass die Partner aufeinander angewiesen sind und daher beide ein Interesse an einer guten Beziehung haben.

Um ihre Aufgabe erfüllen zu können, brauchen Kunden und Stakeholder vom Team nicht nur Ergebnisse, sondern auch regelmäßige Informationen. Dazu gehören Fortschritts-Updates: Sind unsere Themen bereits in Arbeit? Wenn nicht, wo in der Warteschlange sind sie zu finden? Wann ist mit Ergebnissen zu rechnen? Auch Szenariovorhersagen sind wertvoll: Wie wird es weitergehen, wenn alles so läuft wie bisher? Welche Chancen und Risiken gibt es? Was machen wir, wenn Überraschungen auftreten?

Zu den Rollen von Kunden und Stakeholdern gehört unter anderem das Recht, an Priorisierungs- und Strategieentscheidungen des Teams beteiligt zu werden und Rahmenbedingungen für die Arbeit des Teams festlegen zu dürfen (etwa die Einhaltung bestimmter Regeln, Vorschriften, Prozesse oder Standards). Wenn das Team mehrere Kunden und Stakeholder hat – und meistens ist das der Fall –, brauchen diese ein gemeinsames Verständnis, wie die sich daraus ergebenden Interessen- und Zielkonflikte aufgelöst werden können. Das Team kann die Erwartungen von außen entgegennehmen und selbst daraus eine Priorisierung bilden, eine weitere Rolle (z.B. Teamleitung) kann diese Aufgabe übernehmen, oder Kunden und Stakeholder verhandeln in einem vom Team geschaffenen Dialograhmen miteinander. Weite Verbreitung gefunden hat die ursprünglich aus dem Scrum-Framework stammende, teaminterne Rolle des *Product Owners*, deren Aufgabe unter anderem das Führen dieser Gespräche und das Auflösen von Prioritätskonflikten ist.[293]

Für Kunden und Stakeholder bedeutet das eine feine Balance im eigenen Auftreten. Einerseits brauchen sie ein Bewusstsein für die Tatsache, dass das Team ihre Erwartungen nie zu 100 % erfüllen kann, schließlich muss es immer Kompromisse zwischen unterschiedlichen Interessen bilden. Gleichzeitig müssen die eigenen Erwartungen klare Orientierungspunkte darstellen und für das Team kreative Spannung aufbauen. Und all das darf sich nicht negativ auf die Beziehung zum Team auswirken, die auch bei klaren Anforderungen und dem gelegentlichen Verfehlen von Zielen weiterhin konstruktiv und wertschätzend bleiben soll. In der Praxis habe ich vor allem Kunden und Stakeholder als erfolgreich erlebt, die die Teamleistung gedanklich unabhängig vom Erreichen von

[293] Einen guten Überblick über die Rolle des Product Owners bieten beispielsweise Düsterbeck, Frank & Einemann, Ina (2022). *Product Ownership meistern: Produkte erfolgreich entwickeln.* dpunkt; oder McGreal, Don & Jocham, Ralph (2018). *The Professional Product Owner.* Addison-Wesley.

„Meilensteinen" und Deadlines bewerten konnten, die also auf der einen Seite in der Lage waren, über ambitionierte Ziele und Vorstellungen Spannung aufzubauen, und auf der anderen Seite das Engagement und die tatsächlichen Ergebnisse des Teams ehrlich anzuerkennen und zu schätzen. Ziele müssen nicht unbedingt erreicht werden, um Wirkung auszuüben.

Dennoch ist die Beziehung vieler Kunden und Stakeholder zu „ihrem" Team oft von Sorgen geprägt. Was, wenn das Team nicht liefert, was es versprochen hatte? Was, wenn es Anfragen ablehnt oder wichtige Termine nicht einhält? Was ist, wenn sich die selbst gefundenen Strukturen des Teams nicht als zielführend erweisen, oder andere Interessen höher priorisiert werden als die eigenen?

Diese Fragen sind berechtigt. Viele Probleme in der Praxis sind allerdings auch hausgemacht – wer ohne Beteiligung des Teams optimistische Pläne erstellt oder dabei sogar Einwände des Teams ignoriert, trägt auch die Verantwortung für verfehlte Zieltermine anschließend selbst. Kunden und Stakeholder mögen Experten für die zu lösenden Probleme sein, aber Teammitglieder sind weiterhin die Experten für den Rahmen des Möglichen. Ihre offene und ehrliche Einschätzung eines Vorhabens zu suchen und in die eigene Planung zu integrieren, sollte in professioneller Zusammenarbeit eigentlich eine Selbstverständlichkeit sein.

Ein Vorteil selbstorganisierter Teams ist, dass man sich das Aufbauen eigener Strukturen der Zusammenarbeit oft sparen kann. Natürlich ist es in Ordnung, wenn es zwischen Team und Kunden eigene Termine gibt, aber wenn das Team ohnehin schon Planungsmeetings, Review-Termine und Retrospektiven durchführt, warum nicht einfach dort integrieren? Eine gute Arbeitsorganisation erlaubt es Kunden und Stakeholdern auch, sich viele Fragen selbst zu beantworten. Ein Team, welches seine Warteschlange und Taskboard offenlegt, senkt so für alle Beteiligten den Kommunikationsbedarf.

Das Team wird regelmäßig Unterstützung seiner Kunden und Stakeholder benötigen, etwa wenn es darum geht, Probleme in der Zusammenarbeit zu lösen, organisatorische Hürden abzubauen oder notwendige Technik und Infrastruktur bereitzustellen. Die Geschwindigkeit und Zuverlässigkeit, mit der das Teamumfeld diesen Erwartungen gerecht werden kann, wird sich stark auf die Leistungsbereitschaft des Teams auswirken. Teammitglieder, die über Monate hinweg enorme Leistung bringen, eventuell sogar Überstunden in Kauf nehmen, und gleichzeitig defekte Technik, langsame Entscheidungen, bürokratische Prozesse oder das Ablehnen selbst trivialer Kostenübernahme hinnehmen müssen, werden irgendwann Zweifel bekommen, ob ihre Zusammenarbeit tatsächlich „auf Augenhöhe" stattfindet. Auch das Teamumfeld darf seine Strukturen optimieren und weiterentwickeln. Teammitglieder werden bereitwillig Ideen für organisatorische Verbesserungen liefern, wenn man sie darum bittet.

Ein letzter Punkt betrifft die Integration selbstorganisierter Teams in die größere Organisation, die oft ein eigenartiges Muster zeigt: Je erfolgreicher selbstorganisierte Teams sind, desto stärker wird versucht, sie wieder in die bestehende Organisation „einzubauen", indem ihnen Strukturentscheidungen vorgegeben und standardisierte Prozesse aufgezwungen werden. Entscheidungen dieser Art sind für mich bis heute schwer nachvollziehbar. Je besser es funktioniert, desto stärker wird von außen eingegriffen? In meinem Verständnis sollten sich Organisationsstrukturen an die Bedarfe wertschöpfender Teams anpassen, nicht andersherum.

Man kann von Teams erwarten, dass sie sowohl ihre Kunden als auch ihre Teammitglieder zufriedenstellen, starke Leistungen zeigen und dazu notwendige Strukturen selbst aufbauen und entwickeln. Dort, wo das nicht stattfindet, besteht unter Umständen Handlungsbedarf. Gegenüber erfolgreichen Teams sollte die Haltung jedoch eine eindeutig unterstützende sein: „Das, was ihr tut, ist großartig. Was braucht ihr von uns, um es weiterhin tun zu können?" Manchmal kann das bedeuten, einfach nichts zu tun: Wenn alles funktioniert, ist die beste Vorgehensweise vielleicht, einfach die Füße still zu halten.

6. Externe Beratung und Teamcoaching

Viele selbstorganisierte Teams suchen sich zeitweise externe Unterstützung durch Teamberater oder Coaches, um außergewöhnliche Herausforderungen oder schwierige Zeiten zu meistern. Von dauerhafter externer Begleitung halte ich wenig, da sie die Verantwortung des Teams verwässert und Unselbstständigkeit als Normalzustand etabliert. Gezielte, punktuelle Unterstützung kann aber enorm wertvoll sein, das Team als Verantwortungsgemeinschaft stärken und seine Arbeitsweise deutlich voranbringen.

In diesem Abschnitt skizzieren wir grob den Ablauf einer solchen externen Unterstützung, damit das Team versteht, wie eine externe Beratungsunterstützung abläuft, was es erwarten kann und welche Beiträge von ihm erwartet werden. Es ist keine Anleitung, wie man Teams und Organisationen coacht und berät – dazu gibt es bereits reichlich Literatur.[294]

Situationen, in denen für das Team eine externe Beraterin oder ein Coach hilfreich sein kann, sind etwa:

- Diffuse, schwierige, schwer greifbare Probleme,
- Situationen, in denen das Team schon mehrere erfolglose Lösungsversuche unternommen hat,
- inhaltliche oder strukturelle Themen, bei denen das Team nicht weiter weiß und fehlendes Wissen auch nicht kurzfristig aufbauen kann, oder
- wenn dem Team eine schwierige Zeit oder Aufgabe bevorsteht und ein Scheitern schwerwiegende Folgen hätte.

Ein wichtiger Unterschied besteht dabei zwischen Fach- und Prozessberatung: Während in der Fach- oder Expertenberatung jemand mit mehr Wissen und Erfahrung das Team zu einer inhaltlichen Frage berät, stellt Prozessberatung eine Führungsdienstleistung dar, bei der die Beraterin vor allem Diskussions- und Entscheidungsprozesse moderiert. Auch Teamcoaching oder Supervision fallen in diese zweite Kategorie.

[294] Als beispielhafte Auswahl:
Edding, Cornelia & Schattenhofer, Karl (2020). *Einführung in die Teamarbeit* (3. Aufl.). Carl-Auer. Kotrba, Veronika & Miarka, Ralph (2019). *Agile Teams lösungsfokussiert coachen* (2. Aufl.). dpunkt. Andresen, Judith (2019). *Agiles Coaching: Die neue Art, Teams zum Erfolg zu führen* (2. Aufl.). Hanser. König, Eckard & Volmer, Gerda (2018). *Handbuch Systemische Organisationsberatung* (3. Aufl.). Beltz.

In den letzten Jahren hat ein regelrechter Boom im Bereich der Organisationsberatung und des Teamcoaching (in Kombination mit agilen Arbeitsweisen unter dem Begriff „Agile Coaching“) stattgefunden. Die Auswahl ist entsprechend groß, zumal die meisten Anbieter überregional und/oder virtuell tätig und daher nicht an regionale Aufträge gebunden sind. Einen passenden Begleiter zu finden, kann etwas Zeit in Anspruch nehmen. Idealerweise gibt es andere Teams, die Erfahrungen teilen und Weiterempfehlungen aussprechen können, oder es bietet sich in einem anderen Rahmen (etwa einem Meetup, einer Weiterbildung, einem Workshop oder Konferenzvortrag o.ä.) die Möglichkeit, einen persönlichen Eindruck möglicher Unterstützer zu bekommen. Wenn die Ideen klar und schlüssig klingen und das Auftreten angenehm und professionell wirkt, stehen die Chancen auf eine erfolgreiche Zusammenarbeit gut.

6.1 Grundsätze professioneller Teamberatung

Erfahrene Teamberaterinnen und Coaches folgen in ihrer Arbeit einer Reihe von Grundsätzen, die das Team für eine Zusammenarbeit voraussetzen kann.

- **Das Team trifft die Entscheidungen und ist für die Ergebnisse verantwortlich.** Eine externe Beratung wird darauf achten, die Selbstorganisation des Teams zu unterstützen. Das bedeutet, dass das Team die wesentlichen inhaltlichen und strukturellen Entscheidungen trifft und sich die Beratung auf Impulse, Beobachtungen und Prozessgestaltung beschränkt. In Fällen, in denen das Team zu wenig Wissen und Erfahrung hat, um selbst Lösungen erarbeiten zu können, wird die Beratung Vorschläge machen und ihre Vor- und Nachteile erklären. Typischerweise werden in diesem Fall mindestens zwei unterschiedliche Lösungen vorgeschlagen, aus denen das Team auswählen kann, oder Lösungsideen gemeinsam mit dem Team erarbeitet.
- **Jede Perspektive ist valide, aber nicht jede Aussage ist richtig.** Allparteilichkeit – der Grundsatz, dass alle Interessen Gehör finden müssen – ist ein zentrales Prinzip von Teamberatung und Coaching. Das bedeutet, dass eine externe Beratung niemals Partei ergreifen oder Aussagen, Erwartungen und Bedürfnisse von Teammitgliedern abwerten oder ins Lächerliche ziehen wird. Inhaltlich falsche Aussagen werden, wo nötig, sachlich korrigiert oder eigenen, abweichenden Erfahrungen gegenübergestellt. Das Team kann jederzeit einen wertschätzenden und respektvollen Umgang erwarten.
- **Perspektivwechsel schaffen neue Möglichkeiten.** Systemtheorie und Konstruktivismus sagen uns, dass unsere Wahrnehmung der Situation unsere Handlungsmöglichkeiten definiert. Um für das Team neue Handlungsmöglichkeiten zu schaffen, ist daher der Perspektivwechsel ein häufiges Werkzeug von Beraterinnen, etwa indem sich das Team in andere Beteiligte hineinversetzen, zu einer ungewöhnlichen Frage Gedanken sammeln oder die Aufmerksamkeit auf bestimmte Aspekte der Zusammenarbeit lenken soll. Für den Erfolg der Beratung ist es wichtig, diesen Impulsen zu folgen, auch wenn sich der Sinn nicht immer auf den ersten Blick erschließen mag.
- **Lösungsorientierung führt zu Lösungen, Problemorientierung führt zu Problemen.** Als Team passiert es leicht, dass sich die Wahrnehmung auf vorhandene Probleme, anstatt auf mögliche Lösungen konzentriert. Eine externe Beratung wird die Problemwahrnehmung aber nur so weit vertiefen wollen, wie sie zum Verständnis der

Situation notwendig ist, und anschließend über mögliche Lösungen und nächste Schritte sprechen wollen.

- **Beratung ist involviert, aber unabhängig.** Das bedeutet, eng mit dem Team zu arbeiten und gleichzeitig die Systemgrenze zu respektieren. Eine externe Beratung ist nicht Teil des Teams und wird auch nicht versuchen, eine dauerhafte Rolle innerhalb des Teams einzunehmen. Sie ergreift nicht Partei, macht sich Standpunkte von Beteiligten nicht zu eigen und spricht auch nicht im Namen des Teams oder von Teammitgliedern, es sei denn, um eine unklare oder möglicherweise missverständliche Aussage besser verständlich zu machen.

6.2 Auftragsklärung

Mit der Kontaktaufnahme beginnt für die Beraterin die Phase der *Auftragsklärung*. In dieser Phase wird das Team noch nicht „gecoacht"! Ziel ist, gemeinsam herauszufinden, ob eine Zusammenarbeit sinnvoll ist und was das Team dabei genau erreichen möchte. Vom Team wird ein *Anliegen* in Form einer Spannung erwartet, also einem spürbaren Unterschied zwischen dem, wo das Team ist, und dem, wo es gern wäre. Mit dem Anliegen sollte das Team ungefähr wissen, was es erreichen möchte, wenn auch noch nicht, wie es dort hinkommen wird. Eine allgemeine Formulierung („Wir wollen gern die Arbeitslast im Team gleichmäßiger verteilen" oder „Wir wollen effektiver Entscheidungen treffen") ist ausreichend, ein Coach oder Berater wird diese im Gespräch dann weiter konkretisieren.

Typischerweise findet die Auftragsklärung in kleiner Runde zwischen der Beraterin und ein oder zwei Teammitgliedern statt. Es ist wichtig, dass diese im Namen des Teams sprechen können und die externe Unterstützung von allen Teammitgliedern gewünscht wird. Wenn nicht, wird es als Vorbedingung an eine mögliche Zusammenarbeit formuliert, diese Einigkeit im Team herzustellen.

Beraterinnen und Coaches sind darauf spezialisiert, Teams bei besonders herausfordernden Fragen zu helfen. Dazu gehört manchmal auch, das eigene Problem noch nicht klar benennen zu können. Teammitgliedern kann das hin und wieder unangenehm sein, es ist aber nicht schlimm! Gute externe Beratung hilft dem Team im Verlauf der Auftragsklärung, die gewünschte Veränderung sauber herauszuarbeiten. Sollte das Thema nicht in das Spezialgebiet der Beraterin fallen, wird sie das Team in der Regel an bessere Ansprechpartner verweisen können. Ein Sonderfall sind weit eskalierte, dauerhaft verfestigte Konflikte, für die von vornherein eine professionelle *Konfliktmediation* die bessere Anlaufstelle ist.

Sobald die Beraterin das Anliegen und die Rahmenbedingungen verstanden hat, wird sie ein *Angebot* formulieren. Dieses stellt einen Vorschlag dar, wie man das Ziel formulieren könnte, wie die Zusammenarbeit ablaufen soll, wann und wie oft man sich trifft, unter welchen Umständen die Zusammenarbeit wieder enden wird, und gegebenenfalls auch, welche Kosten für das Team dabei entstehen. Dieses Angebot kann besprochen und verhandelt werden, das Prinzip gegenseitiger Freiwilligkeit gilt allerdings auch für die externe Beratung, die Anfragen aus eigenen Gründen ablehnen kann.

Zentrales Ergebnis einer erfolgreichen Auftragsklärung ist am Ende ein sogenanntes *Mandat:* eine klare Aussage des Teams, dass man das Angebot annehmen möchte: „Ja, wir wollen das so machen. Bitte unterstütze uns bei diesem Thema." Professionelle Berater und Coaches arbeiten nicht ohne dieses Mandat und coachen Menschen und Teams nicht ohne deren ausdrückliche Einwilligung. In der Auftragsklärung selbst findet daher in der Regel noch keine Beratung bzw. kein Coaching statt. Das Team sollte sich einig sein, dass man ein Mandat aussprechen will – einzelne Teammitglieder bei dieser Entscheidung zu übergehen, würde dem Team später im Prozess auf die Füße fallen.

6.3 Durchführung

Die systemische Schleife

Vor dem Hintergrund, dass das Team ein komplexes, adaptives und eigenständiges System ist, wird klar, dass auch eine Beraterin oder ein Teamcoach nicht in das Team „hineingreifen" und dort einfach Änderungen vornehmen kann. Tatsächlich sind große Teile der internen Kommunikation für eine externe Beratung gar nicht sichtbar. Man darf sich diese Rolle daher nicht vorstellen wie einen Mechaniker, der ein Problem analysiert und anschließend das Team „repariert". Stattdessen wird in der Teamberatung iterativ vorgegangen und das Team als komplexes System durch externe Impulse nach und nach zu einer Veränderung angeregt.

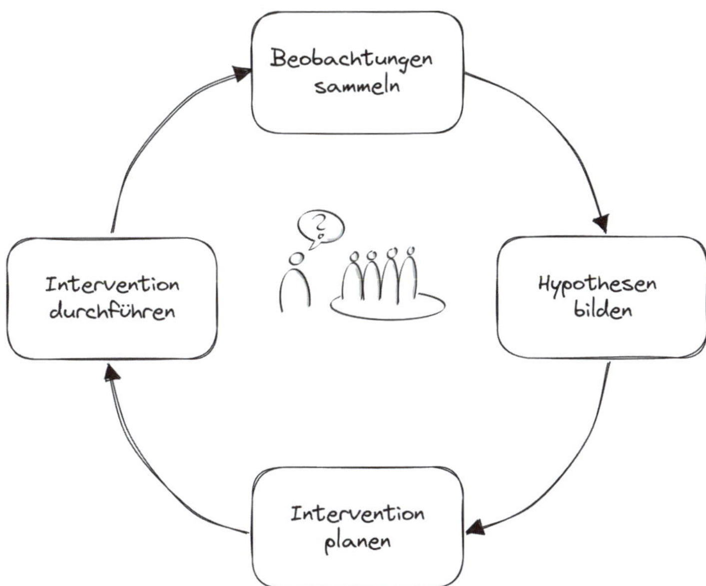

Beobachtung

Im ersten Schritt sammelt die Beraterin Informationen, durch Gespräche mit dem Team oder einzelnen Teammitgliedern. Alle Wahrnehmungen sind valide, deswegen ist es hier wichtig, die eigenen Eindrücke offen zu schildern. Oft werden auch Workshopsettings oder buchstäbliches „Beobachten" des Teams an dieser Stelle genutzt.

Hypothesenbildung

Aus den gesammelten Informationen bildet die Beraterin *Hypothesen*, also mögliche Erklärungen für das Verhalten und die Probleme des Teams. Hypothesen sind mögliche, aber nicht zwingend richtige Erklärungen: „Es könnte sein, dass eine Entscheidungsfindung so schwierig ist, weil es im Team grundsätzlich unterschiedliche Vorstellungen davon gibt, was gute Ergebnisse ausmacht." Die Beraterin wird es vermeiden, in ihren Hypothesen Schuldzuweisungen, Psychologisierung („Klaus reagiert empfindlich, weil ihn die Situation an seine Kindheit erinnert.") oder ähnliche übervereinfachende Erklärungsmuster zu verwenden. Interessant sind dagegen vor allem soziale und systemische Muster. Zu diesen gehören Missverständnisse und unterschiedliche Interpretationen, verdeckte Konflikte über grundsätzliche Überzeugungen sowie *Teufelskreise*, in denen sich ungünstiges Verhalten von Teammitgliedern gegenseitig verstärkt („Auf fachliche Fehler von A reagiert das Team abfällig, was dazu führt, dass A mögliche Fehler lieber verheimlicht, anstatt vom Team zu lernen, wie es besser gehen könnte …").

Da Beratungshypothesen im Team oft schon unerwünschte Wirkungen haben könnten, legen Beraterinnen und Coaches diese normalerweise gegenüber dem Team nicht offen.

Interventionsplanung und -durchführung

Der Begriff „Intervention" bezeichnet normalerweise ein hartes Eingreifen, zum Beispiel um eine mögliche Katastrophe zu verhindern. So ist er in der Beratungspraxis nicht gemeint. Eine Beratungsintervention ist ein konkreter, kommunikativer Akt der Führung, indem zum Beispiel eine bestimmte Frage gestellt, eine Perspektive eingenommen, Informationen geteilt, eine Außenwahrnehmung gespiegelt oder die Aufmerksamkeit der Gruppe auf bestimmte Sachverhalte gelenkt werden. Geschickt eingesetzt, lenkt eine Intervention die Aufmerksamkeit auf bisher verborgene Informationen und Sachverhalte, bricht etablierte Gesprächsdynamiken auf und erlaubt es dem Team, sein gemeinsames Verhalten zu überdenken und neu zu sortieren. Interventionen können auch kontraproduktiv wirken, weshalb Berater sie wohlüberlegt und zielgerichtet einsetzen. Dennoch lässt sich ihre Wirkung nie sicher vorhersagen. Interventionen können auch zur Informationsgewinnung genutzt werden: Wie reagiert das Team auf bestimmte Impulse? Hier schließt sich die Schleife, indem die Beraterin neue Erkenntnisse wieder in ihre Arbeitshypothesen integriert und als Basis für neue Interventionen nutzt.

6.4 Abschluss

Bei geschickter Wahl der Interventionen nähert sich das Team nach und nach seinem erklärten Beratungsziel immer weiter an. Sobald es erreicht ist, ist es normal, dass sich die Beraterin oder der Coach relativ schnell zurückzieht und die Verantwortung für das weitere Vorgehen an das Team übergibt. Zum guten Ton gehören ein Abschlussgespräch mit Reflexion der Zusammenarbeit sowie ein Anschlussgespräch mit etwas zeitlichem Abstand, in dem die weitere Entwicklung reflektiert wird. Oft zeichnet sich die Wirkung einer externen Beratung erst im Verlauf der folgenden Wochen und Monate ab. Für das Gespräch besonders interessant ist, ob sich die Situation auch langfristig gebessert hat und welche Interventionen am Ende die größte Wirkung gezeigt haben.

Es kann auch vorkommen, dass sich das ursprüngliche Beratungsziel während der Zusammenarbeit verändert oder als Symptom eines tieferliegenden Problems herausstellt. In diesen Fällen wird normalerweise gemeinsam ein neues Mandat für das neu erkannte Thema vereinbart. In jedem Fall wird eine externe Beratung das Team auf diese Tatsache hinweisen und vor die Wahl stellen, ob es die Zusammenarbeit auch mit neuen Rahmenbedingungen fortsetzen möchte.

7. Teams auf höheren Hierarchieebenen

Wie sich die Grundsätze selbstorganisierter Teamarbeit in allen Teilen der Organisation, also auch auf unterschiedlichen Hierarchieebenen, anwenden lassen, ist in Forschung und Praxis noch nicht abschließend geklärt. Ist es realistisch, selbstorganisierte Teams auch an der Spitze einer Konzern- oder Behördenhierarchie aufzubauen und zu erhalten?

Im Grunde spricht nichts dagegen, die Prinzipien guter Selbstorganisation auch für das obere Management, Geschäftsführungen oder ähnliche Gruppen zu übernehmen. Die Bedingungen herzustellen, unter denen ein echtes Team entstehen kann, kann in diesen Teilen der Organisation allerdings anspruchsvoller sein:

> *„Als wir mit der Untersuchung von Teams begannen, erwarteten wir, dass wir bei Teams an der Spitze andere Elemente und Risiken vorfinden würden. Wir irrten uns. Teams, die Dinge leiten – egal auf welcher Ebene im Unternehmen –, müssen dieselben Kriterien erfüllen und dieselben Risiken eingehen wie Teams, die Dinge herstellen, durchführen oder empfehlen. Wir haben jedoch festgestellt, dass es an der Spitze viel weniger Beispiele für echte Teams gibt als anderswo und dass diese in der Regel eine geringere Anzahl von Teammitgliedern haben.“*[295]

Für die Beobachtung, dass echte Teams auf höheren Hierarchieebenen seltener zu finden sind, gibt es mehrere mögliche Gründe:

---

[295] Katzenbach, Jon & Smith, Douglas (2015). *The Wisdom of Teams* (eBook Edition). Harvard Business Review Press, S. 221 (Übersetzung des Autors).

- **Verantwortung wird individuell, nicht kollektiv gehandhabt.** Gemeinsame Verantwortung und das für Teams typische Füreinander-Einstehen sind auf höheren Hierarchieebenen selten. Erkennen lässt sich das beispielsweise am Umgang mit Abwesenheit: Die Aufgaben von Vorstandsmitgliedern werden in Abwesenheit typischerweise durch Stellvertreter aus den eigenen Bereichen, nicht durch andere Vorstandsmitglieder übernommen. Die Verantwortung ist in klare Segmente unterteilt und wird zwischen den potenziellen „Teammitgliedern" so gut wie nie wechselseitig übernommen. Für Teams wäre eine Urlaubsvertretung durch Menschen außerhalb des Teams dagegen undenkbar. Im Fall von Abwesenheit oder Überlast wird Unterstützung horizontal (innerhalb des Teams), nicht vertikal (außerhalb) gesucht.
- **Eindeutige Ziele sind schwieriger zu definieren.** Polytelie ist eine der großen Herausforderungen von Organisationen. Zu jedem Zeitpunkt gibt es eine Fülle widersprüchlicher Ziele und Interessen, und für jede getroffene Entscheidung existiert eine große Zahl alternativer Entscheidungen, die man ebenfalls hätte treffen können. Der „Zellkern" eines erfolgreichen Teams besteht aber in einer gemeinsamen, klar orientierenden Aufgabe. Durch funktionale Teilung und den Zuschnitt von Verantwortung kann die Organisation auf niedrigen Hierarchieebenen zumindest die Illusion von Eindeutigkeit schaffen. Mag sein, dass die Welt da draußen chaotisch und widersprüchlich ist, aber *unsere* Aufgabe ist nur die Einrichtung des neuen Gebäudes, das Abschließen von Kreditverträgen beziehungsweise das Durchführen eines Veranstaltungsprogramms. Die Widersprüchlichkeit der Welt und ihrer Zielkonflikte verschwindet dadurch nicht, sondern wird in Spannungen zwischen verschiedenen Organisationsbereichen übersetzt („… die Kollegen im Controlling kommen schon wieder auf abwegige Ideen …"), was für das Team einen vergleichsweise eindeutigen Referenzrahmen schafft. Wir als Team haben unser Projekt, und wenn wir es ordentlich abschließen, haben wir unseren Teil zum Erfolg der Organisation getan. Das bietet genug Orientierung, mehr muss das Team nicht wissen.
  Je höher jedoch die eigene gedankliche „Flughöhe" ist, desto schwieriger wird es, die Illusion der Eindeutigkeit aufrechtzuerhalten. An der Spitze einer Organisation sind die Interessenkonflikte offenkundig, die Möglichkeiten enorm, und oft nur noch sehr allgemeine, fast schon inhaltsleere Strategien konsensfähig („Wir entwickeln uns zum Marktführer unserer Sparte, indem wir unseren Kunden die besten Produkte zum günstigsten Preis anbieten …"). Es gibt für Teams in dieser „dünnen Luft" schlicht nicht genug Orientierungspunkte, an denen entlang sie sich formieren könnten:

> *„Ein Unternehmen zu führen stellt eine relativ abstrakte Herausforderung dar, deren Umsetzung viel Zeit in Anspruch nimmt, oft schwer einzuschätzen ist und nur selten auf klare Teamzwecke, Teamziele und Teamarbeitsprodukte hindeutet."*[296]

- **Freiwilligkeit ist schwierig herzustellen.** Formale Hierarchie erschwert die ordentliche Bildung von Teams, weil Mitgliedschaft auf höheren Führungsebenen fast schon „automatisch" feststeht. Beispielsweise setzt sich die Geschäftsführung einer Organisation aus offiziell benannten Mitgliedern zusammen. Wenn diese Mitglieder nun ein Team bilden, spielen Wünsche, Präferenzen, Erwartungen und Fähigkeiten dabei kaum eine Rolle. Es ist klar, wer dabei sein muss und wer nicht. Das Team ver-

[296] Ebd., S. 222 (Übersetzung des Autors).

lassen zu wollen läuft in der Regel auf einen Jobwechsel hinaus. Es kann sich daher für seine Arbeit nicht auf das Engagement und den Zugehörigkeitswunsch freiwilliger Mitglieder verlassen und muss mit der Tatsache umgehen, dass Teammitglieder immer einen stärkeren Fokus auf ihre individuellen vertraglichen Pflichten als auf die Erfordernisse anderer Teammitglieder haben werden.

- **„Selbst umsetzen" ist für obere Hierarchieebenen ungewöhnlich.** Teams definieren sich wesentlich darüber, dass sie ihre Aufgaben selbst planen, umsetzen und die Ergebnisse auswerten. Höhere Hierarchieebenen mögen Planung und Auswertung noch selbst übernehmen, die Umsetzung wird aber oft an andere Teile der Organisation delegiert, wenn nicht sogar Planung, Umsetzung und Auswertung jeweils an unterschiedliche Rollen und Teams weitergegeben werden. Das macht es schwierig, gemeinsam Verantwortung zu übernehmen – nicht „wir haben es verbockt", sondern „deine Mitarbeiter haben es verbockt". Ohne gemeinsame Aufgaben findet wenig wirkliche Zusammenarbeit im Team statt, der Abgleich von Erwartungen und Vorstellungen entfällt, jeder leitet den eigenen Bereich so, wie man es für richtig hält.

All das soll nicht heißen, dass Teams auf höheren Hierarchieebenen nicht möglich wären. Es ist nur sehr unwahrscheinlich, dass sie ohne bewusste Anstrengungen von allein entstehen:

> *„In Kombination führen diese [Faktoren] dazu, dass Gruppen von Führungskräften von allein in Richtung Arbeitsgruppe tendieren, ohne darüber bewusst eine Wahl zu treffen."*[297]

Das muss nicht schlimm sein, Organisationen haben über Jahrzehnte gezeigt, dass sie von Arbeitsgruppen erfolgreich geleitet werden können. Es bedeutet aber, die Erwartungen entsprechend zu setzen und mit dem Begriff „Team" auf höheren Hierarchieebenen zurückhaltend umzugehen.

[297] Ebd., S. 226 (Übersetzung des Autors).

Kapitel 7
Herausforderungen und Problemlösung

„Selbst wenn es nicht deine Schuld ist, ist es deine Verantwortung."

Terry Pratchett[298]

Inhaltsübersicht

298 Pratchett, Terry (2005). *A Hat Full of Sky*. Corgi Books. S. 57 (Übersetzung des Autors).

Aus der Tatsache, dass Teams unter Interessenkonflikten und widersprüchlichen Erwartungen arbeiten, folgt, dass es im Grunde keine „problemfreien" Teams gibt. Jedes Team hat Dinge, mit denen es unzufrieden ist und bei denen es Spannungen zwischen sich und seinen Potenzialen spürt. Alle Erwartungen gleichzeitig „vollständig" erfüllen zu wollen, würde das Team in ernsthafte Schwierigkeiten bringen, weshalb die Arbeitsweise von Teams immer einen Kompromiss darstellen muss. Mit diesem Wissen kann man sich etwas entspannen: Auch erfolgreiche Teams kochen nur mit Wasser und schlagen sich Tag für Tag mit Problemchen herum. Mit vielen Herausforderungen kann man längere Zeit leben. Das heißt nicht, dass man sie nicht angehen sollte, ständige Verbesserung ist ein wichtiges Ideal. Die perfekte Arbeitsweise voller Harmonie und Produktivität gibt es aber nicht, und damit zu hadern, dass das eigene Team den eigenen hohen Ansprüchen noch nicht genügt, würde niemandem helfen.

Leo Tolstoi beginnt seinen Klassiker „Anna Karenina" mit dem Satz: *„Alle glücklichen Familien sind einander ähnlich; aber jede unglückliche Familie ist auf ihre besondere Art unglücklich."*[299] In gewisser Weise gilt das auch für Teams. Erfolgreiche Teams sind sich auffallend ähnlich: Sie haben einen klar abgegrenzten Kreis von Teammitgliedern, die engagiert und aus freien Stücken dabei sind. Sie verfolgen gemeinsam ein ambitioniertes Ziel innerhalb eines klar abgegrenzten Verantwortungsbereichs. Ihre Arbeitsweise ist schlank und gut strukturiert und hilft ihnen, ihre transparent verwalteten Aufgaben zu erledigen. Sie produzieren schnelle und hochwertige Ergebnisse und stellen damit nicht nur ihre Kunden und Stakeholder zufrieden, sondern erzeugen auch Motivation und Stolz bei ihren Teammitgliedern. Ihre Umwelt betrachtet ihre Arbeitsfähigkeit als hohes Gut und unterstützt sie nach Kräften, anstatt sie durch externe Eingriffe zu behindern.

Es gibt unzählige Möglichkeiten, als Team von diesem Idealweg abzukommen, und jede davon kann das Team auf eine ganz eigene Art unglücklich machen. Es würde wenig bringen, alle möglichen Probleme von Teams aufzulisten und individuelle Lösungen vorzuschlagen. Das Team muss stattdessen die Stelle finden, an der die Basis seiner Zusammenarbeit Schwächen aufweist, und dort mit einer Lösung ansetzen. Wie das funktionieren kann, darum geht es in diesem Kapitel.

Den richtigen Ansatzpunkt zu finden, ist manchmal gar nicht so einfach. In der Praxis begegnen mir regelmäßig Teams, die auf den ersten Blick von einer Vielzahl von Problemen und Herausforderungen fast erdrückt werden, bis man versteht, dass die meisten davon hausgemacht sind und in Wirklichkeit missglückte Lösungsversuche für tieferliegende Probleme darstellen. Es braucht etwas Erfahrung, um diesen Dschungel aus Unzufriedenheit durchblicken und die „eigentlichen" Themen sehen zu können. Diese Erfahrung ist über ein Buch leider nicht ganz einfach weiterzugeben, aber ich kann von den Grundsätzen erzählen, die ich und meine Kolleginnen und Kollegen in der Arbeit mit Teams jeden Tag anwenden. Diese Grundsätze bilden den ersten Teil dieses Kapitels.

Die zweite Hälfte des Kapitels verdeutlicht diese Prinzipien anhand einiger „häufig gestellter Fragen" in Form fiktiver Problemstellungen, die von Teams beispielsweise in einer Auftragsklärung genannt werden könnten. Ich habe darauf geachtet, möglichst die Sprache zu verwenden, die Teams zur Beschreibung ihres Problems verwenden würden, und dann einige Überlegungen und Grundsätze gesammelt, die ich in der Situation

[299] Z.B. Tolstoi, Leo (2020). *Anna Karenina* (Illustrierte Schmuckausgabe). Coppenrath.

anwenden würde. Diese Ideen sind nicht als „Kochrezepte“ zu verstehen, die einfach nur blind befolgt werden müssen, sondern als Denkhilfe, um die Aufmerksamkeit in bestimmte Richtungen zu lenken. Die Verantwortung für Probleme und ihre Lösung liegt immer beim Team.

Ein letzter Gedanke, bevor wir in die Inhalte einsteigen: Teams gelangen hin und wieder zu der Überzeugung, dass sie und ihre Problemstellungen einzigartig und noch nie dagewesen seien. Das stimmt natürlich nicht – Erwartungen und Rahmenbedingungen sind ein Stück weit individuell, aber die Probleme ähneln sich von Team zu Team auffällig. Das ist ein ermutigender Gedanke, denn wiederkehrende Probleme wurden bereits etliche Male von anderen Teams gelöst. Wenn andere Teams das können, warum dann nicht auch wir?

1. Grundsätze und allgemeine Herangehensweisen

Als ersten Grundsatz können wir eine Erkenntnis festhalten, die zu diesem Zeitpunkt fast schon selbstverständlich wirkt: *Selbstorganisierte Teams tragen auch für ihre Probleme und Herausforderungen die Verantwortung und übernehmen die Lösungsfindung und -umsetzung in der Regel selbst.* Das unterscheidet sie von zentral organisierten Arbeitsgruppen, in denen auftretende Probleme normalerweise an die nächsthöhere Führungsebene „eskaliert“ werden. Selbstorganisierte Teams gehen ihre Probleme dagegen selbstständig an und involvieren Führungskräfte oder Stakeholder nur, wenn eine Lösung außerhalb ihrer Möglichkeiten liegt. Über diesen Grundsatz müssen sich Team und Teamumfeld natürlich einig sein, wenn es nicht zu Missverständnissen kommen soll.

Es wird viel über mögliche Probleme in Teams geschrieben. Leider erschöpfen sich viele Texte in Beschreibungen, woran sich Probleme erkennen lassen: Übersicht und Informationen gehen verloren, Aufgaben werden nicht erledigt, das Team ist mit zwischenmenschlichen Konflikten statt fachlicher Arbeit beschäftigt, es wird über Zuständigkeiten und Verantwortung diskutiert, anstatt über Ergebnisse. Teams, die ein Problem haben, sind sich dessen in der Regel bewusst, wenngleich sie ihr Problem nicht unbedingt immer verstehen. Viel mehr als Listen von Problemsymptomen interessiert uns daher, wie ein Team ein gemeinsames Problemverständnis entwickeln und aus Situationen wie den beschriebenen wieder herausfinden kann.

Erfolgreiche Teams zeichnen sich durch ein gemeinsames Verständnis wichtiger Erwartungen und Strukturen aus. In der Regel sind Problemursachen also dort zu suchen, wo dieses gemeinsame Verständnis fehlt, und viele Lösungsansätze bestehen darin, dass Menschen sich zusammensetzen und miteinander sprechen – nicht über irgendetwas, sondern darüber, wie die Zusammenarbeit an diesem Punkt konkret aussehen soll. Der zweite Grundsatz für eine Problemlösung im Team lautet daher: *Stelle sicher, dass Einigkeit über die wichtigsten Strukturen und Erwartungen besteht!* Viele Themen lassen sich darüber bereits lösen. Wenn nicht, wird es Zeit, genauer hinzusehen.

1.1 Was ist eigentlich dein Problem?

„... ist es selbstverständlich, dass ein Problem vor allem tatsächlich ein Problem sein muss, um überhaupt gelöst werden zu können."
Paul Watzlawick[300]

Hat das Team wirklich ein Problem? Die Frage klingt fast wie eine Beleidigung: Natürlich gibt es ein Problem, sonst müsste man ja gar nicht darüber sprechen!

Die Frage ist aber ernst gemeint. Nichts bringt ein Team so zuverlässig in Schwierigkeiten wie Versuche, Probleme zu lösen, die gar keine sind. Wenn etwas kein Problem ist, gibt es keine Lösung, man kann sich also mit der Lösungsfindung beliebig lange ergebnislos beschäftigen. Versuchen wir uns an einer Definition:

Ein Problem ist eine Spannung zwischen Ziel und Realität, für die kein Lösungsweg bekannt ist und deren Fortbestand zu negativen Konsequenzen führen wird.

Wir können auch sagen: Probleme sind Lücken in einem Handlungsplan, die unbedingt geschlossen werden müssen. Wenn man wüsste, was zu tun ist, hätte man kein Problem, sondern eine Aufgabe vor sich. Die Kombination aus Spannung, fehlendem Wissen und Handlungsdruck ist meistens ein gutes Zeichen, dass man es mit einem Problem zu tun hat.

„Wir schaffen unsere Teamziele nicht" ist beispielsweise kein Problem. Es gibt einen spürbaren Unterschied zum Sollzustand, aber keine erkennbaren Folgen. Eine Problembeschreibung muss sich immer die *„Na und?"*-Frage gefallen lassen: Warum ist das schlimm? Was ist zu befürchten, wenn wir einfach nichts tun?

„Wir werden unsere Jobs verlieren, wenn wir unsere Ziele nicht erreichen" könnte dagegen ein Problem sein – vorausgesetzt, Jobverlust wird individuell als „negative Konsequenz" wahrgenommen. Vielleicht wollte man so oder so mal wieder etwas Neues machen.

„Wir haben unseren wichtigsten Kunden verloren" ist ebenfalls kein Problem. Es beschreibt nur eine Tatsache, also den Ist-Zustand, und hat keine Lösung (mehr). Den wichtigsten Kunden verloren zu haben, *erzeugt* eventuell Probleme (zum Beispiel, dass das Team nun seine Kosten nicht mehr decken kann), aber die Tatsache selbst lässt sich nicht mehr ändern. Alles, was schon passiert ist, lässt sich nicht mehr beeinflussen, daher gibt es dafür auch keine „Lösungen" – und wenn es keine Lösung gibt, ist es kein Problem, sondern eine Tatsache.

Jedes Problem ist grundsätzlich lösbar, sonst wäre es keins. „Probleme", die nicht lösbar sind, sind in Wirklichkeit Tatsachen, die akzeptiert werden müssen. Zielzustände, die sich nicht (mehr) erreichen lassen, sind für das weitere Vorgehen irrelevant.

---

300 Watzlawick, Paul & Weakland, John & Fisch, Richard (2020). *Lösungen: Zur Theorie und Praxis menschlichen Wandels (9. Auflage).* Hogrefe. S. 157f.

Ob etwas ein Problem ist, ist oft eine subjektive Einschätzung. Wir können die Situation unterschiedlich sehen, unterschiedliche Ziele verfolgen, unterschiedliche Handlungen zur Verfügung haben und unterschiedlichen Konsequenzen ausgesetzt sein. Es ist nicht selbstverständlich, dass die selbst wahrgenommenen Probleme auch für Andere Probleme darstellen. Eine Kollegin hat etwa mir gegenüber einmal als „Problem“ formuliert, dass Redeanteile in ihren Teammeetings ungleich verteilt waren, und dafür eine Lösung gesucht. Im weiteren Gespräch wurde klar, dass vor allem sie selbst ein Problem damit hatte und nicht wusste, ob Teammitglieder das ebenfalls als Problem sahen. Ihr erstes Ziel hatte also nichts mit dem Angleichen von Redeanteilen, sondern mit dem Besprechen von Erwartungen im Team zu tun. Die Frage, „wessen“ Problem es ist, kann bei der Auswahl von Lösungsansätzen helfen, wobei Probleme einzelner Teammitglieder natürlich auch immer irgendwo das Team betreffen.

Es kann schwierig sein, das Problem klar einzugrenzen. Viele Situationen erzeugen eine Vielzahl von unterschiedlichen Symptomen und Sekundärproblemen, die Wahrnehmungen unterscheiden sich, diffuse Bedenken vermischen sich mit konkretem Handlungsdruck. Es ist wichtig, hier sauber zu arbeiten, die wahrgenommenen Aspekte voneinander zu trennen und die Priorität dort zu setzen, wo der Schmerz am größten ist. Der erste Schritt besteht darin, Entscheidungen über die vier zentralen Aspekte der Problemdefinition zu treffen, um die Lücken im Handlungsplan finden und zielgerichtet schließen zu können:

- Wie ist die Situation jetzt?
- Wie sollte sie sein?
- Was wird Schlimmes passieren, wenn wir den Unterschied nicht auflösen?
- Was fehlt uns, um weitermachen zu können?

Beim gemeinsamen Problemlösen ist es besonders wichtig, dass sich das Team über diese vier Aspekte einig ist. Dabei muss nicht unbedingt jedes Teammitglied von den Konsequenzen betroffen sein – wenn ein Kollege oder eine Kollegin unter der Situation leidet, ist das Grund genug, aktiv zu werden. Oft stellt sich aber im Verlauf der Diskussion heraus, dass es in Wirklichkeit mehrere, miteinander verbundene Probleme zu lösen gibt, je nachdem, wessen Konsequenzen und Situationswahrnehmung in den Fokus gerückt werden.

Nur wenn es eine klare Spannung zwischen der Situation und einem Zielzustand gibt und jemand ernste Konsequenzen zu befürchten hat, besteht Handlungsbedarf. Wenn nicht, beobachten wir die Situation weiterhin und arbeiten ansonsten wie gehabt. In jedem Fall ist es sicher gut, darüber gesprochen zu haben.

1.2 Die richtige Flughöhe finden

Probleme lassen sich auf sehr unterschiedlichen Abstraktionsebenen formulieren. Auf der niedrigsten Ebene können wir Einzelfälle besprechen, beispielsweise, dass zwei Teammitglieder im Gespräch kurz aneinandergeraten sind. Einzelfälle liegen meist schon in der Vergangenheit, wenn sie besprochen werden, daher kann man sich fragen, ob sie überhaupt noch eine „Lösung“ brauchen. Im anderen Extrem können wir jedes

Problem beliebig grundsätzlich behandeln – dann geht es nicht mehr um einen kleinen Streit, sondern darum, dass schon in der heutigen Erziehung Kindern nicht mehr genug Höflichkeit beigebracht wird. Ob das Team auf diese Fragestellung noch nennenswerten Einfluss ausüben kann, ist fraglich.

Jedes Problem lässt sich auf ein grundsätzlicheres Problem zurückführen, das schwieriger zu lösen ist. Selten ist das sinnvoll.

Ein kleines Beispiel dazu: Ich hatte ein besonders diskussionsfreudiges Team bei der Vorbereitung und Durchführung ihrer ersten Retrospektive unterstützt. Das Team war sich anschließend einig, solche Termine nun regelmäßig durchführen zu wollen. Es begann eine Grundsatzdebatte, ob ein Abstand von vier Wochen oder sechs Wochen zwischen den Terminen besser wäre, Vor- und Nachteile wurden ausgetauscht und Hypothesen aufgestellt, welchen Effekt ein kürzerer beziehungsweise längerer Takt auf das Team haben könnte. Nach einigen Minuten erinnerte ich das Team daran, dass die eigentliche Frage für den Moment viel einfacher war: Wollten sie den *nächsten* Termin in vier oder in sechs Wochen planen? Bei einem schnellen Blick in den Kalender stellte sich heraus, dass aufgrund von Abwesenheiten nur einer der Termine überhaupt infrage kam, und die Sache war erledigt.

Persönlich bin ich ein Freund davon, Probleme so konkret zu lösen wie möglich, aber so generell wie nötig. Das bedeutet, Einzelfälle so lange individuell zu lösen, bis sie erkennbar als Muster auftreten, und erst dann nach tieferen Ursachen zu suchen. Man sollte auch eher Probleme lösen, die man hat, als Probleme, die man haben könnte (dabei Vorsicht vor Nebeneffekten – siehe folgende Abschnitte!). Einwände im Stil von „Aber was, wenn wir später merken, dass das nicht funktioniert?" sind schwierig zu integrieren. Vorausschauendes Handeln ist gut, aber nicht jedes unwahrscheinliche Risiko muss bearbeitet werden. „Wir werden uns darum kümmern, wenn es so weit ist und wir mehr Informationen haben" ist in den meisten Fällen eine vollkommen valide Vorgehensweise.

> *„Orientiere dein Handeln an repetitiven Mustern! [...] Das gilt für Zustände, die als „problematisch" bewertet werden und verändert werden sollen, wie auch für angestrebte Ziele und Lösungen [...] Alles, was nur einmal geschieht, ist nicht von Bedeutung."*[301]

Ich weiß, wie verführerisch es sein kann, ein Problem gleich beim ersten Mal an der Wurzel packen und „richtig" lösen zu wollen, das ist aber nur dann sinnvoll, wenn eine grundsätzliche Lösung einfacher ist, als mit den Konsequenzen umzugehen. Spätestens wenn sich das Gespräch nicht mehr um das Team und seine möglichen Handlungen, sondern um organisationsweite oder gesamtgesellschaftliche Maßnahmen dreht, ist es an der Zeit, wieder zur konkreten Situation zurückzukehren.

All das soll nicht heißen, dass sich das Team nur noch kurzsichtig Einzelfälle bearbeiten und dabei das große Ganze vergessen sollte. Mir sind Teams begegnet, die so sehr mit „Feuerlöschen" beschäftigt waren, dass sie keine Zeit für die Frage hatten, warum in ihren Projekten eigentlich ständig Feuer zu löschen waren. Spätestens, wenn sich in den Problemen ein Muster abzeichnet, lohnt sich eine Pause und eine grundsätzlichere Betrachtung.

---

[301] Simon, Fritz B. (2017). *Einführung in Systemtheorie und Konstruktivismus* (8. Auflage). Carl-Auer, S. 115.

Stephen Covey erzählt in seinem Bestseller „Die 7 Wege zur Effektivität“[302] die Geschichte eines Holzfällers, der sich jeden Tag mehr abmüht, seinen Tagessoll zu schaffen, und immer und immer weiter hinter den Zeitplan zurückfällt. Als ein Wanderer ihn fragt, wann er das letzte Mal seine Säge geschärft hätte, antwortet er patzig: „Für das Schärfen von Sägen habe ich keine Zeit. Siehst du nicht, wie viele Bäume ich noch fällen muss?“

1.3 Komplizierte und komplexe Probleme

So wie es einen Unterschied zwischen komplizierten und komplexen Systemen gibt[303], lassen sich Probleme ebenfalls unter den Gesichtspunkten von kompliziert und komplex betrachten. Auch wenn „kompliziert“ im ersten Moment nach schwierigen Problemen klingt, sind sie doch meistens relativ dankbare, geradlinig lösbare Themen. Für komplexe Probleme gilt das nicht.

Komplizierte Probleme lassen sich *analysieren*, also in ihre Bestandteile zerlegen. Das macht die Ursachenfindung und Problembehebung vergleichsweise einfach, indem jeder Teilaspekt der Situation isoliert betrachtet und auf Fehler oder unerwünschtes Verhalten untersucht wird. Komplizierte Probleme sind oft *statisch*, „warten“ also, bis wir etwas unternehmen; und sie sind *linear* in dem Sinne, dass kleine Handlungen kleine Wirkungen und große Handlungen große Wirkungen haben.

Am Ende einer Kette aus Ursachen und Wirkungen steht bei komplizierten Problemen irgendwo etwas, das *defekt* ist, also nicht so funktioniert, wie es sollte. *„Das Auto startet nicht“* ist ein Beispiel für ein kompliziertes Problem. Wir wissen, dass sein Motor zum Start Strom, Luft und Benzin braucht. Wir untersuchen die Situation und stellen fest, dass der Motor mit Strom und Luft, aber nicht mit Benzin versorgt wird. Wir suchen weiter und finden heraus, dass die Kraftstoffpumpe arbeitet, aber kein Benzin im Tank ist. Wir haben die Ursache gefunden, und das Problem lässt sich lösen, indem Benzin in den Tank gefüllt wird.

Wir lernen schon in der Schule, Probleme durch Analyse und logisches Denken zu lösen, indem wir sie in Ursachen und Wirkungen zerlegen. Später treten wir Organisationen bei, deren Hierarchie strukturell prädestiniert für die Lösung komplizierter Probleme ist. Hierarchie löst Probleme, indem sie ein großes Problem in kleinere Teilprobleme zerlegt, die dann an unterschiedliche Teams oder Fachabteilungen delegiert werden. Anschließend werden die Teillösungen wieder zu einer Gesamtlösung zusammengesetzt – *synthetisiert* –, und man ist fertig.

Komplizierte Probleme erkennen wir oft daran, dass sich Ausgangs- und Zielsituation sowie die möglichen Handlungen gut benennen lassen. Das Problem besteht darin, dass wir nicht wissen, welche der möglichen Handlungen den besten Weg zum Ziel darstellt. Beispielsweise könnte die Kaffeemaschine defekt sein (Situation), sie soll wieder funktionieren (Ziel), und als Handlungsmöglichkeiten könnten wir sie entkalken, selbst eine Reparatur versuchen, einen Servicetechniker rufen oder sie durch ein Neugerät ersetzen.

---

302 Covey, Stephen (2018). *Die 7 Wege zur Effektivität* (51. Auflage). GABAL, S. 335.
303 Siehe Kapitel 1, Seite 34.

Komplexe Probleme haben grundsätzlich andere Eigenschaften. Oft sind sie „schlecht definiert“: Ausgangssituation, Zielsituation und mögliche Handlungen sind nicht oder nur teilweise bekannt, verändern sich durch Lösungsversuche oder entwickeln sich über die Zeit von allein. Das hat zum Aufbau eines kompletten Forschungszweigs („*Complex Problem Solving*“) geführt, um die Lösung solcher Probleme zu untersuchen:

> *„[Komplexes Problemlösen] geschieht, um Hindernisse zwischen einem gegebenen Zustand und einem gewünschten Zielzustand durch Verhaltensweisen und/oder kognitive, mehrstufige Aktivitäten zu überwinden. Der gegebene Zustand, der Zielzustand und die Hindernisse […] sind komplex, ändern sich dynamisch während des Problemlösens und sind intransparent. Die genauen Eigenschaften des gegebenen Zustands, des Zielzustands und der Barrieren sind dem Löser zu Beginn unbekannt.“*[304]

Komplexe Probleme bestehen also auch aus Lücken in einem Handlungsplan zwischen Ist- und Sollzustand, aber mit dem Unterschied, dass Problemeigenschaften und Handlungsoptionen unbekannt oder intransparent sind und sich über die Zeit von allein, vor allem aber als Reaktion auf unser Handeln verändern. Das Problem ist also gleichzeitig schwer greifbar und in Bewegung. Besonders schwierig werden komplexe Probleme durch zeitliche Verzögerungen und nichtlineare Entwicklungen. Häufig kommt es vor, dass Effekte erst nach einer gewissen Zeit eintreten, periodisch schwanken oder an unsichtbaren Kipppunkten plötzlich an Dynamik gewinnen, was es erheblich schwieriger macht, die Wirkung des eigenen Handelns abzuschätzen.

Ein wesentlicher Komplexitätstreiber ist der Mensch. Je mehr Menschen involviert sind, desto komplexer ist auch das Problem, weil ihre Ziele und Vorstellungen intransparent sind, sich ihr Denken und Handeln jederzeit ändern kann und beides von den Handlungen der anderen Beteiligten abhängt. Menschen bringen also Intransparenz, Polytelie und Dynamik in die Situation. Probleme, die mit Menschen zu tun haben, lassen sich oft nicht „zerlegen“, weil sie durch Wechselwirkung individueller Lösungsstrategien entstehen. Das ist so wichtig, dass ich es nochmal schreiben will:

Komplexe, vor allem zwischenmenschliche Probleme entstehen oft aus der Wechselwirkung individueller Lösungsstrategien.

Ein Klassiker im Team ist beispielsweise die Bildung von Wissensmonopolen. Sie beginnt damit, dass ein Teammitglied bestimmte fachliche Aufgaben besonders schnell und gut erledigen kann. Es übernimmt diese Aufgaben daher regelmäßig und baut über die Zeit einen enormen Vorsprung an Wissen und Erfahrung auf, was seine Produktivität weiter steigen lässt. Früher oder später erreicht das Team einen Punkt, an dem das Teammitglied Aufgaben in „seinem“ Thema nur noch ungern abgibt („Es geht schneller und besser, wenn ich das selbst mache“), und andere Teammitglieder sich aktiv aus dem Thema heraushalten, weil die Einstiegshürde mittlerweile viel zu groß geworden ist, um die anspruchsvollen Erwartungen in absehbarer Zeit erfüllen zu können. Das Ganze funktioniert so lange leidlich, bis der Spezialist das Team verlässt und das Team den Wissensrückstand schlagartig und mit enormem Aufwand aufholen muss.

[304] Frensch, Peter & Funke, Joachim (1995). *Complex Problem Solving: The European Perspective.* Taylor & Francis, S. 18 (Übersetzung des Autors).

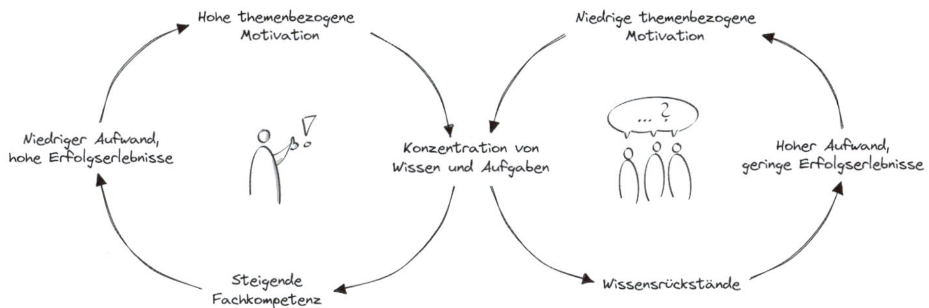

Was an einer solchen Situation Ursache und was Wirkung ist, ist nur eine Frage des Blickwinkels. Das Verhalten aller Beteiligten verstärkt sich gegenseitig, und alle sind der Ansicht, sich genau so und nicht anders verhalten zu müssen. Komplexe Probleme lassen sich nicht „zerlegen", weil das Einzelverhalten aller Beteiligten, isoliert betrachtet, immer schlüssig und zielführend, oft sogar zwangsläufig wirkt. Nur durch „Herauszoomen" auf die Gesamtsituation können wir verstehen, wie die Wechselwirkungen zwischen individuellen Lösungsstrategien das Problem insgesamt hervorbringen und stabilisieren.

Der Kategorienfehler

Die Verwechslung komplizierter und komplexer Probleme bringt Teams in erhebliche Schwierigkeiten. Meistens kommt diese Verwechslung in Form von Versuchen daher, komplexe Probleme mit komplizierten Mitteln zu lösen, etwa sie in ihre „Bestandteile" zerlegen oder in eindeutige Ursachen und Wirkungen einteilen zu wollen. Schnell führt das zu Schuldzuweisungen: Irgendetwas hier muss „defekt" sein, mein eigenes Verhalten ist aber logisch und sinnvoll – folgerichtig ist wohl dein Verhalten falsch! Verstärkt wird das durch konstruktivistische Unterschiede in der Situationswahrnehmung: Das Verhalten des Gegenübers basiert auf anderen Perspektiven, ist daher für uns nicht nachvollziehbar, und von hier ist der Weg nicht mehr weit, den anderen als „unlogisch" oder „irrational", sprich, als reparaturbedürftig zu stempeln. Währenddessen betrachtet unser Gegenüber die Situation genau spiegelverkehrt. Beide sehen die Schuld für das Problem beim Anderen, Lösungsansätze gehen in völlig unterschiedliche Richtungen und die Unfähigkeit, sich einig zu werden, führt über die Zeit in hartnäckige Konflikte. Der wirkliche Fehler ist dabei schon ganz am Anfang gemacht worden, nämlich an dem Punkt, wo die komplexe, zirkuläre Form des Problems übersehen wurde.

In gewisser Weise treffen hier die Maschinenmetapher („Es muss in der Zusammenarbeit ein Teil geben, das ‚defekt' ist.") und das Missverständnis, dass soziale Systeme aus Menschen bestehen würden, auf sehr unglückliche Weise aufeinander. Wenn unsere Zusammenarbeit nicht funktioniert, wir nach dem „defekten" Teil suchen und dann das System nur als Gruppe von Menschen wahrnehmen können, ist es kaum möglich, den Fehler woanders als im Charakter der Beteiligten zu verorten. In Wirklichkeit handelt es sich bei diesen eher um unsere „Problempartner": Gemeinsam erzeugen wir die Situation, die wir gern lösen würden, und halten sie aufrecht.

Als nächstes betrachten wir einige Strategien zur Lösung sowohl komplizierter als auch komplexer Probleme. Achtung: Viele reale Probleme haben komplizierte und komplexe

Anteile. Wir müssen darauf achten, diese sauber voneinander zu trennen und jeweils mit angemessenen Werkzeugen zu bearbeiten.

1.4 Werkzeuge für komplizierte Probleme

Zur Lösung komplizierter Probleme stehen uns eine Vielzahl möglicher Werkzeuge zur Verfügung. Wir können mit dem Zielzustand beginnen und eine *Rückwärtssuche* durchführen, also nach und nach die Zwischenzustände definieren, die unterwegs erreicht werden müssen. Wir können bei der *Binärsuche* das Problem zwei Hälften teilen, die für sich genommen kleinere, besser überschaubare Probleme darstellen. Das *Ausschlussprinzip* erlaubt es uns, die Bestandteile der Situation einzeln herauszugreifen, also zu isolieren, und auf korrektes Funktionieren zu überprüfen. Zu den aufwendigeren Verfahren gehören Methoden wie das *Ishikawa-Diagramm*, in dem eine große Zahl von Teilursachen für eine vergangene Problemsituation in unterschiedlichen Kategorien (Mensch, Maschine, Material, Methode) gesammelt und besprochen werden kann.

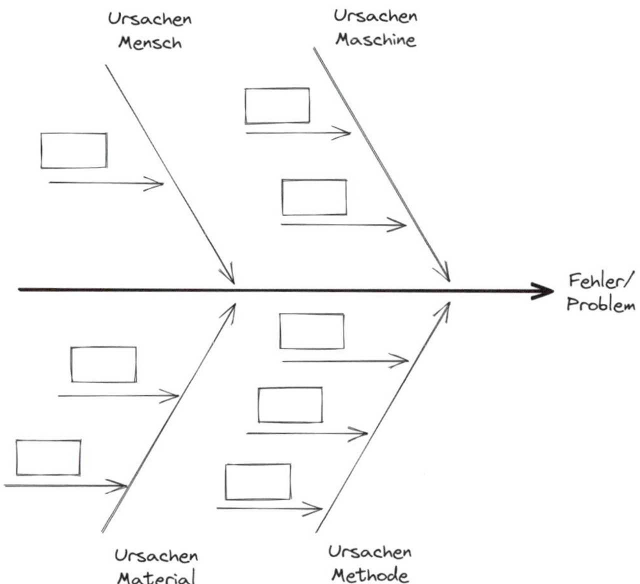

Die grundsätzliche Herangehensweise besteht immer darin, das Problem möglichst früh in Gänze zu erfassen, einen Plan zur Erreichung des Ziels aufzustellen und mit Zwischenzielen, Aktivitäten, wichtigen Zeitpunkten und ähnlichen Details zu versehen. Eventuelle Lücken im Handlungsplan können gezielt herausgegriffen und aufgefüllt werden.

Oft hilft es bei der Lösung komplizierter Probleme, Schlüsselsituationen zu identifizieren und zu beschreiben. Was muss zu einem Zeitpunkt X gegeben sein, um unser Ziel erreichen zu können? Wir können uns beispielsweise die Planung einer größeren Veranstaltung erleichtern, indem wir den Auftakt des Events als gedanklichen „Marker“

verwenden. Was muss zu diesem Zeitpunkt gegeben sein, damit das Event ein Erfolg werden kann? Wie sind die Räumlichkeiten gestaltet, welches Material und welche Ressourcen ist verfügbar, wer ist anwesend und in welcher Funktion? Von diesem Marker aus lassen sich vorwärts bzw. rückwärts wichtige Handlungen und Voraussetzungen identifizieren und so nach und nach ein Plan erstellen. In aller Regel besteht unser Arbeitsalltag bereits zu großen Teilen aus der Lösung komplizierter Probleme, weshalb sich Teams mit diesen Aspekten ihrer Zusammenarbeit selten schwertun.

1.5 Werkzeuge für komplexe Probleme

Komplexe Probleme haben drei wichtige Punkte, an denen sie sich von komplizierten Problemen unterscheiden. Uns stehen grundsätzlich nur unvollständige Informationen zur Verfügung, weshalb wir mit Analyse nicht weit kommen würden. Unser Handeln verändert die Situation auf unvorhersehbare Weise und kann sogar Ziele verschieben oder verändern, weshalb detaillierte Planung in aller Regel nutzlos ist. Und drittens beeinflusst sich das Verhalten aller Beteiligten gegenseitig, weshalb es wenig Sinn hat, auf die Suche nach einzelnen „Ursachen“ gehen zu wollen.

Komplexe Probleme werden deshalb iterativ in *Vorwärtssuche* gelöst. Ausgehend vom Status quo werden Zielrichtungen bestimmt und wenige, konkrete nächste Schritte durchgeführt. Anschließend müssen zuerst die Effekte auf die Situation und unsere Ziele beobachtet werden, bevor wieder eine Richtung und nächste Schritte festgelegt werden können. Auch wenn konkrete Zielszenarien helfen können, die Vorstellungen klarer zu bestimmen, sind ein endgültiges Zielbild oder sogar ein Plan nicht notwendig, um handlungsfähig zu sein. Dem Psychotherapeuten Steve de Shazer wird die Aussage zugeschrieben, dass man oft verstehen könne, was „besser“ wäre, ohne dafür eine genaue Vorstellung von „gut“ zu haben. Kleine Schritte in eine richtige Richtung sind in komplexen Situationen häufig erfolgversprechender, als das Problem mit einer großen Maßnahme „erschlagen“ zu wollen.

Für die Lösung komplexer Probleme ist es wichtig, ihre Eigenheiten anzuerkennen und ihnen bewusst zu begegnen. Das bedeutet:[305]

- **Übersicht bewahren durch Fokussierung,** indem das Problem auf die entscheidenden Kerneigenschaften reduziert wird. Oft sind zu viele und gleichzeitig unvollständige Informationen verfügbar, die Situation ist unübersichtlich. Was muss wirklich in die Betrachtung aufgenommen werden?
- **Effekte verstehen durch Modellbildung,** etwa indem Wirkungskreise betrachtet und visualisiert werden. Welche Handlungen haben welche Effekte? Wie reagiert die Situation auf verschiedene Einflussversuche? Die Handlungen einzelner Personen sind weniger wichtig, entscheidender ist, wie sie sich aufeinander auswirken.
- **Vorausschauend handeln durch Entwicklungsprognosen,** indem bewusst die bisherigen Entwicklungen der Situation betrachtet und daraus Vermutungen über die

[305] Vgl. Dexheimer, Julia (2017). *Umgang mit Komplexität als Kompetenz am Arbeitsplatz: komplexes und kollaboratives Problemlösen.* Dissertation, Universität Heidelberg. S. 9.

Zukunft abgeleitet werden. Wie wird sich die Situation entwickeln, wenn nicht eingegriffen wird? Wie könnte das Problem auf mögliche Lösungsversuche reagieren?
- **Informationsbeschaffung durch Exploration,** indem aktiv zusätzliche Erkenntnisse gesammelt und andere Perspektiven eingeholt werden. Wie sehen andere die Situation? Welche unbekannten Informationen lassen sich mit vertretbarem Aufwand beschaffen? Könnten kleine, gezielte Tests und Experimente neue Einsichten über die Situation generieren?
- **Zielfestlegung durch Priorisierung,** indem durch Entscheidungen Ziele und Handlungsrichtung festgelegt werden. Wenn sich nicht alle unterschiedlichen Interessen und Möglichkeiten der Situation gleichzeitig bedienen lassen, ist Priorisieren gefragt. Was ist gerade besonders wichtig, was könnte auch auf später verschoben werden?

Allgemeine Herangehensweise

Ähnliche Ideen vertritt der Systempsychologe Dietrich Dörner, wenn er eine Reihe wesentlicher Aktivitäten beschreibt, die zum Lösen komplexer Problemstellungen notwendig sind: [306]

- Ziele oder Zielrichtungen festlegen.
- Informationen sammeln und die Situation verstehen.
- Zukünftige Entwicklung der Situation abschätzen und prognostizieren.
- Handlungen planen und durchführen.
- Effekte des Handelns beobachten.

Als Schleifenprozess angeordnet, ergibt sich eine Art allgemeine Lösungsstrategie für komplexe Probleme. Es sind klar Ähnlichkeiten zu anderen komplexitätserprobten Vorgehensweisen erkennbar, wie etwa der systemischen Schleife[307], der Lösungspyramide[308],dem *Inspect and Adapt*-Ansatz[309] agiler Arbeitsweisen oder dem auf Walter Shewhart zurückgehenden *PDCA-Zyklus.*[310] Wir sehen auch Parallelen zum Schleifenmodell der Selbststeuerung[311] und der Meetingstruktur vieler Teams, in der über regelmäßige Planungs- und Reviewtermine Handlungsoptionen immer wieder neu ausgewählt, umgesetzt und ausgewertet werden. Gleichzeitig fällt auf, wie sehr sich diese Vorgehensweise vom in Politik und Wirtschaft üblichen, „komplizierten" Standardvorgehen mit einmaliger Planung und kontrollierter Umsetzung unterscheidet. Komplexe Probleme können nicht nach Plan angegangen werden, sie werden schrittweise, iterativ und unter ständiger Beobachtung gelöst. Jede Handlung verändert das Problem, erzeugt neue Erkenntnisse und erfordert potenziell eine Neubewertung der eigenen Strategie.

[306] Dörner, Dietrich (2011): *Die Logik des Misslingens. Strategisches Denken in komplexen Situationen* (E-Book Neuauflage). Rowohlt, S. 67 ff.
[307] Siehe Seite 397.
[308] Kotrba, Veronika & Miarka, Ralph (2019). *Agile Teams lösungsfokussiert coachen* (2. Aufl.). dpunkt, S. 61.
[309] Vgl. Scrum Guide, https://scrumguides.org/scrum-guide.html#scrum-theory (abgerufen am 15.01.2023).
[310] Siehe Deming, William (1982). *Out of the Crisis.* MIT Press, S. 88.
[311] Siehe Seite 81.

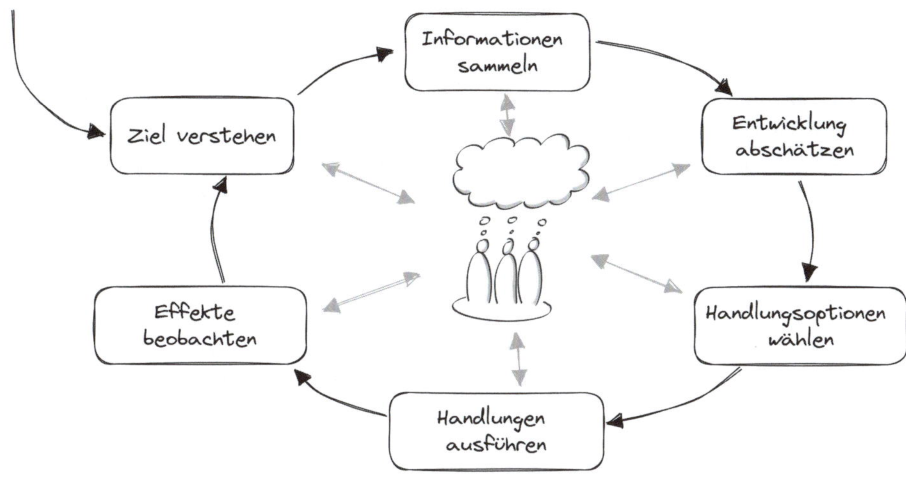

Dietrich Dörner betont, dass reales Problemlösen in der Praxis selten eine saubere Abfolge dieser Schritte ist und stattdessen häufig zwischen Aktivitäten gesprungen oder von vorne begonnen wird:

> *„Normales Handeln findet nicht statt, indem man sich zunächst die Ziele klar macht, dann Informationen sammelt, dann die Zukunft antizipiert, dann Maßnahmen plant, um schließlich zu einer Entscheidung zu kommen und nachher die Angemessenheit des eigenen Handelns zu überprüfen. Vielmehr wird es oft so sein, dass man erst in der Phase der Informationssammlung merkt, dass die Ziele nicht hinreichend klar sind, um tatsächlich gute Kriterien für die Informationssammlung zu liefern. […] die Darstellung der Stationen […] zeichnet ja auch nicht den tatsächlich ablaufenden Prozess bei tatsächlichen Personen nach, sondern erleichtert uns einfach die Darstellung. Die […] abgebildeten Stationen sind eine mögliche und, wie ich meine, sinnvolle Aufteilung der verschiedenen Anforderungen, die eine [komplexe] Situation an jemanden stellt […]“*[312]

Auch wenn die Realität oft nicht so geordnet abläuft wie hier skizziert, können wir uns doch an den skizzierten Schritten entlanghangeln, sie zur Strukturierung unseres Handelns nutzen und bei Bedarf auf frühere Schritte zurückgehen, wenn sich unsere bisherigen Antworten als unzureichend herausstellen sollten. Nachfolgend sind einige Ideen dazu aufgelistet.

Ziele festlegen

Ein Ziel zu haben, muss nicht unbedingt bedeuten, konkrete Endszenarien oder schriftliche Meilensteine auflisten zu können, aber ohne zumindest eine angestrebte Richtung werden sich Handlungsoptionen kaum bewerten lassen. Es braucht also eine Antwort auf die Fragen „Was soll in Zukunft anders sein als jetzt?“

---

[312] Dörner, Dietrich (2011): *Die Logik des Misslingens. Strategisches Denken in komplexen Situationen* (E-Book Neuauflage). Rowohlt, S. 72 ff.

Bei der Zielfestlegung sind die folgenden Prinzipien hilfreich:

1. **Negativziele in Positivziele umwandeln.** Negativ- oder Vermeidungsziele sind Zielformulierungen, die „weg vom" Status quo zeigen, anstatt „hin zu" einer zukünftigen Situation. „Wir wollen weniger unproduktive Meetings haben" wäre etwa ein Vermeidungsziel. Ihr Problem ist die fehlende Orientierungsfähigkeit – es lassen sich keine Maßnahmen daraus ableiten, weil Entscheidungen in viele verschiedene Richtungen weisen könnten. Vermeidungsziele lassen sich durch *Umkehrung* in Positiv- oder auch Anstrebensziele umwandeln: Wenn wir etwas nicht oder weniger wollen, was wollen wir stattdessen?
2. **Die richtige Balance zwischen allgemein und spezifisch finden.** Allgemeine Ziele („Wir wollen als Team tendenziell wachsen") sind sehr zustimmungsfähig und gegenüber Veränderungen robust, aber nicht besonders handlungsleitend. Sehr spezifische Ziele („Wir werden bis zum 31.03. das Team auf acht Mitglieder aufstocken, indem wir zwei erfahrene Fachingenieure mit internationaler Erfahrung anwerben") sind hochgradig handlungsleitend, aber empfindlich gegenüber Veränderungen – die Wahrscheinlichkeit ist groß, dass sie durch neue Ereignisse irrelevant oder unerreichbar werden, obwohl der dahinterliegende Wunsch weiterhin aktuell ist. Die Kunst liegt darin, einen zur Situation passenden Mittelweg zu finden. Allgemein gilt: je dynamischer und ungewisser die Gesamtsituation, desto allgemeiner sollten Ziele formuliert sein – eventuell reicht auch eine grobe Richtung. In statischen und gut planbaren Umgebungen haben dagegen auch eher spezifische Ziele eine Chance auf Erfolg. Insgesamt stellen zukünftige Szenarien, in denen das Team viele, möglichst unterschiedliche, möglichst erfolgsversprechende *Handlungsoptionen* haben würde, oft gute Zwischenziele dar. „Vergrößere den eigenen Möglichkeitenraum" ist in komplexen Situationen eine brauchbare Allgemeinstrategie.
3. **Unscharfe Zielkriterien konkretisieren.** Die Versuchung kann groß sein, bei der Zielformulierung auf diffuse, subjektive Eigenschaften wie „besser", „schöner", „kundenorientierter", „professioneller", „leistungsfähiger" oder ähnliches zurückzugreifen. Aus diesen Formulierungen lassen sich wiederum keine Maßnahmen ableiten, da unklar bleibt, was damit gemeint ist. Konkretisierung ist die Antwort: Was genau meinen wir mit „besser"? Woran würden wir „besser" erkennen? Oft stellt sich bei der gemeinsamen Konkretisierung heraus, dass Teammitglieder sehr unterschiedliche Vorstellungen vom Ziel haben (was die Erwartungen zumindest schon einmal besprechbar macht), und dass sich typischerweise hinter einem unscharfen Kriterium ein ganzer Strauß unterschiedlicher Ziele versteckt.
4. **Polytelie respektieren.** Unsere Situation im Team ist immer durch Zielkonflikte geprägt. Das bedeutet, dass es für jedes mögliche Ziel immer auch andere Ziele gibt, die wir dazu vernachlässigen müssten. Alle Ziele gleichzeitig zu verfolgen ist nicht möglich, blindes Festlegen auf die Optimierung einzelner Aspekte wäre jedoch gefährlich. In komplexen Situationen sind unsere Ziele nicht unabhängig, sondern miteinander vernetzt. Beispielsweise einen stärkeren Fokus auf Lernen und Weiterbildung zu legen, wird sich kurzfristig negativ auf die Produktivität im Team auswirken. Es kann trotzdem ein sinnvolles Ziel darstellen, aber es gehört dann dazu, die Nebeneffekte dieser Entscheidung anzuerkennen und aufmerksam zu beobachten. Blinder Aktionismus oder lokales „Feuerlöschen" der jeweils dringendsten Probleme bringt das Team oft langfristig in Schwierigkeiten.
5. **Implizite Ziele berücksichtigen.** Es gibt eine Gruppe von Problemen, die sehr leicht übersehen werden können – die, die aktuell schon gelöst sind. Beispielsweise kann

dem Team erst dann klar werden, wie wichtig ein freundlicher und harmonischer Umgang miteinander war, nachdem er durch neue, höhere Leistungserwartungen gelitten hat. Dietrich Dörner nennt diese übersehenen Aspekte „implizite Ziele“[313] und schlägt einige Fragen vor, mit denen sie sich aufdecken lassen: Was an der aktuellen Situation soll sich *nicht* ändern? Was soll nicht passieren?

6. **Kurzfristige Ziele mit langfristigen Absichten verknüpfen.** Je längerfristig Ziele in komplexen Situationen formuliert werden, desto wahrscheinlicher werden sie unterwegs von neuen Entwicklungen überholt. Komplexe Situationen erfordern schrittweises Vorgehen: Was ist hier, in diesem Moment, die wichtigste Aktion? Um diese Entscheidungen zu leiten, können diese kurzfristigen Ziele mit langfristigen *Absichten* verknüpft werden. Beispielsweise wollen wir als Team insgesamt enger zusammenarbeiten, und machen heute den Anfang, indem wir eine Aufgabe auswählen, die wir mit mehreren Teammitgliedern gemeinsam bearbeiten werden.

Zwei wertvolle Coachingtechniken zur Zielkonkretisierung sind *Skalierungs-* und *Wunderfragen*. Eine Skalierungsfrage beginnt damit, die aktuelle Situation im Hinblick auf eine angestrebte Verbesserung auf einer Skala (meistens von 0 bis 10) einzuordnen: „Wie gut schätzen wir die Zusammenarbeit aktuell ein, auf einer Skala von 0 bis 10?“. Aus der ersten Einordnung lassen sich eine Vielzahl weiterer Aspekte herausarbeiten. Woran würden wir eine 10 als Idealzustand erkennen? Was müsste anders sein, um einen Schritt höher in Richtung 10 zu kommen? Was läuft schon gut, und trennt uns momentan von einer 0? Oder, wenn die Situation bei 0 von 10 eingeordnet wird: Welche Ressourcen lassen uns eine derart schlechte Situation überhaupt aushalten?

Die Wunderfrage geht auf Steve de Shazer zurück und versucht, einen diffusen Verbesserungswunsch in beobachtbare Merkmale der Situation zu konkretisieren. Sie lautet: „Stell dir vor, heute Nacht würde ein Wunder geschehen, und dein Problem würde sich einfach in Luft auflösen. Woran würdest du das am nächsten Tag erkennen?“

Informationen sammeln

Informationen über die Situation sind absolut essenziell, wenn unsere Handlungsentscheidungen über reinen Versuch und Irrtum hinausgehen sollen. Die Herausforderung ist, dass komplexe Situationen aufgrund ihrer Eigendynamik nicht warten, bis wir uns einen zufriedenstellenden Überblick geschaffen haben. Es entsteht also Zeitdruck, der zu Kompromissen zwingt: Oberflächliche Betrachtung lässt uns unter Umständen falsche Maßnahmen ergreifen, tiefergehende Untersuchung der Situation dauert aber meist zu lange. Entschlossene Priorisierung ist Trumpf. Welche drei Menschen könnten wir fragen, die gute und möglichst unterschiedliche Perspektiven auf das Problem oder mögliche Lösungen haben? Gibt es Daten, die sich schnell und einfach erheben lassen? Was gibt eine schnelle Internetrecherche oder ein Blick in die Literatur her?

Ein häufiger Fehler bei der Informationssammlung besteht darin, die eigene Sicht bestätigen, anstatt die eigenen Annahmen hinterfragen zu wollen. Wenn andere uns sagen, was wir schon wissen, ist das gut fürs Ego, aber schlecht für die Qualität unserer Entscheidungen. Bessere Ergebnisse entstehen durch die bewusste Suche nach Ansprechpartnern oder Informationsquellen, die unseren Überzeugungen andere Erkenntnisse

[313] Ebd., S. 85.

oder Tatsachen gegenüberstellen können. Je objektiver dabei die Tatsachen beschrieben und je klarer die Wirkungen herausgearbeitet werden („Warum ist das so?"), desto besser.

Visualisierung und/oder Modellierung können helfen, einen Überblick über komplexe Zusammenhänge zu gewinnen. Schon eine einfache Mindmap kann gute Dienste leisten, es gibt aber auch bewährte Schemata für die Modellierung komplexer Systeme.[314] Ein nützliches Werkzeug sind *Ursache-Wirkung-Diagramme* im Stil von Henrik Kniberg[315] (nicht zu verwechseln mit den erwähnten Ishikawa-Diagrammen). Ein Ursache-Wirkung-Diagramm wird im Wesentlichen in vier Schritten erstellt:

1. **Beschreibe die Problemwahrnehmung.** Hierzu fassen wir das „initiale" Problem in wenigen Worten auf einem Klebezettel oder einer Karte zusammen und bringen sie etwa mittig in der Diagrammfläche an. Diese Beschreibung des Problems muss nicht sauber ausgearbeitet sein, sie sollte aber eine objektive Tatsache beschreiben, beispielsweise, dass das Team regelmäßig wichtige Ergebnislieferungen verschieben muss.
2. **Untersuche die Wirkungen.** Typischerweise ist die erste Beschreibung noch kein „richtiges" Problem. Wir suchen daher im Diagramm „aufwärts" nach Auswirkungen anhand der Frage „Na und?" – welche Konsequenzen hat das? Beispielsweise führt eine verschobene Lieferung dazu, dass Kunden länger auf versprochene Ergebnisse warten müssen, oder wichtige Termine nicht eingehalten werden können. Neue Erkenntnisse halten wir jeweils auf eigenen Karten fest und zeigen Beziehungen zwischen Karten durch Pfeile. Früher oder später erreichen wir ernste, negative Konsequenzen, beispielsweise, dass Kunden unzufrieden sind oder die Beziehung abbrechen könnten, dem Team Einnahmen verloren gehen, Stakeholder von außen in das Team eingreifen wollen, rechtliche Anforderungen verletzt werden oder Ähnliches. Sobald wir ein halbwegs vollständiges Bild der Auswirkungen haben, können wir zum dritten Schritt übergehen.
3. **Untersuche die Ursachen.** Wir starten erneut bei der initialen Beschreibung, suchen nun aber rückwärts. Welche Faktoren kommen zusammen, um das Problem zu erzeugen? Beispielsweise können Krankheiten die Planung immer wieder durcheinanderbringen, der Plan von vorneherein nicht realistisch sein, oder Stakeholder während der Umsetzung zusätzliche Wünsche einbringen. Wieder werden diese Aspekte auf Karten im Diagramm abgebildet und miteinander verknüpft. Dabei ist es möglich, dass sich zirkuläre Effekte in Form von „Teufelskreisen" bilden, diese können visuell hervorgehoben werden. Es ist wichtig, mehrere Schritte in die Tiefe zu gehen und die Beobachtungen kritisch zu hinterfragen. Wie kann es sein, dass zusätzliche Anforderungen einfach „obendrauf gepackt" werden, anstatt bisherige Aufgaben zu ersetzen? Warum werden Ziele so knapp geplant, dass einzelne Krankheitsausfälle das Vorhaben gefährden können?

[314] Eine gute Einführung bietet z.B. Borgert, Stephanie (2018). *Unkompliziert! Das Arbeitsbuch für komplexes Denken und Handeln in agilen Unternehmen.* GABAL.

[315] Kniberg, Henrik (2009). *Cause-effect diagrams.* https://blog.crisp.se/2009/09/29/henrikkniberg/1254176460000 (abgerufen am 14.01.2023). Das Werkzeug ist von der *A3 Root Cause-Analyse* aus dem Toyota Production System inspiriert und hat deutliche Ähnlichkeiten zum *Current Reality Tree* von Eliyahu Goldratt, siehe beispielsweise Cox, James & Schleier, John (2010). *Theory of Constraints Handbook.* Mcgraw-Hill.

4. **Leite Maßnahmen ab.** Idealerweise kann das Team über die Ursachensuche bereits Punkte finden, von denen sich Maßnahmen ableiten lassen. Ansonsten kann es an unterschiedlichen Punkten im Diagramm neu mit der Ursachensuche ansetzen. Auch andere Aspekte als die initiale Problembeschreibung lassen sich beeinflussen. Teufelskreise können ebenfalls Wirkungspunkte anbieten, an denen sie sich stören lassen. Während der Suche kann das Diagramm schnell unübersichtlich werden, daher ist für den Prozess entscheidend, sich auf die wichtigen und wesentlichen Punkte zu konzentrieren, dabei aber Aussagen nicht unhinterfragt stehen zu lassen.

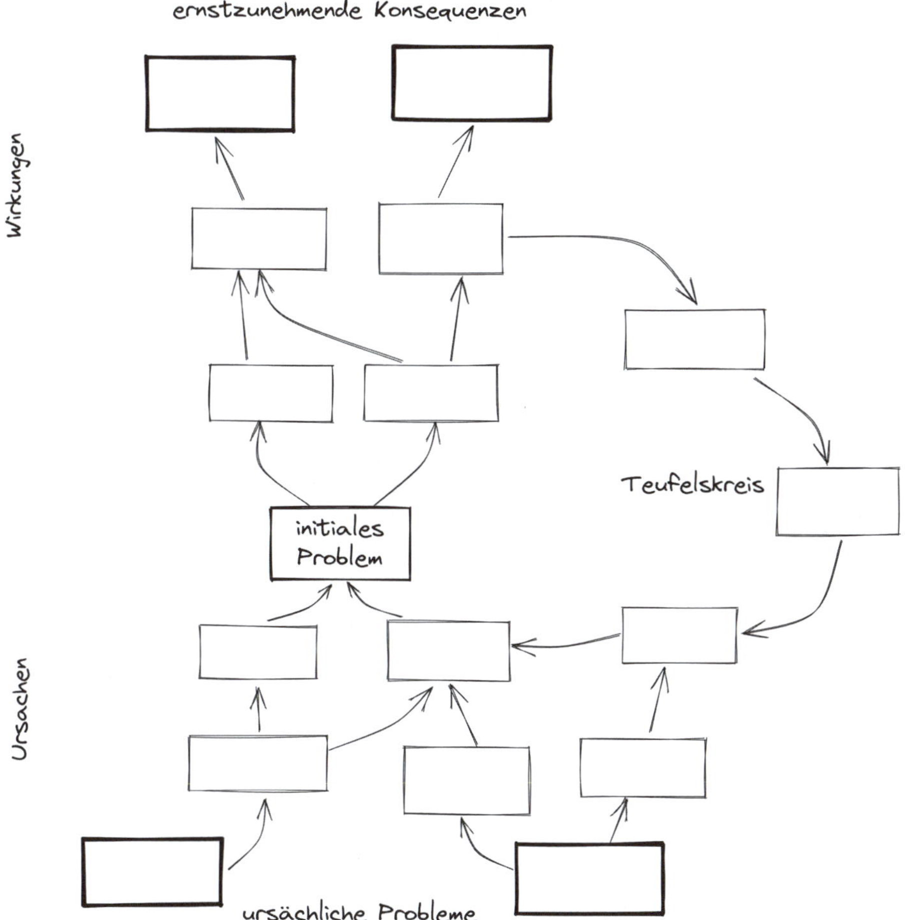

Ursache-Wirkung-Diagramme sehen oft nicht so sauber strukturiert aus wie in der Abbildung gezeigt, für unübersichtliche Situationen können auch die Darstellungen schnell kompliziert werden. Es ist dann wichtig, Einflussfaktoren sehr bewusst auszuwählen, um das Diagramm auf das zu lösende Problem fokussieren zu können.

Entwicklung abschätzen

Ohne eine Vorstellung des weiteren Situationsverlaufs ist eine Einschätzung von Handlungsbedarf und -möglichkeiten kaum möglich. Wie wird sich die Lage voraussichtlich entwickeln? Ist ein Eingreifen erforderlich? Welche Risiken bestehen? Spätestens hier zeigt sich, ob die gesammelten Informationen nur isolierte Aspekte oder tatsächliche Zusammenhänge und Wirkungsketten beschreiben. Mögliche Szenarien können in einer Eventualitätenanalyse[316] gesammelt, nach positiven oder negativen Wirkungen bewertet und in ihrer Wahrscheinlichkeit eingeschätzt werden. Fehler passieren in diesem Schritt häufig durch zu kurzfristiges Denken, Kategoriefehler und das Ignorieren von zirkulären Wirkungen, Widersprüchen und Nebeneffekten.

Handlungen planen und durchführen

Nach diesen vorbereitenden Aktivitäten folgt nun der eigentliche Kern der Problemlösung: die Auswahl und Durchführung von Handlungen. Wenn Probleme im Team gemeinsam gelöst werden, kann dazu der verallgemeinerte Entscheidungsprozess aus dem Kapitel „Teamstrukturen“ verwendet werden. In komplexen Situationen ist besonders wichtig, auf die Auswirkungen der verschiedenen Optionen zu achten, da diese anders ausfallen können als erwartet. Wenn sich zirkuläre Effekte finden lassen, die das Problem stabilisieren, kann deren Unterbrechung (siehe folgender Abschnitt) oft Bewegung in die Situation bringen.

Zwei besonders typische Fehler bei der Auswahl von Handlungsoptionen bestehen im oberflächlichen Behandeln von Symptomen sowie in schematischem Anwenden bekannter Lösungsmuster, die für die Situation unter Umständen nicht passend sind. Beidem lässt sich dadurch vorbeugen, dass nicht einfach blind die erste Lösungsidee verfolgt wird. Ausführliches Brainstorming, etwa über die Frage „Welche Optionen haben wir sonst noch?“ geleitet, führt die Betrachtung erst einmal in die Breite – zehn, zwanzig oder mehr Handlungsoptionen zu sammeln ist nicht übertrieben! Erst wenn auch absurde oder unsinnige Vorschläge Teil der Betrachtung geworden sind, lassen sich die übrigen Ideen sinnvoll bewerten und einordnen.

Viele Coachingtechniken setzen an dieser Stelle auf Ressourcenfokus. Worauf kann das Team bei der Lösungsfindung aufbauen? Was hat sich in der Vergangenheit als hilfreich und funktionierend erwiesen? Gab es schon ähnliche Situationen, und wenn ja, wie konnten wir diese meistern? Wir fangen bei der Problemlösung so gut wie nie bei null an – es gibt immer Stärken, Erfahrungen und wertvolle Unterstützer, auf die wir zurückgreifen können.

Achtung: Jede „Lösung“ hat immer auch Konsequenzen und Nebeneffekte! Wenn eine Maßnahme keine Nebenwirkungen hat, hat sie meistens auch keine Hauptwirkung. Das soll uns nicht vom Handeln abhalten, zur Auswahl von Handlungsalternativen gehört aber immer eine ehrliche Betrachtung der erwartbaren Nachteile.

Jede Problemlösung erzeugt neue Lösungsprobleme.

[316] Siehe Seite 285.

Effekte beobachten

An dieser Stelle brechen nun einige Teams die Problemlösung ab. Wir haben eine Maßnahme gefunden und durchgeführt – Problem gelöst! Tatsächlich können wir uns in komplexen Situationen aber nie sicher sein, ob wir das Richtige getan haben, bis wir tatsächlich sehen können, dass das Problem nicht mehr auftritt. Die anschließende Beobachtung und Bewertung der Auswirkungen ist daher ein absolut wichtiger und nicht zu vernachlässigender Schritt. Ist das eingetreten, was wir erwartet hatten? Konnte das Ziel erreicht werden? Wenn nicht, beginnt der komplette Prozess von neuem, allerdings nun mit besseren Informationen.

Weitere Ideen und Denkanstöße

Abschließend sind hier noch einige interessante Ideen zusammengetragen, die ich in der Lösung komplexer Probleme oft hilfreich finde. Eventuell inspirieren sie euch zu einer kreativen Lösungsidee.

Zirkuläre Effekte und Musterbrechung

Uns ist in diesem Buch mehrmals die Idee begegnet, dass es in komplexen Systemen *zirkuläre Effekte* (manchmal als *Regelkreise* oder *Teufelskreise* bezeichnet) gibt, also sich selbst verstärkende oder erhaltende Prozesse ohne klare Ursachen. In Teams gibt es diese zirkulären Effekte ständig und überall. Viele davon müssen nicht gelöst werden, sie können für das Team sogar von Vorteil sein. Sie können allerdings auch zu Problemen führen. Besonders gefährlich sind sie, wenn sie nicht als zirkuläre Effekte erkannt werden. Lösungsversuche können dann überraschend scheitern, scheinbar gelöste Probleme hartnäckig wieder auftauchen, oder die Beteiligten sogar scheinbar irrational versuchen, Problemlösungen aktiv abzuwehren.

Ein Paradebeispiel für problematische zirkuläre Effekte in Teams sind Konfliktsituationen. Konfliktverhalten des einen führt zu Konfliktverhalten des anderen, was wiederum den einen in seinem Konfliktverhalten bestätigt. Ohne Verständnis von zirkulären Effekten und ihrer Eigenheiten werden Lösungen oft über Ursachenanalyse versucht, in Konfliktsituationen also etwa über die Frage, wer „angefangen hat". Sobald sich der Teufelskreis eines Konflikts einmal etabliert hat, ist die Frage nach der Ursache aber irrelevant, da sich beide Seiten als Opfer betrachten und mühelos ihr eigenes Verhalten mit dem Verhalten der anderen Seite begründen können. Paul Watzlawick hat diese unterschiedliche Lesart derselben Situation als *Interpunktion* bezeichnet und mehrere, sehr lesenswerte Bücher über zirkuläre Effekte und die Arbeit mit ihnen geschrieben.[317]

Oft ist es nutzlos, sich mit der Vergangenheit zirkulärer Effekte zu beschäftigen, vor allem mit der Frage, wie sie entstanden sind. Ursachen und Wirkungen sind hier komplett subjektive Bewertungen – was ein Mensch als Ursache betrachtet, ist für einen anderen eine Wirkung, und umgekehrt. Das bedeutet, dass Lösungen nur über *Musterbre-*

[317] Beispielsweise Watzlawick, Paul & Weakland, John & Fisch, Richard (2020). *Lösungen. Zur Theorie und Praxis menschlichen Wandels* (9. Auflage). Hogrefe; oder Watzlawick, Paul (1983). *Anleitung zum Unglücklichsein*. Piper.

chung zustande kommen können, also darüber, dass eine der beteiligten Parteien etwas Unerwartetes tut und damit die gemeinsam etablierte Routine durcheinanderbringt.

Anders als etwa ein leerer Benzintank existieren zirkuläre Probleme nicht unabhängig vom Verhalten der beteiligten Menschen. Verhalten existiert immer nur für einen Augenblick, deswegen muss das Problem ständig reproduziert werden, sonst würde es von allein verschwinden. Die Muster in unserer Kommunikation und unserem Umgang miteinander bestehen nur, weil wir sie immer wieder bedienen. Das gilt allgemein für soziale Systeme, speziell für Teams und Organisationen, und insbesondere auch für die Probleme, die wir in ihnen wahrnehmen:

> *„Wir bevorzugen eine Auffassung von Organisation, die davon ausgeht, dass Organisationen andauernd auseinanderfallen und deshalb beständig neu aufgebaut werden müssen. Prozesse müssen permanent neu verwirklicht werden. Die meisten Administratoren wissen das; die meisten Organisationsforscher müssen daran erinnert werden. Organisationen […] sind keine dinglichen Entitäten, sondern Prozesse, die nur die Zeit überdauernd bestehen bleiben, wenn sie immer wieder aufs Neue realisiert, d.h. fortgesetzt werden. Ihre Nichtveränderung ist also genauso wenig selbstverständlich wie ihre Veränderung, beides bedarf der Erklärung.“*[318]

Leider sind wir Menschen im Reproduzieren von Problemen außerordentlich geschickt, und nur zu schnell bereit, die Rolle zu spielen, die das gemeinsame „Theaterspiel“ unseres Problems von uns erwartet. Es hilft, sich bewusst zu machen, dass soziale Probleme nur existieren, weil wir sie immer wieder erzeugen. Es gibt nichts, was nachts im Büro oder Arbeitsraum „verbleibt“ und auf unsere Rückkehr wartet. Wir sind es, die am nächsten Morgen an den Arbeitsplatz kommen und das Problem neu erzeugen, oder eben nicht. Dieses Verhalten zu ändern ist unter anderem deswegen so schwierig, weil unser soziales Umfeld von uns erwartet, das Problem fortzusetzen, und Erwartungen bewusst zu missachten eine Herausforderung sein kann, selbst wenn die Erwartungen destruktiver Natur sind.

Ein Grundsatz für die Lösung zirkulärer Probleme lautet also: Finde das, was das Muster aufrechterhält, und bringe den eingespielten Ablauf durcheinander. Oft reicht es schon, als Beteiligter irgendetwas anders zu tun als normal, vor allem wenn es mit bestehenden Erwartungen bricht. Verhaltensmuster können unterbrochen, Routinen gestört, die Aufmerksamkeit auf andere Themen gelenkt werden. An der richtigen Stelle anzusetzen, kann ein Problem manchmal regelrecht „verschwinden“ lassen. Besonders elegant hat es der Kybernetiker Stafford Beer formuliert: *„Es ist besser, Probleme aufzulösen, als sie zu lösen.“*[319]

[318] Simon, Fritz B. (2021). *Einführung in die systemische Organisationstheorie* (eBook, 8. Auflage). Carl-Auer Verlag. S. 19.

[319] Beer, Stafford (1993). *Designing Freedom*. House of Anansi Press, S. 22.

Wer Teil der Lösung ist, ist auch Teil des Problems

„Die Probleme, die sich am schwersten lösen lassen, sind Systemprobleme. Bei einem Systemproblem ist es so: Wenn man Teil des Systems ist, ist man Teil des Problems."
Dave Gray[320]

Eine wesentliche und anfangs sehr unangenehme Erkenntnis aus den vorangegangenen Ideen ist, dass wir komplexe, soziale Probleme nicht „von außen" bearbeiten können. Gern gefallen wir uns in der Vorstellung desjenigen, der von einer neutralen, objektiven Warte aus in eine problematische Situation „hineingreift", um sie zu reparieren. Systemisch betrachtet ist das allerdings Wunschdenken. Nur die Beteiligten an einem komplexen Problem können die Situation – durch Veränderung ihres Verhaltens – beeinflussen. Das bedeutet, wer Einfluss auf die Situation hat, erzeugt durch das eigene Verhalten den Status quo. Oder, noch spitzer formuliert:

Um Teil der Lösung sein zu können, muss man vorher Teil des Problems gewesen sein.

Das kann im ersten Moment wie ein bitterer Vorwurf wirken, ich sehe darin allerdings eine befreiende und chancenreiche Erkenntnis. Jedes stabile, komplexe Problem, in dem wir uns gefangen sehen, kann nur dank uns überhaupt stabil bleiben. Was auch immer wir aktuell tun, trägt dazu bei, dass das Problem nicht verschwinden kann. Wer nun antworten möchte „Aber ich mache doch gar nichts?" könnte darin eventuell den eigenen Beitrag zum Problem entdecken. Es geht dabei nicht darum, wer „schuld" ist! Systemische Probleme entstehen einfach durch die Interaktion von Einzelverhalten. Die anderen verhalten sich, wie sie sich verhalten, weil wir selbst uns verhalten, wie wir uns verhalten. Die weitreichende Schlussfolgerung daraus ist: Ändere dein Verhalten, und du veränderst deine Welt.

Natürlich tun wir das, was wir tun, immer mit guten oder zumindest nachvollziehbaren Absichten. Ich will noch einmal daran erinnern, dass wir in komplexen Problemen nicht davon ausgehen, dass irgendeine Person oder ihr Verhalten „defekt" ist. Alle sind der Meinung, das Richtige und Notwendige zu tun. Eine Eigenschaft komplexer Systeme ist leider einfach, dass individuelle Lösungsstrategien in Summe ein Problem darstellen können. Wenn das Problem nicht verschwinden mag, ist unsere bisherige Lösungsstrategie unter Umständen eine Ursache dafür. Eventuell ist es Zeit, die eigene Herangehensweise zu ändern.

[320] Gray, Dave (2016). *Liminal Thinking.* Two Waves Books. S. 63 (Übersetzung des Autors).

Schuldzuweisung ist eine Sackgasse

„Solange Schuldige (oder Helden) gebraucht werden, um eine Situation plausibel zu erklären, ist sie noch nicht verstanden."
Gerhard Wohland, Matthias Wiemeyer[321]

An diesem Punkt können wir erneut den Bogen zwischen zirkulären, systemischen Problemen und dem positiven Menschenbild aus dem Kapitel „Grundlagen" schließen. Wir gehen davon aus, dass jeder Mensch gute und nachvollziehbare Gründe für sein Handeln hat. Diesem Handeln können Ziele zugrunde liegen, die wir nicht unbedingt teilen, aber Menschen als „defekt" und reparaturbedürftig zu betrachten wird zu fehlerhaften Lösungsversuchen und Schuldzuweisung führen und das eigene Handeln letztendlich am Widerstand der anderen scheitern lassen. Wenn das aber so ist, warum ist es in Organisationen dann immer noch so beliebt, Probleme einzelnen Menschen anzuhängen?

Auch dafür gibt es nachvollziehbare Gründe. Schuldzuweisung hat eine Funktion für Organisationen. Sie kapselt Probleme, um sie leichter „lösbar" zu machen. Die „Lösung" besteht dann kurzfristig darin, eine Rüge oder Abmahnung auszusprechen oder den vermeintlichen Verursacher zu feuern. Leider erschwert diese „Lösung" es auch, die strukturellen Anreize und Spielregeln zu verbessern, die das problematische Verhalten gefördert haben. Strukturen prägen Verhalten viel stärker als persönliche Eigenschaften. Kein Automobilingenieur steht morgens auf und beschließt, illegale Bauteile in Abgasanlagen einzubauen, weil er oder sie spontan Lust darauf hatte. Solches Verhalten passiert, weil es in der Organisation eine einschüchternde Wand aus Erwartungen gibt, zum Erreichen bestimmter Ziele und Kennzahlen zur Not auch Gesetze zu brechen. Durch einen Rauswurf ändert sich an diesen Erwartungen wenig, sie werden dem nächsten Menschen in der gleichen Aufgabe genauso gegenüberstehen. Das Risiko, dass sich „Fehlverhalten" dieser Art wiederholt, ist hoch.

„Die »eigentlichen Quellen des Übels in der dominierenden formalen Struktur« wird das nicht beheben. Dass man diesem Schema und seinen Wahrnehmungsblockaden dennoch verhaftet bleibt, statt die Strukturprobleme zu bearbeiten, verdankt sich seiner Entlastungsfunktion: Es ist schlicht bequemer, die Ursache für fehlerhaftes Handeln bei den beteiligten Personen zu suchen, als die Defizite der Organisationsstruktur zu identifizieren und sie entsprechend umzubauen."[322]

Besonders häufig werden Probleme dann personalisiert, wenn größere Veränderungen im Team kritisch hinterfragt werden. Ich bin teilweise überrascht, welche ausführliche Theorien darüber aufgestellt werden, warum Menschen angeblich von Natur aus veränderungsscheu wären („Angst vor Veränderung", „Statusängste", „Festklammern an Routinen"), als wäre Anpassungsfähigkeit in den letzten Jahrtausenden nicht der Grund für den evolutionären Erfolg unserer Spezies gewesen. Die Psychologisierer übersehen, dass Veränderung in Teams und Organisationen nicht Veränderung von Menschen, sondern von komplexen und gefestigten Erwartungsgefügen bedeutet, und Teammit-

---

321 Wohland, Gerhard & Wiemeyer, Matthias (2012): *Denkwerkzeuge der Höchstleister.* Unibuch. S. 24.

322 Matthiesen, Kai & Muster, Judith & Laudenbach, Peter (2022). *Die Humanisierung der Organisation.* Vahlen. S. 32.

glieder dabei nicht nur ihre eigenen Ziele und Vorstellungen, sondern oft auch Kunden-, Stakeholder- oder Organisationsinteressen oder schlicht ihre eigene Arbeitsfähigkeit verteidigen. Wenn sich in sozialen Systemen Verhalten gegenseitig beeinflusst, *muss* der Versuch, das Verhalten einzelner zu ändern, notgedrungen scheitern. Einzelne, neue Erwartungen ziehen gegenüber den fixen, alten Erwartungen der Gruppe zwangsläufig den Kürzeren. Anstatt diese oft legitimen Interessen und Erwartungen in den Fokus zu rücken, wird die Schuld dagegen in der Psyche der Beteiligten gesucht, was eine gemeinsame Lösungsfindung so gut wie unmöglich macht:

> *„Diese Problemanalyse geht davon aus, dass Organisationswandel vernünftig und effektiv funktionieren könnte, wenn es gelänge, den menschlichen Faktor in den Griff zu bekommen. […] Die Personalisierung von Problemen verbaut den Blick auf die strukturellen Schwierigkeiten, die in betrieblichen Veränderungsprozessen auftreten.“*[323]

Besonders perfide wird das Phänomen dadurch, dass Personalisierung von Problemen durch zirkuläre Effekte oft zu einer selbsterfüllenden Prophezeiung wird. Ein Mitarbeiter, dem oft genug egoistisches und verantwortungsloses Verhalten unterstellt wird, wird irgendwann beginnen, sich egoistisch und verantwortungslos zu verhalten – nicht aus Trotz, sondern aus völlig nachvollziehbaren Gründen. Warum sollte er sich für eine Organisation engagieren, die seine Beiträge nicht zu schätzen weiß? Folgerichtig rücken die eigenen Ziele und Interessen in der persönlichen Prioritätenliste weit nach oben. Dass Schuldzuweisung, Misstrauen und Personalisierung oft erst die Probleme erzeugen, die dann zu ihrer Bestätigung herangezogen werden, ist eine fundamentale Erkenntnis systemisch geprägter Ansätze:

> *„Wenn ein Mitarbeiter als Hindernis aufgefasst wird, wird er wahrscheinlich durch diese Definition allein schon zum Hindernis werden.“*[324]

> *„Wenn Menschen in einen Streit mit Kollegen, eine Meinungsverschiedenheit mit Freunden oder einen Familienkonflikt verstrickt sind, neigen sie in der Regel dazu, sich selbst als Opfer der Umstände und der bösen Absichten der anderen zu sehen. Aufgrund dieser beschränkten Sichtweise ist man oft nicht in der Lage, in der Hitze des Streits und der Intensität der Emotionen seinen eigenen Anteil zu sehen, der die Konflikte begünstigt hat.“*[325]

> *„Wir können nur vermuten, daß Interpunktionskonflikte mit der tief im Innern verwurzelten und meist unerschütterlichen Überzeugung zu tun haben, dass es nur eine Wirklichkeit gibt, nämlich die Welt, wie ich sie sehe, und dass jede Wirklichkeitsauffassung, die von der meinen abweicht, ein Beweis für die Irrationalität des Betreffenden oder seine böswillige Verdrehung der Tatsachen sein muß.“*[326]

---

323 Kühl, Stefan (2015). *Das Regenmacher-Phänomen* (2. Auflage). Campus, S. 22.
324 Varga von Kibéd, Matthias & Sparrer, Insa (2020). *Ganz im Gegenteil: Tetralemmaarbeit und andere Grundformen systemischer Strukturaufstellungen* (11. Auflage). Carl-Auer Verlag, S. 43.
325 Willemse, Joop & von Ameln, Falko (2018). *Theorie und Praxis des systemischen Ansatzes.* Springer, S. 208f.
326 Watzlawick, Paul & Beavin, Janet & Jackson, Don (2017). *Menschliche Kommunikation: Formen, Störungen, Paradoxien* (13. Auflage). Hogrefe, S. 93.

Wir sollten nun nicht über unsere eigenen Ideen stolpern und die Schuld denjenigen Menschen zuweisen, die Probleme über Schuldzuweisung zu lösen versuchen. Auch diese handeln aus nachvollziehbaren Gründen. Schuldzuweisung ist eine recht effektive Copingstrategie: Andere verantwortlich zu machen, reduziert die Menge an Stressoren, für die eine Lösung gesucht werden muss. Deutlich wird das unter anderem daran, dass in stressigen Situationen Schuldzuweisungen tendenziell häufiger vorkommen, was wiederum das Stressniveau für alle weiter erhöht. Sie entlastet also kurzfristig emotional, baut aber langfristig strukturelle Probleme auf.

All das führt dazu, dass wir in selbstorganisierten Teams Schuldzuweisung bewusst vermeiden und im Fall von Problemen die Ursachen in den Erwartungen, Strukturen und Rahmenbedingungen suchen. Die zentrale Frage in der Aufarbeitung von Fehlern lautet daher nicht „Warum hast du das getan?", sondern „Wie konnte es passieren, dass dir das wie die beste Option erschienen ist?" Wir können Probleme dann ohne Schuldzuweisung über fünf gemeinsame Schritte lösen:

- **Positives Menschenbild einnehmen:** Andere haben auch gute Gründe für ihr Verhalten und wollen gute Arbeit leisten.
- **Den Schulterschluss suchen:** Nicht du bist das Problem, sondern wir arbeiten gemeinsam an einem Problem.
- **Das Thema festlegen:** Lass uns eine gemeinsame Problembeschreibung finden, die ohne Unterteilung in Gut und Böse auskommt.
- **Auf Metakommunikation setzen:** Was in unserer Zusammenarbeit hat dazu geführt, dass das Problem entstehen konnte?
- **Strukturen anpassen:** Was können wir an unserer Zusammenarbeit ändern, damit das Problem gelöst wird und in Zukunft nicht wieder auftreten kann?

Das bedeutet nicht, dass Fehlverhalten keine Konsequenzen haben darf – wer grundsätzliche Erwartungen grob missachtet, etwa stiehlt, sich übergriffig verhält oder auch nur seinen Beitrag dauerhaft nicht leistet, disqualifiziert sich für weitere Mitarbeit, egal, aus welchen Gründen das geschieht. Dennoch ist auch in diesen Fällen für das Team die zentrale Frage, wie seine eigenen Strukturen und Erwartungen das begünstigen konnten.

Strukturen prägen Verhalten

„All das, was Sie möglicherweise als Widerstand und Veränderungsunfähigkeit erleben, ist gesundes Verhalten – systemisch betrachtet."
Stephanie Borgert[327]

Teams und Organisationen, die in der Strukturarbeit wenig Erfahrung haben, fällt es oft überraschend schwer, strukturelle Verstärker für Probleme zu erkennen. Bonus- und Anreizsysteme sind ein Klassiker: Mir sind reihenweise Organisationen begegnet, die ihren Vertriebsmitarbeitenden finanzielle Provisionen für verkaufte Projekte gezahlt haben und gleichzeitig darüber geklagt haben, dass Projekten regelmäßig zu optimistische Annahmen und vollmundige Versprechungen zugrundegelegt wurden – ohne zwischen

[327] Borgert, Stephanie (2019). *Die kranke Organisation: Diagnosen und Behandlungsansätze für Unternehmen in Zeiten der Transformation.* GABAL. S. 49.

diesen beiden Aspekten einen Zusammenhang zu sehen. In der IT-Branche kursieren immer noch Legenden über Unternehmen, die ihre Softwareentwickler nach ihrer Anzahl geschriebener Codezeilen bezahlten und sich dann über aufgeblähte, schlecht wartbare Systeme wunderten. Diese Zeiten liegen zum Glück hinter uns, stattdessen gibt es nun Firmen, die ihren Technikern für jeden gefundenen Fehler einen finanziellen Bonus zahlen und sich seitdem mit rätselhaft hohen Fehlerraten herumschlagen …

Für die meisten Teams ist die Einführung oder Abschaffung finanzielle Anreize außerhalb ihres Einflussbereichs, hier sind die Effekte subtiler. Im Beispiel mit dem Aufbau von Wissensmonopolen würde es sich lohnen, die Erwartungen innerhalb des Teams genauer unter die Lupe zu nehmen. Wird von Teammitgliedern erwartet, „ihre" Themen zu besetzen und zu entwickeln, oder wird von ihnen erwartet, Wissen aktiv zu teilen und zu verbreiten? Liegt der Erwartungsdruck eher auf Effizienz oder auf interdisziplinäre Zusammenarbeit? Andere Beispiele lassen sich finden, wenn Teammitglieder beim Treffen von Entscheidungen bestimmte Informationen regelmäßig ignorieren. Haben sie diese Informationen überhaupt? Haben sie einfachen Zugriff darauf, gibt es eventuell Zielkonflikte?

Zwei weitere Beispiele: In einem Team, mit dem ich gearbeitet hatte, hatte sich die Wahrnehmung etabliert, dass sich die technischen Mitarbeiter des Teams zu sehr auf technische Aspekte und nicht genug auf Kundenbedarfe konzentrierten. Auf Nachfrage konnten die technischen Mitarbeiter die Kundenbedarfe und Prioritäten gar nicht benennen. Es stellte sich heraus, dass das Team vor längerer Zeit beschlossen hatte, Workshops und Termine mit Kunden ausschließlich von zwei darauf spezialisierten Analysten durchführen zu lassen, um die Techniker zeitlich zu entlasten. Es hatte seit Monaten keine direkten Gespräche mehr zwischen Kunden und Technik gegeben. Dieser Nebeneffekt der eigentlich gut gemeinten Strukturveränderung wurde dem Team erst bewusst, als wir darüber sprachen.

Ein anderes Team war erst vor kurzer Zeit durch einen erfahrenen Systemarchitekten verstärkt worden, es hatte sich jedoch schon ein Konflikt zwischen ihm und dem Team herausgebildet. Das Team warf ihm vor, Ergebnisse zu produzieren, die nicht zu den übrigen Ergebnissen und allgemeinen Vereinbarungen des Teams passten, während er sich schlecht informiert fühlte. Es stellte sich heraus, dass der Architekt dem Team aufgrund anderer Verpflichtungen höchstens einen Tag pro Woche zur Verfügung stand, er bekam daher große Teile der Kommunikation innerhalb des Teams gar nicht mit. Man könnte auch sagen, er hatte gar keine Chance, mit dem Team ein gemeinsames Verständnis zu etablieren. In einem Klärungsgespräch wurde daher gemeinsam beschlossen, dass sich der Architekt aus der inhaltlichen Arbeit weitgehend heraushalten und stattdessen den Kunden zu allgemeinen technischen Aspekten des Systems beraten würde, um das Team darüber zu entlasten.

Es ist klar, dass Unterschiede in Qualität und Leistung teilweise durch kollektive (strukturelle), teilweise durch individuelle Faktoren entstehen. Wie groß der Anteil struktureller Faktoren dabei ist, wird aber systematisch unterschätzt. William Deming, Pionier des professionellen Qualitätsmanagements, stellt folgende Faustregel auf:

„Ich schätze, dass sich meiner Erfahrung nach die meisten Probleme und die meisten Verbesserungsmöglichkeiten in etwa wie folgt zusammensetzen:

94 % gehören zum System (Verantwortung des Managements)

6 % individuell

„Bill", fragte ich den Manager eines Unternehmens, das im Güterverkehr tätig ist, „an wie vielen von diesen Problemen [verlorene oder beschädigte Ware] sind die Fahrer schuld?" Seine Antwort, „An allen", garantierte mir, dass die Verluste in dieser Höhe weitergehen werden, bis er lernt, dass die Hauptursachen für die Probleme im System liegen, also in Bills Verantwortungsbereich."[328]

Wenn William Deming hier von der „Verantwortung des Managements" spricht, meint er damit die Gestaltung von Erwartungen und Arbeitsstrukturen, also Kernaufgaben unseres selbstorganisierten Teams. Dass Strukturen Verhalten prägen und Verhaltensänderung daher mit Strukturänderung beginnen muss, ist für viele selbstorganisierte Teams zum Glück eine naheliegende Idee.

Probleme entstehen aus unserer Perspektive heraus

Wir haben gesehen, dass Probleme immer auch eine Frage des Blickwinkels sind. Damit ist nicht gemeint, dass man die Situation einfach nur anders sehen muss, um nicht mehr unter einem Problem leiden zu müssen, sondern dass ein Problem vor allem deshalb ein Problem ist, weil sich keine Lösungen finden lassen. Probleme können aber nicht durch die Denkweise gelöst werden, die sie hervorgebracht hat. Wichtig ist also, die Perspektive zu ändern! Das oft geforderte „Out of the Box"-Denken bedeutet vor allem, eine neue Sicht auf das Problem einzunehmen. Dazu haben wir eine Reihe von Optionen:

- **Andere Ansprechpartner:** Wie nehmen andere Personen die Situation wahr? Was passiert, wenn wir die Situation jemand erklären, der sie überhaupt nicht kennt?[329]
- **Hinterfragen von Annahmen:** Welche Überzeugungen haben wir über das Problem? Was wäre, wenn sich diese als falsch herausstellen würden? Wie könnten wir sie überprüfen?
- **Zeithorizont wechseln:** Was wäre, wenn wir viel mehr / viel weniger Zeit hätten, das Problem zu lösen?
- **Ortswechsel:** Was passiert, wenn wir das Problem buchstäblich von anderen Orten aus betrachten? (Kundenbüro, Spaziergang im Grünen, Offsite-Seminarhotel, Restaurant, Bar?)
- **Kopfstandmethode:** Angenommen, wir würden das Problem *schlimmer* machen wollen – was müssten wir tun? Welche Lösungsansätze lassen sich davon ableiten?
- **Bewusster Methodenwechsel:** Können wir Coachingtechniken auf uns selbst anwenden, oder einen neuen Denkansatz ausprobieren? Was passiert, wenn wir bewusst

[328] Deming, William (1982). *Out of the Crisis.* MIT Press, S. 315.

[329] Eine (nur halb scherzhafte) Technik aus der Softwareentwicklung, das *Rubber Duck Debugging*, besteht darin, die Problemsituation einer auf dem Schreibtisch stehenden Gummiente laut zu erklären. Oft hilft schon der Akt des Erklärens, die eigenen Gedanken zu ordnen, ohne dass irgendjemand dabei antworten muss.

einzelne Interessen oder Aspekte in den Fokus rücken oder Gesprächsrollen verteilen, etwa mit Methoden wie *SCAMPER*[330] oder den *Six Thinking Hats*[331]?

Nichtstun ist (manchmal) auch eine Strategie

Ich war in meinem Leben häufiger in Rollen, in denen ich für Struktur, Arbeitsweise und zwischenmenschliches Klima eines Teams verantwortlich war. In einer dieser Rollen wurde ich eines Tages von einem Teamkollegen angesprochen:

> *„Kai, was machst du eigentlich im Rahmen der Rolle <X>?"*
> *„Gerade im Moment? Nichts."*
> *„Und wirst du da etwas tun?"*
> *„Wenn es nötig wird. Aktuell plane ich, im Rahmen der Rolle nichts zu tun. Das Team entwickelt sich hervorragend."*
> *„Aber du hast doch gesagt, du würdest die Rolle übernehmen?"*
> *„Ich übernehme sie, jetzt gerade, und nehme sie ernst. Ich verstehe meinen Job darin, genau das zu tun, was nötig ist, damit sich das Team gut entwickelt."*
> *„Und was ist aktuell nötig, damit sich das Team gut entwickelt?"*
> *„Nichts. Das Team entwickelt sich in eine sehr gute Richtung. Es ist aktuell nötig,* ***nichts*** *zu tun."*

Auf Menschen, die vor allem Erfahrung mit analytisch-logischem Lösen komplizierter Probleme haben, kann die Vorstellung, bewusst untätig zu bleiben, völlig fremd wirken. In ihrem Verständnis bedeutet Untätigkeit, keinen Fortschritt zu machen. Wir müssen uns aber bewusst machen, dass Teams und andere komplexe Systeme Eigendynamiken haben. Sie verändern und entwickeln sich von allein weiter. Das bedeutet, dass bewusstes Nichtstun eine kluge Strategie sein kann, immer dann, wenn sich die Dinge gerade in eine gute Richtung entwickeln. Dinge zu tun, nur um irgendetwas zu tun, könnte die Entwicklung unter Umständen stören. Einer meiner wichtigen Grundsätze für den Umgang mit komplexen Situationen lautet daher: Wenn sich die Situation gerade in eine gute Richtung entwickelt, *halte die Füße still* – nicht aus Faulheit oder Unfähigkeit oder Desinteresse, sondern als bewusste, wohlüberlegte Entscheidung eines Könners.

Verzögerungen machen das Problem schwieriger

Stellen wir uns zwei Teams mit ansonsten identischen Zielen, Aufgaben und Voraussetzungen vor. Das eine Team hat nur vier Mal im Jahr die Gelegenheit, mit seinen Kunden Ergebnisse zu betrachten, über Erwartungen zu sprechen und neue Aufgaben zu planen. Das Andere teilt sich mit seinen Kunden ein Büro und spricht täglich miteinander. Welches Team wird die Bedarfe seiner Kunden wohl besser erfüllen und weniger Zusatzaufwand durch Planung und Fortschrittskontrolle haben? In welchem werden Teammitglieder motivierter sein?

Ein Kernelement, welches komplexe Probleme schwierig werden lässt, sind Verzögerungen in den Feedbackschleifen zwischen Input (unserem Handeln) und Reaktion (dessen Wirkung). Ein Fahrrad, welches nur eine einzige Sekunde Verzögerung zwischen Lenkbewegung und Reaktion des Vorderrads hätte, wäre komplett unbenutzbar. Je schneller

[330] https://de.wikipedia.org/wiki/SCAMPER
[331] De Bono, Edward (1987). *Six Thinking Hats.* Penguin.

wir in komplexen Situationen Rückmeldung erhalten, desto einfacher können Probleme gelöst werden. Martin Fowler, Koautor des „Agilen Manifests", hat diese Erkenntnis auf den einfachen Grundsatz reduziert: „*Wenn es wehtut, mach es häufiger.*"[332] Wir können das unmittelbar auf Teamstrukturen anwenden: Wenn uns die Planung alle vier Wochen Probleme bereitet, wird es eventuell einfacher, wenn wir alle zwei Wochen, oder jede Woche, oder sogar zweimal pro Woche planen? Komplexe Situationen werden umso schwieriger, je länger wir auf Feedback zu unserem Handeln warten müssen, deshalb ist früheres und häufigeres Feedback eine gute allgemeine Strategie.

Widerstände sind eine Ressource

„Abweichungen von Gruppennormen und die Menschen, die davon abweichen, leisten wichtige Beiträge für ihre Teams – auch wenn ihre Teamkollegen sich oft wünschen, dass sie den Mund halten, sich einreihen oder verschwinden würden."
Richard Hackman[333]

Eine wenig intuitive Eigenschaft komplexer Systeme ist, dass sie Stabilität über *negative Rückkopplung* – man könnte auch sagen, durch interne Widersprüche – erzeugen. Mehr von etwas führt (über Umwege) zu weniger desselben und umgekehrt, das System ist daher gegenüber Störungen und einseitigen Einflüssen robust. Vor allem in ökologischen, politischen oder wirtschaftlichen Großsystemen ist diese Eigenschaft der Selbststabilisierung enorm wichtig:

„Positive Rückkopplungen sind gewöhnlich gefährlich für die Stabilität eines Systems. Ein System mit vielen positiven Rückkopplungen gerät leicht «aus den Fugen». Eine Variable mit negativer Rückkopplung hat die Tendenz, einen bestimmten Zustand aufrechtzuerhalten. Sie befindet sich in einem «stabilen» Gleichgewicht und tendiert dazu, ihren Gleichgewichtszustand nach Störungen wieder anzunehmen. In einem ökologischen System sind «Räuber-Beute-Beziehungen» zwischen zwei Tierpopulationen negativ rückgekoppelt. Das Anwachsen der Beute-Population führt zu einem Anwachsen der Räuber-Population; dies führt wiederum zu einer Senkung der Beute-Population."[334]

Auch Teams stabilisieren sich über Einwände und Widerstände selbst. Einseitige und kurzsichtige Begeisterung für Vorschläge wäre oft gefährlich, daher neigen Teams dazu, einen „zweifelnden Bremser"[335] herauszubilden, der auf Nachteile und mögliche Risiken hinweist. Manche Teams wechseln diese Rollenbesetzung regelmäßig und sogar bewusst, häufiger „rutscht" ein Teammitglied aber versehentlich in diese Aufgabe und etabliert sich in der kollektiven Wahrnehmung über die Zeit als „ewiger Nörgler" oder

---

[332] Fowler, Martin (2011). *Frequency Reduces Difficulty.* https://martinfowler.com/bliki/FrequencyReducesDifficulty.html (abgerufen am 21.01.2023).

[333] Hackman, Richard (2002). *Leading Teams: Setting the Stage for Great Performances.* Harvard Business Review Press. S. 114 (Übersetzung des Autors).

[334] Dörner, Dietrich (2011): *Die Logik des Misslingens. Strategisches Denken in komplexen Situationen* (E-Book Neuauflage). Rowohlt, S. 110.

[335] Manche Teams haben mir gegenüber diese Rolle als „Reichsbedenkenträger" bezeichnet.

sogar als charakterlich fehlerhaft. Diese Abwertung übersieht, dass Widerstände und Zweifel eine wichtige, stabilisierende Funktion für das Team und seine Arbeit haben, solange sie ernstgenommen und wertgeschätzt werden können.

Mit einer Ausbildungsgruppe angehender Führungspersonen hatte ich einmal eine Übung durchgeführt, die aus zwei Teilen bestand. Teil eins bestand darin, sich in Kleingruppen ein „möglichst widerständiges" Teammitglied auszudenken: Jemand, der an allem etwas auszusetzen hätte, alles infrage stellen würde, jeden Vorschlag zerpflücken würde, an Ergebnissen kein gutes Haar lassen könnte, und so weiter. Die Kleingruppen sollten so lange Eigenschaften sammeln, bis sie eine plastische, wenn auch unrealistische, Vorstellung einer solchen Person hatten. Für den zweiten Teil der Übung bekamen die gleichen Gruppen die (für sie überraschende) Aufgabe, Ideen zu sammeln, wie sie dieses Verhalten in einen klaren *Mehrwert* für sich selbst und das Team verwandeln könnten, ohne das Teammitglied dabei verändern zu wollen. Innerhalb weniger Minuten war eine beeindruckende Liste von Vorschlägen zusammengekommen: Die Schwächen von Ideen gezielt herauszuarbeiten, mögliche Einwände von Stakeholdern vorwegzunehmen, das Teammitglied zum „Schleifen" von Konzepten einzuladen, gemeinsam Risikoanalysen größerer Vorhaben durchzuführen, und vieles mehr. Eine Reaktion aus der Gruppe fasste es wunderbar zusammen: *„Es wäre großartig, wenn ich so jemanden in meinem Team hätte, die kritischen Beiträge wären enorm wertvoll!"*

Für Teams und Organisationen ist die Fähigkeit, Einwände und Widerstand als wertvolle, energiereiche Beiträge zum Erfolg lesen zu können, ein seltener Schatz. Problematisch sind sie nur, wenn man Zusammenarbeit mit Harmonie und Konsens gleichsetzt. Teams mit robustem Wertschöpfungsfokus und sauber definierten Entscheidungsprozessen halten Widerspruch und Bedenken ohne größere Schwierigkeiten aus und psychologisieren sie nicht – sie erkennen Kritik als wesentlichen Teil erfolgreicher Lösungsfindung. Wir sollten es vermeiden, einzelnen Menschen den Stempel des „Nörglers" aufzudrücken, und Einwände stattdessen als wichtige Aufgabe verstehen, die allen Teammitgliedern hin und wieder zufällt. Um dieses Verständnis zu fördern, können wir die Anderen bewusst zur Kritik an unseren eigenen Ideen einladen und negatives Feedback damit als erwünscht etablieren: „Ich habe hier ein Zwischenergebnis, mit dem ich noch nicht ganz zufrieden bin. Würdest du es für mich hinterfragen und mir helfen, die Schwächen zu finden?"

Probleme haben auch eine Funktion

Als letzte grundsätzliche Idee zum Thema Problemlösung will ich noch darauf hinweisen, dass auch Probleme einen Nutzen haben können. Menschen und Teams können eine Reihe konkreter Vorteile daraus ziehen, Probleme zu haben: Mitgefühl, Unterstützung, Aufmerksamkeit, Anerkennung, Ablenkung von internen oder privaten Schwierigkeiten oder auch nur die Bestätigung des eigenen Selbstbilds. Das soll keine Einladung sein, sich Probleme zu erschaffen, wo keine sind, um mit ihrer Hilfe das eigene Umfeld manipulieren zu können. In Situationen, in denen sich Probleme überraschend hartnäckig zeigen und beispielsweise Teammitglieder Versuche zur Problemlösung aktiv bekämpfen, ist es aber wichtig zu verstehen, dass man manchmal an Problemen aus unterschiedlichen Gründen festhalten will. Erst, wenn wir verstehen, welchen Nutzen die Existenz eines Problems für die Beteiligten hat, können wir unsere Lösungsansätze dahingehend erweitern, dass sie eine Chance auf Erfolg haben können.

2. Beispielhafte Probleme und Überlegungen

In diesem Abschnitt sind einige Szenarien zusammengetragen, die sich in Teams so oder so ähnlich abspielen könnten. Alle Beispiele sind aus der Perspektive eines fiktiven Teammitglieds formuliert. Sie sind frei erfunden und bewusst zugespitzt, teilweise aber von realen Situationen inspiriert. Zu jedem Szenario folgen einige Gedanken und Ideen, wie das Team weiter vorgehen könnte. Ein „Lösungsrezept" sind diese Ideen nicht – am Ende ist jede Situation ein klein wenig anders und braucht individuelle Beobachtungen und Maßnahmen. Mit etwas Glück inspirieren sie euch aber zu Verbesserungen eurer eigenen Teams.

2.1 Szenario 1: „Nur unter Druck entstehen Diamanten"

„Bei uns ist es gerade wahnsinnig anstrengend. Keiner sagt, wo es langgeht, unsere Stakeholder widersprechen sich gegenseitig oder ändern ihre Prioritäten von Tag zu Tag. So etwas wie eine Strategie oder gemeinsame Linie gibt es nicht, jeder versucht nur irgendwie, über den Tag zu kommen. Durch den ständigen Stress entstehen halbgare Lösungen, die uns wenig später wieder auf die Füße fallen. Insgesamt ist das Team völlig überlastet. Die Erwartungen und Zeitpläne der Stakeholder sind unrealistisch, aber anstatt das einzusehen, erhöhen sie den Druck, weisen uns ständig neue Aufgaben zu und kontrollieren uns auf Schritt und Tritt. Dabei arbeiten wir bestimmt schon an zwanzig Themen gleichzeitig. Ich kann dir gar nicht genau sagen, was die anderen tun, aber mit Sicherheit geht es ihnen nicht besser als mir. Letzten Monat hat eine unserer besten Kolleginnen gekündigt, deren Themen wir jetzt auch noch am Hals haben …"

Zuerst fällt auf, dass die Verantwortung für die Situation sehr einseitig in die Hände der Stakeholder gelegt wird. Auch wenn deren Verhalten erkennbar zum Problem beiträgt, ist doch offensichtlich, dass dieses Team seinen Verantwortungsbereich weder beansprucht noch verteidigt. In Wirklichkeit tun alle Beteiligten ihren Teil, um diese verfahrene Situation aufrechtzuerhalten. Wir können zirkuläre Effekte, „Teufelskreise", erkennen: Überlast und unrealistische Erwartungen haben das Team als soziales System nahezu zerstört, was Stakeholder dazu verleitet, durch Mikromanagement ihre Interessen selbst durchzusetzen, was seinerseits den Stress für alle Beteiligten erhöht, die Motivation sinken lässt und die Identifikation mit dem Team verhindert. Wenn sich das Team wieder formieren will, wird es diesen Kreislauf unterbrechen müssen, indem es das bestehende, destruktive Erwartungsgefüge in Bewegung bringt.

Es ist normal, dass sich Stakeholder-Erwartungen ein Stück weit widersprechen. In diesem Fall scheinen die Interessenkonflikte aber nicht an einem Ort sachlich verhandelt zu werden, sondern werden unübersichtlich und mithilfe des Teams „über Bande" ausgetragen. In Folge ist für das Team alles und nichts wichtig, und Prioritäten können sich täglich ändern, je nachdem, mit welchem Stakeholder gerade gesprochen wird. Das Ergebnis ist vorhersehbar: viel Hektik, wenig Ergebnisse. Jede beliebige Priorisierung wäre besser als die beschriebene Situation. Ein wichtiger Schritt könnte daher darin bestehen, eine gemeinsame Planungs- und Priorisierungsrunde einzuführen, in der ein übergreifendes Kriterium (z.B. „Was ist für die Gesamtorganisation gerade besonders wichtig?") Orientierung schafft. Im Zweifel haben die Sponsoren des Teams das letzte Wort: Wer die Leistung des Teams bezahlt, darf auch festlegen, woran es arbeiten wird.

Nebenbei kann das Team eine klare und transparente Aufgabenverwaltung einführen. Das hohe Kontrollbedürfnis der Stakeholder weist darauf hin, dass für sie das Geschehen im Team kaum nachvollziehbar ist. Können sie sich Fragen zu Priorisierung und Fortschritt überhaupt selbst beantworten, ohne das Team dafür aus seiner Arbeit reißen zu müssen? Den Überblick über die eigene Arbeit zu behalten, ist dabei auch für das Team überlebenswichtig. Schon in fünfzehn Minuten gemeinsamen Austauschs würden sich Fragen beantworten lassen wie:

- Was passiert gerade?
- Wer arbeitet gerade an was?
- Was müssen wir heute tun?
- Was wird den nächsten Tagen Wichtiges passieren?
- Gibt es Probleme, um die wir uns dringend kümmern müssen?

Dieser Austausch lässt sich immer wiederholen, sobald der Überblick verloren geht – einmal pro Stunde, wenn es nötig sein sollte. Über die Zeit kann das Team diese Fragen in ein Daily oder ein anderes regelmäßiges Format überführen.

Sobald es möglich ist, sollte das Team seinen Aufgabenfluss wieder unter Kontrolle bringen. Das bedeutet, einen klaren Eingangskanal in Form einer Warteschlange zu schaffen und die Menge paralleler Aufgaben scharf zu begrenzen. Offensichtlich liegt ein Teil des beschriebenen Problems schlicht im Multitasking: Das Team macht zu viel gleichzeitig. Wer doppelt so viele Aufgaben bearbeitet, braucht für jede Aufgabe doppelt so lang – für Stakeholder, die auf die Fertigstellung einer eigentlich kleinen Anfrage warten, ist diese Wartezeit schwer nachvollziehbar. Natürlich gehört dazu, Stakeholder in die neuen Strukturen zu integrieren und ihre Einhaltung freundlich, aber konsequent einzufordern: „Wir haben dein Thema auf dem Schirm. Es wurde noch nicht angefangen, wir haben ein paar andere wichtige Themen, die vorher fertig werden müssen. Schau hier, du bist in der Warteschlange ganz oben – sobald wir bereit sind, dürfte es relativ schnell gehen."

Mittelfristig wird es für das Team wichtig sein, interne Zusammenarbeit und gemeinsame Verantwortung wieder aufzubauen. Beides hat offenbar stark gelitten. Neben der Wiederaufnahme der gemeinsamen Strukturarbeit kann das Team die inhaltliche Zusammenarbeit bewusst stärken, etwa indem Aufgaben zu zweit übernommen werden. Das motiviert, senkt das Stressniveau, schafft bessere Übersicht und erhöht die Qualität der Ergebnisse.

Es wird nicht einfach werden, eine derart verfahrene Situation zu verändern. Nur durch bessere Lieferfähigkeit kann das Team das nötige Vertrauen aufbauen, um die neuen Strukturen und Abläufe nach außen hin verteidigen zu können. Dazu ist es wichtig, dass das Team nur Zusagen macht, die es halten kann, da Unzuverlässigkeit das wenige Vertrauen in das Team weiter untergraben würde. Unter anderem bedeutet das, unrealistische Anforderungen höflich, aber bestimmt abzulehnen: „Wir haben verstanden, was du von uns erwartest, aber es ist nicht möglich. Wir könnten dir jetzt Dinge versprechen, die wir nicht halten können, aber das wäre weder in deinem noch in unserem Sinne.

Es steht dir natürlich frei, unsere Aussage zu ignorieren, wir schlagen aber stattdessen eine andere Lösung vor ...“

Eine Zeitlang kann sich das Team Handlungsspielräume durch den Hinweis schaffen, dass Fremdsteuerung durch Stakeholder ja nun ausgiebig getestet wurde und sich nicht als erfolgreich herausgestellt hat. Es wird dann allerdings auch zeigen müssen, wie es besser geht. In jedem Fall wird der Erfolg des Teams davon abhängen, ob es ein gemeinsames Verständnis finden, mit einer Stimme sprechen und sich langfristig wieder als gemeinsame Leistungseinheit etablieren kann.

2.2 Szenario 2: „Ein Team, doch nur dem Namen nach“

> *„Es sagen immer alle, dass wir ein Team wären, aber intern spürt man davon wenig. Wir haben alle unsere eigenen Aufgaben und Spezialthemen, das war auch früher schon so. Im Alltag reden wir eigentlich kaum miteinander, außer wenn mal eine Aufgabe übergeben werden muss. Auch unsere seltenen Meetings sind relativ nutzlos – jeder erzählt, was er oder sie gerade macht, aber den Rest betrifft das höchstens am Rande. Eigentlich schade, weil wir echt gute Leute haben und gern enger zusammenarbeiten würden, anstatt immer nur so nebeneinander her. Aber wir sind einfach zu sehr spezialisiert. Bei den Aufgaben der anderen würde ich überhaupt nichts verstehen.“*

Szenarien wie dieses lassen sich besonders oft beobachten, wenn klassisch organisierte Arbeitsgruppen oder Abteilungen als Team neu „aufgestellt“ werden oder sich in Richtung Selbstorganisation weiterentwickeln wollen. Es ist wichtig zu verstehen, dass die „natürliche“ Dynamik dieser Situation darin besteht, sich immer stärker zu spezialisieren. Je länger sich Teammitglieder sich allein in ihren Themen bewegen, desto schwieriger wird der Einstieg für andere. So „einfach“ wie jetzt wird das Aufbrechen von Wissensmonopolen in Zukunft nie wieder sein.

Zu Anfang muss geklärt werden, ob der Rest des Teams den Handlungsbedarf ebenfalls wahrnimmt, eine Veränderung wird sich nur gemeinsam erreichen lassen. Ein guter Start könnte darin bestehen, eine fachliche Entwicklungsübersicht[336] aufzubauen und in Erfahrung zu bringen, welche Teammitglieder sich vorstellen können, zusätzliche Themen zu übernehmen. Der wesentliche Teil der Veränderung besteht dann darin, Teammitglieder neben ihren Kernaufgaben in diese zusätzlichen Themen einzuarbeiten, um sie inhaltlich breiter aufzustellen und Überlappungen in den Arbeitsbereichen zu schaffen. Hierzu können Aufgaben in Könner-Lerner-Tandems zu zweit übernommen oder ein Vier Augen-Prinzip für wichtige Ergebnisse eingeführt werden – allein um die Ergebnisse der anderen beurteilen zu können, werden sich Teammitglieder schon viel gegenseitig erklären müssen. Regelmäßige „Voneinander Lernen“-Termine bieten Gelegenheiten, wichtige Informationen und Erfahrungen einer größeren Runde bekannt zu machen. Das Team und sein Umfeld werden dabei in Kauf nehmen müssen, dass die Produktivität des Teams durch diese Lernprozesse zeitweise etwas absinken wird.

[336] Siehe Seite 303.

Während diese Schritte laufen, kann das Team durch Strukturarbeit gemeinsame Verantwortung aufbauen. Das betrifft insbesondere die Außengrenze: Ist das Team wirklich als geschlossene Einheit erkennbar? Gibt es gemeinsame Qualitätsstandards? Wie werden Aufgaben gesammelt und verteilt? Liegen Kunden- und Stakeholderbeziehungen in gemeinsamer Verantwortung? Hat das Team gemeinsame Nahtstellen und Kontaktpunkte jenseits der Ansprache einzelner Teammitglieder?

Ein weiterer Weg zu mehr Zusammenarbeit ist die gemeinsame Übernahme zusätzlicher Aufgaben, die für alle Teammitglieder neu wären. Oft lohnt sich ein Blick auf andere Aktivitäten im Wertstrom des Teams, die aktuell noch außerhalb der Teamverantwortung liegen. Kann das Team diese übernehmen? Kann es neue Produkte und Dienstleistungen aufbauen, für die es intensive Zusammenarbeit brauchen wird?

Nicht zuletzt können auch personelle Änderungen eine Chance für Veränderung bieten. Wenn Teammitglieder gehen, wird der Rest ihre Aufgaben übernehmen müssen, was die bisherigen, festen Arbeitsbereiche infrage stellt. Das Team will Abgänge natürlich nicht aktiv herbeiführen; wenn sie auftreten, können sie aber zum Hinterfragen der bestehenden Spezialisierungen genutzt werden. Auch Neuzugänge bieten Chancen, wenn sich das Team gemeinsam um sie kümmert und durch regelmäßigen Themenwechsel bewusst zu Generalisten ausbildet.

2.3 Szenario 3: „Strukturen, hilfreich wie ein Klotz am Bein"

> *„Ich muss sagen, das mit der Selbstorganisation hat bei uns überhaupt nicht funktioniert. Wir arbeiten nicht besser zusammen als früher, ich habe eher das Gefühl, wir schaffen weniger als bisher. Informationen gehen ständig verloren, Aufgaben bleiben liegen. Stattdessen verbringen wir extrem viel Zeit in Meetings und reden endlos darüber, wie es jedem geht, und wem gerade wieder irgendetwas quer steckt. Wenn wir mal über fachliche Themen sprechen, gibt es regelmäßig eine Riesendiskussion, weil irgendjemandem nicht passt, wie jemand anderes seine Arbeit macht. Das wäre ja in Ordnung, wenn das irgendwelche Konsequenzen hätte, aber wir diskutieren einfach zwei Stunden, und dann wird das Thema wieder vertagt. Ich würde mich echt freuen, wenn wir wieder einen Chef hätten, der in solchen Situationen dann einfach mal auf den Tisch hauen und eine Entscheidung treffen kann."*

Auch wenn es einfach ist, alle diese Wahrnehmungen unter einen großen, allgemeinen „Hut" zu bringen („Selbstorganisation funktioniert nicht!"), lohnt sich doch ein genauerer Blick. Hier wird nicht ein Problem beschrieben, sondern mehrere, miteinander vernetzte Teilprobleme.

Der Austausch von Informationen und die Verwaltung von Aufgaben funktionieren offenbar noch nicht. Über Schuldzuweisung an Teammitglieder wird sich das nicht beheben lassen, stattdessen braucht es strukturelle Änderungen. Hat das Team ein gemeinsames Verständnis, welche Informationen es teilen sollte, wann, und in welchem Rahmen (z.B. Meeting, Chatkanal, Pinnwand)? Welche Faktoren tragen dazu bei, dass Informationen verloren gehen (z.B. fehlende Übersicht über das, was die anderen gerade tun)? Kann das Team seine anstehenden Aufgaben an einem zentralen Ort überblicken? Gibt es eine Struktur, über die Aufgaben verteilt werden?

Sowohl fachliche Inhalte als auch ein „Wie geht es mir?“ brauchen einen Platz in den Meetings des Teams, hier scheinen sie jedoch unstrukturiert miteinander vermischt zu werden. Problemen und Spannungen einen festen Rahmen in Form einer Retrospektive zu geben, würde es dem Team erlauben, sie aus den übrigen Terminen herauszuhalten: „Lass uns in der Retrospektive darüber reden, das hier ist nicht der richtige Rahmen dafür.“

Die vielen, langen und scheinbar auch unproduktiven Meetings wird das Team aufräumen und verschlanken müssen. Eine grundsätzliche Bestandsaufnahme wäre ein guter Anfang: Welche Meetings gibt es? Welchen sauber definierbaren Zweck verfolgen sie jeweils? Wie müssten sie strukturiert sein? Manchmal kann es helfen, sie radikal zu kürzen: Meetings, die plötzlich nur noch halb so lang sind, reduzieren sich oft von alleine auf die wirklich wichtigen Themen. Eventuell lassen sich Informationen auch anders (vor allem asynchron) austauschen. Hat das Team einen Chatkanal oder einen anderen Weg für allgemeine Mitteilungen oder muss dafür immer Meetingzeit in Anspruch genommen werden? Für bessere interne Struktur kann eine neu eingeführte Moderationsrolle sorgen. Nicht zuletzt kann freiwillige Teilnahme die Gesprächsrunden verkleinern und straffen und so einfachere Entscheidungen möglich machen.

Die beschriebene Diskussionsfreudigkeit der Teammitglieder sehe ich nicht als Problem, sondern als wertvolle Ressource. Offenbar sind Teammitglieder engagiert, sehen sich in gemeinsamer Verantwortung und bringen eigene Qualitätsansprüche in die Arbeit mit ein – das ist eine gute Basis! Es fehlen allerdings zwei strukturelle Schritte, um diese Ressource nutzen zu können: Die unterschiedlichen Vorstellungen „guter“ Arbeit zu einem gemeinsamen Qualitätsverständnis zu integrieren, und eine saubere Entscheidungsmethodik aufzubauen, über die das Team auch bei unterschiedlichen Vorstellungen handlungsfähig bleibt.

2.4 Szenario 4: „Arbeit könnte so schön sein, wenn die Kollegen nicht wären“

> *„Ich weiß nicht, wie lange ich noch in diesem Team bleibe. Nach außen sieht es bestimmt total harmonisch aus, aber man merkt, wie sich unter der Oberfläche etwas auflädt. Wir haben ein paar Spezis, die gefühlt nur auf einen Grund warten, einen Streit anfangen zu können. Mittlerweile gibt es mehrere Teilgruppen, die einfach machen, was sie wollen, und dabei nicht miteinander reden. Ich wollte das ein paar Mal ansprechen, aber der eine Kollege redet im Meeting so ausgiebig darüber, wie toll er ist, dass dafür keine Zeit bleibt. Für mich zeigt das wieder einmal, dass es halt vor allem zwischenmenschlich passen muss. Unsere Vorstellungen sind einfach zu unterschiedlich. Ich würde gern was geschafft bekommen, damit unsere Kunden zufrieden sind, aber viele bei uns drehen sich einfach nur um sich selbst.“*

Der wichtigste Schritt ist in Situationen wie diesen, sich nicht in die persönliche Wahrnehmung einzelner Beteiligter hineinziehen zu lassen. In einem sich anbahnenden Konflikt Partei zu ergreifen, würde diesen schlimmer, nicht besser machen. Mit Sicherheit nehmen die übrigen Teammitglieder die Situation anders wahr. Wer ernsthaft an einer Lösung interessiert ist, wird verständnisvoll, aber neutral („allparteilich“) agieren und den Fokus auf das Sammeln zusätzlicher Informationen und unterschiedlicher Perspektiven legen.

Auch wenn die Beschreibung die drohende Katastrophe schon sehr plastisch erahnen lässt, ist die Situation durchaus noch zu retten. Selbst künstliche Harmonie erfordert, dass Menschen höflich miteinander sprechen, die Beziehungen scheinen daher noch nicht ernsthaft beschädigt worden zu sein. Ein stärkeres Konfliktsignal könnte der soziale Zerfall in Untergruppen sein, wobei sich aus der Beschreibung nicht klar herauslesen lässt, ob dieser fachlich bedingt ist, oder bereits eine Koalitionsbildung darstellt. Insgesamt erscheint es aber gut möglich, dass sich gemeinsame Lösungen finden und eine gute Zusammenarbeit wiederherstellen lassen.

Es fällt auf, dass dem Team offenbar ein Rahmen für Metakommunikation fehlt, in dem Themen wie diese geklärt werden könnten. Im Rahmen der bisherigen Meetings scheint das nicht möglich zu sein. So kommt es, dass Dissens über längere Zeit unter der Oberfläche schwelen kann, anstatt früh bearbeitet und gelöst zu werden. Es wird Zeit, diesen Rahmen einzuführen und mit einer klaren Struktur und neutralen Moderation zu versehen – konfliktbeteiligte Teammitglieder könnten sich gegenseitig eine Agenda unterstellen und sind daher für die Moderationsrolle ungeeignet. Gespräche werden daher am besten zumindest anfangs durch jemanden außerhalb des Teams begleitet, in den alle Beteiligten ihr Vertrauen setzen können. Ich würde darauf achten, ein Format wie dieses neutral und niedrigschwellig einzuführen („Lasst uns mal schauen, wie wir unsere Zusammenarbeit verbessern können") und erste Termine eventuell sogar in einem kleinen Kreis mit freiwilliger Teilnahme durchführen. Eine Erwartung um den ersten Termin herum, dass es hier nun endlich offen „krachen darf", würde eher nicht helfen.

Die Aussage über den Kollegen, der „ausgiebig über sich spricht", ist stark abfällig gefärbt und zu diesem Zeitpunkt kaum zu bewerten. Selbst wenn das eine Tatsache sein sollte, kann es dafür eine Vielzahl von nachvollziehbaren Gründen geben (Unsicherheit? Extrovertiertheit? Tatsächlich zahlreiche und gute Ergebnisse?). Man sollte der Versuchung widerstehen, sich auf dieses „Problem" zu stürzen, nur weil es klar eingrenzbar ist. Eine derart persönliche Konfrontation würde die Atmosphäre nur weiter anheizen. Ich würde erwarten, dass sich durch das Auflösen der Spannungen im Team, kombiniert mit besserer Meetingstruktur, dieses Thema von allein lösen wird. Wenn nicht, wird es von allein wieder in die Aufmerksamkeit rücken.

Insgesamt wird es darauf ankommen, die Spannungen im Team nach und nach herauszuarbeiten und zu lösen, ohne dabei einen Gesamteindruck zu erzeugen, dass sich das Team nur noch mit Problemen herumschlägt. Wenn Konflikte zu Tage treten, ist der Kreis, der für sie eine Lösung sucht, am besten so klein wie möglich: Vier- oder Sechs-Augen-Gespräche sind oft besser als Termine mit dem ganzen Team. Ausführlicher Erwartungsabgleich und das Validieren von Unterschieden und Wahrnehmungen (siehe Kapitel „Konflikte") werden in diesen Gesprächen wichtig sein. Das größere Ziel ist, Teammitglieder wieder positive Erfahrungen miteinander machen zu lassen, weshalb Konfliktgespräche nur einen kleinen Teil des Arbeitsalltags ausmachen sollten. Parallel können kleine Themengruppen zu dritt – jeweils eine neutrale Person und zwei Teammitglieder aus unterschiedlichen Teilgruppen – gemeinsam Erfolge erarbeiten und dabei positive Erfahrungen miteinander sammeln, um einer möglichen Lagerbildung weiter vorzubeugen.

2.5 Szenario 5: „Wasch mich, aber mach mich nicht nass"

„Unsere Organisation hat beschlossen, dass wir in Zukunft alle selbstorganisiert arbeiten sollen. Unser Team wurde als „Pilotteam" per Managemententscheidung zusammengestellt, wir sollen nun allen anderen zeigen, wie es geht. Dabei haben wir noch nie so gearbeitet… Ich glaube, die meisten anderen Teammitglieder sind schon bereit, das neue Arbeiten auszuprobieren, aber der hohe Erwartungsdruck verunsichert einige. Einige haben offensichtlich keine Lust auf dieses Thema, wurden aber von ihren Chefs ‚freiwillig' nach vorne geschoben. Ich mache mir Sorgen, dass das mit der Selbstorganisation auch nicht wirklich ernst gemeint ist. Unsere Stakeholder mischen sich schon wieder in Entscheidungen ein, die eigentlich bei uns liegen sollten. Vorneherum heißt es zwar ‚Das Team entscheidet jetzt alles', aber seien wir mal ehrlich, sobald wir unsere erste unbequeme Entscheidung treffen, werden die uns zeigen, wer in Wirklichkeit das Sagen hat."

Auch wenn die paradoxe Managementanweisung „Seid selbstorganisiert!" natürlich skurril wirkt, ist diese Situation nicht so schwierig, wie sie vielleicht wirkt. Mit Blick auf Stärken und Ressourcen fällt vor allem die Bereitschaft der Teammitglieder auf, neue Arbeitsweisen auszuprobieren. Die Chancen stehen gut, dass sich durch ein Übergangsritual mit Elementen der Freiwilligkeit (etwa ein offizielles Kick-off für die, die Teil des Teams sein wollen) ein Großteil des Teams halten lässt, während es den übrigen einen gesichtswahrenden Rückzug ermöglicht. Sie gegen ihren Willen zur Mitarbeit zu zwingen, wäre wohl weder in ihrem noch im Interesse des Teams.

Der zweite Schritt besteht darin, die bislang völlig unklaren Verantwortungsgrenzen in einem Dialog gemeinsam abzustecken. Was entscheidet das Team, was entscheiden seine Stakeholder? Das Team kann sich auf das erklärte Oberziel „Selbstorganisiertes Arbeiten" berufen, um wichtige Verantwortungen und Entscheidungen für sich zu beanspruchen – schließlich möchte die Organisation, dass Teams mehr Verantwortung übernehmen. Trotzdem ist es wichtig, am Ende eine Vereinbarung zu finden, mit der alle Beteiligten einverstanden sind. Erfahrungsgemäß liegen die Vorstellungen oft näher beieinander, als man meint, sodass mit etwas Glück nur eine Handvoll strittige Punkte verhandelt werden müssen.

Auf das Team kommen im weiteren Verlauf wesentliche Herausforderungen zu. Neben der fachlichen Leistung und der ungewohnten Arbeit an den eigenen Strukturen wird es seinen Stakeholdern auch zeigen müssen, dass es als Entscheidungsinstanz und Verhandlungspartner ernstgenommen werden kann. Gleichzeitig können Teamumfeld und Organisation beweisen, wie ernst es ihnen mit der neuen Ausrichtung wirklich ist und ob sie das Team auch in Herausforderungen oder Krisen eigene Lösungen finden lassen.

Kapitel 8
Ein Team auflösen

„Veränderung findet an den Grenzen der Dinge statt: an der Grenze zwischen dem Bekannten und dem Unbekannten, dem Vertrauten und dem Anderen, zwischen dem Alten und dem Neuen, der Vergangenheit und der Zukunft."

Dave Gray

Inhaltsübersicht

Es kann viele Gründe für die Auflösung eines Teams geben. Der Schönste ist sicherlich, dass das Team seine Aufgabe erfolgreich erfüllt hat – *mission accomplished*! Es kann auch sein, dass die zu lösende Aufgabe wegfällt, aufgrund geänderter Umstände oder Neustrukturierung der Organisationsumgebung. Teammitglieder können neue Aufgaben übernehmen und das Team daraufhin aufgelöst, anstatt neu besetzt werden. Eventuell war die Zusammenarbeit von vornherein auf einen bestimmten Zeitraum beschränkt oder die Aufgabe verteilt sich in Zukunft anders: Statt einem zentralen Team für mehrere Organisationsbereiche könnten sich die Bereiche beispielsweise eigene Teams aufbauen wollen. Wenn sich Teams vor allem entlang einer Aufgabe oder Problemstellung formieren, ist es nur naheliegend, wenn der Wegfall dieses Daseinszwecks auch zur Auflösung des Teams führt.

Weniger erfreuliche Gründe könnten sein, dass dem Team die Finanzierung entzogen wird, aufgrund veränderter Prioritäten, aber auch, weil das Team die Erwartungen seines Kontexts nicht erfüllen konnte. Essenzielle Teammitglieder können das Team verlassen, ohne die es nicht länger arbeitsfähig ist. Und natürlich kann sich das Team so in Konflikte und Dysfunktionen verheddern, dass irgendwann formalhierarchisch eingegriffen und das Team auseinandergezogen werden muss, obwohl die Aufgabe durchaus noch zu erledigen wäre.

Vielleicht mit Ausnahme des letzten Szenarios läuft der *Prozess* einer Teamauflösung aber beinahe unabhängig vom konkreten Anlass ab. Welche Entscheidungen zu treffen sind und was ein erfolgreiches Ende von einem Ende mit Schrecken unterscheidet, ist von Team zu Team immer wieder auffallend ähnlich.

1. Wer löst ein Team auf?

Wir haben gesehen, dass ein Team eine Kommunikationsstruktur ist, die unabhängig von den einzelnen Teammitgliedern und auch ein Stück weit unabhängig von der Formalstruktur einer Organisation besteht. Das bedeutet, dass weder das Team (innerhalb der Systemgrenze) noch seine Stakeholder (außerhalb der Systemgrenze) eine Auflösung einfach einseitig beschließen können. Wenn Teammitglieder einseitig beschließen, nicht länger an den Zielen des Teams zu arbeiten, könnte das Umfeld das Team einfach mit anderen Personen neu besetzen. Andersherum kann das Umfeld natürlich entscheiden, dass das Team nicht länger mit Zeit, Geld und Ressourcen versorgt wird, aber ob Teammitglieder deshalb auch die Kommunikation untereinander einstellen und nicht doch heimlich als „U-Boot" die gemeinsame Sache weiterverfolgen, lässt sich kaum kontrollieren.

Die saubere Einleitung einer Teamauflösung besteht deshalb darin, sich mit Teammitgliedern, Auftraggebern und Sponsoren an einen Tisch zu setzen, sich in die Augen zu sehen und zu besprechen, ob der Fortbestand des Teams für alle Beteiligten weiterhin wertvoll wäre. Wenn das nicht der Fall ist, wird gemeinsam ein Ende der Zusammenarbeit vereinbart.

2. Der Selbsterhaltungstrieb von Teams

Teams ordentlich aufzulösen, kann schwieriger sein als ihre Gründung. Zum einen gibt es immer mehr Arbeit als das Team erledigen kann, weshalb sich Momente der „Überflüssigkeit" nur sehr selten einstellen. Gerade wenn das Team besonders erfolgreich arbeitet, stellt sich die umgebende Organisation auf die Existenz des Teams und seiner Leistung ein und baut über die Zeit eher Abhängigkeiten als Alternativen zum Team auf. Eine Teamauflösung würde ein gefestigtes und akzeptiertes Erwartungsgefüge durcheinanderbringen und handelt sich daher die üblichen Widerstände und Schwierigkeiten organisatorischer Veränderungen ein.

Es gibt aber auch unterschwellige Gründe, die das Fortbestehen von Teams begünstigen. Der amerikanische Autor Clay Shirky hat einen davon besonders prägnant zusammengefasst: *„Institutionen werden versuchen, das Problem zu bewahren, dessen Lösung sie sind."*[337] In Bezug auf Teams bedeutet das: Solange das Team erfolgreich darin ist, für Kunden und Organisation ein wichtiges Problem zu lösen, und alle Beteiligten (vor allem die Teammitglieder) daraus einen Nutzen ziehen, entstehen starke Anreize, das Problem und damit den Bedarf für das Team langfristig aufrechtzuerhalten. Das bedeutet nicht, dass es nicht auch gute Gründe für das Fortbestehen eines Teams geben kann, die man berücksichtigen sollte. Wir können daraus aber den Schluss ziehen, dass ein organisatorisches Problem erst dann wirklich verschwinden kann, wenn das Team, welches es lösen soll, nicht mehr existiert.

Wenn sich ein Team auflöst, hört dabei nur das soziale System auf, zu existieren. Die Theorie sozialer Systeme spricht hier von „Anschlussfähigkeit" der Kommunikation:

> *„Sobald die Kommunikation im System zum Erliegen kommt […], zerfällt das System. Der ‚Treibstoff', den Systeme für ihre Strukturbildung benötigen, ist daher die Sicherung von Anschlussfähigkeit der Kommunikation. Diese Frage nach dem ‚Wie geht es weiter?' ist in Luhmanns Systemtheorie der Ausgangspunkt aller Systembildung …"*[338]

Was bedeutet „anschlussfähig"? Der Begriff meint nichts anderes, als dass ab dem Zeitpunkt der Teamauflösung Kommunikation „im Rahmen des Teams" seinen Sinn verliert. Teammitglieder können im Rahmen anderer Rollen und Beziehungen weiterhin miteinander sprechen, aber ihnen ist dabei bewusst, dass es sich nicht mehr um Teamkommunikation handelt. Die *Einleitung* einer Teamauflösung besteht im Etablieren der Erwartung, dass Teamkommunikation in absehbarer Zeit nicht mehr anschlussfähig sein wird. Offensichtlich kann diese Erwartung große Unsicherheit in das Miteinander bringen. Es ist klar, dass sich die Beziehungen verändern, manche auch abbrechen werden, aber wann und wie das geschieht, darüber herrscht Ungewissheit. Nichts anderes als diese grundsätzliche Verschiebung von Erwartungen und die anschließende Phase der Liminalität meint Bruce Tuckman, wenn er von der „Adjourning"-Phase als letzten Entwicklungsschritt eines Teams oder einer Gruppe spricht.

---

[337] Vgl. Shirky, Clay (2010). *Cognitive Surplus. Creativity and Generosity in a Connected Age.* Penguin. S. 41.

[338] Willemse, Joop & von Ameln, Falko (2018). *Theorie und Praxis des systemischen Ansatzes.* Springer. S. 69.

3. Ein gutes Ende finden

Es muss noch einmal betont werden, dass die Auflösungsprozesse eines Teams, einmal eingeleitet, nicht ohne Weiteres gestoppt werden können. Aus privaten Beziehungen wissen wir, dass die Erwartung „Wir werden getrennte Wege gehen" nur sehr schwer rückgängig zu machen ist. Ich habe Situationen erlebt, in denen Teamleiter im Meeting ganz beiläufig Pläne zur Teamauflösung erwähnt haben und dann erschrocken zusehen mussten, wie die Produktivität ihres Teams abstürzte und Teammitglieder begonnen haben, sich nach neuen Aufgaben umzusehen, obwohl das Team durchaus noch Dinge zu tun hatte!

Ab dem Moment, wo die Auflösung des Teams beschlossene Sache ist, laufen einige Veränderungsprozesse an. Teammitglieder beginnen, sich emotional und kommunikativ aus dem Team zu lösen und neu zu orientieren. Die Fragen, die sie sich stellen, sind zunehmend Ich-bezogen: „Wie geht es für mich weiter?", „Was will ich eigentlich als Nächstes machen?", „Was will ich aus diesem Team mitnehmen, was eher hinter mir lassen?". Das Interesse an der Bearbeitung der verbleibenden Teamaufgaben schwindet, Beziehungen werden abgebaut, die Aufmerksamkeit konzentriert sich auf das, was nach dem Team kommt. Eine Liminalitätsphase beginnt, die nach einem Übergangsritual verlangt.

Zusammen mit dem Team verlieren auch die getroffenen Vereinbarungen zur Zusammenarbeit nach und nach ihre Grundlage. Wenn wir sichergehen wollen, dass Teammitglieder bis zur letzten Minute noch ihre Aufgaben wahrnehmen, braucht es an dieser Stelle neue Vereinbarungen darüber, die sowohl für das Team und seine Kunden als auch für Teammitglieder einen Mehrwert bieten. Ein wesentliches Thema werden die Aufgaben sein, die das Team noch zu erledigen hat. Diese professionell zu Ende zu führen bzw. an umliegende Teile der Organisation zu übergeben, gehört zu einem ordentlichen Teamende einfach dazu. Auch wenn man das natürlich von Teammitgliedern ein Stück weit erwarten kann, ist auch klar, dass diese ihre Aufmerksamkeit perspektivisch auf neue Dinge richten wollen und dafür auch Zeit und Energie brauchen. Eine Vereinbarung könnte etwa so aussehen, dass das Team seine Teammitglieder dabei unterstützt, neue Aufgaben zu finden, etwa indem es Kontakte herstellt oder Zeit für Kennenlerngespräche mit potenziellen neuen Teams bereitstellt. Im Gegenzug sagen die Teammitglieder zu, ihre verbleibenden Aufgaben ordentlich und professionell abzuschließen.

Für den gemeinsamen Besitz des Teams, etwa in Form von Arbeitsergebnissen oder Material, muss die Übernahme geklärt werden. In der Regel gehören diese offiziell der umgebenden Organisation, allerdings hat diese für teaminternes Material oft keine Verwendung. Für die Teammitglieder kann es schön sein, neben den gemachten Erfahrungen auch einige handfeste „Souvenirs" in ihr nächstes Team mitnehmen zu können, andererseits ist hier noch ein letztes Mal Potenzial für Streit gegeben. Es kann besser sein, Dinge einfach dem umgebenden Bereich, einem eventuellen Partnerteam oder den Auftraggebern zu überlassen, bevor eventuell jemand leer ausgeht.

Am Ende wird es auch Informationen, Daten und Material geben, die niemand übernehmen möchte. Diese ordentlich aufzuräumen und zu entsorgen, ist nicht nur datenschutzrechtlich geboten, sondern lässt den nahenden Abschied auch für die Teammitglieder realer wirken, als wenn bis zur letzten Minute neue Arbeitsergebnisse geschaffen werden. Und, um das nicht zu vergessen: Büroflächen, Arbeitsplätze und Dateiablagen werden irgendwann sicher von neuen Teams genutzt werden, die ebenfalls gern auf der „grünen Wiese" und nicht in den Resten ihrer Vorgänger beginnen wollen.

4. Das letzte Teammeeting

Zuletzt, wenn alles verteilt, organisiert und erledigt wurde, ist es noch einmal Zeit für ein abschließendes Teamevent. Dieses Event dient nicht nur der Wertschätzung und dem gemeinsamen Rückblick, sondern stellt auch ein Übergangsritual am Punkt zwischen Alt und Neu dar. Wir können es uns gewissermaßen als „Ziellinie" des Endspurts vorstellen. Auch wenn es vordergründig darum gehen mag, eine freundliche Abschiedsparty zu feiern, macht sich ein solches Event schon Wochen vor seinem Stattfinden im Team bemerkbar, bietet Orientierung und sortiert die Erfahrungen klar in eine Zeit innerhalb und eine Zeit außerhalb des Teams.

Anders als in vielen klassischen Projekten, in denen in einem „Postmortem" oder „Lessons Learned"-Format noch einmal über Probleme in der Zusammenarbeit gesprochen wird, würde ich ein abschließendes Teamevent immer in einer versöhnlichen, positiven Atmosphäre halten. An diesem Punkt noch einmal abzuladen, was man den anderen immer schon mal sagen wollte, bringt den Beteiligten wenig. Erkenntnisse werden sich aller Wahrscheinlichkeit nach nicht in den neuen Kontext übertragen lassen, und das Interesse an einem erwartbar unangenehmen Termin hält sich ebenfalls in Grenzen, wenn parallel neue, spannende Aufgaben locken.

Für mich könnte das letzte Teammeeting etwa so ablaufen:

> *Wir treffen uns am Nachmittag gegen 16 Uhr. Die Einladung ist schon seit Wochen bekannt und bietet eine konstante Orientierung bei der Erledigung unserer letzten Aufgaben. Unsere Auftraggeberin und Sponsorin ist anwesend und ergreift das Wort. Gemeinsam gehen wir nochmal unsere großen Errungenschaften, Erfolge und Herausforderungen durch und feiern, was wir alles geschafft haben.*
>
> *In einer kurzen Runde ist für jedes Teammitglied die Gelegenheit, den anderen seine Anerkennung auszudrücken. Manche sind sehr spezifisch darin, wem sie danken wollen und wofür, andere halten es eher allgemein. Beides ist in Ordnung, genauso wie wenn jemand nichts sagen möchte. Außerdem können wir noch einmal reflektieren, was wir an Erfahrungen, Erkenntnissen oder anderen Dingen aus diesem Team mitnehmen. Auch hier muss sich niemand äußern, aber vielen wird an dieser Stelle bewusst, wie sehr die gemeinsame Zeit sie geprägt und verändert hat.*
>
> *Bevor die Stimmung ins Sentimentale kippt, machen wir gegen 17 Uhr eine kurze Pause, um zu organisieren, was noch zu organisieren ist. Anschließend gehen wir zusammen zum Abendessen, und jeder kann die Runde dann verlassen, wenn es sich richtig anfühlt. Der nächste Morgen wartet mit einem neuen Umfeld und neuen Aufgaben auf mich. Ob sich das neue Team schon überlegt hat, wie es mit mir gemeinsam einen guten Start hinlegen will?*

Abschluss

„Noch wissen wir nicht wirklich, wozu wir gemeinsam in der Lage sind."

Silke Helfrich, David Bollier[339]

Es ist interessant, den Umgang mit Selbstorganisation in der Arbeitswelt zu beobachten. Auf der einen Seite finden sich Organisationen, in denen eigenverantwortliche Zusammenarbeit jenseits von Hierarchien fast undenkbar scheint und für die der Managementgrundsatz des Industriezeitalters – oben wird gedacht, unten wird gemacht – quasi ein Naturgesetz darstellt. Auf der anderen Seite lassen sich quer durch alle Branchen Teams finden, die mit unaufgeregter Selbstverständlichkeit ihre Arbeitsweise selbst gestalten und sich dabei durch hohes Engagement und Flexibilität hervortun. Besonders erfreulich ist, wenn sie dabei so manches Vorurteil widerlegen, etwa wenn mathematisch-technische Teammitglieder ein feines Gespür für den emotionalen Zustand ihrer Kollegen demonstrieren, oder Menschen mit einem sozialen und pädagogischen Hintergrund motivierende und leistungsorientierte Strukturen aufbauen. Beobachtungen wie diese führen mich zum Fazit, dass jedes Team selbstorganisierter arbeiten kann, sofern seine Teammitglieder es wollen und ihr Umfeld es zulässt. Die in diesem Buch beschriebenen Arbeitsweisen erfordern keine „neuen Menschen", sondern nur eine neue Perspektive auf die inneren Zusammenhänge von Teams.

Einige faszinierende Aspekte selbstorganisierter Zusammenarbeit, wie etwa Gewinnbeteiligung, budgetfreies Arbeiten, gemeinschaftliche Selbstverwaltung, größere Netzwerkstrukturen oder als Genossenschaften organisierte Unternehmen streift dieses Buch nicht oder nur am Rande. Auch wenn diese Konzepte spannende Perspektiven aufzeigen, werden sie für den Arbeitsalltag der meisten Teams aktuell nicht besonders relevant sein. Gleichzeitig deuten sie an, wie eine zukünftige Gesellschaft organisiert sein könnte, in der straffe Hierarchien und große Machtgefälle der steigenden Komplexität der Welt offensichtlich nicht länger gewachsen sind. Auf gewisse Weise stellen sie den Hintergrund dar, vor dem die lokale Gestaltung von Teamstrukturen eine größere Bedeutung gewinnen kann.

Die Konzepte in diesem Buch sind bewusst umfangreicher beschrieben, als viele reale Teams sie nutzen. Ich möchte noch einmal abschließend betonen, dass es nicht notwendig ist, alle Ideen dieses Buchs vollständig oder wortgetreu umzusetzen, um erfolgreich selbstorganisiert im Team arbeiten zu können. Tatsächlich wäre blindes Ausführen eines „Kochrezepts" das genaue Gegenteil von dem, was reale Teams erfolgreich macht,

[339] Helfrich, Silke & Bollier, David (2015). *Die Welt der Commons: Muster gemeinsamen Handelns.* transcript. S. 20.

nämlich wichtige Grundsätze zu verinnerlichen, die eigene Situation zu reflektieren und dann durch gemeinsame Strukturarbeit einen eigenen, zum Kontext passenden Weg zu finden. Jedes Team, jede Situation, jeder Kontext ist anders, und was in einem Bereich wunderbar funktionieren mag, kann in einem anderen wirkungslos oder sogar kontraproduktiv sein. Die Auswahl von Ideen und ihr Transfer in das eigene Arbeitsumfeld müssen immer in der Verantwortung des jeweiligen Teams bleiben, weshalb ich in vielen Fällen bewusst auf detaillierte Anleitungen verzichtet habe. Oft ist es wichtiger, die wesentlichen Überzeugungen und Prinzipien verstanden zu haben, als einer Methodenbeschreibung exakt zu folgen.

Abschließend sind die Kernideen der vergangenen Seiten hier noch einmal in acht „Faustregeln“ zusammengefasst.

4.1 Acht Grundprinzipien selbstorganisierter Teams

Prinzip 1: Verändert Kommunikation, nicht Menschen.
In diesem Prinzip treffen ethische auf pragmatische Grundsätze. Menschen für den eigenen Arbeitskontext „umerziehen“ zu wollen, ist nicht nur übergriffig, es ist auch schwierig, langwierig und anstrengend. Selbst wenn Menschen dazu bereit sind, brauchen Persönlichkeitsveränderungen oft länger, als das Team überhaupt zusammenarbeiten wird. Stattdessen arbeiten wir an dem, woraus Teams in Wirklichkeit bestehen: Kommunikation, oft in Form von Erwartungen strukturiert.

Wer die Erwartungen des Teams und seiner Stakeholder erfüllen kann, darf gern mitmachen. Wie er oder sie dabei als Mensch „ist“, ist sekundär. Das bedeutet nicht, dass jedes Verhalten akzeptiert werden muss – gegen etablierte und gemeinsam beschlossene Erwartungen zu verstoßen, darf Konsequenzen haben. Wir arbeiten im Team aber bewusst auf der Ebene von Kommunikation und Verhalten und respektieren die Persönlichkeiten unserer Teammitglieder als private Bereiche, zu denen die Organisation nur auf ausdrückliche Einladung hin Zutritt bekommt.

Prinzip 2: Fördert gemeinsame Verantwortung für Arbeitsweisen, Aufgaben und Ergebnisse.
Die Versuchung kann groß sein, ein Team vor fertige Strukturen und klare Zuständigkeiten zu setzen. Vor allem für erfahrene Teammitglieder mag die „richtige“ Lösung hier und da auf der Hand liegen und gemeinsame Entscheidungen ineffizient und unnötig erscheinen. Verantwortung wandert aber dorthin, wo Entscheidungen getroffen werden. Überall dort, wo gemeinsame Verantwortungsübernahme wichtig ist, gehören daher auch Entscheidungen ins Kollektiv.

Obwohl Teams ganz klar zum Zweck der Zusammenarbeit gegründet werden, werden Aufgaben weiterhin oft von einzelnen Teammitgliedern übernommen, die dann eher nebeneinander her, anstatt wirklich miteinander arbeiten. Gemeinsame Verantwortung für die Ergebnisse bedeutet, die Aufgaben des Teams gemeinsam und transparent zu verwalten, sie gemeinsam anzugehen und Ergebnisse in kleinen, wechselnden Gruppen zu erstellen. Für Themen, von denen sie nichts mitbekommen, können Teammitglieder sich auch nicht verantwortlich fühlen.

Prinzip 3: Etabliert ein gemeinsames Verständnis, wo es nötig ist.
Der wesentliche Wert von Teams entsteht aus ihrer Fähigkeit, unterschiedliche Perspektiven und Lösungsvorstellungen zu einem gemeinsamen Ganzen zu integrieren. Es braucht daher in der Teamarbeit immer sowohl Differenzen als auch ihre Auflösung, sowohl Unterschiedlichkeit als auch Gemeinsamkeit.

Erfolgreiche Teams verstehen es, Diversität der Personen und Blickwinkel zu schätzen und zu ermutigen. Sie verstehen, dass die besten Lösungen aus dem Dissens, nicht aus der Harmonie heraus entstehen. Gleichzeitig schaffen sie bewusst und mit Nachdruck ein gemeinsames Verständnis dort, wo es nötig ist: bei Zielen und Aufgaben des Teams, den Regeln und Erwartungen seiner Zusammenarbeit und den Rahmenbedingungen, unter denen es arbeitet.

Prinzip 4: Balanciert die Interessen aller Beteiligten.
Welche Interessengruppe die für eine Organisation „wichtigste" ist, ist oft und über viele Jahre diskutiert worden. Sowohl der neoliberale „Shareholder Value"-Fetisch, als auch die Wohlfühlzonen der „menschenzentrierten" Organisationsentwicklung, als auch die Kundenbesessenheit von Start-up-getriebenen Ansätze greifen hier zu kurz. Organisationen und Teams existieren, weil unterschiedliche Gruppen gleichzeitig unterschiedliche Interessen mit ihnen verfolgen können. Teams können es sich nicht leisten, auch nur eine der drei Gruppen von Kunden, Teammitgliedern oder Eigentümern zu vernachlässigen. Kundenerwartungen stellen den Fokuspunkt für die Wertschöpfung des Teams dar und verdienen daher besondere Aufmerksamkeit, aber sie sind nicht der einzige Maßstab. Dass sich daraus schwierige Zielkonflikte ergeben, deren Auflösung oft nur über Diskussionen und Kompromisse möglich ist, gehört zum Tagesgeschäft eines Teams und muss von den Beteiligten ausgehalten werden.

In jedem Fall gehören ein respektvoller und professioneller Umgang miteinander zu den unverhandelbaren Grundsätzen guter Teamarbeit. Erfolgreiche Teams schaffen es darüber hinaus, die wertschöpfende Arbeit mit viel Motivation und wenig Stress und Frust zu versehen, um bei ihren Teammitgliedern starkes und dauerhaftes Engagement zu erzeugen.

Prinzip 5: Trefft Entscheidungen so dezentral, wie es möglich ist.
Der Teamalltag erfordert um ein Vielfaches mehr Entscheidungen, als das Team in seiner begrenzten Meetingzeit gemeinsam besprechen und treffen kann. Um handlungsfähig zu bleiben, muss ein Team viele Entscheidungen in die Hände seiner Teammitglieder legen, die dann eigenständig, aber im Namen des gesamten Teams handeln. Da hier vom Grundsatz abgewichen wird, Entscheidungen und Verantwortung an derselben Stelle zu bündeln, muss das Team sich Strukturen schaffen, mit denen es entstehende Spannungen auflösen kann – etwa, indem es eine gemeinsame Strategie festlegt, sich Teammitglieder vor Entscheidungen gegenseitig konsultieren und sich anschließend über getroffene Beschlüsse und ihre Konsequenzen zuverlässig informieren.

Zum bewussten Umgang mit Verantwortung und Entscheidungen gehört auch, etablierte Rollen und ihre Handlungsspielräume zu respektieren und Verhalten im Zweifelsfall der Rolle, nicht der Person zuzuschreiben. Dazu gehört etwa, es Kunden nicht vorzuwerfen, wenn sie Ergebnisse einfordern – das ist buchstäblich ihre Aufgabe in der Zusammenarbeit.

Prinzip 6: Reflektiert und verbessert regelmäßig eure Zusammenarbeit.
Es ist unwahrscheinlich, dass das Team mit dem ersten Entwurf seiner Strukturen direkt „richtig" liegt – und sehr wahrscheinlich, dass sich die Art der Zusammenarbeit über die Zeit an neue Rahmenbedingungen und Erwartungen anpassen muss. Es gehört daher zu guter Teamarbeit dazu, die eigene Arbeitsweise regelmäßig auf ihren Nutzen hin zu überprüfen und weiterzuentwickeln.

Erfolgreiche Teams machen das nicht nur auf konkreten Bedarf hin, sondern schaffen sich über Retrospektiven und Teamtage direkt feste Orte für ihre Strukturarbeit. Besonders wichtig ist das für die frühe Bearbeitung zwischenmenschlicher Konflikte. Hier zu warten, bis für das ganze Team der Handlungsbedarf offensichtlich geworden ist, würde garantieren, dass Konflikte quasi unerkannt bis auf eine persönliche Ebene eskalieren können und dementsprechend schwierig zu lösen sind.

Prinzip 7: Passt Strukturen an, anstatt Schuldige zu suchen.
Ein unverhandelbarer Grundsatz guter Teamarbeit ist die ständige Annahme, dass alle Beteiligten ihr Bestes geben wollen. Das Team sollte sich nur Mitglieder suchen, bei denen es keine Zweifel an diesem Grundsatz haben muss. In der Konsequenz bedeutet das, dass es für Probleme immer strukturelle Ursachen gibt, die das Team finden und beheben kann, ohne dabei Schuld zuweisen zu müssen.

In erfolgreichen Teams gehen Teammitglieder noch etwas weiter und beginnen die Lösungssuche bei sich selbst: Wie kann ich anders handeln, damit ein Problem auch bei meinen Teammitgliedern nicht mehr auftritt? Oft sind es gerade die scheinbar „Unbeteiligten", deren Verhaltensänderungen besonders tiefgreifende Lösungen aufzeigen können.

Prinzip 8: Lernt Ungewissheit auszuhalten.
Das Team wird immer wieder Situationen haben, in denen die Informationen nicht ausreichend erscheinen, um wirklich gute Entscheidungen treffen zu können. Oft muss diese Wahrnehmung einfach ausgehalten und die Entscheidungen mit dem aktuell vorhandenen Wissen getroffen werden. Wenn sich Informationen schnell und einfach beschaffen lassen, sollte das Team das natürlich tun, aber gerade über die Zukunft werden sich keine Informationen sammeln lassen. Teamarbeit bedeutet immer ein Stück weit, unter Ungewissheit zu handeln. Diskussionen können sich lange und ergebnislos um Fragen drehen, die sich zum jetzigen Zeitpunkt einfach noch nicht beantworten lassen. Besser ist, Entscheidungen so gut zu treffen, wie es eben möglich ist, die Situation weiter zu beobachten und gemeinsam das Thema wieder aufzugreifen, sobald sich neue Tatsachen ergeben.

Teams und andere soziale Systeme existieren nicht unabhängig von unserem Verhalten, sie haben keine eigene, dauerhafte Existenz. Das, was wir tun, erschafft das Team jeden Tag von neuem, und es entwickelt sich genau dann weiter, wenn wir gemeinsam unser Verhalten ändern. Unser Verhalten wird durch die Erwartungen geprägt, die unser Kontext an uns stellt.

Der Weg, Teams aufzubauen, zu entwickeln und zum Erfolg zu führen, führt über das gemeinsame Gestalten von Erwartungskontexten.

Auch bei konsequenter Anwendung all dieser Ideen gibt es dennoch keine Erfolgsgarantie. Das ist auch gut so: Nur unter Ungewissheit müssen wir Entscheidungen treffen, Verantwortung übernehmen und uns engagiert für eine gemeinsame Sache einsetzen – Faktoren, die ein Team für gute Zusammenarbeit unbedingt braucht. Wir könnten sagen: Teams sind erfolgreich, *weil* sie sich ihres Erfolgs nicht sicher sein können. Auf dem Weg zu diesem Erfolg werden sich Fehler und Irrtümer nicht vermeiden lassen, weshalb ständige Überprüfung und Verbesserung unseres Vorgehens ein Kern unserer Arbeitsweise sein müssen. Wir können daher mit einer ermutigenden Erkenntnis schließen: Es wäre unsinnig, direkt beim ersten Versuch richtig liegen zu wollen, denn da wissen wir schließlich am wenigsten.

Danksagung

Auch wenn am Ende nur ein einziger Name auf dem Cover steht, entsteht ein Buch wie dieses doch nie nur durch die Arbeit eines einzelnen Menschen. Meine besondere Dankbarkeit geht an Dennis Brunotte für seine wertvolle Unterstützung von Seiten des Vahlen-Verlags, und an Daniel Dubbel für die Idee und Initiative zu diesem Projekt. Ohne euch hätte es dieses Buch nicht gegeben.

Meinen Teamkolleginnen und -kollegen der letzten Jahre möchte ich für die zahllosen Stunden danken, in denen wir Fragestellungen und Ideen, grundsätzliche Prinzipien und konkrete Fälle immer wieder diskutiert haben, um unser gemeinsames Verständnis von Teams und Organisationen zu schärfen. Namentlich seien dabei (in ungefähr chronologischer Reihenfolge) hervorgehoben: Tom Strube, Daniel Dubbel, Christina Schreck, Aniq Suleman, Christopher Keller, Paul Weinhausen, Hendrik Dahlhaus, Laura Echelle, Leonie Heiß. Danke, es macht Freude, mit euch zu arbeiten.

Ein besonderer Dank geht an meine Familie, die es mir immer möglich gemacht hat, meine Ziele zu verfolgen, und an Neele Ahlbrecht für ihre Geduld und Unterstützung über die vielen Monate, die dieses Projekt meine Aufmerksamkeit beansprucht hat. Ohne euch wäre nichts von alldem hier möglich gewesen, und ich weiß es sehr zu schätzen.

Nicht zuletzt möchte ich all den Teams, Kunden, Kollegen und Gesprächspartnern meine Wertschätzung ausdrücken, an und mit denen ich die Inhalte dieses Buchs lernen durfte. Ihr habt mir geholfen, mein Verständnis an einen Punkt zu entwickeln, an dem es das Aufschreiben wert war. Nach über zehn Jahren seid ihr zu zahlreich, um euch hier alle aufzuzählen – ihr wisst, wer ihr seid. Nach hunderten von Gesprächen weiß ich leider nicht mehr bei jeder einzelnen Idee, wer sie inspiriert haben könnte. Solltet ihr einen Gedanken wiedererkennen und klar auf eure Arbeit zurückführen, ohne dass das hier entsprechend gewürdigt wurde, lasst es mich bitte wissen.

Literaturverzeichnis

Allcott, Graham & Watts, Hayley (2021). *How to Fix Meetings: Meet Less, Focus on Outcomes and Get Stuff Done*. Icon Books.

Alter, Urs (2018). *Teamidentität, Teamentwicklung und Führung*. Springer.

Anderson, David (2011). *Kanban: Evolutionäres Change Management für IT-Organisationen*. dpunkt.

Andresen, Judith (2017). *Retrospektiven in agilen Projekten: Ablauf, Regeln und Methodenbausteine* (2. Auflage). Hanser.

Andresen, Judith (2019). *Agiles Coaching: Die neue Art, Teams zum Erfolg zu führen* (2. Aufl.). Hanser.

Appelo, Jurgen (2010). *Management 3.0*. Addison-Wesley.

Appelo, Jurgen (2015). *The Sense and Nonsense of Empowerment*. https://www.forbes.com/sites/jurgenappelo/2015/07/24/the-sense-and-nonsense-of-empowerment/

Appelo, Jurgen (2018). *Managing for Happiness*. Vahlen.

Ayer, Elizabeth (2019). *Don't ask forgiveness, radiate intent*. https://medium.com/@ElizAyer/dont-ask-forgiveness-radiate-intent-d36fd22393a3

Bánáthy, Béla (1996). *Designing Social Systems in a Changing World*. Plenum Press.

Beck, Kent (2004). *Extreme Programming Explained: Embrace Change* (2. Auflage). Addison-Wesley.

Beer, Stafford (1993). Designing Freedom. House of Anansi Press.

Betsch, Tilmann & Funke, Joachim & Plessner, Henning (2021). *Denken – Urteilen, Entscheiden, Problemlösen*. Springer.

Bieri, Peter (2001). *Das Handwerk der Freiheit: Über die Entdeckung des eigenen Willens* (e-Book Ausgabe). Hanser.

Blanchard, Kenneth & Johnson, Spencer (2016). *Der neue Minuten Manager* (7. Auflage). Rowohlt.

Bogsnes, Bjarte (2016). *Implementing Beyond Budgeting* (2. Auflage). Wiley.

Boies, Kathleen & Lvina, Elena & Martens, Martin (2010). *Shared leadership and team performance in a business strategy simulation*. Journal of Personnel Psychology, 9(4), 195–202.

Borgert, Stephanie (2018). *Unkompliziert! Das Arbeitsbuch für komplexes Denken und Handeln in agilen Unternehmen*. GABAL.

Borgert, Stephanie (2019). *Die kranke Organisation: Diagnosen und Behandlungsansätze für Unternehmen in Zeiten der Transformation*. GABAL.

Borgert, Stephanie & Lambertz, Mark (2019). *Besser entscheiden mit Red Teaming*. GABAL 30 Minuten.

Brinkmann, Babette & Schattenhofer, Karl (2022). *Erfolgreiche Teams in der Selbstorganisation*. Vahlen.

Brooks, Frederick (1995). *The Mythical Man-Month. Essays on Software Engineering* (Jubiläumsausgabe). Addison-Wesley.

Brown, George Spencer (1972). *Laws of Form*. The Julian Press.

Burgess, Mark (2015). *Thinking in Promises: Designing Systems for Cooperation*. O'Reilly.

Burgess, Mark & Bergstra, Jan (2014). *Promise Theory: Principles and Applications*. xtAxis Press.

Carnegie, Dale (2011). *Wie man Freunde gewinnt: Das einzige Buch, das Sie brauchen, um beliebt und einflussreich zu sein*. Fischer.

Chamorro-Premuzic, Tomas (2013). *Does Money Really Affect Motivation? A Review of the Research*. https://hbr.org/2013/04/does-money-really-affect-motiv

Christensen, Clayton (2017). *Besser als der Zufall: „Jobs to Be Done" – die Strategie für erfolgreiche Innovation*. Plassen.

Covey, Stephen (2018). *Die 7 Wege zur Effektivität* (51. Auflage). GABAL.

Cox, James & Schleier, John (2010). *Theory of Constraints Handbook*. Mcgraw-Hill.

De Bono, Edward (1987). *Six Thinking Hats*. Penguin.

Deming, William (1982). *Out of the Crisis*. MIT Press.

Derby, Esther (2009). *Five ways that team members build trust with each other.* https://www.estherderby.com/five-ways-that-team-members-build-trust-with-each-other/
Derby, Esther & Larsen, Diana (2018). *Agile Retrospektiven.* Vahlen.
Dexheimer, Julia (2017). *Umgang mit Komplexität als Kompetenz am Arbeitsplatz: komplexes und kollaboratives Problemlösen.* Dissertation, Universität Heidelberg.
Doerr, John (2018). *OKR: Objectives and Key Results.* Vahlen.
Dörner, Dietrich (2011). *Die Logik des Misslingens. Strategisches Denken in komplexen Situationen* (E-Book Neuauflage). Rowohlt.
Dräther, Rolf (2014). *Retrospektiven – kurz & gut.* O'Reilly.
Dubbel, Daniel (2014). *Neu ins Team.* https://www.inspectandadapt.de/neu-ins-team/
Düsterbeck, Frank & Einemann, Ina (2022). *Product Ownership meistern: Produkte erfolgreich entwickeln.* dpunkt.

Edding, Cornelia & Schattenhofer, Karl (2020). *Einführung in die Teamarbeit* (3. Aufl.). Carl-Auer.
Edmondson, Amy (2020). *Die angstfreie Organisation: Wie Sie psychologische Sicherheit am Arbeitsplatz für mehr Entwicklung, Lernen und Innovation schaffen.* Vahlen.
Engelmann, Ulrich & Baumann, Martin (2022). *Zielführend moderieren.* UTB.
Erkutlu, Hakan (2012). *The impact of organizational culture on the relationship between shared leadership and team proactivity.* Team Performance Management. 18. 102-119.

Faschingbauer, Michael (2021). *Effectuation: Wie erfolgreiche Unternehmer denken, entscheiden und handeln* (4. Auflage). Schäffer-Poeschel.
Fletcher, Joyce & Käufer, Katrin (2003). *Shared Leadership. Paradox and Possibility.* In: Pearce, Craig & Conger, Jay. Shared Leadership: Reframing the Hows and Whys of Leadership. SAGE Publications.
Fowler, Martin (2011). *Frequency Reduces Difficulty.* https://martinfowler.com/bliki/FrequencyReducesDifficulty.html
Franke, Sven & Hornung, Stefanie & Nobile, Nadine (2019). *New Pay – Alternative Arbeits- und Entlohnungsmodelle.* Haufe.
Frensch, Peter & Funke, Joachim (1995). *Complex Problem Solving: The European Perspective.* Taylor & Francis.
Funcke, Amelie & Havenith, Eva (2010). *Moderations-Tools.* managerSeminare.

Glasl, Friedrich (2020). *Konfliktmanagement: Ein Handbuch für Führung, Beratung und Mediation* (12. Aufl.). Freies Geistesleben.
Goldratt, Eliyahu & Cox, Jeff (2013). *Das Ziel: Ein Roman über Prozessoptimierung* (5. Aufl.). Campus.
Google, „Projekt Aristoteles": https://rework.withgoogle.com/guides/understanding-team-effectiveness/
Gray, Dave (2016). *Liminal Thinking.* Two Waves Books.
Greenleaf, Robert (2015). *The Servant as Leader* (Neuauflage). The Greenleaf Center for Servant Leadership.

Hackman, Richard (2002). *Leading Teams: Setting the Stage for Great Performances.* Harvard Business Review Press.
Hackman, Richard & Oldham, Greg (1980). *Work Redesign.* Addison-Wesley.
Haug, Christoph (2016). *Erfolgreich im Team* (5. Auflage). Beck-Wirtschaftsberater im dtv.
Helfrich, Silke & Bollier, David (2015). *Die Welt der Commons: Muster gemeinsamen Handelns.* transcript.
Hoch, Julia (2013). *Shared leadership and innovation: The role of vertical leadership and employee integrity.* Journal of Business and Psychology, 28(2), 159–174.
Hoffman, Bryce (2017). *Red Teaming: Transform Your Business by Thinking Like the Enemy.* Piatkus Books.

Jeffries, Ron (2010). *Beyond Agile: New Principles?* https://ronjeffries.com/xprog/articles/beyond-agile-new-principles

Kaner, Sam (2014). *Facilitator's Guide to Participatory Decision-Making* (3. Auflage). Jossey-Bass.

Katzenbach, Jon & Smith, Douglas (2009). *Teams. Der Schlüssel zur Hochleistungsorganisation.* Redline.

Katzenbach, Jon & Smith, Douglas (2015). *The Wisdom of Teams: Creating the High-Performance Organization* (eBook Edition), Harvard Business Review Press.

Kerievsky, Joshua (2014). *Anzeneering.* https://www.industriallogic.com/blog/anzeneering/

Kerievsky, Joshua (2014). *Tailboarding – Pre-Work Hazard Analysis.* https://medium.com/@JoshuaKerievsky/tailboarding-1909f7e8f66c

Kerth, Norman (2001). *Project Retrospectives: A Handbook for Team Reviews.* Dorset House.

Kniberg, Henrik (2009). *Cause-effect diagrams.* https://blog.crisp.se/2009/09/29/henrikkniberg/1254176460000

Knight, Pamela (2007). *Acquisition Community Team Dynamics: The Tuckman Model vs. the DAU Model.* In: Proceedings of the 4th Annual Acquisition Research Symposium of the Naval Postgraduate School.

König, Eckard & Volmer, Gerda (2018). *Handbuch Systemische Organisationsberatung* (3. Aufl.). Beltz.

Kotrba, Veronika & Miarka, Ralph (2019). *Agile Teams lösungsfokussiert coachen* (2. Aufl.). dpunkt.

Krech, David & Crutchfield, Richard & Ballachey, Egerton (1962). *Individual in society: A textbook of social psychology.* McGraw-Hill.

Kühl, Stefan (2015). *Das Regenmacher-Phänomen* (2. Auflage). Campus.

Kühl, Stefan (2016). *Strategien entwickeln: Eine kurze organisationstheoretisch informierte Handreichung.* Springer.

Kühl, Stefan (2017). *Laterales Führen. Eine kurze organisationstheoretisch informierte Handreichung.* Springer.

Kühl, Stefan (2018). *Organisationskulturen beeinflussen. Eine sehr kurze Einführung.* Springer.

Kühl, Stefan (2020). *Organisationen. Eine sehr kurze Einführung* (2. Auflage). Springer.

Larsen, Diana & Nies, Ainsley (2016). *Liftoff: Start and Sustain Successful Agile Teams.* The Pragmatic Programmers.

Larsen, Diana & Shore, James (2019). *The Agile Fluency Model.* https://www.agilefluency.org/ebook.php

Lazarus, Richard & Folkman, Susan (1984). *Stress, Appraisal, and Coping.* Springer.

Leopold, Klaus (2021). *Agilität neu denken: Mit Flight Levels zu echter Business-Agilität* (2. Auflage). dpunkt.

Levitt, Steven & Dubner, Stephen (2005). *Freakonomics: Überraschende Antworten auf alltägliche Lebensfragen.* Goldmann.

Löffler, Marc (2014). *Retrospektiven in der Praxis.* dpunkt.

Lombardo, Michael & Eichinger, Robert (1995). *The Team Architect® user's manual.* Lominger Limited.

Luhmann, Niklas (2014). *Vertrauen: Ein Mechanismus der Reduktion sozialer Komplexität* (5. Aufl.). UTB.

Luhmann, Niklas (2018). *Verantwortung und Verantwortlichkeit.* In: Schriften zur Organisation 1: Die Wirklichkeit der Organisation. Springer VS.

Luhmann, Niklas (2021). *Soziale Systeme. Grundriß einer allgemeinen Theorie* (18. Auflage). Suhrkamp.

Magennis, Troy (2020). *Six Dimensions of Performance.* https://circle.flightlevels.io/c/blog/six-dimensions-of-performance

Mamoli, Sandy & Mole, David (2018). *Gemeinsam großartige Teams schaffen: Agile Self-Selection-Prozesse erfolgreich durchführen.* Hanser.

Marquet, L. David (2015). *Turn The Ship Around! A True Story Of Turning Followers Into Leaders.* Penguin Books.

Marquet, L. David (2020). *Reiß das Ruder rum! Eine wahre Geschichte über Führung, und darüber, wie Mitarbeiter zu Mitgestaltern werden.* dpunkt.

Martin, Karen & Osterling, Mike (2013). *Value Stream Mapping: How to Visualize Work and Align Leadership for Organizational Transformation.* McGraw-Hill.

Maslow, Abraham (1943). *A theory of human motivation.* Psychological Review, 50(4), 370-396.

Matthiesen, Kai & Muster, Judith & Laudenbach, Peter (2022). *Die Humanisierung der Organisation*. Vahlen.
McGonigal, Jane (2012). *Besser als die Wirklichkeit! Warum wir von Computerspielen profitieren und wie sie die Welt verändern*. Heyne.
McGreal, Don & Jocham, Ralph (2018). *The Professional Product Owner*. Addison-Wesley.
McGregor, Douglas (2005). *The Human Side of Enterprise* (kommentierte Neuauflage). McGraw-Hill.
Mekiffer, Stefan (2016). *Warum eigentlich genug Geld für alle da ist*. Hanser.
Meyer, Erin (2014). *The Culture Map*. Public Affairs.
Meyer, Erin (2018). *Die Culture Map: Verstehen, wie Menschen verschiedener Kulturen denken, führen und etwas erreichen*. Wiley.
Mezick, Daniel & Sheffield, Mark (2018). *Inviting Leadership: Invitation-Based Change in the New World of Work*. FreeStanding Press.

Noll, Douglas (2017). *De-Escalate: How to Calm an Angry Person in 90 Seconds or Less*. Atria Books/Beyond Words.

Oestereich, Bernd & Schröder, Claudia (2016). *Das kollegial geführte Unternehmen: Ideen und Praktiken für die agile Organisation von morgen*. Vahlen.
Osterwalder, Alex et al. (2015). *Value Proposition Design: Entwickeln Sie Produkte und Services, die Ihre Kunden wirklich wollen*. Campus.
Ostrom, Elinor (1990). *Governing the Commons: The Evolution of Institutions for Collective Action*. Cambridge University Press.
Owen, Harrison (2008). *Open Space Technology. A User's Guide* (Third Edition). Berrett-Koehler Publishers.
Owen, Harrison (2008). *Wave Rider: Leadership for High Performance in a Self-Organizing World*. Berrett-Koehler Publishers.

Parkinson, Cyril N. (1957). *Parkinson's Law, and Other Studies in Administration*. Houghton Mifflin.
Patton, Jeff (2015). *User Story Mapping: Nutzerbedürfnisse besser verstehen als Schlüssel für erfolgreiche Produkte*. O'Reilly.
Pearce, Craig & Conger, Jay (2003). *Shared Leadership: Reframing the Hows and Whys of Leadership*. SAGE Publications.
Pearce, Craig & Sims Jr, Henry (2002). *Vertical versus shared leadership as predictors of the effectiveness of change management teams: An examination of aversive, directive, transactional, transformational, and empowering leader behaviors*. Group Dynamics: Theory, Research, and Practice, 6(2), 172–197.
Pfläging, Niels (2014). *Organisation für Komplexität*. Redline.
Pfläging, Niels (2017). *Change ist so wie Milch in Kaffee geben*. https://www.linkedin.com/pulse/change-ist-so-wie-milch-kaffee-geben-niels-pflaeging
Pfläging, Niels & Hermann, Silke (2015). *Komplexithoden*. Redline.
Pfläging, Niels & Hermann, Silke (2020). *Zellstrukturdesign*. Vahlen.
Phelan, Karen (2013). *I'm Sorry I Broke Your Company*. Berrett-Koehler Publishers.
Pink, Daniel (2020). *Drive. Was Sie wirklich motiviert*. ecoWing.
Pratchett, Terry (2005). *A Hat Full of Sky*. Corgi Books.

Rennies, Jan & Kidd, Gerald (2018). *Benefit of binaural listening as revealed by speech intelligibility and listening effort*. Journal of the Acoustical Society of America, 2018 Oct 144(4), 2147-2159.
Robertson, Brian (2016). *Holacracy: Ein revolutionäres Management-System für eine volatile Welt*. Vahlen.
Roser, Christoph (2017). *The Kingman Formula – Variation, Utilization, and Lead Time*. www.allaboutlean.com/kingman-formula

Salas, Eduardo & Rozell, Drew & Mullen, Brian & Driskell, James (1999). *The Effect of Team Building on Performance: An Integration*. Small Group Research 30/3.
Sarasvathy, Saras (2008). *What Makes Entrepreneurs Entrepreneurial?* SSRN Electronic Journal, 10.2139/ssrn.909038.

Schmidt, Thomas (2009). *Konfliktmanagement-Trainings erfolgreich leiten.* managerSeminare.
Schulz von Thun, Friedemann (2010). *Miteinander reden 1: Störungen und Klärungen.* Rowohlt.
Schulz von Thun, Friedemann & Ruppel, Johannes & Stratmann, Roswitha (2018). *Miteinander reden: Kommunikationspsychologie für Führungskräfte* (eBook-Ausgabe). Rowohlt.
Scrum Guide, https://scrumguides.org/scrum-guide.html
Senge, Peter (2010). *The Fifth Discipline: The Art and Practice of the Learning Organisation* (Revised Edition). Penguin Random House.
Senge, Peter (2017). *Die fünfte Disziplin.* 11. Auflage. Schäffer-Poeschel.
Shannon, Claude & Weaver, Warren (1963). *A Mathematical Theory of Communication.* University of Illinois Press.
Shirky, Clay (2010). *Cognitive Surplus. Creativity and Generosity in a Connected Age.* Penguin.
Sibbet, David (2011). *Visual Teams: Graphic Tools for Commitment, Innovation, and High Performance.* Wiley.
Simon, Fritz B. (2021). *Einführung in die systemische Organisationstheorie* (eBook, 8. Auflage). Carl-Auer.
Stach, Michaela (2022). *Moderation in Workshop und Meeting.* BusinessVillage.
Steinhöfer, Daniel (2021). *Liberating Structures: Entscheidungsfindung revolutionieren.* Vahlen.
Strauch, Barbara & Reijmer, Annewiek (2018). *Soziokratie: Kreisstrukturen als Organisationsprinzip zur Stärkung der Mitverantwortung des Einzelnen.* Vahlen.

Tolstoi, Leo (2020). *Anna Karenina* (Illustrierte Schmuckausgabe). Coppenrath.
Tuckman, Bruce (1965). *Developmental sequence in small groups.* Psychological Bulletin, 63(6), 384–399.

Varga von Kibéd, Matthias & Sparrer, Insa (2020). *Ganz im Gegenteil: Tetralemmaarbeit und andere Grundformen systemischer Strukturaufstellungen* (11. Auflage). Carl-Auer.
von Foerster, Heinz (2005). *Mit den Augen des Anderen.* In: Batthyany, Dominik (2005). Viktor Frankl und die Philosophie. Springer.
von Kanitz, Anja (2020). *Crashkurs Professionell Moderieren* (3. Auflage). Haufe.

Wang, Danni & Waldman, David & Zhang, Zhen (2014). *A meta-analysis of shared leadership and team effectiveness.* Journal of Applied Psychology, 99(2), 181–198.
Watzlawick, Paul (1983). *Anleitung zum Unglücklichsein.* Piper.
Watzlawick, Paul & Beavin, Janet & Jackson, Don (2017). *Menschliche Kommunikation: Formen, Störungen, Paradoxien* (13. Auflage). Hogrefe.
Watzlawick, Paul & Weakland, John & Fisch, Richard (2020). *Lösungen. Zur Theorie und Praxis menschlichen Wandels* (9. Auflage). Hogrefe.
Weichselbaum, Ernst & Pfläging, Niels (Hrsg.) (2020). *In jedem Unternehmen steckt ein besseres. Zeitorientierte Betriebswirtschaft mit dem Weichselbaum-System.* Vahlen.
Werner, Götz (2013). *Womit ich nie gerechnet habe.* Ullstein. S. 108.
Werner, Götz (2015). *Wo Mitarbeiter ihr Gehalt selbst festlegen.* Interview mit der Rheinischen Post, https://rp-online.de/wirtschaft/unternehmen/goetz-werner-wo-mitarbeiter-ihr-gehalt-selbst-festlegen_aid-20099683
Werther, Simon (2014). *Geteilte Führung. Ein Überblick über den aktuellen Forschungsstand.* Springer Gabler.
Willemse, Joop & von Ameln, Falko (2018). *Theorie und Praxis des systemischen Ansatzes: Die Systemtheorie Watzlawicks und Luhmanns verständlich erklärt.* Springer.
Williams, Laurie & Kessler, Robert (2003). *Pair Programming Illuminated.* Addison-Wesley.
Wohland, Gerhard & Wiemeyer, Matthias (2012). *Denkwerkzeuge der Höchstleister.* Unibuch.

Index